“碳中和多能融合发展”丛书编委会

“十四五”国家重点出版物出版规划项目

国家出版基金项目
NATIONAL PUBLICATION FOUNDATION

碳中和多能融合发展丛书
刘中民　主编

合成气制化学品

丁云杰　姚元根　潘秀莲 等　著

科学出版社
龍門書局
北　京

内 容 简 介

本书是作者在长期从事合成气转化相关基础研究、技术研究及工业工程化研究的基础上，结合国内外研究进展撰写的一部学术专著。本书围绕合成气下游及耦合转化利用最新进展，详细介绍合成气直接转化制烯烃、合成气制混合醇联产柴油，以及合成气制乙二醇关键前沿技术和工业示范成果，重点展示相关科学研究和最新催化技术的升级换代工艺、催化剂、催化机理及催化反应装置，以及合成气高效合成醇类化合物的工程化技术和工业级示范装置。本书有望推动煤炭清洁高效利用合成气制高值化学品先进技术的工业化更新换代，激发同行科研人员的学术思想创新，促进煤炭清洁高效利用的基础理论研究，催化剂宏量制备与放大研究，工艺工程研究，以及产业示范集成研究。

本书适合本领域科研人员和高校教职人员，以及企业技术人员参考使用。

图书在版编目(CIP)数据

合成气制化学品 / 丁云杰等著. -- 北京 : 龙门书局, 2024. 12. -- (碳中和多能融合发展丛书 / 刘中民主编). -- ISBN 978-7-5088-6496-9

Ⅰ. TQ072

中国国家版本馆 CIP 数据核字第 2024SR9115 号

责任编辑：吴凡洁　高　微　李丽娇 / 责任校对：王萌萌
责任印制：师艳茹 / 封面设计：有道文化

科学出版社
龍門書局 出版
北京东黄城根北街 16 号
邮政编码：100717
http://www.sciencep.com
北京中科印刷有限公司印刷
科学出版社发行　各地新华书店经销
*
2024 年 12 月第　一　版　开本：787×1092　1/16
2024 年 12 月第一次印刷　印张：27
字数：637 000

定价：168.00 元

（如有印装质量问题，我社负责调换）

丛书序

2020年9月22日，习近平主席在第七十五届联合国大会一般性辩论上发表重要讲话，提出“中国将提高国家自主贡献力度，采取更加有力的政策和措施，二氧化碳排放力争于2030年前达到峰值，努力争取2060年前实现碳中和”。“双碳”目标既是中国秉持人类命运共同体理念的体现，也符合全球可持续发展的时代潮流，更是我国推动高质量发展、建设美丽中国的内在需求，事关国家发展的全局和长远。

要实现“双碳”目标，能源无疑是主战场。党的二十大报告提出，立足我国能源资源禀赋，坚持先立后破，有计划分步骤实施碳达峰行动。我国现有的煤炭、石油、天然气、可再生能源及核能五大能源类型，在发展过程中形成了相对完善且独立的能源分系统，但系统间的不协调问题也逐渐显现，难以跨系统优化耦合，导致整体效率并不高。此外，新型能源体系的构建是传统化石能源与新型清洁能源此消彼长、互补融合的过程，是一项动态的复杂系统工程，而多能融合关键核心技术的突破是解决上述问题的必然路径。因此，在“双碳”目标愿景下，实现我国能源的融合发展意义重大。

中国科学院作为国家战略科技力量主力军，深入贯彻落实党中央、国务院关于碳达峰碳中和的重大决策部署，强化顶层设计，充分发挥多学科建制化优势，启动了“中国科学院科技支撑碳达峰碳中和战略行动计划”（以下简称行动计划）。行动计划以解决关键核心科技问题为抓手，在化石能源和可再生能源关键技术、先进核能系统、全球气候变化、污染防控与综合治理等方面取得了一批原创性重大成果。同时，中国科学院前瞻性地布局实施“变革性洁净能源关键技术与示范”战略性先导科技专项（以下简称专项），部署了合成气下游及耦合转化利用、甲醇下游及耦合转化利用、高效清洁燃烧、可再生能源多能互补示范、大规模高效储能、核能非电综合利用、可再生能源制氢/甲醇，以及我国能源战略研究等八个方面研究内容。专项提出的“化石能源清洁高效开发利用”、“可再生能源规模应用”、“低碳与零碳工业流程再造”、“低碳化、智能化多能融合”四主线“多能融合”科技路径，为实现“双碳”目标和推动能源革命提供科学、可行的技术路径。

“碳中和多能融合发展”丛书面向国家重大需求，响应中国科学院“双碳”战略行动计划号召，集中体现了国内，尤其是中国科学院在“双碳”背景下在能源领域取得的关键性技术和成果，主要涵盖化石能源、可再生能源、大规模储能、能源战略研究等方向。丛书不但充分展示了各领域的最新成果，而且整理和分析了各成果的国内国际发展情况、产业化情况、未来发展趋势等，具有很高的学习和参考价值。希望这套丛书可以为能源领域相关的学者、从业者提供指导和帮助，进一步推动我国“双碳”目标的实现。

中国科学院院士

2024 年 5 月

前言

合成气直接转化或耦合转化生产高值化学品一直是 C_1 化学领域的关键技术，备受国内外学术界和工业界的关注。经过我国一代又一代科研工作者长期的探索和研究，合成气转化制高附加值化学品方向逐步形成了多种核心催化技术，如合成气直接转化制烯烃、合成气直接或耦合转化制混合醇、合成气高选择性转化制乙二醇等。通过这些催化技术，不仅可以实现煤、天然气、生物质、固体废弃物、CO_2 等多种碳资源的清洁高效利用，还可以通过控制 C—C 键偶联从而选择性获得目标产物，生产多种丰富的高值化学品，如汽油、柴油、航空燃油、烯烃、芳烃等各种烃类产品，以及甲醇、乙醇、高碳醇、乙二醇等各种含氧化合物。因此，实现合成气的转化利用，不仅对保障我国能源与资源供应链安全、促进产业链稳定具有重大战略意义，而且具有重大的经济价值和现实意义。

中国科学院大连化学物理研究所潘秀莲和包信和团队创建了界面限域的金属氧化物与具有限域择形作用的分子筛(metal oxide-zeolite)耦合的 OXZEO 催化体系，实现了合成气一步转化高选择性制取乙烯、丙烯和丁烯等低碳烯烃。在该反应中，CO 和 H_2 首先在具有氧缺陷的金属氧化物配位不饱和活性中心上被活化，生成气相中间体，中间体再经气相再扩散到具有择形限域作用的分子筛孔道内的酸性位点上发生可控偶联，生成低碳烯烃，其中低碳烯烃的选择性超过 80%(烃基选择性)，解决了合成气直接转化目标产物选择性偏低的科学难题。该技术省去了中间产物合成步骤以及水煤气变换和水-氢的循环过程，具有工艺流程简单、水耗降低等特点。进一步与刘中民院士团队及陕西延长石油(集团)有限责任公司合作，完成了全球首套千吨烯烃规模的工业性试验。此外，研究人员进一步拓展研究 OXZEO 催化策略的应用，不仅实现了合成气的高选择性转化合成多种高附加值的化学品或燃料，如高辛烷值汽油馏分烃、芳烃以及含氧化合物等，还可以用于 CO_2 加氢，实现其催化转化资源化利用，生成高附加值化学品和燃料。

中国科学院上海高等研究院钟良枢团队，在合成气直接转化制烯烃的碳化钴基催化剂的研发方面取得了较大进展，在 *Nature* 上发表了有关碳化钴的显著纳米效应(晶面效应及尺寸效应)的论文，他们还对催化剂的构效关系(催化剂性能和结构演变)等进行了系统深入的研究，拓展了研究人员对反应活性中心结构的认识。研究发现，在碳化钴(Co_2C)纳米晶粒上，钴(Co)的(001)和(111)晶面上容易生成烷烃，(101)和(020)晶面有利于烯烃生成，且 7nm 粒径的 Co_2C 催化活性比其他实验粒径的高。理论模型分析表明，当粒径小于 6nm 时，Co_2C 纳米晶粒上主要存在(111)晶面；而当粒径大于 6nm 时，Co_2C 纳米晶粒出现了(101)和(020)晶面。因此，通过控制 Co_2C 的粒径大小可调控催化剂暴露的晶面，从而改变目标产物的选择性。此外，Na 和 Mn 助剂等对 Co_2C 的结构演变具有较大作用。基于合成气直接转化制烯烃 Co_2C 基催化剂活性位点结构的认识，中国科学院上海高等研究院对该催化剂进行了系统的科学研究，完成了高机械强度吨级催化剂的放大制备及 5000 吨/年中试装置的建设，正在进行中试装置的调试。

中国科学院山西煤炭化学研究所陈建刚团队在熔铁催化剂合成气直接转化制 α-烯烃方面取得了较大成果。在熔铁催化剂的物相鉴定、助剂效应、织构性质和电子结构研究的基础上，中国科学院山西煤炭化学研究所于 2021 年实现了合成气制 α-烯烃 300 吨/年固定床技术放大，完成了 96h 性能标定。标定期间，CO 转化率＞85%，甲烷选择性 5%～6%，产物轻油中 α-烯烃和高碳醇占 72%。熔铁催化剂性能稳定、成本低，具有较好的技术经济性。

中国科学院大连化学物理研究所丁云杰团队在合成气直接制混合伯醇，尤其是高碳混合伯醇方面做了大量的研究工作。相比于传统合成气制混合醇的 Rh 基催化剂、Mo 基催化剂、高温 Cr 基改性催化剂和其他改性的费-托合成催化剂只能合成碳数低于 6 的低碳混合醇，该团队首次研发了合成气制混合伯醇（C_2～C_{18}）的活性炭负载 Co@Co_2C 新型催化剂。在该催化剂上，Co_2C 具有类贵金属特性，可使 CO 以非解离化学吸附的形式吸附活化，然后插入邻近的 Co 金属纳米晶粒上，CO 在 Co 金属纳米晶粒上解离吸附然后加氢偶联产生 Co-$(CH_2)_nCH_3$，再加氢即可生成混合伯醇。基于 Co@Co_2C 催化剂和浆态床反应工艺，丁云杰团队开发了煤基合成气制混合伯醇的原创性技术，完成了 10 万吨/年煤基合成气生产混合伯醇联产柴油的工业性示范（30%负荷），并开展了百千克级的反应产物为原料的精馏-切割分段、萃取-反萃取及精馏纯化的醇-油分离中试；同时完成了百千克级的反应产物为原料的吸附-解吸醇-油分离技术路线的中试。此外，该技术还能分离出油中的 α-烯烃，并研发了以反应产物和/或分离出来的烯烃为原料的多相氢甲酰化及其加氢制混合醇的原创性技术，设计完成了合成气制混合伯醇联产柴油的全流程工艺路线，包括费-托合成单元、脱碳单元、低温油洗单元、变压吸附（PSA）提取 CO 单元、加氢精制单元、PSA 制氢单元、合成水处理单元和醇-油分离单元等。

中国科学院福建物质结构研究所姚元根团队在煤基合成气制乙二醇的基础研究和工业应用方面也取得了丰硕的成果。相比于传统的煤化工和石油化工技术路线，如乙烯环氧化法、碳酸乙烯酯法及甲醛法等，草酸酯法成为近年来的研究热点。中国科学院福建物质结构研究所从 1982 年开始，开展煤经草酸二甲（乙）酯制备乙二醇（简称煤制乙二醇）技术的探索研究，研发了系列煤制乙二醇的催化剂技术和相关工艺技术。2009 年，在内蒙古通辽市实现了 20 万吨/年的煤制乙二醇技术的工业化。截至目前，该团队的第一代煤制乙二醇技术在内蒙古通辽和河南新乡、安阳、永城、洛阳、濮阳等地已完成 6 套 20 万吨/年的满负荷生产。煤经合成气制乙二醇技术涵盖了煤气化、气体净化、甲醇制草酸二甲酯、草酸二甲酯加氢制乙二醇、乙醇酸甲酯和乙醇等相关的技术。煤制乙二醇工业化技术是近 20 年内有较大发展的现代煤化工技术，其技术的不断成熟和大规模工业化应用，产生了显著的社会效益和经济效益，对我国的能源和大化工产业具有重要的积极影响，缓解了目前我国乙二醇大量依赖进口的供求矛盾，有望逐步替代石油生产路线，为节省石油资源做出贡献。

本书共 6 章，涉及合成气直接转化制烯烃，合成气直接转化和耦合转化制混合醇、乙二醇等含氧化合物的高附加值化学品。第 1 章合成气直接转化制低碳烯烃 OXZEO-TO 技术研究进展，由中国科学院大连化学物理研究所潘秀莲研究员、焦峰研究员、苗登云研究员和包信和研究员等撰写；第 2 章碳化钴基合成气直接转化制烯烃，由中国科学院上海高等研究院钟良枢研究员和王新星高级工程师等撰写；第 3 章熔铁催化剂合成气直接转化制 α-烯烃，由中国科学院山西煤炭化学研究所陈建刚研究员和张娟助理研究员等撰写；第 4 章合成气直接制混合醇，由中国科学院大连化学物理研究所丁云杰研究员和赵子昂副研究员等撰写；第 5 章煤制乙二醇技术，由中国科学院福建物质结构研究所姚元根研究员和覃业燕研究员等撰写；第 6 章总结与展望，由中国科学院大连化学物理研究所丁云杰研究员和冯四全副研究员撰写。上述研究人员及其团队在各自研究领域深耕多年，积累了丰富的研究经验。本书将结合他们的研究成果，系统介绍合成气制烯烃、混合醇及乙二醇等技术的研究进展。

丁云杰　冯四全

2024 年 8 月

目录

第 1 章

合成气直接转化制低碳烯烃 OXZEO-TO 技术研究进展

1.1 引　言

低碳烯烃包括乙烯、丙烯和丁烯，是生产塑料、溶剂和化妆品等各种产品的最重要基础原料。随着人们生活水平的提高，对基础化学品的需求不断增加。我国能源资源禀赋特点是缺油少气相对富煤，在大力发展可再生能源的同时，充分发挥煤炭作为我国主体能源的作用，并合理利用清洁的天然气和页岩气资源，是当前国家能源领域的重大需求。以煤基合成气为原料，以甲醇制烯烃为核心的中国科学院大连化学物理研究所的合成气间接制烯烃技术，早在 2010 年已经成功实现商业化。至今，已经有 25 套装置在商业运转，在工业应用和基础研究方面均取得了卓越的成果。该技术先将合成气转化为甲醇，然后通过甲醇制烯烃(MTO)技术转化为烯烃。此外，合成气也可以直接转化制烯烃，即合成气在一个反应器内，一步转化成为低碳烯烃，不经过生成中间产品的步骤。直接技术路线由于具有工艺流程简单、反应步骤少的特点而备受关注并得到广泛研究。其中研究最为广泛的方法是费-托合成(Fischer-Tropsch synthesis，FTS)技术路线。通过对费-托合成催化剂进行修饰和改进，可以实现将合成气直接转化制备低碳烯烃，对该类催化剂的研究已进行了数十年。

FTS 最早由德国科学家汉斯・费歇尔(Hans Fischer)和弗朗茨・托罗普施(Franz Tropsch)于 20 世纪 20 年代发明并获得专利，并已成为工业天然气制油(GTL)和煤制油(CTL)工艺的核心技术[1,2]。发展至今，费-托合成不仅在应用上取得了巨大的成功，在基础研究方面也取得了深入认识。通过 FTS 技术不仅可以获得液体燃料，还可以获得多种重要的化学品，包括甲烷、低碳烃、液体燃料、蜡以及醇等化合物[3,4]。通过对传统铁基和钴基催化剂进行修饰和改进，可以催化合成气直接转化为低碳烯烃，该技术路线被称为费-托制烯烃(FTTO)。然而，受传统 FTS 催化剂表面链增长反应机理的限制，低碳烯烃选择性难以突破 Anderson-Schultz-Flory(简称 ASF)分布极限，这也是该领域百年来的重大科学挑战[5]。

2016 年，中国科学院大连化学物理研究所提出金属氧化物-分子筛(oxide-zeolite，OXZEO)双功能催化的创新性概念，实现了合成气一步转化高选择性制低碳烯烃。通过该双功能催化的概念，C—O 键活化和中间体 C—C 键偶联这两个关键步骤的催化活性中心得以在空间上分离，即 CO 和 H_2 首先在具有氧缺陷的金属氧化物配位不饱和活性中心上被活化生成气相中间体，中间体扩散到具有择形限域作用的分子筛孔道内酸性位点上发生可控偶联。因此，该策略可以有效调控合成气转化产物选择性，低碳烯烃选择性超过 80%，从原理上突破了近百年来传统 FTS 产物分布难以逾越的 ASF 分布理论极限，解决了合成气直接转化目标产物选择性低的科学难题[6]。该研究在发表后迅速引起了广泛的关注，一系列不同组成的 OXZEO 催化剂相继被报道，用于高选择性制低碳烯烃。例如，当采用 $ZnCrO_x$-SAPO-34 双功能催化剂时，可以获得混合的低碳烯烃；采用 $ZnCrO_x$-丝光沸石(MOR)双功能催化剂时，合成气可以高选择性转化为乙烯，乙烯的烃基选择性高达 83%[7]。此外，该策略还可以选择性地合成多种其他种类的化学品或燃料，如具有高辛烷值的汽油[8]、芳烃[9,10]、含氧化合物[11]等，这些产物选择性都远高于 ASF 分布模型预测值。越来越多的研究表明，OXZEO 催化剂设计概念具有普适性，不仅可以用于合成气直接转化过程，而且也适用于 CO_2 加氢制各种化学品和燃料[12,13]。为了实现催化剂理性设计和性能进一步优化，亟须深入研究 OXZEO 催化作用原理以及产物选择性控制机理。

1.2 基于费-托合成技术路线的合成气直接转化

1.2.1 基于费-托合成技术路线的合成气直接转化制烯烃研究进展

自 FTS 问世以来，一直是 C_1 化学领域最重要的技术之一。金属和金属碳化物如铁、钴和钌具有优异的 FTS 催化性能，被广泛研究。该类催化剂被广为接受的反应机理是表面碳链增长机理，即 CH_x ($x = 1, 2, 3$) 单元与吸附的碳链发生链增长反应。该反应涉及 CO 的活化和解离(直接解离或氢助解离)，形成表面碳和表面氧；氢与表面氧反应形成 H_2O(氢消耗)，表面碳与氢反应形成 CH_x 中间体；CH_x 在开放的金属或金属碳化物表面发生迁移，并与其他 CH_x 发生 C—C 偶联并链增长，同时发生加氢反应致链终止，形成一系列不同碳原子数的烃类产物[图 1.1(a)]。因此，该反应产物分布宽，碳氢化合物产物中碳原子数可以从一到几十，甚至上百，其分布可用 ASF 分布模型描述：

$$\frac{W_n}{n} = \alpha^{n-1} \times (1-\alpha)^2 \tag{1.1}$$

式中，α 为链增长因子；W_n 为碳数为 n 的烃的质量分数。

根据该分布特点，唯一可以做到 100%选择性的产物是甲烷。当 α 值较小时，产物以轻质碳氢化合物为主，但它的挑战是形成大量副产物甲烷；当 α 值较大时，以长碳链烃类产物为主。图 1.1(b) 显示产物分布与链增长因子的关系，以低碳烯烃的合成为例，在 $\alpha = 0.46$ 时，低碳烃 C_2～C_4(包括链烷烃和烯烃)选择性达到理论最高值(58%)，此时甲烷选择性高达 29%。

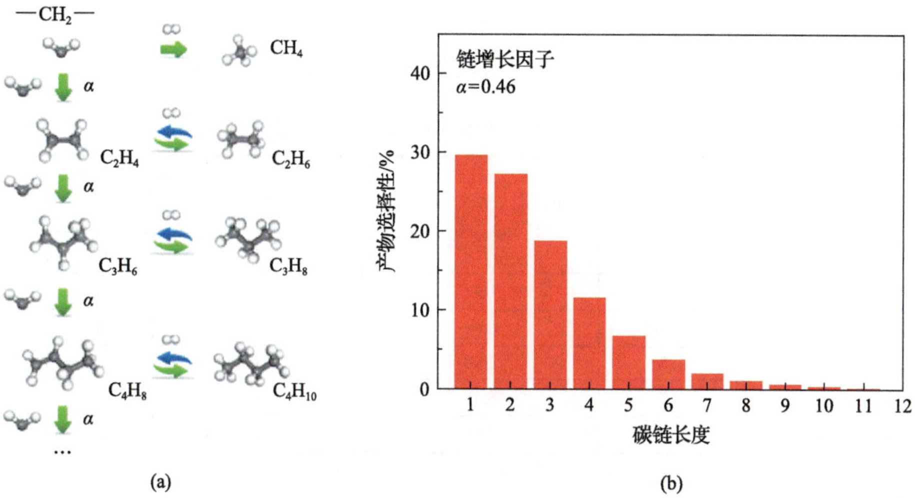

图 1.1 费-托合成反应机理和产物分布

(a)链增长反应示意图；(b)经典费-托反应产物分布图[14]

值得注意的是，不同文献对于低碳烯烃选择性的定义不同。多数文献中低碳烯烃选择性为所有烃类产物中 C_2～C_4 烯烃的含量；然而有的文献则定义为 C_1～C_4 烃类中 C_2～C_4 烯烃的含量，或者是 C_2～C_4 烃类中 C_2～C_4 烯烃的含量；因此会出现相同类型的催化剂所报道的性能数据有很大差异。为了便于讨论对比，本章讨论的低碳烯烃、汽油和芳烃等烃类产物的选择性是其在所有烃类产物中的碳数选择性，不包括 CO_2 或 H_2O。

如何突破 ASF 分布的限制，提高低碳烯烃的选择性，是该领域面临的重大科学挑战。研究人员进行了广泛的尝试，采取多种策略对 FTS 催化剂进行修饰和改性，如引入促进剂、改性活性组分和载体，以及改变金属前驱体和催化剂制备方法等，旨在开发可直接高效合成低碳烯烃的新型催化体系。

早在 20 世纪 70～80 年代，Büssemeier 等[15]就报道了将氧化铁与 Ti、V、Mo、W、Mn 等混合的复合金属氧化物催化剂用于 FTTO 反应。在 280℃、1MPa、$H_2/CO = 1$ 的反应条件下，实现了 50%的 CO 转化率以及 70%的低碳烯烃选择性，而甲烷仅占约 10%。

Venter 等[16]采用含 Fe、Mn、K 多元素的前驱体制备的碳负载 Fe-Mn-K 催化剂，在常压条件下实现 70%左右的低碳烯烃选择性。Venter 等认为高分散的铁是获得较高选择性的原因。需要指出的是，虽然常压条件有利于提高选择性，但 CO 的转化率通常低于 1%。徐龙伢等[17]采用 Silicalite-2(S-2)分子筛负载 Fe-Mn-K 催化剂，开展 1.8L 的单管放大实验研究，在 340℃、2MPa、空速 $1200h^{-1}$、$CO/H_2 = 0.5$ 的条件下，获得 CO 转化率大于 78.6%、烃类中低碳烯烃选择性 71.6%的良好结果。

de Jong 团队[3]于 2012 年报道了一项重要突破，他们采用弱相互作用的 α-Al_2O_3 或碳纳米纤维(CNF)作为载体，负载 Na 和 S 改性的铁催化剂，在 350℃、0.1MPa、$H_2/CO = 1$ 的条件下，CO 转化率<1%，低碳烯烃的烃基选择性高达 61%；在 340℃、2MPa 反应条件下，CO 转化率提升至 88%，低碳烯烃选择性仍维持在 52%(表 1.1)。该团队对费-托制烯烃主流 Fe 基催化剂进行了全面综述[18]，在很宽的反应条件下(压力、温度、H_2/CO 比例及空速)均可获得高的低碳烯烃选择性，如在 60～1000h 反应测试时间内，

CO 转化率高于 70%情况下，低碳烯烃选择性高达 50%。FTTO 催化剂进一步发展和应用的主要挑战在于苛刻的反应条件下，如何抑制积碳，以提高催化剂寿命。

表 1.1 负载型 Fe 基催化剂催化合成气转化反应性能[3]

催化剂	CO 转化率/%	单位质量铁时空收率/[$10^{-6}mol_{CO}/(g_{Fe}\cdot s)$]	烃类产物选择性/%			
			CH_4	$C_{2\sim4}$		C_{5+}
				烯烃	烷烃	
Fe/CNF[a]	0.5～1	1.41	23	61	4	12
Fe/α-Al_2O_3(12wt%[b] Fe)[a]	0.5～1	0.65	22	61	4	13
Fe/CNF[c]	88	2.98	13	52	12	18
Fe/α-Al_2O_3(6wt% Fe)[c]	77	8.48	24	35	21	10
Fe/α-Al_2O_3(12wt% Fe)[c]	81	2.66	17	39	19	14

a. 反应条件：$H_2/CO=1$、350℃、0.1MPa。转化率 0.5%～1%，烃类产物选择性(未计 CO_2)。

b. wt%表示质量分数。

c. 反应条件：$H_2/CO=1$、340℃、2MPa。烃类产物选择性(未计 CO_2)。

孙予罕团队报道了一种包含立方纳米棱柱状 Co_2C 活性相的 CoMn 催化剂，其表现出优异的 FTTO 反应活性(图 1.2)[19]。在 $H_2/CO=2$、250℃、0.1MPa、2000mL/(g·h)的温和反应条件下，实现 32%的 CO 转化率，低碳烯烃的烃基选择性高达 61%，甲烷选择性低于 5%，而且催化剂在反应 600h 后没有明显失活。

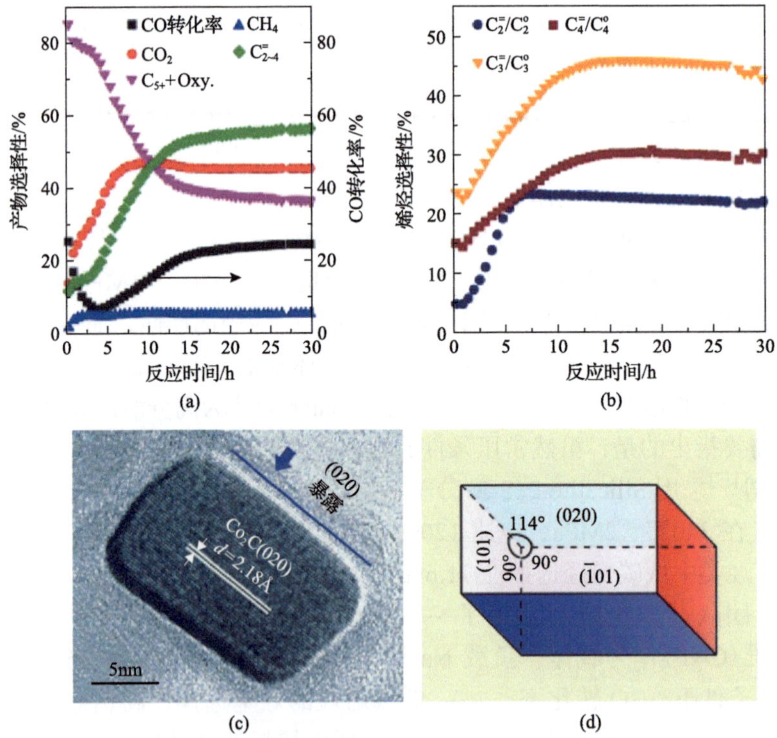

图 1.2 Co_2C 纳米棱柱催化合成气转化性能[$H_2/CO=2$、250℃、0.1MPa、2000mL/(g·h)](a、b)及其高分辨电镜照片(c)和示意图(d)[19]

Oxy.为含氧化合物

定明月课题组[5]报道了一种表面疏水改性修饰的 FeMn 催化剂（FeMn@Si-c），催化剂进行疏水性修饰后，疏水壳层缩短了水在催化剂表面的停留时间，抑制了与水有关的副反应，同时有效保护了内部的碳化铁不被氧化。在 320℃、2～3MPa 的反应条件下，实现了合成气高选择性直接制取烯烃，CO 转化率为 56%，二氧化碳和甲烷等 C_1 副产物的选择性显著降低到 23%以下，总烯烃选择性可达 65%，其中低碳烯烃选择性为 24%，烯烃收率为 37%（图 1.3）。

肖丰收团队[20]将 CoMn 与聚二乙烯基苯（PDVB）物理混合获得 CoMn/PDVB 复合催化剂。该催化剂具有较高的低碳烯烃选择性，同时 PDVB 作为疏水性水传导通道，将水从 CoMn 催化剂表面快速移走，有效提高了反应性能。相比于 CoMnC 催化剂，在 $H_2/CO/Ar = 64/32/4$、250℃、0.1MPa、1800mL/(g·h) 的反应条件下，CO 转化率从 32% 显著提升到 64%，并且低碳烯烃的烃基选择性提高至 71%（图 1.4）。

综上所述，尽管合成气转化制低碳烯烃的研究已取得显著进展，但该反应仍伴随着较高含量的甲烷、低碳烷烃的生成。因此，降低烷烃选择性、提高烯烃选择性仍然是未来重点研究方向。

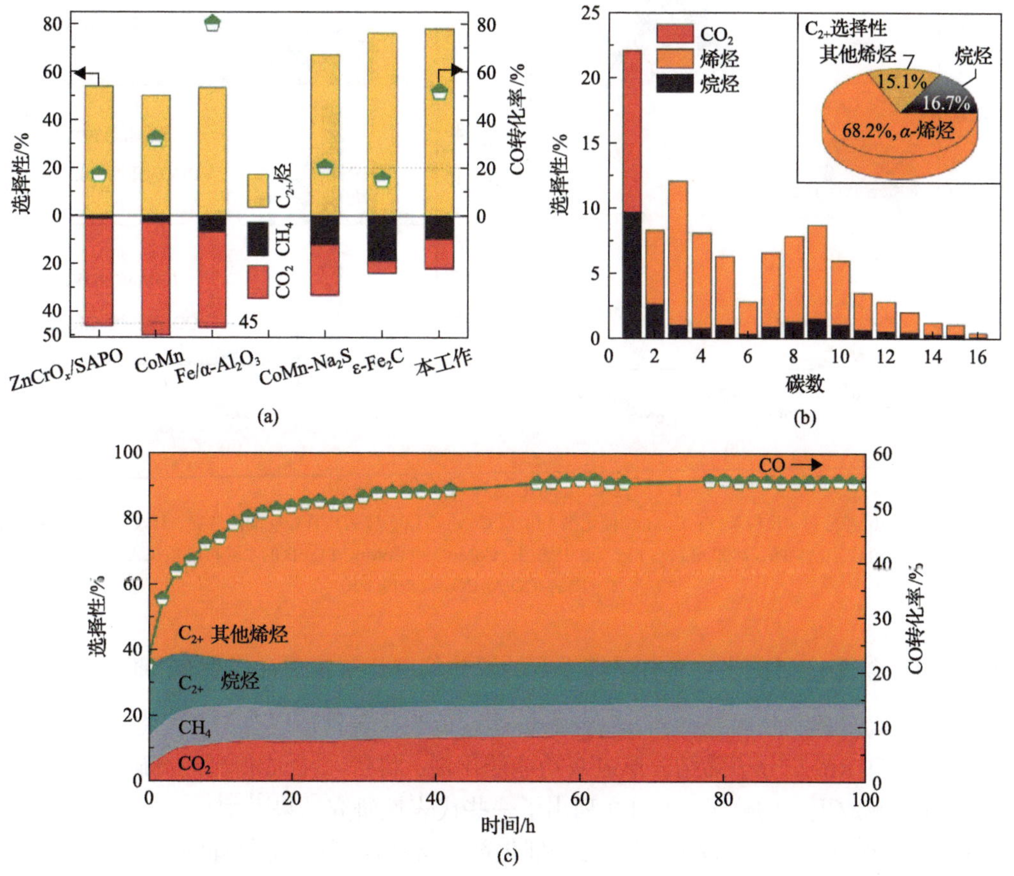

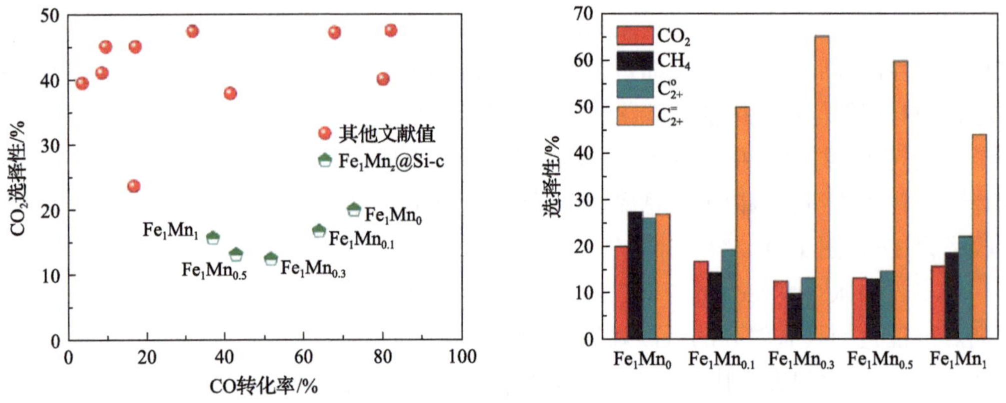

(d) (e)

图 1.3 FeMn@Si-c 催化合成气直接转化反应性能[5]

(a)产物分布(包括二氧化碳)与文献报道工作对比；(b)详细产物分布(包括二氧化碳)和 C_{2+}烃选择性分布(插入图)；(c)FeMn@Si-c 的稳定性；(d)CO 转化率和 CO_2 选择性；(e)Fe_1Mn_x@Si-c 上的产物分布(包括 CO_2)

反应条件：320℃、2.0MPa、4000mL/(g · h)、$H_2/CO = 2$

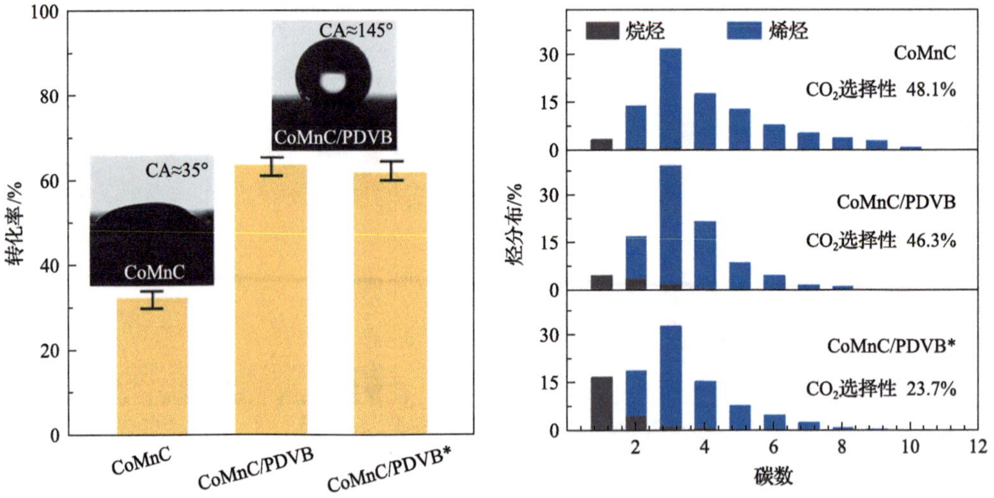

(a) (b)

图 1.4 合成气转化制烯烃的催化性能[20]

(a)CO 转化率；(b)烃分布。反应条件：CoMnC 催化剂 1.0g 或 CoMnC 1.0g 与 PDVB 1.0g 的混合物，$H_2/CO/Ar$ 为 64/32/4、250℃、0.1MPa、1800mL/(g · h)。(a)中插图：CoMnC 和 CoMnC/PDVB 的水滴接触角(CA)

*原料气组成 $H_2/CO/Ar/CO_2 = 68/19/3/10$

1.2.2 FTS 金属/金属碳化物与分子筛耦合的双功能催化剂实现合成气制汽油

为了提高目标产物的选择性，研究人员通过负载或者物理混合的方式将 FTS 催化剂(如 Fe、Co 和 Ru)与分子筛结合形成双功能催化剂，将费-托合成得到的高碳烃产物，通过分子筛裂解成更小的分子，表 1.2 列出了一些代表性研究结果[21,22]。

Caesar 等[21]报道了一种 K 促进的铁催化剂和 ZSM-5 分子筛物理混合的双功能催化剂，烃类产物中汽油选择性超过 60%。自 20 世纪 80 年代以来，Rao 及合作者[22,23]将 ZSM-5

以不同形式引入费-托合成的 Co 和 Fe 催化剂，包括负载、物理混合以及 Co/SiO_2 与 ZSM-5 的物理混合催化剂用于合成气转化。结果显示，产物中汽油馏分烃的选择性高达 65%。异构烷烃相较于直链烷烃具有更高的辛烷值，而传统 FTS 产物主要是直链烷烃，因此研究人员通过催化剂的改进，以期提高液体燃料产物中异构烷烃的比例。例如，Fujimoto[24]、Tsubaki[25]以及王野团队[26]分别研究了一系列 FTS-分子筛复合催化剂，其中异构烷烃有显著提高，异构/正构烷烃比值(C_{iso}/C_n)最高可达 4。

一系列介孔分子筛作为 Co 和 Ru 的载体，用于合成液体燃料，如 ZSM-5、Y 和 Beta 分子筛[27,28]。例如，介孔 Y 分子筛负载的钴纳米颗粒，可以有效控制柴油的氢解反应，提高柴油的选择性，同时降低甲烷的选择性。研究结果显示，钴颗粒和介孔的大小是决定 FTS 和正十六烷氢解反应产物选择性的关键因素。当平均粒径为 8.4nm 的 Co 负载于 Na 型介孔 Y 分子筛上时，催化合成气转化反应中柴油选择性可达 60%，CH_4 选择性为 5%。最近，Peng 等[26]研究表明，合成气转化产物可以通过简单地控制介孔 Y 分子筛孔隙率、酸性质、离子交换元素种类，可分别获得 74%汽油、72%航空煤油和 58%柴油馏分的烃类产物(图 1.5)。例如，Co 负载于 Ce^{3+}交换的介孔 Y 可以将汽油的选择性提高至 74%，其研究法辛烷值(RON)达到 80。Co 负载于 K 交换的介孔 Y 分子筛可以将柴油选择性提高 58%，但其异构/正构烷烃比值仅为 0.4[29]。

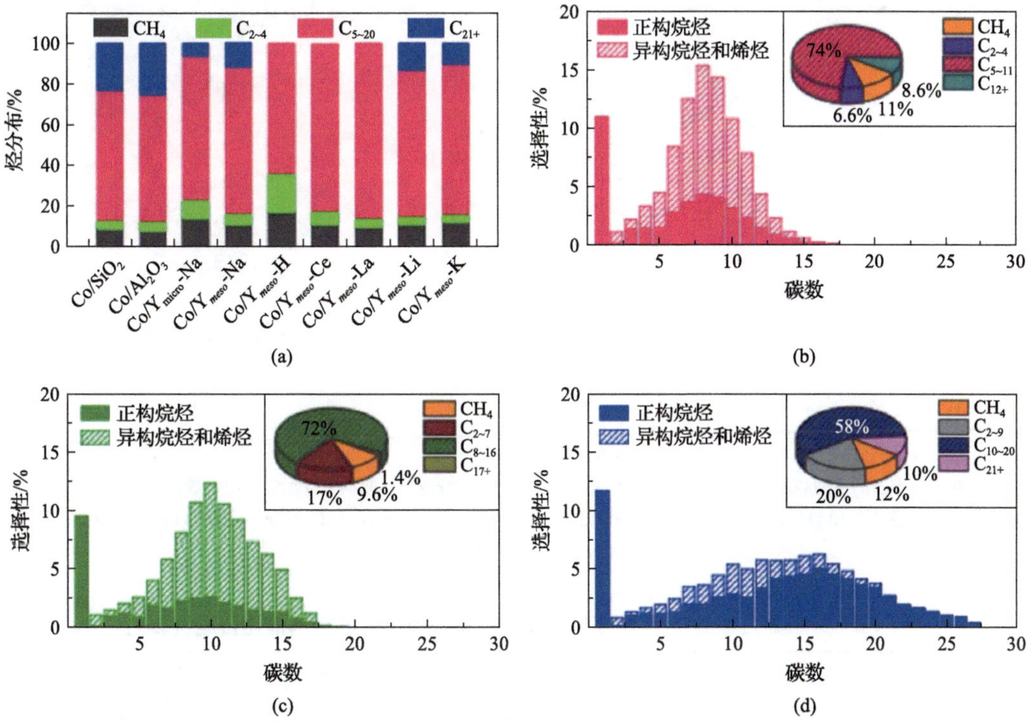

图 1.5　分子筛负载的 FTS 催化剂性能[29]

(a)介孔 Y 分子筛负载钴(Co/Y_{meso})与传统催化剂相比。(b～d)Co/Y_{meso}-Ce(b)、Co/Y_{meso}-La(c)和 Co/Y_{meso}-K(d)的详细产物分布

Sun 等[30]通过溅射工艺制备了一种 H-Beta 分子筛负载的高度分散的钌纳米颗粒催化剂。

高分辨透射电子显微镜(HRTEM)和化学吸附结果表明，钌纳米粒子的分散度为 31.2%，粒子尺寸为 2～4nm。不同于传统浸渍法获得的催化剂，这些金属 Ru 纳米颗粒与酸性分子筛通过弱物理力结合。Ru/H-Beta 催化剂无需任何还原预处理，可直接用于合成气转化，CO 转化率是浸渍催化剂的 1.6 倍，异构/正构烷烃比值高达 4.6。马丁团队[31]报道了一种 Na-Zn-Fe_5C_2 与等级孔结构 HZSM-5 复合的催化剂，显著改变了合成气转化反应产物的分布，CO 转化率高达 89%，芳烃选择性为 51%，C_{12+}重烃基本未检测到，催化剂具有良好的稳定性。通过控制碱处理条件和离子交换程度，可以精确地调节 HZSM-5 的等级孔结构和 Brønsted 酸性质。Duyckaerts 等[32]采用 Co(Co/Al_2O_3)和 Pt/ZSM-5 以上下床层模式，获得了 80%的液体燃料选择性，其中 30%石脑油(C_5～C_9)和 50%的 C_{10}～C_{24} 馏分。

肖丰收团队[33]采用一种纯硅 MFI 分子筛纳米片与 Na-FeC_x 组成的复合催化剂，在 260℃、2MPa、CO/H_2/Ar = 45/45/10、空速 2400mL/(g·h)的条件下，可实现 CO 转化率 83%，C_2～C_{10} 烯烃选择性为 69%，其中低碳烯烃选择性为 39%。他们认为物理混合的纯硅分子筛能够加快烯烃分子筛从碳化铁表面快速脱附，从而拉动反应正向进行。而这种拉动作用不需要分子筛酸性位的帮助，Silicalite-1(S-1)也可以达到相似的效果(图 1.6)。

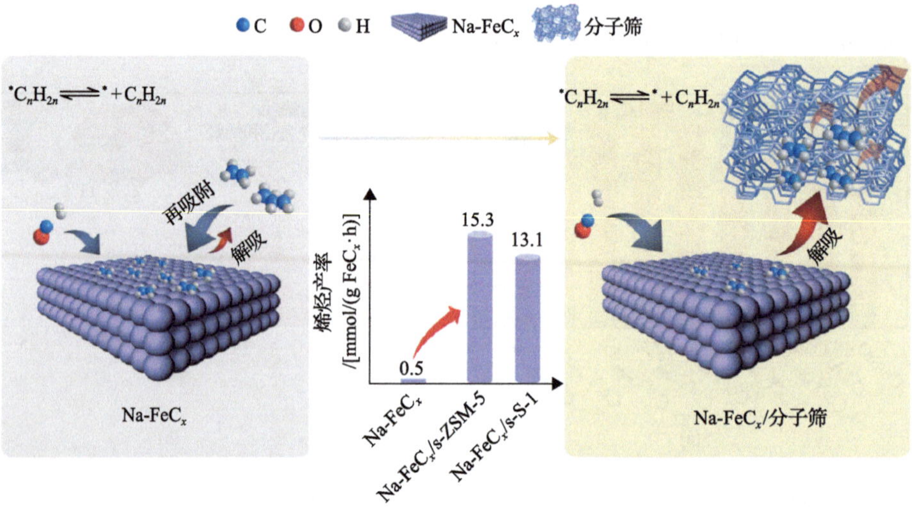

图 1.6 催化机理示意图[33]

在没有沸石的模型(左)中，吸附在 Na-FeC_x 催化剂表面的烯烃产物(*)阻碍 CO 加氢反应，烯烃产率较低。在含有沸石的模型(右)中，烯烃产物迅速从沸石微孔中逸出，暴露出 Na-FeC_x 表面，促进 CO 加氢反应。不同催化剂上的烯烃产率如中间图所示

表 1.2 分子筛负载金属/金属碳化物催化剂和物理混合催化剂催化合成气转化

催化剂名称 a	温度/℃	压力/MPa	空速/[mL/(g·h)]	H_2/CO 比	CO 转化率/%	CO_2 选择性/%	烃类产物选择性/%			芳烃选择性/%b
							CH_4	C_2～C_4	C_{5+}	
KFe-ZSM-5[21]	330	1.2	3300	2	94	—	—	—	61	20
CoNiZr-HZSM-5[34]	250	1.0	1769	0.92	13	—	18	31	51	26
Co-Th-ZSM-5[35]	280	2.2	5346	3	61c	—	18	14	68	1

续表

催化剂名称[a]	温度/℃	压力/MPa	空速/[mL/(g·h)]	H_2/CO比	CO转化率/%	CO_2选择性/%	烃类产物选择性/%			芳烃选择性/%[b]
							CH_4	C_2～C_4	C_{5+}	
Co-ZSM-5[22]	280	2.1	1153	1	48	18	27	22	51	26
Fe-ZSM-5[23]					29	46	15	32	53	31
CoTh-ZSM-5[36]					74	45	16	11	73	15
Co/SiO_2-ZSM-5[37]					47	—	25	16	59	21
Co/SiO_2-Pd/SiO_2-ZSM-5[24]	250	1.0	1948	2	97	6	11	38[h]	51[h]	—
Ru/Beta[30]	260	1.0	2240	2	79	—	11	17	72[d]	—
CoPd/ZSM-5[38]	260	1.0	2240	2	80	—	21	22	57 (55[d])	—
Ru/*meso*-ZSM-5[26]	260	2.0	2400	1	30	—	6	15	80 (79[d])	—
Ru/*meso*-Beta[39]					31	—	5	13	82 (77[d])	—
Co-Mn/Na-Y_{meso}[40]	230	2.0	2400	1	37	—	4	4	92 (65[e])	—
Co/meso-ZSM-5[41]	240	1.5	2400	2	87	4	19	15[h]	66[h] (58[d])	—
Co/Y_{meso}-Ce[29]	250	2.0	2240	1	34	—	11	7	82 (74[d])	—
Co/Y_{meso}-La[29]					40	—	10	4	86 (72[f])	—
Co/Y_{meso}-K[29]					30	—	12	4	84 (58[g])	—
Co/Al-SBA-16[22]	220	1.0	6000	2	27	—	17	13	71 (61[d])	—
Co/Al_2O_3‖Pt/ZSM-5[32]	上床层：210 下床层：250	2.0	4000	2	42	1	18		82	—
FeZnNa-ZSM-5[31]	340	2.0	10000	2.7	89	28	10	27	64	51

a. “‖”代表双床层，“/”代表负载催化剂，“-”代表物理混合。

b. 烃类中芳烃选择性。

c. [$CO+H_2$]转化率。

d. C_5～C_{11}选择性。

e. C_5～C_{20}选择性。

f. C_8～C_{16}选择性。

g. C_{10}～C_{20}选择性。

h. 基于柱状图估算。

1.2.3　以 FTS 金属/金属碳化物为核、分子筛为壳的核壳催化剂实现合成气制汽油

除了上述分子筛负载或者物理混合的 FTS 催化剂外，Tsubaki 团队[42-44]巧妙地设计了一种核壳结构的复合催化剂，即以 FTS 催化剂为核，以分子筛为壳层，FTS 催化剂上形成长的直链烃产物，扩散通过分子筛壳层时，被酸性位催化发生裂解和异构化反应，从而获得目标产物，它们的性能优于相应的物理混合物(图 1.7)。例如，通过在预成型的 Co/SiO_2 颗粒周围覆盖一层 HZSM-5，可以完全抑制 C_{11+}烃的形成。有趣的是，较小的 Co/SiO_2 颗粒尺寸(0.38～0.50mm)有利于异构烷烃的形成，异构 C_{4+}/正构 C_{4+} (C_{iso4+}/C_{n4+})比值提高到 1.21[42]。Tsubaki 团队[43]还报道，在 Co/Al_2O_3 颗粒周围包裹 17μm 厚的 H-Beta 分子筛时，可完全抑制 C_{12+}烃的形成，并将汽油馏分的异构/正构烷烃比值提高到 2.34。作者推测，当生成产物碳链越长，它们在分子筛中停留时间越长，越有利于裂解和异构

化反应的进行，从而获得更高的异构/正构烷烃比值。与 Co/Al_2O_3 相比，CH_4 副产物选择性也明显降低了，作者将这归因于分子筛壳层的亲水性作用[43]。此外，Tsubaki 团队还将这种核壳结构策略拓展到 Fe 基和 Ru 基的 FTS 催化剂，并取得了重要进展，结果列于表 1.3 中。

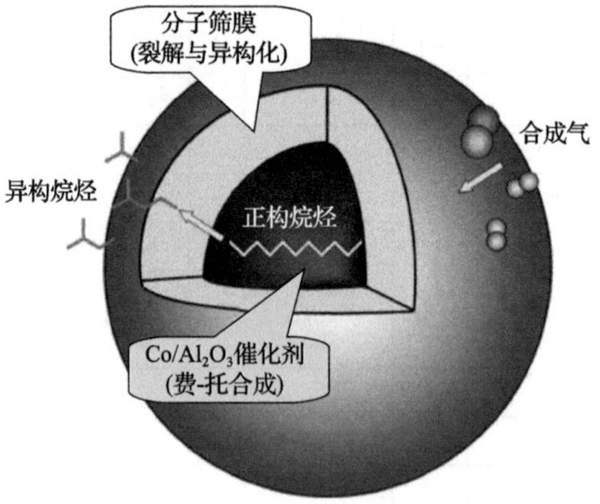

图 1.7　以 FTS 催化剂 Co/Al_2O_3 为核、分子筛为壳的核壳结构催化剂方案[43]

表 1.3　以 Co、Ru 和 Fe 基为核、分子筛为壳的核壳催化剂催化合成气转化

催化剂名称		温度/℃	压力/MPa	空速/[mL/(g·h)]	H_2/CO 比	CO 转化率/%	CO_2 选择性/%	烃类产物选择性/%			异构/正构烷烃比
核	壳							CH_4	C_2～C_4	C_{5+}	
Co/SiO_2[42]	ZSM-5	260	1.0	2240	2	86	7	40	25[a]	36[ab]	1.88
Co/Al_2O_3[43]	Beta	260	1.0	4476	2	74	3	14	25[a]	61[a]	2.34
Ru/SiO_2[44]	ZSM-5	260	1.0	2240	2	82	6	22	27[a]	51[ab]	1.50
Fe/SiO_2[45]	S-1	380	1.0	800	0.5	21	—	21	44	35	—

a. 数据基于柱状图的估算。

b. C_5～C_{11}。

上述研究表明，无论是负载形式、物理混合形式还是核壳结构，将传统 FTS 铁、钴和钌基催化剂与分子筛复合，都可以有效地裂解长链烃，从而提高液体燃料产物的选择性。Sartipi 等[45]系统地介绍了该类双功能催化剂用于合成气一步合成液体燃料的研究进展。尽管这种自上而下的后处理策略被广泛研究，且证明可有效地促进液体燃料和芳烃的高选择性合成，其选择性均高于传统费-托合成，但尚未见报道用于低碳烯烃的合成。

1.2.4　Cu、Pd、Rh 金属催化剂与分子筛耦合实现合成气制低碳烷烃

Fujimoto[46,47]和 Cheng 团队[48]研究了一系列基于 Cu、Pd 和 Rh 与 ZSM-5、Y、Beta、SAPO-34 和 MOR 等不同分子筛的复合催化剂，可以高选择性地生成短链烃，但主要是链烷烃。如表 1.4 所示，通过物理混合 CuZn 和 Y 分子筛，合成气主要转化为液化石油

气(LPG)的碳氢化合物，其选择性高达70%[47]。Chen等[49]报道了CuZnAl-SAPO-34的复合催化剂，其催化合成气转化中CO转化率达63%，CH_4选择性仅3%，C_2^o～C_4^o低碳烷烃的选择性高达97%，没有检测到C_{5+}烃。Arakawa等[50]报道了一种不同的策略，将合成气制含氧化物的催化剂($Rh\text{-}Ti\text{-}Fe\text{-}Ir/SiO_2$)与脱水催化剂(S-1)相结合，$C_1$～$C_4$产物乙烯的选择性得到显著提高(45%)，但伴随着高达33%的CH_4选择性。

表1.4 Cu、Pd和Rh基与分子筛耦合的催化剂催化合成气转化

催化剂名称	温度/℃	压力/MPa	空速/[mL/(g·h)]	H_2/CO比	CO转化率/%	CO_2选择性/%	烃类产物选择性/%		
							CH_4	C_2～C_4	C_{5+}
Pd/SiO_2-ZSM-5[51]	350	2.1	2240	2	16	34	7	55	38
Pd/SiO_2-A[51]					11	32	14	79	4
CuZn-S-DAY[47]	300	2.0	8296	2	20	19	2	75	23
CuZn-MOR[52]	325	2.1	4978	2	23	36	21	72	7
$PdCa/SiO_2$-Beta[53]	350	3.1	2489	2	62	43	2	83	15
PdZnCr-Pd-Beta (SAR=300)[54]	375	5.1	2517	2.7	72	35	—	77[a]	—
ZrCuZnAl-Pd-Beta[55]	260	2.0	2240	2	83	45	0	92 (*iso*-C_4:83)	8
CuZnAl-SAPO-34[49]	400	3.0	3600	2	～63	～44	～3	～97[b]	—
CuZn/SAPO-34[48]	320	3.0	—	2	7	23	25	37	—
Pd/SiO_2-H-Y[46]	357	2.1	2545	2	15	36	5	84	11
Pd/SiO_2-DA-MOR (用HCl脱铝)[a][56]	350	2.1	2240	2	19	38	6	68	26
Rh-Ti-Fe-Ir/SiO_2-S-1[50]	260	5.0	3000	1	6	3	33[c]	45[d]	—

注：SAR为分子筛骨架中SiO_2与Al_2O_2的摩尔比。

a. 数据基于柱状图估算。

b. C_3+C_4选择性。

c. C_1～C_4中甲烷占比。

d. C_1～C_4中乙烯占比。

1.3 金属氧化物-分子筛双功能催化合成气直接转化制低碳烯烃OXZEO-TO技术路线

早在20世纪80年代，研究人员尝试将甲醇合成催化剂Cr_2O_3-ZnO、ZrO_2等金属氧化物与ZSM-5和Y、MOR分子筛进行复合，可催化合成气转化为芳烃、低碳烷烃[57,58]，以及汽油馏分产物[59,60](表1.5)。如何将合成气一步高选择性地转化成为低碳烯烃，一直是C_1化学领域的重大挑战。

表 1.5 金属氧化物-分子筛复合催化剂催化合成气转化的早期探索结果

催化剂名称	温度/℃	压力/MPa	空速/[mL/(g·h)]	H_2/CO比	CO 转化率/%	CO_2 选择性/%	烃类产物选择性/%			芳烃选择性/%[a]
							CH_4	C_2～C_4	C_{5+}	
ZrO_2-MOR[57]	427	8.3	720[b]	1	4[c]	20	47	17	36	34
ZrO_2-ZSM-5[57]					14[c]	17	2	14	85	85
ZnCr oxide-ZSM-5[57]			1780[b]		38[c]	50	2	26	72	70
ZnCrAl/ZSM-5[58]	399	10.0	500[b]	2	27	—	10	83[d]	0	—
ZnCr-DAY[61]	350	2.1	6588	2	11	47	7	65	28	0
ZnCr-Beta[52]	350	2.1	4978	2	33	49	7	71	22	—
Cr_2O_3-ZnO-ZSM-5[62]	400	4.0	360	0.5	63	48	4	41	56	44

注：ZnCr oxide 表示锌铬氧化物。

a. 烃类中芳烃占比。

b. 单位为 h^{-1}。

c. [$CO+H_2$]转化率。

d. 乙烷选择性。

2016 年，中国科学院大连化学物理研究所报道了 $ZnCrO_x$ 与介孔 SAPO-34 耦合的双功能催化剂，实现了合成气一步转化，高选择性地生成低碳烯烃。在 H_2/CO = 2.5、400℃、2.5MPa、7714mL/(g·h)条件下，CO 转化率为 17%，低碳烯烃选择性高达 80%。如图 1.8[6] 所示，低碳烯烃选择性远超出 ASF 分布模型预测的 58%和 FTTO 工艺的 61%[3]，同时，副产物甲烷的选择性低于 3%。OXZEO 双功能催化剂将反应变为一个串联过程，即 CO 和 H_2 在金属氧化物上被活化生成了 CH_2 并在 CO 气氛中生成乙烯酮，该中间体在分子筛的限域孔道中进行 C—C 键的偶联，从而高选择性地生成低碳烯烃[6]。同年，Cheng 等[63] 报道了 ZrO_2-ZnO 二元氧化物与 SAPO-34 的复合催化剂，在 400℃、1MPa、3600mL/(g·h) 条件下，CO 转化率为 11%，低碳烯烃 $C_2^=$～$C_4^=$选择性为 74%。

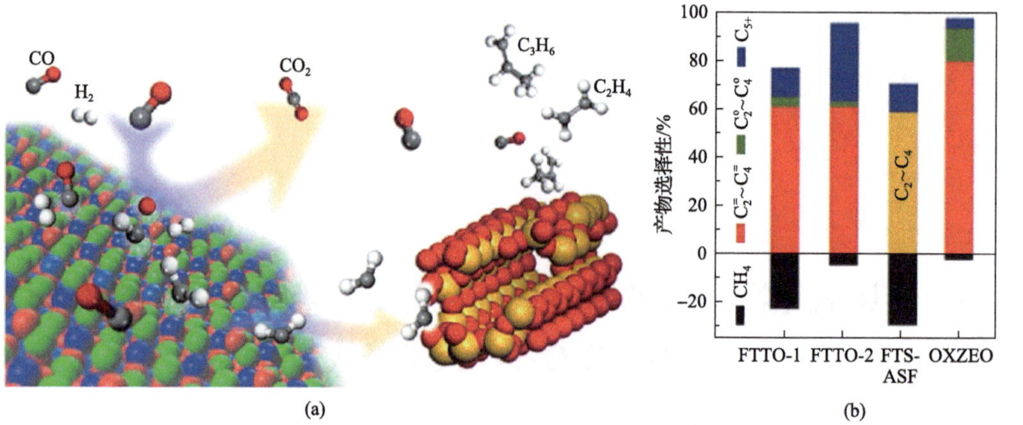

图 1.8 $ZnCrO_x$-SAPO-34 催化合成气制低碳烯烃

左图为 OXZEO 双功能催化剂示意图[6]；右图为碳氢化合物分布及其与传统 FTS-ASF 分布、铁基催化剂 FTTO-1 产物[3]和钴基催化剂 FTTO-2 产物分布的比较[19]

此后，一系列不同金属氧化物与 SAPO-34 耦合形成的双功能催化剂被开发出来，并用于合成气制低碳烯烃[64,65]，如表 1.6 所示。Su 等[66]报道了 Zr 掺杂 In_2O_3 和 SAPO-34 分子筛物理混合形成的双功能催化剂，在 400℃、2.0MPa、3600mL/(g·h)的反应条件下，CO 转化率为 28%，低碳烯烃选择性为 74%。结合 X 射线光电子能谱(XPS)、程序升温还原(TPR)及密度泛函理论(DFT)计算结果，作者发现体心立方 In_2O_3 相掺杂 Zr 之后可以抑制 In_2O_3 表面被还原，同时提高了甲醇中间体被加氢至甲烷的能垒，也就抑制了甲烷的生成。作者进一步通过 DFT 计算提出 CO 在 Zr-In_2O_3 上加氢经过碳酸盐-甲酸盐最终形成甲醇中间体的反应路径。Kirilin 等[67]对比研究了铜锌基和铬锌基氧化物与 SAPO-34 耦合形成的双功能催化剂的性能，其中 Cu-Zn-SAPO-34 体系催化合成气反应产物只有饱和烃，而 Cr-Zn-SAPO-34 催化剂可以催化合成气直接转化生成低碳烯烃，但选择性也较低，仅为 38%。作者分析了氧化物组分对烯烃加氢活性及其对最终产物选择性的影响，以及它们与 SAPO-34 的相互作用。作者将两种催化剂产物选择性的差异归因于 Cr-Zn 和 Cu-Zn 组分的加氢活性。

Raveendra 等[68]研究了 Al_2O_3、ZrO_2、Cr_2O_3 和 CeO_2 作为载体负载的 ZnO(表示为 Zn/载体)，并与 SAPO-34 分子筛耦合形成的双功能催化剂，用于合成气直接转化过程。作者系统考察了反应压力、催化剂中不同组合之间的质量比、SAPO-34 的 SiO_2/Al_2O_3 比以及两种活性组分的耦合方式等因素对催化活性的影响。在 400℃、1.0MPa、3600mL/(g·h)条件下，使用 SiO_2/Al_2O_3 比为 0.043 的 SAPO-34 与 Zn/Al_2O_3 耦合的双功能催化剂，可以实现 5%的 CO 转化率和 77%的低碳烯烃选择性。Zhang 等[69]报道 Mn-Ga 氧化物和 SAPO-34 组成的双功能催化剂，在 400℃、2.5MPa 和 4875mL/(g·h)条件下，CO 转化率为 14%，低碳烯烃的选择性高达 88%。作者将高的烯烃选择性归因于 Mn-Ga 表面丰富的氧空位以及 SAPO-34 的弱酸性。Wang 等[70]报道了锌铈锆固溶体($Zn_xCe_{2-y}Zr_yO_4$)与 SAPO-34 混合的双功能催化剂，在 $H_2/CO = 2$，300℃、0.1MPa、5400mL/(g·h)条件下，CO 转化率为 7%，低碳烯烃选择性 83%，低碳烯烃/低碳烷烃比为 23，CH_4 选择性低于 5%，CO_2 选择性为 6%。改变反应条件为 $H_2/CO = 2.5$、350℃、3.0MPa、5400mL/(g·h)，CO 转化率提高到 15%，低碳烯烃选择性降低至 71%。通过原位红外光谱和 DFT 理论计算研究，作者认为在 $Zn_xZr_{2.0}O_4$ 固溶体中掺杂 Ce，增加羧酸中间体的形成能垒，抑制了水煤气变换(WGS)反应，同时固溶体中表面氧空位浓度较高，拉长了 HCO^*物种的 C—O 键，提高了在温和条件下合成气转化的催化活性。

Ni 等[71]将 $ZnAlO_x$ 与 SAPO-34 按照上下双床层堆积，即 SAPO-34 分子筛床层置于 $ZnAlO_x$ 氧化物床层下面，在 390℃、4.0MPa、12000mL/(g·h)的反应条件下，低碳烯烃的选择性为 78%，CO 转化率为 7%。催化剂在 100h 的稳定性测试中没有观察到明显的失活。由于单独 $ZnAlO_x$ 具有催化合成气生成二甲醚的能力，作者提出二甲醚是该反应的中间体。

Liu 等[65]报道了两种尖晶石氧化物与 SAPO-34 组成的双功能催化剂，即 $ZnGa_2O_4$-SAPO-34 和 $ZnAl_2O_4$-SAPO-34，催化 CO 和 CO_2 加氢反应。在 400℃、3.0MPa、3600mL/(g·h)条件下，CO 转化率分别达到 30%和 24%，同时低碳烯烃选择性为 77%和 80%。研究表明，金属氧化物上的氧空位对 CO 或 CO_2 的吸附和活化起着关键作用，而表面 Zn-O 负责 H_2 的活化。作者提出金属氧化物上生成的甲醇和二甲醚是反应中间体，经分子筛上的 Brønsted 酸位催化转化为低碳烯烃。此外，CO 和 CO_2 在金属氧化物表面的加氢反应，是通过相同的甲酸和甲氧基物种进行的。Li 等[72]通过控制 $ZnGaO_x$ 尖晶石的形貌结构，调变其表面氧空位以及配位不饱和金属位点含量，提高了氧化物催化的活性。$ZnGaO_x$ 与 SAPO-34 耦合构成双功能催化剂，在 400℃、4.0MPa、1600mL/(g·h)条件下，CO 转化率达到 49%，同时低碳烯烃选择性为 76%。

Tan 等[73]将 Zn-Cr 金属氧化物封装在 SAPO-34 分子筛内形成核壳结构(Zn-Cr@SAPO)，用于催化合成气直接转化。在 H_2/CO = 2、400℃、2.0MPa、6483mL/(g·h)条件下，CO 转化率为 11%，低碳烯烃选择性为 64%，时空收率为 0.05g/(g·h)。这种核壳结构催化剂上低碳烯烃选择性显著高于物理混合的双功能催化剂。此外，该催化剂可以抑制 CO_2 选择性至 36%。

Wang 等[74]报道了由富含铝的前驱体凝胶合成的、具有沙漏状中空结构的多级孔 SAPO-34 分子筛，与 ZnO-ZrO_2 氧化物耦合获得的双功能催化剂，在 H_2/CO = 2、400℃、3.0MPa、3600mL/(g·h)条件下，CO 转化率为 25%，$C_2^=$～$C_4^=$选择性为 80%，在 100h 时间内催化剂无明显失活。作者认为多级孔促进 $C_2^=$～$C_4^=$解吸并延缓积碳速率，显著延长了双功能催化剂的寿命。

此外，具有可还原性的 MnO_x[64]和 ZnO[75]与 SAPO-34 耦合，也可以催化合成气直接转化，高选择性地获得低碳烯烃。例如，MnO_x-SAPO-34 复合催化剂，在 400℃、2.5MPa 和 4800mL/(g·h)条件下，CO 转化率为 7%，低碳烯烃选择性为 79%。ZnO-SAPO-34 催化剂在 400℃、4.0MPa 和 1600mL/(g·h)条件下，CO 转化率为 32%，低碳烯烃选择性达到 77%[75]。

除了 SAPO-34 之外，拓扑结构的八元环分子筛也被陆续报道用于合成气直接制低碳烯烃中。例如，Liu 等[76]报道了 Zn 掺杂的 ZrO_2 与 SSZ-13(同样具有 *CHA* 拓扑结构)组成的双功能催化剂，在 400℃、3.0MPa 和 3000mL/(g·h)条件下，CO 转化率为 10%，低碳烯烃的选择性达到 87%；当 CO 转化率提高至 29%，低碳烯烃选择性仍可保持 77%，同时 CH_4 的选择性低于 3%。结果表明，Zn/Zr 的摩尔比，SSZ-13 的 Brønsted 酸位点的密度以及双组分之间的临近性对 CO 转化率和烯烃选择性方面起至关重要的作用。动力学研究表明，甲醇和二甲醚(DME)是该反应关键的中间体，合成气转化生成甲醇/DME 是双功能催化剂上决速步。Su 等[77]报道了 ZnCr 氧化物($ZnCrO_x$)和低硅 AlPO-18 分子筛构成的双功能催化剂，在 390℃、10.0MPa 和 3000mL/(g·h)条件下，CO 转化率可达到 49%，低碳烯烃的选择性高达 83%。傅里叶变换红外光谱(FTIR)表征和理论计算表明，低硅 AlPO-18 分子筛具有较低的酸强度，因此在合成气转化反应中，催化氢转移反应的能力较弱，从而有利于低碳烯烃的生成。Li 等[78]发现 SAPO-18 硅铝比(Si/Al)对 $ZnCrO_x$-SAPO-18 催化合成气转化性能产生显著影响。提高硅铝比有利于提高双功能催化剂活性，但是会导致烯烃选择性降低。SAPO-18 硅铝比存在最优值，如硅铝比是 0.011 的 SAPO-18 与 $ZnCrO_x$ 耦合可以在 400℃、4.0MPa 和 5000mL/(g·h)条件下实现 CO 转化率 36%，同时低碳烯烃选择性为 82%。Jiao 等[7]报道 ZnCr 尖晶石氧化物($ZnCrO_x$)与 MOR

耦合形成的双功能催化剂，在360℃、2.5MPa和1857mL/(g·h)条件下，CO转化率为7%时，乙烯的选择性高达83%。当CO转化率提高到26%时，乙烯选择性仍保持在73%。

上述系列研究结果表明，OXZEO双功能催化概念为解决合成气一步法直接制低碳烯烃选择性的挑战提供了创新性解决策略。中国科学院大连化学物理研究所基础研究与应用研究团队合作，并进一步与陕西延长石油(集团)有限责任公司合作，基于OXZEO催化剂及工艺技术，在陕西榆林建设了全球首套烯烃规模为千吨/年的全流程工业中试装置(图1.9)，并于2020年9月成功完成了试验，验证了该技术的先进性和可行性，并通过了中国石油和化学工业联合会组织的科技成果鉴定。

为了进一步优化催化剂，提高其催化性能，亟须对OXZEO双功能催化作用原理开展深入研究和理解[79]。因此，下一节对双功能催化剂中金属氧化物上CO/H_2的活化和活性位点、可能的中间体、C—C键的偶联机理，以及双功能之间的匹配耦合进行分析和讨论，以帮助理解OXZEO双功能催化作用机理，为进一步优化和设计高性能催化剂提供科学指导。

表1.6　OXZEO催化合成气转化为低碳烯烃反应性能

OXZEO催化剂		温度/℃	压力/MPa	空速/[mL/(g·h)]	H_2/CO比	CO转化率/%	CO_2选择性/%	烃类产物分布/%			
金属氧化物	分子筛							CH_4	$C_2^=\sim C_4^=$	$C_2^o\sim C_4^o$	C_{5+}
$ZnCrO_x$[6]	MSAPO-34	400	2.5	7714	2.5	17	41	2	80	14	4
$ZnO\text{-}ZrO_2$[63]	SAPO-34	400	1.0	3600	2	11	43	4	74	25	2
MnO_x[64]	SAPO-34	400	2.5	4800	2.5	7	43	1	79	15	5
ZnO[75]	SAPO-34	400	4.0	1600	2.5	32	42	3	77	15	5
Zr掺杂In_2O_3[66]	SAPO-34	400	2.0	3600	1	28	40	4	74	20	2
Cr-Zn氧化物[67]	SAPO-34	400	2.0	1125	1	30	52	16	38	45	—
Zn/Al_2O_3[68]	SAPO-34	400	1.0	3600	2	5	45	10	77	13	0
Mn-Ga氧化物[69]	SAPO-34	400	2.5	4875	2	14	45	4	88	6	2
$Zn_{0.3}Ce_{1.0}Zr_{1.0}O_4$[70]	SAPO-34	350	3.0	5400	2.5	15	26	7	71	17	6
$ZnAlO_x$[71]	SAPO-34	390	4.0	12000	1	7	33	5	78	13	4
Zr掺杂Zn/Al_2O_3[80]	SAPO-34	400	1.0	3600	2	8^a	46^a	13^a	70^a	17^a	—
$ZnGa_2O_4$[65]	SAPO-34	400	3.0	3600	2	30	41	5	77	17	2
$ZnAl_2O_4$[65]	SAPO-34	400	3.0	3600	2	24	44	4	80	14	2
$Zn\text{-}ZrO_2$[76]	SSZ-13	400	3.0	3000	2	29	42	2	77	18	3
$ZnCrO_x$[7]	MOR	360	2.5	1857	2.5	26	48	1	91 ($C_2^=$=73)	4	4
$ZnAl_2O_4$[11]	MOR	370	3.0	1500	1	10	44	5	77 ($C_2^=$=65)	12	6
$ZnCrO_x$[77]	低硅AlPO-18	390	10.0	3000^b	1	49	49	2	83	4	11
$ZnCrO_x$[78]	SAPO-18	400	4	5000	2.5	36	41	—	82	6	—
$ZnCrO_x$[73]c	SAPO-34	400	2.0	6483	2	11	36	8	64	21	1
$ZnGaO_x$[72]	SAPO-34	400	4.0	1600	2.5	49	40	2	76	17	5

a. 数据基于柱状图估算。

b. 单位是h^{-1}。

c. 产物中除了烃类产物，还有醇类产物。

图 1.9　基于 OXZEO 催化的合成气直接制低碳烯烃千吨级工业中试装置

1.3.1　金属氧化物催化活化 CO/H_2 机理及中间体的形成

在合成气转化反应中，金属氧化物被广泛用作金属或金属碳化物催化剂的助剂和载体。除了直接用作甲醇和高碳醇合成催化剂外，直接用作催化剂的报道极少。将合成气转化为碳氢化合物需要 C—O 键解离，直接解离或氢助解离。近常压 X 射线光电子能谱(NAP-XPS)和程序升温实验表明，$ZnCrO_x$ 在氢气和一氧化碳中可以被部分还原(图 1.10)[81,82]，产生氧空位以及配位不饱和表面金属位点[6]。在该位点上，CO 可以被活化[82]并直接解离产生表面碳物种[图 1.10(b)]以及 CO_2[图 1.10(c)]。这些碳物种可以进一步与氢反应[图 1.10(b)]，在没有分子筛的情况下，会发生加氢形成烃类脱附。因此，在线质谱仪可以检测到甲烷等烃类分子的生成[图 1.10(d)]。在 400℃下长时间暴露于氢气或在更高的温度(如 450℃)下，可以将氧化物表面碳物种完全消除。再次将 CO 引入清洁

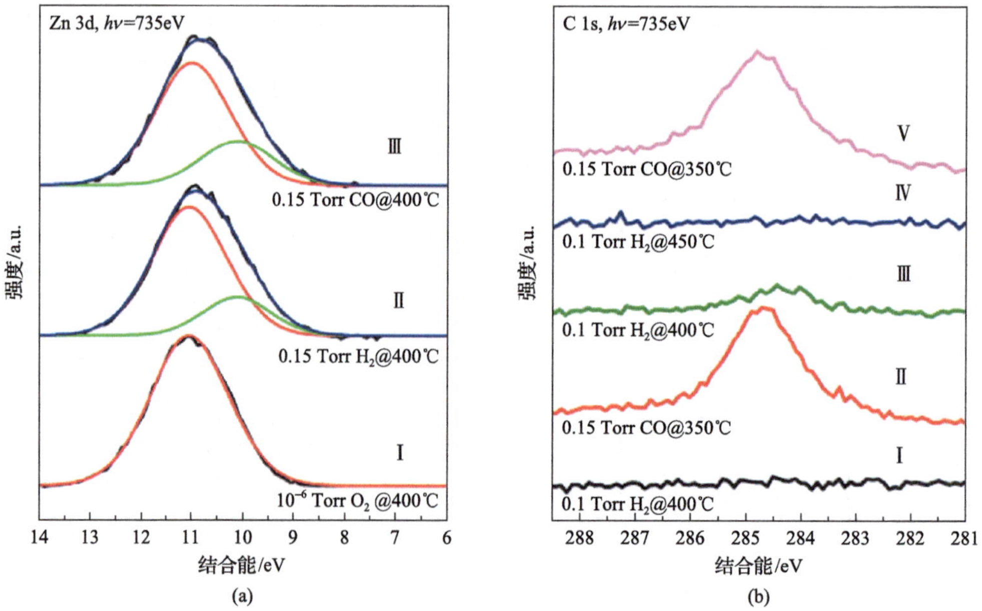

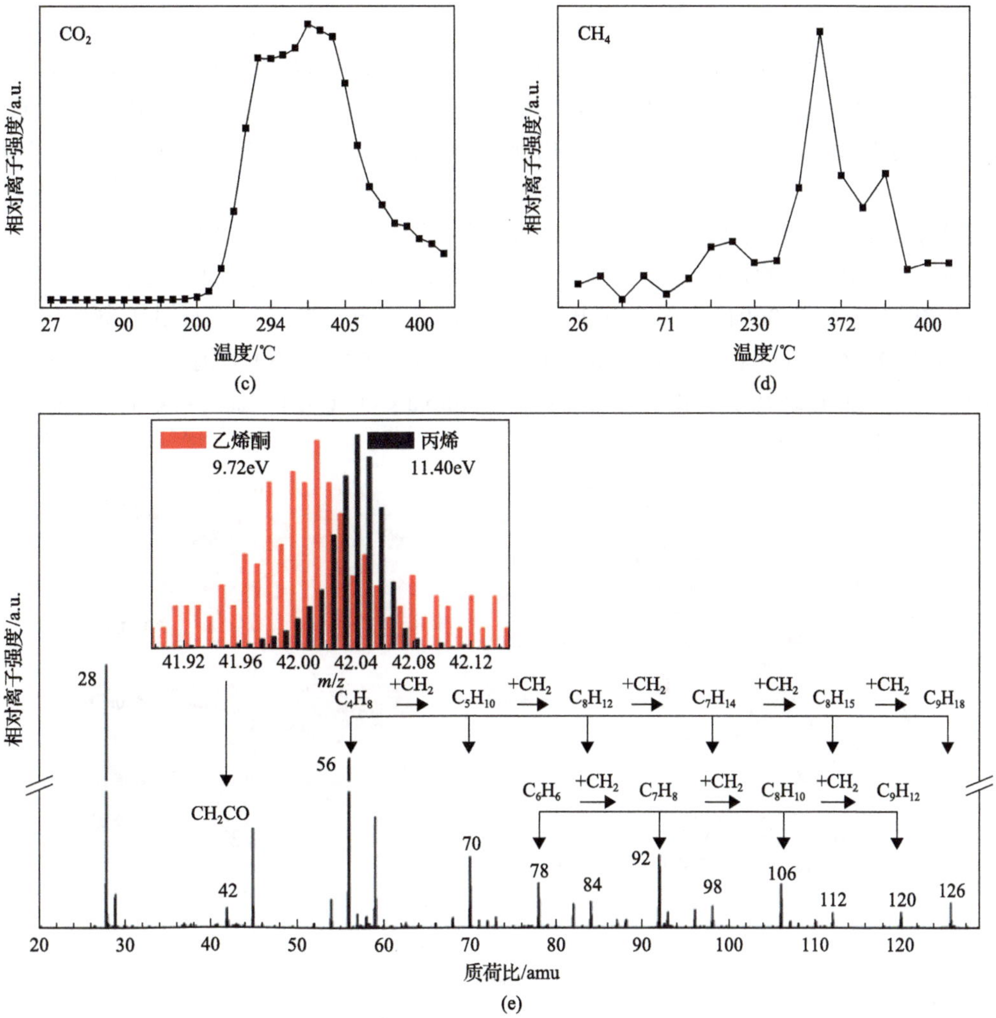

图 1.10　CO 的活化及其在 $ZnCrO_x$ 表面上加氢[6]

(a)原位 NAP-XPS Zn 3d 谱表明可还原表面；(b)$ZnCrO_x$ 依次暴露于 H_2@400℃(Ⅰ)、CO@350℃(Ⅱ)、H_2@400℃(Ⅲ)、H_2@450℃(Ⅳ)、CO@350℃(Ⅴ)的原位 NAP-XPS C 1s 光谱；(c)同步辐射真空紫外光电离质谱监测分析 CO-程序升温还原过程中 CO_2 产物；(d)随后引入 H_2 形成甲烷等烃类产物；(e)SVUV-PIMS 在 $h\nu$ = 9.72eV 时对 $ZnCrO_x$ 合成气转化的原位研究。插图分别显示在 $h\nu$ = 9.72eV 和 11.40eV 处检测到的 m/z = 42.01(乙烯酮)和 m/z = 42.05(丙烯)的信号

的氧化物表面，可以观察到催化剂表面再次形成表面碳物种，如图 1.10(b)所示。这为 CO 直接解离提供了实验证据，即在部分还原的 $ZnCrO_x$ 表面上 CO 解离产生表面碳物种和 CO_2。当 $ZnCrO_x$ 暴露于合成气时，除了一系列稳定的碳氢化合物外[图 1.10(e)]，同步辐射真空紫外光电离质谱(SVUV-PIMS)在光子能量 $h\nu$ = 9.72eV 下可以检测到气相乙烯酮(CH_2CO)的存在。乙烯酮可能是由表面碳物种与氢气形成的高活性 CH_2 中间体，并进一步与气相 CO 结合而成。因此，乙烯酮可以被理解为表面活泼 CH_2 的传输载体，通过气相传输到分子筛孔道内，再进一步通过 C—C 偶联转化为低碳烯烃。

Li 等[83]进一步研究了 CO 在 $ZnCrO_x$ 上的直接解离过程。通过使用高灵敏度低能离子散射光谱(HS-LEIS)、XPS、红外(IR)光谱和程序升温脱附(TPD)，证明氧化物表面预还原对 CO 直接解离至关重要。还原的氧化物表面有利于形成解离的碳和含氧碳物质，包括碳酸氢盐、碳酸盐和甲酸盐。更高的还原温度导致更显著的还原状态，因此有更高的 C—O 解离能力。Cr_2O_3 的存在促进表面碳酸盐、甲酸盐和解离碳物种的形成。Ma 等[84]的理论研究表明合成气转化的活性强烈依赖于 Zn/Cr 比。当 Zn/Cr 比从 1/2 增加至 1/1 时，氧空位的形成能力显著增加，并从表面延伸到体相。近环境压力扫描隧道显微镜(AP-STM)、XPS 和 DFT 计算的研究表明，氧化锌上的 CO 活化与氧空位的形成能有关。氧空位的形成可以进一步归因于晶格氧原子和氧化物表面电荷转移极性。因此，纤锌矿 ZnO(0001)表面表现出约 2.2eV 的氧空位形成能，比石墨烯类 ZnO、纳米结构 ZnO、Au(111)上的 ZnO 薄膜等其他 ZnO 具有更高的 CO 活化活性(图 1.11)。在 300～500K 之间将纤锌矿 ZnO(0001)暴露于 0.4mbar CO 气氛中，观察到表面形成碳酸盐物种[图 1.11(b)～(d)][85]。

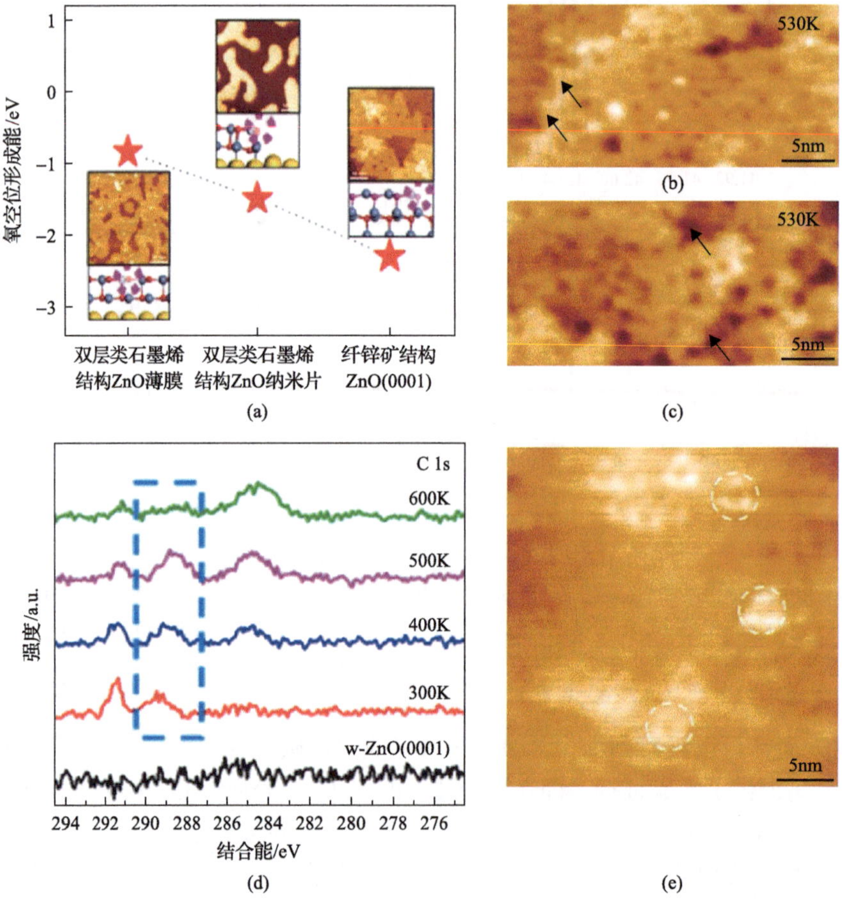

图 1.11 CO/H_2 在 ZnO 模型催化剂上的活化[85]

(a)氧空位形成能；(b,c)在纤锌矿 ZnO(0001)上活化 CO；(d)原位 XPS C 1s 光谱表明暴露于 0.4mbar CO 气氛时，纤锌矿 ZnO(0001)表面生成碳酸盐物种；(e)在 300K 温度下暴露于 1.33mbar H_2 气氛中，纤锌矿 ZnO(0001)的 STM 图

其他可还原的氧化物上，如 MnO_x[64]和 CeO_x[86,87]，也观察到碳酸盐和/或碳物种的形成。例如，程序升温还原、原位 NAP-XPS 和原位 IR 光谱研究表明，未经预还原的 MnO_x

(x≤1)不能吸附 CO，只有还原的 MnO_x(x≤1)表面具有 CO 活化的性能，并生成表面碳酸盐(图 1.12)。有趣的是，这些碳酸盐物种比较稳定，在 N_2 气氛中可耐至 400℃高温，也不发生分解；但一旦暴露于氢气气氛中，高于 311℃时则发生分解，355℃时几乎完全分解[图 1.12(b)]，产生 CO_2 和 CH_4[图 1.12(c)]，其中 CH_4 的形成证明 CO 发生了解离[64]。

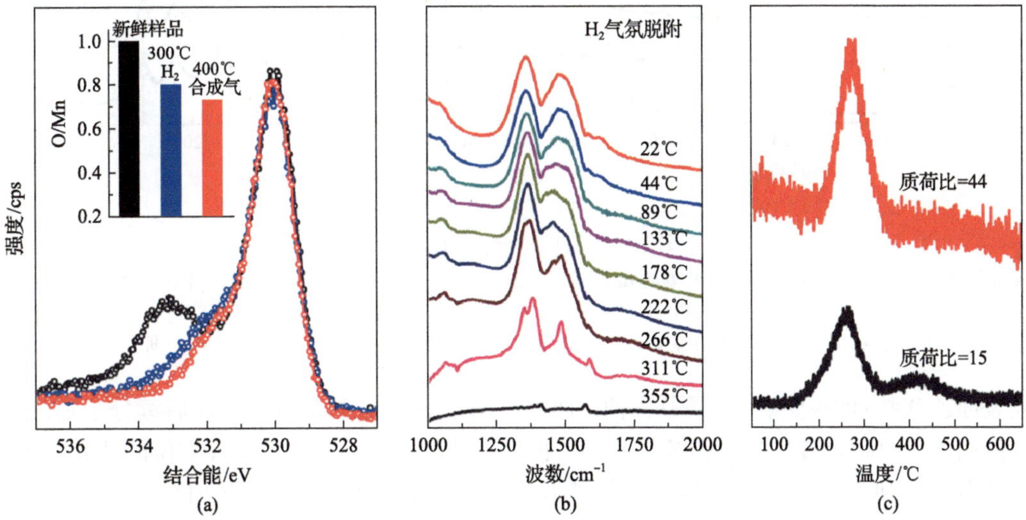

图 1.12 MnO_x 表面上 CO 的活化和加氢[64]

(a)不同条件下的原位 NAP-XPS；(b)原位 IR 光谱显示碳酸盐物种在 H_2 中的分解(碳酸盐物种是在暴露于合成气条件下形成的)；(c)在线质谱检测(b)图碳酸盐分解产物

Swanson 等[86]通过原位拉曼光谱检测到 CO 在还原的氧化铈(CeO_2)上形成的碳物种。作者在 1582cm^{-1} 和 1331cm^{-1} 处观察到 C—C 振动信号[图 1.13(a)]，该信号在室温下暴露 O_2 后转化为甲酸盐，因此作者提出 CO 在还原的氧化铈表面发生歧化。Liu 等[87]通过 CO 脉冲反应，同位素氧示踪法和热重/差热分析(TG/DTA)实验，检测到还原的氧化铈表面形成的 CO_2 和碳物种。Li 等[88]研究了 H_2 预还原的氧化铈表面 CO 吸附物种信息，通过 FTIR 观察到桥式碳酸盐、双齿碳酸盐和无机羧酸盐的信号[图 1.13(b)]。上述这些结果证明，CO 可以直接在还原的氧化铈上解离，形成表面碳物种、CO_2 或碳酸盐物种[88]。

上述 OXZEO 研究中得到一个普适性的认知是，金属氧化物表面氧缺陷或配位不饱和中心对于 CO 活化至关重要，但是具体缺陷结构种类及催化作用原理仍然缺乏深入认识。最近 Li 等[72]制备了两类不同形貌的 ZnGa 氧化物，一类是纳米颗粒(命名为 $ZnGaO_x$_NP)，另一类是优先暴露(111)晶面的片状氧化物(命名为 $ZnGaO_x$_F)。CO-TPR 证明 $ZnGaO_x$_NP 相对更容易被还原，与 SAPO-34 耦合形成双功能催化剂催化合成气转化活性与氧化物的还原程度成正相关关系。准原位电子顺磁共振(EPR)谱图(图 1.14)与 NAP-XPS 研究结果表明，还原后 $ZnGaO_x$_NP 富含氧空位与锌空位，而 $ZnGaO_x$_F 样品仅含有锌空位。进一步准原位光致发光以及 NAP-XPS 谱学表征结果表明，$ZnGaO_x$_NP 还原后出现配位不饱和 Ga 位点，而 $ZnGaO_x$_F 样品上主要是配位饱和的 Ga 物种(图 1.15)。原位红外光谱技术进一步发现配位不饱和金属位点越多的氧化物，更有利于 C—O 解离形

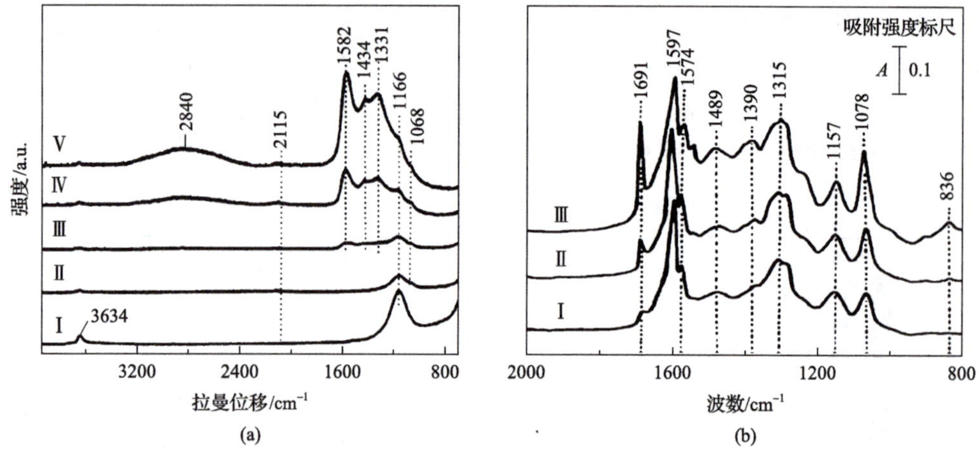

图 1.13　氧化铈催化 CO 的解离

(a) 原位拉曼光谱：经 10% O_2/He 中 673K 处理 1h，然后在 623K 下暴露于 10% CO/He 随时间变化谱图，其中，Ⅰ. 0min，Ⅱ. 20min，Ⅲ. 3.4h，Ⅳ. 17.3h，Ⅴ. 21.6h，所有光谱均在 623K 下记录[86]；

(b) H_2 还原的氧化铈 (脱羟基) 在室温下吸附 CO 不同时间后的红外光谱：Ⅰ. 2min，Ⅱ. 5min，Ⅲ. 12h[88]

成表面乙酸盐(即吸附态乙烯酮)物种，通过表面乙酸盐-乙烯酮通道，经后续分子筛的催化作用，实现高效转化制低碳烯烃产物。相反，仅含有少量氧空位和锌空位的片状 ZnGa 尖晶石，不利于乙酸盐-乙烯酮中间物种形成，倾向于生成甲烷等低价值烃类副产物。

CO 直接解离形成表面碳物种、碳酸盐物种，使合成气转化沿着 CH_2CO 作为关键中间体的反应路径成为可能。同时，该过程通过以 CO 替代 H_2 来消除烯烃形成过程中多余的 O 原子，直接生成 CO_2[方程式(1.2)]，可摒弃水煤气变换(WGS)[方程式(1.3)]。相比之下，如果 CO 的 O 原子被 H_2 除去形成 H_2O[方程式(1.4)]，则需要 WGS 将反应气中 H_2/CO 比增加到 2 以满足合成气生成烯烃的条件，这时 CO_2 的生成是发生在水煤气变换过程中。综合方程式(1.3)和方程式(1.4)，其中反应生成的 CO_2 的量与方程式(1.2)中是等量的，但方程式(1.2)可以省去水煤气变换反应，减少操作单元，降低水耗。如果合成气来自富含氢的碳资源如甲烷，则生成水可以减少 CO_2 的释放[6,9,64,83]。

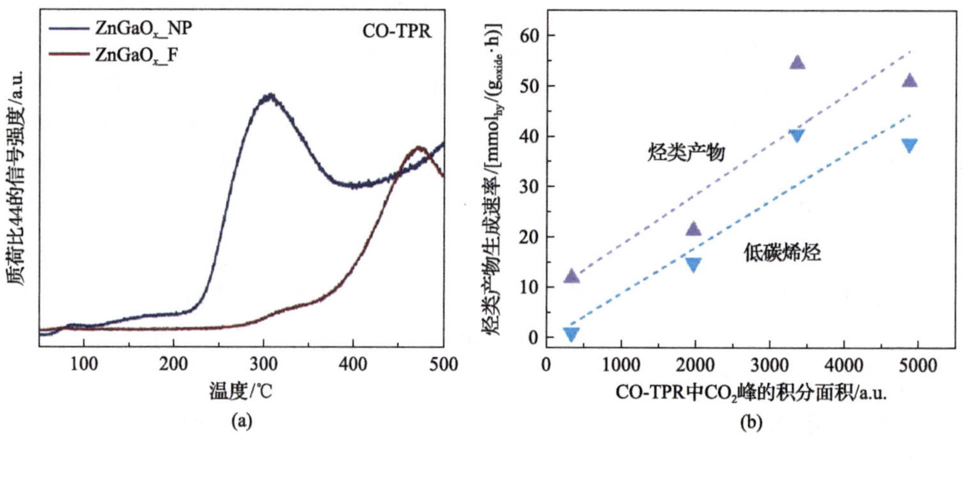

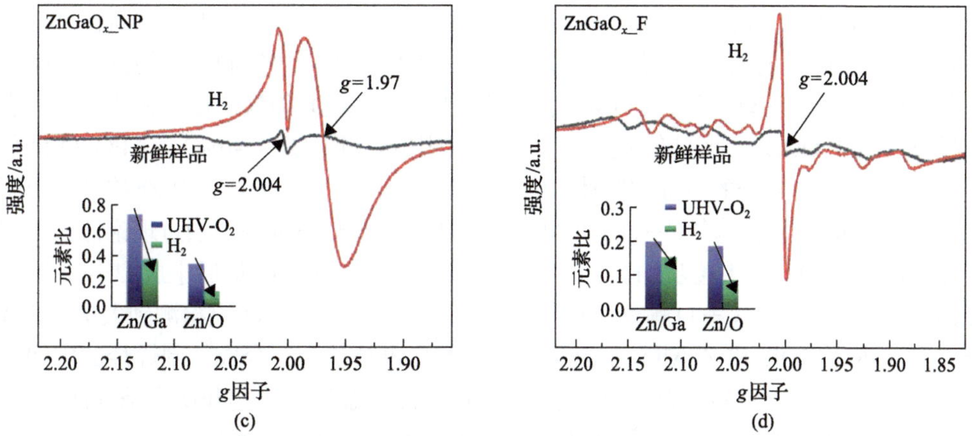

图 1.14　TPR、EPR 表征 $ZnGaO_x$ 结构[72]

(a) CO-TPR 谱图，由在线质谱仪产物中 $m/z=44$（二氧化碳）信号；(b) 烃类产物生成速率与 CO_2 信号的关系（在 400℃以下的积分面积），反应条件：OX/ZEO=1/4（质量比）、$H_2/CO=2.5$（体积比）、400℃、4MPa、20000mL/(g·h)；(c、d) 准原位 EPR 谱图，以及由 NAP-XPS 表征表面锌/镓比（Zn/Ga）和锌/氧比（Zn/O）。紫色和绿色分别表示 UHV-O_2（超高真空脱气，然后暴露于 O_2）和 H_2 气氛的处理条件

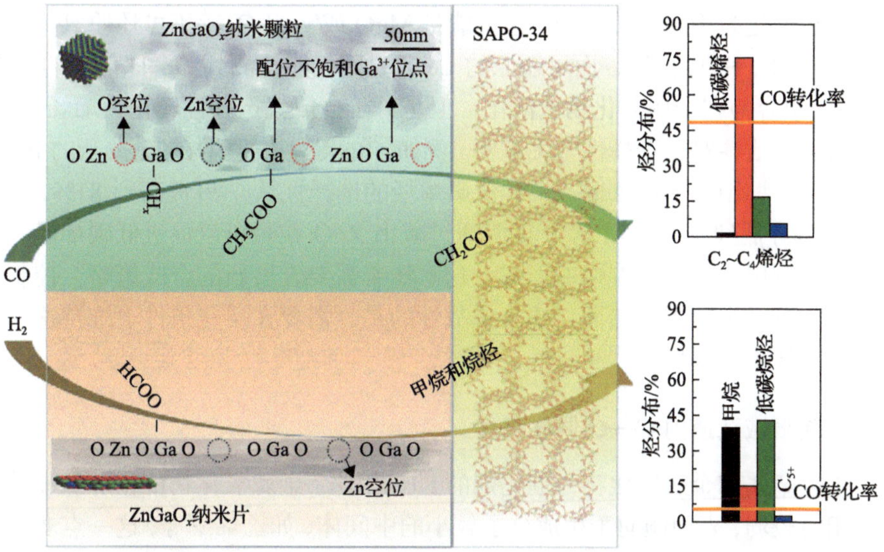

图 1.15　$ZnGaO_x$-SAPO-34 催化合成气直接转化的反应路径[72]

含配位不饱和 Ga^{3+}、氧空位和锌空位的 $ZnGaO_x$ 对合成气转化为低碳烯烃具有更高的活性和选择性

$$2nCO + nH_2 \longrightarrow (CH_2)_n + nCO_2 \tag{1.2}$$

$$CO + H_2O \longrightarrow H_2 + CO_2 \tag{1.3}$$

$$nCO + 2nH_2 \longrightarrow (CH_2)_n + nH_2O \tag{1.4}$$

此外，也有关于 CO 在不同金属氧化物上非解离活化的报道，在这些过程中甲醇或二甲醚被认为是低碳烯烃的关键中间体。例如，王野团队[76]通过原位 IR 光谱发现，在 280℃时，Zn 掺杂 ZrO_2（Zn-ZrO_2）经过还原之后，在其表面上 CO 会与羟基反应生成甲酸盐，进一步

将 H_2 引入催化剂后，可以观察到甲氧基和甲酸盐物种存在。因此，他们推断在 Zn-ZrO_2-SAPO-34 复合催化剂上，CO 是非解离加氢形成甲醇作为合成气制烯烃的反应中间体。Su 等[66]通过 DFT 计算分析，CO 加氢活化过程类似于 CO_2 加氢途径，在非还原的表面 CO 吸附后形成 OCO 物种，随后进一步加氢形成甲醇，甲醇是 Zr-In_2O_3-SAPO-34 催化合成气转化生成低碳烯烃的关键中间体。甲醇在无氧空位表面上形成，而 Zr 掺杂位点附近氧空位的存在促进了甲醇中 C—O 键的断裂，导致甲烷形成。Ma 等[84]通过理论计算证明了 CO 在 $Zn_3Cr_3O_8$(0001)上逐步加氢，CO→CHO→CH_2O→CH_3O，最后生成 CH_3OH，而在 $ZnCr_2O_4$(111)上则发生 C—O 解离。当没有分子筛时，由于在 $ZnAlO_x$ 上检测到大量的 DME，因此在 $ZnAlO_x$-MOR 和 $ZnAlO_x$-SAPO-34 上 DME 也被认为是合成气制烯烃的中间体。上述研究表明，OXZEO 过程中关键气相中间体可能因金属氧化物和反应条件而异[11,71]。

除了 CO 活化外，Chen 等[85]还研究了纤锌矿 ZnO(0001)表面氢的活化，在 300K、1.33mbar H_2 条件下，STM 观察到高密度的三角形团簇和表面粗糙化。XPS 检测到 OH 的形成，这与之前的 IR 光谱研究结果吻合，证明了氧化物表面 H_2 的解离。在 MgO、γ-Al_2O_3、CeO_2、TiO_2 和 ZrO 等其他氧化物上，H_2 的解离也被观察到[89,90]。García-Melchor 等证明了具有极性 M—O 键的氧化物有利于 H_2 的异裂，而这些异裂物种在易被还原的氧化物表面可以进一步演化为均裂物种[91,92]。这可能是 MgO 或 γ-Al_2O_3 等不可还原氧化物同时观察到 M—H 和 O—H IR 信号，而可还原的 CeO_2 表面仅能检测到 O—H 信号的原因[92]。

虽然 H_2 很容易在金属氧化物上活化，但是对于合成气选择性转化为烯烃过程而言，相对较弱的加氢活性对于选择性至关重要。例如，Su 等[66]报道了在 Zr 掺杂的 In_2O_3 中添加 0.2% K 可以抑制乙烯加氢成乙烷。低碳烯烃的选择性从 74%提高到 81%，但是 CO 转化率从 28%降低到 15%。Li 等[75]证明通过减小 ZnO 粒径可以促进低碳烯烃的选择性形成，同时抑制甲烷和低碳烷烃的形成，这意味着需要发展新的合成策略，控制制备尺寸更小的氧化物纳米粒子，然而，更具挑战性的是，需要在反应条件下维持这些尺寸更小的氧化物晶体不发生烧结。

1.3.2 分子筛限域孔道内 C—C 偶联机理

与传统以金属和金属碳化物为催化剂的 FTS 相比，金属氧化物催化加氢和链增长反应的活性相对较弱，表面倾向于生成分子较小的中间体，如乙烯酮等，这一点非常重要，这是与分子筛有效耦合的前提。在此基础上，在具有择形特性的分子筛孔道内，催化这些相对不稳定的中间体分子发生 C—C 偶联反应，从而实现产物选择性的调控。

分子筛催化是 OXZEO 串联反应的第二步。合成气转化反应生成乙烯酮等中间体是一个受热力学平衡限制的反应，通过将中间体催化转化为最终产物，拉动合成气向产物转化的方向移动。由于分子筛的择形催化作用通常源自于其拓扑结构和酸性质，因此，下面将从这两个方面探究分子筛的催化作用。

1. 分子筛拓扑结构对反应途径的影响

已有研究证明，具有较大孔口的分子筛有利于生产碳链更长的烃类产物。如图 1.16 所示[6]，氧化物 $ZnCrO_x$ 与分别含有十元环(10MR)和十二元环(12MR)孔口的 ZSM-5 和 Beta

耦合，将合成气转化为 C_{4+}烃类产物。此外，含有 10MR 或 12MR 通道的其他分子筛，如 SAPO-11、ZSM-22、ZSM-11 和 ZSM-12，有利于汽油馏分烃类产物的生成，选择性超过 60%[8]。相比之下，具有 8 元环(8MR)孔口的 SAPO-34 对 C_3 烃类的选择性很高(>50%)，C_{4+}选择性低于 20%[93]。即使具有相似的 8MR 孔口大小，笼大小的细微变化也可能会显著影响产物分布。MOR 很好地证明了这一点，它的 8MR 边袋有利于合成气定向转化生成乙烯[7]。

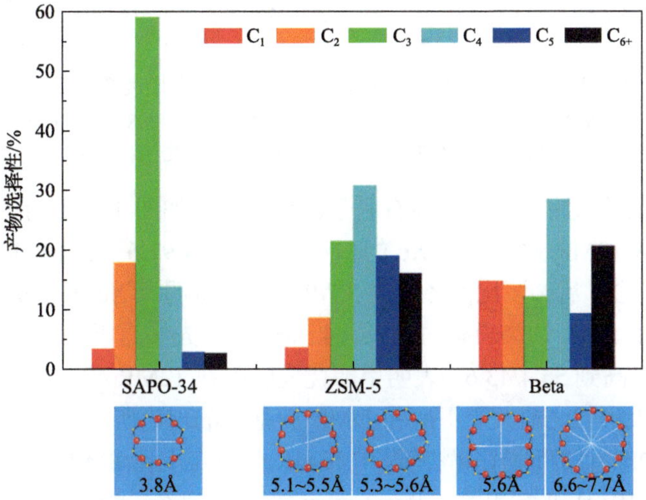

图 1.16 $ZnCrO_x$ 与不同分子筛(即 SAPO-34、ZSM-5 和 Beta)耦合催化合成气转化的烃分布[6]

MOR 分子筛具有独特的孔道结构，有 12MR 一维直通道(7.0Å×6.5Å)，与之平行的 8MR 孔道(5.7Å×2.6Å)，以及垂直于主孔道的 8 元环边袋，开口孔径为 4.8Å×3.4Å[94,95]。为了揭示它们在合成气转化中各自的作用，可以采取选择性地遮蔽 8MR 边袋和 12MR 直通道位点内酸位点的策略。例如，通过 Na^+离子交换可以选择性遮蔽 8MR 边袋内的酸位点[96,97]，留下 12MR 酸位点用于催化反应；而 12MR 酸位点可以被吡啶选择性吸附占据[98,99]，留下 8MR 边袋内酸位点用于催化反应。图 1.17(a)显示[7]，当只有 8MR 位点可使用的情况下，$ZnCrO_x$-MOR 的 CO 转化率为 26%，乙烯在烃类产物中的选择性达到 73%。该乙烯选择性不仅远高于 $ZnCrO_x$-SAPO-34 催化合成气转化反应的结果以及 FTS 中 ASF 分布模型预测的 C_2 烃的理论最高值 30%，也明显高于目前报道的合成气直接转化或经由甲醇制烯烃路线的乙烯选择性。相比之下，12MR 酸位点对于乙烯没有选择性优势。如图 1.17(b)所示[7]，碳氢化合物产物分布宽。有趣的是，当 8MR 和 12MR 内的两种酸位点都可用且数量相当时，尽管乙烯选择性比单独 8MR 酸位点存在的情况下低，乙烯生成仍然具有优势[图 1.17(c)]。

SAPO-34 和 SSZ-13 虽然都具有类似的 8MR 孔口，但相比于 MOR 的 8MR 边袋，SAPO-34 或 SSZ-13 的笼尺寸明显更大(9.5Å×11.2Å)。如图 1.17(d)所示，SAPO-34 对混合低碳烯烃($C_2^=$~$C_4^=$)的选择性为 80%，但 C_2 选择性仅为 26%，而 C_3 烃占主导地位，达到 55%。8MR 的 MOR 边袋较小的空腔尺寸可能是限制 C—C 偶联停留在 2 个碳原子，从而获得 C_2 高选择性的重要原因之一。

Xe 作为探针分子的固体核磁共振(ss-NMR)研究结果表明，8MR 边袋内的酸位点有

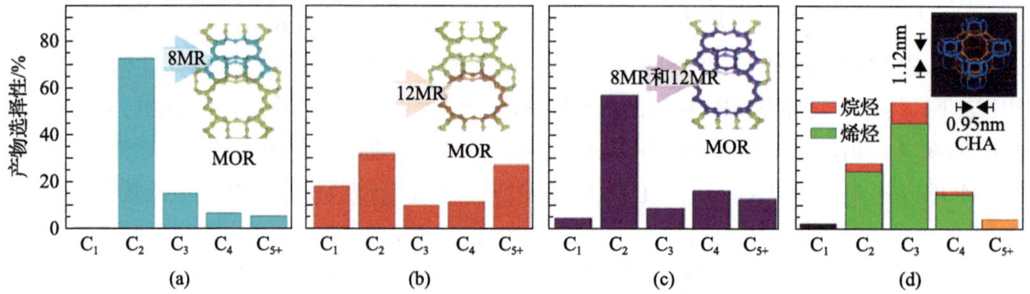

图 1.17 $ZnCrO_x$-MOR 催化合成气转化反应中烃类产物分布[7]

(a)只有 8MR 酸位点可及的 MOR；(b)只有 12MR 酸位点可及的 MOR；(c)8MR 和 12MR 酸位点均可用的 MOR；(d)$ZnCrO_x$-SAPO-34 催化合成气转化反应中烃类产物的分布

利于中间体乙烯酮的吸附，这使反应有利于乙烯生成。如图 1.18 所示[7]，当 MOR 暴露于 ^{129}Xe 时，8MR/12MR 通道内 ^{129}Xe 的相对比值为 8.4/91.6。当 MOR 首先暴露于乙烯酮，然后暴露于 ^{129}Xe 后，该比值降低为 3.7/96.3。这说明 ^{129}Xe 不容易进 8MR 边袋，即乙烯酮优先占据了 8MR 边袋位置。相反，当 MOR 首先暴露于甲醇，然后暴露于 ^{129}Xe 时，该比值显著提高到 56.4/43.6，表明甲醇优先吸附在 12MR 酸位点上。乙烯酮在 8MR 酸位点的选择性吸附与之前关于甲醇和 DME 羰基化的理论研究得出的结论一致[99,100]。Boronat 等通过 DFT 计算证明甲醇吸附在 12MR 酸位点上比 8MR 酸位点更容易[高 6～12kcal/mol，图 1.19(a)和(b)][100]。Rasmussen 等[99]认为乙烯酮是 DME 羰基化中重要的中间体，他们也通过理论计算表明乙烯酮在 8MR 酸位点上的吸附比在 12MR 酸位点更强，因此羰基化过程更倾向于在 8MR 酸位点进行[图 1.19(c)]。

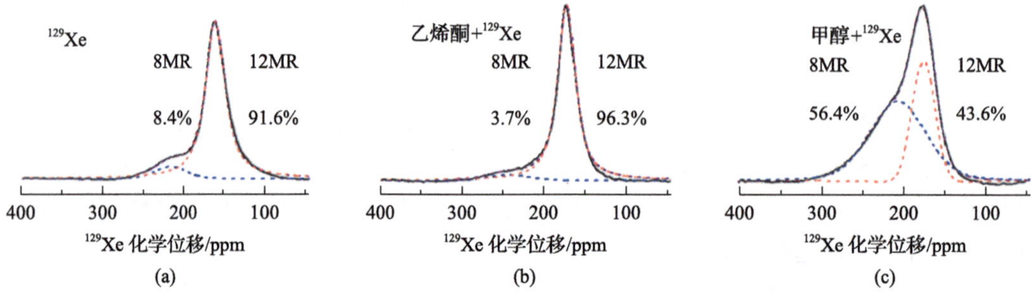

图 1.18 乙烯酮和甲醇在不同 MOR 位点上优先吸附的原位 ^{129}Xe NMR 谱[7]

(a)MOR 暴露于 ^{129}Xe；(b)MOR 暴露于乙烯酮，然后暴露于 ^{129}Xe；(c)MOR 暴露于甲醇，然后暴露于 ^{129}Xe

图 1.20(a)显示，直接以乙烯酮作为原料，在 MOR 的 8MR 边袋酸位点进行反应，乙烯的选择性可以高达 90%。然而，乙烯酮在 12MR 位点转化，产物分布很宽，如图 1.20(b)所示[7]。与之相比，无论是否存在合成气的情况下，甲醇在 MOR 分子筛中反应时，无论 8MR 还是 12MR 酸位点催化转化，烃类产物的碳数分布都很宽[图 1.20(d)～(f)][7]。

例如，在 8MR 酸位点上，甲醇的转化主要产物是 C_3，在不同甲醇压力下，C_2 的选择性不超过 36%。DME 与高压合成气(2.5MPa)共同进料到 MOR，产物以乙酸甲酯和乙酸为主。烃类产物的分布仍然很宽，对特定产品没有优势选择性。因此，乙烯酮 CH_2CO 极可能是乙烯生成的关键中间体，而甲醇和二甲醚可能不是，尽管 $ZnCrO_x$ 单独作催化剂

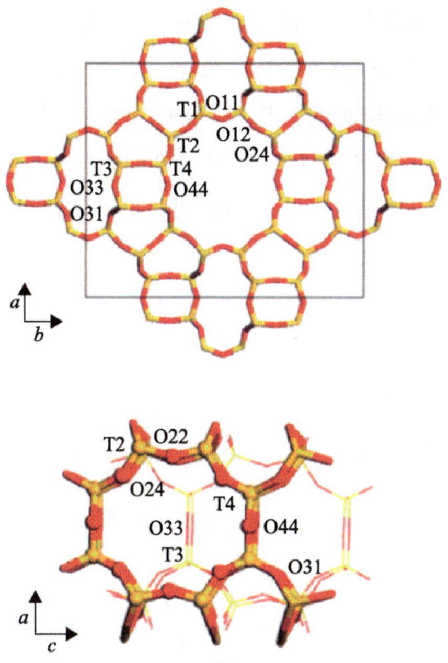

(a)

	吸附能/(kcal/mol)		
	CO(Z—H)	H_2O(Z—H)	CH_3OH(Z—H)
T1—O11	−5.7	−21.2	−21.8
T2—O22	−5.8	−23.2	−22.5
T2—O24	−5.5	−23.0	−20.7
T4—O44	−6.4	−23.5	−26.3
T3—O33	−3.6	−24.1	−14.6
T3—O31	−2.7	−18.6	−14.4

(b)

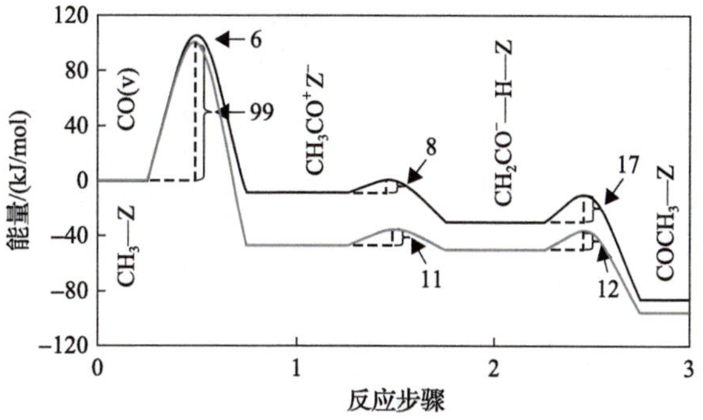

(c)

图 1.19　甲醇和乙烯酮吸附的理论计算[99,100]

(a) MOR 的结构示意图[100]；(b) 计算 CO、H_2O 和 CH_3OH 在 MOR 中不同 Brønsted 酸位上的吸附能(kcal/mol)[100]；(c) T1—O44 上 12MR 和 T3—O3 上 8MR 的甲基和 CO 生成乙酰基的反应途径[99]

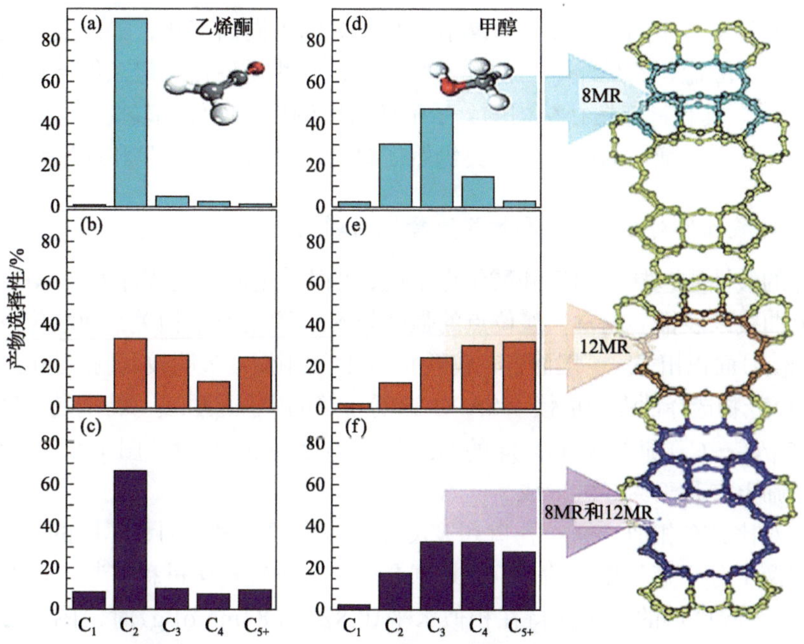

图 1.20　MOR 分子筛不同位点上的乙烯酮(a～c)和甲醇(d～f)转化产物分布[7]

时，375℃反应时也检测到了甲醇和二甲醚。

乙烯酮在 SAPO-34 上选择性转化过程也已经有实验和理论的研究，如图 1.21(a)所示，Wang 等[101]发现乙烯酮很容易质子化形成 CH_3CO 物种。CH_3CO 物种可以通过直接缔合途径(蓝色箭头)或解离途径(绿色箭头)与 C═C 双键发生烷基化反应，进而通过烃池循环机理生成低碳烯烃[图 1.21(b)]。有趣的是，随着酸强度的增加，四甲基乙烯与乙烯酮的反应更容易进行。尽管不同金属氧化物分子筛双功能催化中，也有研究认为甲醇和二甲醚是 OXZEO 反应的重要中间体，但鉴于甲醇转化为碳氢化合物(即 MTH)已被广泛研究和综述，这里不做过多讨论和展开[102,103]。

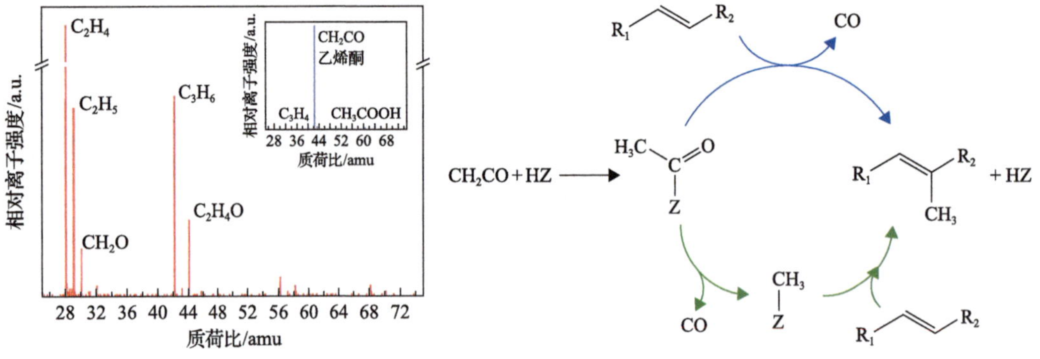

(a) (b)

图 1.21 反应中间体乙烯酮的检测和转化

(a) SAPO-34 在 400℃下催化乙烯酮转化为烯烃，产物由同步辐射真空紫外光电离质谱分析[6]。插图显示了在没有任何催化剂的情况下将乙烯酮送入同一反应器的空白实验结果。(b) 分子筛(HZ)上乙烯酮转化反应路径[101]

上述研究显示，中间体可能随金属氧化物组分的不同而变化，如已经报道的包括甲醇、甲氧基、甲酸盐、乙烯酮、乙炔和乙酸盐等，有些物种在一定条件下也可能发生相互转化[10,104,105]，具有特定拓扑结构的分子筛还可以调控中间体的转化路径，从而决定产物的选择性。然而，确切的中间体种类仍然需要设计更精细的实验和理论研究来确定。

2. 分子筛酸性质对 CO 转化和烯烃选择性的影响

分子筛的酸性质包括酸强度和酸位点密度，可以采用简单的程序升温 NH_3-脱附实验(NH_3-TPD)曲线来表征。通常，酸位点的强度与 NH_3 脱附温度相关，而酸位点的密度与程序脱附峰信号面积相关。一般而言，较低的 NH_3 脱附温度表明较弱的酸强度。Jiao 等[6]发现 OXZEO 产物选择性强烈依赖于 SAPO-34 分子筛的中强酸强度。特别是产物中低碳烯/烷比($C_2^{=}\sim C_4^{=}/C_2^{0}\sim C_4^{0}$)随着 SAPO-34 的 NH_3 脱附温度降低而增加(图 1.22)，表明在酸性较弱的分子筛上有利于烯烃的形成。

进一步对比具有相似 8MR 孔口和笼尺寸，但是酸性强度明显不同的 SAPO-34 与 SSZ-39，将两个分子筛与相同的 $ZnCrO_x$ 耦合用于合成气转化过程[106]。当 HSSZ-39 与 SAPO-34 中强酸位点的数量保持在相似水平(0.82～0.84mmol/g)时，图 1.23(a)中的 NH_3-TPD 表明 SSZ-39 表现出比 SAPO-34 更强的酸度。SSZ-39 对丙烷选择性约 80%，LPG 选择性 89%，产物中几乎没有烯烃生成[图 1.23(b)]。即使对 SSZ-39 进行水汽处理，ST-SSZ-39 酸密度明显降低但酸强度影响不大，产物中仍然几乎没有烯烃生成。相比之下，SAPO-34 的 LPG 选择性下降到约 50%，低碳烯烃选择性提高到 39%。使用两个分

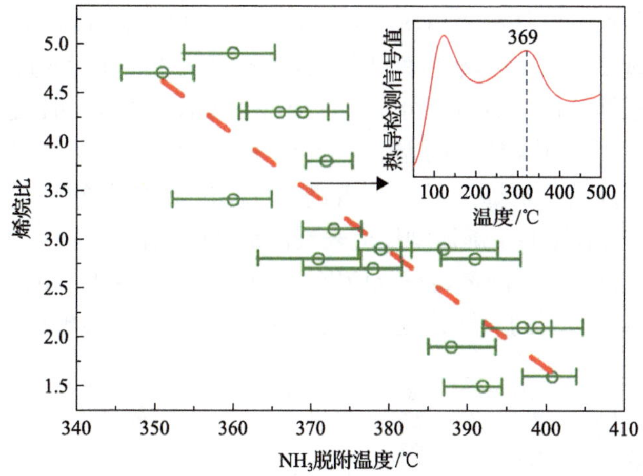

图 1.22 低碳烯烃/低碳烷烃比与 SAPO-34 的中等强度酸位点的 NH_3 脱附峰温度的关系[6]

插图显示了典型的 NH_3-TPD 曲线

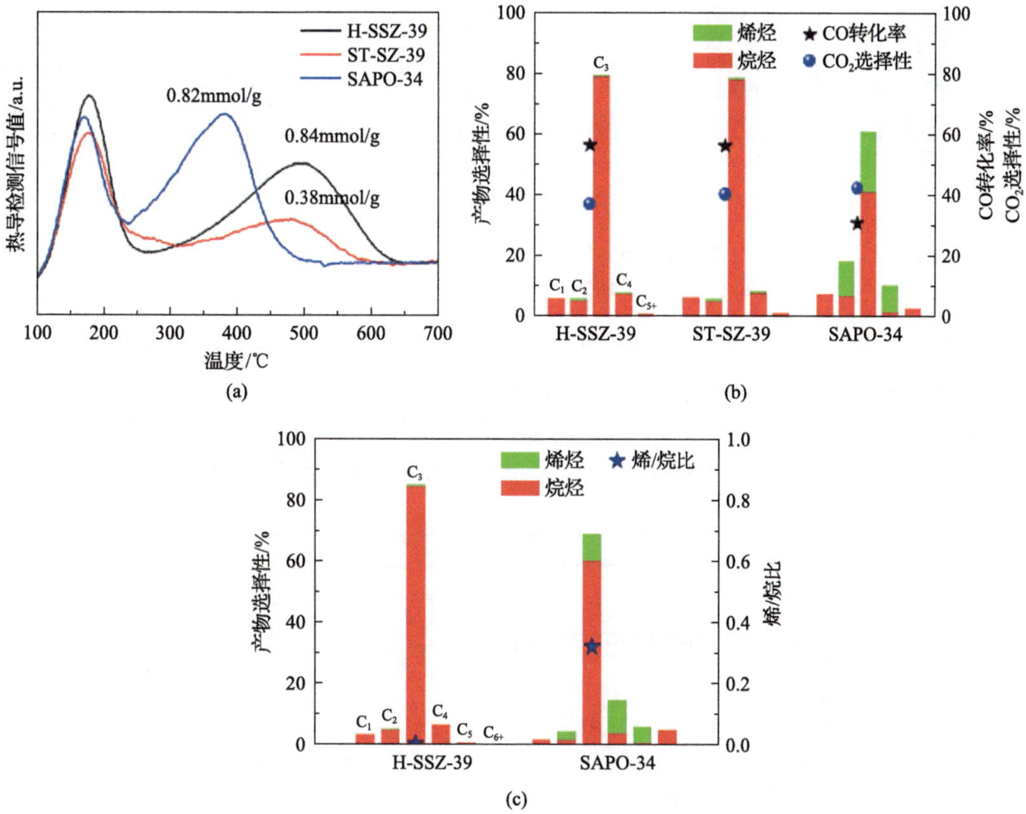

图 1.23 $ZnCrO_x$-SSZ-39 催化合成气转化为丙烷[106]

(a) 不同分子筛的 NH_3-TPD；(b) 催化性能；(c) 不同分子筛上丙烯加氢反应结果

子筛进行丙烯加氢模型反应进一步验证了具有更强酸强度的分子筛表现出更高的烯烃加氢活性[图 1.23(c)]，进而对合成气转化产物烯烃选择性产生影响。

Su 等[77]研究显示，含有低浓度 Si（Si/Al = 0.013）的 AlPO-18 与 $ZnCrO_x$ 在 390℃和 4MPa 的条件下，可以实现 25%的 CO 转化率，同时烯/烷比高达 30。作者通过原位 CD_3CN-FTIR 和 CO-FTIR 对分子筛酸性进行表征分析，提出酸强度较弱的 P-OH 是 AlPO-18 和低-Si AlPO-18 分子筛上形成低碳烯烃的重要活性位点[图 1.24（a）和（b）]。为了解释 SAPO-18 比 SAPO-34 相对更高的产物烯/烷比，作者进一步通过 DFT 计算证明了 H-SAPO-18 比 H-SAPO-34 催化甲氧基与 1-丁烯模型反应表现出更低的氢转移活性。结果显示，在不同的酸位下，在 H-SAPO-34 上的氢转移反应能垒比在 H-SAPO-18 上的能垒低 20kJ/mol 以上。基于此，作者认为更弱的氢转移能力，可能是 H-SAPO-18 实现较高烯/烷比的原因。

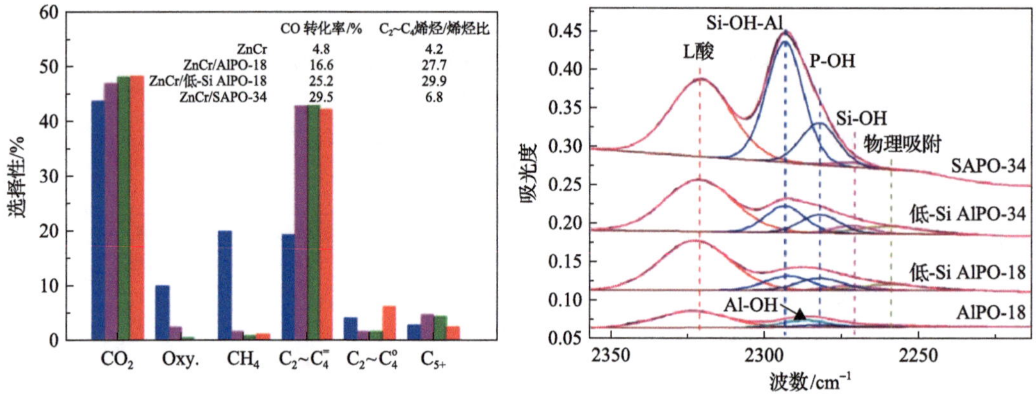

(a) (b)

图 1.24 $ZnCrO_x$-SAPO 催化剂上合成气的转化[77]

（a）催化性能；（b）CD_3CN 在不同分子筛上的室温吸附红外光谱

除酸强度外，酸位点密度在合成气转化中也起关键作用。以 $ZnCrO_x$-MOR 为例，酸位点密度在 0～0.20mmol H^+/g_{cat} 范围内，在固定的 $ZnCrO_x$/MOR 质量比下，乙烯生成速率随 8MR 边袋内酸位点密度的增加几乎呈线性增加（图 1.25）。当酸位点密度高于 0.20mmol H^+/g_{cat} 时，在氧化物上生成的中间体不足以匹配 MOR 催化 C—C 耦联反应的性能，也就是

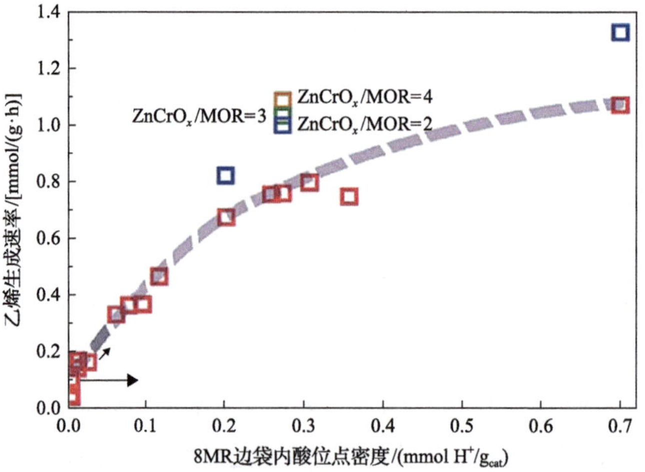

图 1.25 乙烯生成速率与 MOR 分子筛 8MR 边袋内酸位点密度的关系[7]

串联催化中金属氧化物和分子筛之间的活性不匹配，乙烯生成速率的增幅减慢。通过将 $ZnCrO_x$/MOR 的质量比从 1/1 提高到 4/1 来提供更多的活性位点时，乙烯生成速率得到大幅度提高[7]。在其他复合催化剂如 $ZnCrO_x$-SAPO-34[6]、$ZnCrO_x$-SAPO-18、ZnO-ZrO_2-SAPO-34[63] 和 Zn-ZrO-SSZ-13[76]上也观察到随着酸位点密度的增加促进 CO 转化的现象。但是值得注意的是，随着酸位点密度的增加，通常这些分子筛的酸强度也同时增强。

Li 等[78]在 $ZnCrO_x$-SAPO-18 催化合成气转化反应的研究中也观察到类似的现象。随着硅铝比的增大，CO 转化率先增加然后逐渐趋平。另外，随着硅铝比增加，酸量增加，同时酸强度也增强，这导致了低碳烯烃选择性显著降低，同时低碳烷烃选择性明显提高（图 1.26）。乙烯转化模型实验结果显示，随着 SAPO-18 硅铝比的增大，乙烯二次反应程度显著提高。H_2 的存在可以抑制乙烯二次转化过程中积碳失活，并且参与烯烃加氢形成烷烃副产物。而乙烯倾向于被 SAPO-18 催化转化为 C_3 及以上烃类产物，因此影响了合成气转化反应产物中 C_3/C_2 的比例。

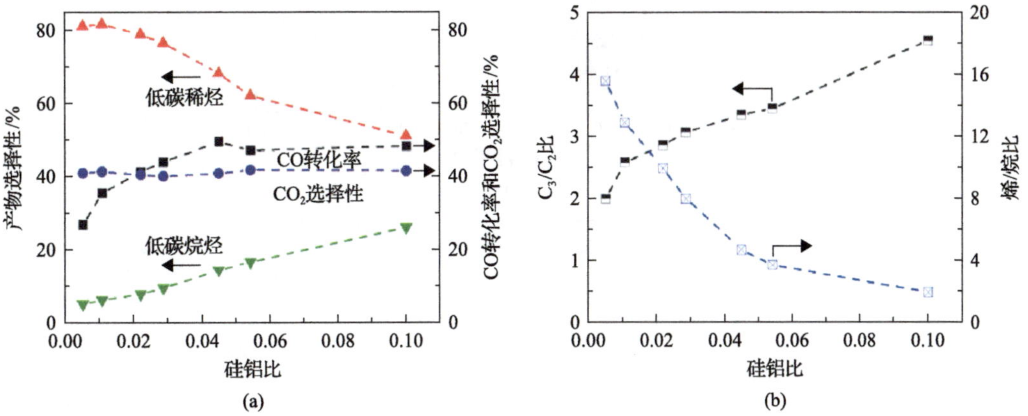

图 1.26 分子筛硅铝比对 $ZnCrO_x$-SAPO-18 双功能催化合成气转化性能的影响[78]

(a) CO 转化率和 CO_2 选择性；(b) C_3/C_2 比和烯/烷比。反应条件：$ZnCrO_x$/SAPO-18 = 1/1、H_2/CO = 2.5、400℃、4MPa、5000mL/(g · h)

上述研究结果表明，对于 SAPO-34 和 SAPO-18 分子筛来说，Brønsted 酸中心不仅催化中间体转化生成低碳烯烃的主反应，同时也催化低碳烯烃过度加氢生成烷烃或者过度聚合成较大烃分子的副反应，因此这个共同的活性中心就像“跷跷板”的支点一样，转化率和选择性此消彼长，无法同时提高，导致低碳烯烃收率难以提高。这也是合成气反应中高活性和高选择性不可兼得的机理根源。最近研究显示，Ge 取代的 AlPO-18（GeAPO-18）与金属氧化物构成的 OXZEO 双功能催化剂为打破活性和选择性跷跷板效应提供了新策略（图 1.27）[107]。通过提高分子筛孔道中 Brønsted 酸位点的密度，最大限度地提高了分子筛对活性中间体的转化能力，促进了中间体的生成速率，同时适当降低其酸强度，减少 C—C 偶联过程中的过度加氢和过度聚合，以此降低副反应的发生，双管齐下，提高催化反应性能。当 $ZnCrO_x$/GeAPO-18 质量比为 2（40-60 目），H_2/CO = 2.5，6MPa, 1500mL/($g_{cat}^{-1}\cdot h^{-1}$)，反应温度为 410℃时，CO 转化率达到 60%，低碳烯烃在烃类中的选择性为 84%，而甲烷的选择性不到 1%。随着中等强度酸中心的酸密度增加到 53μmol/g，CO 转化率上升到 79%，而低碳烯烃选择性进一步增加到 87%。Brønsted 酸密度的提高有利于促进反应中间体的转化，与 SAPO 类分子筛不同的是，GeAPO-18 提高 CO 转化率的同时，并没有牺牲低碳烯烃的选择性。当反应温度进一步升高到 430℃，CO 转化率增加至 85%，而低碳烯烃的选择性仅略微下降至 83%，首次 CO 转化率和低碳烯烃选择性同时实现超过 80%，低碳烯烃的收率高达 48%[107]。

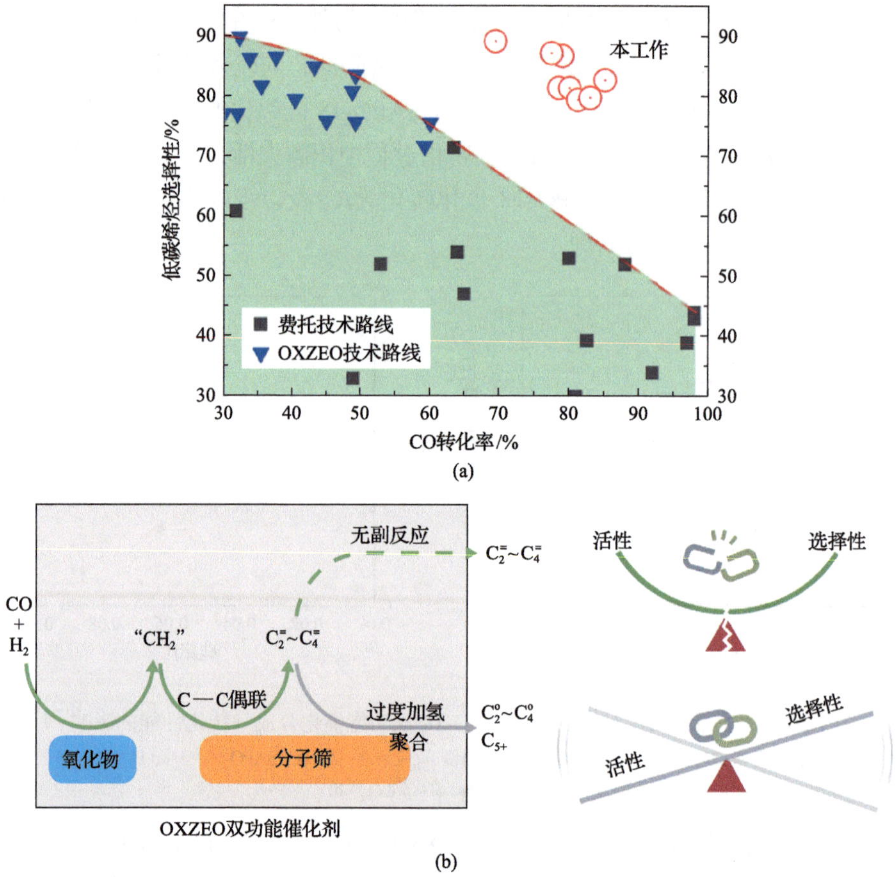

图 1.27　破解 OXZEO 催化合成气直接制低碳烯烃反应活性-选择性跷跷板效应的催化剂创制及其机制
(a) $ZnCrO_x$-GeAPO-18 催化性能（本工作）与文献合成气制低碳烯烃性能对比；(b) OXZEO 催化合成气制低碳烯烃反应中的活性-选择性跷跷板关系。

1.3.3　OXZEO 双功能耦合协同催化效应

OXZEO 催化剂提供两种类型的活性位点，即金属氧化物提供 CO/H_2 活化产生中间体的活性位点和分子筛提供催化中间体 C—C 偶联的活性位点。因此，它将合成气直接转化反应转变为一个串联催化过程（图 1.28）。如上所述，匹配双组分之间的活性很重要。此外，两个组分之间的亲密度即距离效应是另一个重要影响因素，它也会显著影响活性和产物选择性。

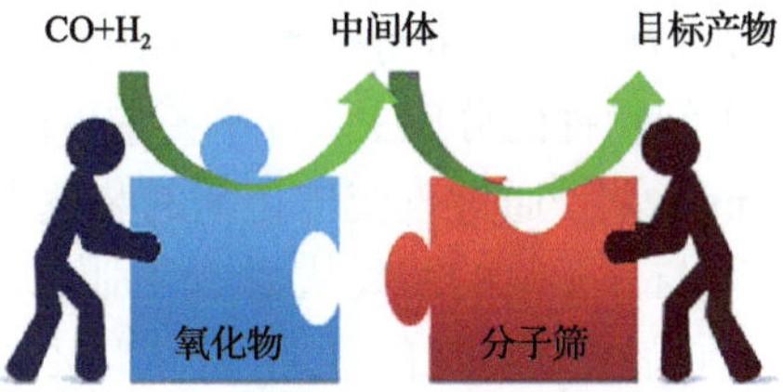

图 1.28 OXZEO 双功能催化的设计理念

研究结果表明，随着氧化物和分子筛双组分距离的邻近，CO 转化率随之增加。组分距离越近，中间物种从氧化物向分子筛扩散传输越容易，分子筛可以高效地将中间物种转化为目标产物，因此能够突破合成气转化生成中间物种反应的热力学平衡限制，从而提高 CO 转化率。例如，Jiao 等[6]通过改变氧化物与分子筛的装填方式研究了 $ZnCrO_x$-SAPO-34 双功能催化剂双组分距离的影响。当 $ZnCrO_x$ 氧化物与 SAPO-34 分子筛从分床层装填改变为颗粒混合，两个组分之间接触更加紧密，低碳烯烃选择性从 23%增加到 69%，低碳烷烃和甲烷等副产物的选择性显著地下降[图 1.29(a)]。Liu 等[76]研究了 Zn-ZrO_2 氧化物与 SSZ-13 分子筛紧密程度对合成气转化的影响。作者对比了分层装填的催化剂、不同目数颗粒混合的催化剂以及球磨混合的双功能催化剂，作者发现随着氧化物与分子筛轴心距的缩短，CO 转化率和低碳烯烃的选择性都显著地提高[图 1.29(b)]。在 CO_2 加氢制低碳烯烃的反应中，Li 等[12]也观察到，随着 ZnO-ZrO_2 固溶体与 Zn 修饰的 SAPO-34 分子筛双组分的复合方式从分床层装填、颗粒混合到粉末混合，双组分的距离邻近，产物中 CO 选择性从 62%下降到 43%，烃类选择性从 38%提高到 57%，烃类产物中低碳烯烃选择性从 40%上升到 80%。Cheng 等[10]同样通过改变催化剂装填方式，降低 Zn 掺杂的 ZrO_2 与 ZSM-5 分子筛之间的距离，有效将合成气直接转化过程中芳烃选择性从 16%提高到 81%，同时副产物低碳烃类(C_2～C_4)和甲烷选择性从 25%和 29%抑制到 2%和 13%[图 1.29(c)]。Yang 等[9]利用 $ZnCrO_x$-ZSM-5 双功能催化合成气直接制芳烃反应中也观察到类似的“越近越好”的现象。粉末研磨混合的 $ZnCrO_x$ 与 ZSM-5，相较于 20～40 目颗粒混合的样品，烃类中芳烃选择性从 21.5%有效提高到 54.5%。类似地，在利用 $ZnZrO_x$-ZSM-5 双功能催化剂催化 CO_2 加氢制芳烃反应中，Li 等[108]也发现缩短双组分的距离同样有利于产物中芳烃组分的生成。当 ZnZrO 与 ZSM-5 从分床层装填变为粉末研磨混合，芳烃在烃类中的选择性从 21%提高到 73%。上述研究都发现了 OXZEO 双功能催化剂对不同组分紧密程度具有明显的依赖关系，在一定范围内表现出组分间“越邻近越好”的现象。这与 Weisz 提出的“亲密性准则”(the closer the better)相吻合[109]。Weisz 最早提出双功能催化剂的“亲密性准则”时就已经指出，活性中心的空间分布会影响反应中间体在不同种类活性中心之间的扩散距离，因此与双功能催化剂活性及选择性直接关联。作者结合反应动力学与扩散动力学的基本方程，从理论上推导出，模型体系的“亲密性准则”可以用如下方程进行表示：

$$\frac{dN}{dt}\frac{1}{[B_{eq}]}\frac{R^2}{D}<1 \tag{1.5}$$

式中，dN/dt 为反应速率；$[B_{eq}]$为反应中间物种的平衡浓度；R 为双功能颗粒的尺寸；D 为有效扩散系数。随着反应中间物种的分压 P_B(即平衡浓度$[B_{eq}]$)减小，达到不受传质限制时的双功能距离变小。Ding 等[110]通过改变催化剂的装填方式和降低颗粒混合时的颗粒尺寸的方式，将金属氧化物与分子筛的距离从毫米级别缩短到 74～150μm，CO 转化率从 6.3%增大到 60%，随后维持在 59%左右不变。作者以乙烯酮为反应中间体，通过方程式(1.5)计算了在 $ZnCrO_x$-SAPO-34 双功能催化剂上，消除传质限制所需要的临界尺寸。由热力学计算显示，反应条件下乙烯酮热力学平衡浓度为 8000ppm，与之对应的临界尺寸为 83～262μm，这与实际合成气反应中得到最高 CO 转化率时对应的 60～80 目的颗粒度相一致。

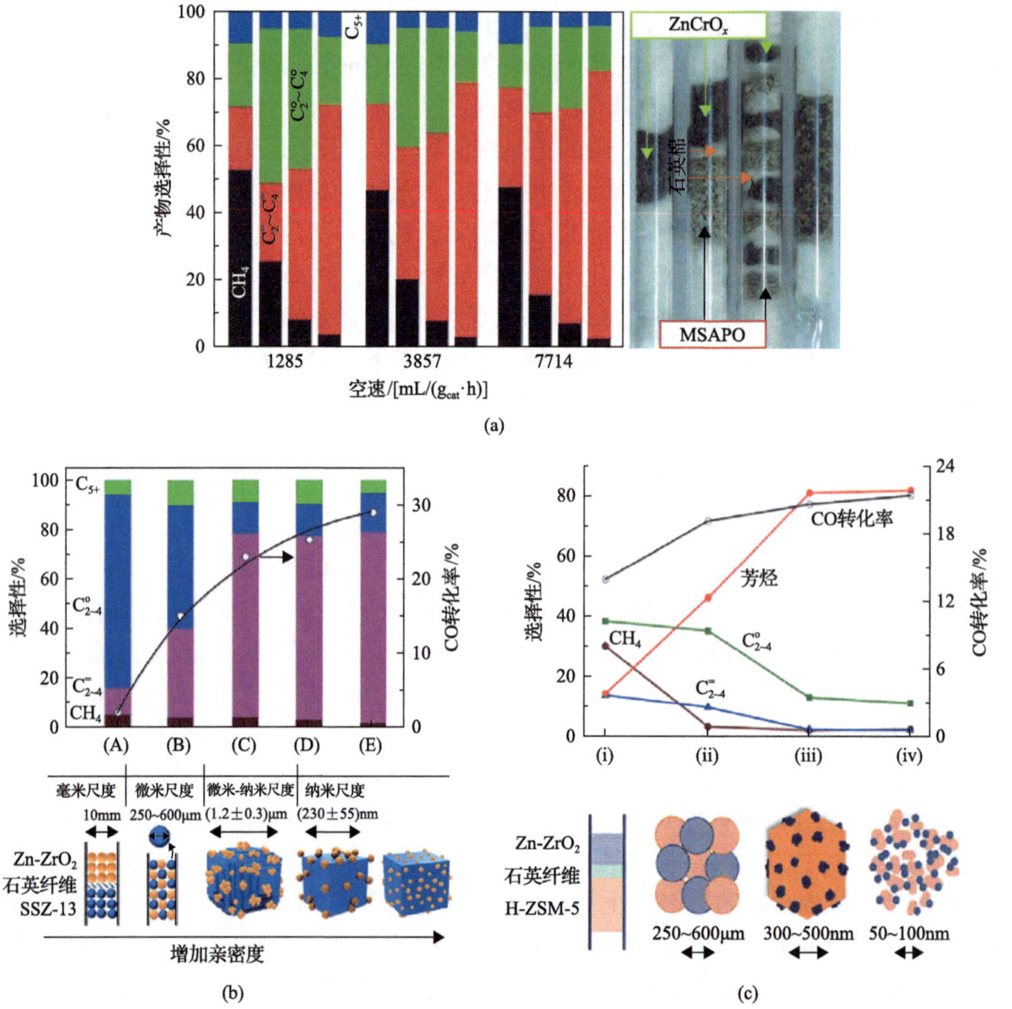

图 1.29　OXZEO 催化剂双功能之间的距离对合成气转化反应的影响

(a) $ZnCrO_x$-MSAPO，催化剂在固定床中以不同的装填方式进行装填[6]；(b) $Zn-ZrO_2$-SSZ-13[76]；(c) $ZnZrO_x$-ZSM-5[10]

值得注意的是，近年来，随着催化剂制备方法的创新和表征手段的进步，人们逐渐认识到，双功能催化剂不一定都遵循 Weisz 提出的“亲密度准则”。

例如，Cheng 等[63]通过调变 Zr-Zn-SAPO-34 双功能催化剂双组分的复合方式，调变了 Zr-Zn 氧化物和 SAPO-34 分子筛的距离并测试其催化反应性能。作者发现，随着双组分距离从毫米尺度(双床层装填)缩短到微米尺度(颗粒混合)，低碳烯烃选择性从 59%上升到 74%。然而，进一步通过球磨法混合 Zr-Zn 氧化物与 SAPO-34 分子筛，缩短双组分的距离达到纳米尺度，低碳烯烃选择性会下降到 63%，低碳烷烃和甲烷选择性分别从 18%和 4%上升到 28%和 6%。Ding 等[110]在研究 $ZnCrO_x$-SAPO-34 双功能催化剂的距离效应时也发现了类似的现象。作者通过改变双组分的装填方式、改变双组分混合的颗粒尺寸等方式在毫米尺度、微米尺度到纳米尺度研究了双组分距离对双功能催化剂反应性能的影响。研究表明，随着 $ZnCrO_x$ 氧化物和 SAPO-34 分子筛从双床层装填到 60～80 目颗粒混合，低碳烯烃在烃类产物中的选择性从 38%上升到 76%。进一步地缩短氧化物与分子筛双组分之间的距离，将氧化物和分子筛以 100～200 目混合以及研磨混合，低碳烯烃的选择性从 76%下降到 66%，同时甲烷和低碳烷烃的选择性分别从 3%和 18%上升到 7%和 24%，低碳烯烃与低碳烷烃的比值(烯/烷比)从 4.31 下降至 2.75。通过将 Zn^{2+}交换到 ZSM-5 的酸性位上，催化合成气转化反应时，主要产生甲烷和乙烷[111]。Gao 等[13]在研究 CO_2 加氢反应中将 In_2O_3 与 ZSM-5 分子筛从分床层装填变为颗粒混合，CO 的选择性下降，烃类产物中汽油组分的选择性会从 27%显著上升到 79%，甲烷选择性从 66%下降到 1%。然而，当双功能催化剂粉末混合时，双组分距离进一步缩短，CO_2 转化率下降到 8%，总产物中甲醇的选择性会上升到 52%，烃类产物中甲烷选择性会显著上升至 94%，汽油的选择性下降到 4%。随后，作者在 CO_2 加氢制低碳烯烃的反应中也观察到了相似的距离效应现象。

由于在经典的“亲密度准则”分析中，仅考虑反应中间物种在催化剂组分之间进行的交换，而组分间本身物质交换没有被考虑。事实上，在多功能催化反应中，当不同催化组分达到纳米尺寸甚至亚纳米尺寸时，活性组分间往往存在物质交换并可能很复杂。

Chen 等[112]对比粉末混合的 $ZnCrAlO_x$-H-ZSM-5 双功能催化剂和单独 H-ZSM-5 分子筛的 2,6-二叔丁基吡啶吸附的红外光谱图发现，分子筛的外表面酸性位会被距离很近的金属氧化物部分覆盖掉。作者认为，这会抑制烯烃的加氢、促进芳构化产生芳烃。Gao 等[113]对比反应前后的 In_2O_3/HZSM-5 双功能催化剂发现，反应后的催化剂上的强酸位显著减少。作者认为强酸位的减少抑制了分子筛 C—C 偶联的活性。随后的工作中，作者通过 SEM-EDX 测试反应后的 In_2O_3/SAPO-34 不同区域的元素组成发现，SAPO-34 分子筛上存在 In 的信号。因此，作者猜测 In 可能会随着反应的进行迁移到 SAPO-34 分子筛上。In 离子交换的 SAPO-34 分子筛会导致低碳烯烃选择性下降的结果支持了这一观点。Wang 等[114]采用四种代表性氧化物(In_2O_3、ZnO、Cr_2O_3 和 ZrO_2)与 H-ZSM-5 复合成双功能催化剂，研究了金属迁移与 CO_2 加氢制烃类反应的催化性能之间的相关性。作者通过 TEM、XPS 和 FTIR 表征发现，H-ZSM-5 的质子酸位点会被 In 和 Zn 通过固态离子交换机理中和，导致 In_2O_3/H-ZSM-5 和 ZnO/H-ZSM-5 催化剂上 C_{2+}烃产物选择性急剧下降。而 Cr 和 Zr 的迁移能力不明显，因此，Cr_2O_3/H-ZSM-5 和 ZrO_2/H-ZSM-5 催化剂对 C_{2+}烃类的选择性较高。Ding 等[110]对比 $ZnCrO_x$-SAPO-34 和 MnO_x-SAPO-34 两种双功能催化剂在合成气制低碳烯烃反应中的距离效应时发现，$ZnCrO_x$-SAPO-34 双功能催化剂的低碳烯烃选择性随着距离的邻近存在一个最优值，而 MnO_x-SAPO-34 却表现为越近越好。作者用 HRTEM 对反应后的 $ZnCrO_x$-SAPO-34 双功能催化剂进行表征发现，元素分析显示，在分子筛上存在 Zn 的信号，高角环形暗场像显示，SAPO-34 分子筛表面分散着原子和团簇。通过设计了一系列迁移的模型实验，并结合同步辐射的原位光电离质谱、红外光谱和核磁共振波谱等研究方法，作者发现，$ZnCrO_x$ 氧化物中的 Zn 在高温还原性气氛下会以 Zn 原子的形式从氧化物中脱出，并迁移到 SAPO-34 分子筛的 Brønsted 酸上形成 Zn-OH，催化低碳烯烃深度加氢形成低碳烷烃，导致合成气制低碳烯烃选择性下降。

OXZEO 催化剂两种功能之间所需的最佳亲密度，可能与关键中间体的传输及其寿命，以及反应条件下两种功能活性位点间的相互作用有关。亲密度过高，活性位点的性质可能会发生显著变化，应予以考虑。所有这些都需要系统性的研究，以建立 OXZEO 双功能催化剂的亲密度与催化性能之间的关联。

1.4 OXZEO 催化合成气转化为其他化学品和燃料及 CO_2 转化

OXZEO 催化概念通过金属氧化物活化 CO 和 H_2 生成中间体，再结合分子筛的择形作用控制 C—C 键偶联，为合成气选择性转化为多种化学品和燃料开辟了一条新途径。如图 1.30 所示，除了乙烯和低碳烯烃，乙烷[111]、丙烷和液化石油气[106]的选择性都超过了 ASF 分布模型的限制。近期研究发现，除了烃类产物外，合成气高选择性制备含氧化合物也可以通过 OXZEO 催化概念实现[11]。OXZEO 催化剂设计概念还可以将合成气转化为一些传统 FTS 无法直接获得的产物，如芳烃和高辛烷值汽油。

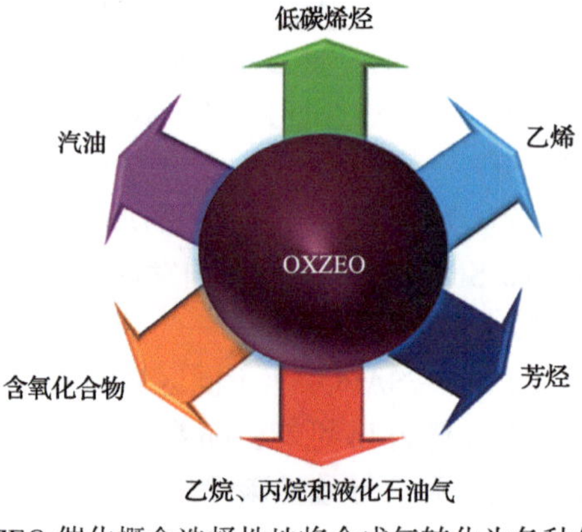

图 1.30　OXZEO 催化概念选择性地将合成气转化为各种化学品和燃料

自 Chang 等[57]在合成气制芳烃的开创性工作以来，该方向的研究已取得重大进展。Kasipandi 等[115]综述了合成气直接合成芳烃双功能催化剂的发展，芳烃在烃类中的选择性已提高到 80%。然而，主要芳烃产物限于 C_9 和 C_{10+} 芳烃，附加值更高的苯-甲苯-二甲苯混合物(BTX)的选择性仍然很低(<35%)。因此，研究人员在 ZSM-5 分子筛改性方面进行了大量的工作。例如，通过钝化外表面的酸位点来抑制 BTX 芳烃分子的烷基化，从而提高 BTX 的选择性[10,115]。另外一种提高 BTX 选择性的策略是在 OXZEO 催化剂中引入能够将 C_{9+} 芳烃脱烷基转化为 BTX 的第三组分。例如，通过将 Beta 分子筛引入到

$MnCrO_x$-ZSM-5，芳烃选择性为59%，其中BTX的选择性从不到30%提高到80%以上[116]。然而，如何在不降低芳烃选择性的同时，提高其中BTX的含量仍然存在挑战。

与芳烃相比，高辛烷值汽油的直接合成更具挑战性。Li等采用具有一维10MR孔道的分子筛，如SAPO-11和ZSM-22与$Zn_2Mn_1O_x$的组合[8]，在CO转化率为20%时，汽油选择性为77%，芳烃含量仅为16%，远低于大多数国家设定的限值。更重要的是，汽油中异构烷烃含量达到52%，异构/正构烷烃比值为15（图1.31），汽油产物的研究法辛烷值（RON）高达92。这是又一个利用OXZEO催化概念控制合成气直接转化过程中产物选择性的范例，与传统的FTS催化剂和FTS催化剂-分子筛复合的催化剂（表1.2）相比，具有显著的特点。尽管FTS组分产生的长链烃可以通过分子筛催化裂解为汽油馏分烃，但其中的异构/正构烷烃比值一般低于5。例如，在Co/SiO_2-Pd/SiO_2-ZSM-5催化剂上，汽油在烃类中的选择性为51%，但其中异构/正构烷烃比值仅为2.3[117]。Ru/*meso*-ZSM-5催化剂将汽油选择性提高到79%，但异构/正构烷烃比值仅为2.7[26]。相比之下，OXZEO催化概念允许中间体小分子（如C_1分子）自下而上的C—C偶联，在具有适当结构分子筛的催化作用下，组装成为异构烷烃。这个策略优于传统FTS与分子筛自上而下裂解来合成汽油的方法[22,25,26,29,42,45,118]。

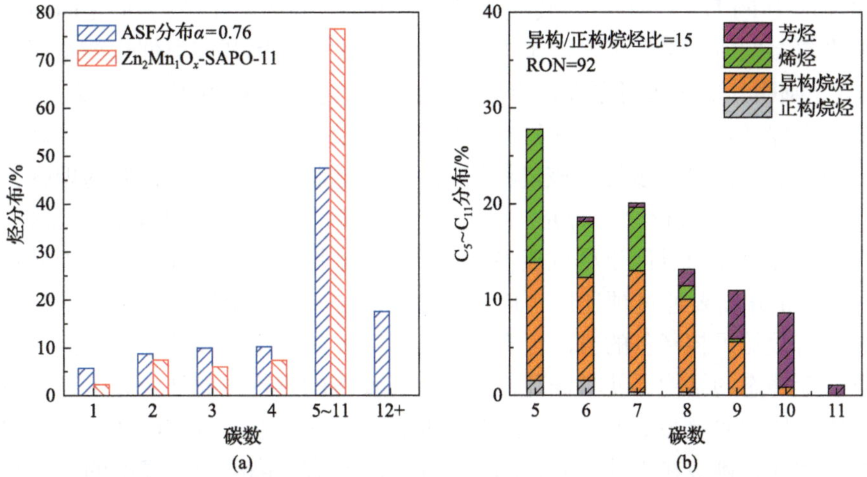

图1.31 $Zn_2Mn_1O_x$-SAPO-11催化合成气直接转化合成高品质汽油[8]

(a)烃分布与ASF分布对比，链增长因子为0.76；(b)C_5～C_{11}分布

Feng等通过调变SAPO-11分子筛的酸位点分布，实现了34%的CO转化率以及82%的汽油选择性，其中汽油的异构/正构烷烃比值高达38，进一步优化反应条件，汽油的异构/正构烷烃比值可达48，这是迄今报道合成气制汽油异构/正构烷烃比值的最高值[119]，同时进一步揭示了分子筛外表面酸位点是异构烷烃尤其是多支链异构烷烃生成的活性位点。而后通过磷修饰来调变HMCM-22的酸性，实现了多甲基异构烃的选择性合成，通过与加氢组分耦合，异构烷烃在汽油中的含量高达67%，其中多甲基异构烷烃的含量高达27.5%，这一数值是文献报道的FTS-分子筛复合催化剂的3倍，是92#汽油中多甲基异构烃含量的4倍[120]。

最近的一些研究表明，OXZEO催化概念也适用于催化CO_2加氢生成化学品和燃料。例如，Li等[12]报道ZnO-ZrO_2-Zn/SAPO-34催化剂催化CO_2加氢反应，CO_2转化率为 13%，低碳烯烃的选择性为 80%，CO 选择性为 47%。此外，In_2O-ZrO_2-SAPO-34[113]、$ZnGa_2O_4$-SAPO-34[65,121]和 $ZnAl_2O_4$-SAPO-34[65]等也可催化 CO_2 转化为低碳烯烃；In_2O_3-ZSM-5 用于汽油的合成[13]；$ZnZrO_x$-ZSM-5[108]、$ZnCrO_x$-ZnZSM-5[122]和 $ZnAlO_x$-ZSM-5[123]用于 CO_2 加氢制芳烃。上述研究表明，OXZEO 催化概念为煤、天然气、生物质等碳资源经合成气高效利用提供了一个新的技术平台，同时该技术还有望为 CO_2 资源化利用提供一条新途径。

1.5 结论和展望

本章综述了基于 OXZEO 催化概念的合成气直接转化研究进展，重点介绍了合成气制低碳烯烃及其催化剂体系，特别是金属氧化物、分子筛各自的催化作用及其双功能组分高效耦合的影响。近年来越来越多的研究表明，OXZEO 催化概念为解决合成气化学长期未能突破的低碳烯烃选择性的挑战提供了新的思路。OXZEO 催化合成气制烯烃的新过程可能成为 FTTO 和 MTO 等传统工业过程的潜在竞争对手[102]，但是面向应用，未来还需要做更多的研究工作来进一步提高催化剂的性能，揭开该类催化剂及催化反应的“黑匣子”，阐明其催化作用原理，指导新一代更加高效催化剂的研制开发。

首先，在保证合理空速条件和目标产物选择性及稳定性的前提下，需要显著提高单程 CO 转化率，才能进一步提高该过程的竞争力。这将依赖于反应机制的理解，包括需要对 CO 和 H_2 的活化进行原位研究，阐明活性位点的结构和组成以及工作原理。只有加深相关理解，才可能通过创建尽可能多的活性位点来增强整体活性。尽管越来越多的研究表明，CO 活化需要通过预还原生成氧空位及配位不饱和金属位点，但是其精细结构尚不清楚，有效的可控制备的方法也有待于开发和发展。更重要的是，如何在反应条件下维持这些亚稳态的结构，使其循环往复地催化反应的进行。此外，分子筛是通过其酸性位催化中间体 C-C 偶联，拉动了该串联反应过程中第一步，即 CO 转化生成中间体的反应平衡，因此，挑战在于缺乏有效的方法来合成具有更高酸位点密度的分子筛，而不增强酸性强度和不改变结构，这是保持高的低碳烯烃选择性所必需的要素。

其次，目前尚缺乏精确或定量描述双功能组分间亲密度的描述符。在毫米和微米尺度上，通过简单改变颗粒大小的研究已经证明了组分间亲密性程度对 CO 转化率和产物选择性的重要影响。然而，尚缺乏更精细的实验来研究其对催化性能的调控机制，从而进一步提高双功能催化剂的活性、烯烃选择性和稳定性。目前初步研究表明两者之间存在最佳亲密关系，而不是简单的越接近越好，这很可能与中间体在传输到达分子筛活性位点之前的有效传输距离以及催化剂组分之间的物质交换有关。因此，这方面还需要未来开展系统的动力学研究。

最后，关键反应中间体尚未确定，分子筛内 C—C 键的形成机理有待进一步研究。一方面，这首先需要从众多的稳定和不稳定的中间物种和产物中甄别出与最终产物相关的反应中间体。目前大量技术已被应用于分析检测反应中间体物种，包括原位红外光谱、核磁共振波谱和基于同步辐射的光电离质谱，但实际中间体仍然存在争议。由于该反应网络复杂，有众多稳定和不稳定的中间物种和中间产物共存，还有高温和高压的反应条件(部分基元步骤所必需的)，以及活泼的中间体往往经常同时具有不稳定性和低浓度的特点，这些都给中间物种的检测分析带来了挑战，单一的技术无法实现甄别真正的反应中间体。另一方面，对反应中间体 C—C 耦合机制的理解仍然不足。对于 CH_4 和 CH_3OH 等其他 C_1 分子的催化转化过程中第一个 C—C 键的形成已经开展了广泛的研究，虽然尚未完全了解，但现有的知识一定程度上可以指导 OXZEO 过程中第一个 C—C 键形成的研究。由于这一关键步骤很可能发生在分子筛的孔道内，因此 DFT 研究和高灵敏度原位光谱的研究有望提供更深入的见解。同样，这些研究需要同时满足高温和高压的反应条件。

上述研究表明，OXZEO 概念为煤、天然气、生物质等碳资源经合成气高效利用以及 CO_2 的资源化利用提供了一个新的技术平台。然而，受限于当前挑战，关于 OXZEO 催化活性位点及反应机理的基础研究仍需深入探索。同时，对催化剂组成和结构优化仍然需要持续突破，而新型催化材料的开发有望推动该领域发展，加速合成气制烯烃或异构烷烃等工艺的工业化应用。与此同时，该技术也可能为 CO_2 的资源化利用开辟新路径。特别是新型催化材料的开发，有望推动该领域的发展，加速合成气制烯烃或异构烷烃汽油等新工艺走向应用。此外，该技术有望为 CO_2 资源化利用开辟一条新路径。

参考文献

[1] Dry M E. The Fischer-Tropsch process: 1950-2000[J]. Catalysis Today, 2002, 71(3-4): 227-241.

[2] Dry M E. High quality diesel via the Fischer-Tropsch process: a review[J]. Journal of Chemical Technology & Biotechnology: International Research in Process, Environmental & Clean Technology, 2002, 77(1): 43-50.

[3] Torres Galvis H M, Bitter J H, Khare C B, et al. Supported iron nanoparticles as catalysts for sustainable production of lower olefins[J]. Science, 2012, 335(6070): 835-838.

[4] Zhao Z, Lu W, Yang R, et al. Insight into the formation of Co@Co_2C catalysts for direct synthesis of higher alcohols and olefins from syngas[J]. ACS Catalysis, 2018, 8(1): 228-241.

[5] Xu Y, Li X, Gao J, et al. A hydrophobic FeMn@Si catalyst increases olefins from syngas by suppressing C_1 by-products[J]. Science, 2021, 371(6529): 610-613.

[6] Jiao F, Li J, Pan X, et al. Selective conversion of syngas to light olefins[J]. Science, 2016, 351(6277): 1065-1068.

[7] Jiao F, Pan X, Gong K, et al. Shape-selective zeolites promote ethylene formation from syngas via a ketene intermediate[J]. Angewandte Chemie International Edition, 2018, 57(17): 4692-4696.

[8] Li N, Jiao F, Pan X, et al. High-quality gasoline directly from syngas by dual metal oxide-zeolite (OX-ZEO) catalysis[J]. Angewandte Chemie International Edition, 2019, 58: 7400-7404.

[9] Yang J, Pan X, Jiao F, et al. Direct conversion of syngas to aromatics[J]. Chemical Communications, 2017, 53(81): 11146-11149.

[10] Cheng K, Zhou W, Kang J, et al. Bifunctional catalysts for one-step conversion of syngas into aromatics with excellent selectivity and stability[J]. Chem, 2017, 3(2): 334-347.

[11] Zhou W, Kang J, Cheng K, et al. Direct conversion of syngas into methyl acetate, ethanol, and ethylene by relay catalysis via the intermediate dimethyl ether[J]. Angewandte Chemie International Edition, 2018, 57(37): 12012-12016.

[12] Li Z, Wang J, Qu Y, et al. Highly selective conversion of carbon dioxide to lower olefins[J]. ACS Catalysis, 2017, 7(12): 8544-8548.

[13] Gao P, Li S, Bu X, et al. Direct conversion of CO_2 into liquid fuels with high selectivity over a bifunctional catalyst[J]. Nature Chemistry, 2017, 9(10): 1019-1024.

[14] Pan X, Jiao F, Miao D, et al. Oxide-zeolite-based composite catalyst concept that enables syngas chemistry beyond Fischer-Tropsch synthesis[J]. Chemical Reviews, 2021, 121 (11): 6588-6609.

[15] Büssemeier B, Frohning C D, Cornils B. Lower olefins via Fischer-Tropsch [J]. Physical Francis, 1976, 55 (11): 105-112.

[16] Venter J J, Vannice M A. Olefin selective carbon-supported K-Fe-Mn CO hydrogenation catalysts: a kinetic, calorimetric, chemisorption, infrared and Mössbauer spectroscopic investigation[J]. Catalysis Letters, 1990, 7 (1): 219-240.

[17] 徐龙伢, 王清遐, 杨力, 等. 合成气在 K-F-MnO/Silicalite-2 催化剂上转化为低碳烯烃的研究——IV. 模试放大试验效应[J]. 天然气化工, 1995, (4): 21-25.

[18] Torres Galvis H M, de Jong K P. Catalysts for production of lower olefins from synthesis gas: A review[J]. ACS Catalysis, 2013, 3 (9):2130-2149.

[19] Zhong L, Yu F, An Y, et al. Cobalt carbide nanoprisms for direct production of lower olefins from syngas[J]. Nature, 2016, 538 (7623): 84-87.

[20] Fang W, Wang C, Liu Z, et al. Physical mixing of a catalyst and a hydrophobic polymer promotes CO hydrogenation through dehydration[J]. Science, 2022, 377 (6604): 406-410.

[21] Caesar P D, Brennan J A, Garwood W E, et al. Advances in Fischer-Tropsch chemistry[J]. Journal of Catalysis, 1979, 56 (2): 274-278.

[22] Shamsi A, Rao V U S, GormLey R J, et al. Zeolite-supported cobalt catalysts for the conversion of synthesis gas to hydrocarbon products[J]. Industrial & Engineering Chemistry Product Research and Development, 1984, 23 (4): 513-519.

[23] Shamsi A, Rao V U S, GormLey R J, et al. Influence of preparative procedure on the activity and selectivity of FeZSM-5 catalysts in syngas conversion[J]. Applied Catalysis, 1986, 27 (1): 55-68.

[24] Tsubaki N, Yoneyama Y, Michiki K, et al. Three-component hybrid catalyst for direct synthesis of iso-paraffin via modified Fischer-Tropsch synthesis[J]. Catalysis Communications, 2003, 4 (3): 108-111.

[25] Bao J, Yang G, Okada C, et al. H-type zeolite coated iron-based multiple-functional catalyst for direct synthesis of middle isoparaffins from syngas[J]. Applied Catalysis A: General, 2011, 394 (1-2): 195-200.

[26] Peng X, Cheng K, Kang J, et al. Impact of hydrogenolysis on the selectivity of the Fischer-Tropsch synthesis: diesel fuel production over mesoporous zeolite-Y-supported cobalt nanoparticles[J]. Angewandte Chemie International Edition, 2015, 54 (15): 4553-4556.

[27] Kang J, Cheng K, Zhang L, et al. Mesoporous zeolite-supported ruthenium nanoparticles as highly selective Fischer-Tropsch catalysts for the production of C_5-C_{11} isoparaffins[J]. Angewandte Chemie International Edition, 2011, 50 (22): 5200-5203.

[28] Sun X, Sartipi S, Kapteijn F, et al. Effect of pretreatment atmosphere on the activity and selectivity of Co/meso HZSM-5 for Fischer-Tropsch synthesis[J]. New Journal of Chemistry, 2016, 40 (5): 4167-4177.

[29] Li J, He Y, Tan L, et al. Integrated tuneable synthesis of liquid fuels via Fischer-Tropsch technology[J]. Nature Catalysis, 2018, 1 (10): 787-793.

[30] Sun J, Li X, Taguchi A, et al. Highly-dispersed metallic Ru nanoparticles sputtered on H-beta zeolite for directly converting syngas to middle isoparaffins[J]. ACS Catalysis, 2014, 4 (1): 1-8.

[31] Zhao B, Zhai P, Wang P, et al. Direct transformation of syngas to aromatics over Na-Zn-Fe_5C_2 and hierarchical HZSM-5 tandem catalysts[J]. Chem, 2017, 3 (2): 323-333.

[32] Duyckaerts N, Bartsch M, Trotuş I T, et al. Intermediate product regulation in tandem solid catalysts with multimodal porosity for high-yield synthetic fuel production[J]. Angewandte Chemie International Edition, 2017, 56 (38): 11480-11484.

[33] Wang C, Fang W, Liu Z, et al. Fischer-Tropsch synthesis to olefins boosted by MFI zeolite nanosheets[J]. Nature Nanotechnology, 2022, 17: 714-720.

[34] Varma R L, Bakhshi N N, Mathews J F, et al. Performance of combined cobalt-nickel-zirconia and HZSM-5 catalyst systems for carbon monoxide hydrogenation[J]. The Canadian Journal of Chemical Engineering, 1985, 63 (4): 612-617.

[35] Pennline H W, GormLey R J, Schehl R R. Process studies with a promoted transition metal-zeolite catalyst[J]. Industrial & Engineering Chemistry Product Research and Development, 1984, 23 (3): 388-393.

[36] Rao V U S, GormLey R J, Shamsi A, et al. Promotion and characterization of zeolitic catalysts used in the synthesis of hydrocarbons from syngas[J]. Journal of Molecular Catalysis, 1985, 29(2): 271-283.

[37] GormLey R J, Rao V U S, Anderson R R, et al. Secondary reactions on metal-zeolite catalysts used in synthesis gas conversion[J]. Journal of Catalysis, 1988, 113(1): 193-205.

[38] Sun J, Niu W, Taguchi A, et al. Combining wet impregnation and dry sputtering to prepare highly-active CoPd/H-ZSM-5 ternary catalysts applied for tandem catalytic synthesis of isoparaffins[J]. Catalysis Science & Technology, 2014, 4(5): 1260-1267.

[39] Cheng K, Kang J, Huang S, et al. Mesoporous beta zeolite-supported ruthenium nanoparticles for selective conversion of synthesis gas to C_5-C_{11} isoparaffins[J]. ACS Catalysis, 2012, 2(3): 441-449.

[40] Kang J, Wang X, Peng X, et al. Mesoporous zeolite-Y-supported Co nanoparticles as efficient Fischer-Tropsch catalysts for selective synthesis of diesel fuel[J]. Industrial & Engineering Chemistry Research, 2016, 55(51): 13008-13019.

[41] Sartipi S, Parashar K, Valero-Romero M J, et al. Hierarchical H-ZSM-5-supported cobalt for the direct synthesis of gasoline-range hydrocarbons from syngas: advantages, limitations, and mechanistic insight[J]. Journal of Catalysis, 2013, 305: 179-190.

[42] He J, Liu Z, Yoneyama Y, et al. Multiple-functional capsule catalysts: a tailor-made confined reaction environment for the direct synthesis of middle isoparaffins from syngas[J]. Chemistry: A European Journal, 2006, 12(32): 8296-8304.

[43] Bao J, He J, Zhang Y, et al. A core/shell catalyst produces a spatially confined effect and shape selectivity in a consecutive reaction[J]. Angewandte Chemie International Edition, 2007, 47: 353-356.

[44] Yang G, Tan Y, Han Y, et al. Increasing the shell thickness by controlling the core size of zeolite capsule catalyst: application in iso-paraffin direct synthesis[J]. Catalysis Communications, 2008, 9(15): 2520-2524.

[45] Jiang N, Yang G, Zhang X, et al. A novel silicalite-1 zeolite shell encapsulated iron-based catalyst for controlling synthesis of light alkenes from syngas[J]. Catalysis Communications, 2011, 12(11): 951-954.

[46] Fujimoto H, Saima H, Tominaga H. Synthesis gas conversion utilizing mixed catalyst composed of CO reducing catalyst and solid acid. 4. Selective synthesis of C2, C-3, and C-4 paraffins from synthesis gas[J]. Journal of Catalysis, 1985, 94(1): 16-23.

[47] Fujimoto K, Saima H, Tominaga H. Selective synthesis of LPG from synthesis gas[J]. Bulletin of the Chemical Society of Japan, 1985, 58(10): 3059-3060.

[48] Yu Y, Xu Y, Cheng D, et al. Transformation of syngas to light hydrocarbons over bifunctional CuO-ZnO/SAPO-34 catalysts: the effect of preparation methods[J]. Reaction Kinetics, Mechanisms and Catalysis, 2014, 112(2): 489-497.

[49] Chen Y, Xu Y, Cheng D, et al. C_2-C_4 hydrocarbons synthesis from syngas over CuO-ZnO-Al_2O_3/SAPO-34 bifunctional catalyst[J]. Journal of Chemical Technology & Biotechnology, 2015, 90(3): 415-422.

[50] Arakawa H, Kiyozumi Y, Suzuki K, et al. Selective synthesis of ethylene from synthesis gas over hybrid catalyst system[J]. Chemistry Letters, 1986, 15(8): 1341-1342.

[51] Fujimoto K, Saima H, Tominaga H. Synthesis gas conversion utilizing mixed catalyst composed of CO reducing catalyst and solid acid: Ⅳ. Selective synthesis of C_2, C_3, and C_4 paraffins from synthesis gas[J]. Journal of Catalysis, 1985, 94(1): 16-23.

[52] Zhang Q, Li X, Asami K, et al. Synthesis of LPG from synthesis gas[J]. Fuel Processing Technology, 2004, 85(8-10): 1139-1150.

[53] Zhang Q, Li X, Asami K, et al. A highly stable and efficient catalyst for direct synthesis of LPG from syngas[J]. Catalysis Letters, 2005, 102(1): 51-55.

[54] Ge Q, Li X, Kaneko H, et al. Direct synthesis of LPG from synthesis gas over Pd-Zn-Cr/Pd-β hybrid catalysts[J]. Journal of Molecular Catalysis A: Chemical, 2007, 278(1-2): 215-219.

[55] Li C, Yuan X, Fujimoto K. Direct synthesis of LPG from carbon dioxide over hybrid catalysts comprising modified methanol synthesis catalyst and β-type zeolite[J]. Applied Catalysis A: General, 2014, 475: 155-160.

[56] Saima H, Fujimoto K, Tominaga H. Selective synthesis of aromatic hydrocarbons from synthesis gas[J]. Chemistry Letters, 1984, 13(10): 1777-1780.

[57] Chang C D, Lang W H, Silvestri A J. Synthesis gas conversion to aromatic hydrocarbons[J]. Journal of Catalysis, 1979, 56(2): 268-273.

[58] Chang C D, Miale J N, Socha R F. Syngas conversion to ethane over metal-zeolite catalysts[J]. Journal of Catalysis, 1984, 90(1): 84-87.

[59] Simard F, Mahay A, Ravella A, et al. Pseudoadiabatic catalytic reactor operation for the conversion of synthesis gas into hydrocarbons(gasoline range)[J]. Industrial & Engineering Chemistry Research, 1991, 30(7): 1448-1455.

[60] Ereña J, Arandes J M, Bilbao J, et al. Conversion of syngas to liquid hydrocarbons over a two-component(Cr_2O_3-ZnO and ZSM-5 zeolite) catalyst: kinetic modelling and catalyst deactivation[J]. Chemical Engineering Science, 2000, 55(10): 1845-1855.

[61] Fujimoto K, Saima H, Tominaga H. Hydrogenation of carbon monoxide on carbon monoxide reducing catalyst and solid acid. 6. Selective production of C_3 and C_4 hydrocarbons from synthesis gas[J]. Industrial & Engineering Chemistry Research, 1988, 27(6): 920-926.

[62] Erena J, Arandes J M, Bilbao J, et al. Study of physical mixtures of Cr_2O_3-ZnO and ZSM-5 catalysts for the transformation of syngas into liquid hydrocarbons[J]. Industrial & Engineering Chemistry Research, 1998, 37(4): 1211-1219.

[63] Cheng K, Gu B, Liu X, et al. Direct and highly selective conversion of synthesis gas into lower olefins: design of a bifunctional catalyst combining methanol synthesis and carbon-carbon coupling[J]. Angewandte Chemie International Edition, 2016, 55: 4725-4728.

[64] Zhu Y, Pan X, Jiao F, et al. Role of manganese oxide in syngas conversion to light olefins[J]. ACS Catalysis, 2017, 7(4): 2800-2804.

[65] Liu X, Wang M, Yin H, et al. Tandem catalysis for hydrogenation of CO and CO_2 to lower olefins with bifunctional catalysts composed of spinel oxide and SAPO-34[J]. ACS Catalysis, 2020, 10(15): 8303-8314.

[66] Su J, Wang D, Wang Y, et al. Direct conversion of syngas into light olefins over zirconium-doped indium(Ⅲ) oxide and SAPO-34 bifunctional catalysts: design of oxide component and construction of reaction network[J]. ChemCatChem, 2018, 10(7): 1536-1541.

[67] Kirilin A V, Dewilde J F, Santos V, et al. Conversion of synthesis gas to light olefins: impact of hydrogenation activity of methanol synthesis catalyst on the hybrid process selectivity over Cr-Zn and Cu-Zn with SAPO-34[J]. Industrial & Engineering Chemistry Research, 2017, 56(45): 13392-13401.

[68] Raveendra G, Li C, Cheng Y, et al. Direct transformation of syngas to lower olefins synthesis over hybrid Zn-Al_2O_3/SAPO-34 catalysts[J]. New Journal of Chemistry, 2018, 42(6): 4419-4431.

[69] Zhang P, Meng F, Li X, et al. Excellent selectivity for direct conversion of syngas to light olefins over a Mn-Ga oxide and SAPO-34 bifunctional catalyst[J]. Catalysis Science & Technology, 2019, 9(20): 5577-5581.

[70] Wang S, Wang P, Shi D, et al. Direct conversion of syngas into light olefins with low CO_2 emission[J]. ACS Catalysis, 2020, 10(3): 2046-2059.

[71] Ni Y, Liu Y, Chen Z, et al. Realizing and recognizing syngas-to-olefins reaction via a dual-bed catalyst[J]. ACS Catalysis, 2018, 9(2): 1026-1032.

[72] Li N, Zhu Y, Jiao F, et al. Steering the reaction pathway of syngas-to-light olefins with coordination unsaturated sites of $ZnGaO_x$ spinel[J]. Nature Communications, 2022, 13: 2742.

[73] Tan L, Wang F, Zhang P, et al. Design of a core-shell catalyst: an effective strategy for suppressing side reactions in syngas for direct selective conversion to light olefins[J]. Chemical Science, 2020, 11(16): 4097-4105.

[74] Wang M, Wang Z, Liu S, et al. Synthesis of hierarchical SAPO-34 to improve the catalytic performance of bifunctional catalysts for syngas-to-olefins reactions[J]. Journal of Catalysis, 2021, 394: 181-192.

[75] Li N, Jiao F, Pan X, et al. Size effects of ZnO nanoparticles in bifunctional catalysts for selective syngas conversion[J]. ACS Catalysis, 2019, 9(2): 960-966.

[76] Liu X, Zhou W, Yang Y, et al. Design of efficient bifunctional catalysts for direct conversion of syngas into lower olefins via methanol/dimethyl ether intermediates[J]. Chemical Science, 2018, 9(20): 4708-4718.

[77] Su J, Zhou H, Liu S, et al. Syngas to light olefins conversion with high olefin/paraffin ratio using $ZnCrO_x$/AlPO-18 bifunctional catalysts[J]. Nature Communications, 2019, 10: 1297.

[78] Li G, Jiao F, Pan X, et al. Role of SAPO-18 acidity in direct syngas conversion to light olefins[J]. ACS Catalysis, 2020, 10(21): 12370-12375.

[79] de Jong K P. Surprised by selectivity[J]. Science, 2016, 351(6277): 1030-1031.

[80] Raveendra G, Li C, Liu B, et al. Synthesis of lower olefins from syngas over Zn/Al_2O_3-SAPO-34 hybrid catalysts: role of doped Zr and influence of the Zn/Al_2O_3 ratio[J]. Catalysis Science & Technology, 2018, 8(14): 3527-3538.

[81] Song H, Laudenschleger D, Carey J J, et al. Spinel-structured $ZnCr_2O_4$ with excess Zn is the active ZnO/Cr_2O_3 catalyst for high-temperature methanol synthesis[J]. ACS Catalysis, 2017, 7(11): 7610-7622.

[82] Tian S, Tan L, Wu Y, et al. The role of different state ZnO over non-stoichiometric Zn-Cr spinel catalysts for isobutanol synthesis from syngas[J]. Applied Catalysis A: General, 2017, 536: 57-66.

[83] Li Y, Hu J, Xu J, et al. Activation of CO and surface carbon species for conversion of syngas to light olefins on $ZnCrO_x$-Al_2O_3 catalysts[J]. Applied Surface Science, 2019, 494: 353-360.

[84] Ma S, Huang S D, Liu Z P. Dynamic coordination of cations and catalytic selectivity on zinc-chromium oxide alloys during syngas conversion[J]. Nature Catalysis, 2019, 2(8): 671-677.

[85] Chen H, Lin L, Li Y, et al. CO and H_2 activation over g-ZnO layers and w-ZnO(0001)[J]. ACS Catalysis, 2019, 9(2): 1373-1382.

[86] Swanson M, Pushkarev V V, Kovalchuk V I, et al. The dynamic surface chemistry during the interaction of CO with ceria captured by Raman spectroscopy[J]. Catalysis Letters, 2007, 116(1): 41-45.

[87] Liu Y, Wen C, Guo Y, et al. Mechanism of CO disproportionation on reduced ceria[J]. ChemCatChem, 2010, 2(3): 336-341.

[88] Li C, Sakata Y, Arai T, et al. CO disproportionation at mild temperatures over partially reduced cerium oxide[J]. Journal of the Chemical Society, Chemical Communications, 1991 (6): 410-411.

[89] Eischens R P, Pliskin W A, Low M J D. The infrared spectrum of hydrogen chemisorbed on zinc oxide[J]. Journal of Catalysis, 1962, 1(2): 180-191.

[90] Tsyganenko A A, Lamotte J, Saussey J, et al. Bending vibrations of OH groups resulting from H_2 dissociation on ZnO[J]. Journal of the Chemical Society, Faraday Transactions 1: Physical Chemistry in Condensed Phases, 1989, 85(8): 2397-2403.

[91] Trunschke A, Hoang D L, Lieske H. *In situ* FTIR studies of high-temperature adsorption of hydrogen on zirconia[J]. Journal of the Chemical Society, Faraday Transactions, 1995, 91(24): 4441-4444.

[92] García-Melchor M, Lopez N. Homolytic products from heterolytic paths in H_2 dissociation on metal oxides: the example of CeO_2[J]. Journal of Physical Chemistry C, 2014, 118(20): 10921-10926.

[93] Wang M, Kang J, Xiong X, et al. Effect of zeolite topology on the hydrocarbon distribution over bifunctional ZnAlO/SAPO catalysts in syngas conversion[J]. Catalysis Today, 2021, 371: 85-92.

[94] Chao K, Wu H, Leu L. Hydroisomerization of light normal paraffins over series of platinum-loaded mordenite and beta catalysts[J]. Applied Catalysis A: General, 1996, 143(2): 223-243.

[95] Bortnovsky O, Sazama P, Wichterlova B. Cracking of pentenes to C_2-C_4 light olefins over zeolites and zeotypes: role of topology and acid site strength and concentration[J]. Applied Catalysis A: General, 2005, 287(2): 203-213.

[96] Bhan A, Allian A D, Sunley G J, et al. Specificity of sites within eight-membered ring zeolite channels for carbonylation of methyls to acetyls[J]. Journal of the American Chemical Society, 2007, 129(16): 4919-4924.

[97] Veefkind V A, Smidt M L, Lercher J A. On the role of strength and location of Brønsted acid sites for ethylamine synthesis on mordenite catalysts[J]. Applied Catalysis A: general, 2000, 194: 319-332.

[98] Maache M, Janin A, Lavalley J C, et al. FT infrared study of brønsted acidity of H-mordenites: heterogeneity and effect of dealumination[J]. Zeolites, 1995, 15(6): 507-516.

[99] Rasmussen D B, Christensen J M, Temel B, et al. Ketene as a reaction intermediate in the carbonylation of dimethyl ether to methyl acetate over mordenite[J]. Angewandte Chemie International Edition, 2015, 54(25): 7261-7264.

[100] Boronat M, Martínez-Sánchez C, Law D, et al. Enzyme-like specificity in zeolites: a unique site position in mordenite for selective carbonylation of methanol and dimethyl ether with CO[J]. Journal of the American Chemical Society, 2008,

130(48): 16316-16323.

[101] Wang C M, Wang Y D, Xie Z K. Methylation of olefins with ketene in zeotypes and its implications for the direct conversion of syngas to light olefins: a periodic DFT study[J]. Catalysis Science & Technology, 2016, 6(17): 6644-6649.

[102] Olsbye U, Svelle S, Bjørgen M, et al. Conversion of methanol to hydrocarbons: how zeolite cavity and pore size controls product selectivity[J]. Angewandte Chemie International Edition, 2012, 51(24): 5810-5831.

[103] Olsbye U, Svelle S, Lillerud K P, et al. The formation and degradation of active species during methanol conversion over protonated zeotype catalysts[J]. Chemical Society Reviews, 2015, 44(20): 7155-7176.

[104] Chen Z, Ni Y, Zhi Y, et al. Coupling of methanol and carbon monoxide over H-ZSM-5 to form aromatics[J]. Angewandte Chemie International Edition, 2018, 57(38): 12549-12553.

[105] Arora S S, Shi Z, Bhan A. Mechanistic basis for effects of high-pressure H_2 cofeeds on methanol-to-hydrocarbons catalysis over zeolites[J]. ACS Catalysis, 2019, 9(7): 6407-6414.

[106] Li G, Jiao F, Miao D, et al. Selective conversion of syngas to propane over $ZnCrO_x$-SSZ-39 OX-ZEO catalysts[J]. Journal of Energy Chemistry, 2019, 36: 141-147.

[107] Jiao F, Bai B, Li G, et al. Disentangling the activity-selectivity trade-off in catalytic conversion of syngas to light olefins[J]. Science, 2023, 380(6646): 727-730.

[108] Li Z, Qu Y, Wang J, et al. Highly selective conversion of carbon dioxide to aromatics over tandem catalysts[J]. Joule, 2019, 3(2): 570-583.

[109] Weisz P B. Polyfunctional heterogeneous catalysis[J]. Advances in Catalysis, 1962, 13: 137-190.

[110] Ding Y, Jiao F, Pan X, et al. Effects of proximity-dependent metal migration on bifunctional composites catalyzed syngas to olefins[J]. ACS Catalysis, 2021, 11(15): 9729-9737.

[111] Chen Z, Ni Y, Wen F, et al. The carboxylates formed on oxides promoting the aromatization in syngas conversion over composite catalysts[J]. Chinese Journal of Catalysis, 2021, 42(5): 835-843.

[112] Gao P, Dang S, Li S, et al. Direct production of lower olefins from CO_2 conversion via bifunctional catalysis[J]. ACS Catalysis, 2018, 8(1): 571-578.

[113] Wang Y, Wang G, van der Wal L I, et al. Visualizing element migration over bifunctional metal-zeolite catalysts and its impact on catalysis[J]. Angewandte Chemie International Edition, 2021, 60(32): 17735-17743.

[114] Chen Y, Gong K, Jiao F, et al. C-C bond formation in syngas conversion over zinc sites grafted on ZSM-5 zeolite[J]. Angewandte Chemie International Edition, 2020, 59: 6529-6534.

[115] Kasipandi S, Bae J W. Recent advances in direct synthesis of value-added aromatic chemicals from syngas by cascade reactions over bifunctional catalysts[J]. Advanced Materials, 2019, 31(34): 1803390.

[116] Miao D, Ding Y, Yu T, et al. Selective synthesis of benzene, toluene, and xylenes from syngas[J]. ACS Catalysis, 2020, 10(13): 7389-7397.

[117] Li X, Luo M, Asami K, et al. Direct synthesis of middle iso-paraffins from synthesis gas on hybrid catalyst[J]. Catalysis Today, 2004. DOI:10.1016/j.cattod.2004.03.054.

[118] Sartipi S, Alberts M, Santos V P, et al. Insights into the catalytic performance of mesoporous H-ZSM-5-supported cobalt in Fischer-Tropsch synthesis[J]. ChemCatChem, 2014, 6(1): 142-151.

[119] Feng J, Miao D, Ding Y, et al. Direct synthesis of isoparaffin-rich Gasoline from syngas[J]. ACS Energy Letters, 2022, 7(4): 1462-1468.

[120] Ding Y, Miao D, Feng J, et al. Enhanced formation of multi-branched isoparaffins in syngas conversion by $ZnCrO_x$-MCM-22 composites[J]. Applied Catalysis B: Environmental, 2022, 316: 121628.

[121] Liu X, Wang M, Zhou C, et al. Selective transformation of carbon dioxide into lower olefins with a bifunctional catalyst composed of $ZnGa_2O_4$ and SAPO-34[J]. Chemical Communications, 2018, 54(2): 140-143.

[122] Zhang J, Zhang M, Chen S, et al. Hydrogenation of CO_2 into aromatics over a ZnCrOx-zeolite composite catalyst[J]. Chemical Communications, 2019, 55(7): 973-976.

[123] Ni Y, Chen Z, Fu Y, et al. Selective conversion of CO_2 and H_2 into aromatics[J]. Nature Communications, 2018, 9: 3457.

第 2 章

碳化钴基合成气直接转化制烯烃

2.1 引　　言

烯烃包括低碳烯烃(乙烯、丙烯、丁烯)及高碳烯烃($C_{5+}^{=}$),属于一类重要的高附加值化工原料。高碳烯烃一般为 α-烯烃,通常是指 C_5 及 C_5 以上的双键在碳链分子末端的高碳直链烯烃,包括 1-丁烯、1-己烯、1-辛烯、1-癸烯、1-十二(碳)烯等产品,相比于低碳烯烃,高碳烯烃是一类附加值更高的化学化工原料,广泛应用于表面活性剂、增塑剂、高档润滑油等精细化学品生产。线型 α-烯烃(LAO)产业积淀深厚,但由于催化剂类型、生产工艺和应用不断革新,该行业仍在稳步增长,并保持技术驱动。线型 α-烯烃生产工业的持续推动重点在于高效催化剂设计和相关工艺升级。线型 α-烯烃用途广泛,受下游产业推动发展迅速,其产值在世界范围内不断增加,经济效益显著。伴随市场需求的强劲刺激,国际巨头石化公司如壳牌(Shell)公司、劳力士(INEOS)公司等不断扩大线型 α-烯烃产业规模。随着国内合成材料和精细化工的发展,对线型 α-烯烃的需求日益增长,中国的石化企业和相关科研机构纷纷加入布局该产业行列,积极推动线型 α-烯烃的研发和生产工艺。经过多年的技术开发与试验,中国自主开发的线型 α-烯烃技术已经取得了实质性进展。

目前高碳烯烃主要由乙烯齐聚得到,我国高碳烯烃市场空间巨大,但国产化严重不足,严重依赖于进口。基于我国缺油、少气、富煤的资源特点,开发煤基合成气直接制烯烃技术具有重要的战略意义,可缓解对烯烃进口的依赖状况。合成气经费-托反应路线直接制取烯烃(FTO)技术具有流程短、能耗和煤耗低的优势,所得烯烃除了低碳烯烃,还包括大量附加值更高的高碳 α-烯烃。一旦实现合成气高选择性、低成本直接制取高碳 α-烯烃,将带动许多相关行业的发展。

2.1.1 高碳烯烃用途

线型 α-烯烃广泛应用于石油化工、轻工、纺织、冶金以及医药、农药等方面,可用于生产聚烯烃共聚单体、洗涤剂醇、增塑剂醇、聚 α-烯烃(PAO)基础油及油品添加剂等,是制备高附加值化学品的基础原料。从全球范围来看,线型 α-烯烃齐聚的最重要的用途之一即作为线型低密度聚乙烯(LLDPE)、高密度聚乙烯(HDPE)和聚烯烃弹性体(POE)的共聚单体,约占 α-烯烃消费量的 60%,主要共聚单体有 1-丁烯、1-己烯、1-辛烯。由 C_{12}～C_{20} 的线型 α-烯烃合成的洗涤剂醇具有良好的生物可降解性,由 C_8～C_{12} 的线型 α-

烯烃制备的 PAO 是优质的合成润滑油，由 C_6～C_{10} 的线型 α-烯烃经羰基合成制得的增塑剂醇挥发度低，具有很好的光稳定性和抗氧化性。国内线型 α-烯烃消费主要集中在聚烯烃领域，其次为洗涤剂醇和 α-烯烃磺酸盐领域。

1. 聚烯烃共聚单体

目前共聚单体 1-丁烯、1-己烯、1-辛烯已实现工业化，分别与乙烯共聚可以制备 HDPE、LLDPE 和 POE。其中作为“第三代聚乙烯”的新型聚乙烯树脂，熔体延伸性大，抗拉强度、抗冲击强度及耐环境应力开裂性良好。POE 即支化聚乙烯，其分子结构中无不饱和双键，分子量分布窄、短支链分布均匀，因而具备优异的物理机械性能，如高弹性、高强度、高伸长率等和优异的耐低温性能。POE 材料窄的分子量分布使其在注射和挤出加工过程中不易产生挠曲，因而加工性能优异。POE 可用于替代橡胶等弹性体，广泛应用于管材、汽车、食品包装等领域。美国 UCC 公司在 1977 年通过乙烯与 α-烯烃共聚生产聚乙烯后，各大化学品公司积极展开相关研究且成效可观。C_4～C_{10} 的 α-烯烃用作 LLDPE 的共聚单体，可改善聚乙烯的机械加工性能、耐热性、柔软性、透明性等。与 1-丁烯产品相比，1-己烯产品在撕裂强度、抗冲击强度、抗拉强度等方面性能更好，多用于大型中空吹塑容器、管材、食品级包装膜和农用覆盖膜等。工业界趋向于以 1-己烯、1-辛烯代替 1-丁烯。近年来茂金属聚乙烯发展迅速，1-己烯与 1-辛烯作为共聚单体被广泛使用，相应制备的聚乙烯产品单体含量更高、性能更优异。一般情况下当 α-烯烃用于生产 LLDPE 时，其平均含量为 8%～10%；用作 HDPE 的共聚单体时，平均含量为 1%～2%；用于生产 POE 时，含量大于 20%。α-烯烃作为共聚单体随 PE 市场持续高速增长而具有广阔的市场空间，消费量逐年增长。随着经济水平不断发展，聚乙烯下游产品在高端应用领域增长空间较大。LLDPE 应用相对广泛，涉及领域含包装膜、农膜、滚塑、电线电缆、管材、涂层制品等，且作为 PE 领域中较通用的类别，其更高的抗拉强度、抗穿透性、抗撕裂性和伸长率更适用于制备薄膜材料，以此为原料的塑料薄膜集中在农膜和包装膜两大领域。中国塑料薄膜近 5 年来复合增长率约为 10%，消费呈上升趋势。LLDPE 下游需求随生活消费领域增长而延续增长态势，以支撑 LLDPE 产能扩张与消费增长。薄膜、注塑、中空容器、管材型材和拉丝制品是中国 PE 方面的主要消费领域。聚乙烯在国内主要消费点是占比约 50%的塑料薄膜行业，其中包装材料在塑料薄膜的消费中约占 70%，农用塑料薄膜约占 18%，其余则为电工材料、感光材料和电子信息材料等。

2. 合成 PAO 基础油及油品添加剂

碳数分布在 C_8～C_{12} 的 α-烯烃（C_{10} 为最佳）可通过催化剂作用的聚合反应和加氢饱和反应制备聚 α-烯烃，即 PAO 基础油，根据美国石油学会（API）分类标准属于Ⅳ类合成基础油。PAO 的梳状多侧链结构直接影响其物理化学性质，直链烷烃骨架的黏温特性良好，多侧链烷烃结构的低温特性更佳。PAO 较矿物型基础油性能优异，具有较好的低温流动性、氧化稳定性、抗燃性及低蒸发性，这归因于其分子结构相对规整、组分较为单一，民用领域用于汽车发动机油、齿轮油、液压油、压缩机油、润滑脂等，军事领域用于航空涡轮发动机润滑油、航空抗燃液压油等。润滑油消费市场可观，与汽车、机械、航空、钢铁、船舶等行业的发展息息相关。润滑油品质提升的驱动力随着排放法规、环保政策日趋严格而日益增强，高端润滑油基础油作为影响润滑油品质的主要因素，其开发备受关注，且由于其生产技术和原料被少数化学品公司所掌握等因素，利润空间巨大。世界上绝大部分顶级润滑油目前均采用全合成 PAO 作为基础油。此外，C_{14}～C_{24}的 α-烯烃与苯(或苯酚)烷基化生成烷基苯，再经磺化、中和制备钙、镁、钡盐作为表面活性剂用于润滑油添加组分，防止汽缸口在高温下产生沉积物。由于主要原料 1-癸烯供应受限，全球范围内 PAO 产能增长缓慢，且各国家地区规模化生产能力差距较大。因此高效促进 PAO 产业需推进其上下游协同发展。

3. 生产增塑剂醇

全球 50%的 C_4～C_{13} 脂肪族伯醇用于生产增塑剂，因此称之为增塑剂醇。碳数分布在 C_6～C_{10} 的 α-烯烃经羰基化路线制备 C_7～C_{11} 醇，与 2-乙基己醇、正丁醇、异壬醇、异丁醇、异癸醇、2-丙基庚醇等都是作为生产增塑剂醇的重要中间体。高碳醇的增塑性能优异，线型高碳醇酯与树脂相溶性好，不仅能提高聚氯乙烯耐热性、延长材料寿命，还能改变塑料制品加工性能，使得产品美观、表面光滑、增塑剂不易析出、制品不易断裂、污染减少。增塑剂醇的产量随其在西欧、美国、日本等发达国家和地区的生产技术革新而不断提高，在全世界的消费比例增大。高碳增塑剂醇需求增长主要归因于增塑剂安全标准日趋严格及消费者环保意识不断增强，性能更好的增塑剂替代传统增塑剂的趋势不可逆转。

4. 生产洗涤剂醇

碳数分布在 C_{12}～C_{20} 的 α-烯烃或内烯烃经羰基合成可制备 C_{13}～C_{21} 的洗涤剂醇，或经过磺化得到混合物烯烃磺酸盐和烷烃砜。其中，线型 α-烯烃制得的洗涤剂醇线性度可达 87%，具有良好的生物可降解性，而内烯烃所得产物线性度为 76%～80%；磺化产物与苯发生 Friedel-Crafts 反应合成重要洗涤剂烷基苯磺酸盐。碳数分布在 C_8～C_{18} 的 α-烯烃制得的非离子表面活性剂氢化脂肪胺起泡稳定性佳、对皮肤柔和；由 C_9～C_{19} 的 α-烯烃制备的脂肪酸可用来生产阳离子表面活性剂和肥皂。线型 α-烯烃是生产高级洗涤剂的理想原料，具有高效、不腐蚀皮肤、易降解、环境污染小等优点，其中尤以 C_{12}、C_{14}、C_{16}、C_{18} 的 α-烯烃作为基础原料最为重要。洗涤剂醇生产对 α-烯烃的需求较为依赖，部分种类的生产因缺乏相应原料而难以持续。

2.1.2　高碳烯烃供需现状

线型 α-烯烃下游化学品丰富多彩，应用领域广泛，市场前景可观，对原料 α-烯烃的需求持续增长，因此 α-烯烃发展潜力巨大，其生产与应用技术也备受关注。表 2.1 显示了 2009 年世界范围内的线型 α-烯烃的供需情况，目前大多数商业线型 α-烯烃的生产工厂制备基于乙烯齐聚的偶数 α-烯烃，例外情况是南非萨索尔(Sasol)公司的煤基合成燃料厂，该厂目前生产 1-己烯、1-辛烯和少量 1-戊烯；中国石化集团北京燕山石油化工有限公司，由乙烯生产 1-己烯；美国陶氏化学公司在西班牙的塔拉戈纳(Tarragona)由丁二烯制备 1-辛烯。2009 年，世界 α-烯烃产量为 270 万吨(基于约 325 万吨的有效产能下全球产能利用率为 82%)，价值约为 37 亿美元；北美占世界产量的 51%，其次是西欧(21%)、南非(13%)和日本(3%)，其余为俄罗斯、中东和其他亚洲国家。其中，北美生产及消费旺盛，其产量能够达到自身需求；西欧、南非以及中东等其他产能较大地区能够达到供需平衡；中东地区产量比消费量高，呈逐年上升趋势，2014 年后产量赶超西欧，成为第二大线型 α-烯烃产区；而亚洲地区线型 α-烯烃产量较少，无法自给自足，主要依靠进口。截至 2018 年底，全球 α-烯烃的总产能为 469.2 万吨/年(不包括 C_4 分离获得的 1-丁烯)，线型 α-烯烃产能则主要集中在北美、欧洲等发达地区，合计占比达 67%，亚洲地区仅占 6%。

表 2.1　2009 年按生产区域划分的世界线型 α-烯烃供需情况

地区	年产能/kt		生产量/kt	进口量/kt	出口量/kt	表观消费量/kt		平均年消费增长率(2009～2014 年)/%
	2009 年	2014 年				2009 年	2014 年	
北美	1889	2189	1575	200	269	1506	1649	1.8
中南美洲	—	—	—	61	—	61	74	3.9
西欧	730	730	551	229	135	645	711	2.0
中东欧	90	120	15	5	7	13	16	4.2
南非	420	460	340	—	270	70	90	5.2
中东	197	860	55	25	10	70	113	10.1
日本	58	88	90	28	30	88	90	0.5
亚洲	50	85	40	168	—	208	335	10
大洋洲	—	—	—	5	—	5	6	3.7
总计	3434	4532	2666	721	721	2666	3084	3.00

截至 2017 年底，中国 1-丁烯产能为 75 万吨/年，到 2023 年底达到 105 万吨/年。同样截至 2017 年底，中国以 1-己烯为主的 C_6 及以上 α-烯烃产能为 7.5 万吨/年，2018～2023 年，中国 C_6 及以上 α-烯烃产能将达到 11.5 万吨/年，较 2017 年底增长 4 万吨/年，新增产能主要来自乙烯三聚制 1-己烯项目。

2.2　高碳烯烃制备的工艺路线

目前工业生产中，轻质石油馏分裂解及相应烷烃裂解脱氢是低碳烯烃获取的主要方式，线型 α-烯烃则主要来自低碳烯烃聚合。目前已商业化的线型 α-烯烃生产技术根据不同工艺分为蜡裂解法、混合 C_4 分离工艺、乙烯齐聚工艺、乙烯选择性聚合工艺、费-托合成法和植物油法等。世界上各大型石化企业的学者正在探索乙烯五聚制备 1-癸烯的工艺。目前，除混合 C_4 分离 1-丁烯外，全球 80%以上线型 α-烯烃是通过乙烯选择性聚合工艺和乙烯齐聚工艺生产，其次为费-托合成法。

2.2.1 乙烯齐聚

20 世纪 60 年代中期，乙烯齐聚法制备线型 α-烯烃实现商业化，目前大部分商业化线型 α-烯烃的生产通过该方法制备。乙烯齐聚法可制备碳数分布于 C_4～C_{40} 的线型 α-烯烃，其产物线性化程度高、碳数分布窄、产物分子由偶数碳原子组成、分离费用低、产品质量好，因此在工业界被广泛选择。乙烯齐聚法的所有工艺中催化链增长化学过程相似，在不同阶段调控反应序列会导致不同的产物分布和链长分布。

目前主要应用的工艺流程有三种，即 Chevron Phillips Chemical（CPChem）、Ethyl 和 Shell。CPChem 路线使用一步法在单一反应器中进行链增长和置换反应，产物分离困难。Ethyl 法使用两个独立的步骤进行链增长和置换，工艺较为复杂，重馏分烯烃增加，产物分离较容易。Shell 的工艺流程在三者中最为复杂，包括乙烯齐聚、烯烃异构化、烯烃歧化三个步骤。SHOP（Shell higher olefins process）工艺在产物分离方面最为容易，通过异构化-歧化过程将 α-烯烃转化为内烯烃。线型 α-烯烃产物的化学组成和质量因工艺而异。与 Ethyl 工艺相比，CPChem 和 Shell 工艺使得 C_{12+}组分中的 α-烯烃含量更高。α-烯烃为线型烯烃，在终端应用方面备受青睐，而 Ethyl 工艺制备的高支化度 C_{14}～C_{18} 烯烃则用于其他应用。不同制备过程产生不同链长分布。Ethyl 过程（INEOS 所有）的产物呈泊松分布，CPChem 和 Shell 的 α-烯烃工艺产物则为 Flory-Schultz 分布。

Ethyl 和 CPChem 使用的工艺基于齐格勒（Ziegler）化学，使用乙烯和三乙基铝催化剂来促进偶碳数 α-烯烃分子的链增长。在这两种方法中，线型 α-烯烃产物的链长分布可以通过改变反应条件而在有限的程度上改变。两条路线的显著差异包括：①烯烃可以在 Ethyl 工艺中循环以促进碳链增长，从而使得 C_6～C_{14} 烯烃产率最大化；②较 CPChem 工艺获得的产物而言，Ethyl 的产物含有略高比例的支链物质，特别是在洗涤剂范围内。Shell 公司的 SHOP 制 α-烯烃路线与其他路线的不同之处在于，它在最初的链增长步骤中使用专有的镍络合物催化剂，并且通过异构化和歧化将 α-烯烃转化为所需碳数的内烯烃。

1. CPChem 乙烯齐聚工艺（齐格勒工艺）

1965 年，由海湾石油化学公司首先实现乙烯齐聚工业化生产（Gulf 法）。线型 α-烯烃的含量随碳数分布而异，在低碳 C_4～C_8 产物中质量分数大于 96%。1985 年，Chevron 公司收购了该技术，即 Chevron Phillips 工艺，采用烷基铝作催化剂，链增长和链置换两步在同一反应器内一步完成，故称为齐格勒一步法。该方法结合了乙烯高温加成和再生烷基铝置换生产线型 α-烯烃。乙烯与三乙基铝生成链增长产物，通过置换产生偶碳烯烃，反应条件为 175～290℃，13.8～27.6MPa。该工艺的最终碳数范围为 C_4～C_{30+}，分布偏向于 C_4～C_{10} 范围内的低碳数烯烃。杂质包括烷烃、内烯烃和支链烯烃，其中烷烃占比较高，质量分数一般小于 1.5%，不含芳烃及双烯烃等杂质。

反应生成的线型 α-烯烃产物作为烯烃混合物有待进一步被纯化，可通过分馏过程得到特定碳链长度的馏分。为避免产物进一步异构化，在分离前移除失活金属烷基催化剂。为满足市场需求，链长分布可以通过改变工艺条件而在一定程度上进行调整。对于 C_4～C_{18}，线型 α-烯烃含量在 90.5%～98.3%的范围内，1-丁烯馏分纯度最高。杂质包括内烯烃、支链烯烃和石蜡。C_{20}～C_{24}的 α-烯烃含量为 88.3%，C_{24}～C_{30+}的 α-烯烃含量为 33.0%～48.0%。

2. INEOS 的乙烯齐聚（改进的齐格勒工艺）

Ethyl 公司开发了齐格勒两步法，将链增长与链置换反应分两步进行，催化剂是三乙基铝溶液，产物中 1-丁烯纯度高，C_6、C_8、C_{10}的线型 α-烯烃质量分数高于 96%，α-烯烃组成可根据市场需求在反应过程中进行调节。在第一阶段，三烷基铝促进乙烯链增长类似于一步法工艺的低聚过程，反应温度为 116～132℃，压力为 18.6～20.7MPa。在置换步骤中，乙烯置换第一阶段形成的三烷基铝化合物生成 C_4～C_{18}范围内的线型 α-烯烃，再生三乙基铝继续循环使用，反应条件为 260～316℃和 1.6～1.7MPa。产物分离步骤可分离出单独的 C_4～C_{18} 烯烃，生长和置换反应阶段未转化的乙烯继续循环参与反应。线型 α-烯烃在 90～125℃下蒸馏。对于 C_4～C_{12}，典型的线型 α-烯烃含量范围为 93.7%～99.7%，杂质包括石蜡、内烯烃和支链烯烃。由于 α-烯烃产物在循环步骤中的连续反应，该方法产生的支化低聚物的量高于一步反应。这些支链产物集中在高碳数 C_{14}～C_{18}范围内，而较短链长的线型 α-烯烃具有较低浓度的支链杂质。C_{14} 的 α-烯烃含量为 81.0%，C_{16}～C_{18} 的 α-烯烃含量为 62.7%。为了满足不断变化的市场需求，可以通过改变反应条件来改变链长的分布。自动计算机控制允许转移链长分布的生产。目前的生产重点是低碳数烯烃，以供应共聚单体、增塑剂和聚 α-烯烃市场。按链长范围划分的产物分布呈现泊松分布。基于该产物分布，INEOS 公司是第二大线型 α-烯烃（碳数分布于 C_6～C_{10}）生产商。

3. SHOP 工艺

1977 年，Shell 公司首次将 SHOP 技术推向商业应用。乙烯齐聚步骤基于非齐格勒催化剂体系，生产工艺包括齐聚、异构化和歧化三个反应，对高纯度线型 α-烯烃和洗涤剂范围内的烯烃具有较高选择性。SHOP 工艺灵活，产物 α-烯烃可以根据需求转化为内烯烃。洗涤剂范围内的烯烃可用于制备醇。齐聚过程使用金属络合物催化剂如二苯基膦乙酸镍盐作催化剂溶解于 1,4-丁二醇溶剂，催化剂活性高，不需置换反应可低温直接制得呈 Flory-Schultz 分布低聚物。催化剂在 1,4-丁二醇中溶解性良好，而 α-烯烃不溶于该溶剂，有利于催化剂与产物分离。异构化反应则是以 MgO 为催化剂，在 80～140℃、0.35～1.7MPa 条件下将低碳烯烃和 C_{20+}烯烃异构为 C_{11}～C_{14}的内烯烃。为了提高有效组分的收率，小于 C_{10} 及大于 C_{19} 的馏分从产物中分离后再循环参与反应。歧化反应以 Re_2O_7/Al_2O_3 为催化剂在液相中进行，使异构制得的内烯烃歧化为新的双键内烯烃，以增加目标碳数烯烃的收率，反应条件与异构化反应类似。经过歧化得到的 C_{11}～C_{14} 内烯烃线性度较高。该类催化剂活性高，无需置换反应，直接在 80～120℃、6.8～13.6MPa 下制备 C_4～C_{20+} 线型 α-烯烃（含量在 94%～99%范围内），其中 1-己烯馏分纯度最高。杂质包括内烯烃、石蜡和支链烯烃。反应器为带搅拌装置的串联高压釜。在生产 α-烯烃的生产商中，Shell 法产物线性度最高，乙烯消耗少，内烯烃的产品总烯烃收率较 Gulf 法、Ethyl 法高，但工艺流程长，反应步骤多，目的烯烃有一半左右是内烯烃。

4. Idemitsu 乙烯齐聚工艺

Idemitsu 乙烯齐聚工艺于 1989 年在日本商业化。该方法基于锆基催化剂体系，产生的支链和内烯烃较少，形成较少的蜡。反应条件是 100～150℃，压力大于 2.4MPa。通过适当选择反应条件、催化剂浓度和组成，可以在几何图形的约束下控制产物分布。

5. Vista 公司的 Alfene®工艺

CONDEA Vista 公司(现为 Sasol 公司)开发了生产线型 α-烯烃的 Alfene®工艺，尚未将其商业化。该工艺与其生产直链醇的 Alfol®乙烯低聚工艺相似，在低温型齐格勒乙烯生长阶段使用与 Amoco 工艺类似的三乙基铝。通过形成络合物将三乙基铝从置换产物中分离，并将一部分低碳数烯烃循环至链增长反应步骤。这个过程的线型 α-烯烃产物遵循泊松分布。

6. 杜邦公司的 Versipol 工艺

杜邦公司开发一步法乙烯齐聚工艺，使用其 Versipol 系列催化剂(如三齿铁催化剂和烷基铝助催化剂的混合物)制备线型 α-烯烃，生产资本和运营成本低，产物纯度高(98%)。该体系在分离线型 α-烯烃产物的选择上较为灵活。

7. SABIC/Linde α-SABLIN™工艺

Linde 和 SABIC(沙特基础工业公司)合作开发线型 α-烯烃制备技术，商业名称为 α-SABLIN。该技术利用双组分催化剂体系进行均相液相乙烯齐聚。催化剂体系由专有的锆化合物与烷基铝助催化剂组成，产物碳数分布窄，高 α-烯烃范围内产物分支多。混合线型 α-烯烃产物经过一系列常规分离塔，可获得目标馏分产物。高选择性单程反应器制备的产物纯度高，无需两步反应，如超分馏蒸馏塔用于去除副产物。该方法的技术特征包括降低低聚反应器中的反应温度和压力，改善控制反应器中产物的分子量分布，以及非贵金属催化剂产生的高产物选择性和高纯度。根据 Linde 的观点，与其他线型 α-烯烃技术相比，α-SABLIN™在更温和反应条件下制备不同 α-烯烃产物范围方面灵活性最高。因此，该技术具有匹配产物需求的优势。

2.2.2　其他工艺路线

1. 蜡裂解法

蜡裂解法原理与石脑油或粗柴油裂解制备乙烯类似，但反应条件相对温和以尽可能降低乙烯和丙烯的收率，提高 α-烯烃收率。该工艺以精蜡为原料(馏程 350～480℃)制备 C_5～C_{20+}的奇数碳和偶数碳的线型 α-烯烃。最早于 20 世纪 30 年代末在德国实现工业化，在工业上已应用多年。由该工艺制得的产品质量较差，且原料短缺，因此国外蜡裂解装置已全部停产而转入逐步开发乙烯齐聚等工艺。我国蜡资源丰富，该工艺路线有可取之处。但由于裂解原料和工艺原因，蜡裂解 α-烯烃只能用于生产合成润滑油和润滑油添加剂，不能满足精细化工对原料质量的要求。

2. 混合 C_4 分离

1-丁烯的生产方式之一为混合 C_4 分离工艺路线。C_4 物质来源不同，则产率和组成相异，一般来自炼油厂催化裂化、乙烯裂解、煤/甲醇制烯烃，其副产物 C_4 中 1-丁烯含量典型值分别为 13%、14%和 23%。另外，C_4 馏分还含有大量的丁烷、丁二烯、2-丁烯、异丁烯等组分。沸点接近的混合 C_4 组分采用超级精馏工艺分离，该方式成本较高；通常先经过预处理脱除混合 C_4 中丁二烯、异丁烯等组分以简化工艺流程来降低能耗，从而降低分离 1-丁烯的难度。通过混合 C_4 分离制备 1-丁烯工艺最终产物纯度在 95%～99%。丁二烯、异丁烯很难被脱除，目前大部分生产装置采用化学反应分离法如加氢法及加氢与萃取精馏相组合的方法脱除丁二烯，通过水合反应法，二聚叠合反应法，与甲醇醚化反应法、异丁烯聚合反应法(生成中、低分子聚丁烯)以及两种反应组合除去异丁烯。脱除丁二烯、异丁烯后的混合 C_4 再通过精馏工艺分离其他组分并得到 1-丁烯产品。目前，典型 1-丁烯工艺路线包括 Krupp Uhde 萃取精馏技术、瑞翁(Zeon)法、日本石油化学公司的 NPC 法、UOP 公司工艺技术。

3. 丁烯异构化

2-丁烯异构化法是通过多个平行顺序反应相耦合的复杂反应体系过程制备 1-丁烯，除此之外，丁烯还可发生顺反异构、骨架异构、裂解及聚合等副反应。有效的异构化催化剂可控制催化剂活性中心种类及分布，从而避免发生骨架异构、裂解及聚合等副反应，提高 2-丁烯转化率及 1-丁烯选择性。美国 ABB Lummus Global 公司采用碱性金属氧化物催化剂，超过 20%的 2-丁烯在 340～500℃、0.1～2.7MPa 反应条件下转化为 1-丁烯。上海石油化工研究院采用固体硅铝酸盐催化剂，1-丁烯在 250～350℃、0.5～2.0MPa 条件下收率为 16%～21%，催化剂寿命超过 2 年。

4. 植物油法

20 世纪 40 年代前以植物油为原料制备 α-烯烃的技术已实现工业化。在生物资源丰富的国家，该技术可以作为制备 α-烯烃的储备技术。天然植物油多为 C_{12}～C_{18} 范围的脂肪酸甘油三酯，其产物主要是碳数分布于 C_{12}～C_{18} 的 α-烯烃。植物油加氢制得脂肪醇，经脱水后制得 α-烯烃，产物碳数由植物油原料碳数决定。植物油生产的 α-烯烃纯度高，价格昂贵，使该方法被乙烯齐聚法取代。近年的研究中，使用植物油直接制备 α-烯烃能够缩短工艺流程，降低成本。以植物油为原料的油酸与烯烃复分解法可制得 C_{10} 及以上不饱和酯类和 α-烯烃。

5. 费-托合成

费-托合成中间产物的组成较为丰富，含氧化合物主要有醇、酮、醛、酯等，碳氢化合物则为 α-烯烃、正构烷烃等。其中，烃类产品主要是链烷烃，占比达 95%以上；无杂质芳烃或硫氮等，C_5～C_{18} 的 α-烯烃占比达 50%以上，与石油原料制备裂解产物作为高端精细化工原料相补充，是高附加值精细化工原料。如图 2.1 所示，优质的 α-烯烃可通过以费-托合成为基础间接液化富含 α-烯烃的煤炭中间产物，再经过预分离、选择加氢、水洗、醚化、甲醇回收、超精馏萃取蒸馏、干燥和精炼等过程制备。南非 Sasol 公司率先实现费-托合成的工业化生产，此外，还使用自有技术实现了 α-烯烃的分离生产。

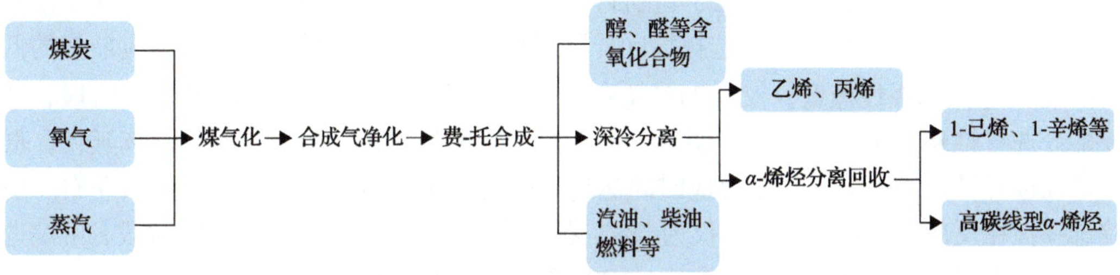

图 2.1　费-托合成工艺生产 α-烯烃

在 C_1 化学研究中，合成气直接制备烯烃一直以来是费-托合成的重要研究方向之一。众所周知，甲醇路线(MTO/MTP)或双功能路线只能得到低碳烯烃，而 FTO 过程不仅可得到低碳烯烃，还可得到附加值更高的高碳烯烃（$C_{5+}^{=}$），且所得烯烃几乎皆为 α-烯烃，异构烯烃含量很低。目前 FTO 存在的主要问题是烯烃选择性的提高及产物分布的有效控制。由于 FTO 合成是强放热反应，过高的反应热，容易引起局部过热，产生飞温现象，促进甲烷化和碳沉积的发生。同时由于 ASF 分布规律以及动力学和热力学等方面的限制，不可能生成单一或某几种组分的产物，大量甲烷的生成严重降低了总烯烃收率。此外，由于在费-托反应过程中烯烃作为一种中间产物，极易发生二次加氢反应转化为饱和烷烃，从而进一步降低烯烃选择性。由于合成气直接制备烯烃路线受较多因素的制约，目前较为理想的催化剂报道较少。无疑，新一代催化剂的开发是关键。围绕 FTO 路线，碳化钴作为全新的费-托活性位点被提出，并在温和的反应条件(250℃，常压)下，体现出优异的 FTO 性能。此外，通过调控反应条件，可实现烯烃分布中超过 60%为高附加值的 α-烯烃。

2.3　碳化钴纳米效应

对于钴基费-托的传统认知中，碳化钴既非反应中间物种也非催化活性相[1]，常常被认为是导致催化失活的主要原因之一[2-6]。不过近年来在合成气直接制烯烃的研究中发现碳化钴具有优异的烯烃催化性能，在温和条件下，碳化钴表现出 90%以上的烯烃选择性、极低的甲烷选择性以及较高的烯/烷比。这主要归结于碳化钴体现出的显著的纳米效应，包括晶面效应及尺寸效应。

2.3.1　碳化钴活性位点

1. CoMn 催化剂性能演变

1) 催化活性和产物选择性

碳化钴作为活性位点是在合成气直接制烯烃的 CoMn 催化体系中发现的。图 2.2(a)

所示为 CoMn 催化剂 FTO 反应初期性能随反应时间变化曲线。在反应初始阶段，CO 转化率有较高数值，但随反应时间延长，CO 转化率急剧降低，经历了 4h 反应后，CO 转化率降至最低值 7%左右。随反应时间继续延长，CO 转化率反而逐渐上升，至反应时间达到 20h 时，CO 转化率稳定在 23%左右，此后继续延长反应时间，CO 转化率几乎没有明显变化。而 FTO 反应各产物选择性同样随反应时间延长发生明显变化。反应最初的低碳烯烃（$C_{2\sim4}^{=}$）选择性极低，仅为 11%左右；随反应时间延长，在 0～4h 的反应阶段，低碳烯烃选择性略有上升，但并不明显。但在接下来的过程中，随反应时间继续延长，低碳烯烃选择性急剧上升，直至反应时间达到 20h 时趋于稳定，基本维持在 57%左右。甲烷选择性在反应初始时并不高，仅为 2%左右；随反应时间延长，在 0～4h 阶段，甲烷选择性略有上升，达到 7%左右。但在 4～20h 阶段，甲烷选择性反而略有下降，至 20h 达到稳定，维持在 5%左右。C_{5+}选择性在反应初期极高，能够达到 85%左右；在接下来

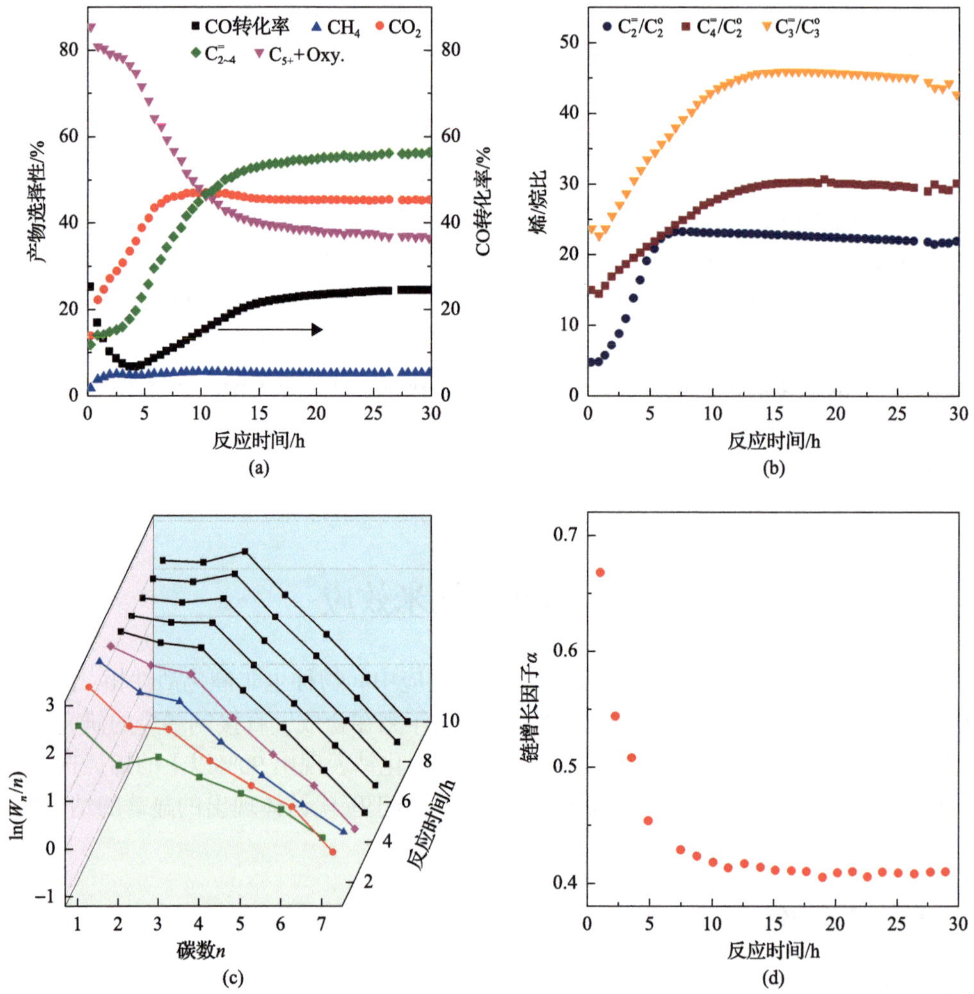

图 2.2　CoMn 催化剂反应初期催化活性及产物选择性(a)、产物烯/烷比(b)、产物 ASF 分布(c)以及链增长因子 α(d)随反应时间的变化[7]

反应条件：250℃、H_2/CO=1、3bar、6000mL/(g_{cat} · h)

的 0～4h 反应阶段，C_{5+}选择性略有降低，但变化过程比较缓慢。而在随后的 4～20h 反应阶段，C_{5+}选择性急剧下降，从 80%的选择性降低至不足 40%，并在 20h 后达到稳定，维持在 37%左右。CO_2 选择性在反应初始阶段较低，仅为 13%左右，随反应时间延长这一数值一直上升，至 15h 时达到稳定，维持在 46%左右。

针对 CoMn 催化剂 FTO 性能随反应时间变化，可将反应初期的性能变化分为三个阶段。在第一阶段即 0～4h 阶段，这个阶段中 CO 转化率急剧下降，但几种主要产物(包括低碳烯烃、甲烷、C_{5+})的选择性在这一阶段的变化比较缓慢。而在第二阶段，即反应时间为 4～20h 阶段，CO 转化率逐渐上升，但其变化率(即两个阶段 CO 转化率曲线斜率绝对值)要小于第一阶段。而主要产物(包括低碳烯烃、甲烷、C_{5+})的选择性在这一阶段的变化最为显著，尤其是低碳烯烃和 C_{5+}组分都发生了急剧变化。在第三阶段，即最后的稳定阶段，反应时间达到 20h 以后，FTO 反应的所有性能指标(包括 CO 转化率及各产物选择性)都趋于稳定，并可维持较长时间。CO_2 选择性的变化同上述几种产物选择性和 CO 转化率变化规律并不一致，从反应初始通入合成气开始，其选择性急剧上升，并且只有两个阶段，即上升阶段和稳定阶段。CO_2 选择性在反应 7h 后即停止变化，趋于稳定，并在随后的反应中一直维持稳定的数值。

2) 烃类产物烯/烷比

CoMn 催化剂 FTO 反应中另一个重要指标——烃类产物的烯/烷比随反应时间同样发生显著变化，如图 2.2(b)所示。但所选的三种产物烯/烷比随反应时间变化只有两个阶段，即烯/烷比上升阶段及稳定阶段。其中 C_2 组分的烯/烷比上升阶段在 0～6h 这一反应区间，反应 6h 之后维持稳定；而 C_3 和 C_4 组分的烯/烷比上升阶段在 0～15h 这一反应区间，反应 15h 后维持稳定。所选的三类产物中，C_2 组分的烯/烷比最低，其稳定阶段的数值保持在 23 左右；C_3 组分的烯/烷比最高，其稳定阶段的数值高达 46 左右。烯/烷比这一指标，其数值主要取决于烯烃的二次加氢反应，而费-托反应中烯烃以线型 α-烯烃为主，位于碳碳双键一端的 α-碳更容易被活化加氢。对于三种低碳烯烃，即乙烯、丙烯和正丁烯，乙烯的两个碳原子都是 α-碳原子，所以其二次加氢概率远大于其他线型 α-烯烃，以致其烯/烷比在三种组分中最低。除乙烯外，碳数大于 2 的烯烃被加氢的概率主要取决于碳链长度，一般来说，碳链越长，分子越重，在催化剂表面停留时间越长，其被加氢的概率也会增加，所以在费-托反应中，烃类产物烯/烷比会随碳链增长而逐渐降低，所以 C_3 组分的烯/烷比高于 C_4 组分。

3) 产物 ASF 分布

产物 ASF 分布曲线是费-托反应中另一个重要指标，能够在一定程度上反应产物的分布情况。对于理论 ASF 分布来说，产物的 $\ln(W_n/n)$-n(W_n 代表碳数为 n 的组分在产物中的质量分数)曲线可以严格地拟合成一条直线。而绝大多数 Fe 基费-托催化剂的产物分布基本符合这一规律；Co 基催化剂除 C_2 组分发生负偏离，其他组分同样符合上述线性关系[8-12]。CoMn 催化剂产物 ASF 分布情况同传统 Fe 基或 Co 基费-托催化剂存在极大差异。其产物 ASF 分布随反应时间变化如图 2.2(c)所示，图中绿色曲线为反应时间 1h 的产物 ASF 分布情况，除 C_2 组分稍有偏离且低于理论值外，其他组分的 $\ln(W_n/n)$数据点基本落在一条直线上，这与单质 Co 的产物分布情况十分类似。随反应时间延长，产物分布情况发生显著变化。图中红色曲线为反应 2h 时产物 ASF 分布，从 2h 开始，C_1 及 C_2 组分逐渐偏离拟合直线，脱离了理论 ASF 分布决定的线性关系，且随反应时间延长，C_1 和 C_2 组分的偏离愈发严重，至反应 7～10h 时趋于稳定。在稳定阶段，C_1 和 C_2 组分的 $\ln(W_n/n)$ 数值远落在理论 ASF 直线下方，甚至小于 C_3 组分的 $\ln(W_n/n)$ 值。

对反应产物中各组分的 $\ln(W_n/n)$ 进行拟合，可得一条直线，通过这条直线的斜率可以计算费-托反应中能够反映碳链增长能力的一个重要参数——链增长因子 α。α 数值越大表明该催化剂的链增长能力越大，意味着产物中高碳组分的烃类含量越多；同样，α 数值越小表明链增长能力越小，产物中低碳组分含量越多。由于 CoMn 催化剂表现出 C_1 和 C_2 组分对理论 ASF 分布的严重偏离，无法参与线性拟合计算链增长因子，而 C_3～C_7 组分的 $\ln(W_n/n)$ 对 n 具有较好的线性关系，所以采用 C_3～C_7 组分的 5 点进行线性拟合，通过其斜率计算实际反应中的链增长因子数值。图 2.2(d) 所示为 CoMn 催化剂 FTO 反应初期链增长因子 α 随反应时间的变化。类似于前文讨论的 FTO 反应中各性能指标，链增长因子数值在反应初期同样发生剧烈变化，且可分为三个阶段。第一阶段为 0～5h，反应初期 α 数值较大，接近 0.7，随着反应时间延长，其数值急剧下降至 0.45 左右。在 5～10h 反应阶段，链增长因子数值继续减小，但是速度放缓，至 10h 以后，维持稳定并保持在 0.42 左右。

催化剂的表面结构决定反应性能，催化剂活性中心的表面结构发生变化，必然引起性能发生改变。催化剂经过原位还原后得到的材料并不是真正的活性组分，在通入合成气进行反应的初始 20h，催化剂的表面结构可能发生剧烈的变化。催化剂表面结构在反应气氛下稳定，达到一种动态平衡后，反应性能也趋于稳定，此时材料的表面结构即真正起 FTO 活性作用的结构。

2. CoMn 催化剂结构演变

1) 物相结构

根据性能变化的几个阶段，在性能变化的最值或极值处及变化过程的中点进行取点，即分别取反应时间为 0h、2h、4h、10h、15h 及 20h 的催化剂进行表征测试，其中 0h 表示还原钝化后未经过反应的催化剂。不同反应时间催化剂 XRD 测试结果如图 2.3(a) 所示。还原钝化催化剂的衍射谱图主要由位于 36°、41.8°和 60.8°位置的三个明显的衍射峰组成，归属于 $Co_xMn_{1-x}O$，即低价 CoMn 复合氧化物；同时在 44.2°位置出现一个强度较小的衍射峰，归属于单质 Co(fcc)。经过还原处理后，CoMn 催化剂被还原成低价 CoMn 复合氧化物，且有极少量 fcc 晶相的单质 Co 被还原出来。经过 2h 反应，位于 44.2°的特征峰完全消失，表明单质 Co 消失。此时催化剂的主要物相仍为 CoMn 低价复合氧化物 $Co_xMn_{1-x}O$，但随着单质 Co 衍射峰消失，在 45.8°及 56.6°位置出现了一组新的衍射峰，归属于 Co_2C 物相，表明前期被还原出的单质 Co 在合成气条件下被碳化成 Co_2C。随反应时间继续延长，Co_2C 特征峰强度逐渐增加，同时在 36.8°位置出现了 Co_2C 另外一个特征峰，表明 Co_2C 的含量随反应时间延长而增加。而单质 Co 在反应的前 2h 内已经被完全碳化，表明后续 Co_2C 含量的增加，其中 Co 元素来自 CoMn 低价复合氧化物。由此可见，在合成气气氛下，单质 Co 极易被合成气碳化成 Co_2C，而 CoMn 低价复合氧化物中部分氧化态的 Co 元素同样会被逐渐碳化成 Co_2C。此外，随反应时间延长，反应后催化剂的 XRD 谱图中会出现另外两个新的衍射峰，即位于 40.4°以及 59°位置的两个特征峰，归属于 MnO 物相。这表明体系中出现了第四种物相，而 MnO 的出现也恰恰证明了 CoMn 两种元素从低价复合氧化物的复合状态发生了分离，同时也佐证了部分 Co_2C 来自复合氧化物的观点。即使经过 20h 反应，CoMn 催化剂中主要物相仍然是 CoMn 低价复合氧化物。

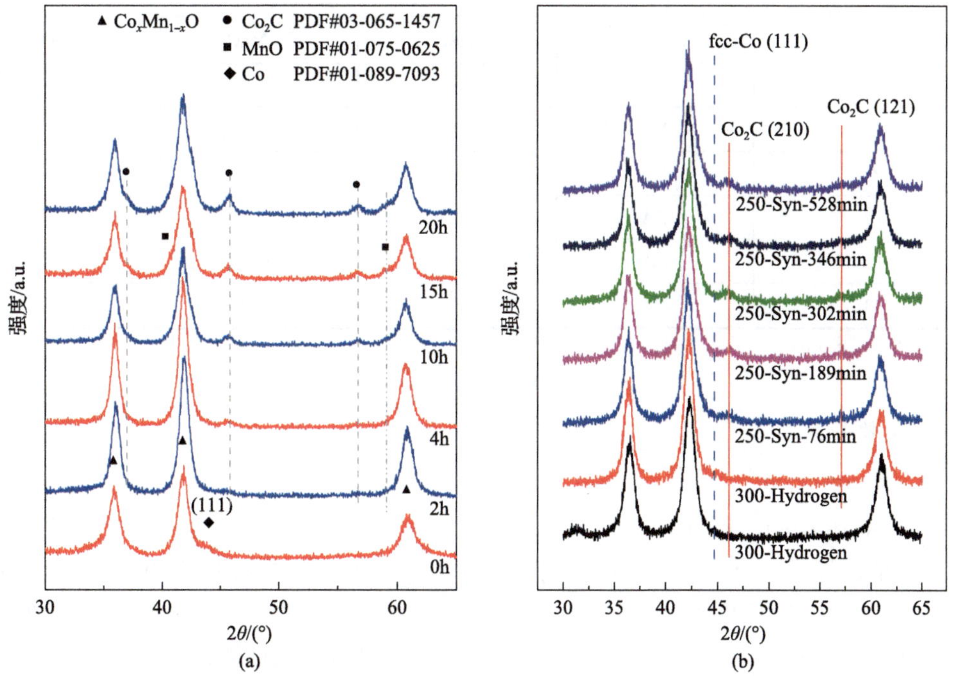

图 2.3 CoMn 催化剂不同反应时间离线 XRD 图(a)及原位 XRD 图(b)

250、300 表示温度为 250℃、300℃；Syn 表示合成气气氛；Hydrogen 表示氢气气氛

原位 XRD 测试更加精准地描述在真实反应条件下催化材料的结构，其结果如图 2.3(b)所示，还原阶段催化剂中出现单质 Co 物相，其(111)晶面的衍射峰位于 $2\theta = 44.2°$；随还原时间延长，这一衍射峰强度增加，表明其含量增加。但随还原时间进一步延长，样品的衍射曲线不再发生变化。250℃下通入 $H_2/CO=2$ 的合成气对催化剂进行处理，通入合成气 5min 后，催化剂中单质 Co 位于 $2\theta = 44.2°$的(111)晶面衍射峰强度减弱，并在通入合成气的第二次扫描中(29min)消失，表明在这个时间段，材料中被还原出的单质 Co 逐渐被碳化。在通入合成气 29min 后，Co_2C 的(210)晶面在 $2\theta = 45.8°$处出现明显的衍射峰，并且在 $2\theta = 42.6°$处出现一个肩峰，此肩峰属于 Co_2C(111)晶面的衍射峰。

2) 物相定量

CoMn 催化剂不同反应阶段出现 $Co_xMn_{1-x}O$、单质 Co、Co_2C 和 MnO 这 4 种物相，采用 Rietveld 方法对 XRD 数据进行精修处理，可得到 4 种物相含量的半定量结果，列于

表2.2中。还原后CoMn催化剂中此时单质Co含量为3.9%，随着反应进行，Co_2C物相出现，且随反应时间延长其含量逐渐增加，从反应2h时的10.3%增加到反应20h的26.7%。由于单质Co含量较少，更多的Co_2C是由$Co_xMn_{1-x}O$中的Co元素碳化得到，随Co_2C含量的增加，$Co_xMn_{1-x}O$含量降低。随着$Co_xMn_{1-x}O$中Co的消耗，CoMn元素发生分离，分离出的Mn元素以MnO形态存在，且随反应时间延长，MnO含量有所上升。

表2.2　CoMn模型催化剂FTO反应中不同反应时间XRD数据精修定量结果

反应时间/h	相浓度（质量分数）/%			
	Co（fcc）	Co_2C	Co_2MnO_3	MnO
0	3.9	NA	96.1	NA
2	NA	10.3	86.6	3.1
4	NA	13.2	81.8	5.0
10	NA	19.5	71.5	9.0
15	NA	23.1	64.6	12.3
20	NA	26.7	59.9	13.4

注：NA表示未检测到。

3. 构效关系

1）活性位点分析

经过H_2还原的催化剂中有少量单质Co纳米颗粒，而单质Co纳米颗粒正是Co基费-托催化剂的活性中心。传统Co基催化剂的加氢性能较强，对CO的吸附和解离能力较强，活性较高，产物以饱和烷烃为主，产物烯/烷比较低，甲烷选择性较高，除C_2组分外其他烃类分布遵循ASF分布规律。CoMn催化剂在反应初期表现的性能，恰恰与单质Co活性位点的特点吻合，表明在反应初期，经过还原暴露出的单质Co起到了该阶段活性中心的作用。

随反应进行，反应4h催化剂中单质Co物相消失，相应地在反应性能上也有所变化，最显著的是催化剂活性急剧降低。同时几种产物选择性也发生了相应改变，在0～4h区间，低碳烯烃选择性缓慢上升，C_{5+}选择性缓慢下降，甲烷选择性虽有明显上升，但是变化幅度较小，对另外两种产物的占比影响较小。一般来说，催化反应的活性能够定量地反映催化剂表面活性位点数量，而催化反应产物选择性能够定性地反映催化剂表面活性中心种类。在0～4h阶段，产物选择性变化比较平缓，表明其活性位点种类几乎没有发生改变，即单质Co仍然是这个阶段催化剂的活性组分。但活性显著下降，表明其活性位点数量在急剧减少，即单质Co含量急剧减少。

随反应时间进一步延长，即4～20h反应阶段，结构变化表明，催化剂中单质Co物相完全消失，$Co_xMn_{1-x}O$含量逐渐减少，Co_2C和MnO物相出现并且其含量随反应时间延长而逐渐增加。相应地，反应性能在4～20h区间也发生了进一步变化：反应活性逐渐上升，低碳烯烃选择性显著上升，C_{5+}选择性急剧下降，甲烷选择性略有降低。如上所述，催化反应产物选择性能够定性反映催化剂表面活性中心种类，而在 4～20h 阶段产物选择性发生明显变化，表明这个阶段催化剂的活性中心发生改变。单质 Co 物相已经消失，表明此时的活性相并不是单质 Co。而这个阶段催化剂中存在另外三种物相，即 $Co_xMn_{1-x}O$、Co_2C 和 MnO，$Co_xMn_{1-x}O$ 作为这个阶段活性相的可能性可以被排除。首先 $Co_xMn_{1-x}O$ 中的 Co 是氧化态，在 FTO 反应条件下氧化态的 Co 几乎没有活性；并且此阶段反应活性随反应时间延长，$Co_xMn_{1-x}O$ 含量随反应时间延长而减少，也表明 $Co_xMn_{1-x}O$ 不可能作为 FTO 反应的活性中心。此阶段与反应活性变化趋势一致的物相是 Co_2C 和 MnO，而 MnO 同样不可能提供 FTO 反应的活性位点，氧化态的 Mn 在 FTO 反应条件下无法解离 CO，Mn 元素一般是作为助剂添加在 Co 基或 Fe 基催化剂中对其改性，增加催化剂的活性或调控选择性。那么此阶段能够作为活性中心的物相只有 Co_2C。

Co_2C 作为催化剂的活性相是良好的 FTO 催化剂。与单质 Co 相比，Co_2C 本征活性较低，即单位时间单位活性位点上能够活化解离的 CO 分子数量较少。我们定义一个时空收率(cobalt time yields，CTY)值，即单位时间单位活性中心质量上 CO 转化的摩尔数，能够在一定程度上反映不同活性位点的本征活性。不同反应时间催化剂的 CTY 值如图 2.4 所示。0h 的 CTY 以单质 Co 作为活性中心计算，由于单质 Co 在反应 2h 时已经消失，其他反应时间的 CTY 值以 Co_2C 作为活性中心计算。计算得到的 CTY 结果表明，0h 数据完全属于单质 Co，15～20h 的 CTY 数据没有明显变化，从而此时 CTY 值可以认为完全属于 Co_2C；单质 Co 的 CTY 值是 Co_2C 的 8 倍左右，所以说 Co_2C 的本征活性远小于单质 Co 的本征活性。

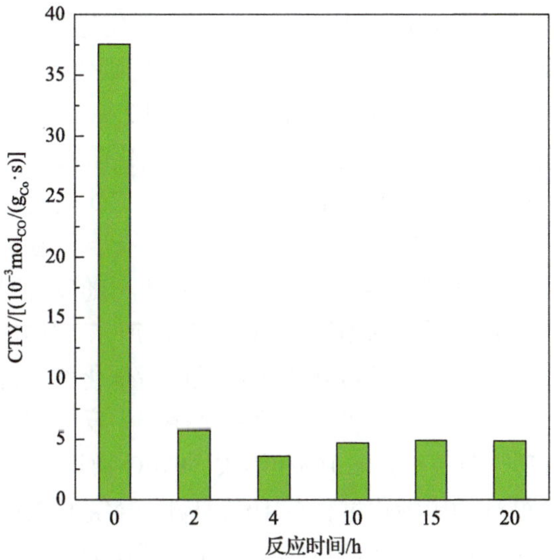

图 2.4　CoMn 模型催化剂 FTO 反应中 CTY 值随反应时间的变化

反应条件：250℃、H_2/CO=1、3bar、6000mL/(g_{cat} · h)

Co_2C 作为活性中心的另一个特点是加氢性能较弱，从而造成其产物分布与单质 Co 催化剂大相径庭。这首先表现在烃类产物的烯/烷比极高，烯/烷比这一指标，其数值主要取决于两点，即链终止时从催化剂表面脱附的一级产物中烯/烷比，以及烯烃的二次加氢反应。而 Co_2C 活性位点上极高的烯/烷比，表明链终止时从催化剂表面脱附的一级产物以烯烃为主，进一步表明在链增长过程中 Co_2C 的加氢能力较弱。极高的烯/烷比同时也表明，Co_2C 活性位点上烯烃的再吸附加氢能力较弱。其次表现在甲烷选择性上，众所周知，加氢能力较强的 Co 基以及 Ni 基催化剂，甲烷选择性较高，在高温条件下，甚至可以突破 ASF 分布，远高于理论值。在本书中，CoMn 模型催化剂作为优异的 FTO 催化剂，其中很重要的一点就是对甲烷的抑制作用，在低碳烯烃选择性达到 60%的前提下，能够将甲烷选择性控制在 5%以下，而此时甲烷的理论值已经接近 30%，这都得益于 Co_2C 活性位点上较弱的加氢能力。

此外，Co_2C 活性位点还体现出对理论 ASF 分布的偏离，即 C_1 和 C_2 组分出现的负偏离。碳化钴催化剂上观察到 C_1 和 C_2 产物分布偏离传统的 ASF 分布，这与常规费-托催化剂有显著区别。但碳化钴中 C_1 和 C_2 组分同时出现负偏离的现象尚属首次被发现，这种负偏离导致甲烷选择性极低。以往对 FTO 反应的研究中，为了提高低碳烯烃选择性，往往需要控制反应条件在高温低压区进行，以降低链增长因子，使反应产物向碳数较低的方向移动，这样势必会引起同属低碳组分的甲烷选择性急剧上升，这也是 FTO 反应研究的瓶颈。为了提高低碳烯烃选择性的同时，抑制甲烷生成，需打破传统 Fe 基和 Co 基费-托催化剂的垄断地位，提出新的活性位点，突破 ASF 分布限制。而本研究中发现的 Co_2C 基催化剂恰好满足这一要求，体现出对 ASF 分布的偏离，并且这种偏离恰恰是优异的 FTO 催化剂所需具备的。

2) 碳化-脱碳化-碳化循环反应

由于碳化物极易在高温下被 H_2 还原，一般称为脱碳化过程，碳化物这一特点为循环反应的设计提供了线索。可将稳定阶段催化剂通过 H_2 脱碳化方式，将 Co_2C 还原成单质 Co，再通入合成气反应，考察其反应性能，如此循环。图 2.5(a) 为循环(Cycle)反应性能，三个循环的性能变化趋势一致，每个循环分别有三个变化阶段：第一阶段 CO 转化率随反应时间延长而降低，产物选择性变化平缓；第二阶段 CO 转化率降至谷底后反弹，随反应时间延长而逐渐上升，同时产物选择性发生急剧变化，低碳烯烃选择性显著升高；第三阶段 CO 转化率及各产物选择性达到平稳，基本不再随反应时间变化，与上述研究结果一致。循环反应不同阶段样品 XRD 图如图 2.5(b) 所示。图中 Red 表示经过还原处理或脱碳化处理的催化剂，Carb 表示碳化处理或反应后催化剂。首次还原后催化剂存在少量单质 Co(fcc) 物相，并且单质 Co(fcc) 是第一个循环中反应初始阶段(反应时间$<$4h)的活性中心。反应 20h 后，单质 Co(fcc) 物相消失，Co_2C 物相出现并作为此阶段 FTO 反应的活性中心。第二个循环的脱碳化过程在 10% H_2/N_2 气氛下 250℃进行处理，Co_2C 经氢气脱碳化后形成单质 Co(hcp)，而此单质 Co(hcp) 即作为第二个循环反应初始阶段的活性中心。循环反应性能曲线表明随循环次数递增，每个循环中反应初始的 CO 转化率出现递增规律。XRD 物相分析表明每个循环第一点的 CO 转化率归因于单质 Co 物相，即第一个循环中单质 Co(fcc) 上 CO 转化率为 20%左右，第二个循环中单质 Co(hcp) 上 CO 转化率为 30%左右，而第三个循环中单质 Co(hcp) 的 CO 转化率接近 40%。这是由于 hcp 晶型的单质 Co 固有的催化活性高于 fcc 晶型的单质 Co[4,13-18]。此外，由于 hcp 晶型

的单质 Co 来自 Co_2C，而大部分 Co_2C 是通过对 $Co_xMn_{1-x}O$ 中的 Co 元素碳化得来，所以第二个循环中单质 Co 含量大于第一个循环。同理，第三个循环中单质 Co 含量大于第二个循环，从而反应初始活性随循环次数递增。虽然不同晶型的单质 Co 在活性上有差别，但在产物分布上并没有十分明显的差异。

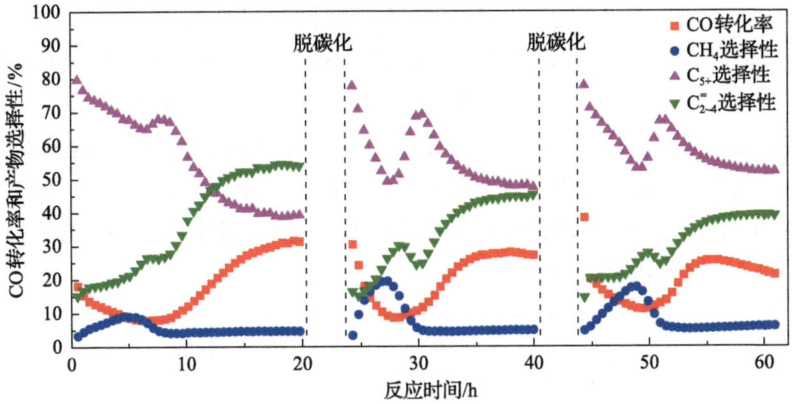

(a)

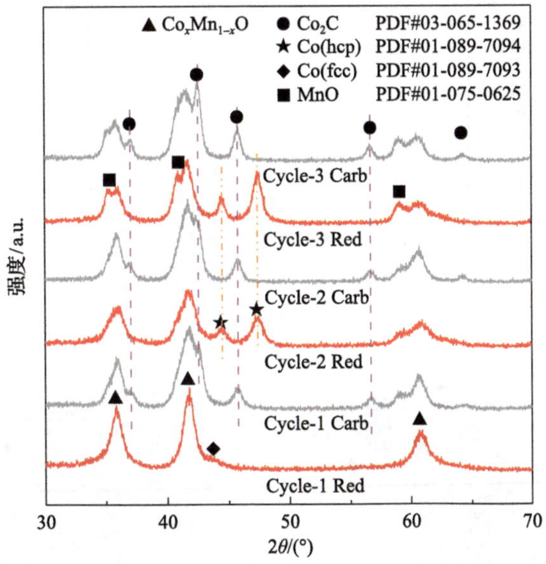

(b)

图 2.5　CoMn 催化剂碳化-脱碳化-碳化循环反应性能(a)及不同阶段 XRD 表征(b)

反应条件：250℃、H_2/CO=1、3bar、6000mL/(g_{cat} · h)

循环反应中三个循环的反应性能变化表明，第二个和第三个循环中催化剂性能达到稳定的时间更短，反应性能达到稳定意味着催化剂结构达到稳定，进而说明 Co_2C 的含量达到了动态平衡。与 Co(fcc)和 $Co_xMn_{1-x}O$ 生成 Co_2C 的过程相比，Co(hcp)向 Co_2C 转化的速率更快；反之，Co_2C 经 H_2 还原后生成 hcp 晶型的单质 Co 而不是 fcc 晶型的单质 Co，这也表明 hcp 晶型的单质 Co 与 Co_2C 的相互转化更有利于在反应条件下发生。综上分析，通过设计碳化-脱碳化-碳化循环反应，进一步证实 FTO 反应的活性中心为 Co_2C 物相。

2.3.2 碳化钴晶面效应

1. 球状 Co_2C

为了探究不同 Co_2C 性能及结构差异，参照 Claeys 等[13]的方法制备 Co_2C，其性能如图 2.6(a)所示，CTY=$0.72\times10^{-3}mol_{CO}/(g_{cat}\cdot h)$，CoMn 催化剂中 Co_2C 的 CTY 值[$4.9\times10^{-3}mol_{CO}/(g_{cat}\cdot h)$]几乎是其 7 倍。两种 Co_2C 在产物选择性上同样有极大差别，CoMn 模型催化剂中的 Co_2C 甲烷选择性小于 5%，低碳烯烃选择性可达 60%，烯/烷比极高，低碳烷烃选择性低于 3%。而参照文献制备的 Co_2C 甲烷选择性高达 80%以上，低碳烯烃选择性仅为 2%左右，烷烃含量远大于烯烃，低碳组分几乎都是烷烃。图 2.6(b)和(c)所示的 TEM 图表明参照文献制备的 Co_2C 为 30nm 左右的球状 Co_2C 纳米颗粒，CoMn 催化剂中 Co_2C 呈现四边形的规则形貌。

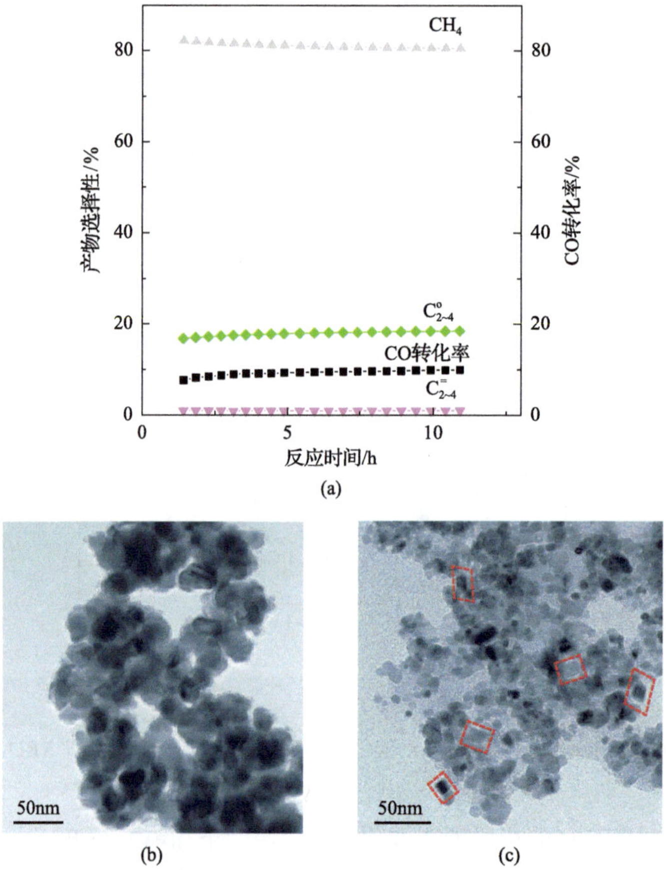

图 2.6 参照文献制备的 Co_2C 的反应性能(a)、反应后 TEM 图(b)以及 CoMn 催化剂反应后 TEM 图(c)
反应条件：250℃、$H_2/CO=1$、3bar、6000mL/($g_{cat}\cdot h$)

2. Co_2C 纳米棱柱

反应后 CoMn 模型催化剂形貌表征分析如图 2.7 所示，其中(a)和(b)为 HRTEM 图，衍射条纹可确定图中颗粒投影呈现四边形形貌的颗粒为 Co_2C，球状或不规则形貌的颗粒为 MnO 或 $Co_xMn_{1-x}O$。图 2.7(c)为扫描透射电子显微镜(scanning transmission electron microscope，STEM)模式下的高角环形暗场(highangle annular dark field，HAADF)图，图中所选区域明显出现规则形貌的四边形颗粒。图 2.7(d)～(f)为相应的 EDX-mapping (energy dispersive X-ray detector)元素分布测试结果，测试元素为 CoMn。除图片左下角一颗呈现球状形貌的颗粒外，Co 元素均匀分布在其他颗粒中，而 Mn 元素在左下角颗粒大量富集，可确定此颗粒为 MnO。而图 2.7(c)中存在两颗四边形颗粒有大量 Co 元素分布，却没有检测到 Mn 元素，可确定这两颗颗粒为 Co_2C。其余颗粒同时有 Co 和 Mn 元素分布，表明这些颗粒是 CoMn 低价复合氧化物 $Co_xMn_{1-x}O$，而且呈现出球状或不规则形状。

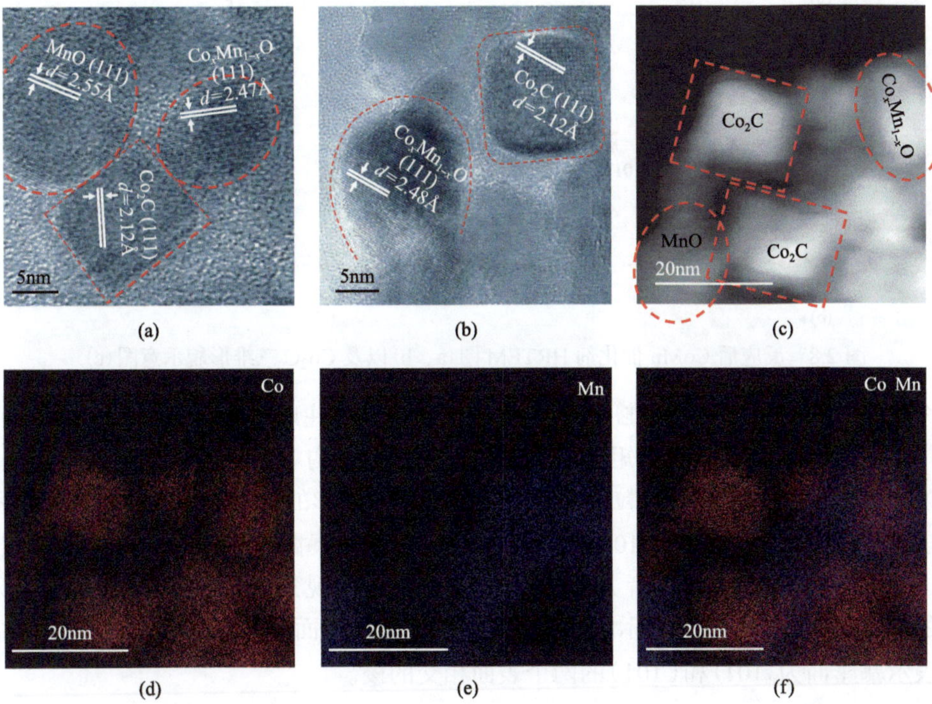

图 2.7　反应后 CoMn 催化剂 HRTEM(a、b)、STEM(c)及对应能谱表征结果(d、e、f)

通过上文分析可确定两种 Co_2C 的主要差别在于其形貌，而这种形貌差别会引起性能上的巨大差异的原因，仍需要对它们的结构进行进一步分析。多相催化反应性能与催化剂表面结构息息相关，而不同形貌的 Co_2C 的表面结构必然存在巨大差异，从而导致其性能产生差异。

通过对 HRTEM 图中 Co_2C 颗粒的形貌以及晶体结构分析，可以确定 CoMn 催化剂中出现的 Co_2C 为平行六面体的纳米棱柱结构。同平行四边形投影颗粒图 2.8(b)的两条边平行的晶面 d 值皆为 0.243nm，对应 $Co_2C(101)$晶面的晶格间距数值，表明二者为同族晶面，一组晶面指数为(101)，另一组晶面指数为($\bar{1}01$)。此外，$Co_2C(101)$和($\bar{1}01$)晶面的理论夹角为 66.17°，而图中所示平行四边形颗粒的实测夹角为 66.73°，二者十分吻合。

对于图 2.8(b)中所示的颗粒，平行四边形投影的四条边分别是暴露(101)和($\bar{1}01$)晶面的四个矩形平面，与纸面垂直，与照射电子束平行；而平行四边形恰恰是(020)晶面的投影，即暴露表面为(020)晶面的平面与纸面平行，与电子束垂直。

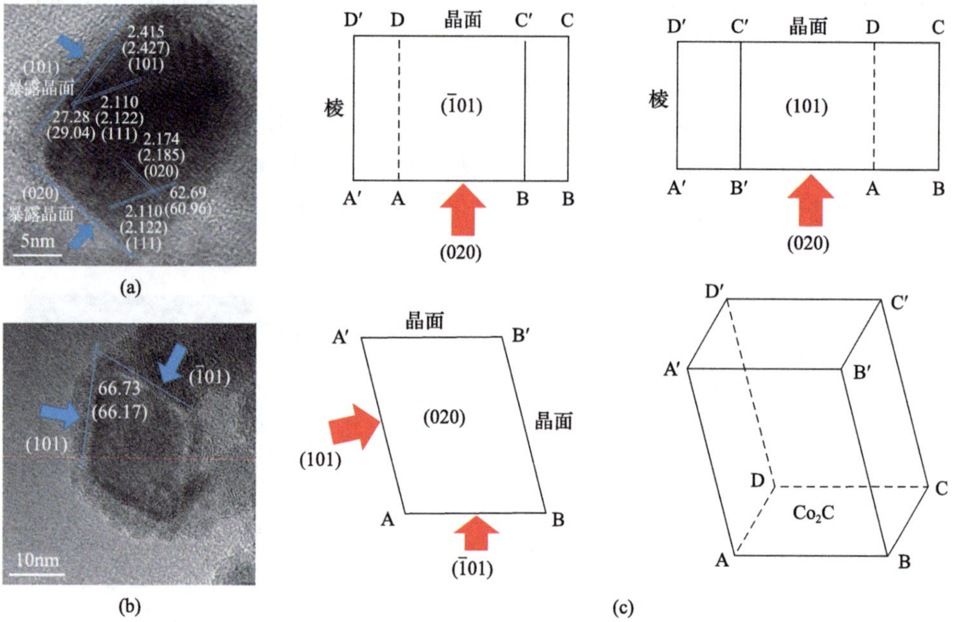

图 2.8　反应后 CoMn 催化剂 HRTEM 图(a、b)以及 Co_2C 三维形貌示意图(c)

图 2.8(c)给出 Co_2C 的三维形貌示意图，呈现纳米棱柱形貌，即一组平行表面为平行四边形、另外两组平行表面为矩形的特殊平行六面体结构。如果电子束垂直于 A′B′BA 面照射，可得到平行四边形颗粒投影，而平行四边形投影的四条边分别对应颗粒的两组平行表面，这两组表面分别与(101)和($\bar{1}01$)晶面平行，即暴露(101)和($\bar{1}01$)晶面的表面。如果电子束垂直于 B′C′CB 或者 A′B′C′D′平面照射，可以观察到颗粒的矩形投影，但只有矩形的一组对边(如 DC 边)表示颗粒的一个表面，即暴露面为(020)的表面，而另一组对边则表示暴露面为(101)和($\bar{1}01$)的两个表面相交的棱。

3. Co_2C 晶面效应反应机理

为了进一步研究 Co_2C 纳米棱柱上(101)和(020)活性晶面上 FTO 反应机理，采用理论计算手段研究 CH_4(甲烷)、CH_2CH_2(乙烯)和 CH_3CH_3(乙烷)几种产物生成路径及各路径势能，如图 2.9 和图 2.10 所示。图 2.9 所示为 Co_2C 的(101)晶面、Co_2C 的(020)晶面、Co_2C 的(111)晶面和单质 Co 的(0001)晶面上 CH_2+CH_2 单体、CH_2+CH_3 单体或 CH_3+CH_3 单体通过不同路径生成乙烷和乙烯的势能图。其中蓝色线是 CH_3+CH_3 单体生成 CH_3CH_3 的势能图，在图中所示的 4 个晶面上从 CH_3+CH_3 单体直接生成 CH_3CH_3 的能垒很高，所以从 CH_3+CH_3 单体出发很难直接生成乙烷。对于单质 Co(0001)晶面，无论是从 CH_2+CH_2 单体生成乙烯还是从 CH_2+CH_3 单体生成 CH_2CH_3 中间体，其能垒都比较低，所以单质 Co(0001)晶面上 CH_2CH_2 及反应中间体 CH_2CH_3 的生成都比较容易，此时仍无法判断其表面生成烯烃和烷烃的难易程度。但随着反应继续进行，按图中红色线（CH_2CH_3+H ⟶ CH_3CH_3）或绿色线（CH_2CH_2+2H ⟶ CH_2CH_3+H ⟶ CH_3CH_3）的反应路径生成

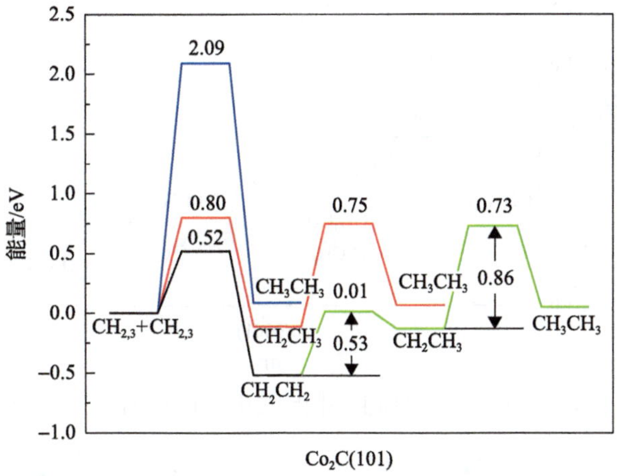

(a)

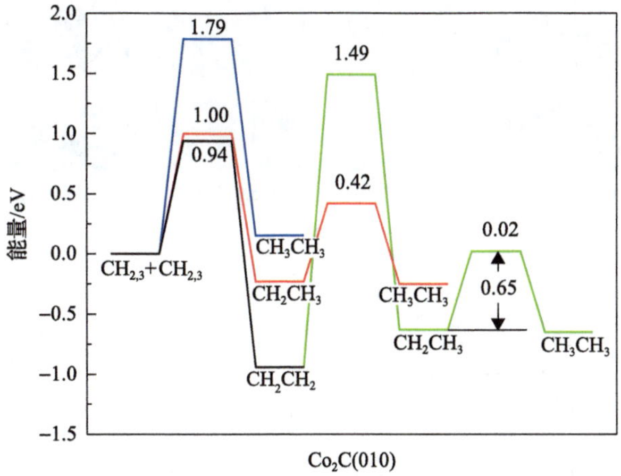

(b)

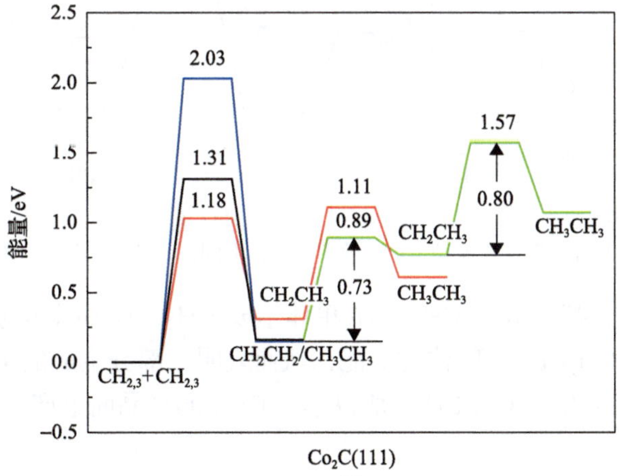

(c)

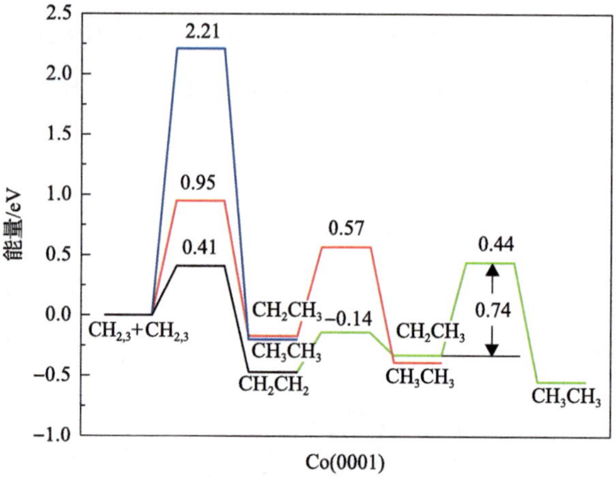

(d)

图 2.9　Co_2C 及单质 Co 不同晶面上不同路径生成 CH_2CH_2 及 CH_3CH_3 的势能图

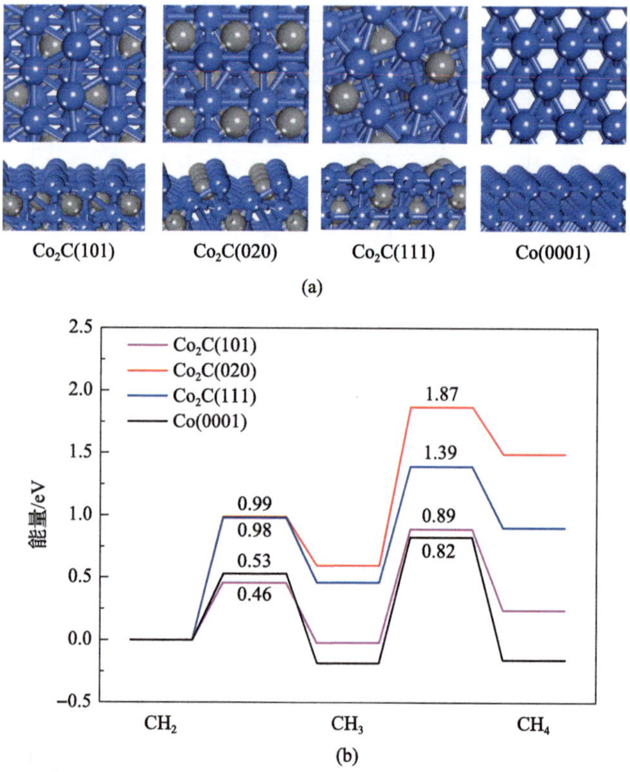

图 2.10　DFT 方式模拟 Co_2C 及单质 Co 不同晶面上甲烷生成势能图

CH_3CH_3 的能垒较低，甚至低于 CH_2+CH_2 单体生成 CH_2CH_2 中间体的势能，同时也低于 CH_2+CH_3 单体生成 CH_2CH_3 中间体的势能，从而表明大部分生成的 CH_2CH_2 和 CH_2CH_3 中间体，都极易被加氢生成 CH_3CH_3，所以单质 Co(0001) 晶面上产物的烯/烷比极低，更容易生成烷烃。

与 Co_2C 另外两个计算的晶面相比，Co_2C 的(101)晶面生成 CH_2CH_2 的能垒(黑色线)

最低。而与另外两种单体生成中间体的途径(即图中红色线 $CH_2+CH_3 \longrightarrow CH_2CH_3$ 和图中蓝色线 $CH_3+CH_3 \longrightarrow CH_3CH_3$)相比，生成 CH_2CH_2 的能垒最低。并且 CH_2CH_2 进一步加氢(生成 CH_3CH_3)的能垒高于 CH_2CH_2 生成的能垒，从而说明 Co_2C 的(101)晶面更有利于烯烃生成。Co_2C 的(020)晶面生成 CH_2CH_2 及 CH_2CH_3 中间体的能垒高于 Co_2C 的(101)晶面，但与自身的另外两种单体生成中间体的途径(即图中红色线 $CH_2+CH_3 \longrightarrow CH_2CH_3$ 和图中蓝色线 $CH_3+CH_3 \longrightarrow CH_3CH_3$)相比，生成乙烯的能垒最低。而且 CH_2CH_2 及 CH_2CH_3 中间体后续生成 CH_3CH_3 的能垒更高，因此 Co_2C 的(020)晶面同样更有利于生成烯烃，但是与 Co_2C 的(101)晶面相比其表面活性较低。对于 Co_2C 的(111)晶面，图中红色线表示 $CH_2+CH_3+H \longrightarrow CH_2CH_3+H \longrightarrow CH_3CH_3$ 途径，其能垒最低，表明 Co_2C 的(111)晶面更有利于烷烃的生成。DFT 结果表明在 Co_2C 的(101)和(020)晶面(即 CoMn 模型催化剂在 FTO 反应中生成的 Co_2C 纳米棱柱所优先暴露的晶面)上更有利于烯烃生成。而对于球状 Co_2C 颗粒，其表面会暴露更多的(111)晶面，更有利于生成烷烃，从而造成两种形貌 Co_2C 在性能上的极大差别。而与单质 Co 相比，Co_2C 表面生成烯烃或烷烃的能垒更高，因此 Co_2C 本征活性小于单质 Co；但单质 Co 表面更容易生成烷烃而非烯烃，这与文献报道和本研究的实验结果十分吻合。

图 2.10 所示为 Co_2C 的(101)晶面、Co_2C 的(020)晶面、Co_2C 的(111)晶面和单质 Co 的(0001)晶面上 $CH_2+2H \longrightarrow CH_3+H \longrightarrow CH_4$ 反应路径的势能图。单质 Co(0001)晶面上生成甲烷的能垒最低，所以在单质 Co 活性位点上甲烷的生成十分容易，而 Co 基费-托催化剂产物 ASF 分布中，甲烷的 $\ln(W_n/n)$ 数值一般在理论直线上或出现正偏差而高于理论值，与理论计算的结果一致。而 Co_2C 的(020)晶面上生成甲烷的能垒最高，所以(020)晶面有利于抑制甲烷生成。结合图 2.9 和图 2.10 的理论计算结果，可以得出这样的结论：CoMn 模型催化剂 FTO 反应中出现的纳米棱柱形貌的 Co_2C，其优先暴露的(101)及(020)晶面有利于烯烃的生成，同时(020)晶面十分有利于抑制甲烷的生成。通过 DFT 理论计算表明，带有(101)及(020)暴露面的 Co_2C 纳米棱柱由于其特定的表面结构使得 CO 加氢反应性能异于球状形貌的 Co_2C 颗粒和单质 Co 活性中心，Co_2C 纳米棱柱的晶面效应决定了其优异的 FTO 性能。

2.3.3　碳化钴尺寸效应

通过费-托路线的合成气转化属于结构敏感型反应，其费-托催化剂具有较强的纳米效应，物相、粒径和活性组分的暴露晶面对催化性能有较大影响[14-16]。Co_2C 基催化剂作为新型催化剂，在合成气转化制烯烃和混合醇时均有显著优势。前期大量研究表明 Co_2C 催化剂具有较强的晶面效应，暴露不同晶面直接导致反应产物分布不同。此外，Co_2C 还存在显著的尺寸效应。

1. 不同粒径 Co_2C 制备

1) 前体制备

选取气溶胶 Al_2O_3、球形 SiO_2、碳纳米管(CNT)和 CNF 为载体。将适量的硝酸钴和硝酸钠溶于一定量的去离子水中，进行等体积浸渍。不同负载量的催化剂的各个元素含量由 ICP 进行测定，其结果如表 2.3 所示。0.5IM(IM 表示浸渍)、1IM、2IM、3IM、5IM、10IM 和 20IM 催化剂所测钴含量(质量分数)分别为 0.7%、1.3%、2.5%、3.9%、5.5%、10.8%和 22.1%，其理论值与实际值基本相似。同时钠含量分别为 0.08%、0.17%、0.20%、0.37%、0.57%、1.13%和 2.20%，对应的 Co/Na 质量比约为 10。

表 2.3　不同钠含量的 Co/SiO_2 催化剂的 ICP 元素分析

催化剂	元素名义含量/%		元素实际含量/%	
	Co	Na	Co	Na
0.5IM	0.5	0.05	0.7	0.08
1IM	1	0.1	1.3	0.17
2IM	2	0.2	2.5	0.20
3IM	3	0.3	3.9	0.37
5IM	5	0.5	5.5	0.57
10IM	10	1	10.8	1.13
20IM	20	2	22.1	2.20

2) 物相分析

负载量较低的样品活性组分无法通过 XRD 表征进行物相鉴别，因此采用扩展 X 射线吸收精细结构(EXAFS)光谱对反应后的催化剂进行测试分析。图 2.11 是不同钴负载量的催化剂的 k^3-加权 EXAFS 傅里叶变换能谱及相应的 Co_2C 曲线拟合。拟合的具体数值列于表 2.4。所有催化剂均出现两个较强衍射峰分别为 Co—C 和 Co—Co，且拟合的 Co—C 和 Co—Co 的结合距离与 Co_2C 标样非常相近，表明了催化剂中 Co_2C 的存在。然而随着钴含量的增加，Co—C 壳层的 *R* 值(原子间距)逐渐降低，表明当钴含量较低时 Co—C 的第一个配位壳层的距离增加。由于 Co—O 键间距略大于 Co—C，Co—C 间距的逐渐增加表明 Co—O 含量降低。然而采用 2% O_2/Ar 气氛在 25～250℃温度范围内 Co_2C 依旧比较稳定，说明 Co_2C 在空气气氛下物相稳定，因此催化剂中的 Co—O 键不可能是由 Co_2C 的氧化造成的。本实验中采用的载体为 SiO_2，其载体与活性组分之间的相互作用导致难

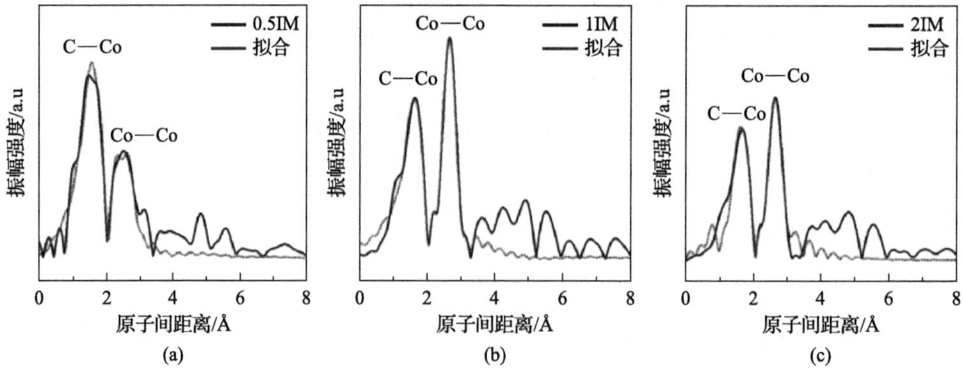

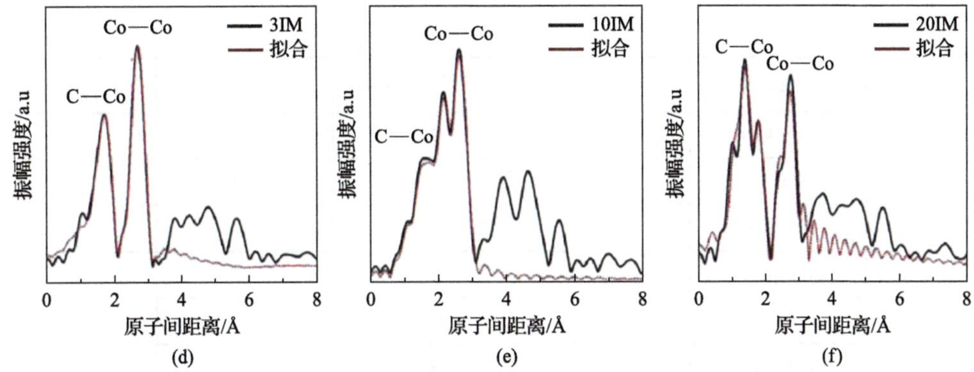

图 2.11 0.5IM(a)、1IM(b)、2IM(c)、3IM(d)、10IM(e)和 20IM(f)催化剂反应后的 k^3-加权 EXAFS 傅里叶变换能谱及相应的 Co_2C 曲线拟合

表 2.4 不同钴负载量的 Co/SiO_2 催化剂反应后的 Co K 边 EXAFS 拟合结果

催化剂	配位壳层	配位数 N	原子间距 R/Å	ΔE_0/eV	$\Delta\sigma^2/10^{-3}$ Å^2
CoO	Co—O	6	2.13	—	—
	Co—Co	12	3.01	—	—
Co_2C^a	Co—C	1.8	1.9	–5.6	4.0
	Co—Co1	0.7	2.51	–5.6	6.5
	Co—Co2	3.4	2.63	–5.6	6.5
	Co—Co3	2.6	2.79	–5.6	6.5
	Co—Co4	1.2	3.00	–5.6	6.5
0.5IM	Co—C	1.3	2.03	1.8	8.4
	Co—Co1	0.7	2.46	1.8	2.8
	Co—Co2	3.3	2.64	1.8	5.6
	Co—Co3	3.1	2.82	1.8	4.4
	Co—Co4	1.2	2.99	1.8	4.1
1IM	Co—C	1.3	2.07	4.2	6.5
	Co—Co1	0.7	2.49	4.2	2.4
	Co—Co2	3.2	2.67	4.2	4.9
	Co—Co3	3.0	2.85	4.2	2.9
	Co—Co4	1.4	3.01	4.2	1.5
2IM	Co—C	1.4	2.09	8.8	4.4
	Co—Co1	0.7	2.53	8.8	1.4
	Co—Co2	2.9	2.72	8.8	3.8
	Co—Co3	2.7	2.90	8.8	1.6

续表

催化剂	配位壳层	配位数 N	原子间距 R/Å	ΔE_0/eV	$\Delta\sigma^2/10^{-3}$Å^2
2IM	Co—Co4	1.3	3.06	8.8	0.9
3IM	Co—C	1.5	2.02	4.7	0.3
	Co—Co1	0.8	2.46	4.7	9.3
	Co—Co2	3.0	2.65	4.7	2.7
	Co—Co3	2.8	2.84	4.7	1.3
	Co—Co4	1.4	3.00	4.7	9.5
10IM	Co—C	1.5	1.99	4.2	3.0
	Co—Co1	0.7	2.50	4.2	1.7
	Co—Co2	3.1	2.62	4.2	3.7
	Co—Co3	2.9	2.78	4.2	2.2
	Co—Co4	1.5	2.98	4.2	1.5
20IM	Co—C	1.6	1.97	5.1	6.7
	Co—Co1	0.8	2.54	5.1	3.8
	Co—Co2	3.4	2.73	5.1	1.6
	Co—Co3	3.0	2.85	5.1	1.9
	Co—Co4	1.5	2.97	5.1	7.6

注：σ 为无序度因子。

以避免 Co 与载体形成 Co—O 键，且随着粒径的减小，Co—O 键的百分含量增加。Co—C 键的间距随钴含量的增加逐渐增加，说明当钴含量低对应的 Co_2C 粒径较小，这与 XRD 和 TEM 结果一致。另外，当钴含量由 0.5%增加到 20%时，Co—C 第一壳层的配位数由 1.2 增加到 1.6，进一步验证了随钴负载量的增加 Co_2C 粒径逐渐增加。对于钴硅酸物种，在曲线拟合中很难检测到 α-Co_2SiO_4 和 β-Co_2SiO_4 的存在，这可能是由于钴硅酸的含量较低。

3）粒径分析

Co_3O_4 以及 Co_2C 粒径可通过 XRD 以及 TEM 确定，结果如表 2.5 所示。0.5IM、1IM、2IM、3IM、5IM、10IM 和 20IM 催化剂对应的 Co_3O_4 粒径分别为 3.8nm、4.5nm、4.4nm、6.7nm、8.5nm、11.2nm 和 11.4nm，且 XRD 和 TEM 结果得到粒径信息一致。通过公式 $d(\mathrm{Co})=0.75\times d(\mathrm{Co_3O_4})$，可以推测对应的单质钴的粒径。0.5IM、1IM、2IM、3IM、5IM、10IM 和 20IM 催化剂对应的钴单质粒径分别为 2.9nm、3.4nm、3.3nm、5.0nm、6.4nm、8.4nm 和 8.6nm。由此可见催化剂得到的钴单质的粒径普遍较低。0.5IM、1IM、2IM、3IM、5IM、10IM 和 20IM 催化剂对应的 Co_2C 粒径分别为 5.3nm、6.1nm、6.9nm、7.4nm、9.4nm、12.1nm 和 13.9nm。催化剂颗粒在反应后出现一定程度的长大，2IM 催化剂在焙烧后的粒径为 4.4nm，推测对应的钴单质粒径仅为 3.3nm，反应后的粒径为 6.9nm。

表 2.5　不同钴负载量的 Co/SiO_2 催化剂的粒径

催化剂	Co 含量（质量分数）/%	Co_3O_4 粒径（XRD）/nm	Co_3O_4 粒径（TEM）/nm	Co_2C 粒径（TEM）/nm
0.5IM	0.7	—	3.8	5.3
1IM	1.3	—	4.5	6.1
2IM	2.5	—	4.4	6.9
3IM	3.9	—	6.7	7.4
5IM	5.5	9.7	8.5	9.4
10IM	10.8	12.1	11.2	12.1
20IM	22.1	11.2	11.4	13.9

2. 催化性能

不同粒径 Co_2C 的催化性能如表 2.6 和图 2.12 所示。相同氢碳比下催化剂的活性（CTY）随粒径增加先增后降，粒径为 7.0nm 时活性达到最大值。该变化规律与 Bezemer 等[17]在钴单质粒径对合成气转化影响的研究结论一致，但 Xiong 等[18]的研究发现催化剂的活性随粒径增加逐渐降低，并指出 Bezemer 等研究中小粒径 Co 活性低的原因主要是小粒径催化剂的团聚和烧结。对于小粒径活性低的情况有两种可能：①小粒径的催化剂易发生团聚烧结；②在现有的制备方法中无法制备出高度原子分散的催化剂，因此所谓的“临界点”还未出现。就目前的结果显示对于 Co_2C，催化剂的活性随着粒径增加呈现出先升高后降低的现象。另外，不同粒径的催化剂的 CTY 随着氢碳比增大而逐渐增加，对于 7.0nm 的催化剂当 H_2/CO 比由 0.5 增大至 2 时，其 CTY 从 $0.13\times10^{-5}mol_{CO}/(g_{Co_2C}\cdot s)$ 增大至 $0.46\times10^{-5}mol_{CO}/(g_{Co_2C}\cdot s)$。

表 2.6　不同尺寸的 Co_2C 的催化活性及产物分布

H_2/CO 比	催化剂	活性（CTY）/$[10^{-5}mol_{CO}/(g_{Co_2C}\cdot s)]$	TOF /$(10^{-3}s^{-1})$	产物分布/%			烯/烷比			
				CH_4	$C_{2\sim4}^{=}$	C_{5+}	C_2	C_3	C_4	$C_{2\sim4}$
2	0.5IM	0.21	0.53	26.8	37.4	31.5	7.9	16.3	13.0	9.0
	1IM	0.33	0.97	22.6	38.9	34.8	8.5	18.9	15.9	12.3
	2IM	0.46	1.52	20.6	38.2	38.7	9.3	22.7	16.6	15.1
	3IM	0.43	1.53	17.0	42.9	37.6	11.5	23.1	16.6	16.7
	5IM	0.31	1.40	14.9	44.7	37.7	12.6	24.2	16.8	17.3
	10IM	0.25	1.45	16.0	44.8	36.4	10.9	22.7	16.6	15.9
	20IM	0.24	1.60	17.1	44.1	36.3	13.1	23.0	16.2	17.4
1	0.5IM	0.11	0.28	22.7	36.5	38.0	9.3	20.1	15.7	12.9
	1IM	0.23	0.67	17.7	38.8	41.1	11.8	21.4	18.2	17.1
	2IM	0.26	0.86	15.0	39.8	43.1	13.9	26.5	19.2	19.4
	3IM	0.22	0.78	12.8	42.9	42.4	17.5	30.1	22.1	22.9
	5IM	0.18	0.81	10.7	44.2	43.2	16.8	29.5	22.6	22.4

续表

H_2/CO 比	催化剂	活性(CTY) /[$10^{-5}mol_{CO}/(g_{Co_2C}\cdot s)$]	TOF /($10^{-3}s^{-1}$)	产物分布/%			烯/烷比			
				CH_4	$C_{2\sim4}^{=}$	C_{5+}	C_2	C_3	C_4	$C_{2\sim4}$
1	10IM	0.16	0.93	11.7	44.1	42.0	14.2	28.3	19.9	20.5
	20IM	0.13	0.87	12.3	43.4	42.2	15.0	27.1	19.4	20.3
0.5	0.5IM	0.06	0.15	19.0	35.3	44.1	14.0	25.1	21.2	21.3
	1IM	0.12	0.35	14.5	38.9	45.0	15.2	26.0	22.8	23.5
	2IM	0.13	0.43	12.1	38.5	48.0	20.1	33.2	24.4	25.5
	3IM	0.11	0.39	9.6	40.2	48.7	21.5	35.3	27.2	28.1
	5IM	0.10	0.45	8.6	41.5	48.4	21.1	36.3	27.2	28.2
	10IM	0.08	0.47	9.1	42.0	47.3	21.2	35.3	25.4	27.4
	20IM	0.08	0.53	9.9	41.3	47.3	20.9	34.4	25.3	26.8

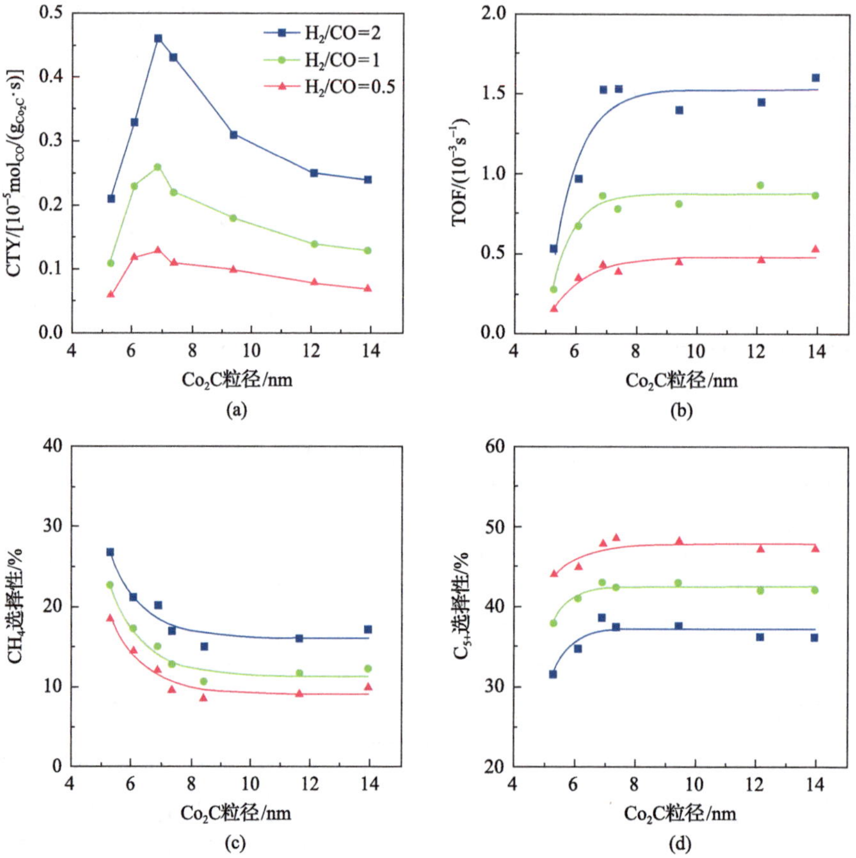

图 2.12 催化剂在不同 H_2/CO 比下的 CTY、TOF、CH_4 选择性和 C_{5+}选择性与 Co_2C 粒径间的关系

CTY 能够体现催化剂的表观活性，TOF 体现催化剂的本征活性。Co_2C 与 CO 或者 H_2 之间的化学吸附常数未知，因此假定催化剂颗粒为球形，密度为 7.6g/mL 对应的表面 Co 原子个数为 16 个。采用 $H_2/CO=2$ 的原料气反应，Co_2C 粒径从 5.3nm 增加到 6.9nm，

TOF 由 0.53×10^{-3} s^{-1} 增加到 1.52×10^{-3} s^{-1}。但粒径进一步增加，TOF 基本保持不变，维持在 1.5×10^{-3} s^{-1}。钴基催化剂中尽管催化剂的活性随着粒径变化不尽相同但 TOF 的变化趋势是基本一致的，即小粒径对本征活性影响较大，大粒径对本征活性几乎无影响。Tuxen 等认为 CO 解离吸附倾向于在大颗粒上，而小颗粒往往利于 CO 的不可逆吸附从而阻碍了 CO 解离使得活性偏低[19]。

对于产物选择性，随着粒径增加，甲烷选择性逐渐降低，但当粒径大于 6.9nm 时甲烷选择性基本维持不变。甲烷的变化很好地体现了催化剂粒径对产物的影响，一般小粒径的活性位点较少，使得催化剂表面的碳物种较多继而被充分加氢生成甲烷。H_2/CO 比低时，催化剂表面氢覆盖率低，较多的碳物种无法被充分加氢，因此随着 H_2/CO 比的降低，甲烷选择性是逐渐降低的。对于大于 7.0nm 的催化剂，当合成气 H_2/CO 比由 0.5 增大至 2 时，其甲烷选择性从 9%增大至 16%。长链烃的生成是 CO 和 H_2 解离吸附以及 C—C 键偶联的过程，CO 解离后被迅速加氢使得甲烷产物所占的比例较高，相对的 CO 解离后进行 C—C 键偶联则导致甲烷选择性低而长链烃选择性高。钴单质粒径的研究中发现，CO 的吸附有两种吸附方式即桥式吸附和线性吸附，大颗粒上比较倾向于形成桥式吸附且桥式吸附的活性比线性吸附的活性高。当 Co_2C 粒径由 5.3nm 增大至 6.9nm 时，C_{5+}选择性从 31%升高至 37%，且随着 H_2/CO 比的升高逐渐降低。对于小粒径的催化剂具有较高的甲烷选择性及较低的 C_{5+}选择性，这表明小粒径的催化剂具有较低的链增长能力。

图 2.13 是不同粒径的催化剂在不同氢碳比下的 $C_{2\sim4}^{=}$ 选择性和 $C_{2\sim4}^{=}/C_{2\sim4}^{o}$ 值，图 2.14 是相应的 C_2、C_3 和 C_4 的烯/烷比。从结果来看，随着粒径增加，烯烃选择性逐渐升高，对应的烯/烷比也逐渐升高，变化的拐点与前面所述的变化拐点一致，即当粒径小于 7.0nm 时，属于变化区间段，而当粒径大于 6.9nm 时，烯烃选择性和对应的烯/烷比不再变化。小粒径表面 H 的覆盖度高加剧了烯烃的二次反应，从而使得烯烃选择性低。随着氢碳比降低，产物的烯烃选择性略有降低，在稳定阶段氢碳比为 2、1 和 0.5 对应的低碳烯烃选择性分别为 45%、43%和 42%。但产物的烯/烷比变化比较显著，H_2/CO 比为 2 时大颗粒的 $C_{2\sim4}$ 的烯/烷比为 16 左右，氢碳比为 1 时 $C_{2\sim4}$ 的烯/烷比为 20 左右，而 H_2/CO 比为 0.5 时 $C_{2\sim4}$ 的烯/烷比为 27 左右。当粒径大于 6.9nm 且 H_2/CO=2 的条件下，C_2、C_3 和 C_4 的

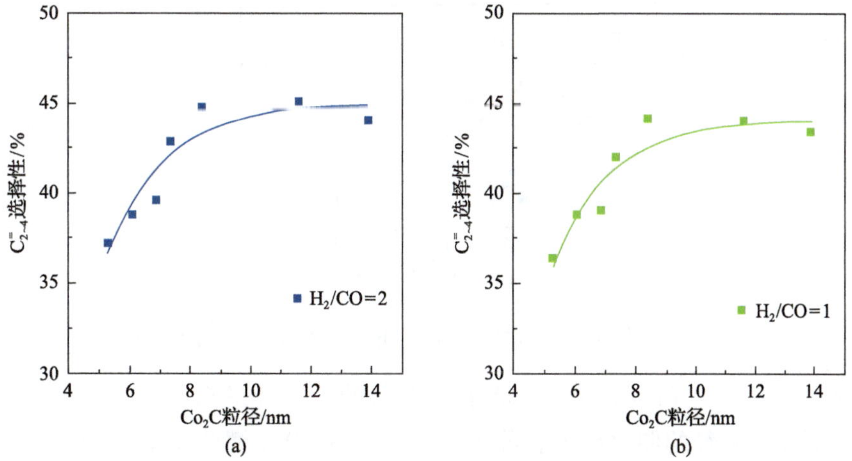

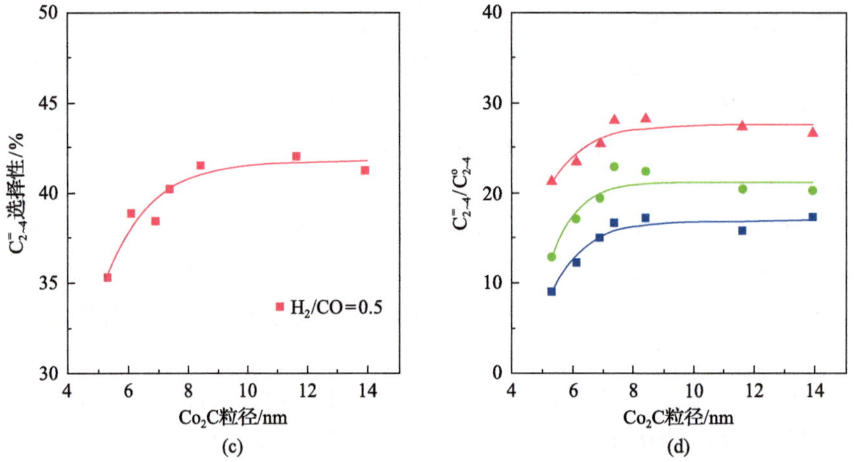

图 2.13　催化剂在不同 H_2/CO 比下的 $C_{2\sim4}^{=}$ 选择性和 $C_{2\sim4}^{=}/C_{2\sim4}^{o}$ 与粒径的关系

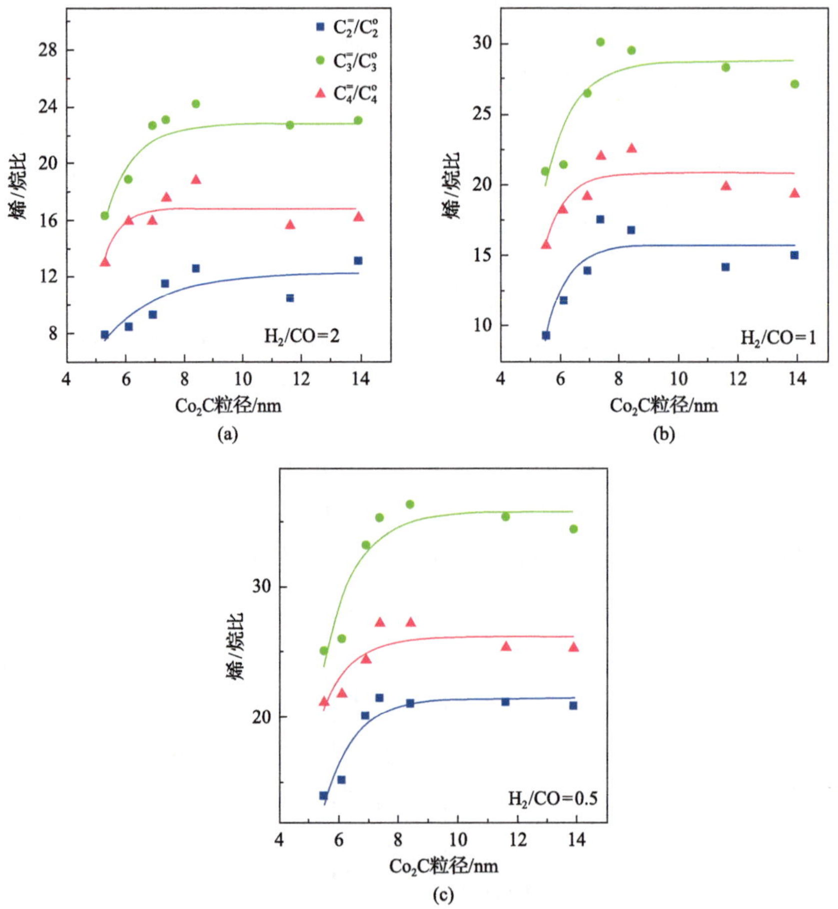

图 2.14　催化剂在不同 H_2/CO 比下的烯/烷比与粒径的关系

烯/烷比分别为 12、24 和 16，可见产物中 C_3 组分的烯/烷比最高。

表 2.7 是不同粒径的催化剂在不同氢碳比下经 ASF 分布模型计算得到的链增长因子。

该催化剂体系的链增长因子与传统的钴单质相比较低，这主要是由于 Co_2C 本身的链增长能力小于钴单质。在相同 H_2/CO 比条件下，随着粒径增加，链增长因子逐渐升高。根据前面产物的选择性，较小粒径的催化剂具有高甲烷选择性及低 C_{5+}选择性，则对应的链增长因子较低。随着 H_2/CO 比增加，链增长因子逐渐降低。高 H_2/CO 比下低碳产物选择性较高，则对应的链增长能力较低。

表 2.7　不同粒径碳化钴链增长因子

催化剂	Co_2C 粒径 (TEM)/nm	链增长因子 α		
		H_2/CO=2	H_2/CO=1	H_2/CO=0.5
0.5IM	5.3	0.61	0.70	0.75
1IM	6.1	0.68	0.75	0.79
2IM	6.9	0.72	0.77	0.81
3IM	7.4	0.67	0.78	0.80
5IM	9.4	0.69	0.75	0.81
10IM	12.1	0.67	0.74	0.79
20IM	13.9	0.68	0.74	0.79

为了考察粒径对催化的表观活化能之间的关系，对不同粒径的催化剂进行热力学分析。首先测试不同催化剂在不同温度下的反应速率，然后通过阿伦尼乌斯(Arrhenius)公式进行计算。其中 A 代表指前系数，E_a 代表表观活化能。

$$k = A\exp\left(-\frac{E_a}{RT}\right) \tag{2.1}$$

反应速率与温度之间的关系如图 2.15 所示，对应不同的表观活化能如表 2.8 所示。对于每个催化剂，$\ln k$ 和 $1/T$ 之间具有较好的线性关系，线性相关系数约为 0.99，表明表观活化能计算的准确性。当 Co_2C 粒径从 5.3nm 增加到 6.9nm 时，对应的表观活化能从 105kJ/mol 降低至 83kJ/mol，而进一步增加粒径，表观活化能基本不变。该变化趋势与催化剂的内在活性变化趋势相反。这表明 6.9nm 以下的小粒径催化剂上反应的表观活化能较高，CO 在催化剂表面活化能垒就较高，因此在相同条件下小粒径的催化剂的活性低。

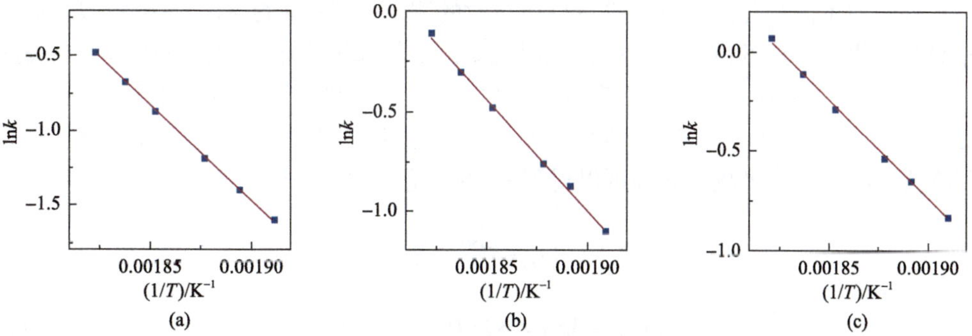

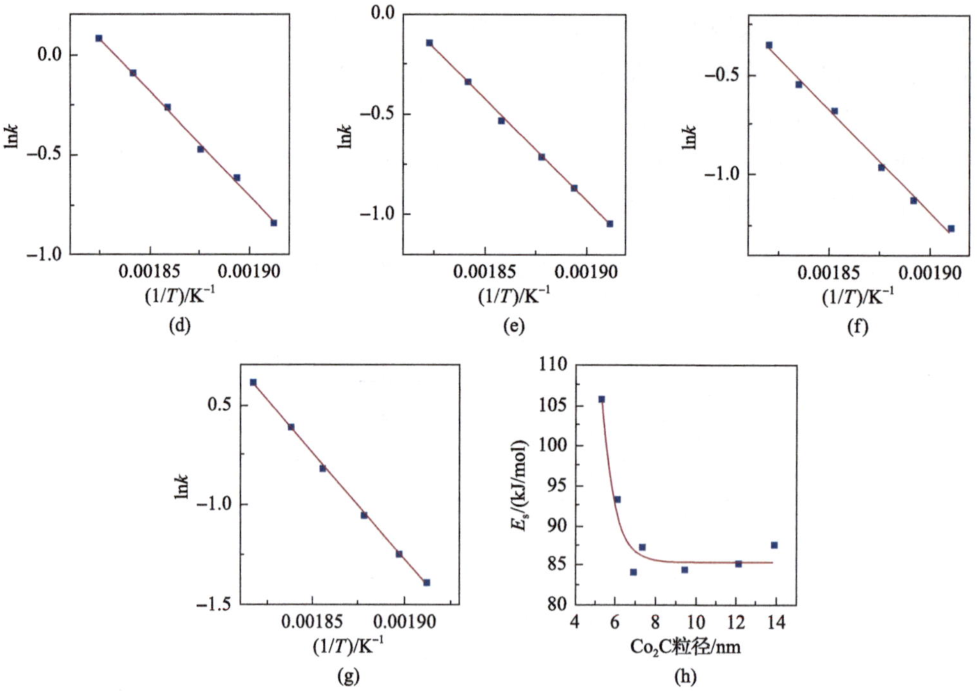

图 2.15 0.5IM(a)、1IM(b)、2IM(c)、3IM(d)、5IM(e)、10IM(f)、20IM(g)催化剂 ln$k$ 与 1/T 关系以及表观活化能随粒径的变化(h)

表 2.8 不同粒径的 Co_2C 催化剂的热力学参数

催化剂	Co_2C 粒径(TEM)/nm	活化能/(kJ/mol)
0.5IM	5.3	105.81
1IM	6.1	93.24
2IM	6.9	83.64
3IM	7.4	87.25
5IM	9.4	84.56
10IM	12.1	85.01
20IM	13.9	87.62

另外，对不同粒径的催化剂进行反应级数的测定。根据 CO 消耗速率模型，集总动力学只考虑聚合反应的链引发步骤，同时忽略链增长和链终止步骤，其中幂指数表达式如式(2.2)和式(2.3)所示，式中 k 为速率常数，α 、β 分别为 CO、H_2 的反应级数。根据式(2.2)，保持 H_2 的分压、改变 CO 的分压可以得到反应速率与 CO 分压的线性关系图，其斜率为 CO 的反应级数。同理可以得到 H_2 的反应级数。

$$r_{CO} = kP_{CO}^{\alpha}P_{H_2}^{\beta} \tag{2.2}$$

$$\ln r_{CO} = \ln k + \alpha \ln P_{CO} + \beta \ln P_{H_2} \tag{2.3}$$

动力学结果如图 2.16 和图 2.17 所示。在对 H_2 及 CO 的反应级数的测定中，反应速率与各个分压之间具有很好的线性分析，同样线性相关系数在 0.99 以上。当 Co_2C 粒径从 5.3nm 增加到 6.9nm 时，CO 的反应级数由 0.7 增大到 1.2，H_2 的反应级数由 1.7 降低至 0.4。有文献报道钴单质表面 H 的覆盖度与粒径有关，小粒径的催化剂表面氢的覆盖度高，说明小粒径表面有利于 H 的吸附，提高 H 的分压从而提高了 H 的覆盖率也就提高反应速率。由此说明小粒径的催化剂对 H_2 分压较为敏感，而大粒径的催化剂对 CO 分压较敏感，则导致小粒径催化剂的甲烷及饱和烃类的选择性高，而大粒径的催化剂烯烃及长链烃选择性高。当粒径大于 7～8nm 时，CO 和 H_2 的反应级数基本不变，分别稳定在 1.2 和 0.4。催化剂对反应物的反应级数与粒径之间存在一定的关系，反应级数的不同导致产物分布的不同。

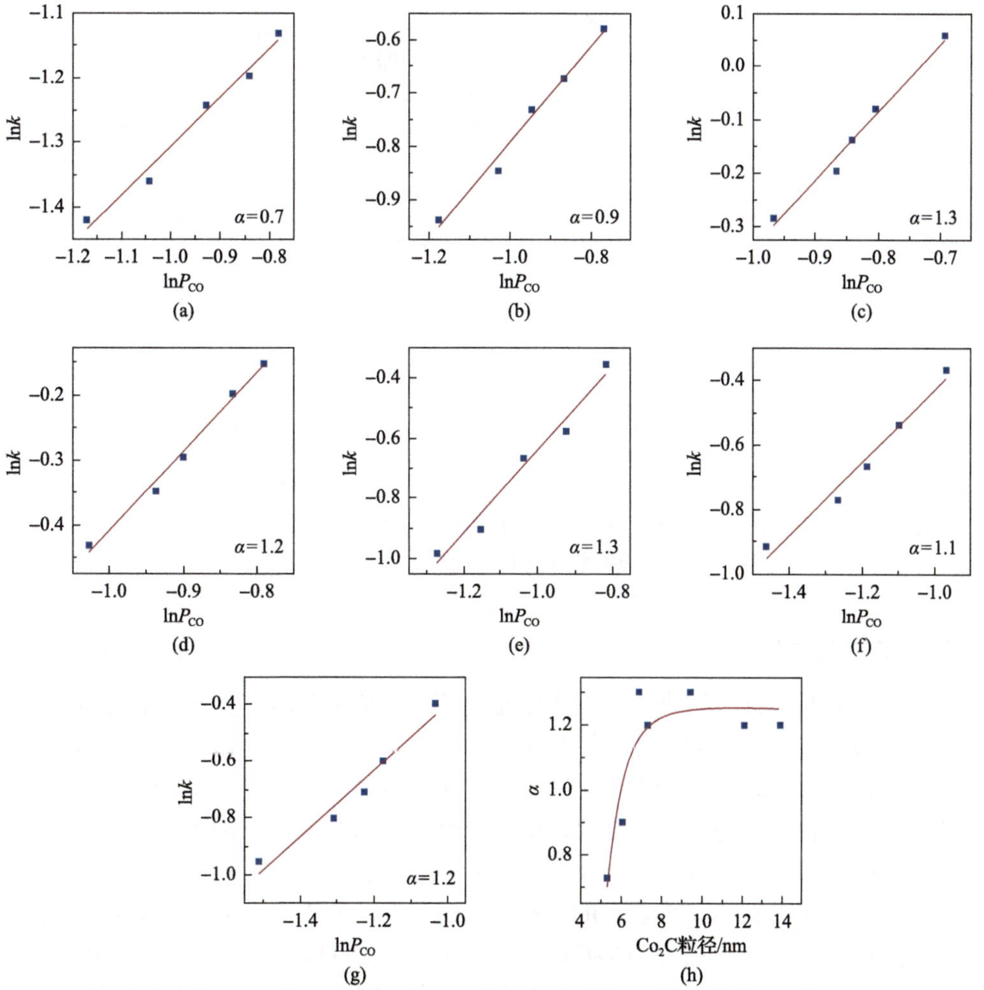

图 2.16　0.5IM(a)、1IM(b)、2IM(c)、3IM(d)、5IM(e)、10IM(f)、20IM(g)催化剂 ln$k$ 与 lnP_{CO} 的关系以及 CO 反应级数随粒径的变化(h)

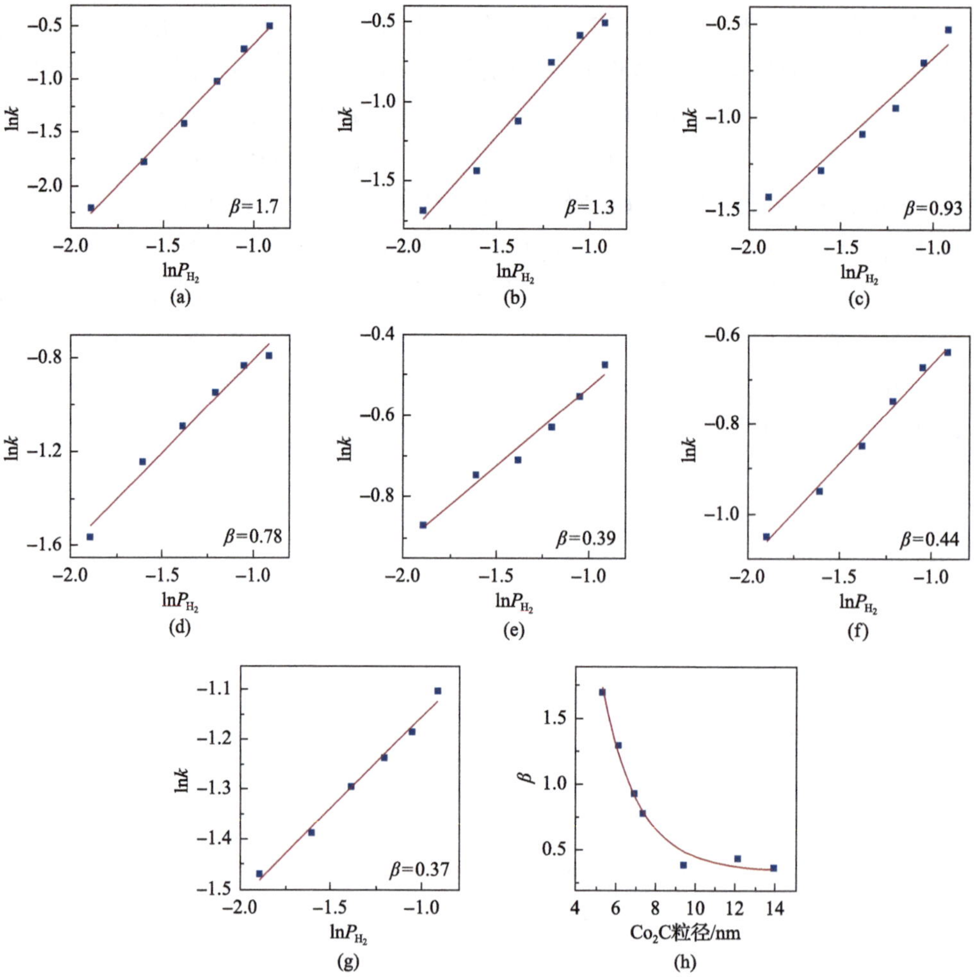

图 2.17 0.5IM(a)、1IM(b)、2IM(c)、3IM(d)、5IM(e)、10IM(f)、20IM(g)催化剂 ln$k$ 与 lnP_{H_2} 的关系以及 H 反应级数随粒径的变化(h)

3. 理论模型分析

Co_2C 不同的晶面具有不同的稳定性，催化剂在反应中会出现多种类型的晶面。假设理想形貌的球状 Co_2C 的暴露晶面主要为(111)，基于多面体方程和 Co_2C 暴露晶面优先为(111)两方面建立球形纳米颗粒模型。通过对不同直径的纳米颗粒表面的检测，识别出催化剂表面的活性位点的种类和数量。4nm、5nm、6nm、7nm 和 8nm 的 Co_2C 纳米颗粒分别包含 3693、7133、12381、19677 和 29319 个原子，由于原子数目过多，无法采用 DFT 计算。不同粒径的催化剂表面的活性位点的种类及个数列于表 2.9。Co_2C 的表面有四种不同的活性中心，即平台-Co_2C(111)、台阶-Co_2C(111)、台阶-Co_2C(101)和台阶-Co_2C(020)。Co_2C 的(101)和(020)晶面在合成气直接制备烯烃中起到关键作用，有利于烯烃的生成同时抑制甲烷的生成。而棱柱状 Co_2C 暴露晶面主要为(020)，球状 Co_2C 暴露晶面主要为(111)，从而棱柱状 Co_2C 与球状 Co_2C 相比具有较高活性及较低甲烷选择性。表2.9表明不同粒径的Co_2C具有的Co_2C活性位点的种类不同，当粒径小于6nm时，活性中心为主要存在(111)晶面，包括平台-Co_2C(111)和台阶-Co_2C(111)，出现台阶-Co_2C(101)和台阶-Co_2C(020)。由此可见粒径的不同导致活性位点种类的不同，较小粒径的催化剂活性位点为低活性的(111)，而大粒径的催化剂存在高活性的(020)活性位点，从而导致小粒径催化剂活性低，甲烷选择性高，烯烃选择性低，而大粒径催化剂活性高，甲烷选择性低，烯烃选择性高的现象。

表2.9　4～8nm的Co_2C活性位点

活性位	活性位模型	4nm	5nm	6nm	7nm	8nm
平台-Co_2C(111)	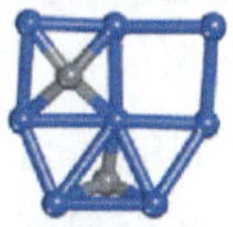	8	16	12	12	28
台阶-Co_2C(111)	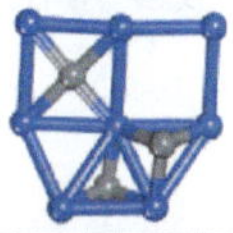	8	12	12	12	20
台阶-Co_2C(101)	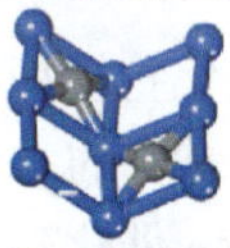	0	0	4	12	28
台阶-Co_2C(020)		0	0	12	18	8

对于Co_2C催化剂，其TOF值与C_{5+}产物的选择性在一定范围内随着粒径增加逐渐增加，而甲烷选择性呈现相反的趋势，而当粒径大于7.0nm时基本不再变化。烯烃选择性和烯/烷比与Co_2C粒径之间的关系同样存在一个转折点，即7.0nm。动力学参数和理论模型分析表明，当Co_2C粒径由7.0nm降低至5.3nm时，Co_2C的表观活化能急剧升高。小粒径催化剂具有较高的表观活化能从而导致催化剂活性低。动力学参数同样说明了当Co_2C粒径小于7.0nm时，催化剂对H_2分压敏感而对CO分压不敏感，从而甲烷选择性高、烯烃选择性低。当粒径小于6.0nm时，Co_2C的表面主要存在Co_2C(111)，Co_2C(020)和Co_2C(101)的缺失预示着较高的甲烷选择性。而较大粒径的Co_2C具有一定数量的Co_2C(020)和Co_2C(101)晶面，表明烯烃选择性高。另外，与钴单质相似，可以推测出较小粒径的Co_2C活性位点主要为角和边，这些位点具有较低的配位数，其活性低于台阶活性位点，而较强的CO吸附阻碍了CO的解离，从而导致活性低甲烷高。

2.4　碳化钴助剂效应

助剂在Co_2C及合成气直接制烯烃催化体系中起着至关重要的作用，能够显著影响催化活性结构生成、催化活性及产物选择性、反应稳定性等。促进Co_2C催化性能的常用助剂有碱金属助剂、碱土金属助剂、过渡金属助剂及结构助剂。碱金属主要影响 CO 的吸附和解离，促进 Co_2C 活性物相的生成。过渡金属助剂尤其是 Mn 助剂有利于 Co_2C 纳米棱柱形貌的生成，强化 Co_2C 晶面效应，从而促进烯烃脱附并抑制甲烷。结构助剂尤其是惰性载体能够有效提高催化稳定性，并降低催化剂中 Co 元素含量，控制催化剂成本。

2.4.1 钠助剂效应

CoMn 催化剂作为一类 Co 基费-托催化剂已被广泛研究多年，但并未发现其具有较好的烯烃性能，通常其活性中心为金属单质钴，很少发现体系中有 Co_2C 生成。但是在合成气直接制烯烃的 CoMn 催化体系中，Co_2C 纳米棱柱却能够作为其活性结构。因此，CoMn 催化剂中 Co_2C 纳米棱柱活性中心是如何形成的成为众多问题中的重中之重。对比大量 CoMn 催化剂制备方法，常规共沉淀法制备 CoMn 催化剂的沉淀剂为碳酸铵，FTO 的 CoMn 催化剂制备使用碳酸钠为沉淀剂，离心洗涤后仍有极少量钠残余，在 Co_2C 物相形成中起了极其关键的作用。

1. 催化剂结构

通过共沉淀的方法制备 Co/Mn=2（原子比）的钴锰复合氧化物模型催化剂，通过过量浸渍法制备四种不同钠含量（质量分数 0.1%、0.2%、0.4%和 0.6%）的 CoMn 模型催化剂。对不同钠含量 CoMn 催化剂进行 ICP 元素分析，以确定 CoMn 催化剂中钠含量及钴锰原子比例。钠、钴及锰标准曲线拟合结果 R^2 均在 0.99 以上，其分析结果如表 2.10 所示。经 ICP 元素分析，CoMn-0Na、CoMn-0.1Na、CoMn-0.2Na、CoMn-0.4Na 和 CoMn-0.6Na 催化剂 Co/Mn 原子比分别为 2.02、2.08、2.06、2.09 和 2.08，与理论投料比 2 接近，钠助剂理论浸渍量（质量分数）分别为 0%、0.1%、0.2%、0.4%和 0.6%，实际测得钠元素质量分数分别为 0.006%、0.09%、0.15%、0.37%和 0.60%，与理论投料浸渍量接近。

表 2.10 不同钠含量 CoMn 催化剂 ICP 元素分析

催化剂	钠助剂理论浸渍量/%	Co/Mn 理论比	钠含量/%	Co/Mn
CoMn-0Na	0	2	0.006	2.02
CoMn-0.1Na	0.1	2	0.09	2.08
CoMn-0.2Na	0.2	2	0.15	2.06
CoMn-0.4Na	0.4	2	0.37	2.09
CoMn-0.6Na	0.6	2	0.60	2.08

图 2.18(a)为焙烧后不同钠含量 CoMn 催化剂 XRD 图，钠含量并未影响 CoMn 催化剂物相。表 2.11 所示为通过结构精修计算焙烧后不同钠含量 CoMn 催化剂的晶胞参数，不同钠含量 CoMn 催化剂单胞棱长均在 8.10Å 左右，单胞体积均在 530$Å^3$ 左右，因此，钠含量对 CoMn 催化剂晶体结构无明显影响。以 CoMn-0Na 催化剂为标准样品，36.7°处最强峰计算峰面积，计算焙烧后不同钠含量 CoMn 催化剂相对结晶度，焙烧后 CoMn 催化剂相对结晶度均在 90%左右，因此，钠含量对 CoMn 催化剂相对结晶度无明显影响。

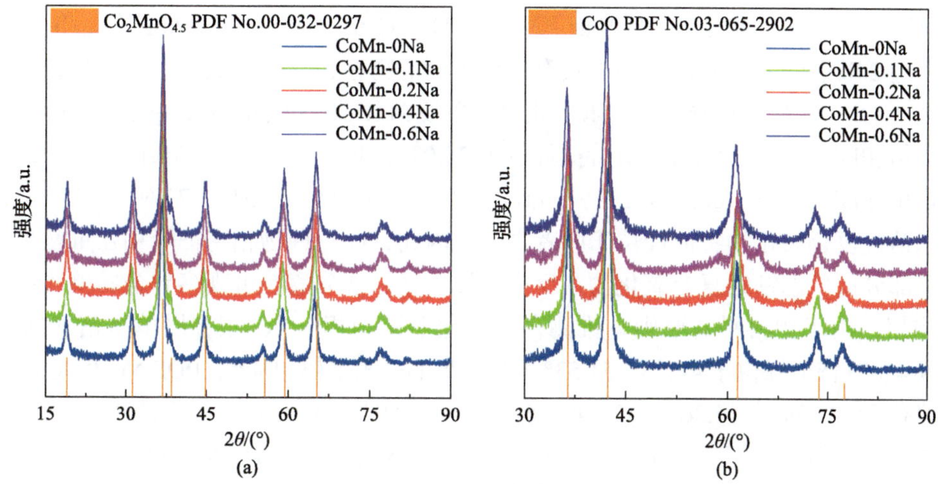

图 2.18　焙烧后(a)和还原后(b)不同钠含量 CoMn 催化剂 XRD 图

表 2.11　焙烧后不同钠含量 CoMn 催化剂晶胞参数

催化剂	单胞棱长/Å	单胞体积/Å^3	焙烧后催化剂相对结晶度/%[a]
CoMn-0Na	8.09	529.5	100
CoMn-0.1Na	8.12	535.3	92.1
CoMn-0.2Na	8.10	531.8	93.2
CoMn-0.4Na	8.12	535.1	95.6
CoMn-0.6Na	8.10	530.6	87.4

a. 以焙烧后 CoMn-0Na 催化剂为标准样品，36.7°处最强峰计算峰面积。

图 2.18(b)为还原后不同钠含量 CoMn 催化剂 XRD 图，经 300℃在 10% H_2/Ar 气氛下还原 5h 后的 CoMn 催化剂与标准 PDF 卡片对比后，峰位置最为接近的为 CoO(PDF No. 03-065-2902)，且并无明显 hcp 或 fcc 相 Co^0 特征峰及 MnO 特征峰，因此可认为还原后催化剂仍保持钴锰复合氧化物态($Co_xMn_{1-x}O$)，且钴处于正二价。表 2.12 所示还原后不同钠含量 CoMn 催化剂单胞棱长均在 4.27Å 左右，单胞体积均在 78Å^3 左右，因此，钠含量对还原后 CoMn 催化剂晶体结构无明显影响。还原后 CoMn 催化剂相对结晶度均在 90%～120%之间，因此，钠含量对还原后 CoMn 催化剂相对结晶度无明显影响。

表 2.12　还原后不同钠含量 CoMn 催化剂晶胞参数

催化剂	单胞棱长/Å	单胞体积/Å^3	还原后催化剂相对结晶度/%[a]
CoMn-0Na	4.27	78.1	100
CoMn-0.1Na	4.27	77.9	114.2
CoMn-0.2Na	4.27	77.9	104.8
CoMn-0.4Na	4.27	77.7	66.2
CoMn-0.6Na	4.29	78.9	99.4

a. 以还原后 CoMn-0Na 催化剂为标准样品，42.5°处最强峰计算峰面积。

图 2.19 为反应后不同钠含量 CoMn 催化剂 XRD 图，钠含量对反应后 CoMn 催化剂

物相有巨大的影响。在 250℃、1bar、原料气 $H_2/CO=2$、GHSV=3000mL/(g_{cat}·h)的条件下，反应 24h 后的 CoMn 催化剂中具有四种不同的物相，分别为低价态钴锰复合氧化物($Co_xMn_{1-x}O$)、氧化亚锰(MnO)、fcc 相金属单质钴(Co^0)和碳化钴(Co_2C)。其中，氧化亚锰物相(PDF No. 00-001-1206)特征峰位于 35.02°、40.6°、58.76°、70.18°和 74°，氧化亚钴物相(PDF No. 03-065-2902)特征峰位于 36.5°、42.4°、61.51°、73.69°和 77.56°，而低价态钴锰复合氧化物特征峰位于两者之间，因此，此三种物相特征峰相互重叠难以区分。但部分低价态钴锰复合氧化物在反应后发生钴、锰分离，可观察到金属单质钴或碳化钴物相，由于物料平衡原则，推测存在氧化亚锰物相。fcc 相金属单质钴(PDF No. 01-089-4307)特征峰位于 44.23°、51.53°和 75.87°，hcp 相金属单质钴(PDF No. 01-089-4308)特征峰位于 41.59°、44.26°、47.39°、62.35°、75.89°和 83.73°，碳化钴物相(PDF No. 03-065-1457)特征峰位于 37.01°、41.28°、42.57°、45.75°、56.63°、64.25°、71.43°、76.14°和 82.4°。虽然 fcc 相和 hcp 相金属单质钴与碳化钴物相在较强峰 40°～50°的范围内衍射峰有较多的重叠，但是通过特征峰比对，fcc 相和 hcp 相金属单质钴分别在 44.23°和 44.26°处有较强的特征峰，而碳化钴物相在 45.75°和 56.63°处有特征峰，如图 2.19(b)所示。

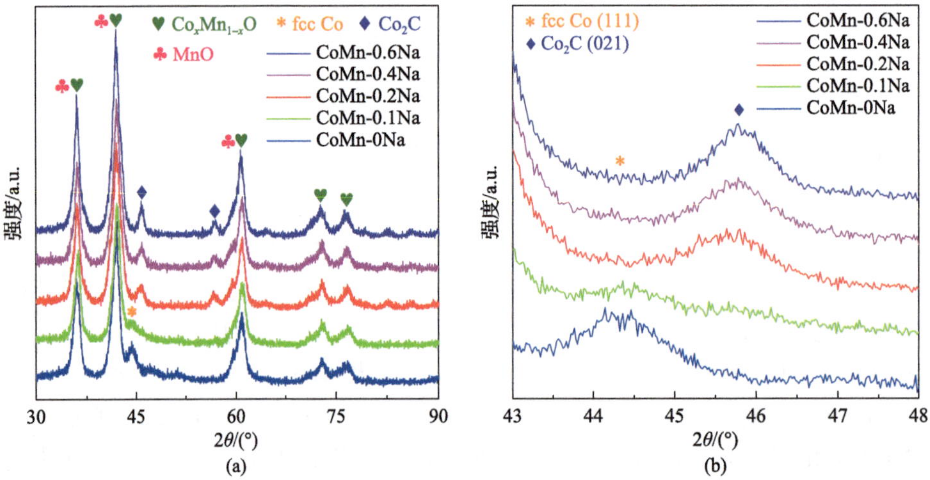

图 2.19 反应后不同钠含量 CoMn 催化剂连续扫描模式(a)和步进扫描模式(b)XRD 图

通过对 40°～48°范围慢扫得到的 XRD 图进行峰形拟合，以参比强度法进行半定量分析计算各物相含量，如表 2.13 所示。当无钠助剂存在时，反应后的 CoMn 催化剂中含钴物种为低价态钴锰复合氧化物(质量分数 87.6%)和 fcc 相金属单质钴(质量分数 9.6%)，几乎无碳化钴物相(质量分数 2.8%)存在。随着钠含量升高，fcc 相金属钴单质特征峰降低，含量减少，碳化钴物相特征峰升高，含量增大。当钠含量为 0.1%和 0.2%时，反应后的 CoMn 催化剂中含钴物种为低价态钴锰复合氧化物、fcc 相金属钴单质和碳化钴物相。当钠含量高于 0.4%时，反应后的 CoMn 催化剂中不含金属钴单质物相，只含有低价态钴锰复合氧化物和碳化钴物相。随着钠含量从 0%升高至 0.6%，反应后 CoMn 催化剂中金属钴物相含量从 9.6%降低至 0%，碳化钴物相含量从 2.8%升高至 31.1%。因此，推测钠助剂的加入有利于活性中心从传统费-托合成反应活性中心金属钴单质向费-托合成制烯烃反应活性中心碳化钴转变。

表 2.13 反应后不同钠含量 CoMn 催化剂各含钴物相含量（质量分数）

催化剂	Co^0 含量/%[a]	Co_2C 含量/%[a]	$Co_xMn_{1-x}O$ 含量/%[a]
CoMn-0Na	9.6	2.8	87.6
CoMn-0.1Na	5.6	9.7	84.7
CoMn-0.2Na	1.5	22.4	76.1
CoMn-0.4Na	0.0	33.2	66.8
CoMn-0.6Na	0.0	31.1	68.9

a. 以参比强度法计算所得。

图 2.20 为反应后不同钠含量 CoMn 催化剂 TEM 图，在 250℃、1bar、$H_2/CO=2$（体积比）、GHSV=3000mL/(g_{cat}·h) 的条件下反应 24h 后不同钠含量 CoMn 催化剂具有多种物相。晶格条纹间距为 2.56Å、2.14Å、2.04Å、2.19Å 和 2.42Å，分别对应于氧化亚锰（MnO）的（111）晶面、氧化亚钴（CoO）的（200）晶面、fcc 相金属单质钴 Co^0 的（111）晶面、碳化钴的（020）和（101）晶面。如图 2.20（a）～（c）所示，对于无钠助剂的 CoMn-0Na 催化剂，钴锰复合氧化物在反应过程中发生了钴、锰元素分离，生成了传统费-托合成活性中心 fcc 相金属钴单质和氧化亚锰物相，且未观察到费-托合成制烯烃活性中心棱柱状碳化钴。由于 fcc 相金属钴单质不稳定，极易被空气氧化生成氧化亚钴物相，因此可在反应后的 CoMn-0Na 催化剂中观察到氧化亚钴物相存在。观察形貌可知，所有物相均呈现球状形貌，无棱柱状颗粒存在。随着钠助剂的加入，如图 2.20（d）～（f）所示，对于较低钠含量的 CoMn-0.1Na 催化剂，钴锰复合氧化物在反应过程中也发生了钴、锰元素分离，生成了 fcc 相金属钴单质和碳化钴两种物相。观察形貌可知，fcc 相金属钴单质呈球状形貌，而碳化钴具有球状与棱柱状两种形貌，棱柱状碳化钴极少。随着钠含量的增加，如图 2.20（g）～（i）所示，对于 CoMn-0.2Na 催化剂，钴锰复合氧化物在反应过程中发生了钴、锰元素分离，但只能观察到碳化钴物相存在，无传统费-托合成活性中心 fcc 相金属钴单质存在。观察形貌可知，碳化钴仍具有球状与棱柱状两种形貌，棱柱状碳化钴的数量相较于 CoMn-0.1Na 催化剂有所增多，但晶体生长并不完整，形貌并不非常规整。随着钠含量的进一步增加，如图 2.20（j）～（l）所示，对于 CoMn-0.4Na 催化剂，钴锰复合氧化物在反应过程中发生了钴、锰元素分离，只观察到碳化钴物相存在，无传统费-托合成活性中心 fcc 相金属钴单质存在。观察形貌可知，碳化钴只具有棱柱状一种形貌，相较于 CoMn-0.2Na 催化剂数量明显增多，且晶体生长较为完整，形貌非常规整，具有特定暴露晶面（020）和（101）。如图 2.20（m）～（o）所示，随着钠含量进一步增加，对于 CoMn-0.6Na 催化剂，钴锰复合氧化物在反应过程中发生了钴、锰元素分离，只观察到碳化钴物相存在，无传统费-托合成活性中心 fcc 相金属钴单质存在。观察形貌可知，碳化钴只具有棱柱状一种形貌，但棱柱状碳化钴数量相较于 CoMn-0.4Na 催化剂明显减少，与 XRD 半定量物相含量分析相一致，具有特定暴露晶面（020）和（101）。根据上述现象可知，钠助剂的加入有利于活性中心从传统费-托合成反应活性中心金属钴单质向费-托合

成制低碳烯烃反应活性中心棱柱状碳化钴转变。

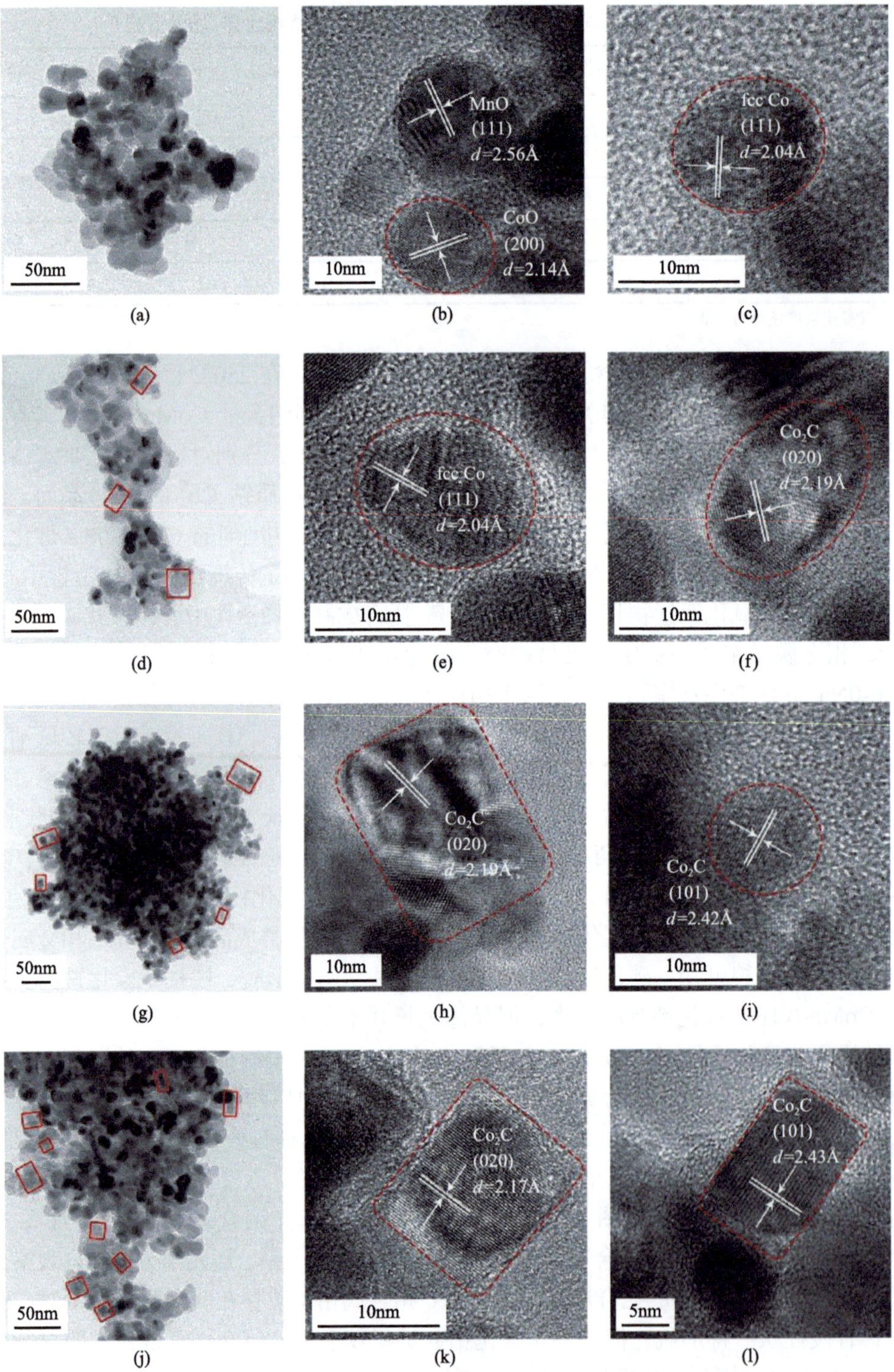

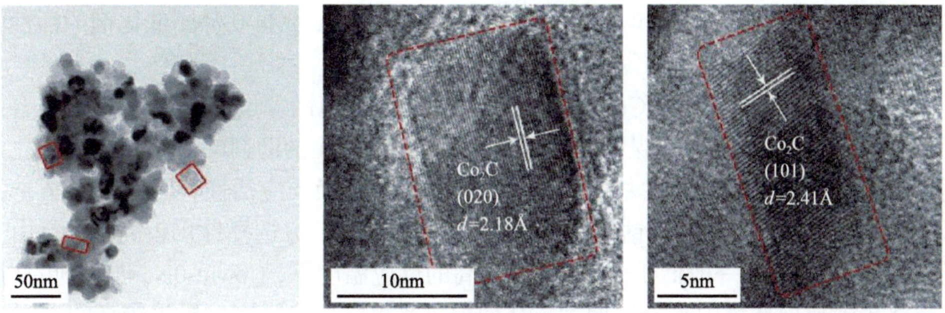

(m)　(n)　(o)

图 2.20　CoMn-0Na(a～c)、CoMn-0.1Na(d～f)、CoMn-0.2Na(g～i)、CoMn-0.4Na(j～k)和 CoMn-0.6Na(m～o)反应后催化剂 TEM 图

2. 催化性能

图 2.21(a)为不同钠含量 CoMn 催化剂 CO 转化率随钠含量的变化图。对于无钠助剂的 CoMn-0Na 催化剂，由于其活性中心为金属单质钴，具有较高的本征反应活性，且在传统费-托合成反应中，钴基费-托合成催化剂反应温度一般低于 220℃，而在此反应中，反应温度高达 250℃，因此其 CO 转化率极高，高达 72.0%。反应后催化剂的 XRD 图表明，钠助剂的加入促使 CoMn 催化剂活性中心从传统费-托合成反应活性中心金属单质钴向费-托合成制低碳烯烃反应活性中心棱柱状碳化钴转变，而在传统费-托合成反应中，碳化钴物相被认为是钴基费-托催化剂失活中心，其反应活性极低，虽然棱柱状碳化钴由于较强的晶面效应具有较高的本征反应活性，但相对于金属单质钴活性中心仍较低。因此，随着钠助剂的加入，CoMn 催化剂活性中心逐渐向棱柱状碳化钴转变，活性中心中碳化钴占比逐渐增大，从 9.7%增大至 33.2%，金属单质钴占比逐渐减小，从 9.6%减小至 0%，CO 转化率将逐渐降低。当钠含量为 0.1%和 0.2%时，CoMn-0.1Na 和 CoMn-0.2Na 催化剂的活性中心为金属单质钴与碳化钴的混合物，CO 转化率分别为 54.5%和 46.4%。

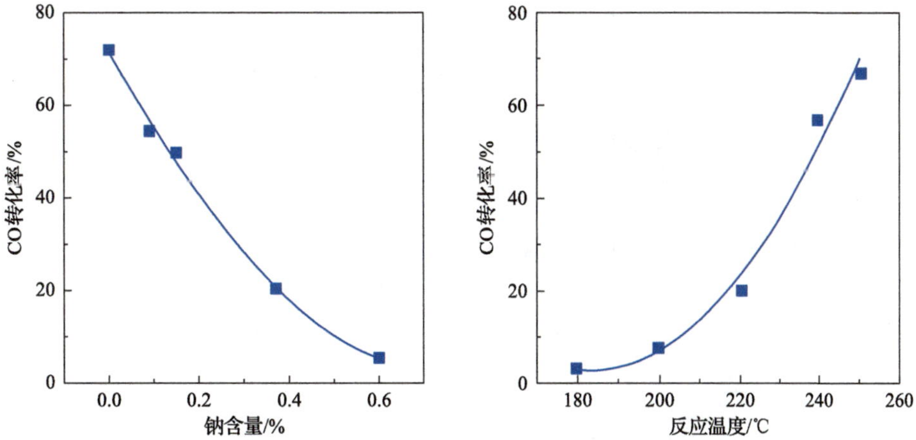

(a)　(b)

图 2.21　不同钠含量 CoMn 催化剂(a)和 CoMn-0Na 催化剂在不同反应温度(b)的 CO 转化率

反应条件：250℃、1bar、3000mL/(g_{cat}·h)、H_2/CO = 2

当钠含量进一步增加至 0.4%和 0.6%时，CoMn-0.4Na 和 CoMn-0.6Na 催化剂的活性中心为棱柱状碳化钴。

图 2.22(a)为不同钠含量 CoMn 催化剂 CO_2 选择性随钠含量的变化。在费-托合成反应中，CO_2 的生成主要是由水煤气变换反应导致的。对于无钠助剂的 CoMn-0Na 催化剂，其活性中心为金属单质钴，钴基催化剂基本无水煤气变换反应活性，因此其 CO_2 选择性较低，为 15.7%。相较于传统钴基费-托合成反应中，该 CO_2 选择性仍较高。这是由于传统钴基费-托反应温度一般低于 220℃，在较高的反应温度下，CoMn-0Na 催化剂的高 CO 转化率将导致反应环境中水分压增大，从而促进水煤气变换反应，导致较高的 CO_2 选择性。为了证明反应温度与 CO_2 选择性之间的关系，测定了 CoMn-0Na 催化剂在不同反应温度下的 CO_2 选择性，如图 2.22(b)所示。在传统费-托合成反应温度(180～220℃)下，CoMn-0Na 催化剂的 CO_2 选择性极低，小于 5%。随着反应温度的升高，CO_2 选择性逐渐升高，当反应温度高达 250℃时，CO_2 选择性高达 16.4%。根据反应后催化剂的 XRD 和

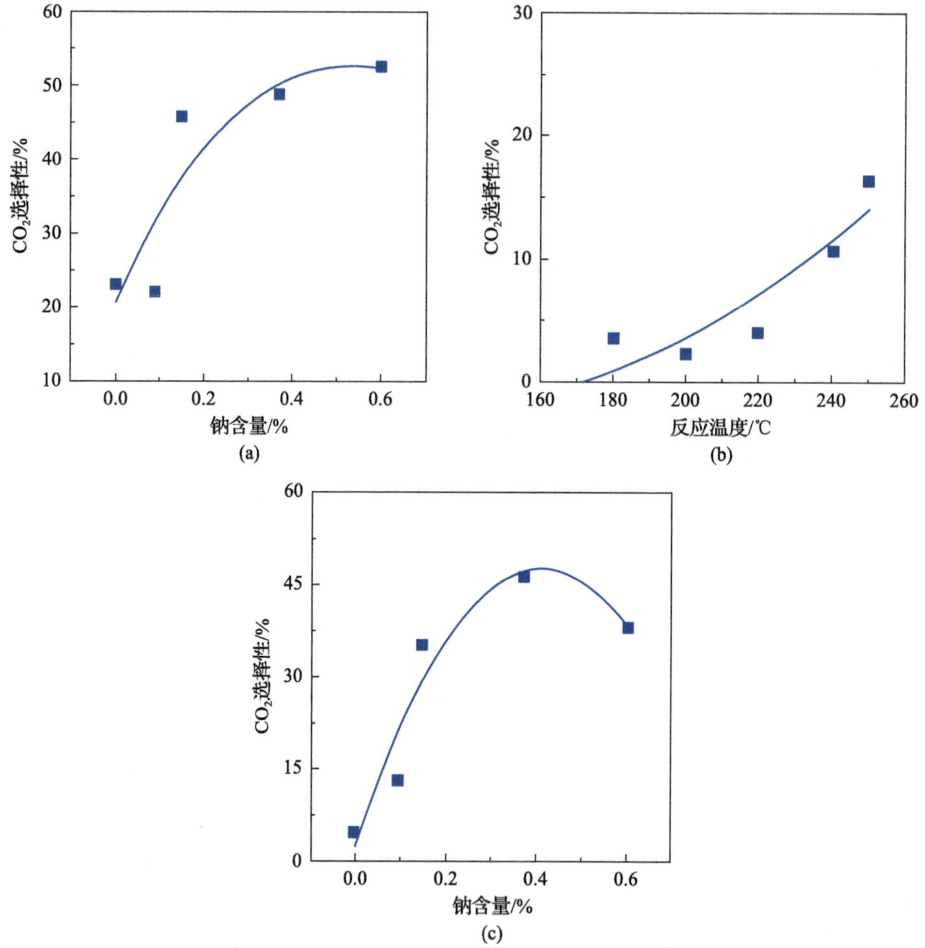

图 2.22 不同钠含量 CoMn 催化剂 CO_2 选择性(a)、不同反应温度下 CoMn-0Na 催化剂 CO_2 选择性(b)以及相同 CO 转化率(20%)下不同钠含量 CoMn 催化剂 CO_2 选择性(c)

反应条件：250℃、1bar、3000mL/(g_{cat}·h)、$H_2/CO=2$

TEM 表征结果可知，钠助剂的加入促使 CoMn 催化剂活性中心从传统费-托合成反应活性中心金属单质钴向费-托合成制低碳烯烃反应活性中心棱柱状碳化钴转变。而根据文献报道，碳化钴基催化剂具有低温水煤气变换反应活性(180～300℃)，且当有钠助剂作用时，可明显提高其水煤气变换反应活性及稳定性[20]。因此，当加入钠助剂后，如 CoMn-0.1Na 和 CoMn-0.2Na 催化剂，活性中心中碳化钴占比逐渐增大，从 9.7%增加至 22.4%，金属单质钴占比逐渐减小，从 9.6%减小至 1.5%，催化剂 CO_2 选择性迅速升高，从 14.5%增加至 41.9%。而当进一步增加钠含量，如 CoMn-0.4Na 和 CoMn-0.6Na 催化剂，活性中心完全转化为棱柱状碳化钴，钠助剂将进一步提高碳化钴活性中心水煤气变换反应活性，钠含量从 0.4%增加至 0.6%，催化剂 CO_2 选择性升高，从 46.5%升高至 49.4%。

在多相催化反应中，转化率的变化通常伴随催化反应机理的改变，催化反应机理的改变会导致产物选择性的变化，因此，在相同的转化率下对比产物选择性的区别是非常有必要的。在费-托合成反应中，通常在相同反应温度、压力及原料气配比的条件下，通过改变空速，从而改变反应物分子在催化剂表面停留时间，进而控制催化剂 CO 转化率。控制 CO 转化率约为 20%，图 2.22(c)为不同钠含量 CoMn 催化剂在相同转化率条件下 CO_2 选择性随钠含量的变化图。控制 CO 转化率并不改变 CO_2 选择性随钠含量的变化趋势，CO_2 选择性主要由 CoMn 催化剂活性中心的物相决定，即随着钠含量的增加，CoMn 催化剂活性中心从传统费-托合成反应活性中心金属单质钴向费-托合成制低碳烯烃反应活性中心棱柱状碳化钴转变，CO_2 选择性明显升高。对于 CoMn-0.6Na 催化剂，CO_2 选择性略有下降，可能是由于空速的降低提高了 CO 转化率且产物分子无法及时扩散，从而提高了催化剂表面 CO_2 浓度，降低了 CO 浓度，进而促使水煤气变换反应向逆方向移动，降低了 CO_2 选择性。

图 2.23 为不同钠含量 CoMn 催化剂产物选择性随钠含量的变化图。对于无钠助剂的 CoMn-0Na 催化剂，其甲烷选择性较高，为 24.4%，低碳烯烃选择性较低，为 14.4%，其中乙烯为 0.3%，丙烯为 5.7%，丁烯为 8.4%，C_{5+} + Oxy.(C_5 烯烃和含氧化合物)选择性为 44.9%，活性中心为金属单质钴。传统钴基费-托合成反应特点为加氢作用相对较强，产物主要为饱和烷烃，链增长能力强，甲烷选择性低，产物主要为长链烃类。在本实验中，由于反应温度(250℃)高于传统钴基费-托反应温度(<220℃)，产物分布向低碳数烃类移动，当反应温度降至传统钴基费-托反应温度区间时，其产物主要为长链烃类，如图 2.24(a)所示。当反应温度为 180℃时，甲烷选择性为 1.4%，低碳烯烃选择性为 4.3%，其中乙烯为 0.5%，丙烯为 1.8%，丁烯为 2.0%，C_{5+} + Oxy.选择性为 93.8%。随着反应温度的逐渐升高，甲烷与低碳烯烃选择性逐渐升高，C_{5+} + Oxy.选择性逐渐降低，产物分布向低碳数方向移动。当反应温度为 250℃时，甲烷选择性为 27.7%，低碳烯烃选择性为 18.8%，其中乙烯为 0.6%，丙烯为 9.1%，丁烯为 9.1%，C_{5+} + Oxy.选择性为 41.1%。因此，对于高温条件下无钠助剂的 CoMn-0Na 催化剂反应性能，仍可认为其符合传统费-托合成反应产物分布。根据反应后催化剂的 XRD 和 TEM 表征结果可知，钠助剂的加入促使 CoMn 催化剂活性中心从传统费-托合成反应活性中心金属单质钴向费-托合成制烯烃反应活性中心棱柱状碳化钴转变。当钠助剂加入后，如 CoMn-0.1Na 和 CoMn-0.2Na 催化剂，活性中心中碳化钴占比逐渐增大，从 9.7%增加至 22.4%，金属单质钴占比逐渐减小，从 9.6%减

小至 1.5%，甲烷选择性和 C_{5+} + Oxy.选择性逐渐降低，低碳烯烃选择性逐渐升高。对于 CoMn-0.1Na 催化剂，其甲烷选择性低至 7.5%，C_{5+} + Oxy.选择性高达 69.5%，偏离整体变化趋势。根据文献报道，碱金属助剂的加入有利于提高钴基催化剂链增长能力使产物向高碳数移动[21]。并且该催化剂活性中心为金属单质钴与碳化钴的混合物，根据文献报道可知，CO 分子极易非解离吸附于碳化钴活性中心，而金属钴则对 CO 解离吸附具有很高的活性，碳化钴与金属钴的界面有利于 CO 插入反应从而形成含氧化合物[22]。因此，CoMn-0.1Na 催化剂由于钴基催化剂碱金属助剂作用及 Co^0-Co_2C 界面作用使产物分布向高碳数及含氧化合物移动，降低了甲烷选择性，提高了 C_{5+} + Oxy.选择性。而当进一步增加钠含量时，如 CoMn-0.4Na 和 CoMn-0.6Na 催化剂，活性中心完全转化为棱柱状碳化钴，甲烷选择性逐渐降低，低碳烯烃选择性逐渐升高，其中乙烯和丁烯选择性逐渐升高，丙烯选择性急剧升高，C_{5+} + Oxy.选择性逐渐降低，产物分布向低碳烯烃移动。根据前期工

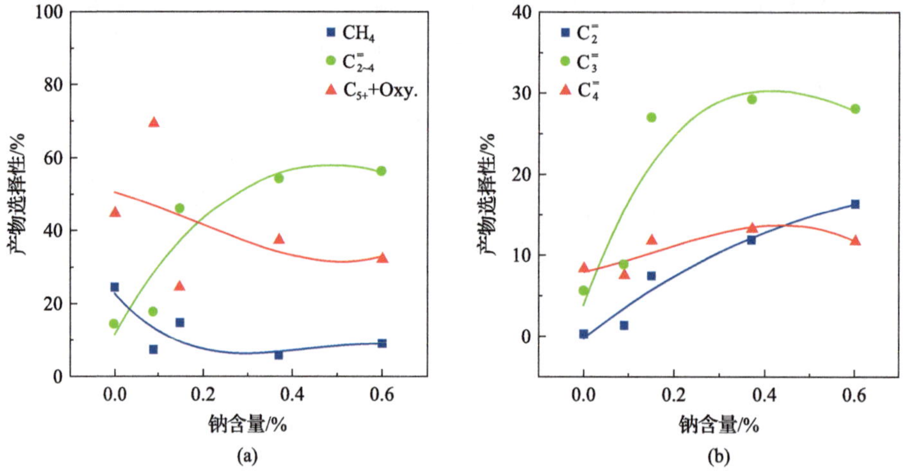

图 2.23　不同钠含量 CoMn 催化剂产物选择性(a)及低碳烯烃选择性(b)

反应条件：250℃、1bar、3000mL/(g_{cat} · h)、H_2/CO = 2

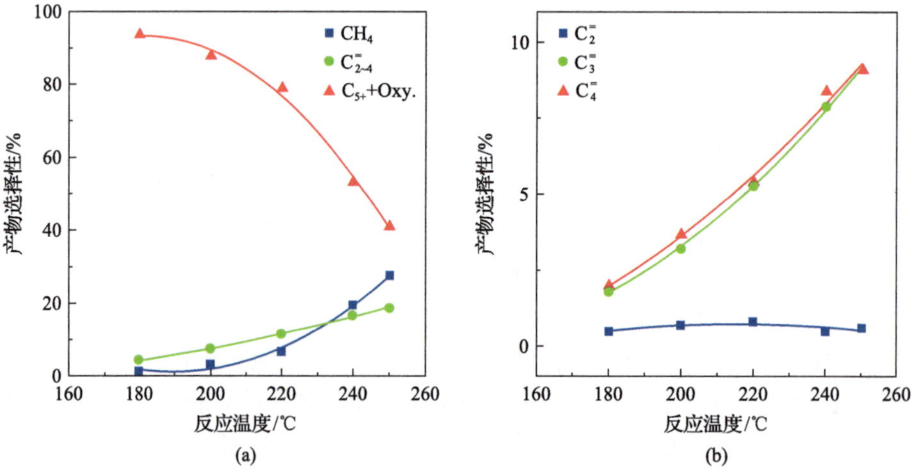

图 2.24　不同反应温度下 CoMn-0Na 催化剂产物选择性(a)及低碳烯烃选择性(b)

反应条件：250℃、1bar、3000mL/(g_{cat} · h)、H_2/CO = 2

作研究，棱柱状碳化钴具有极强的晶面效应，其特定暴露晶面(020)和(101)可抑制甲烷生成，促进低碳烯烃的生成，是一种优异的费-托合成制低碳烯烃催化剂。对于CoMn-0.6Na催化剂，其甲烷选择性略有升高，为9.1%，根据XRD和TEM表征结果可知，CoMn-0.6Na催化剂中棱柱状碳化钴含量相较于CoMn-0.4Na催化剂有所减少，且生长并不完整，其暴露晶面含量应小于CoMn-0.4Na催化剂，因此对甲烷生成的抑制作用低于CoMn-0.4Na催化剂。随着钠含量的增加，CoMn催化剂活性中心从金属单质钴向棱柱状碳化钴转变，与之对应的反应性能从传统费-托合成反应向费-托合成制低碳烯烃反应转变。当钠含量为0.4%时，CoMn催化剂FTO反应性能最优，甲烷选择性为5.9%，低碳烯烃选择性为54.2%，其中乙烯为11.9%，丙烯为29.1%，丁烯为13.2%，C_{5+} + Oxy.选择性为37.6%。

图2.25为不同钠含量CoMn催化剂在相同转化率条件下产物选择性随钠含量的变化图，控制CO转化率并不改变产物选择性随钠含量的变化趋势，产物选择性主要由CoMn催化剂活性中心的物相决定，即随着钠含量的增加，CoMn 催化剂活性中心从金属单质钴向棱柱状碳化钴转变，甲烷和 C_{5+} + Oxy.选择性降低，低碳烯烃选择性升高。对于CoMn-0.6Na催化剂，低碳烯烃选择性较低，为18.8%，其中乙烯为7.0%，丙烯为8.9%，丁烯为2.8%，C_{5+} + Oxy.选择性升高，为75.3%。这是由于空速的降低延长了反应物分子在催化剂表面的停留时间，增大了CO分子解离概率，从而提高了催化剂表面CO浓度，增强了链增长能力，同时提高了烯烃产物再吸附发生链增长的可能性，使产物分布向高碳数移动。

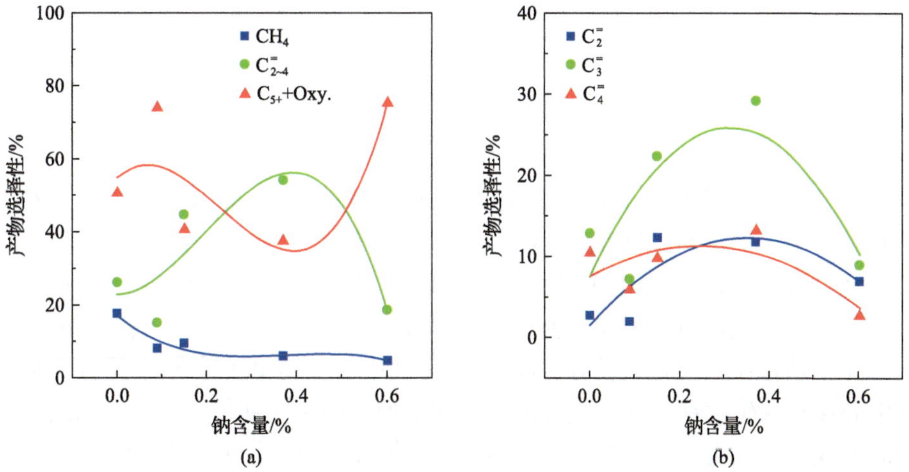

图2.25 不同钠含量CoMn催化剂相近CO转化率(20%)条件下产物选择性(a)及低碳烯烃选择性(b)
反应条件：250℃、1bar、3000mL/(g_{cat}·h)、H_2/CO = 2

图2.26为不同钠含量CoMn催化剂低碳烃类烯/烷比随钠含量的变化，在相同反应条件下，对于无钠助剂的CoMn-0Na催化剂，活性中心为金属单质钴，加氢作用较强，产物主要为饱和烃类，低碳烃类烯/烷比较低，为0.9，其中C_2烃类为0.1，C_3烃类为0.9，C_4烃类为1.7。根据反应后催化剂的XRD和TEM表征结果可知，钠助剂的加入促使CoMn催化剂活性中心从传统费-托合成反应活性中心金属单质钴向费-托合成制烯烃反应活性中心棱柱状碳化钴转变。随着钠含量的增加，低碳烃类烯/烷比急剧升高，当钠含量为0.4%

时，低碳烃类烯/烷比最高，为 23.9，其中 C_2 烃类为 12.2，C_3 烃类为 36.5，C_4 烃类为 26.9。进一步增加钠含量至 0.6%，根据 XRD 和 TEM 表征结果可知，CoMn-0.6Na 催化剂中棱柱状碳化钴含量相较于 CoMn-0.4Na 催化剂有所减少，且生长并不完整，其暴露晶面含量应小于 CoMn-0.4Na 催化剂，因此对烯烃生成的促进作用弱于 CoMn-0.4Na 催化剂，低碳烃类烯/烷比降低。相同转化率下低碳烃类烯烷比随钠含量变化如图 2.26(b)所示，控制 CO 转化率并不改变低碳烃类烯/烷比随钠含量的变化趋势，低碳烃类烯/烷比主要由 CoMn 催化剂活性中心的物相决定，即随着钠含量的增加，CoMn 催化剂活性中心从金属单质钴向棱柱状碳化钴转变，低碳烃类烯/烷比急剧升高，且当钠含量为 0.4wt%时，低碳烃类烯/烷比最高。

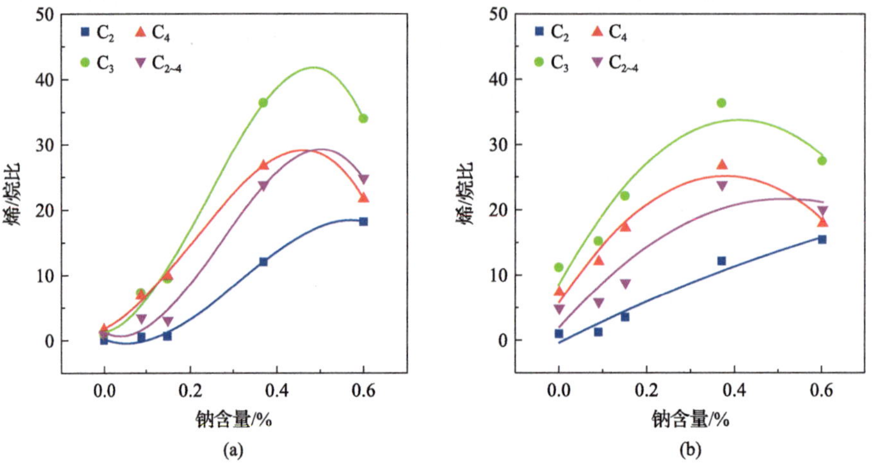

图 2.26　相同反应条件(a)及相同转化率(b)下不同钠含量 CoMn 催化剂烯/烷比图

反应条件：250℃、1bar、3000mL/(g_{cat} · h)、H_2/CO = 2

图 2.27 为不同钠含量 CoMn 催化剂产物 ASF 分布，在相同反应条件下，对于无钠助剂的 CoMn-0Na 催化剂，活性中心为金属单质钴，产物分布符合 ASF 分布模型。其中，C_2 产物偏离 ASF 分布模型是由于烯烃产物吸附于活性位，再次发生链增长、加氢或氢解的二次反应[23]。根据反应后催化剂的 XRD 和 TEM 表征结果可知，钠助剂的加入促使 CoMn 催化剂活性中心从传统费-托合成反应活性中心金属单质钴向费-托合成制烯烃反应活性中心棱柱状碳化钴转变。随着钠含量的增加，由于棱柱状碳化钴的晶面效应，抑制甲烷的生成，甲烷选择性急剧降低，逐渐偏离传统 ASF 分布模型。当钠含量为 0.4%时，甲烷选择性偏离程度最大。进一步增加钠含量至 0.6%，根据 TEM 结果可知，CoMn-0.6Na 催化剂中棱柱状碳化钴生长并不完整，其暴露晶面含量应小于 CoMn-0.4Na 催化剂，因此对甲烷生成的抑制作用弱于 CoMn-0.4Na 催化剂，甲烷选择性升高，偏离程度减小。相同转化率下产物分布随钠含量变化如图 2.27(b)所示，控制 CO 转化率并不改变产物分布随钠含量的变化趋势，甲烷选择性偏离 ASF 分布模型主要由 CoMn 催化剂活性中心的物相决定，即随着钠含量的增加，CoMn 催化剂活性中心从金属单质钴向棱柱状碳化钴转变，甲烷选择性急剧降低，逐渐偏离传统 ASF 分布模型，且当钠含量为 0.4%时，甲烷选择性偏离程度最大。

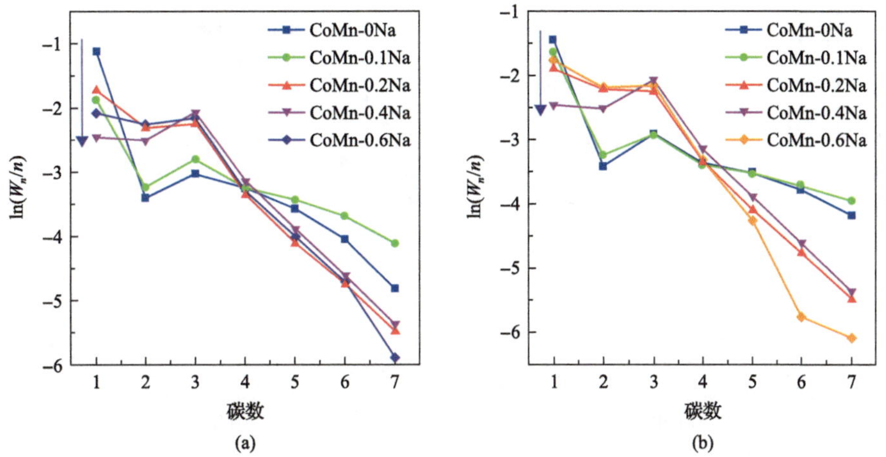

图 2.27　相同反应条件(a)及相同转化率(b)下不同钠含量 CoMn 催化剂产物 ASF 分布

反应条件：250℃、1bar、3000mL/(g_{cat}·h)、H_2/CO = 2

3. 钠助剂作用机理

为了深入研究钠助剂在棱柱状碳化钴活性中心生成过程中所起的作用，对不同钠含量 CoMn 催化剂测定了 CO 碳化速率及程度，并进行了原位红外表征，考察钠含量对 CoMn 催化剂吸附和解离 CO 分子能力的影响。

1)CO 碳化速率及程度

为了测定不同钠含量 CoMn 催化剂 CO 碳化速率及碳化程度，将原位还原的催化剂在 250℃条件下暴露于纯 CO 气氛中一定时间(30～120min)碳化生成碳化钴物相，然后以 5% H_2/Ar(体积分数)作为还原气，在 250℃下还原生成的碳化钴物相，生成甲烷，并以在线质谱分析其甲烷生成量，从而确定碳化钴生成量。以单位质量的 CoMn-0Na 催化剂碳化 30min 生成的碳化钴含量作为归一化标样，计算单位质量不同钠含量 CoMn 催化剂不同碳化时间生成的碳化钴相对含量，进而计算相对碳化程度。将单位质量 CoMn-0Na 催化剂碳化 30min 生成的碳化钴含量除以碳化时间(30min)计算碳化速率，并以其作为碳化速率归一化标样，计算不同钠含量 CoMn 催化剂相对碳化速率。

图 2.28(a)为不同钠含量 CoMn 催化剂相对碳化速率随碳化时间变化图，对于不同钠含量 CoMn 催化剂，相对碳化速率随碳化时间的延长而下降。对于无钠助剂的 CoMn-0Na 催化剂，其相对碳化速率下降较慢，经 120min 碳化后其相对碳化速率仍有 0.55，说明该催化剂较难碳化。随着钠含量的增加，不同钠含量 CoMn 催化剂相对碳化速率下降逐渐增快。对于 CoMn-0.4Na 催化剂，30min 时相对碳化速率为 5.73，60min 时相对碳化速率为 1.11，说明该催化剂极易碳化，在 30min 内即可快速碳化生成大量碳化钴物相。随着钠含量进一步增加至 0.6%，CoMn-0.6Na 催化剂 30min 时相对碳化速率为 4.2，而 60min 时相对碳化速率仍有 1.91，说明钠含量过高不利于碳化生成碳化钴物相，碳化时间将延长。

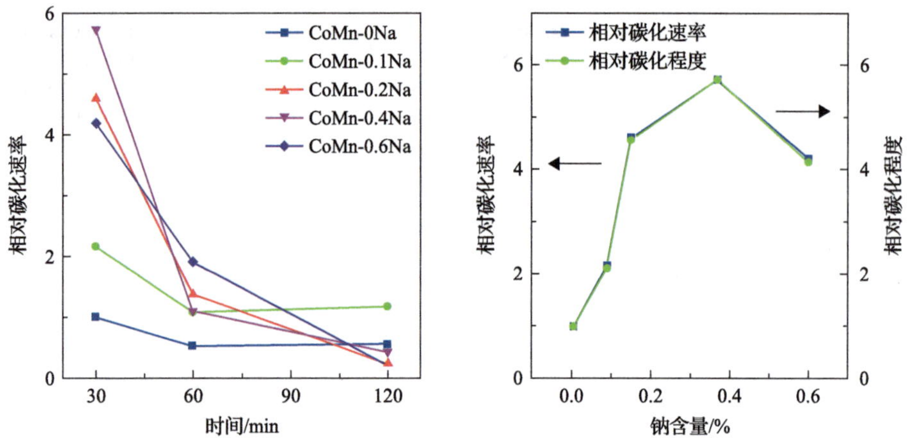

图 2.28　不同钠含量 CoMn 催化剂相对碳化速率随时间变化(a)及碳化 30min 后相对碳化速率和碳化程度随钠含量变化(b)

图 2.28(b)为不同钠含量 CoMn 催化剂碳化 30min 时,相对碳化速率及碳化程度随钠含量变化图，以 CoMn-0Na 催化剂碳化 30min 时碳化速率及碳化程度作为归一化标样。从图中可知，随着钠含量的增加，不同钠含量 CoMn 催化剂相对碳化速率及碳化程度急剧增大，CoMn-0.4Na 催化剂相对碳化速率约为 CoMn-0Na 催化剂的 6 倍。随着进一步增加钠含量至 0.6%，CoMn-0.6Na 催化剂相对碳化速率下降至 4.2，说明钠含量过高不利于碳化生成碳化钴物相，根据 XRD 和 TEM 表征结果可知，反应后 CoMn-0.6Na 催化剂中棱柱状碳化钴含量低于 CoMn-0.4Na 催化剂，且其棱柱状碳化钴生长并不完整。因此，最佳钠含量为 0.4%，该含量时碳化速率最高，最有利于生成棱柱状碳化钴活性中心，与 XRD、TEM 和 FTO 性能评价结果一致。

2) 原位红外光谱

图 2.29(a)为反应条件下不同钠含量 CoMn 催化剂对 CO 分子吸附原位红外光谱图，$2174cm^{-1}$ 和 $2108cm^{-1}$ 处峰为气相中 CO 分子的旋转/振动变换峰，而 2060～$1990cm^{-1}$ 之间的红外峰属于金属钴表面对 CO 分子线性吸附的伸缩振动峰。钠助剂的加入改变了金属钴对 CO 分子的线性吸附强度，使其吸附红外峰向低波数方向移动，当钠含量从 0%升高至 0.6%时，CO 线性吸附峰波数从 $2041cm^{-1}$ 降低至 $2027cm^{-1}$，如图 2.29(b)所示。CO 线性吸附峰的红移表明被线性吸附的 CO 分子与金属钴表面的相互作用力增强。根据 Blyholder 的 CO 化学吸附模型，CO 分子非键 5σ 轨道与金属表面原子空 d 轨道作用，金属表面原子价带 d 轨道与 CO 反键 $2\pi^*$ 空轨道相互作用，如图 2.30(a)所示。前者可增加 CO 分子于金属表面的吸附速率，后者使吸附的 CO 分子 C—O 键断裂[24]。有文献报道，C—O 键解离可能性与金属-碳(M—C)键强度有关。由于反馈键的作用，电子富集的金属中心易于形成较强的 M—C 键，并且弱化碳-氧三键，降低其羰基伸缩振动频率[25,26]。钠助剂作为电子供体助剂使金属活性中心电子富集，增强金属钴对线性吸附的 CO 分子反馈键，从而降低羰基伸缩振动频率，使其红外峰发生红移，增强表面钴原子对 CO 分子的线性吸附强度，使其易于解离，发生碳化反应，形成碳化钴物相。

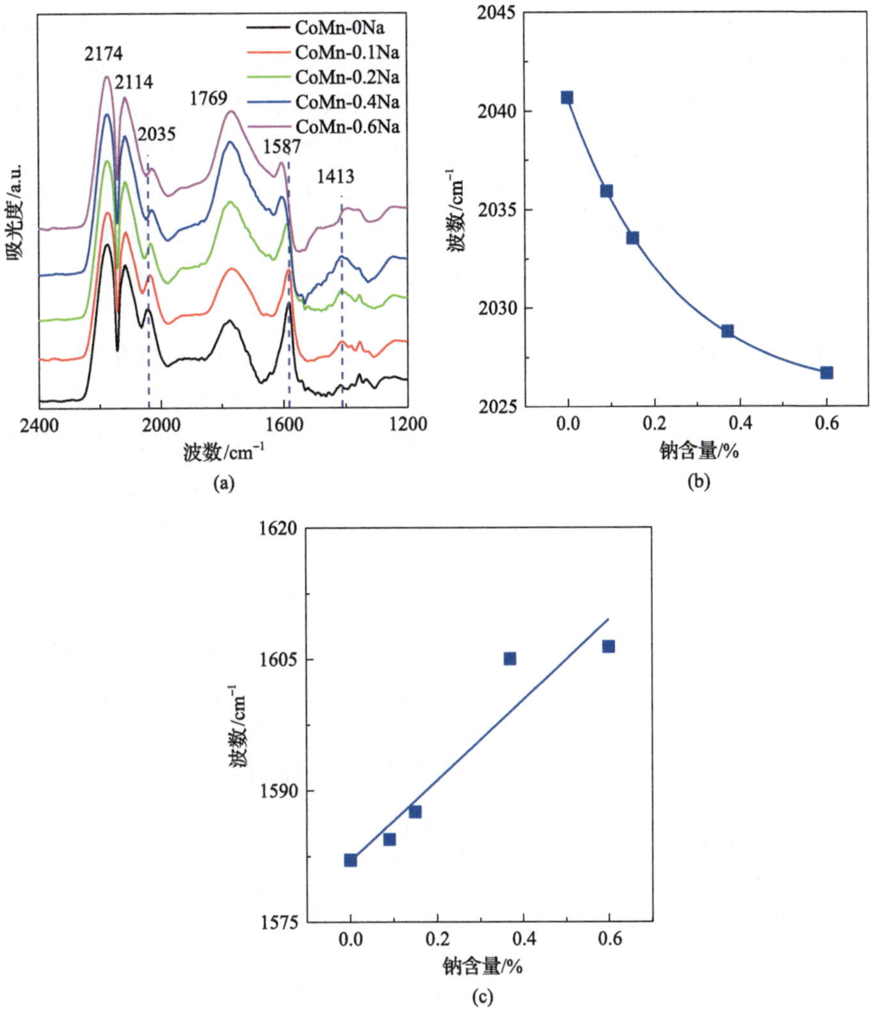

图 2.29 不同钠含量 CoMn 催化剂 CO 吸附原位红外光谱图(a)、CO 线性吸附峰(b)和 Co-MnO_x 界面吸附峰(c)

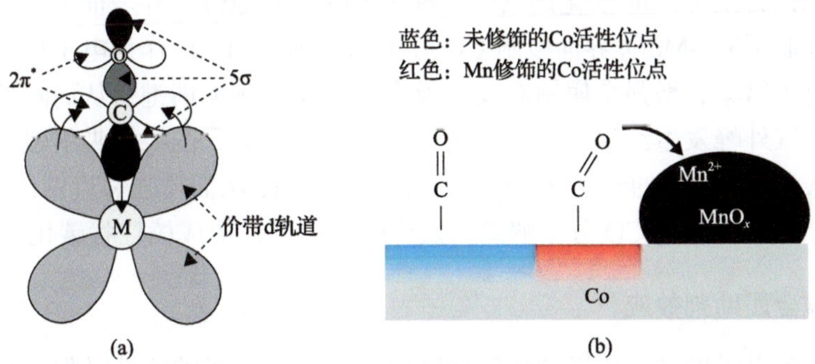

图 2.30 CO 分子于金属位点成键轨道 Blyholder 模型(a)及 Co-MnO_x 界面对 CO 分子吸附模型(b)

位于 1900～1700cm^{-1} 的红外峰通常归属于金属钴表面对 CO 分子桥式吸附峰。因此，位于 1769cm^{-1} 处的红外峰为金属钴表面对 CO 分子桥式吸附峰。根据文献报道，位于

1587cm^{-1} 处的吸附峰为金属钴与 MnO_x 助剂界面吸附 CO 分子红外峰[27]。作者提出 MnO_x 助剂作为路易斯酸具有空轨道，可与 CO 分子中氧原子相互作用，增强钴对 CO 分子的解离能力，如图 2.30(b)所示。钠助剂的加入改变了 Co-MnO_x 界面对 CO 分子的吸附强度，使其吸附红外峰向高波数方向移动，当钠含量从 0%升高至 0.6%时，Co-MnO_x 界面 CO 吸附峰波数从 1582cm^{-1} 升高至 1606cm^{-1}，如图 2.29(c)所示。Co-MnO_x 界面 CO 吸附峰的蓝移表明被吸附的 CO 分子与 Co-MnO_x 界面的相互作用力减弱。随着钠含量的增加，部分钠助剂与 MnO_x 助剂作用，从而改变其电子结构，降低其路易斯酸性，抑制了 MnO_x 助剂的助剂作用。

以 CoMn-0.4Na 催化剂 1413cm^{-1} 处红外峰面积为标准，计算不同钠含量的 CoMn 催化剂 1413cm^{-1} 处峰面积与 CoMn-0.4Na 催化剂 1413cm^{-1} 处峰面积比例变化，如图 2.31 所示。对于无钠助剂的 CoMn-0Na 催化剂，1413cm^{-1} 处不出峰，峰面积为零，表明 1413cm^{-1} 处红外峰与钠助剂有关。随着钠含量的增加，1413cm^{-1} 处 CO 吸附峰面积逐渐增大，当钠含量为 0.4%时达到最大值，进一步增加钠含量至 0.6%，1413cm^{-1} 处峰面积则减小至 46.6%。Johnson 等[27]研究了金属氧化物助剂的钴基催化剂，发现金属氧化物助剂中的金属阳离子作为路易斯酸，可与吸附于钴表面的 CO 分子中的氧原子相互作用，形成倾斜构型吸附的 CO 分子，更有利于 CO 分子的解离吸附。钠离子同样具有空轨道可接受电子，可作为一种弱酸性的路易斯酸[28]。因此，推测位于金属钴活性中心附近的钠助剂作为一种弱路易斯酸，可与吸附的 CO 分子中氧原子相互作用，从而增强 CO 分子的吸附强度，有利于 CO 分子解离。

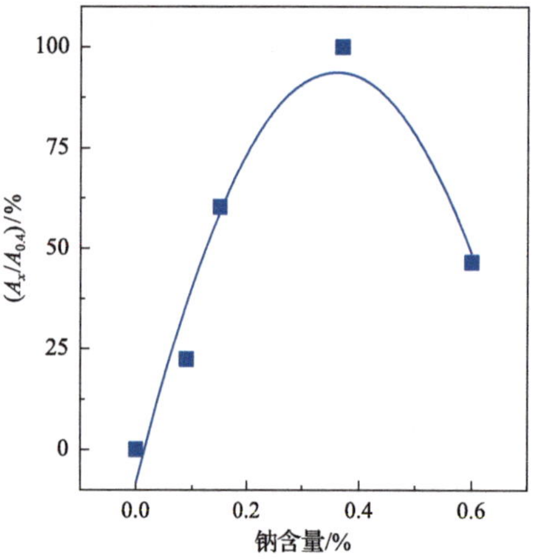

图 2.31　不同钠含量 CoMn 催化剂 1413cm^{-1} 处峰面积变化图(以 CoMn-0.4Na 催化剂为标样)

根据不同钠含量 CoMn 催化剂反应条件下 CO 吸附原位红外表征可知，钠助剂的加入虽然部分抑制了 Co-MnO_x 界面吸附 CO 分子的助剂作用，但作为电子供体助剂使金属钴活性中心电子富集，增强金属钴对线性吸附的 CO 分子反馈键，从而降低羰基伸缩振动频率，使其红外峰发生红移，增强表面钴原子对 CO 分子的线性吸附强度，并作为一种弱路易斯酸，可与吸附的 CO 分子中氧原子相互作用，从而增强邻近钴活性中心对 CO 分子的吸附强度，有利于 CO 分子解离，发生碳化反应，形成棱柱状碳化钴活性中心。

2.4.2　其他碱金属助剂效应

钠助剂作为电子助剂，可以增强表面钴原子对 CO 分子的线性吸附，并作为一种弱路易斯酸，可与吸附的 CO 分子中的氧原子相互作用，从而增强邻近钴活性中心对 CO 分子的吸附强度，有利于 CO 分子解离，显著提高碳化反应速率，促进棱柱状碳化钴活性中心的形成和稳定。不同的碱金属离子虽然具有相同的电荷数，但其离子半径随着原子序数的增大而明显增加，导致其离子势($\Phi=Z/r$，其中 Z 为电子电荷，r 为离子半径)逐渐减小，诱导力逐渐减弱，极化作用逐渐减弱，从而影响碱金属化合物酸碱性、溶解度等各种物化性质。特别是锂离子，其内层离子为 He 原子结构，相较于其他碱金属离子内层电子为八电子结构，其电子数量明显减少，因而其离子半径相较于其他碱金属离子明显减小，从而导致其离子势较大，极化作用较强，相较于其他碱金属其化学性质迥异。碱金属助剂不同的离子势影响其极化作用的强弱，即影响其作为助剂作用的强弱，从而影响碳化钴活性中心生成及其最终形貌。

1. 催化剂结构

以碳酸铵共沉淀所制的钴锰复合氧化物为原料，通过过量浸渍法制备四种助剂含量(质量分数)均为 0.4%的不同碱金属助剂(锂、钠、钾或铷)CoMn 模型催化剂。对不同碱金属助剂 CoMn 催化剂进行 ICP 元素分析，以确定 CoMn 催化剂中碱金属助剂含量及钴锰(Co/Mn)原子比，碱金属、钴及锰标准曲线拟合结果 R^2 均在 0.99 以上，其分析结果如表 2.14 所示。经 ICP 元素分析，CoMn-0Na、CoMn-0.4Li、CoMn-0.4Na、CoMn-0.4K 和 CoMn-0.4Rb 催化剂的 Co/Mn 原子比分别为 2.02、2.08、2.09、2.08 和 2.12，与理论投料比 2 相似。无碱金属助剂的 CoMn-0Na 催化剂理论碱金属助剂含量为 0%，实际测得钠含量为 0.006%，其余碱金属助剂 CoMn 催化剂理论浸渍量(质量分数)均为 0.4%，实际测得锂、钠、钾和铷助剂元素含量分别为 0.39%、0.37%、0.43%及 0.50%，与理论投料浸渍量接近。

表 2.14 不同碱金属助剂 CoMn 催化剂 ICP 元素分析

催化剂	碱金属理论浸渍量/%	Co/Mn 理论比	碱金属含量/%	Co/Mn
CoMn-0Na	0	2	0.006[a]	2.02
CoMn-0.4Li	0.4	2	0.39	2.08
CoMn-0.4Na	0.4	2	0.37	2.09
CoMn-0.4K	0.4	2	0.43	2.08
CoMn-0.4Rb	0.4	2	0.50	2.12

a. 钠元素含量。

图 2.32(a)为焙烧后不同碱金属助剂 CoMn 催化剂 XRD 图，碱金属助剂类型不影响 CoMn 催化剂物相，经 330℃焙烧后的 CoMn 催化剂特征衍射峰均相同，与标准 PDF 卡片比对后，峰位置最为接近的为 $Co_2MnO_{4.5}$(PDF No. 00-032-0297)，为单一物相钴锰复合氧化物，其 Co/Mn 原子比与投料比及元素分析结果相一致，无氧化钴或氧化锰物相存在。从表 2.15 中可知，无碱金属助剂的 CoMn-0Na 催化剂的单胞棱长为 8.09Å，单胞体积为 529.53Å^3。锂助剂由于其电子势较大，极化作用较强，相较于其他碱金属其化学性质迥异。在不同碱金属助剂 CoMn 催化剂晶胞参数中体现为，相较于无碱金属助剂的 CoMn-0Na 催化剂，其晶胞参数略有下降，单胞棱长为 8.08Å，单胞体积为 528.24Å^3。其他碱金属元素作为助剂时，晶胞参数均略有增加，CoMn-0.4Na、CoMn-0.4K 和 CoMn-0.4Rb 的单胞棱长分别为 8.12Å、8.11Å 和 8.12Å，单胞体积分别为 535.09Å^3、533.84Å^3 和 535.38Å^3。

但不同碱金属助剂 CoMn 催化剂单胞棱长均在 8.10Å 左右，单胞体积均在 530Å^3 左右，因此，碱金属助剂类型对 CoMn 催化剂晶体结构无明显影响。CoMn-0.4Li 催化剂相对结晶度下降较为明显，降至 89.8%，其他碱金属元素作为助剂时，相对结晶度略有下降，CoMn-0.4Na、CoMn-0.4K 和 CoMn-0.4Rb 的相对结晶度分别为 95.6%、92.0%和 95.4%。但焙烧后催化剂结晶度均在 90%左右，因此，碱金属助剂类型对 CoMn 催化剂相对结晶度无明显影响。

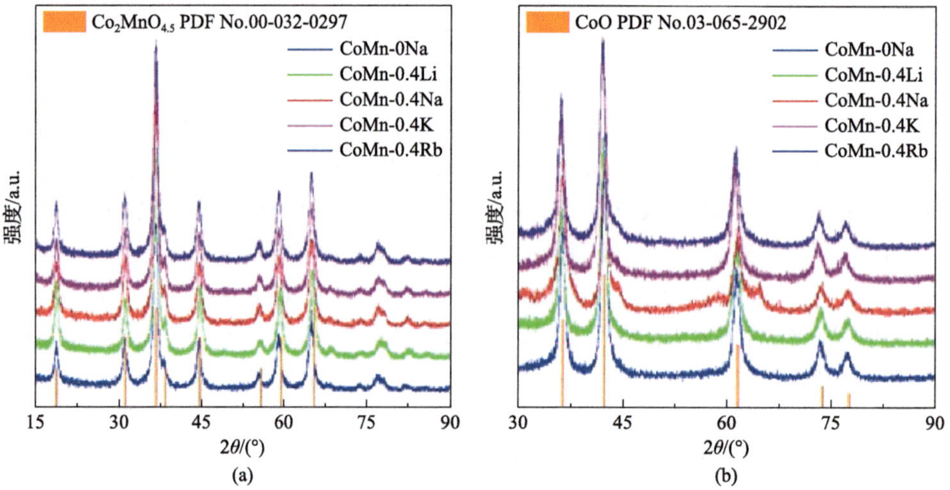

图 2.32　焙烧后(a)及还原后(b)不同碱金属助剂 CoMn 催化剂 XRD 图

表 2.15　焙烧后不同碱金属助剂 CoMn 催化剂晶胞参数

催化剂	单胞棱长/Å	单胞体积/Å^3	焙烧后催化剂相对结晶度/%[a]
CoMn-0Na	8.09	529.53	100.0
CoMn-0.4Li	8.08	528.24	89.8
CoMn-0.4Na	8.12	535.09	95.6
CoMn-0.4K	8.11	533.84	92.0
CoMn-0.4Rb	8.12	535.38	95.4

a. 以焙烧后 CoMn-0Na 催化剂为标准样品，36.7°处最强峰计算峰面积。

图 2.32(b)为还原后不同碱金属助剂 CoMn 催化剂 XRD 图，碱金属助剂类型不影响还原后 CoMn 催化剂物相，经 300℃在 10% H_2/Ar 气氛下还原 5h 后的 CoMn 催化剂与标准 PDF 卡片比对后，峰位置最为接近的为 CoO(PDF No. 03-065-2902)，且并无明显 hcp 或 fcc 钴单质特征峰及 MnO 特征峰，因此可认为还原后 CoMn 催化剂仍保持为钴锰复合氧化物，其中钴处于正二价。还原后的 CoMn-0.4Na 催化剂出现极少量的 $Co_2MnO_{4.5}$ 特征峰是由于钝化过程可控性差，极容易过度氧化导致的。通过结构精修计算不同碱金属助剂还原后 CoMn 催化剂的晶胞参数，其结果如表 2.16 所示，还原后不同碱金属助剂 CoMn 催化剂单胞棱长均在 4.27Å 左右，单胞体积均在 78Å^3 左右，因此，碱金属助剂类型对还原后 CoMn 催化剂晶体结构无明显影响。还原后 CoMn 催化剂相对结晶度略有下降，除 CoMn-0.4Na 催化剂外均在 90%以上。CoMn-0.4Na 催化剂由于钝化过程中过度氧

化，从而生成少量 $Co_2MnO_{4.5}$ 物相，降低了还原后催化剂相对结晶度。因此，碱金属助剂类型对还原后 CoMn 催化剂相对结晶度无明显影响。

表 2.16　还原后不同碱金属助剂 CoMn 催化剂晶胞参数

催化剂	单胞棱长/Å	单胞体积/Å³	焙烧后催化剂相对结晶度/%[a]
CoMn-0Na	4.27	78.07	100
CoMn-0.4Li	4.27	77.77	96.8
CoMn-0.4Na	4.27	77.68	66.2
CoMn-0.4K	4.29	78.73	93.0
CoMn-0.4Rb	4.28	78.68	91.5

a. 以还原后 CoMn-0Na 催化剂为标准样品，42.5°处最强峰计算峰面积。

图 2.33(a)为反应后不同碱金属助剂 CoMn 催化剂 XRD 图，碱金属助剂类型对反应后 CoMn 催化剂物相有巨大的影响。在 250℃、1bar、原料气 $H_2/CO=2$、GHSV=3000mL/(g_{cat}·h)的条件下，反应 24h 后的 CoMn 催化剂与标准 PDF 卡片比对分析后可知，反应后 CoMn 催化剂中具有四种不同的物相，分别为低价态钴锰复合氧化物($Co_xMn_{1-x}O$)、氧化亚锰(MnO)、fcc 相金属单质钴(Co^0)和碳化钴(Co_2C)。反应后不同钠含量 CoMn 催化剂 XRD 表明，虽然 fcc 相和 hcp 相金属单质钴与碳化钴物相在较强峰 40°～50°范围内衍射峰有较多的重叠，但是通过特征峰比对，fcc 相和 hcp 相金属单质钴分别在 44.23°和 44.26°处有较强的特征峰，而碳化钴物相在 45.75°和 56.63°处有特征峰，如图 2.33(b)所示。

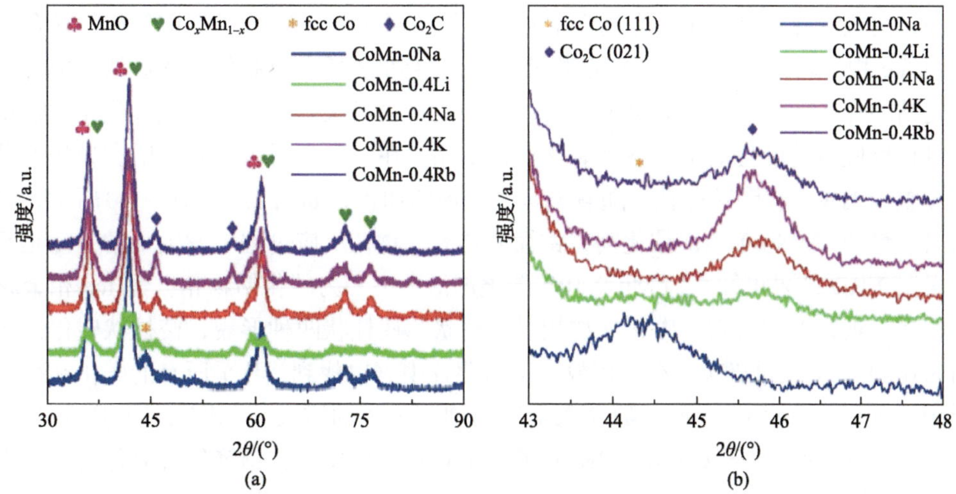

图 2.33　反应后不同碱金属助剂 CoMn 催化剂连续扫描模式(a)及步进扫描模式(b)XRD 图

通过对 40°～48°范围慢扫得到的 XRD 图进行峰形拟合，以参比强度法进行半定量分析计算各物相含量，如表 2.17 所示，当无碱金属助剂存在时，反应后 CoMn-0Na 催化剂中含钴物种为低价态钴锰复合氧化物(87.6%)和 fcc 相金属单质钴(9.6%)，几乎无碳化钴物相(2.8%)存在。当碱金属助剂为铷和钾时，随着碱金属助剂离子势的增大，fcc 相金属钴单质特征峰降低，含量急剧减少为 0%，碳化钴物相特征峰升高，含量急剧增加，反应后的 CoMn 催化剂中只含有低价态钴锰复合氧化物和碳化钴物相。当碱金属助剂为钠和锂时，离子势进一步增大，fcc 相金属钴单质特征峰升高，含量增加，碳化钴物相特征峰降低，含量减少。反应后 CoMn-0.4K 催化剂碳化钴含量最高，为 47.5%。因此，推测碱金属助剂对 CoMn 催化剂的助剂作用需与其离子势相匹配，只有适当离子势的碱金属助剂可以促进碳化钴物相的生成。

表 2.17 反应后不同碱金属助剂 CoMn 催化剂各含钴物相含量(质量分数)

催化剂	Co^0 含量/%[a]	Co_2C 含量/%[a]	$Co_xMn_{1-x}O$ 含量/%[a]
CoMn-0Na	9.6	2.8	87.6
CoMn-0.4Li	9.2	6.9	83.9
CoMn-0.4Na	0.0	33.2	66.8
CoMn-0.4K	0.0	47.5	52.5
CoMn-0.4Rb	0.0	22.0	78.0

a. 以参比强度法计算所得。

图 2.34 为反应后不同碱金属助剂 CoMn 催化剂 TEM 图，在 250℃、1bar、$H_2/CO=2$(体积比)、GHSV=3000mL/(g_{cat}·h)的条件下反应 24h 后不同碱金属助剂的 CoMn 催化剂具有多种物相。晶格条纹间距为 2.56Å、2.14Å、2.04Å、2.12Å、2.18Å 和 2.43Å，分别对应于氧化亚锰的(111)晶面、氧化亚钴的(200)晶面、fcc 相金属单质钴的(111)晶面、碳化钴的(111)、(020)和(101)晶面。如图 2.34(a)～(c)所示，对于无碱金属助剂的 CoMn-0Na 催化剂，钴锰复合氧化物在反应过程中发生了钴、锰元素分离，生成了传统费-托合成活性中心 fcc 相金属钴单质和氧化亚锰物相，未观察到费-托合成制低碳烯烃活性中心棱柱状碳化钴的存在。由于 fcc 相金属钴单质不稳定，极易被空气氧化生成氧化亚钴物相，因此可在反应后的催化剂中观察到氧化亚钴物相存在。观察形貌可知，所有物相均呈现球状形貌，无棱柱状颗粒存在。随着碱金属助剂的加入，如图 2.34(m)～(o)所示，对于较低离子势的 CoMn-0.4Rb 催化剂，钴锰复合氧化物在反应过程中发生了钴、锰元素分离，根据 XRD 结果可知，CoMn-0.4Rb 催化剂活性中心为碳化钴物相，无 fcc 相金属单质钴存在。观察形貌可知，碳化钴物相具有球状与棱柱状两种形貌，棱柱状碳化钴暴露晶面为(020)，但数量极少，在低倍放大透射照片中难以找到，几乎所有的碳化钴都呈球状形貌，如图 2.34(m)所示。随着碱金属助剂离子势的增大，如图 2.34(j)～(l)和图 2.34(g)～(i)所示，对于 CoMn-0.4K 和 CoMn-0.4Na 催化剂，钴锰复合氧化物在反应过程中发生了钴、锰元素分离，根据 XRD 结果可知活性中心为碳化钴物相，无 fcc 相金属单质钴存在。观察形貌可知，CoMn-0.4K 催化剂中碳化钴物相具有球状与棱柱状两种形貌，棱柱状碳化钴暴露晶面为(020)，数量相较于 CoMn-0.4Rb 催化剂有所增加，在低倍放大透射照片中易于找到，但仍有部分碳化钴呈现球状形貌，如图 2.34(l)所示。对于 CoMn-0.4Na 催化剂，其碳化钴物相只有棱柱状一种形貌，无球状形貌存在，棱柱状碳化钴暴露晶面为(101)和(020)，数量相较于 CoMn-0.4K 催化剂有明显增加，在低倍放大透射照片中大

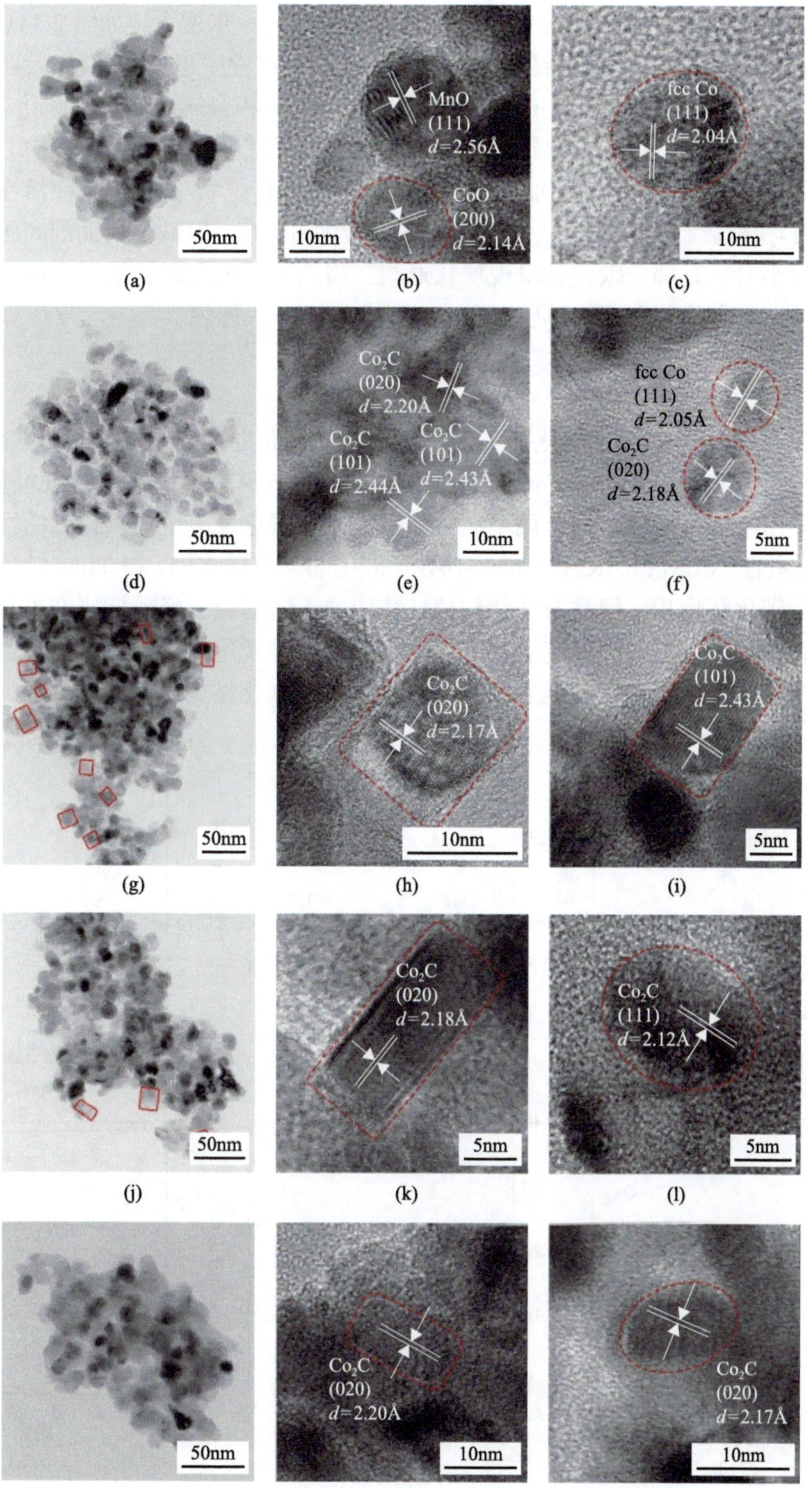

图 2.34 CoMn-0Na(a～c)、CoMn-0.4Li(d～f)、CoMn-0.4Na(g～i)、CoMn-0.4K(j～l)及 CoMn-0.4Rb(m～o)催化剂反应后 TEM 图

量存在，如图 2.34(g)所示。随着碱金属助剂离子势的进一步增大，如图 2.34(d)～(f)所示，对于 CoMn-0.4Li 催化剂，钴锰复合氧化物在反应过程中也发生了钴、锰元素分离，根据 XRD 结果可知，CoMn-0.4Li 催化剂活性中心为 fcc 相金属单质钴和碳化钴物相。观察形貌可知，金属单质钴与碳化钴均呈现球状形貌，无棱柱状碳化钴活性中心存在。根据上述现象可知，碱金属助剂的加入有利于活性中心从传统费-托合成反应活性中心金属钴单质向费-托合成制烯烃反应活性中心棱柱状碳化钴转变，但碱金属助剂离子势需适中，当离子势较小时，有部分碳化钴呈现球状形貌，当离子势过大时，活性中心无法完全转变为碳化钴，仍有部分金属钴单质存在，且碳化钴为球状形貌。

2. 反应性能

不同碱金属助剂 CoMn 催化剂 CO 转化率随碱金属助剂离子势的变化如图 2.35(a)所示。相较于无碱金属助剂的 CoMn-0Na 催化剂，加入碱金属助剂后，CO 转化率明显下降，这是由于部分高活性的金属单质钴活性中心经碳化反应生成碳化钴活性中心。对于 CoMn-0.4Na、CoMn-0.4K 和 CoMn-0.4Rb 催化剂，根据 XRD 和 TEM 结果可知其活性中心均为碳化钴物相，但具有球状与棱柱状两种不同形貌。经前期研究可知，两种不同形貌的碳化钴具有不同的反应活性。在传统费-托合成反应中，球状碳化钴被认为是钴基费-托催化剂失活中心，其反应活性极低，而棱柱状碳化钴由于其较强的晶面效应，相

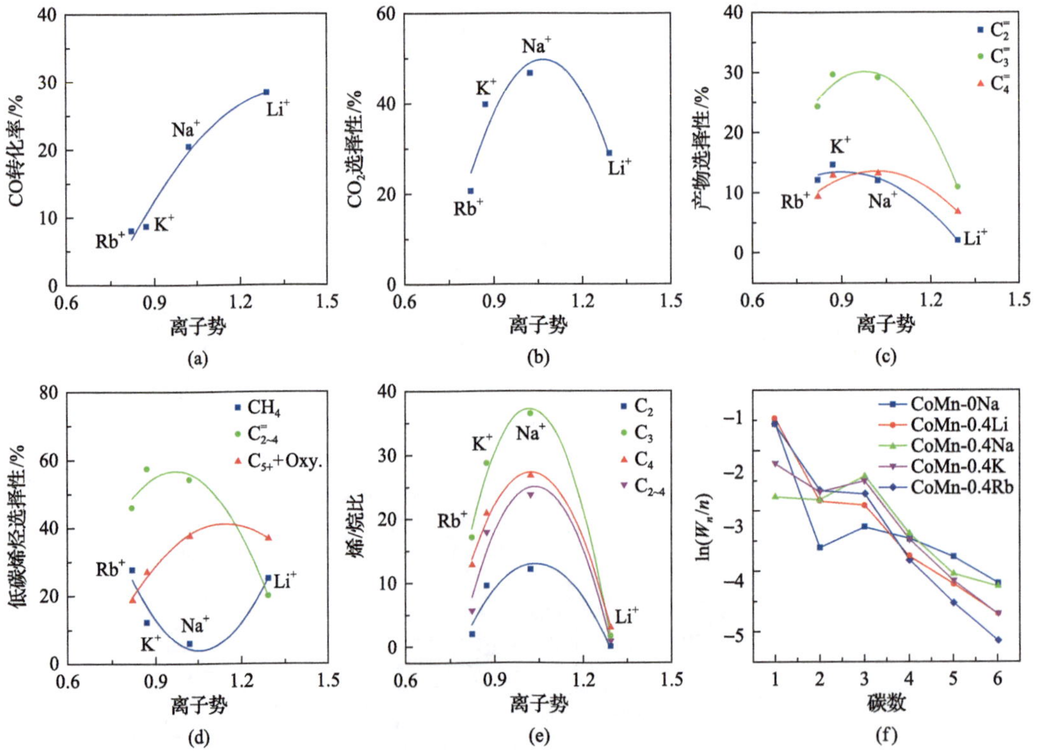

图 2.35 不同碱金属助剂 CoMn 催化剂 CO 转化率(a)、CO_2 选择性(b)、产物选择性(c)、低碳烯烃选择性(d)、产物烯/烷比(e)及产物 ASF 分布(f)

反应条件：250℃、1bar、3000mL/(g_{cat}·h)、$H_2/CO=2$

对于球状碳化钴具有较高的反应活性。随着碱金属助剂离子势的增大，从 0.82 增大至 1.02，CO 转化率快速升高，CoMn-0.4Rb 催化剂的 CO 转化率最低，为 8.0%，CoMn-0.4Na 催化剂的 CO 转化率最高，为 20.4%。根据反应后催化剂 TEM 结果可知，随着碱金属助剂离子势增大，球状形貌的碳化钴逐渐减少，具有特定暴露晶面的棱柱状碳化钴逐渐增多，因而推测 CO 转化率的升高是由具有特定暴露晶面的棱柱状碳化钴增多导致的。随着碱金属助剂离子势进一步增大，对于 CoMn-0.4Li 催化剂，CO 转化率进一步升高，为 28.2%，根据 XRD 和 TEM 结果可知，其活性中心为金属单质钴与碳化钴两种物相，其中碳化钴为球状形貌，反应活性极低，而金属单质钴反应活性较高，因此推测 CoMn-0.4Li 催化剂较高的 CO 转化率是由金属单质钴活性中心导致的，但其反应性能为传统费-托合成反应。随着碱金属助剂离子势的增大，不同碱金属助剂 CoMn 催化剂活性中心的改变导致其不同的 FTO 反应活性，当碱金属助剂离子势适中时，棱柱状碳化钴含量最多的 CoMn-0.4Na 催化剂 FTO 反应活性最高。

图 2.35(b)为不同碱金属助剂 CoMn 催化剂 CO_2 选择性随碱金属助剂离子势的变化图。在费-托合成反应中，CO_2 的生成主要是由水煤气变换反应导致的。相较于无碱金属助剂的 CoMn-0Na 催化剂，加入碱金属助剂后，CO_2 选择性明显升高，这是由于部分金属单质钴活性中心转化为碳化钴活性中心，而金属单质钴活性中心水煤气变换反应活性较低，碳化钴活性中心则具有较强的水煤气变换反应活性。对于 CoMn-0.4Na、CoMn-0.4K 和 CoMn-0.4Rb 催化剂，随着碱金属助剂离子势的增大，从 0.82 增大至 1.02，CO_2 选择性快速升高，CoMn-0.4Rb 催化剂的 CO_2 选择性最低，为 20.7%，CoMn-0.4Na 催化剂的 CO_2 选择性最高，为 46.5%，根据 XRD 和 TEM 结果可知，其活性中心均为碳化钴物相，但具有球状与棱柱状两种不同形貌，且随着碱金属助剂离子势的增大，球状形貌的碳化钴逐渐减少，具有特定暴露晶面的棱柱状碳化钴逐渐增多，因此推测相较于球状碳化钴活性中心，棱柱状碳化钴具有更高的水煤气变换反应活性。随着碱金属助剂离子势进一步增大，对于 CoMn-0.4Li 催化剂，CO_2 选择性迅速下降，为 28.9%，根据 XRD 和 TEM 结果可知，其活性中心为金属单质钴与碳化钴两种物相，其中碳化钴为球状形貌。相较于棱柱状碳化钴，金属单质钴和球状碳化钴较低的水煤气变换反应活性导致了 CoMn-0.4Li 催化剂 CO_2 选择性的下降。随着碱金属助剂离子势的增大，不同碱金属助剂 CoMn 催化剂的活性中心的改变导致其不同的水煤气变换反应活性，当碱金属助剂离子势适中时，棱柱状碳化钴含量最多的 CoMn-0.4Na 催化剂水煤气变换反应活性最高。

图 2.35(c)和(d)为不同碱金属助剂 CoMn 催化剂产物选择性随碱金属助剂离子势的变化图。相较于无碱金属助剂的 CoMn 催化剂，加入碱金属助剂后，甲烷和 C_{5+} + Oxy. 选择性降低，低碳烯烃选择性升高，这是由于部分金属单质钴活性中心转化为棱柱状碳化钴活性中心，而棱柱状碳化钴活性中心具有较强的晶面效应，抑制甲烷生成，促进低碳烯烃生成。对于 CoMn-0.4Na、CoMn-0.4K 和 CoMn-0.4Rb 催化剂，随着碱金属助剂离子势从 0.82 增大至 1.02，甲烷选择性明显降低，低碳烯烃和 C_{5+} + Oxy.选择性明显升高。根据 XRD 和 TEM 结果可知其活性中心均为碳化钴物相，但具有球状与棱柱状两种不同形貌，且随着碱金属助剂离子势的增大，球状形貌的碳化钴逐渐减少，具有特定暴露晶面的棱柱状碳化钴逐渐增多。根据前期工作研究可知，具有特定暴露晶面的棱柱状碳化

钴具有极强的晶面效应，(101)晶面促进低碳烯烃的生成，(101)和(020)晶面都具有抑制甲烷生成的作用。而球状碳化钴通常被认为是钴基费-托合成反应失活中心，其特点为反应活性低，甲烷选择性高。因此，随着碱金属助剂离子势的增大，球状碳化钴逐渐减少，棱柱状碳化钴逐渐增多，进而导致甲烷选择性显著降低，低碳烯烃选择性显著升高。随着碱金属助剂离子势进一步增大，对于 CoMn-0.4Li 催化剂，甲烷选择性急剧升高，为25.2%，低碳烯烃选择性急剧降低，为 20.0%，C_{5+} + Oxy.选择性较高，为 36.8%。根据XRD 和 TEM 结果可知，其活性中心为金属单质钴与碳化钴两种物相，其中碳化钴为球状形貌，反应活性极低，甲烷选择性高，而根据前期工作可知，金属单质钴由于反应温度(250℃)高于传统钴基费-托反应温度(<220℃)，产物分布向低碳数烃类移动，甲烷选择性较高，且由于其加氢作用相对较强，产物主要为饱和烷烃，低碳烯烃选择性较低。因此，CoMn-0.4Li 催化剂较差的 FTO 性能主要是由金属单质钴活性中心导致的。随着碱金属助剂离子势的增大，不同碱金属助剂 CoMn 催化剂的活性中心的改变导致其不同的 FTO 产物选择性，甲烷、低碳烯烃和 C_{5+} + Oxy.选择性分布呈倒火山型或火山型分布，当碱金属助剂离子势适中时，CoMn-0.4Na 催化剂棱柱状碳化钴含量最多，FTO 性能最优，甲烷选择性为 5.9%，低碳烯烃选择性为 54.2%，C_{5+} + Oxy.选择性为 37.6%。

图 2.35(e)为不同碱金属助剂 CoMn 催化剂低碳烃类烯/烷比随碱金属助剂离子势变化图。相较于无碱金属助剂的 CoMn 催化剂，加入碱金属助剂后，低碳烃类烯/烷比明显升高，这是由于部分金属单质钴活性中心转化为棱柱状碳化钴活性中心，而棱柱状碳化钴活性中心具有较强的晶面效应，促进低碳烯烃生成。对于 CoMn-0.4Na、CoMn-0.4K和 CoMn-0.4Rb 催化剂，随着碱金属助剂离子势的增大，从 0.82 增大至 1.02，低碳烃类烯/烷比急剧升高。根据 XRD 和 TEM 结果可知其活性中心均为碳化钴物相，但具有球状与棱柱状两种不同形貌，且随着碱金属助剂离子势的增大，球状形貌的碳化钴逐渐减少，具有特定暴露晶面的棱柱状碳化钴逐渐增多，而棱柱状碳化钴由于晶面效应具有较高的烯/烷比。因此，随着碱金属助剂离子势的增大，球状碳化钴逐渐减少，棱柱状碳化钴逐渐增多，进而导致低碳烃类烯/烷比显著提高。随着碱金属助剂离子势进一步增大，对于CoMn-0.4Li 催化剂，低碳烃类烯/烷比急剧下降。根据 XRD 和 TEM 结果可知，其活性中心为金属单质钴与碳化钴两种物相，其中碳化钴为球状形貌，而金属单质钴的加氢作用相对较强，产物主要为饱和烷烃，低碳烃类烯/烷比较低。因此，CoMn-0.4Li 催化剂较低的烯/烷比主要是由金属单质钴活性中心导致的。随着碱金属助剂离子势的增大，不同碱金属助剂 CoMn 催化剂的活性中心的改变导致其不同的低碳烃类烯/烷比，所有低碳烃类烯/烷比均呈火山型分布，当碱金属助剂离子势适中时，CoMn-0.4Na 催化剂棱柱状碳化钴含量最多，低碳烃类烯/烷比最高，为 23.9，其中 C_2烃类为 12.2，C_3烃类为 36.5，C_4烃类为 26.9。

图 2.35(f)为不同碱金属助剂 CoMn 催化剂产物分布图，对于无碱金属助剂的CoMn-0Na 催化剂，活性中心为金属单质钴，产物分布符合 ASF 分布模型。其中，C_2产物偏离 ASF 分布模型是由于烯烃产物吸附于活性位点，再次发生链增长、加氢或氢解的二次反应。对于 CoMn-0.4Na、CoMn-0.4K 和 CoMn-0.4Rb 催化剂，随着碱金属助剂离子势从 0.82 增大至 1.02，甲烷选择性逐渐降低，其产物分布逐渐偏离传统 ASF 分布模型。

根据 XRD 和 TEM 结果可知其活性中心均为碳化钴物相，但具有球状与棱柱状两种不同形貌，且随着碱金属助剂离子势的增大，球状形貌的碳化钴逐渐减少，具有特定暴露晶面的棱柱状碳化钴逐渐增多。根据前期工作研究可知，具有特定暴露晶面的棱柱状碳化钴具有极强的晶面效应，(101)晶面促进低碳烯烃的生成，(101)和(020)晶面都具有抑制甲烷生成的作用。而球状碳化钴通常被认为是钴基费-托合成反应失活中心，其甲烷选择性高。因此，随着碱金属助剂离子势的增大，球状碳化钴逐渐减少，棱柱状碳化钴逐渐增多，甲烷生成逐渐被抑制，甲烷选择性逐渐偏离传统 ASF 分布模型。随着碱金属助剂离子势进一步增大，对于 CoMn-0.4Li 催化剂，其产物分布符合传统 ASF 分布模型，根据 XRD 和 TEM 结果可知其活性中心为金属单质钴与碳化钴两种物相，其中碳化钴为球状形貌。因此，推测活性中心的改变导致 CoMn-0.4Li 催化剂甲烷选择性升高，使其符合传统 ASF 分布模型。随着碱金属助剂离子势的增大，不同碱金属助剂 CoMn 催化剂的活性中心的改变导致其不同的产物分布，当碱金属助剂离子势适中时，CoMn-0.4Na 催化剂棱柱状碳化钴含量最多，甲烷选择性偏离传统 ASF 分布模型程度最高。

3. 离子势影响

碱金属助剂常用于改善铁基催化剂性能，提高烯烃选择性，抑制甲烷生成。Huo 等报道了钾助剂可以稳定相对活跃的高米勒指数晶面，如 Fe(211)和 Fe(310)，使其成为能量优选的晶面，从而改变不同晶面的生长速率，进而提高部分高活性晶面占比[29,30]。Zhai 等研发了一种锌钠助剂改性的铁基催化剂，其中锌作为结构助剂改善催化剂结构性质，钠作为电子助剂改变催化剂电子结构[31]。催化剂表面电子结构经改性后可抑制产物双键加氢，并促进产物脱附，进而提高烯烃产物选择性。因此，在铁基催化剂中，碱金属助剂既可以作为电子助剂改变活性中心电子结构，又可以控制活性中心晶面分布，促使暴露某些特定晶面。而用于钴基费-托催化剂时，通常使钴基催化剂快速失活，因而极少有文献报道碱金属助剂用于钴基催化剂[32,33]。有文献报道，碳化钴物相为亚稳态，在费-托反应条件下并不能稳定存在，会还原分解为金属单质钴物相[34]，而根据前期研究可知，在钠助剂的作用下棱柱状碳化钴稳定存在于温和的费-托合成制低碳烯烃反应条件下，因此推测碱金属助剂对棱柱状碳化钴活性中心及其特定暴露晶面具有稳定作用，可促进暴露特定晶面(101)和(020)。

不同的碱金属离子虽然具有相同的电荷数，但其离子半径随着原子序数的增大而明显增大，导致其离子势逐渐减小，诱导力逐渐减弱，极化作用逐渐减弱，从而影响碱金属化合物各种物化性质。特别是锂离子，由于其内层离子为 He 原子结构，相较于其他碱金属离子内层电子为八电子结构，其电子数量明显减少，因而其离子半径相较于其他碱金属离子明显减小，从而导致其离子势较大，极化作用较强，相较于其他碱金属其化学性质迥异，表 2.18 为不同碱金属离子离子势。碱金属助剂不同的离子势影响其极化作用的强弱，即影响其作为电子助剂和晶面稳定助剂作用的强弱，从而影响碳化钴活性中心的生成及其最终形貌。

对于无碱金属助剂 CoMn 催化剂，根据 XRD 和 TEM 表征结果可知，其活性中心为金属单质钴，含有极少量由催化剂失活产生的球状碳化钴，未观察到费-托合成制低碳烯

表 2.18　不同碱金属离子离子势

碱金属离子	离子势	碱金属离子	离子势
Li^+	1.29	K^+	0.87
Na^+	1.02	Rb^+	0.82

烃反应活性中心棱柱状碳化钴的存在。与之对应，其反应性能符合传统费-托合成反应性能，CO 转化率较高(约 72.0%)，CO_2 选择性较低(约 15.7%)，甲烷选择性较高(约 24.4%)，低碳烯烃选择性较低(约 14.3%)，烯/烷比较低(约 0.9)，产物分布符合传统 ASF 分布模型。随着碱金属助剂的加入，催化剂活性中心从金属单质钴转变为碳化钴物相，与之对应，其反应性能从传统费-托合成反应向费-托合成制低碳烯烃反应转变。对于 CoMn-0.4Rb(离子势为 0.82)、CoMn-0.4K(离子势为 0.87)和 CoMn-0.4Na(离子势为 1.02)催化剂，其活性中心碳化钴物相分为球状形貌和棱柱状形貌两种，在传统费-托合成反应中，球状碳化钴被认为钴基费-托催化剂失活中心，其反应活性极低，甲烷选择性高，而根据前期研究，棱柱状碳化钴具有极强的晶面效应，其特定暴露晶面(020)和(101)可抑制甲烷生成，促进低碳烯烃的生成，是一种优异的费-托合成制烯烃催化剂。随着碱金属离子势的增大，球状碳化钴含量逐渐减少，棱柱状碳化钴含量逐渐增加，与之对应，其反应性能逐渐向费-托合成制低碳烯烃反应转变，CO 转化率从 8.0%上升至 20.4%，CO_2 选择性从 20.7%上升至 46.5%，甲烷选择性从 27.6%降低至 5.9%，低碳烯烃选择性从 45.8%上升至 54.2%，低碳烃类烯/烷比从 5.8 上升至 23.9，甲烷选择性逐渐偏离传统 ASF 分布模型。随着碱金属离子势的进一步增大，如 CoMn-0.4Li(离子势为 1.29)，催化剂活性中心从纯碳化钴物相向碳化钴与金属单质钴混合物相转变，与之对应，其反应性能向传统费-托合成反应转变，CO 转化率升高(约 28.2%)，CO_2 选择性降低(约 28.9%)，甲烷选择性升高(约 25.2%)，低碳烯烃选择性降低(约 20.0%)，烯/烷比降低(约 1.1)，产物分布符合传统 ASF 分布模型。根据文献可知，碳化钴物相为亚稳态，在费-托反应条件下并不能稳定存在，会还原分解为金属单质钴物相[35]，而根据前期研究可知，在钠助剂的作用下棱柱状碳化钴稳定存在于温和的费-托合成制低碳烯烃反应条件下。碱金属助剂在铁基催化剂(活性中心为碳化铁)中具有电子助剂和控制暴露晶面分布两种助剂作用，因而推测碱金属助剂在碳化钴基催化剂中也具有电子助剂和控制暴露晶面分布两种助剂作用，而这两种助剂作用效果与碱金属极化作用强弱，即离子势大小密切相关。因此，推测随着碱金属离子势的增大，碱金属离子极化作用增强，其电子助剂作用增强，线性吸附 CO 吸附强度增加，更有利于 CO 分子解离，生成碳化钴物相，活性中心从金属单质钴逐渐转变为碳化钴物相，同时碱金属助剂控制暴露晶面分布作用增强，更有利于特定暴露晶面(101)和(020)的稳定，碳化钴物相中球状碳化钴逐渐减少，棱柱状碳化钴逐渐增多，反应性能从传统费-托合成反应向费-托合成制低碳烯烃反应转变，产物分布逐渐偏离传统 ASF 分布模型。随着碱金属离子势的进一步增大，碱金属离子极化作用过强，其电子助剂和控制暴露晶面分布的助剂作用减弱，线性吸附 CO 吸附强度减弱，不利于碳化钴的生成和特定暴露晶面(101)和(020)的稳定，活性中心变为金属单质钴与球状碳化钴的混合物，反应性能从费-托合成制低碳烯烃反应向传统费-托合成反应转变，产物分布符

合传统 ASF 分布模型。

综上所述，碱金属助剂在碳化钴基催化剂中具有电子助剂和控制暴露晶面分布两种助剂作用，而该两种助剂作用效果与碱金属极化作用强弱，即离子势大小密切相关，具有最佳值，不匹配的离子势将导致金属钴单质无法转化为碳化钴物相或生成球状碳化钴活性中心。适当的离子势时，助剂作用最为显著，活性中心为棱柱状碳化钴，具有最佳的 FTO 反应性能，产物分布极大地偏离传统 ASF 分布模型。

2.4.3　碱土金属助剂效应

表 2.19 所示为碱土金属 Mg、Ca 及 Ba 加入 Co_3O_4、CoMn 以及 CoMnNa 催化剂后的 CO 加氢反应性能，反应条件均设为 250℃、5bar、2000mL/(g_{cat}·h)，掺杂碱土金属量(质量分数)为理论催化剂总量的 1%。从表中可以看出，Co_3O_4 催化剂的 CO 转化率最高，可达 17.6%，CH_4 选择性较高，为 9.1%。随着碱土金属原子序数的增加，CO 转化率和 CH_4 选择性均下降，而 C_{5+}选择性和烯/烷比均升高。此外，当 CoMn 催化剂不掺杂 Na 助剂时，其具有较高的活性和甲烷选择性，但其烯/烷比很低，加氢能力比较强。而掺杂 Mg、Ca 及 Ba 这三种碱土金属时，可观察到催化剂活性有不同程度的降低，在加入 Ba 助剂时其活性最低，且甲烷选择性与 CO 转化率的变化趋势完全一致，说明碱土金属在抑制甲烷的生成中也起着一定的作用，且抑制强度为 Ba>Ca>Mg，此外，还可发现碱土金属的加入在一定程度上抑制了产物的加氢能力，直接体现在烯/烷比明显上升，其

表 2.19　碱土金属浸渍的 Co_3O_4、CoMn、CoMnNa 催化剂的不同催化性能

催化剂	CO 转化率/%	CO_2 选择性/%	产物分布/%(不包括 CO_2)				烯/烷比			
			C_1	$C_{2\sim4}^{=}$	$C_{2\sim4}^{o}$	C_{5+}	C_2	C_3	C_4	$C_{2\sim4}$
Co_3O_4	17.6	2.3	9.1	9.7	5.0	76.2	0	4	4	2
CoMg	11.2	6.4	6.4	10.4	4.5	78.7	0	5	3	2
CoCa	8.1	3.3	8.8	8.9	3.0	79.3	2	6	4	3
CoBa	7.9	4.9	3.2	5.2	1.3	90.2	3	7	4	4
CoMn	29.0	25.9	9.3	31.1	9.8	49.9	0.4	8	6	3
CoMnMg	25.4	24.5	8.1	31.2	7.9	52.8	1	10	6	4
CoMnCa	24.6	25.5	6.1	18.8	4.9	70.2	1	10	8	4
CoMnBa	17.0	26.0	4.2	18.1	2.5	75.3	3	15	10	7
CoMnNa	17.1	36.9	1.9	30.7	1.6	65.9	16	24	18	20
CoMnNaMg	11.2	32.8	1.9	20.4	0.3	77.4	9	16	11	12
CoMnNaCa	9.2	32.3	2.6	18.3	0.3	77.6	8	16	14	13
CoMnNaBa	6.6	29.6	2.6	14.7	1.3	81.4	8	14	12	11
CoMnNaMg-260[a]	11.1	29.6	2.8	22.3	1.3	73.6	13	23	17	18
CoMnNaCa-260[a]	13.8	40.3	4.8	26.3	2.5	66.3	6	15	12	10
CoMnNaBa-260[a]	11.0	38.8	4.9	25.5	2.4	67.3	7	1	12	11

a. 反应温度 260℃。

中 Ba 抑制加氢的能力最强。对于烃产物选择性，可发现随着碱土金属的加入，C_{5+}选择性明显升高，说明碱土金属有利于长链产物的生成，且这种作用在 Ca 和 Ba 元素的影响中最为明显。此外，本节工作也制备了 CoMnNa 催化剂，发现其活性较高，烯/烷比与低碳烯烃选择性均很高，甲烷选择性极低，完全符合 CoMnNa 催化剂具有优异 FTO 性能这一结论，因此，在这批 CoMnNa 催化剂的基础上研究碱土金属对 FTO 性能的影响是适用的。与 CoMnNa 催化剂的水煤气变换反应活性相比，不难发现碱土金属掺杂的 CoMnNa 催化剂的水煤气变换反应活性大大降低。

在之前的研究中，对碱土金属在费-托催化剂中的影响进行了一系列相应研究。李永旺课题组发现碱土金属的加入能影响铁基催化剂的结构及活性，发现 Mg 和 Ca 可抑制催化剂的碳化，而 Sr 和 Ba 助剂能够增强铁的碳化；并且发现碱土金属基本不影响催化剂的活性，但对甲烷选择性的影响较大，对重质烃产物与加氢作用方面也有一定的影响[36]。此外，Eliseev 等也有过类似碱土金属在钴基催化剂中应用的报道，研究结论与上述结果类似[37-39]。加入碱土金属后，与碱土金属对 Co^0 的影响较为类似，甲烷的生成受到了抑制作用，二次加氢反应能力下降，具体体现在烯/烷比上升，而 C_{5+}产物选择性较高，说明产物的链增长能力也在不断增强，但其 FTO 性能与之前碱金属改性的 CoMn 催化剂相差较大，主要由于反应过程中难以生成 FTO 活性位点——棱柱状 Co_2C 所致(将在 XRD 图中说明)。因此，为了使 CoMn 催化剂在 Na 助剂的作用下更容易碳化生成 Co_2C 的同时研究碱土金属对其性能的影响，接下来考虑将碱土金属元素掺杂入 CoMn-Na 催化剂中进行研究。在评价 Mg 助剂掺杂的 CoMn-Na 催化剂时，发现在同样的反应条件下评价，催化剂的 CO 转化率迅速降低，产物选择性也与未掺杂的 CoMn-Na 催化剂相差较远，可见碱土金属助剂的掺杂对 CO 的转化抑制作用较强，但将反应温度提升至 260℃，发现其活性较 250℃提高了 1 倍，可见碱土金属助剂的加入使得催化剂的碳化温度更高，更难碳化。相比未掺杂碱土金属助剂的 CoMn-Na 催化剂，其 CO_2 选择性有下降的趋势，C_{5+}产物选择性有上升的趋势，烯/烷比影响不大。图 2.36 为不同碱土金属掺杂的 CoMnNa

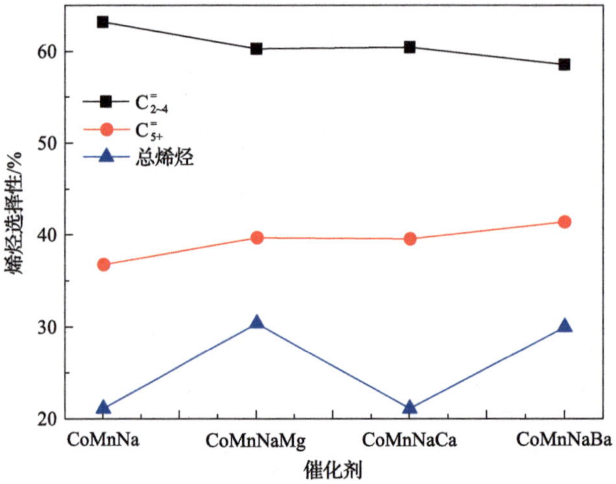

图 2.36　不同碱土金属掺杂的 CoMnNa 催化剂烯烃产物分布

反应条件：5bar、2000mL/(g_{cat}·h)、$H_2/CO = 0.5$

催化剂评价中的烯烃产物分布结果，从图中可以看出，碱土金属的加入能够提高长链烯烃的选择性，主要表现在 $C_{5+}^{=}$ 的选择性从 CoMnNa 的 36.8%上升至 CoMnNaBa 的 41.4%，而总烯烃选择性并未受太大的影响。说明碱土金属加入 CoMnNa 催化剂后能够有效调控烯烃产物的分布，尤其可以提高高碳烯烃的选择性。总体而言，根据之前的报道，碱土金属的加入有利于 CO 的吸附，抑制了 H_2 的吸附，而我们之前的研究更多的是发现 Co_2C 对 CO 的解离方式更多是 H 助 CO 解离的方式，因此其活性大幅度降低也是可以解释的。

图 2.37 所示为碱土金属对 Co 基费-托反应烃产物影响的分布趋势。图中比较了在 Co_3O_4、CoMn 以及 CoMnNa 基础上分别掺杂了 1% Mg、1% Ca、1% Ba 三种碱土金属后，催化剂评价的烃产物分布。从图 2.37(a)中可以看出，通过使用 ASF 模型拟合 $C_{1\sim7}$ 的结果，Co_3O_4、CoMg、CoCa 和 CoBa 催化剂的碳氢化合物都遵循经典的 ASF 分布，链增长因子 α 从 0.49 增加到 0.54，进一步说明碱土金属可以提高碳氢化合物的链增长因子。在 Co_2C 基 FTO 反应中，Mn 助剂不仅是典型的电子助剂或结构助剂，而且对 Co_2C 形貌有很强的控制作用。在碱助剂的协同作用下，锰助剂与钴物相结合得到稳定的钴锰复合氧化物，进而在反应中生成了具有(101)和(020)特定暴露面的 Co_2C 纳米棱柱，且其具有优异的 FTO 性能。由于碱土金属改性的 Co_3O_4 不能转化为复合氧化物，因此无法得到

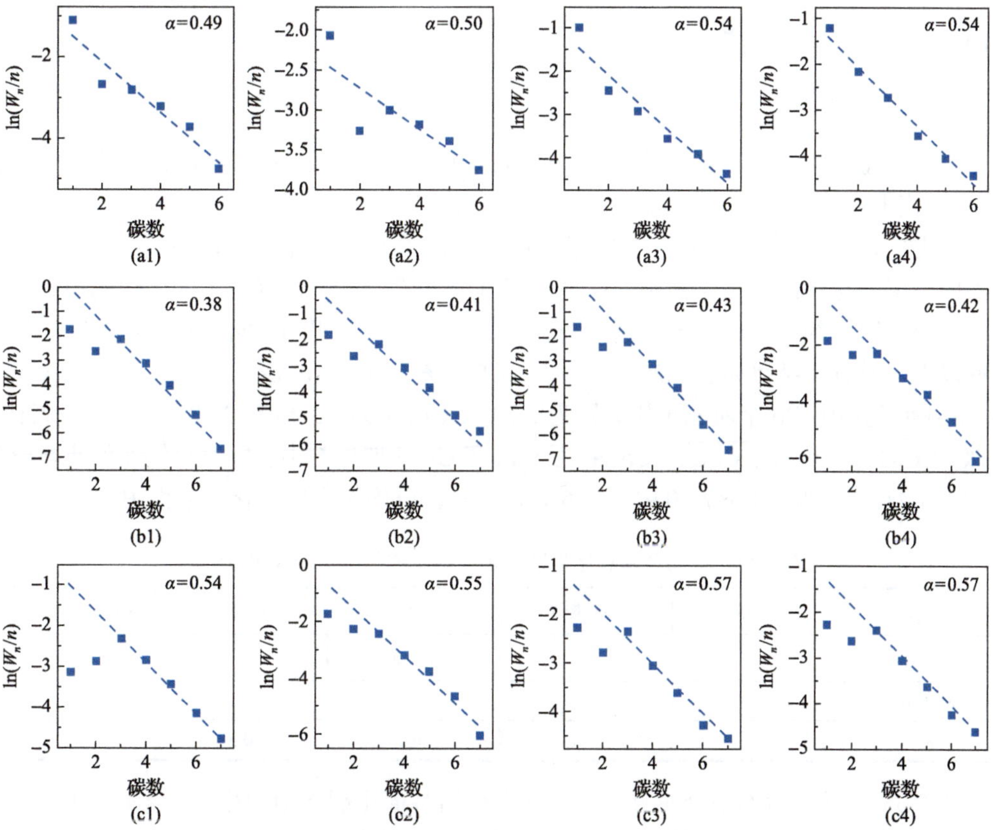

图 2.37 不同碱土金属浸渍的 Co_3O_4、CoMn、CoMnNa 催化剂的产物分布图

a. Co_3O_4；b. CoMn；c. CoMnNa。1. 未改性；2. Mg 改性；3. Ca 改性；4. Ba 改性

Co_2C 纳米棱柱，且产物分布没有突破 ASF 分布的限制。从图 2.37(b) 中可以看出，未掺杂任何助剂的 CoMn 催化剂在 C_1 处也出现了突破传统 ASF 分布的趋势，只是这种突破程度较 CoMnNa 催化剂相差较小。此外，相较于图 2.37(b2)、(b3) 和 (b4) 所示的 CoMnMg、CoMnCa、CoMnBa 催化剂，CoMn 催化剂的链增长能力最低，主要是由于其二次加氢反应较强，使得可用于链增长的中间物种 CH_x、C_2H_x 物种更容易直接加氢得到低碳数烃类所致。但总体来看，碱土金属对 CoMn 催化剂的产物分布影响并不明显。图 2.37(c) 所示为加入碱金属 Na 助剂后再添加碱土金属的 CoMn 催化剂在 FTO 中对烃产物分布的影响。从图中可以看出，加入 Na 助剂后，CoMn 催化剂的烃产物分布突破趋势十分明显，主要是生成的棱柱状 Co_2C 对甲烷生成的抑制作用十分强烈所致。但在此基础上加入 Mg 助剂后，会发现其产物分布没有明显突破传统 ASF 分布的趋势，结合表 2.19 中的性能可知，加入 Mg 助剂后，同样的反应条件下 CoMnNa 催化剂的活性下降到原来的 1/4，整体反应难以达到起活状态。文献中曾报道 Mg、Ca 助剂并不利于金属的碳化，从本次实验中可知，Mg 助剂很可能还会抑制钴的碳化作用。在研究 Ca、Ba 助剂时发现，Ca、Ba 助剂对 CoMnNa 催化剂偏离 ASF 分布的程度也有减弱的趋势，但其偏离程度和链增长因子明显强于 Mg 助剂。也就是说，从碱土金属掺杂影响中相比较，Ca、Ba 助剂的影响是优于 Mg 助剂的，说明对于 FTO 催化剂，表面碱度的增强更有利于增强 FTO 反应的性能。

2.4.4 过渡金属助剂效应

1. 催化剂结构

通过共沉淀的方法制备 Co/金属原子比为 2 的 CoCe、CoLa、CoMn 和 CoAl 催化剂，作为对照，当上述过程不加入金属硝酸盐时制备所得即为纯相碳化钴基催化剂，命名为 Co_3O_4。以浸渍法制备混合物型含锰前驱体碳化钴基催化剂，命名为 Mn/Co(Co/Mn 原子比为 2)。对不同金属氧化物助剂碳化钴基催化剂进行 ICP 元素分析，以确定不同催化剂中钠含量及金属氧化物助剂与钴的原子比例。钠、钴、锰、铈、镧和铝标准曲线拟合结果 R^2 均在 0.99 以上，其分析结果如表 2.20 所示。经 ICP 元素分析，Mn/Co、CoCe、CoLa、CoMn 和 CoAl 催化剂中 Co/金属原子比分别为 2.10、2.01、1.93、2.06 和 2.22，与理论投料比 2 相似。Co_3O_4、Mn/Co、CoCe、CoLa、CoMn 和 CoAl 催化剂中实际测得钠元素质量分数分别为 1.4%、0.9%、1.0%、0.9%、0.6%和 0.3%，可确保生成碳化钴活性中心。

表 2.20 不同金属氧化物助剂碳化钴基催化剂 ICP 元素分析

催化剂	钠含量/%	Co/金属原子比	催化剂	钠含量/%	Co/金属原子比
Co_3O_4	1.4	—	CoLa	0.9	1.93
Mn/Co	0.9	2.10	CoMn	0.6	2.06
CoCe	1.0	2.01	CoAl	0.3	2.22

图 2.38 为反应后不同金属氧化物助剂碳化钴基催化剂 XRD 图，无金属氧化物助剂 Co_3O_4 催化剂在钠助剂的作用下已完全转化为碳化钴物相(PDF No. 03-065-1457)，无费-托反应活性中心金属单质钴存在。对于混合物型 Mn/Co、CoCe 和 CoLa 催化剂，与无金

属氧化物助剂 Co_3O_4 催化剂类似，所有钴物种均在钠助剂作用下转化为碳化钴物相，而金属氧化物助剂以 MnO、CeO_2 和 La_2O_3 物相存在，在反应前后其物相不发生改变。反应后 CoLa 催化剂衍射强度较差，衍射峰极宽，说明反应后催化剂结晶度差，粒径极小。根据前期研究可知，对于复合氧化物结构的 CoMn 催化剂，反应后的催化剂中具有三种不同的物相，分别为低价态钴锰复合氧化物（$Co_xMn_{1-x}O$）、MnO 和棱柱状 Co_2C。通过对 40°～48°范围慢扫得到的 XRD 图进行峰形拟合，以参比强度法进行半定量分析计算各物相含量，如图 2.38(b)所示。反应后 CoMn 催化剂含钴物种中低价态钴锰复合氧化物约 47.2%（质量分数），棱柱状 Co_2C 物相约 52.8%（质量分数）。对于 CoAl 催化剂，其反应后催化剂特征衍射峰与还原后催化剂相同，因此可确定反应后 CoAl 催化剂仍为低价态钴铝复合氧化物，并未发生钴和铝物种分离，难以生成棱柱状碳化钴活性中心，说明钴铝复合氧化物稳定性高于钴锰复合氧化物，在反应条件下难以分解，推测其可能无 FTO 反应活性。

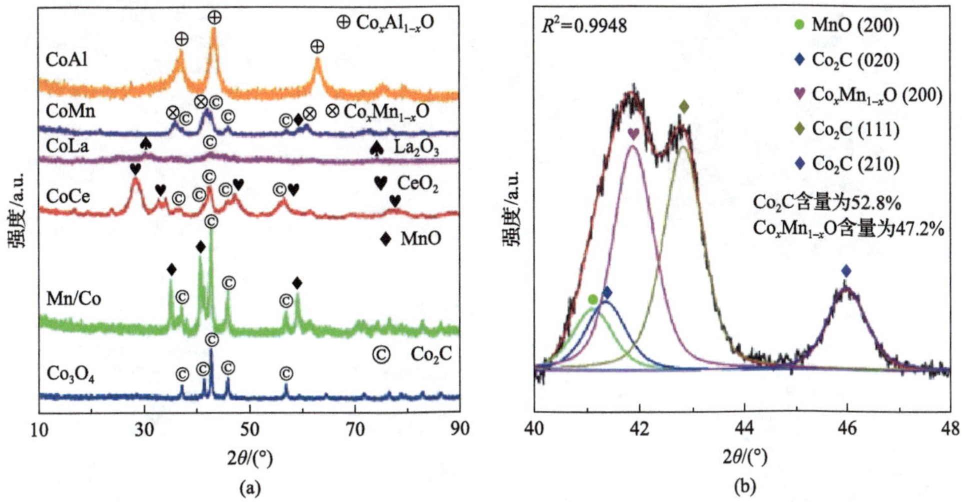

图 2.38 反应后不同金属氧化物助剂碳化钴基催化剂 XRD 图(a)以及 XRD 图峰形拟合图(b)

图 2.39 为反应后不同金属氧化物助剂 Co_2C 基催化剂 TEM 图，除 CoMn 和 CoAl 催化剂外，所有催化剂中钴物种在钠助剂的作用下经反应后均转化为 Co_2C 物相，但其形貌均为球状，无特定暴露晶面，且未检测到金属单质钴活性中心。对于 Co_3O_4 催化剂，活性中心为球状 Co_2C，且粒径较大，晶格条纹间距为 2.11Å，对应于 Co_2C(PDF No. 03-065-1457)中(111)晶面。对于以浸渍法制备的 Mn/Co 催化剂，由图 2.39(b)、(e)可知，锰助剂的加入有利于减小 Co_2C 的粒径，但对其形貌并无影响，Co_2C 颗粒仍呈现球状形貌。由于合成气为还原性气体，锰助剂在反应过程中仍保持低价态的 MnO 物相。由图 2.39(c)、(f)及图 2.39(g)、(j)可知，镧系金属氧化物助剂的加入明显减小了 Co_2C 的粒径，但对其形貌仍无影响，Co_2C 颗粒仍呈现球状形貌。反应后 CoCe 催化剂中可观察到 CeO_2 和 Ce_2O_3 两种物相同时存在，与 XRD 和还原后 TEM 结果相一致，可认为起助剂作用的是 Ce_2O_3 物相。反应后 CoLa 催化剂中未观察到 La_2O_3 物相的存在，与 XRD 和还原后 TEM 的结果相一致，是由于 La_2O_3 粒径过小且结晶度较差。根据前期研究结果可知，反应后 CoMn 复合氧化物催化剂具有三种物相，分别为低价态 $Co_xMn_{1-x}O$、MnO 及具有特定暴

露晶面的棱柱状 Co_2C 活性中心。如图 2.39(h)和(k)所示，该棱柱状碳化钴活性中心具

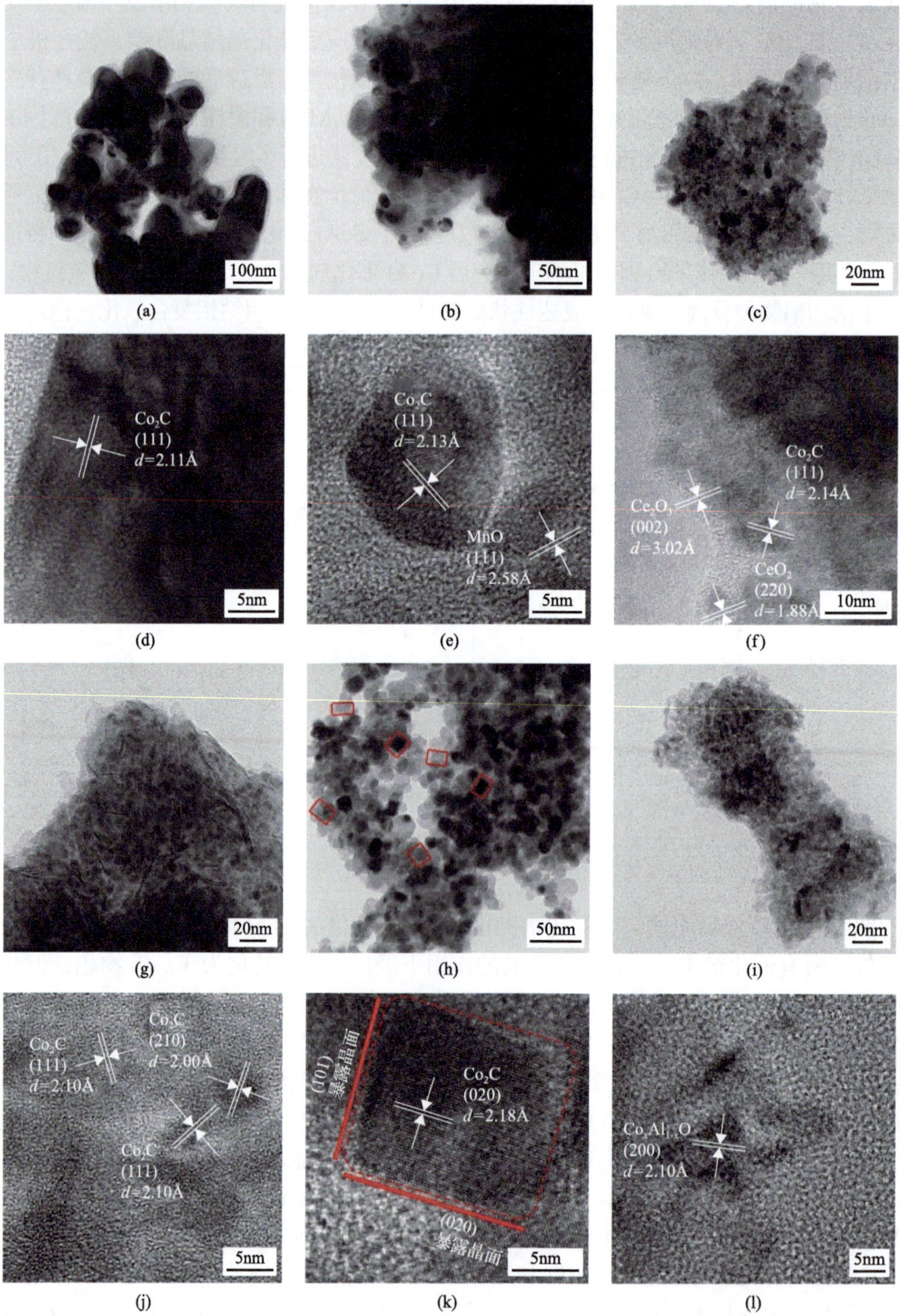

图 2.39　Co_3O_4(a、d)、Mn/Co(b、e)、CoCe(c、f)、CoLa(g、j)、CoMn(h、k)、CoAl(i、l)反应后催化剂 TEM 图

有(020)和(101)两组特定暴露晶面，与前期研究所得结果一致，推测其具有优良的FTO性能，而位于棱柱状 Co_2C 周围的球状颗粒为低价态 $Co_xMn_{1-x}O$ 和 MnO 助剂。由图 2.39(i)和(l)可知，反应后钴铝复合氧化物催化剂仍保持低价态 $Co_xAl_{1-x}O$ 物相，未观察到金属单质钴物相和 Co_2C 物相存在，说明钴铝复合氧化物稳定性较高，在反应条件下难以分离得到 Co_2C 活性中心，推测其无 FTO 反应活性。

2. 催化性能

对于不同金属氧化物助剂碳化钴基催化剂，基于转化频率比较不同催化剂本征活性是非常有必要的。根据前期研究可知，碳化钴物相是在反应中原位生成的，其含量与反应条件及反应时间密切相关，并且碳化钴为亚稳态物相，稳定性较差，在温和条件下即可被氢气还原，因此无法用氢气化学吸附法测定催化剂表面碳化钴活性位点数量。同时，金属氧化物助剂对 CO 分子也具有化学吸附作用，CO 化学吸附中 CO/Co_2C 化学计量比也未知，因此也无法用 CO 化学吸附法测定催化剂表面碳化钴活性位点数量。因此，采用不同催化剂的反应活性由单位时间单位质量碳化钴的 CO 消耗摩尔量或转化为烃类的 CO 消耗摩尔量，即碳化钴催化剂的时空收率(cobalt carbide time yield，CCTY)进行比较，如图 2.40 所示。

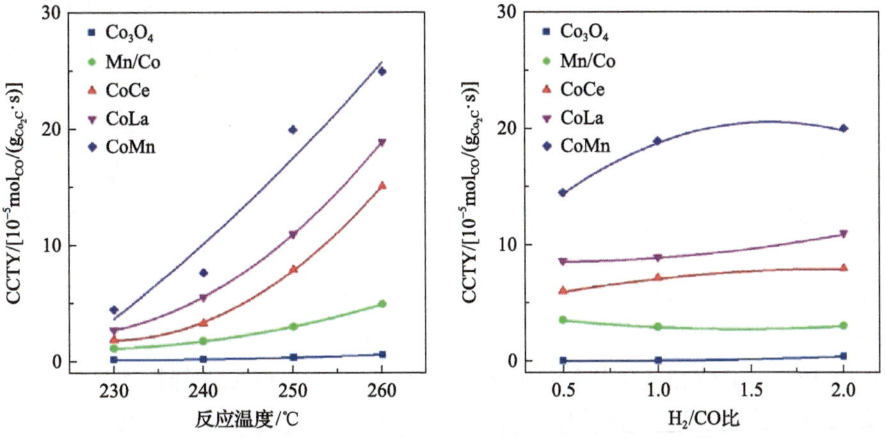

图 2.40 不同反应温度(a)及不同原料气 H_2/CO 比(b)基于 CO 消耗摩尔量的不同金属氧化物助剂碳化钴基催化剂反应活性

随着反应温度的升高，反应物分子 CO 和 H_2 的热运动急剧增强，与催化剂表面活性位点碰撞概率急剧增大，提高了发生反应的可能性，从而提高催化剂的反应活性。除无金属氧化物助剂 Co_3O_4 催化剂外，所有催化剂反应活性均随反应温度的升高而急剧增大。同时还研究了不同原料气 H_2/CO 比对不同金属氧化物助剂碳化钴基催化剂反应活性的影响。随着原料气 H_2/CO 比的增大，所有催化剂 CO 转化率逐渐增大，但是其本征反应活性并无明显变化。

对于无金属氧化物助剂的 Co_3O_4 催化剂，其本征反应活性极低，低于 $1\times10^{-5}mol_{CO}/(g_{Co_2C}\cdot s)$，球状碳化钴为钴基费-托催化剂失活中心，反应活性极低。根据文献报道，对于钴基费-托催化剂，金属氧化物助剂作为路易斯酸，可与 CO 分子中氧原子相互作用，减弱 C—O 键，增强金属单质钴活性中心对 CO 分子的解离能力，从而提高催化剂本征反应活性[33]。推测在碳化钴基 FTO 催化剂中，金属氧化物助剂也具有类似的作用。在不同反应温度及原料气 H_2/CO 比条件下，金属氧化物助剂的加入均可有效提高碳化钴基 FTO 催化剂反应活性。同为球状碳化钴活性中心，相较于 Co_3O_4 催化剂，以混合物方式加入锰助剂的 Mn/Co 催化剂，其反应活性提高了 8 倍左右，其 CCTY 值为 $0.69\times10^{-5}\sim4.92\times10^{-5}mol_{CO}/(g_{Co_2C}\cdot s)$。镧系金属助剂对球状碳化钴助剂作用较锰助剂更为显著，在不同反应温度和原料气 H_2/CO 比条件下，CoCe 和 CoLa 催化剂反应活性大约为 Co_3O_4 催化剂的 10～30 倍，CCTY 值分别为 $1.21\times10^{-5}\sim15.08\times10^{-5}mol_{CO}/(g_{Co_2C}\cdot s)$ 和 $1.98\times10^{-5}\sim18.87\times10^{-5}mol_{CO}/(g_{Co_2C}\cdot s)$。相较于以混合物方式加入锰助剂的 Mn/Co 催化剂的球状碳化钴活性中心，复合氧化物前驱体的 CoMn 催化剂可生成棱柱状碳化钴活性中心，具有特定的暴露晶面(101)和(020)，由于其较强的晶面效应，可进一步提高碳化钴活性中心本征反应活性，其反应活性大约为 Mn/Co 催化剂的 5 倍，CCTY 值为 $2.52\times10^{-5}\sim24.89\times10^{-5}mol_{CO}/(g_{Co_2C}\cdot s)$。铁基费-托催化剂由于具有较高的低碳烯烃选择性，通常用于 FTO 反应，其反应活性一般低于 $10\times10^{-5}mol_{CO}/(g_{Fe}\cdot s)$，而其反应条件较为苛刻，反应温度与反应压力较高。在较为温和的反应条件(250℃，1bar)下，棱柱状碳化钴活性中心即可达到与铁基催化剂类似的反应活性，是一种具有优异 FTO 反应活性的催化剂。不同金属氧化物助剂碳化钴基催化剂本征反应活性高低顺序如下：Co_3O_4＜Mn/Co＜CoCe＜CoLa＜CoMn，CoMn 催化剂具有最高的本征反应活性。

图 2.41 为不同反应温度下不同金属氧化物助剂碳化钴基催化剂产物选择性。传统钴基费-托催化剂活性中心为金属单质钴，无水煤气变换反应活性，而铁基费-托催化剂活性中心为碳化铁，相对于钴基催化剂则具有较高的水煤气变换反应活性，导致 CO_2 选择性较高。如图 2.41(a)所示，碳化钴基 FTO 催化剂与碳化铁活性中心类似，具有较高的水煤气变换反应活性，CO_2 选择性较高，且随着反应温度的升高，水煤气变换反应活性增强，CO_2 选择性逐渐升高。如图 2.41(b)～(d)所示，对于所有碳化钴基催化剂，随着反应温度的升高，甲烷和低碳烯烃选择性逐渐升高，C_{5+} + Oxy.选择性逐渐降低，产物分布向低碳数方向移动。这是由于升高温度有利于加氢反应的发生，降低了催化剂链增长能力。加入金属氧化物助剂可在不同程度上改变碳化钴基 FTO 催化剂产物选择性。相较于无金属氧化物助剂的 Co_3O_4 催化剂，Mn/Co 催化剂甲烷选择性急剧下降，C_{5+} + Oxy.选择性急剧升高，即使在较高的反应温度(260℃)下，锰助剂的加入仍使甲烷选择性从 21.8%下降至 9.6%，C_{5+} + Oxy.选择性从 36.4%上升至 55.2%。这说明锰助剂的加入有利于提高碳化钴基催化剂高碳数产物选择性，增强其链增长能力。除 Mn/Co 催化剂外，其他金属氧化物助剂的加入均可在一定程度上提高碳化钴基 FTO 催化剂低碳烯烃选择性，降低 C_{5+} + Oxy.选择性。对于 CoLa 催化剂，在低温条件下，镧助剂提高低碳烯烃选择性的助剂作用更为显著，在 230℃时，低碳烯烃选择性从 Co_3O_4 催化剂的 19.4%升高至 31.7%。对于 CoCe 催化剂，铈助剂可极大地提高球状碳化钴活性中心的低碳烯烃选择性，且在较高温条件下更为显著，在 260℃时，低碳烯烃选择性从 Co_3O_4 催化剂的 38.5%升高至 52.5%，同时对甲烷生成具有抑制作用，从 21.8%降低至 14.8%。对于 CoMn 催化剂，由

于其活性中心为棱柱状碳化钴，具有较强的晶面效应，其特定暴露晶面(101)和(020)具有促进低碳烯烃生成、抑制甲烷生成的作用，因此具有优异的 FTO 反应性能。在所有温度条件下，其低碳烯烃选择性均超过 45%，在所有金属氧化物助剂碳化钴基催化剂中具有最高的低碳烯烃选择性，为 54.1%。同时，CoMn 催化剂在所有温度条件下，甲烷选择性均低于 8%，为所有催化剂中最低，最低可达 3.1%。不同金属氧化物助剂碳化钴基催化剂低碳烯烃选择性高低顺序如下：CoMn＞CoCe＞CoLa＞(Co_3O_4，Mn/Co)，甲烷选择性高低顺序如下：CoMn＜Mn/Co＜CoCe＜(CoLa，Co_3O_4)，在温和的反应条件下，CoMn 催化剂同时具有最高的低碳烯烃选择性和最低的甲烷选择性，是一种极其优异的 FTO 催化剂。

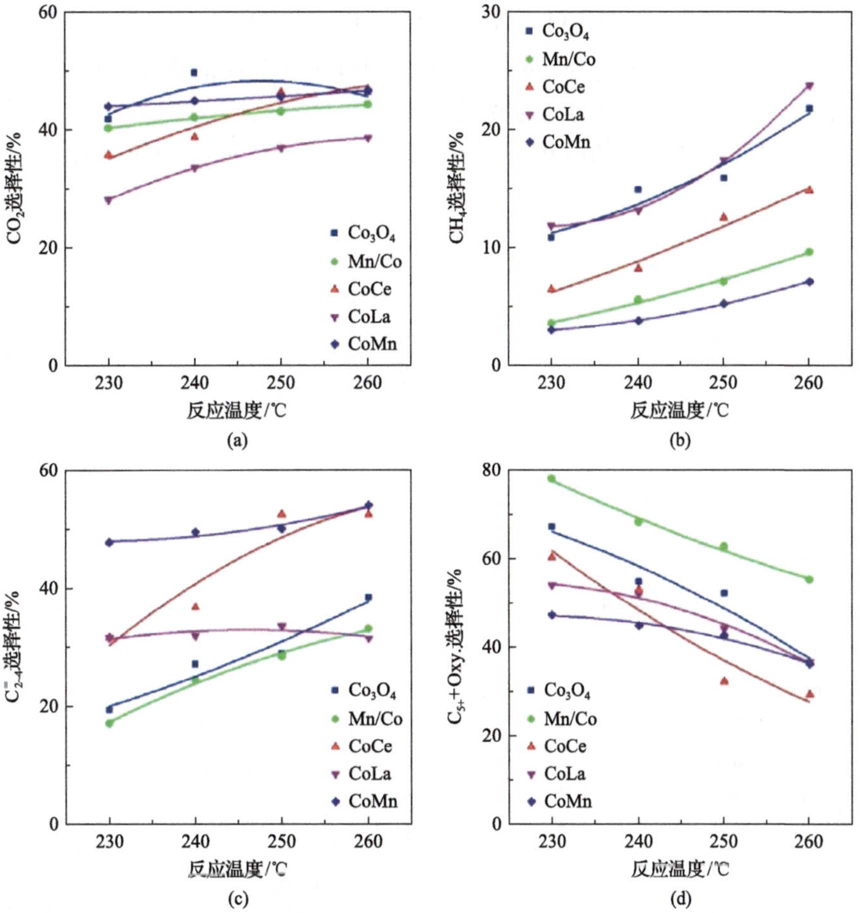

图 2.41　不同反应温度下不同金属氧化物助剂催化剂 CO_2 选择性(a)、CH_4 选择性(b)、$C_{2\sim4}^{=}$ 选择性(c)及 C_{5+} + Oxy.选择性(d)

反应条件：1bar、3000mL/(g_{cat} · h)、H_2/CO = 2

不同原料气 H_2/CO 比对不同金属氧化物助剂碳化钴基催化剂 FTO 反应性能的影响如图 2.42 所示。碳化钴基 FTO 催化剂具有较高的水煤气变换反应活性，在不同原料气 H_2/CO 比条件下 CO_2 选择性均高于 25%，且随着原料气 H_2/CO 比的增大，CO_2 选择性逐渐升高。如图 2.42(b)～(d)所示，对于所有碳化钴基催化剂，随着原料气 H_2/CO 比的增大，甲烷和低碳烯烃选择性逐渐升高，C_{5+} + Oxy.选择性逐渐降低，产物分布向低碳数方向移动。这是由于原料气 H_2/CO 比的增大提高了催化剂表面解离 H 浓度，降低 CH_x 浓度，有利于加氢反应的发生，从而降低了催化剂链增长能力。即使在较低的原料气 H_2/CO 比（H_2/CO = 0.5）条件下，CoMn 催化剂低碳烯烃选择性仍高达 29.3%，远高于其他金属氧化物助剂（低于 15%），同时，仍具有极低的甲烷选择性，低至 1.4%。我们对不同原料气 H_2/CO 比条件下 CoMn 催化剂反应后尾气 H_2/CO 比也进行了分析，如表 2.21 所示。在原料气 H_2/CO 比为 1 和 2 时，尾气 H_2/CO 比略有升高，而当原料气 H_2/CO 比为 0.5 时，尾气 H_2/CO 比略有下降。对于 CoMn 催化剂，FTO 总反应式如下所示：

$$2x\,CO + x\,H_2 \rightleftharpoons C_xH_{2x} + x\,CO_2$$

因此，用于具有高 CO_2 选择性的碳化钴基 FTO 催化剂理论原料气 H_2/CO 比为 0.5。较低的原料气 H_2/CO 比有利于降低甲烷选择性，提高烯/烷比，这说明 CoMn 催化剂更适合用于具有低 H_2/CO 比的生物质基或煤基合成气，具有很好的工业应用前景。

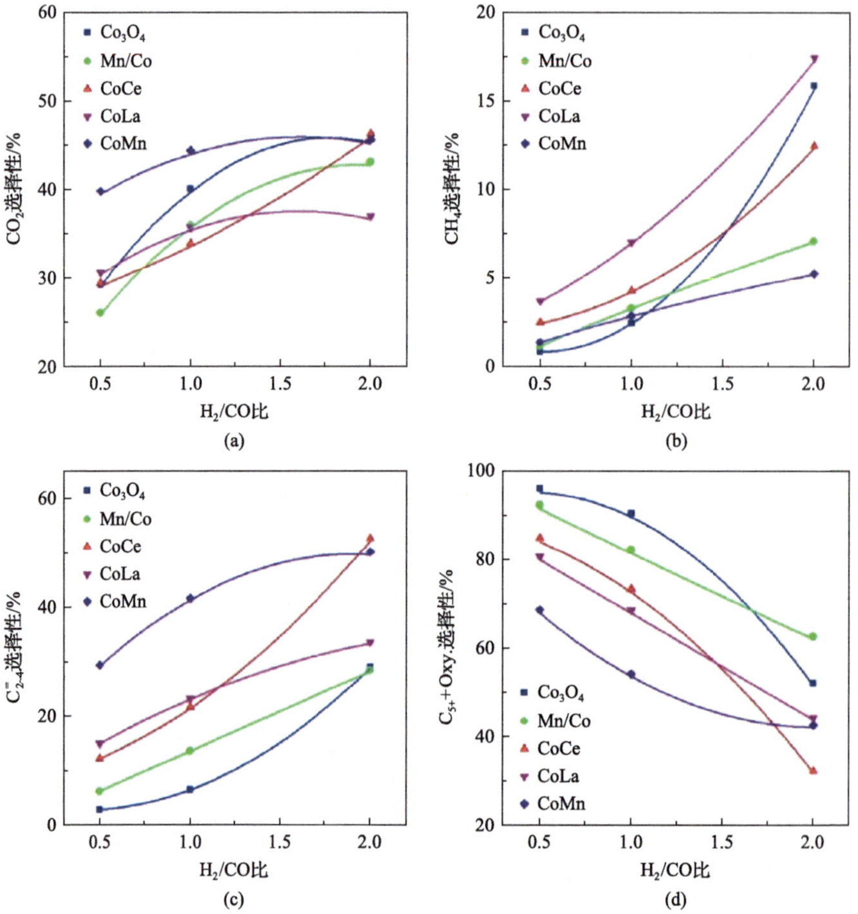

图 2.42　不同原料气 H_2/CO 比下不同金属氧化物助剂催化剂 CO_2 选择性(a)、CH_4 选择性(b)、$C_{2\sim4}^{=}$ 选择性(c)及 C_{5+} + Oxy.选择性(d)

反应条件：250℃、1bar、3000mL/(g_{cat} · h)

表 2.21　不同原料气 H_2/CO 比条件下 CoMn 催化剂尾气 H_2/CO 比

原料气 H_2/CO 比	尾气 H_2/CO 比
0.5	0.43
1	1.18
2	2.49

图 2.43 为不同金属氧化物助剂碳化钴基催化剂低碳烃类烯/烷比随原料气 H_2/CO 比变化图。相较于传统钴基费-托催化剂，碳化钴基催化剂具有较高的低碳烃类烯/烷比，一般大于 10，说明碳化钴基催化剂加氢能力弱，烯烃在碳化钴活性中心上易于脱附而非加氢。对于所有碳化钴基催化剂，随着原料气 H_2/CO 比的增大，低碳烃类烯/烷比逐渐降低。这是由于原料气 H_2/CO 比的增大提高了催化剂表面解离 H 浓度，有利于加氢反应的发生，从而增大了催化剂表面低碳烯烃产物被加氢的概率。因此，较高的原料气 H_2/CO 比并不

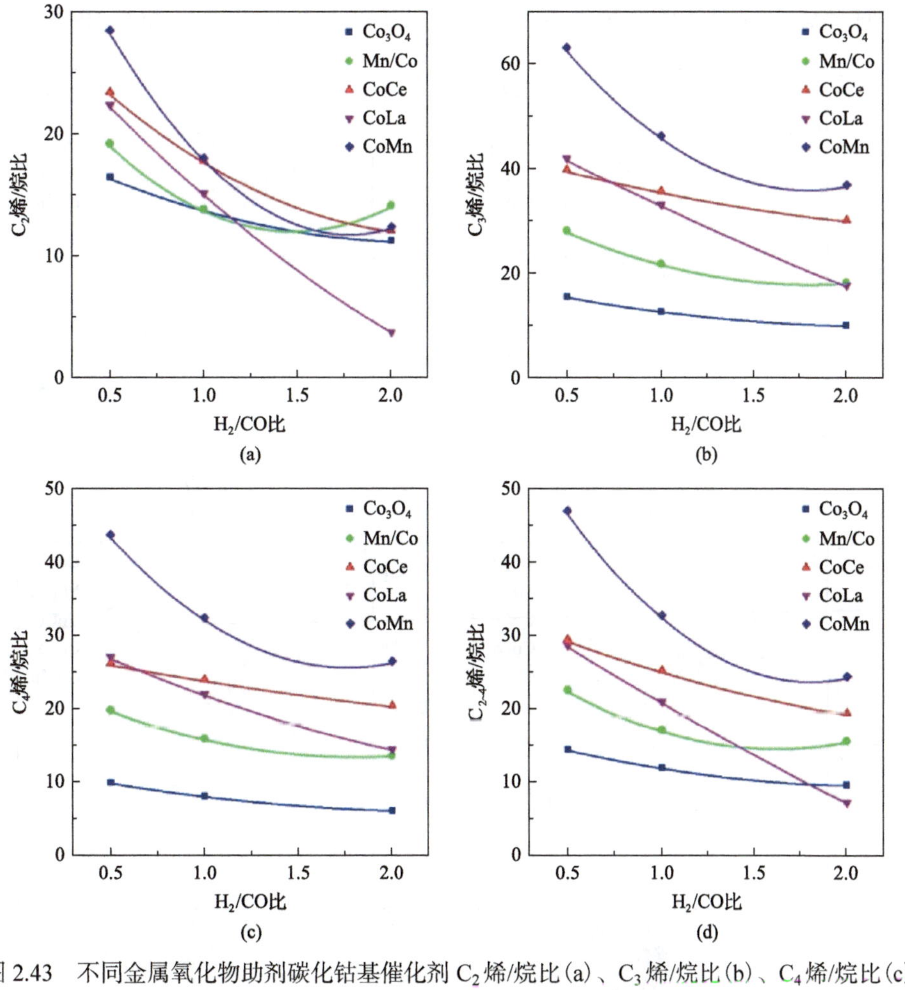

图 2.43　不同金属氧化物助剂碳化钴基催化剂 C_2 烯/烷比(a)、C_3 烯/烷比(b)、C_4 烯/烷比(c)及 $C_{2\sim4}$ 烯/烷比(d)随原料气 H_2/CO 比的变化

反应条件：250℃、1bar、3000mL/($g_{cat}\cdot h$)

利于低碳烯烃的生成，且会导致较高的甲烷选择性，较低的原料气 H_2/CO 比更适合用于 FTO 反应。加入金属氧化物助剂可在不同程度上提高碳化钴基 FTO 催化剂低碳烃类烯/烷比。相较于无金属氧化物助剂的 Co_3O_4 催化剂，Mn/Co 催化剂低碳烃类烯/烷比有明显增加，而当助剂为镧系金属氧化物时，其低碳烃类选择性进一步提高。CoMn 催化剂由于其活性中心为棱柱状碳化钴，具有较强的晶面效应，其特定暴露晶面(101)具有促进低碳烯烃生成的作用，因而具有最高的低碳烃类烯/烷比，当原料气 H_2/CO 比为 0.5 时，低碳烃类烯/烷比高达 47.1，其中 C_2 烃类烯/烷比为 28.5，C_3 烃类烯/烷比为 63.0，C_4 烃类烯/烷比为 43.7，即使原料气 H_2/CO 比较高，为 2 时，其低碳烃类烯/烷比仍较高，为 24.4，其中 C_2 烃类烯/烷比为 12.4，C_3 烃类烯/烷比为 36.8，C_4 烃类烯/烷比为 26.4。不同金属氧化物助剂碳化钴基催化剂低碳烃类烯/烷比高低顺序如下：CoMn＞CoCe＞CoLa＞Mn/Co＞Co_3O_4。

图 2.44 和图 2.45 分别为不同金属氧化物助剂碳化钴基催化剂在不同反应温度和不同原料气 H_2/CO 比条件下的产物分布图。对于无金属氧化物助剂的 Co_3O_4 催化剂，根据

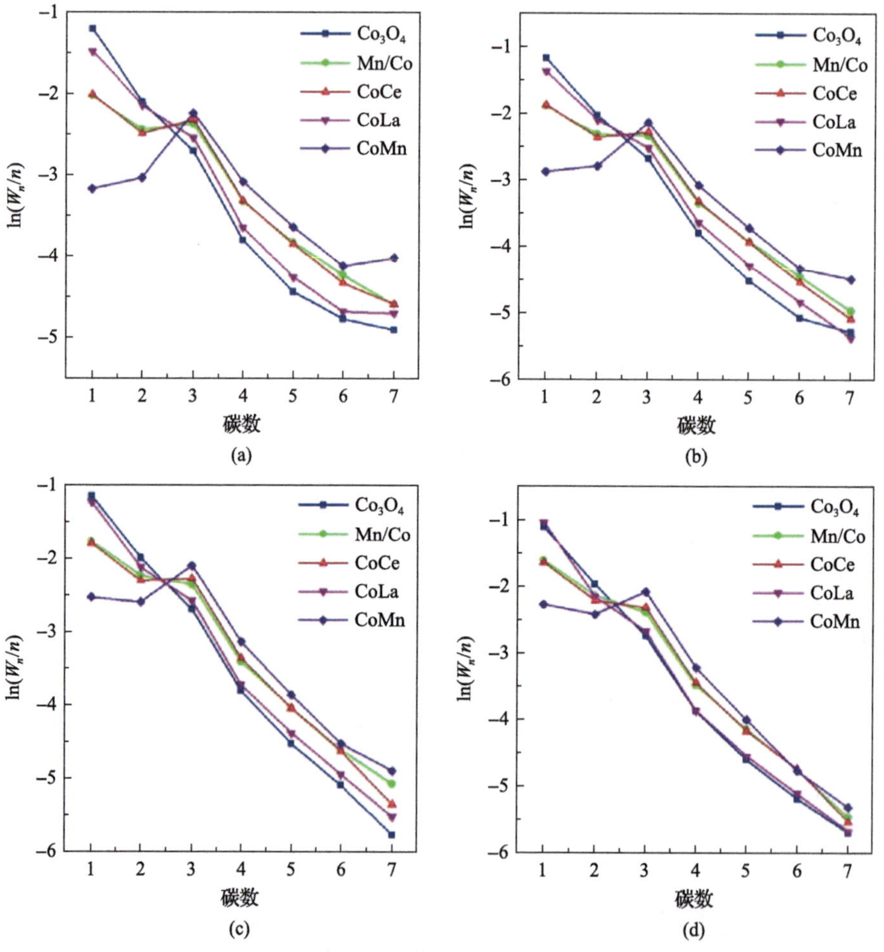

图 2.44 230℃(a)、240℃(b)、250℃(c)及 260℃(d)下不同金属氧化物助剂催化剂产物分布图

反应条件：1bar、3000mL/(g_{cat}·h)、H_2/CO = 2

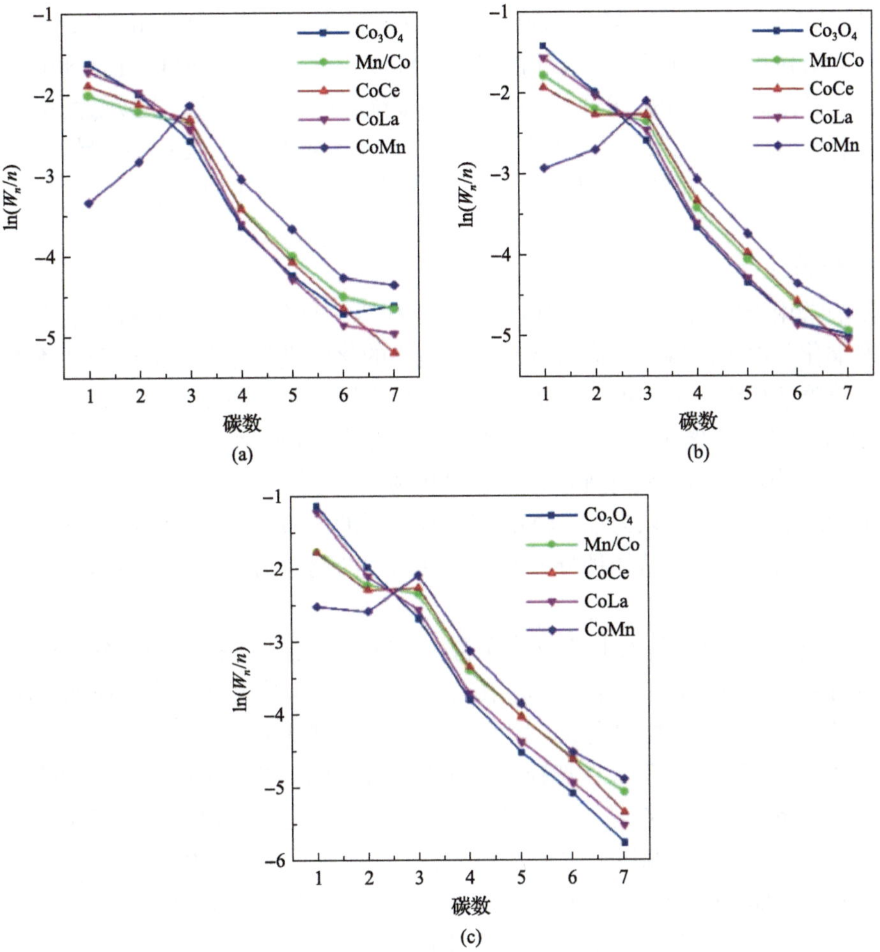

图 2.45　原料气 $H_2/CO=0.5$(a)、$H_2/CO=1$(b)及 $H_2/CO=2$(c)下不同金属氧化物助剂催化剂产物分布图

反应条件：250℃、1bar、3000mL/($g_{cat}\cdot h$)

XRD 和 TEM 结果可知，其活性中心为球状碳化钴，从其产物分布图中可知，无论在不同反应温度还是不同原料气 H_2/CO 比条件下，其产物分布均符合传统 ASF 分布模型，且 C_2 产物未偏离 ASF 模型，说明碳化钴基催化剂对于烯烃产物吸附能力较弱，不易发生再吸附链增长反应，与其高烯/烷比结果相一致，且对甲烷生成无抑制作用。镧助剂的加入未改变球状碳化钴活性中心产物分布，仍符合传统 ASF 分布模型。对于 Mn/Co 和 CoCe 催化剂，其活性中心仍为球状碳化钴，无特定暴露晶面，不具有晶面效应，而在不同反应温度和不同原料气 H_2/CO 比条件下，其产物分布均一定程度地偏离传统 ASF 分布模型，甲烷生成被抑制。对于 CoMn 催化剂，由于其活性中心为棱柱状碳化钴，具有较强的晶面效应，其特定暴露晶面(101)和(020)具有抑制甲烷生成的作用。根据 Mn/Co 催化剂产物分布可知，锰助剂也具有一定程度的抑制甲烷生成的作用。综合上述两种因素，因此，在不同反应温度和不同原料气 H_2/CO 比条件下，其产物分布均极大地偏离传统 ASF 分布模型。如图 2.44 所示，随着反应温度的升高，碳化钴基 FTO 催化剂加氢反应活性增强，Mn/Co、CoCe 和 CoMn 催化剂甲烷选择性逐渐升高，其偏离传统 ASF 分布模型的程度

逐渐减弱。如图 2.45 所示，随着原料气 H_2/CO 比的增大，提高了催化剂表面解离 H 浓度，降低 CH_x 浓度，有利于加氢反应的发生，Mn/Co、CoCe 和 CoMn 催化剂甲烷选择性逐渐升高，其偏离传统 ASF 分布模型的程度逐渐减弱。综上所述，在较低的反应温度和较低的原料气 H_2/CO 比条件下，使用合适的金属氧化物助剂，具有特定暴露晶面(101)和(020)，均有利于抑制甲烷的生成，改善碳化钴基 FTO 催化剂产物分布。

3. 锰助剂作用

锰助剂常用于费-托合成反应中以改善催化剂活性及选择性。通常锰助剂作为电子助剂，改变催化剂电子结构，从而改变其对反应物的化学吸附能力，但锰助剂还可以作为结构助剂改善活性中心分散度，并提高催化剂稳定性。对于还原后无金属氧化物助剂的 Co_3O_4 催化剂，其平均粒径为 97.1nm，加入锰助剂后，还原后 Mn/Co 催化剂平均粒径下降至 31.0nm。当锰助剂与钴物种形成复合氧化物时，还原后 CoMn 催化剂平均粒径进一步下降至 16.3nm。因此可认为在 CoMn 催化剂中锰助剂通过与钴物种形成复合氧化物前驱体，作为结构助剂改善钴物种分散度，且其结构助剂作用效果与锰助剂和钴物种的结合方式有关。

对于传统费-托合成反应，其产物分布符合 ASF 分布模型。根据 ASF 分布模型可知，产物分布与链增长因子有关，且由于费-托合成反应为 CH_x 中间体聚合反应而无法选择性合成目标烃类，避免副产物的生成。因此，费-托合成制低碳烯烃反应的主要瓶颈就是突破传统 ASF 分布模型的限制，在选择性合成低碳烯烃的同时避免甲烷副产物的生成。在铁基费-托催化剂中，锰助剂是一种有效的电子助剂，可通过提高 CO 解离能力，从而提高低碳烯烃选择性，并抑制甲烷生成。在本节中，对于无金属氧化物助剂的 Co_3O_4 催化剂，在不同反应温度及不同原料气 H_2/CO 比条件下，其产物分布均符合传统 ASF 分布模型，未发生偏离。对于 Mn/Co 催化剂，在不同反应温度及不同原料气 H_2/CO 比条件下，均可观察到锰助剂抑制了碳化钴基 FTO 催化剂甲烷生成，其甲烷选择性偏离传统 ASF 分布模型。而对于 CoMn 催化剂，由于其活性中心为棱柱状碳化钴，具有较强的晶面效应，其特定暴露晶面(101)和(020)具有抑制甲烷生成的作用，在不同反应温度及不同原料气 H_2/CO 比条件下，均可观察到其产物分布显著偏离传统 ASF 分布模型。因此可知，CoMn 催化剂优异的抑制甲烷生成作用具有两方面的原因：①锰助剂作为电子助剂，抑制甲烷生成；②棱柱状碳化钴晶面效应，抑制甲烷生成。

迄今为止，钴基费-托催化剂已被广泛研究，特别是 CoMn 催化剂，但具有特定暴露晶面的棱柱状碳化钴活性中心却从未见诸报道，棱柱状碳化钴的生成条件仍是未解之谜。在本节中，我们通过将钴锰复合氧化物前驱体与其他不同金属氧化物助剂或不同结合方式的碳化钴基催化剂前驱体进行对比，研究了棱柱状碳化钴的生成条件。除 CoAl 催化剂外，所有不同金属氧化物助剂碳化钴基催化剂中钴物种均可在钠助剂作用下转化为碳化钴，并无金属单质钴物相存在。根据还原后催化剂 XRD 和 TEM 结果可知，所有的催化剂在还原后均呈球状形貌，且无碳化钴物相存在。由反应后催化剂 TEM 结果可知，对于 Co_3O_4、Mn/Co、CoCe 和 CoLa 催化剂，其碳化钴活性中心呈球状形貌，而钴锰复合氧化物前驱体(CoMn 催化剂)则成功生成棱柱状碳化钴活性中心。根据前期工作研究可知，棱柱状碳化钴是在反应初始阶段中逐渐从钴锰复合氧化物前驱体中分离形成的，如图 2.46 所示。因此可认为锰助剂对于最终碳化钴纳米颗粒形貌具有一定的控制作用。其中，锰助剂与钴物种的结合方式对最终碳化钴纳米颗粒形貌具有极大的影响。Mn/Co 催化剂是以无金属氧化物助剂的 Co_3O_4 催化剂为原料，通过浸渍法添加锰助剂，制得的催化剂中钴物种与锰物种未形成复合氧化物，为混合物，其 Co/Mn 原子比与 CoMn 催化剂均为 2。与以钴锰复合氧化物为前驱体的 CoMn 催化剂相比，混合物型的 Mn/Co 催化剂最终碳化钴形貌及 FTO 反应性能均有极大差异。混合物型的 Mn/Co 催化剂活性中心为球状碳化钴，具有较低的反应活性和低碳烯烃选择性，而复合氧化物前驱体的 CoMn 催化剂活性中心为棱柱状碳化钴，同时具有较高的反应活性、较高的低碳烯烃选择性和较低的甲烷选择性。在前期研究中，钠助剂作为电子助剂可增强钴对 CO 的吸附和解离能力，从而促进碳化钴的生成和稳定。钠助剂的加入方式(浸渍法或共沉淀法)对碳化钴活性中心的最终形貌无影响，但锰助剂的加入方式却是棱柱状碳化钴形成的关键。单独加入钠助剂或锰助剂均无法促进形成具有特定暴露晶面的棱柱状碳化钴目标活性中心，钠助剂与锰助剂在棱柱状碳化钴形成过程中具有协同作用，只有当钴物种与锰助剂以复合氧化物的形式紧密结合，并在钠助剂的促进作用下，才能使最终碳化钴纳米颗粒形貌呈现具有特定暴露晶面的棱柱状。由还原后 CoAl 催化剂 XRD 和 TEM 结果可知，在还原后 CoAl 催化剂中，钴物种与铝助剂也是以复合氧化物形式存在的，但在反应后 CoAl 催化剂 XRD 和 TEM 结果中并未发现棱柱状碳化钴活性中心的存在，其反应性能也并非棱柱状碳化钴活性中心优异的 FTO 反应性能。由 CoAl 催化剂 H_2-TPR 结果可知，钴铝

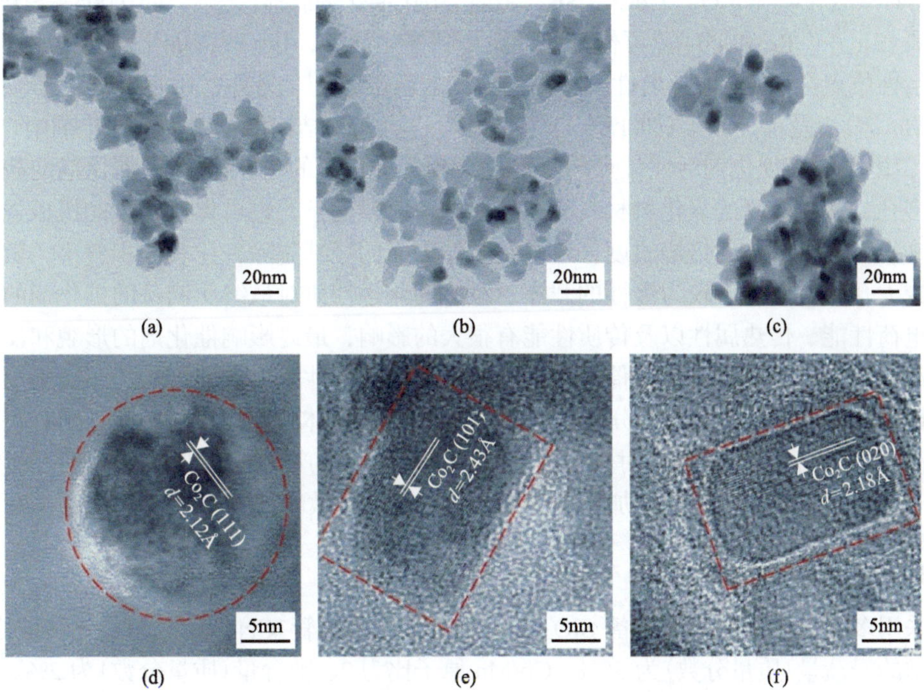

图 2.46　不同反应时间下 CoMn 催化剂 TEM 图

(a、d) 2h；(b、e) 10h；(c、f) 20h

复合氧化物由于稳定性较强，在反应条件下难以分解。因此，推测钴锰复合氧化物在反应过程中作为前驱体不断分解出极小颗粒的碳化钴晶核，进而生长形成棱柱状纳米颗粒。然而对于钴铝复合氧化物，由于其稳定性过高，难以在反应条件下分解形成极小颗粒的碳化钴晶核，从而生长形成棱柱状纳米颗粒。综上所述，在钠助剂的协同作用下，锰助剂以复合氧化物形式与钴物种结合，具有适宜的稳定性，从而控制最终形成的碳化钴纳米颗粒形貌，使其形成具有特定暴露晶面(101)和(020)的棱柱状碳化钴活性中心，并具有极其优异的 FTO 反应性能。

2.4.5　结构助剂效应

合成气通过费-托路线直接制烯烃的反应是典型的强放热反应。反应过程中，如果反应热不能及时被移走，合成气中的一氧化碳就可能裂解产生积碳。少量的积碳会覆盖在催化剂活性位表面，导致催化剂失活，如果积碳继续生长为碳纳米管和线，则会造成催化剂的破碎。在工业化生产中，破碎的催化剂粉末会导致固定床床层的堵塞，严重情况下只能停车。采用负载型催化剂是解决此类问题的常规方法，将活性组分负载在惰性的载体上，一方面提高了活性位的分散性，降低了催化剂的成本；另一方面载体一般具有较强的机械性能和传热效率，采用负载型催化剂也同时增加了催化剂的耐磨性，减少了催化剂热点的生成[35,40]。

负载型钴催化剂被广泛应用于工业化的费-托合成，金属钴的负载量(质量分数)一般为 10%～30%，SiO_2、Al_2O_3 和 TiO_2 是常用的催化剂载体。此外，碳材料、分子筛(SBA-15、MCM-41)、ZrO_2、Nb_2O_5、CeO_2、SiC 等也被用作催化剂载体[41]。少量(0.005%～1%)的贵金属(Ru、Pt、Re 和 Pd 等)可作为助剂添加到催化剂中，用于改善催化剂的还原性能，增加活性位点金属 Co 的分散性，提高催化剂的稳定性[42]。另外，过渡金属元素(如 Zr、Cr、Mn 等)以及稀土元素(如 La、Ce、Th 等)也可作为结构助剂添加到催化剂中(1%～10%)，用于提高催化剂活性位点的分散性，改善催化剂的费-托性能。催化剂的载体一般为多孔、熔点较高的氧化物材料。在较高的反应温度下，也可保持一定的机械强度。一般来说，提高载体的焙烧温度，可以使载体表面的羟基脱除，比表面积变小，微孔消失变成大孔，进而形成较为惰性的载体。载体的化学性质对最终所制备的催化剂的还原性、电荷性能、传热属性以及传质性能有很大的影响，最终影响催化剂的形貌和反应活性。载体的物理性能，对负载催化剂中活性组分的分散性有很大的影响。一般来说，较高的比表面积，有利于金属的分散，如果不考虑金属-载体相互作用的影响，则有利于催化剂活性的提高。载体的酸性对催化产物中甲烷选择性及产物的碳数分布有很大的影响。而对于强放热反应，载体的添加也提高了催化剂的导热效率[43,44]。

1. 催化剂结构

采用多步等体积浸渍法制备 SiO_2、γ-Al_2O_3 和碳纳米管(CNT)负载的碳化钴催化剂，金属钴的浸渍量(质量分数)为 30%，Co/Mn 原子比为 2，钠含量(质量分数)为 2%。X 射线荧光光谱(XRF)分析焙烧后不同载体负载催化剂中的元素组成，结果如表 2.22 所示。可以发现，三种载体负载的催化剂中，金属 Co 含量(质量分数)约占催化剂总重的 30%，金属钠含量在 2%左右，Co/Mn 原子比接近 2。所测结果与催化剂制备时的投料化学计量基本一致。

表 2.22 负载型催化剂的元素组成

催化剂	元素组成[a]（质量分数）		Co/Mn 原子比
	Co 含量/%	Na 含量/%	
CoMnNa/SiO_2	29.7	1.5	2.2
CoMnNa/γ-Al_2O_3	32.6	1.6	2.0
CoMnNa/CNT	32.2	2.9	1.9

a. 基于 XRF 的元素组成。

N_2 物理吸附测定不同载体及其负载的催化剂织构信息，结果如表 2.23 所示。SiO_2 载体具有最大的比表面积，约为 459m^2/g。γ-Al_2O_3 和 CNT 载体的比表面积分别为 185m^2/g 和171m^2/g。负载催化剂后，由于负载组分对载体孔的覆盖和堵塞，所有催化剂的比表面积均有所下降。CoMnNa/SiO_2、CoMnNa/γ-Al_2O_3 和 CoMnNa/CNT 的比表面积分别降低到 61m^2/g、73m^2/g 和 98m^2/g。在孔径分布方面，载体 SiO_2、γ-Al_2O_3 和 CNT 的平均孔体积分别为 0.78cm^3/g、0.52cm^3/g 和 0.57cm^3/g，而负载催化剂后，相应的催化剂的平均孔径均有所降低，CoMnNa/SiO_2、CoMnNa/γ-Al_2O_3 和 CoMnNa/CNT 催化剂的平均孔体积分别降低到 0.23cm^3/g、0.21cm^3/g 和 0.37cm^3/g。

表 2.23 载体及所负载催化剂的孔结构特性

催化剂	BET 比表面积/(m^2/g)	孔体积/(cm^3/g)	孔径/nm
SiO_2	459	0.78	6.3
γ-Al_2O_3	185	0.52	9.5
CNT	171	0.57	14.7
CoMnNa/SiO_2	61	0.23	—
CoMnNa/γ-Al_2O_3	73	0.21	9.2
CoMnNa/CNT	98	0.37	16.2

如图 2.47 所示的 SiO_2、γ-Al_2O_3 及其负载催化剂的 N_2 吸脱附等温线属于典型的Ⅳ型曲线，对应于孔径尺寸在 2～50nm 范围内的介孔材料。SiO_2 和 γ-Al_2O_3 载体的平均孔径分别为 6.3nm 和 9.5nm。负载催化剂后，CoMnNa/SiO_2 催化剂在 6.0nm 附近的孔结构基本消失，而在约 14.7nm 处出现一个扁平的孔分布。可能的原因在于，较小的孔在浸渍催化剂后被堵塞而消失，而处于 14.7nm 处的孔为催化剂焙烧过程中产生的堆积孔。而 CoMnNa/γ-Al_2O_3 催化剂，其平均孔径分布基本没有变化，仍然集中在 9.5nm 附近。与相应的载体相比，CoMnNa/SiO_2、CoMnNa/γ-Al_2O_3 的孔体积均变小，因此，孔径分布图的峰形变矮。对于 CNT 载体及其负载的催化剂，N_2 吸脱附等温线同样属于典型的Ⅳ型曲线。孔径分布在 3.0nm 处出现一个较为集中的分布，对应于碳纳米管的内部孔结构，因此，负载前后的孔集中分布位置没有发生明显变化。而负载后的催化剂在约 20.0nm 处出现的新的孔分布对应于浸渍催化剂过程中形成的堆积孔。

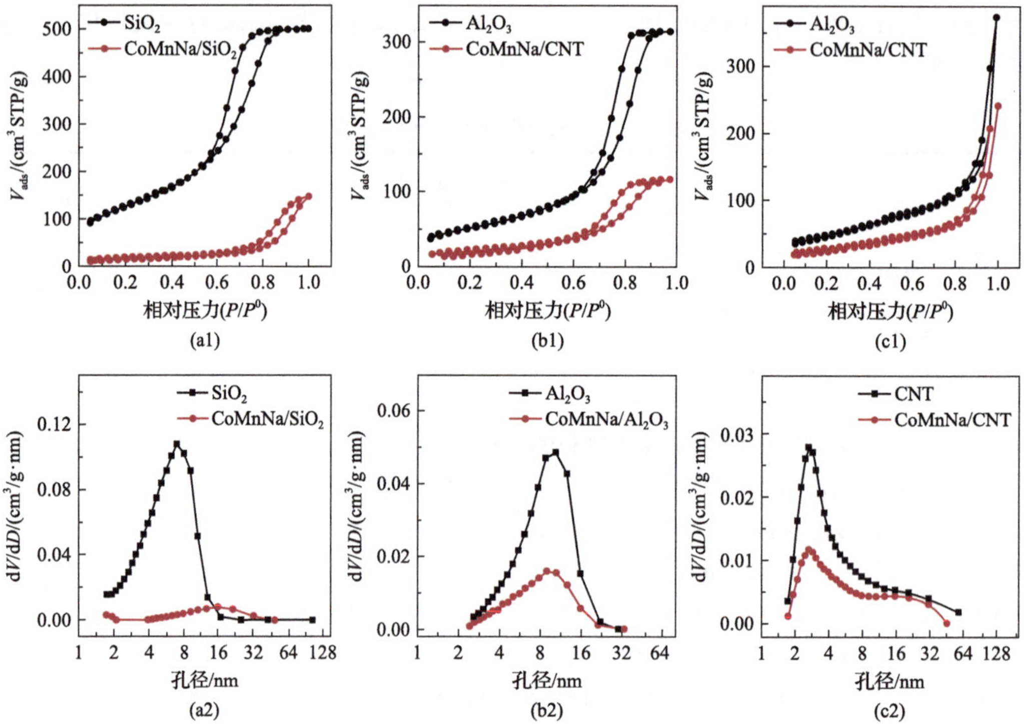

图 2.47　负载型催化剂 SiO_2(a)、γ-Al_2O_3(b)及 CNT(c)的吸脱附性能

焙烧后的负载型催化剂的 XRD 图如图 2.48(a)所示，对于 CoMnNa/SiO_2 和 CoMnNa/γ-Al_2O_3 催化剂,其 XRD 图均表现为 Co_3O_4 和 MnO_2 的衍射峰,而 CoMnNa/CNT 则表现为 $CoMn_2O_4$ 和 CoO 的衍射峰。在 300℃、1bar 的 10% CO/N_2(体积分数)气氛中还原 10h 后[图 2.48(b)]，CoMnNa/SiO_2 催化剂表现为 MnO 和 CoO 的衍射峰，表明 Co 和 Mn 物种出现了完全分离。通过谢乐公式，在 2θ=42.4°，采用 CoO(200)晶面计算得到 CoO 晶粒的平均粒径约为 9.5nm。而对于 CoMnNa/γ-Al_2O_3 催化剂，除 CoO 和 MnO 外，

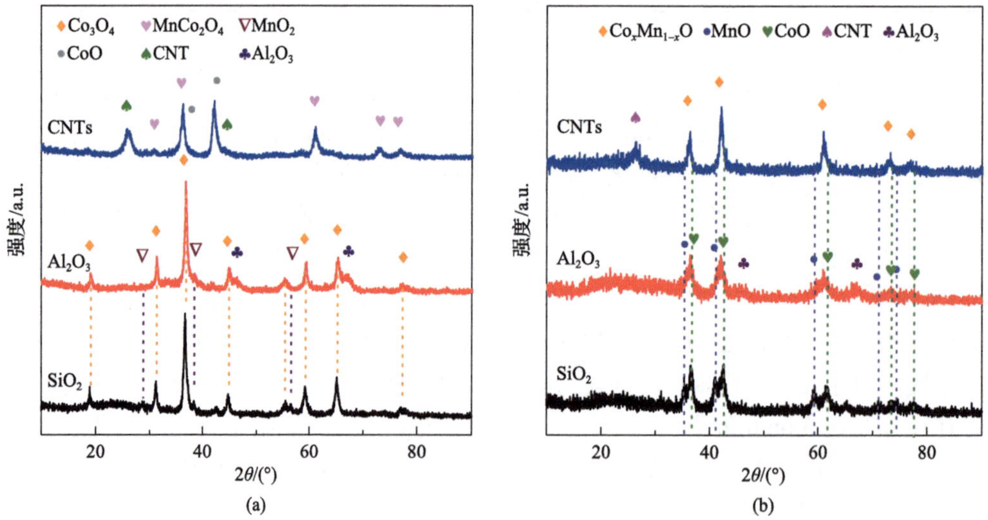

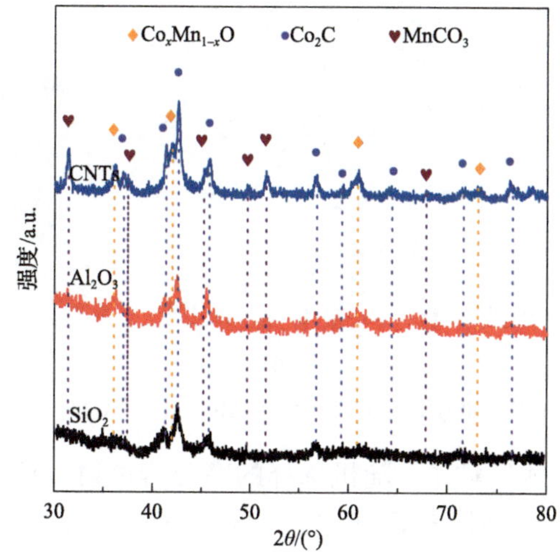

(c)

图 2.48 $CoMnNa/SiO_2$(a)、$CoMnNa/\gamma\text{-}Al_2O_3$(b)及 CoMnNa/CNT(c)的 XRD 图

在 2θ=36.3°、42.3°和 61.2°处出现了对应于低结晶度的 $Co_xMn_{1-x}O$ 的衍射峰。而 CoMnNa/CNT 仅发现 $Co_xMn_{1-x}O$ 的衍射峰。通过谢乐公式计算还原后的 $CoMnNa/\gamma\text{-}Al_2O_3$ 和 CoMnNa/CNT 样品中 $Co_xMn_{1-x}O$ 的平均晶粒尺寸分别为 15.4nm 和 23.3nm。对于反应后的样品，所有负载型催化剂均在 2θ=41.3°、42.6°和 45.7°处发现对应于 Co_2C 的衍射峰。反应后的 $CoMnNa/\gamma\text{-}Al_2O_3$ 和 CoMnNa/CNT 样品中，同时出现了对应于 $Co_xMn_{1-x}O$ 的衍射峰。另外，对于 CNT 负载的催化剂，在 2θ=31.4°、37.5°和 51.7°处出现了对应于 $MnCO_3$ 的衍射峰。

反应后的负载型催化剂的 TEM 图如图 2.49 所示。$CoMnNa/SiO_2$ 催化剂中发现了

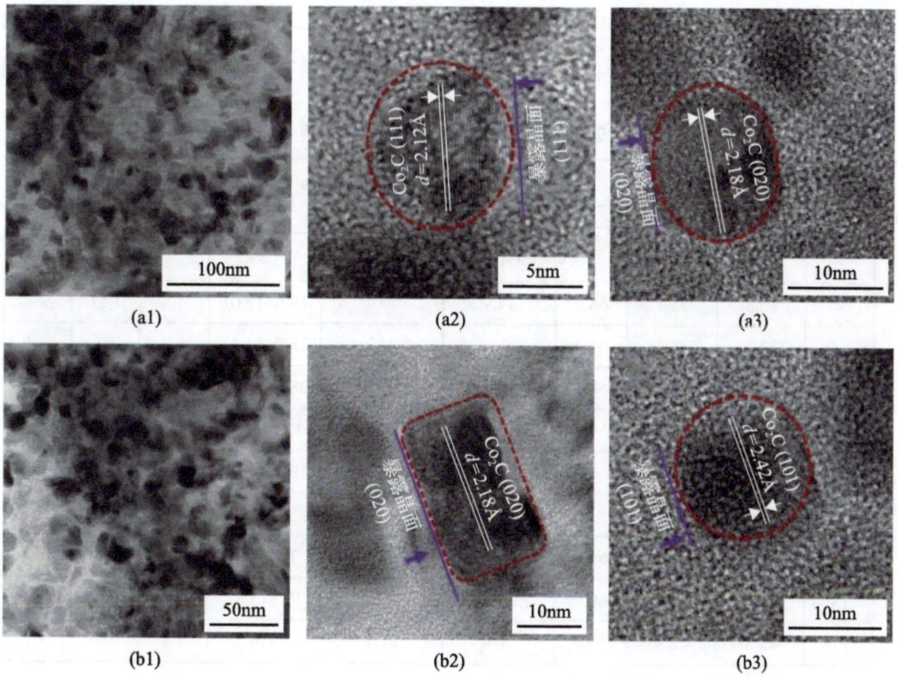

(c1) (c2) (c3)

图 2.49 反应后 CoMnNa/SiO_2(a)、CoMnNa/γ-Al_2O_3(b)及 CoMnNa/CNT(c)的 TEM 图

大量粒径在 5～30nm 的球形粒子，随机选择的高分辨透射电镜图如图 2.49(a2)和(a3)所示，d=2.12Å 和 2.18Å 分别代表 Co_2C 的(111)和(020)晶面。而 CoMnNa/γ-Al_2O_3 催化剂中，同时观察到球形和棱柱状两种纳米颗粒。而 CoMnNa/CNT 催化剂中仅发现棱柱状的纳米粒子，随机选择的高分辨透射电镜图中 d=2.18Å 和 2.42Å 分别代表 Co_2C 的(020)和(101)晶面。

2. 催化性能

265℃和 5bar 条件下不同载体负载催化剂的 FTO 反应性能如表 2.24 所示。在原料气 H_2/CO=0.5 的条件下，三种载体负载的催化剂均表现出比较相近的催化活性(10.8%～12.8%)，但对于产物选择性的影响却有很大的不同。不同载体负载催化剂上 CO_2 选择性依次为：CoMnNa/SiO_2(35.1%)＜CoMnNa/γ-Al_2O_3(38.1%)＜CoMnNa/CNT(46.1%)。Co_2C 基催化剂表现出很好的水煤气变换性能，说明该类型催化剂可以直接以丰富的煤或者生物质的气化得到的较低 H_2/CO 的合成气作为原料。对于一个好的 FTO 催化剂，需要尽可能地提高烯烃的选择性，同时降低甲烷选择性，在所考察的不同载体负载的催化剂中，

表 2.24 负载型催化剂的 FTO 性能

催化剂	H_2/CO 比	CO 转化率/%	CO_2 选择性/%	产物选择性(不包括 CO_2)/%				烯/烷比			
				烯烃	含氧化合物	烯烃+含氧化合物	烷烃(甲烷)	C_2	C_3	C_4	总烯/烷比
CoMnNa/SiO_2	0.5	10.8	35.1	68.5	11.9	80.4	19.6(12.0)	4.8	12.1	9.7	3.5
	1.0	32.2	38.7	64.4	9.8	74.2	25.9(14.5)	1.7	8.5	6.4	2.5
	2.0	63.2	36.5	50.5	10.8	61.3	38.7(20.4)	0.3	4.4	4.2	1.3
CoMnNa/γ-Al_2O_3	0.5	12.2	38.1	64.7	22.7	87.4	12.6(5.8)	7.2	16.9	11.9	5.1
	1.0	32.7	45.1	66.2	14.0	80.2	19.8(10.2)	2.3	10.9	8.1	3.3
	2.0	60.6	42.3	51.5	14.7	66.2	33.8(17.6)	0.6	5.3	5.0	1.5
CoMnNa/CNT	0.5	12.8	46.1	66.6	25.4	92.0	7.9(2.4)	12.9	16.4	10.4	8.4
	1.0	26.6	50.0	60.0	27.2	87.2	12.8(5.4)	5.8	10.9	7.4	4.7
	2.0	42.8	48.9	54.7	26.4	81.1	18.9(9.2)	3.4	8.2	5.7	2.9

注：反应条件：265℃，5bar，2000mL/(g_{cat}·h)。

虽然 $CoMnNa/SiO_2$ 上烯烃和含氧化合物的总选择性达到 80.4%，但烷烃的选择性达到 19.6%，甲烷选择性高达 12%，总的烯/烷比仅为 3.5。$CoMnNa/\gamma\text{-}Al_2O_3$ 催化剂上目标产物烯烃和含氧化合物的总选择性达到 87.4%，烷烃选择性也达到 12.6%，同时甲烷选择性也高达 5.8%，总的烯/烷比为 5.1。而 CNT 负载的催化剂表现出最好的 FTO 性能，烯烃和含氧化合物的总选择性为 92.0%，烷烃选择性仅为 7.9%，甲烷选择性低至 2.4%，而总的烯/烷比高达 8.4。

不同载体负载催化剂的烃类产物分布如图 2.50 所示。原料气 $H_2/CO=0.5$ 的条件下，CNT 负载的催化剂上烃类产物分布显著偏离传统的 ASF 分布，对于 C_2 组分，由于乙烯双键位于仅有的两个端位碳之间，更容易参与再吸附的二次反应，因此 C_2 组分的含量也较预期值低。而对于 SiO_2 载体负载的催化剂，其烃类产物分布基本符合传统的 ASF 分布。而 $\gamma\text{-}Al_2O_3$ 负载催化剂的烃类产物分布介于上述两种催化剂之间，烷烃产物分布略微

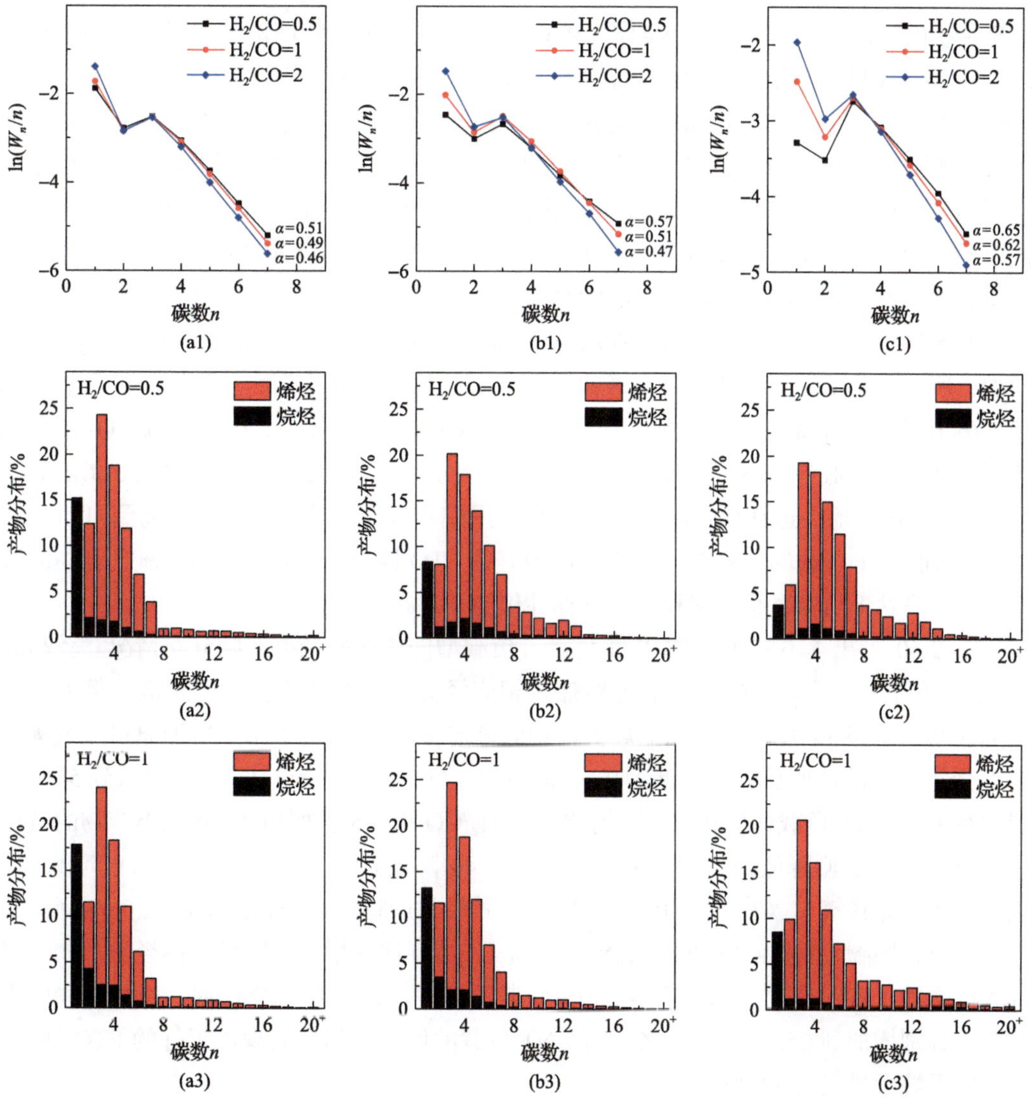

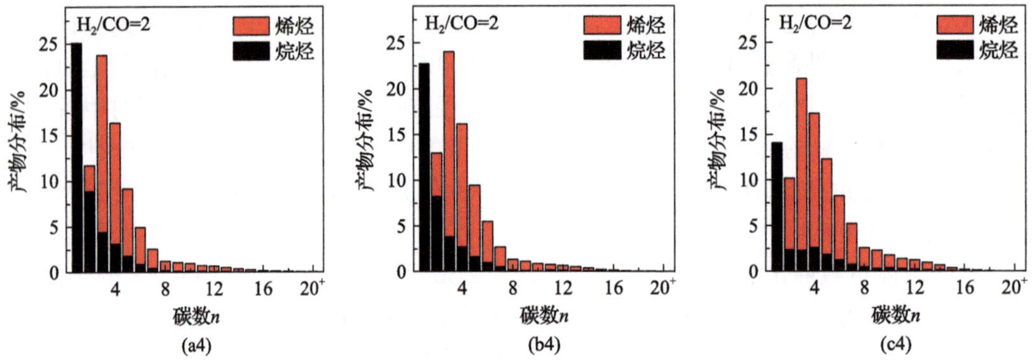

图 2.50 CoMnNa/SiO_2(a)、CoMnNa/γ-Al_2O_3(b)及 CoMnNa/CNT(c)的产物 ASF 分布(1)，H_2/CO=0.5 时烃类分布(2)、H_2/CO=1 时烃类分布(3)及 H_2/CO=2 时烃类分布(4)(质量分数)

反应条件：265℃、5bar、2000mL/(g_{cat}·h)

偏离传统的 ASF 分布。SiO_2、γ-Al_2O_3 和 CNT 载体的烃类产物链增长因子分别为 0.51、0.57 和 0.65。CNT 催化剂表现出较高的链增长能力，说明其更容易生成长链烯烃。H_2/CO=0.5 条件下，各负载型催化剂的烃类分布(质量分数)随碳数的变化如图 2.50(a2)、(b2)和(c2)所示。CNT 载体负载催化剂烃类中的烯烃含量达到 88.7%，同时甲烷含量仅为 3.7%。所得到的烯烃主要分布在 C_2～C_{12} 之间，占总烯烃的 91.0%以上，而 C_{13+} 以上的烯烃总数低于 5%。对于 SiO_2 和 γ-Al_2O_3 负载的催化剂，烃类产物中烯烃含量分别降低到 76.1%和 81.4%，甲烷含量分别高达 15.2%和 8.3%。

原料气组成对负载型催化剂 FTO 性能的影响如表 2.24 所示，随着原料气 H_2/CO 的增加，所有催化活性均有所增加。较高的氢气分压增加了催化剂的加氢性能，产物中总的烯/烷比降低，甲烷选择性增加。例如，在 H_2/CO=2 的条件下，CoMnNa/SiO_2 催化剂的烯烃选择性降低为 50.5%，甲烷和烷烃的选择性分别升高到 20.4%和 38.7%。CoMnNa/γ-Al_2O_3 催化剂的烯烃选择性也降低到 51.5%，甲烷和烷烃的选择性分别升高到 17.6%和 33.8%。而 CNT 负载的催化剂仍然表现出很好的 FTO 性能，总的烯烃和含氧化合物的选择性仍然高达 81.1%。而甲烷和烷烃选择性仅为 9.2%和 18.9%。

图 2.50 列出了不同 H_2/CO 比条件下，负载型催化剂的烃类产物分布情况。较高的 H_2 分压条件下，催化剂的加氢能力增加，相应烃类产物的链增长能力降低。例如，在 H_2/CO=0.5 时，SiO_2 负载催化剂上烃类产物的链增长因子(α)为 0.51，增加原料气氢碳比到 2，烃类产物的链增长因子降低到 0.46。同时，总烃中烯烃含量也从 76.1%降低到 54.4%。同样对于 γ-Al_2O_3 负载的催化剂，随着原料气 H_2/CO 从 0.5 增加到 2，其烃类产物的链增长能力从 0.57 急剧降低到 0.47，烯烃含量从 81.4%降低到 58.1%。而对于 CNT 负载的催化剂，随着原料气 H_2/CO 比从 0.5 增加到 2，其烃类产物的链增长因子仅从 0.65 降低到 0.57，总烃中烯烃含量从 88.7%降低到 72.7%。H_2/CO 比的增加，同样使得烃类产物中甲烷含量增加，特别是对于 SiO_2 和 γ-Al_2O_3 负载的催化剂，当 H_2/CO=2 时，烃类产物中甲烷含量分别增加到 25.1%和 22.7%。而 CNT 负载的催化剂仍然表现出很好的 FTO 性能，总烃中甲烷含量仅为 14.0%。

2.5 碳化钴基合成气直接制烯烃工艺条件

合成气直接制烯烃反应工艺条件对催化性能有显著影响，反应温度、压力、空速、合成气 H_2/CO 比的变化能够明显改变催化活性及产物选择性。提高反应温度、压力、合成气 H_2/CO 比以及降低空速有利于提高 CO 转化率，但产物选择性会发生相应变化。高温条件下链增长能力减弱，产物向低碳组分偏移，但催化剂加氢能力增强，饱和烷烃增加，且高温利于水煤气变换反应，产物 CO_2 含量增加。压力提升有利于增强催化剂的链增长能力，产物向高碳组分偏移，催化剂加氢能力同样会增强，产物烯/烷比有所降低。在较高氢气分压下，链增长能力减弱，加氢能力增强，不利于烯烃生成。此外，催化剂的还原和起活阶段是催化活性结构生成的关键阶段，还原和起活条件能够显著影响活性物种以及不同的活性位结构生成，接下来着重讨论工艺条件对催化性能的影响。

2.5.1 产物分布模型

费-托反应中的一个重要指标——产物 ASF 分布，能够反映产物的分布情况，理论 ASF 分布规律中产物的 $\ln(W_n/n)$-n(W_n代表碳数为 n 的组分在除 CO_2 外所有产物中的质量分数)传统费-托催化剂对 ASF 分布的偏离一般体现在 C_1 组分(即甲烷)的正偏离(即高于理论值)以及 C_2 组分的负偏离。Co_2C 活性位上产物分布的偏离体现在 C_1 和 C_2 组分同时出现负偏离，接下来采用修正的 ASF 产物分布模型来描述这一独特现象。

1. 修正 ASF 分布模型建立

基于 Co_2C 活性位上产物分布的特点，假定 C_1 及 C_2 组分的链增长因子由产物碳数决定，C_3 以上组分链增长因子不随碳数发生改变，从而提出三因子的 ASF 分布模型，即 $\alpha_1 \neq \alpha_2 \neq \alpha_3 = \alpha_4 = \alpha_5 = \cdots$。图 2.51 表明了碳数同链增长因子间的关系。图 2.52 所示为反应

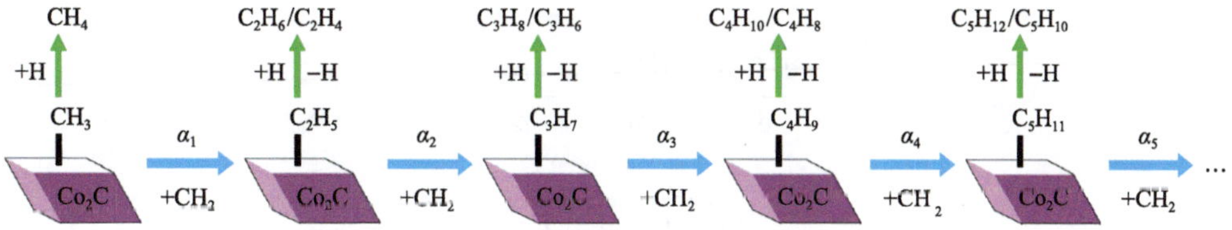

图 2.51 三因子的链增长机理

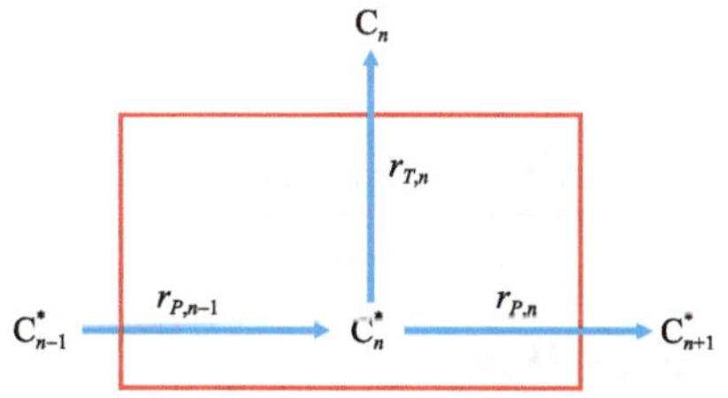

图 2.52 稳态时 C_n 分子的转化示意图

系统，反应中间物种C_n^*下一步转化中有两条途径，即链终止生成烯烃或烷烃，或者链增长生成C_{n+1}^*，当反应达到稳态时

$$r_{P,n-1}=r_{P,n}+r_{T,n}$$

式中，$r_{P,n}$代表链增长速率；$r_{T,n}$代表链终止速率。

链增长因子可以表述成

$$\alpha_n=\frac{r_{P,n}}{r_{P,n}+r_{T,n}}$$

而相邻碳数的链终止速率之比为

$$\frac{r_{T,n}}{r_{T,n-1}}=\frac{1-\alpha_n}{1-\alpha_{n-1}}\cdot\alpha_{n-1}$$

将其表述成微分形式为

$$\frac{\mathrm{d}[C_n]/\mathrm{d}t}{\mathrm{d}[C_{n-1}]/\mathrm{d}t}=\frac{1-\alpha_n}{1-\alpha_{n-1}}\cdot\alpha_{n-1}$$

定义$\mathrm{d}[C_0]/\mathrm{d}t$为总的产物分子数：

$$\frac{\mathrm{d}[C_1]}{\mathrm{d}t}=\frac{\mathrm{d}[C_0]}{\mathrm{d}t}\cdot(1-\alpha_1)$$

$$\frac{\mathrm{d}[C_2]}{\mathrm{d}t}=\frac{\mathrm{d}[C_1]}{\mathrm{d}t}\cdot\frac{1-\alpha_2}{1-\alpha_1}\cdot\alpha_1$$

$$\frac{\mathrm{d}[C_3]}{\mathrm{d}t}=\frac{\mathrm{d}[C_2]}{\mathrm{d}t}\cdot\frac{1-\alpha_3}{1-\alpha_2}\cdot\alpha_3$$

$$\frac{\mathrm{d}[C_4]}{\mathrm{d}t}=\frac{\mathrm{d}[C_3]}{\mathrm{d}t}\cdot\alpha_3$$

$$\vdots$$

$$\frac{\mathrm{d}[C_n]}{\mathrm{d}t}=\frac{\mathrm{d}[C_{n-1}]}{\mathrm{d}t}\cdot\alpha_{n-1}$$

因此三因子的产物分布即可表述成

$$y_1 = \frac{d[C_1]/dt}{d[C_0]/dt} = 1 - \alpha_1$$

$$y_2 = \frac{d[C_2]/dt}{d[C_0]/dt} = \alpha_1 \cdot (1 - \alpha_2)$$

$$y_n = \frac{d[C_n]/dt}{d[C_0]/dt} = \alpha_1 \cdot \alpha_2 \cdot \alpha_3^{n-3} \cdot (1 - \alpha_3)$$

式中，y_n 代表产物分摩尔分数，需要通过下式将其转化成质量分数的分布

$$W_n = \frac{n \cdot y_n}{\sum_{i=1}^{\infty}(n \cdot y_n)}$$

那么基于质量分数的产物分布公式即可表述成

$$W_1 = \frac{(1-\alpha_1)(1-\alpha_3)}{1+\alpha_1+\alpha_1\alpha_2-\alpha_3-\alpha_1\alpha_3}$$

$$\frac{W_2}{2} = \frac{\alpha_1(1-\alpha_2)(1-\alpha_3)}{1+\alpha_1+\alpha_1\alpha_2-\alpha_3-\alpha_1\alpha_3}$$

$$\frac{W_n}{n} = \frac{\alpha_1\alpha_2\alpha_3^{n-3}(1-\alpha_3)^2}{1+\alpha_1+\alpha_1\alpha_2-\alpha_3-\alpha_1\alpha_3} \quad (n \geqslant 3)$$

2. 基于修正 ASF 模型的产物分布

图 2.53～图 2.55 为不同反应条件下产物 ASF 分布情况，C_1 和 C_2 组分都表现出了对理论 ASF 直线不同程度的偏离。图 2.53 为不同合成气 H_2/CO 比条件下产物 ASF 分布，反应产物随原料气 H_2/CO 比降低而对理论直线的偏离程度更大，并且主要体现在甲烷的偏离上，C_2 组分的偏离程度几乎不受原料气 H_2/CO 比影响，三种不同 H_2/CO 比原料气反应条件下计算得到的 C_2 组分的 $\ln(W_n/n)$ 几乎不变。Co_2C 活性位点能够有效抑制甲烷生成，在一定程度上与其加氢性能相关，而 Co_2C 活性位点表现出极高烯/烷比等特点，表明其加氢性能要明显弱于单质 Co 活性位点。甲烷的偏离主要是由于 Co_2C 较弱的加氢性能，C_2 组分的偏离主要基于乙烯的再吸附及二次反应。乙烯在 Co_2C 表面再吸附后会发生 CO 插入的链增长反应，从而导致 C_2 组分整体偏离理论值。此外，Co_2C 活性位点上的表面特殊结构使得 C_2 组分固有的链增长能力较强，这两方面的共同原因造成 C_2 组分对理论模型产生偏离。总之，甲烷的偏离与催化剂的加氢能力息息相关，而 C_2 组分的偏离受催化剂加氢能力的影响较小。对于图 2.53 出现的变化规律，随着合成气 H_2/CO 比逐

渐降低，反应体系中 H_2 分压降低，从而导致加氢反应逆向平衡移动，较低的 H_2/CO 比条件下甲烷选择性更低，对理论 ASF 分布的偏离更为严重。而 C_2 组分的 ASF 分布不受加氢性能影响，其偏离程度几乎不受原料气 H_2/CO 比变化的影响。

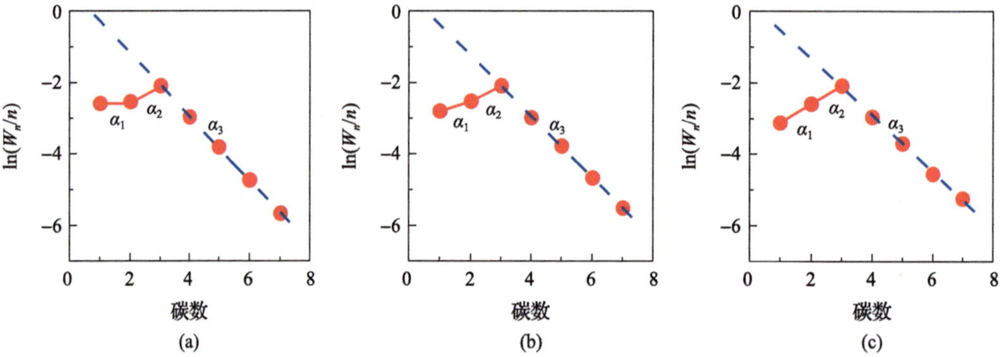

图 2.53　$H_2/CO=2$(a)、$H_2/CO=1$(b)及 $H_2/CO=0.5$(c)条件下产物 ASF 分布

反应条件：250℃、1bar、2000mL/($g_{cat}\cdot h$)

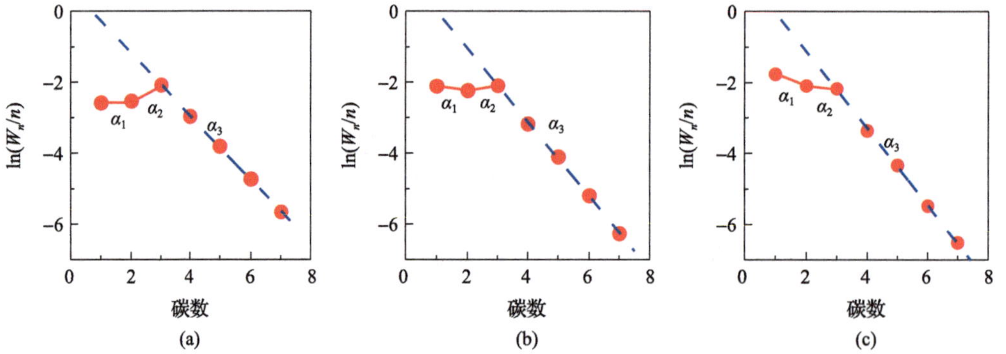

图 2.54　250℃(a)、260℃(b)及 270℃(c)下产物 ASF 分布

反应条件：1bar、$H_2/CO=0.5$、2000mL/($g_{cat}\cdot h$)

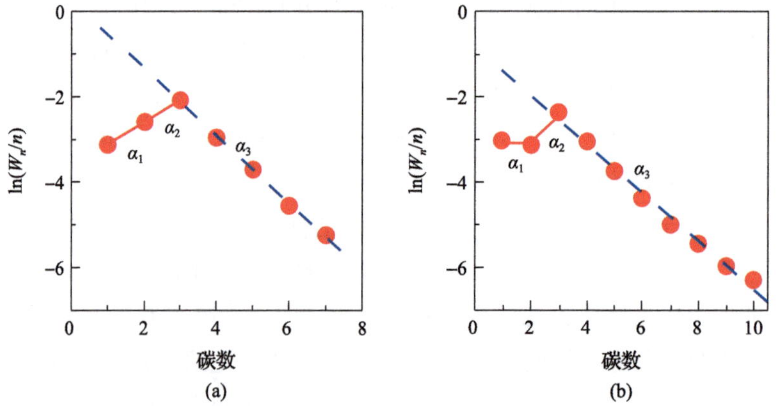

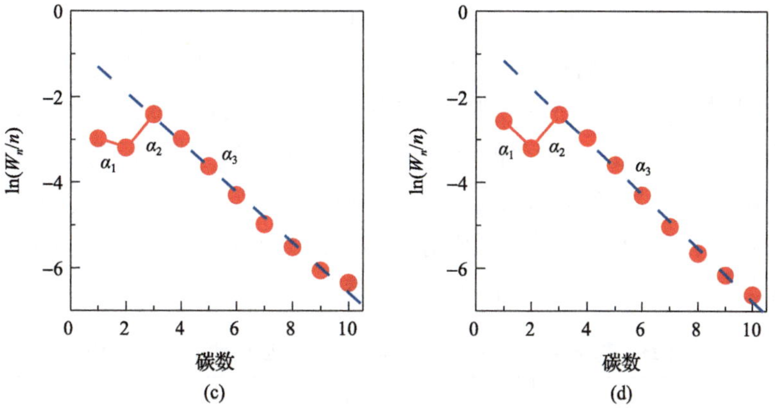

图 2.55　1bar(a)、3bar(b)、5bar(c)及 10bar(d)产物 ASF 分布

反应条件：250℃、H_2/CO=0.5、2000mL/(g_{cat}·h)

图 2.54 为不同反应温度下产物 ASF 分布变化情况，随反应温度升高，C_1 和 C_2 组分对理论 ASF 的偏离程度越小，而甲烷的变化最为明显。反应温度对催化剂的加氢性能及 C_2 组分的链增长性能均会产生影响，且对加氢性能的影响更为显著，所以 C_1 组分的变化程度远大于 C_2 组分。图 2.55 为不同反应压力对产物 ASF 分布的影响，随反应压力的提升甲烷对理论 ASF 的偏离程度同样越来越小，表明高压条件下反应的加氢性能同样会有所提升。从 C_2 组分来看，随反应压力的提升，其偏离程度反而有所增加，表明反应压力除了能够提升加氢性能，反应的链增长能力同样有所提升。

基于修正的三因子 ASF 分布模型，通过实际反应产物中 C_{3+}产物的分布情况可以拟合得到α_3，W_1 和 W_2 分别代表 C_1 组分和 C_2 组分的质量分数，可通过实际反应性能数据计算得到，从而通过这三个参数结合下式修正的三因子 ASF 分布模型：

$$\frac{W_n}{n}=\begin{cases}\dfrac{(1-\alpha_1)(1-\alpha_3)}{1+\alpha_1+\alpha_1\alpha_2-\alpha_3-\alpha_1\alpha_3} & (n=1)\\[2ex] \dfrac{\alpha_1(1-\alpha_2)(1-\alpha_3)}{1+\alpha_1+\alpha_1\alpha_2-\alpha_3-\alpha_1\alpha_3} & (n=2)\\[2ex] \dfrac{\alpha_1\alpha_2\alpha_3^{n-3}(1-\alpha_3)^2}{1+\alpha_1+\alpha_1\alpha_2-\alpha_3-\alpha_1\alpha_2} & (n\geqslant 3)\end{cases}$$

可计算得到另外两个链增长因子α_1 和α_2 的数值，其结果列于表 2.25 中。不同反应条件下计算得到的 C_1 和 C_2 组分的链增长因子α_1 和α_2 都大于α_3，表现在 ASF 分布曲线中即 C_1 和 C_2 组分落于理论直线下方，表明实际反应中 C_1 和 C_2 更倾向于参与链增长，而不是从催化剂表面脱附形成相应产物。采用不同 H_2/CO 比的合成气反应α_1 数值都要大于α_2，表明 C_1 组分的链增长能力大于 C_2 组分。而α_1 和α_2 随着 H_2/CO 比降低而增加，表明较低的 H_2/CO 比能够增强反应的链增长能力，因此甲烷和 C_2 组分的偏离程度也更为显著。随反应压力增加，C_{3+}组分的链增长因子增加，与传统费-托反应的规律相同，但是 C_1 组分的链增长因子有所降低。上文分析指出，催化剂加氢性能受反应压力影响较大，反应压力增加，C_1 组分更容易加氢形成甲烷从催化剂表面脱附，从而使其链增长因子降低。但是反应压力对 C_2 组分的链增长能力影响较小，因此α_2随压力增加变化幅度较小。反应温度同时对三个链增长因子产生影响，反应温度升高，α_1、α_2和α_3同时增加，从而造成所有反应产物整体向低碳方向移动，α_1和α_2变化幅度大于α_3，从而造成 ASF 分布曲线中 C_1 和 C_2 组分逐渐向理论直线靠近。

表 2.25　基于修正 ASF 分布模型的不同反应条件下链增长因子

温度/℃	压力/bar	H_2/CO 比	链增长因子		
			α_1	α_2	α_3
250	1	2	0.79	0.72	0.41
250	1	1	0.87	0.80	0.43
250	1	0.5	0.90	0.82	0.45
250	3	0.5	0.82	0.79	0.68
250	5	0.5	0.81	0.81	0.64
250	10	0.5	0.74	0.82	0.62
260	1	2	0.71	0.64	0.35
270	1	2	0.63	0.57	0.34

2.5.2　还原条件

费-托催化剂具有结构敏感性的特点。Co_2C 基 FTO 反应具有强烈的晶面效应，因此，如何可控合成具有特定暴露面的棱柱状 Co_2C 是 Co_2C 基 FTO 反应的关键。催化剂前驱体的不同将会严重影响后续物相的变化。在费-托反应中，影响催化剂前驱体的两个重要过程为：还原过程和起活过程。还原过程包括不同的还原气氛、还原温度及还原空速等，主要通过影响催化剂前驱体物相组成及晶体结构，进而影响催化剂的评价性能。起活过程包含不同的起活温度，主要影响催化剂在反应过程中的物相结构及碳化速率，从而影响催化剂的评价性能与稳定性。

1. 催化剂结构

1）还原气氛

图 2.56 为不同还原气氛（纯 CO、10% CO 及 10% H_2）与还原温度（250℃、300℃、350℃、400℃）下还原及反应后催化剂的 XRD 图。还原温度为 300℃时，纯 CO-300℃还原后样品出现明显的 $Co_xMn_{1-x}O$ 和 Co_2C 物相的特征峰。当还原气氛改为 10% CO 与 10% H_2，只有 $Co_xMn_{1-x}O$ 物相的特征峰。当还原气氛采用 10% H_2，250℃与 300℃还原后的催化剂中只存在 $Co_xMn_{1-x}O$ 物相；400℃还原后的催化剂中 Co^0 与 MnO 的衍射峰最为明显，且没有检测到 $Co_xMn_{1-x}O$ 物相；350℃还原后的催化剂中既有 Co^0，也有 $Co_xMn_{1-x}O$ 物相。

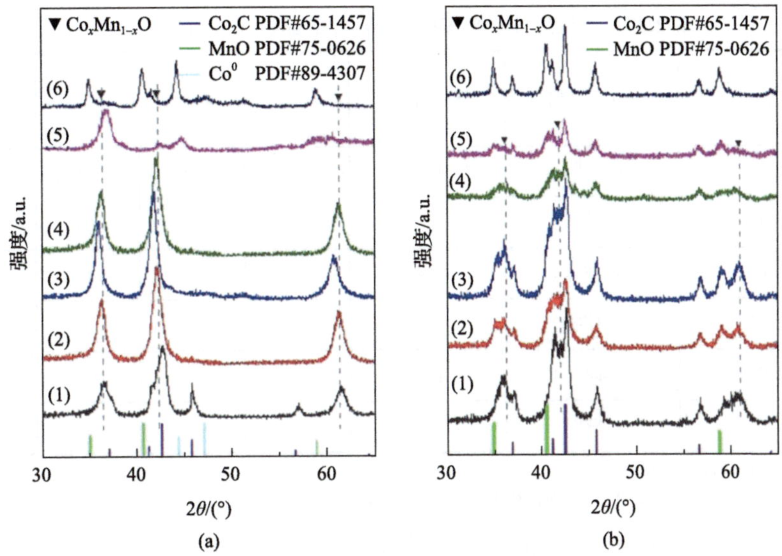

图 2.56 不同条件还原(a)及反应后(b)催化剂的 XRD 图

(1) CO-300℃；(2) 10% CO-300℃；(3) 10% H_2-300℃；(4) 10% H_2-250℃；(5) 10% H_2-350℃；(6) 10% H_2-400℃

反应后催化剂 XRD 图中，采用 CO-300℃、10% CO-300℃、10% H_2-300℃、10% H_2-250℃以及 10% H_2-350℃为还原气氛可检测到 Co_2C、MnO 及 $Co_xMn_{1-x}O$ 物相，而 10% H_2-400℃还原的催化剂反应后仅能检测到 Co_2C 与 MnO 物相，未检测到 $Co_xMn_{1-x}O$ 物相。催化剂物相定量分析结果如表 2.26 所示，CO-300℃还原样品中 Co_2C 物相含量(质量分数)为 32.0%，反应后 Co_2C 的含量增加到 50.9%。10% CO-300℃还原样品反应后 Co_2C 和 MnO 的含量分别为 47.0%和 45.5%，$Co_xMn_{1-x}O$ 的含量下降到 7.5%，表明大部分 $Co_xMn_{1-x}O$ 转变为 Co_2C 和 MnO。对于还原温度，350℃和 400℃还原的催化剂反应后 Co_2C 含量分别为 66.1%和 54.9%，均高于 250℃ (31.6%) 和 300℃ (35.7%) 还原的催化剂。此外，250℃、300℃和 350℃还原催化剂反应后的 Co_2C 晶粒尺寸均小于 12nm，但在 400℃的高还原温度下，Co_2C 的晶粒尺寸增加到 21.1nm。CO-300℃、10% H_2-400℃还原的催化剂反应后得到的 Co_2C 为球状，而 10% CO-300℃、10% H_2-300℃、10% H_2-250℃还原的催化剂反应后 Co_2C 为棱柱状。Co_2C 的比表面积如表 2.27 所示，10% CO-300℃还原的

表 2.26 反应后 CoMn 催化剂的 XRD 精修拟合结果

催化剂	含量/%		
	$Co_xMn_{1-x}O$	Co_2C	MnO
CO-300℃(反应前)	68.0	32.0	—
CO-300℃(反应后)	31.3	50.9	17.8
10% CO-300℃	7.5	47.0	45.5
10% H_2-300℃	28.3	35.7	35.9
10% H_2-250℃	52.7	31.6	15.7
10% H_2-350℃	7.3	66.1	26.5
10% H_2-400℃	0	54.9	45.1

表 2.27　反应后球状与棱柱状 Co_2C 的晶粒尺寸与各棱长值

催化剂	Co_2C 形貌	粒径/nm[a]	边长/nm[b]			比表面积 /(m^2/g)[c]
			a	*b*	*c*	
CO-300℃	球状	13.5	—	—	—	29.2
10% CO-300℃	棱柱状	6.5	10.9	4.4	10.0	87.9
10% H_2-300℃	棱柱状	9.4	16.0	5.9	14.6	63.5
10% H_2-250℃	棱柱状	11.9	19.3	9.5	17.6	43.4
10% H_2-350℃	球状	11.6	—	—	—	34.0
10% H_2-400℃	球状	21.1	—	—	—	18.7

a. 由 Co_2C(111)面计算出的粒径。

b. 分别由 Co_2C(020)和 Co_2C(101)晶面计算出的棱长，$a=c/\sin 66°$。

c. S 为 1g Co_2C 的比表面积。对于 Co_2C 纳米棱柱，$S=\dfrac{2ab+2bc+2c^2}{abc\rho\sin 66°}$；对于 Co_2C 纳米球，$S=\dfrac{\pi d^2}{\rho\pi/6d^3}=\dfrac{6}{\rho d}$。$\rho=$ 7661kg/m^3，ρ 为 Co_2C 的密度。

催化剂反应后比表面积最大，10% H_2-400℃最小。总体而言，棱柱状 Co_2C 的比表面积均大于球状 Co_2C。

2)还原时间

图 2.57(a)为 Co_2Mn_1 催化剂在合成气(H_2/CO=10)气氛下其物相组成的变化，当温度升至 300℃时，催化剂中的组分由 $Co_xMn_{3-x}O_4$ 转变为 $Co_xMn_{1-x}O$ 物相。进一步还原 1h 后，逐渐出现 Co_2C 的特征峰，随着反应时间的延长，Co_2C 的峰强也在逐渐增强。对于 $Co_xMn_{1-x}O$ 所有特征峰中的最强峰($2\theta=33.9°\sim44.5°$)，发现随着还原时间的延长，$Co_xMn_{1-x}O$ 特征峰有明显向低角度数偏移的趋势。$Co_xMn_{1-x}O$ 的特征峰位于 MnO 与 CoO 之间，即还原时间的延长使得 $Co_xMn_{1-x}O$ 特征峰更接近于 MnO 特征峰。

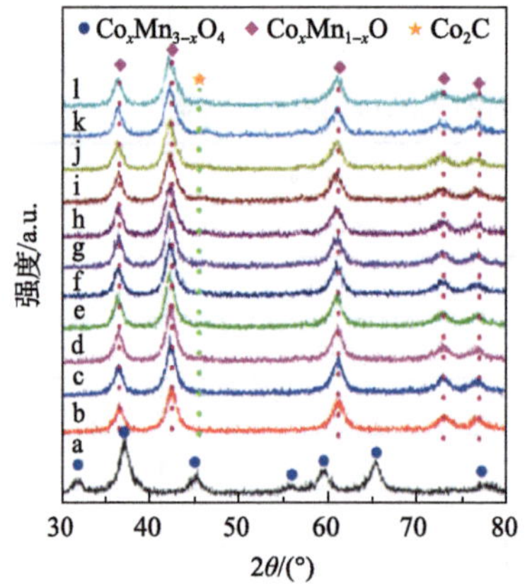

(a)

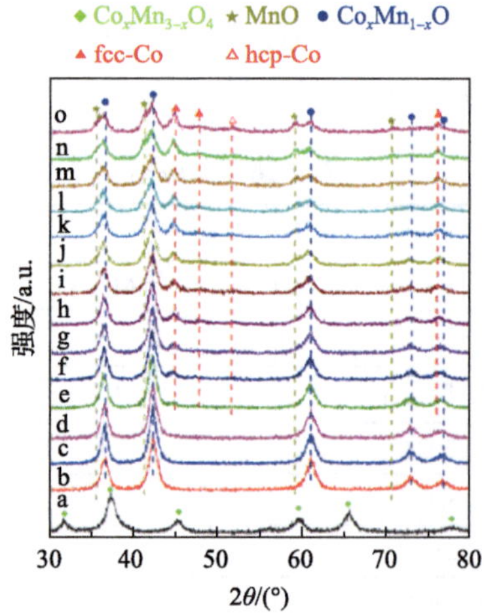

(b)

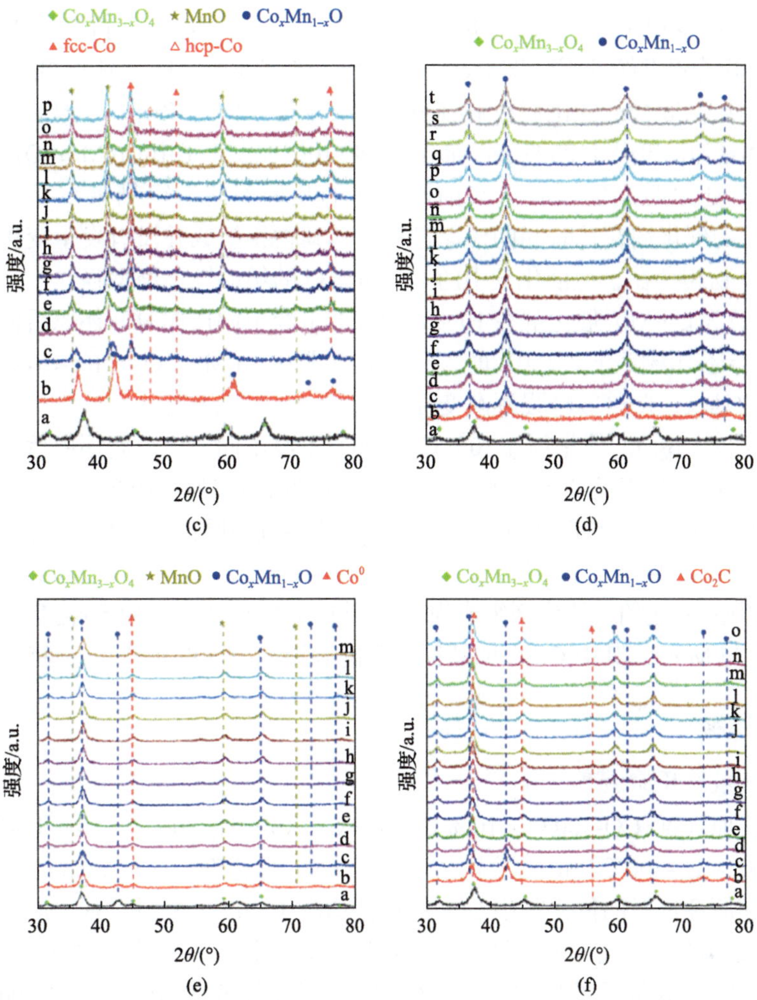

图 2.57　Co_2Mn_1 催化剂在不同还原条件中的原位 XRD 表征

(a) $H_2/CO=10$；(b) 10% H_2-300℃；(c) 10% H_2-400℃；(d) 10% H_2-250℃；(e) 10% H_2-350℃；(f) 10% CO-300℃。a～t：0～19h

图 2.57(b)为 10% H_2-300℃条件下不同还原时间的原位 XRD 表征，当温度升至 300℃时，催化剂中的物相组成逐渐发生了由 $Co_xMn_{3-x}O_4$ 向 $Co_xMn_{1-x}O$ 的转变。进一步延长还原时间，还原 2h 后，催化剂中开始出现 fcc-Co 与 hcp-Co 的特征峰，且还原时间越长，fcc-Co 的峰强越明显，MnO 的特征峰也开始明显出现，即 $Co_xMn_{1-x}O$ 在 10% H_2 作用下发生了 $Co_xMn_{1-x}O$ 向 fcc-Co 与 MnO 的分解反应。随着还原时间的延长，Co 组成物相的转变，使得 $Co_xMn_{1-x}O$ 的结晶性降低，$Co_xMn_{1-x}O$ 的峰强变弱。这说明在 10% H_2 还原的气氛下，还原时间对催化剂的物相组成影响较大。

图 2.57(c)为 Co_2Mn_1 催化剂在 10% H_2-400℃下经不同还原时间还原后催化剂的原位 XRD 表征，当还原温度升至 400℃时，催化剂组成以 fcc-Co 与 $Co_xMn_{1-x}O$ 为主，此外，还可观察到 MnO 的特征峰，但其并不明显。当还原时间为 2h 时，催化剂的组成为 fcc-Co、hcp-Co、MnO 与 $Co_xMn_{1-x}O$，但 $Co_xMn_{1-x}O$ 的特征峰峰强明显减弱，fcc-Co、hcp-Co 与 MnO 峰强变得更加明显。而当还原时间继续延长时，$Co_xMn_{1-x}O$ 特征峰基本消失，fcc-Co

与MnO的特征峰变得更加尖锐。当还原时间超过3h后，物相组成不再发生变化，但fcc-Co与MnO特征峰峰强继续变强，即fcc-Co与MnO随着还原时间的延长结晶度逐渐增强。

图2.57(d)为Co_2Mn_1催化剂在10% H_2-250℃下经不同还原时间还原后催化剂的原位XRD表征，当还原温度升至250℃时，催化剂的物相组成发生了由$Co_xMn_{3-x}O_4$向$Co_xMn_{1-x}O$的转变，随着还原时间的延长，与前面所述的几种不同考察结果不一致的是，10% H_2-250℃还原的催化剂在长时间的还原过程中，其物相组成并没有发生变化，即一直仅有$Co_xMn_{1-x}O$物相存在，但催化剂中的$Co_xMn_{1-x}O$的结晶性逐渐增强。

图2.57(e)为Co_2Mn_1催化剂在10% H_2-350℃下经不同还原时间还原后催化剂的原位XRD表征，当还原温度升至350℃时，催化剂组成以$Co_xMn_{1-x}O$与fcc-Co物相为主，随着还原时间的延长，fcc-Co峰强逐渐变强。

图2.57(f)为Co_2Mn_1催化剂在10% CO-300℃下经不同还原时间还原后催化剂的原位XRD表征，当还原温度升至300℃时，初始阶段催化剂的组成为$Co_xMn_{1-x}O$与Co_2C，但Co_2C的特征峰极弱，说明生成的Co_2C较少。在该温度下继续还原，发现催化剂中$Co_xMn_{1-x}O$在42°处的特征峰逐渐变弱直至消失，而Co_2C的峰强逐渐变强。其中，还原5h是反应的一个转折点，还原5h之前，催化剂组成为Co_2C与$Co_xMn_{1-x}O$，还原5h之后，催化剂组成主要为Co_2C与MnO，其中Co_2C的特征峰强随着还原时间的延长也在逐渐增强。

2. 催化性能

1)还原气氛及还原温度

在不同还原气氛(CO-300℃、10% CO-300℃、10% H_2-300℃、10% H_2-250℃、10% H_2-350℃、10% H_2-400℃)和还原温度处理的CoMn催化剂反应性能如表2.28所示，不同还原条件还原评价后的催化剂中CO_2选择性均高于40%，说明CoMn催化剂在合成气反应中具有较强的水煤气变换活性。研究不同还原气氛，发现在相同还原温度(300℃)下，10% CO-300℃还原后的催化剂，其CO转化率最高(61.9%)，而CO-300℃还原后催化剂上CO转化率最低，仅有2.1%。10% H_2-300℃还原的催化剂的CO转化率处于中间(35.6%)。此外，基于CTY(单位质量Co_2C上的CO转化率)和稳定阶段反应速率(单位比表面积Co_2C上的CO转化率，反应速率根据Co_2C的结构参数计算，如表2.27所示)

表2.28 不同还原条件还原后的CoMn催化剂的评价性能

还原条件	CO转化率/%	CTY/[10^{-6}mol CO/($g_{Co_2C}\cdot s$)]	反应速率/[10^{-7}mol CO/($m^2_{Co_2C}\cdot s$)]	CO_2选择性/%	产物分布(不包括CO_2)/%				$C_{2\sim4}^{=}/C_{2\sim4}^{o}$
					CH_4	$C_{2\sim4}^{=}$	$C_{2\sim4}^{o}$	C_{5+}	
CO-300℃	2.1	0.83	0.28	41.6	21.1	24.9	2.6	51.4	9
10% CO-300℃	61.9	9.64	1.11	43.3	6.1	45.5	2.9	45.5	16
10% H_2-300℃	35.6	7.50	1.19	45.9	5.5	53.9	1.5	41.8	27
10% H_2-250℃	15.8	5.00	1.16	44.7	6.3	45.7	1.7	46.3	26
10% H_2-350℃	15.7	2.38	0.70	44.3	7.4	40.9	2.1	49.6	19
10% H_2-400℃	4.6	0.71	0.04	43.8	10.3	29.0	2.5	58.2	12

计算的活性结果表明，10% CO-300℃和 10% H_2-300℃还原后的催化剂活性远高于 CO-300℃还原的催化剂。此外，在 10% CO-300℃和 10% H_2-300℃的条件下还原，其 CH_4 选择性明显低于 CO-300℃还原后的催化剂，而低碳烯烃（$C_{2\sim4}^{=}$）选择性更高。10% H_2-300℃还原的催化剂烯/烷比最高(27)，而 CO-300℃还原后的催化剂烯/烷比最低(9)。综上所述，CO-300℃的还原条件不利于 FTO 反应的进行。

研究不同还原气氛时发现，在相同的 10% H_2 还原气氛中，随着还原温度从 250℃升高至 300℃，CO 转化率也随之升高，而继续升高还原温度(>300℃)，CO 转化率急剧下降。其中，300℃还原的催化剂 CO 转化率最高，为 35.6%。CTY 和反应速率也遵循上述趋势：300℃>250℃>350℃>400℃，CTY 和反应速率的结果表明，Co_2C 的生成含量和形貌对催化活性均有影响，从性能表中可明显看出，棱柱状 Co_2C 的 CTY 和反应速率值比球状 Co_2C 高一个数量级。此外，在选择性方面，可看到不同温度还原的催化剂，CO_2 选择性接近(约 44%)。而 10% H_2-300℃还原的催化剂的 CH_4 选择性最低，$C_{2\sim4}^{=}$ 选择性与烯/烷比均最高，更利于 FTO 反应，而 10% H_2-400℃还原的催化剂的性能与 10% H_2-300℃还原的催化剂性能完全相反(CH_4 选择性最高，$C_{2\sim4}^{=}$ 选择性最低，烯/烷比最低)，并不适合于 FTO 反应的进行。

图 2.58 为不同还原条件还原后的 CoMn 催化剂在稳态下的产物分布。从图中可以看

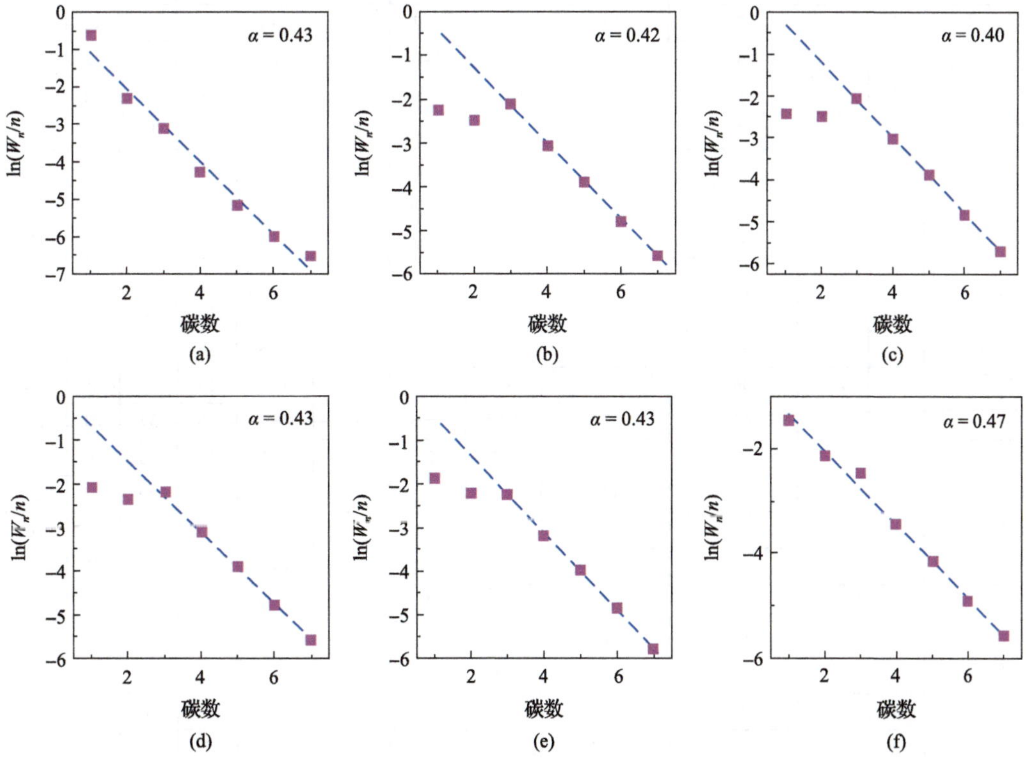

图 2.58　CO-300℃(a)、10% CO-300℃(b)、10% H_2-300℃(c)、10% H_2-250℃(d)、10% H_2-350℃(e)及 10% H_2-400℃(f)还原 CoMn 催化剂产物分布

反应条件：250℃、1bar、H_2/CO= 2、2000mL/(g_{cat}·h)

出，10% CO-300℃、10% H_2-300℃、10% H_2-250℃和 10% H_2-350℃还原的催化剂明显偏离了经典 ASF 分布模型，如图 2.58(b)～(e)所示。用 $C_{3\sim7}$ 段进行 ASF 模型拟合，得到的烃类产物的链增长因子(α)分别为 0.42、0.40、0.43 和 0.43。对于在 10% CO-300℃和 10% H_2-300℃下还原的样品，C_1 和 C_2 的 $\ln(W_n/n)$ 值相似，C_3 的 $\ln(W_n/n)$ 值最高，这与 C_3 产物的选择性最高结果一致。此外，CO-300℃和 10% H_2-400℃还原的催化剂其产物分布遵循经典 ASF 分布定律，α 分别为 0.43 和 0.47，如图 2.58(a)和(f)所示。

表 2.29 所示为不同还原条件不同反应温度对催化剂性能的影响。从表中可看出，随着反应温度由 240℃升高到 270℃，CO 转化率、CH_4 选择性和 $C_{2\sim4}$ 烷烃选择性均明显上升，说明随着反应温度的升高，二次加氢反应速率也随之增强。此外，随着反应温度的升高，10% CO-300℃和 10% H_2-300℃还原后的催化剂烯/烷比分别随之降低，而 CO-300℃、10% H_2-250℃、10% H_2-350℃和 10% H_2-400℃还原后的催化剂烯/烷比几乎没有变化。对产物分布而言，10% CO-300℃和 10% H_2-400℃还原的催化剂，在 240～270℃反应温度范围内，其产物分布均遵循传统 ASF 分布定律(图 2.59)。相反，对于 10% CO-300℃、

表 2.29 不同还原条件还原后在不同反应条件下的 CoMn 催化剂的评价性能

还原条件	H_2/CO 比	温度/℃	CO 转化率/%	CO_2 选择性/%	产物分布(不包括 CO_2)/%				烯/烷比			
					CH_4	$C_{2\sim4}^{=}$	$C_{2\sim4}^{o}$	C_{5+}	C_2	C_3	C_4	$C_{2\sim4}$
CO-300℃	2	240	2.5	36.9	16.7	21.1	2.1	60.1	7	14	12	10
	2	250	4.1	41.6	21.1	24.9	2.6	51.4	6	15	12	9
	2	260	5.2	44.4	22.1	25.6	2.7	49.6	6	15	12	9
	2	270	7.6	46.4	26.1	27.6	2.9	43.4	6	16	12	9
10% CO-300℃	2	240	48.2	40.7	5.4	42.3	2.5	49.8	8	28	21	17
	2	250	64.5	43.3	6.1	45.5	2.9	45.5	7	28	20	16
	2	260	96.1	42.8	14.5	34.6	17.7	33.2	1	6	4	3
	2	270	97.2	40.7	20.3	25.1	26.5	28.1	1	3	1	1
10% H_2-300℃	2	240	24.2	44.7	4.4	50.7	1.2	43.7	17	40	27	28
	2	250	35.6	45.9	5.5	53.9	1.5	41.8	16	40	27	27
	2	260	46.1	48.9	8.5	58.0	2.1	31.5	13	39	25	24
	2	270	61.5	49.6	12.7	58.6	2.5	26.2	10	37	23	20
10% H_2-250℃	2	240	7.1	42.1	6.5	32.5	1.7	59.3	13	28	20	19
	2	250	9.9	44.0	7.8	35.6	1.8	54.8	13	29	20	20
	2	260	12.0	45.7	8.7	38.8	2.0	50.6	13	29	20	20
	2	270	19.2	48.1	11.0	43.1	2.1	43.7	14	30	21	20
10% H_2-350℃	2	240	6.1	37.6	4.5	27.9	1.7	65.9	13	21	15	17
	2	250	16.0	44.3	7.4	40.9	3.6	49.6	14	25	17	19
	2	260	19.9	46.0	8.5	41.7	2.3	47.5	14	25	17	19
	2	270	27.8	48.0	11.9	47.8	2.7	37.6	13	26	18	19
10% H_2-400℃	2	240	4.0	44.1	9.0	28.7	3.0	59.3	7	15	11	10
	2	250	4.6	43.8	10.3	29.0	2.5	58.2	9	15	11	12
	2	260	11.7	45.2	14.4	35.0	3.0	47.6	9	15	11	11
	2	270	13.8	44.8	18.6	37.2	3.4	40.8	9	16	12	12

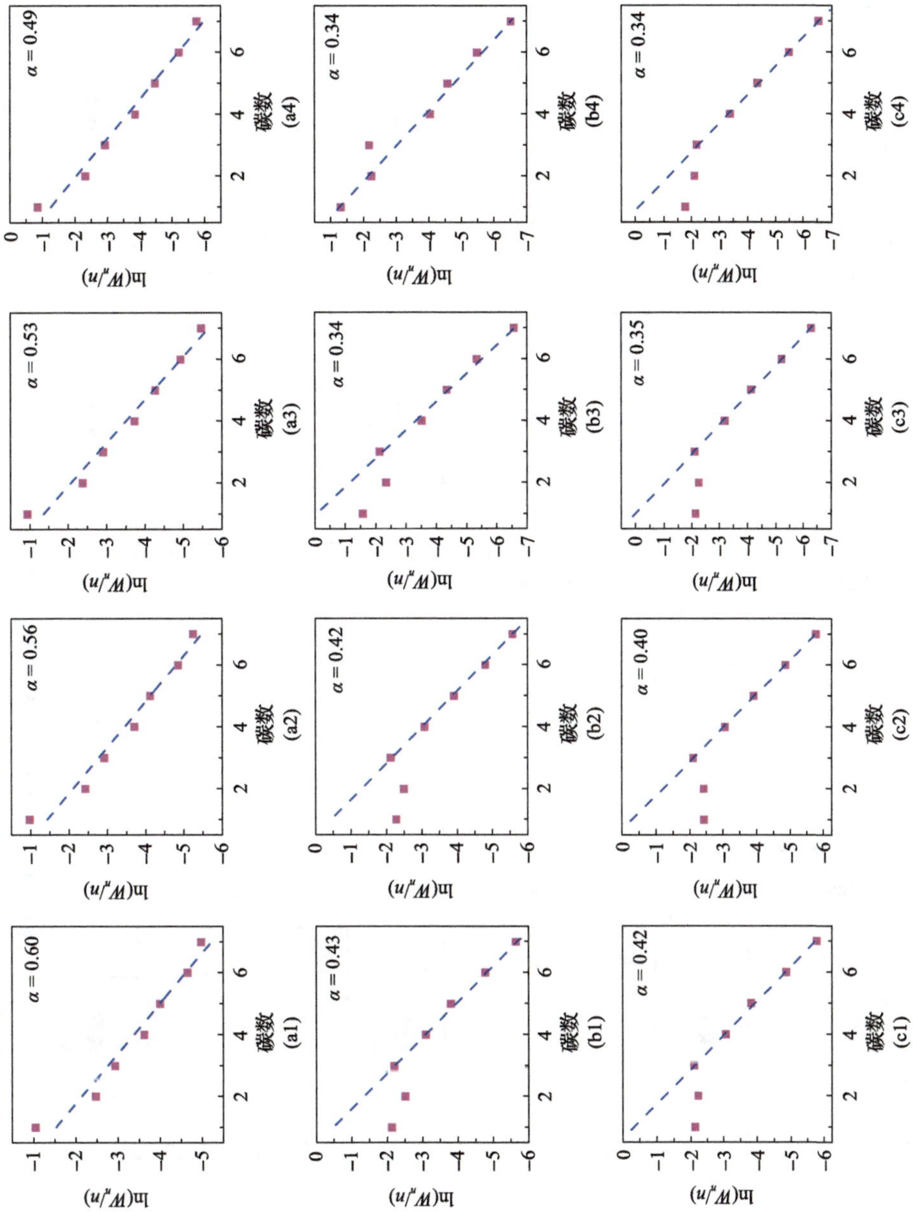
α = 0.60
(a1)
α = 0.56
(a2)
α = 0.53
(a3)
α = 0.49
(a4)
α = 0.43
(b1)
α = 0.42
(b2)
α = 0.34
(b3)
α = 0.34
(b4)
α = 0.42
(c1)
α = 0.40
(c2)
α = 0.35
(c3)
α = 0.34
(c4)
碳数
ln(W_n/n)

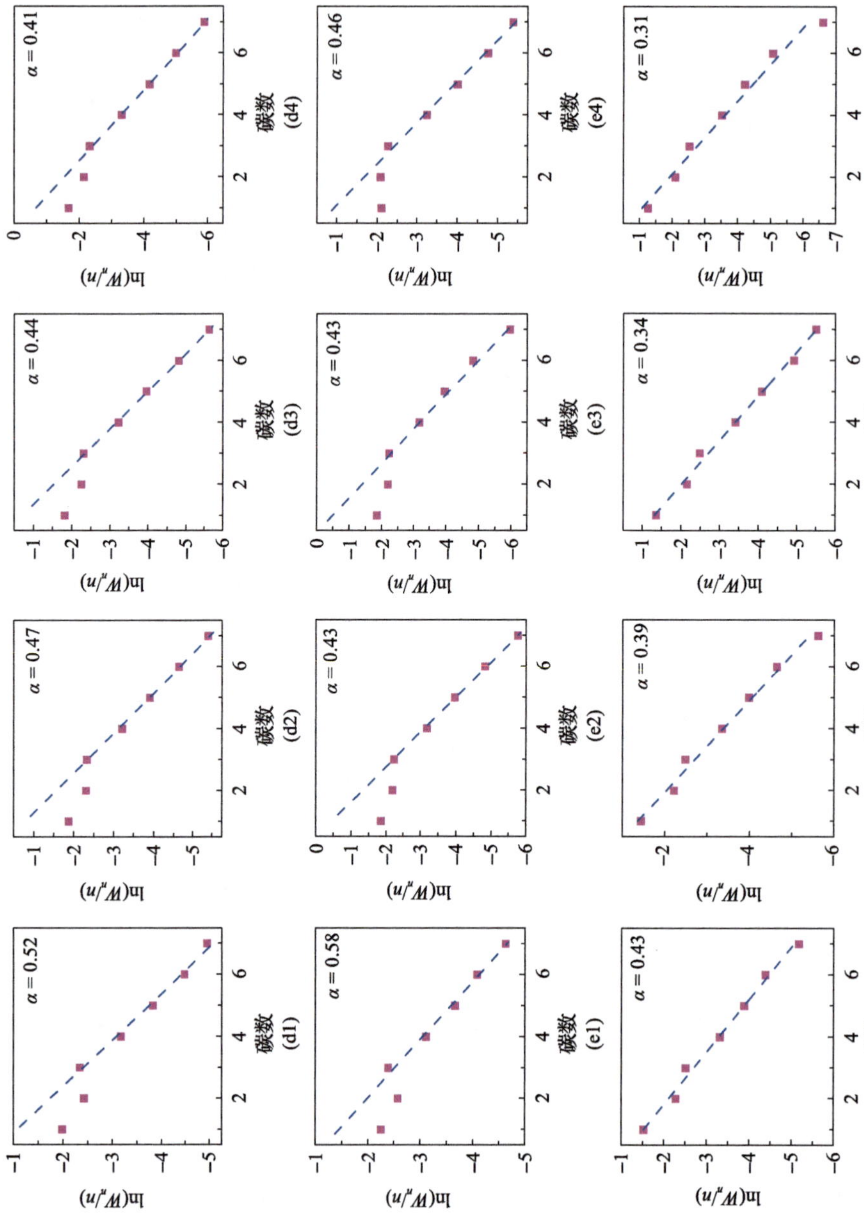

图2.59 不同还原条件不同反应温度下反应的催化剂烃产物分布

1. 240℃；2. 250℃；3. 260℃；4. 270℃。(a) CO-300℃；(b) 10% CO-300℃；(c) 10% H_2-300℃；(d) 10% H_2-250℃；(e) 10% H_2-350℃；(f) 10% H_2-400℃。反应条件：1bar、H_2/CO=2、2000mL/(g_{cat}·h)

10% H_2-300℃、10% H_2-250℃以及 10% H_2-350℃还原后的催化剂，其产物分布在 240～270℃温度范围内均有明显偏离 ASF 分布的趋势(图2.59)。随着反应温度的升高，加氢速率越快，链增长能力减弱，CH_4 在高反应温度下的选择性也随之升高，偏离传统 ASF 分布的程度变得越小，α 值也越小。

此外，实验还研究了 H_2/CO 比对催化性能的影响，如表 2.30 所示。实验发现，当 H_2/CO 比从 2 降低到 0.5 时，CO 转化率和副产物 CH_4 的选择性也随之降低，而 C_{5+}选择性和烯/烷比反而增加。此外，CO-300℃和 10% H_2-400℃还原后的催化剂在不同 H_2/CO 比下，催化剂的产物分布均遵循经典 ASF 分布模型，而催化剂在其他还原条件不同 H_2/CO 比下，其产物分布均突破了传统 ASF 线性分布(图 2.60)。当催化剂在 10% CO-300℃、10% H_2-300℃、10% H_2-250℃和 10% H_2-350℃的条件下还原后，发现随着 H_2/CO 比的降低，催化剂产物偏离传统 ASF 分布的程度和 α 值均有所增加，这是由于较低 H_2/CO 比的原料气能够抑制 CH_4 的形成，促进碳链的生长。

表 2.30　不同还原条件还原后在不同 H_2/CO 比下的 CoMn 催化剂的评价性能

还原条件	H_2/CO 比	温度/℃	CO 转化率/%	CO_2 选择性/%	产物分布/%				烯/烷比			
					CH_4	$C_{2\sim4}^{=}$	$C_{2\sim4}^{o}$	C_{5+}	C_2	C_3	C_4	$C_{2\sim4}$
CO-300℃	2	250	4.1	41.6	21.1	24.9	2.6	51.4	6	15	12	9
	1	250	1.9	31.2	8.5	12.1	1.0	78.4	9	18	14	12
	0.5	250	1.4	26.5	4.1	7.3	0.5	88.1	12	19	15	15
10% CO-300℃	2	250	64.5	43.3	6.1	45.5	2.9	45.5	7	28	20	16
	1	250	52.3	47.2	6.0	44.8	3.0	46.2	10	39	29	22
	0.5	250	20.1	40.6	4.7	46.4	1.9	47.0	20	53	38	38
10% H_2-300℃	2	250	35.6	45.9	5.5	53.9	1.5	41.8	16	40	27	27
	1	250	16.7	46.1	3.7	50.0	1.3	45.0	27	53	36	40
	0.5	250	10.1	42.3	2.6	48.0	0.9	48.6	35	68	45	51
10% H_2-250℃	2	250	9.9	44.0	7.8	35.6	1.8	54.8	13	29	20	20
	1	250	4.3	37.7	3.4	23.2	0.9	72.5	16	35	25	25
	0.5	250	3.8	31.4	1.6	15.1	0.4	82.9	22	47	34	34
10% H_2-350℃	2	250	16.0	44.3	7.4	40.9	2.1	49.6	14	25	17	19
	1	250	8.75	42.4	4.4	33.3	1.4	60.9	19	30	21	24
	0.5	250	3.8	31.4	1.6	15.1	0.4	82.9	22	47	34	34
10% H_2-400℃	2	250	9.1	43.8	10.3	29.0	2.5	58.2	9	15	11	12
	1	250	4.7	42.6	7.2	25.8	1.8	65.2	12	18	13	14
	0.5	250	2.7	27.6	2.1	9.6	0.6	87.7	1	15	11	12

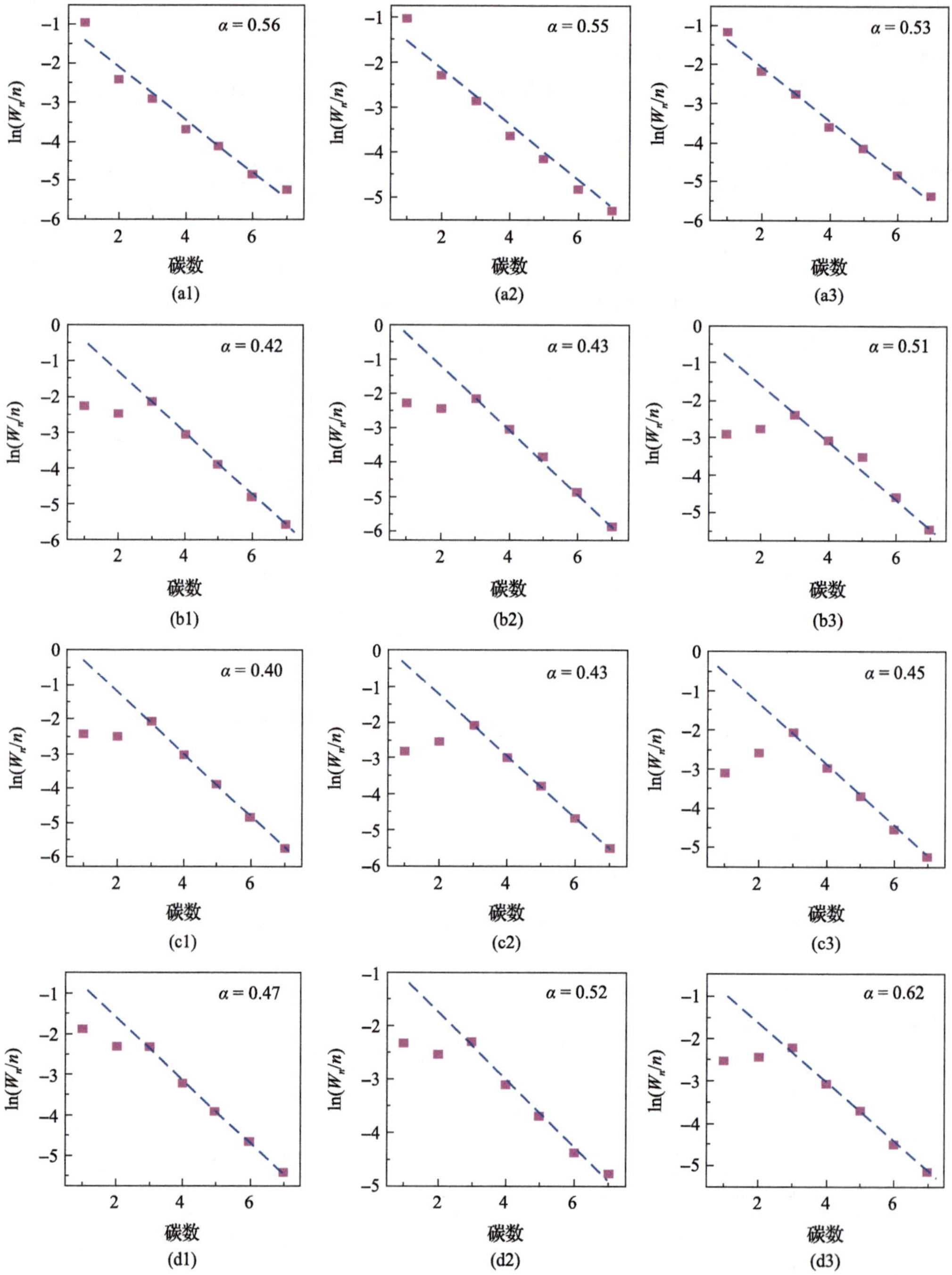
α = 0.56
α = 0.55
α = 0.53
α = 0.42
α = 0.43
α = 0.51
α = 0.40
α = 0.43
α = 0.45
α = 0.47
α = 0.52
α = 0.62
ln(W_n/n)
碳数
(a1)
(a2)
(a3)
(b1)
(b2)
(b3)
(c1)
(c2)
(c3)
(d1)
(d2)
(d3)

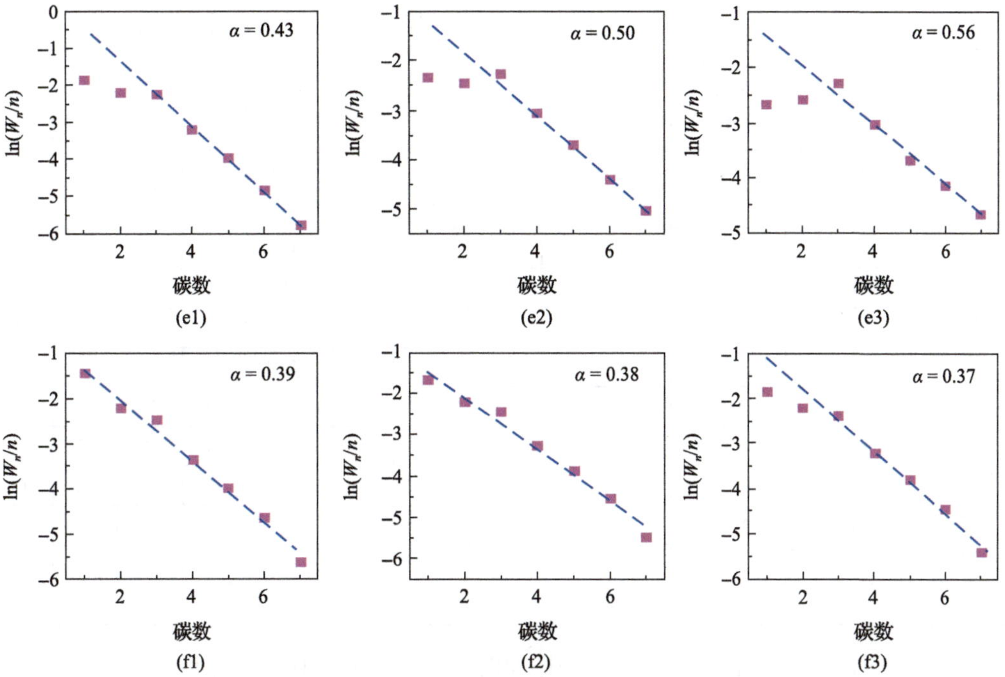

图 2.60　不同还原条件不同 H_2/CO 比下反应的催化剂烃产物分布

1. H_2/CO=2；2. H_2/CO=1；3. H_2/CO=0.5。(a) CO-300℃；(b) 10% CO-300℃；(c) 10% H_2-300℃；(d) 10% H_2-250℃；(e) 10% H_2-350℃；(f) 10% H_2-400℃。反应条件：250℃、1bar、2000mL/(g_{cat} · h)

2) 还原时间

为进一步研究还原后催化剂对催化性能的影响，本节已通过原位 XRD 对催化剂还原过程物相的一个具体变化进行了相应的考察研究。针对 10% H_2-300℃、10% H_2-350℃、10% H_2-400℃及 10% CO-300℃在还原 1h、5h 和 10h 后对催化剂的构效关系进行进一步的研究。催化剂反应条件为 250℃、5bar、H_2/CO=0.5、2000mL/(g_{cat}·h)，稳定时期的催化性能列于表 2.31 中。对 10% H_2-300℃经不同还原时间(1h、5h 及 10h)还原后的催化剂性能进行比较发现，还原 1h 与还原 5h 的催化剂，两种还原条件对催化剂的反应性能影响不大，主要表现在活性、CO_2 选择性、CH_4 选择性、低碳烯烃选择性与烯/烷比十分接近，此外，由于实验还存在一定的人为误差，可认为 1h 与 5h 的还原时间对 CoMn 催化剂的影响不大。从原位 XRD 表征结果可以发现，初始阶段催化剂的组成几乎全为 $Co_xMn_{1-x}O$ 物相，而还原 5h 后催化剂中生成了少量的金属 Co^0，但从性能上来看，主要还是钴锰复合氧化物在催化剂中起作用。而将还原时间延长至 10h 时，活性下降到原来的 1/2，其性能与所做的 10% H_2-350℃还原的催化剂接近，主要是由于催化剂中金属钴生成得过多，未被还原成金属钴的 $Co_xMn_{1-x}O$ 在合成气气氛下被碳化为棱柱状 Co_2C，而金属钴直接碳化得到的球状 Co_2C 占了较大的比例，因此其性能不如 1h 与 5h 的还原后的催化剂，所以对于 10% H_2 还原的催化剂，其反应只需将催化剂组成转变为 $Co_xMn_{1-x}O$ 就可获得优异的 FTO 性能。

表 2.31 Co_2Mn_1 催化剂在不同还原气氛下经不同还原时间后的性能评价

还原条件	还原时间/h	CO 转化率/%	CO_2 选择性/%	产物分布(不包括 CO_2)/%				烯/烷比			
				CH_4	$C_{2\sim4}^{=}$	$C_{2\sim4}^{o}$	C_{5+}	C_2	C_3	C_4	$C_{2\sim4}$
10% H_2-300℃	1	25.2	46.4	3.8	51.5	3.1	41.6	7	27	20	16
	5	28.9	47.5	4.4	51.8	3.2	40.7	6	29	20	16
	10	12.1	47.2	7.5	42.1	3.0	47.5	8	22	16	14
10% H_2-350℃	1	24.2	48.1	3.7	52.0	2.9	41.5	8	29	20	18
	5	8.8	44.2	6.7	37.2	2.5	53.6	10	22	15	15
	10	3.8	44.6	10.1	37.8	2.9	49.2	11	17	12	13
10% H_2-400℃	1	5.9	43.0	6.1	38.3	2.1	53.5	13	26	17	18
	5	2.7	43.8	7.7	29.9	2.3	60.0	11	16	12	13
	10	2.0	43.9	8.1	30.1	2.3	59.6	12	17	12	13
10% CO-300℃	1	27.9	48.3	3.0	50.6	4.7	38.9	4	23	16	11
	5	37.1	47.8	8.2	44.8	8.9	38.2	1	13	9	5
	10	30.5	48.5	8.3	40.6	6.6	44.5	2	15	13	6

此外，通过对 10% H_2-350℃经不同还原时间（1h、5h 及 10h）还原后的催化剂性能进行比较，发现 350℃下还原 1h 催化剂的性能与 10% H_2-300℃还原 1h 与 5h 的性能一致，主要是这三种还原条件处理的催化剂其物相组成十分接近，均以 $Co_xMn_{1-x}O$ 为主，以及催化剂中生成的金属钴不多，对整体催化性能影响不大。相比较 10% H_2-350℃还原 10h 的催化剂，发现其催化性能与之前所做的在 400℃还原后的十分接近，这与催化剂在长时间还原后生成大量金属钴有直接关系，在还原 10h 后，催化剂中 $Co_xMn_{1-x}O$ 基本消失，可知在反应过程中生成的 Co_2C 均来自金属钴，这种 Co_2C 与 10% H_2-400℃还原的生成方式是基本一致的，以球状 Co_2C 为主。对于还原 5h 的催化剂，其各项性能在该条件下与还原 1～10h 的催化剂性能类似，主要是由于此时还原后的催化剂组成为金属钴与钴锰复合氧化物，因此性能既表现出棱柱状 Co_2C 的特点，同时球状 Co_2C 的性能特征也有所体现。

对于 10% H_2-400℃还原后的催化剂，还原 1h 后，催化剂的 FTO 性能比 5h 和 10h 的更明显，其性能更接近于 10% H_2-350℃-5h。原位 XRD 结果显示 Co_2Mn_1 催化剂在还原温度初升到 400℃时，催化剂的组成中以 fcc-Co 与 $Co_xMn_{1-x}O$ 为主。当还原时间为 2h 时，催化剂的组成为 fcc-Co、hcp-Co、MnO 与 $Co_xMn_{1-x}O$，由于组成接近，其性能与 10% H_2-350℃-5h 一致。而对于 5h 以及 10h 还原后的催化剂，由于还原后催化剂的组成只有金属 Co^0，因此其反应过程中生成的 Co_2C 形貌主要为球状，且其活性较差。

由于在还原气氛与温度的研究中发现 10% CO 还原反应后的催化剂的活性最高，并且在透射电子显微镜图中发现生成的棱柱 Co_2C 也要比其他的更多一些，因此，将这一还原气氛做了不同还原时间的性能测试，发现还原 1h 时，催化剂的性能与 10% H_2-300℃-1h 还原后的性能比较接近，但随着还原时间的延长，当还原时间为 5h 时，反应活性较高，继续延长反应时间，催化剂活性有一定程度的下降，但从产物选择性上来看，发现 5h 与 10h 还原后的催化剂的产物选择性比较接近。原位 XRD 结果表明，当还原温度升至 300℃时，初始阶段催化剂的组成为 $Co_xMn_{1-x}O$ 与少量的 Co_2C，但在该温度下继续还原后，催化剂中 $Co_xMn_{1-x}O$ 在 42°处的特征峰逐渐变弱直至消失，而 Co_2C 的特征峰逐渐变强。其中，还原 5h 是一个反应的转折点，还原 5h 之前，催化剂组成为 Co_2C 与 $Co_xMn_{1-x}O$，而还原 5h 之后，催化剂组成主要为 Co_2C 与 MnO，其中 Co_2C 的特征峰随着还原时间的延长也变得更加明显。因此可以解释在还原 1h 时，由于催化剂中被碳化为 Co_2C 的量更少，催化剂组成主要为未被碳化的钴锰复合氧化物，此组成与 10% H_2-300℃-1h 还原后的催化剂组成基本是一致的，因此其活性、产物选择性各方面彼此都更接近，而在 10% CO-300℃气氛下还原了 5h 的钴锰催化剂，由于催化剂中已有部分钴明显被碳化为 Co_2C，一些小颗粒的 Co_2C 更容易在反应过程中成核长大，且在反应过程中由于碳化速率适中，晶面出现择优生长的过程，因此其活性更高。但继续延长碳化时间，由于在还原过程中碳化过多，催化剂表面碳层可能更厚，继而反应活性位受到一定程度的覆盖，直接导致催化剂无法与反应气体相接触，从而导致活性出现一定程度的下降。

图 2.61 为不同还原时间还原反应对应产物分布图，对于 10% H_2-300℃-1h、10% H_2-

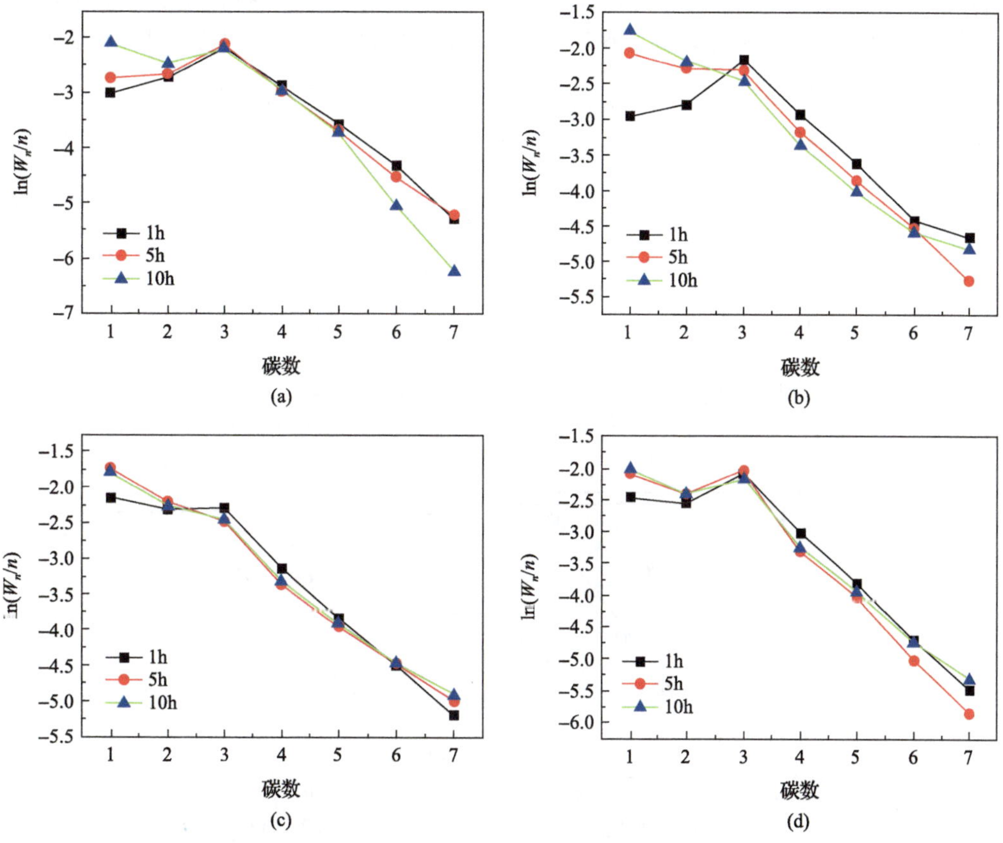

图 2.61　10% H_2-300℃ (a)、10% H_2-350℃ (b)、10% H_2-400℃ (c) 及 10% CO-300℃ (d) 不同还原时间还原 CoMn 催化剂的产物分布

反应条件：2bar、H_2/CO=0.5、2000mL/(g_{cat} · h)

300℃-5h 的产物分布，其 C_1 处明显低于 10% H_2-300℃-10h 还原的催化剂，主要是由于球状 Co_2C 的高甲烷选择性所致。10% H_2-350℃-1h 还原的催化剂，明显有突破传统 ASF 分布的趋势，主要体现在甲烷选择性很低方面，而 10% H_2-350℃-10h 还原的催化剂，过度还原使催化剂中金属 Co 生成过多，使其性能偏向于球状 Co_2C，因此产物分布很好地遵循了传统 ASF 分布。而 10% H_2-350℃-5h 还原的催化剂，其产物分布的趋势介于 10% H_2-350℃-1h 与 10% H_2-350℃-10h 还原的催化剂之间。对于 10% H_2-400℃还原的催化剂，从图 2.61(c) 中可以明显看出，1h 还原后的催化剂有明显偏离传统 ASF 分布的趋势，而 5h 与 10h 则更遵从传统产物分布。10% CO-300℃还原后的催化剂，与 10% H_2-300℃还原后的趋势一致，1h 还原后催化剂的偏离程度要比 5h 及 10h 更明显。

3) 动力学研究

不同还原条件评价的催化剂性能结果表明棱柱状 Co_2C 与球状 Co_2C 具有明显不同的 FTO 性能。为了更深入了解 Co_2C 形貌对构效关系的影响，采用动力学实验来确定这两种形貌 Co_2C 的动力学参数，如图 2.62 所示。研究发现，棱柱状 Co_2C 由 10% CO-300℃还原并反应后所得，球状 Co_2C 为 CO-300℃还原反应所得。活化能测试结果表明，棱柱状 Co_2C 上 CO 加氢的表观活化能为 141kJ/mol，低于球状 Co_2C(158kJ/mol)，可从动力学上解释棱柱状 Co_2C 活性高于球状 Co_2C。此外，反应级数的测定说明棱柱状 Co_2C 的 CO

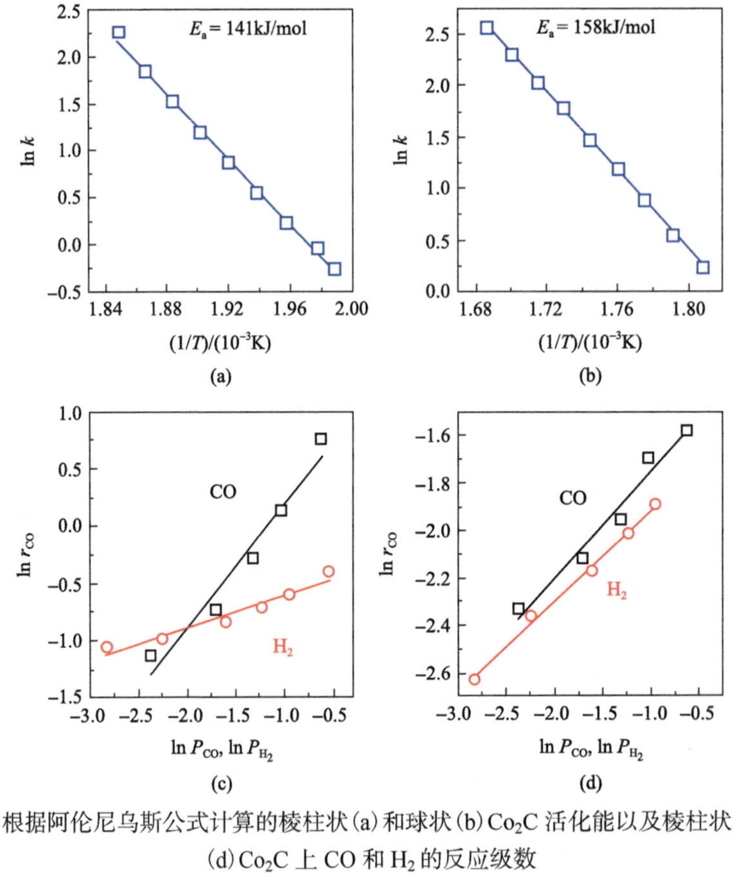

图 2.62 根据阿伦尼乌斯公式计算的棱柱状(a)和球状(b) Co_2C 活化能以及棱柱状(c)及球状(d) Co_2C 上 CO 和 H_2 的反应级数

和 H_2 的反应级数分别为 1.08 和 0.28，低 H_2 反应级数表明，在合成气转化过程中，棱柱 Co_2C 对 H_2 分压不太敏感。相比之下，球状 Co_2C 的 CO 和 H_2 的反应级数分别为 0.45 和 0.38，表明球状 Co_2C 对 H_2 分压更为敏感。

4）理论计算模型

研究发现，Co_2C 在 FTO 反应中具有强烈的晶面效应，且棱柱状 Co_2C 主要暴露(020)和(101)晶面，球状 Co_2C 主要暴露(111)晶面。为了进一步验证 Co_2C 不同晶面的性质差异，采用 DFT 计算研究了在表面有缺陷和平整的 Co_2C(020)、(101)和(111)晶面上 CO 解离和甲烷生成的方式。对于 CO 活化反应，理论计算了两种 CO 解离路径，即 CO 直接解离($CO \longrightarrow C+O$)和 H 助 CO 解离($CO+H \longrightarrow CHO \longrightarrow CH+O$)。表面缺陷 Co_2C(020)和平整 Co_2C(020)晶面上的 CO 活化的表面势能如图 2.63 所示，发现平整和缺陷的 Co_2C(101)晶面、Co_2C(111)晶面和 Co_2C(111)表面与 Co-终止和 C-终止的 Co_2C(101)和 Co_2C(111)表面相同。表 2.32 列出了平整和缺陷 Co_2C(020)、(101)和(111)表面上 CO 直接解离和 H 助 CO 解离的中间体的吸附能。平整和缺陷的 Co_2C(020)表面上所计算出的 CO 直接解离能垒分别为 1.76eV 和 1.34eV，远低于平整和缺陷的 Co_2C(101)表面和 Co_2C(111)表面(2.16eV、2.18eV、2.18eV 和 2.16eV)[28,29]，说明 CO 解离方式对结构十分敏感，与 Co_2C(101)和 Co_2C(111)表面相比，平整和缺陷的 Co_2C(020)表面可能具有更高的 CO 加氢活性。表 2.33 所示为在平整和缺陷的 Co_2C(020)表面上最终物质如 C 和 O 的稳定对 CO 直接解离反应能垒的影响。在缺陷 Co_2C(020)表面上 CO 解离为 C 和 O 是高放热反应(–1.09eV)，但在缺陷 Co_2C(111)表面却是高吸热反应(+1.51eV)，而平整 Co_2C(111)表面上是轻吸热反应。因此，在热力学和动力学上，缺陷 Co_2C(020)表面上 CO 的直接解离要优于平整和缺陷的 Co_2C(111)表面。另外，计算的平整和缺陷的 Co_2C(020)晶面上 H 助 CO 解离的有效势垒分别为 1.97eV 和 1.62eV，而平整和缺陷的 Co_2C(101)表面与平整和缺陷的 Co_2C(111)表面上的有效势垒分别为 1.86eV、2.00eV、2.12eV 和 2.77eV，明显高于平整和缺陷的 Co_2C(020)表面上的 CO 直接解离势垒。

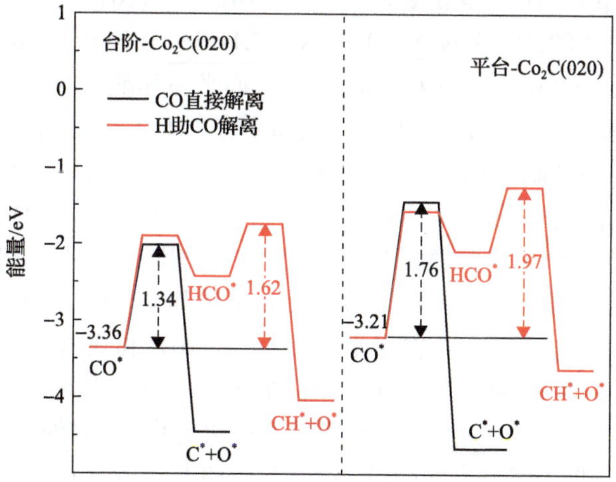

图 2.63　CO 解离表面活化势垒的计算

表 2.32　Co_2C 表面上 CO 解离的中间体吸附能垒(eV)

表面	E_{CO}	E_C	E_O	E_H	E_{HCO}	E_{CH}
平台-Co_2C(020)	–2.31	–8.07	–6.47	–3.17	–3.17	–7.25
台阶-Co_2C(020)	–2.37	–8.45	–6.54	–3.26	–3.50	–7.59
平台-Co_2C(101)	–2.01	–7.2	–5.83	–2.90	–2.79	–6.68
台阶-Co_2C(101)	–2.11	–7.87	–5.68	–3.03	–2.63	–7.04
平台-Co_2C(111)	–2.21	–7.74	–5.99	–2.84	–2.99	–6.95
台阶-Co_2C(111)	–1.86	–7.17	–4.71	–2.73	–2.02	–6.35

表 2.33　平整和缺陷 Co_2C 表面的基本势垒和反应能

表面	CO ⟶ C + O			CO+H ⟶ HCO			HCO ⟶ CH+O			CO+H ⟶ CH+O
	E_a/eV	ΔH/eV	d/Å	E_a/eV	ΔH/eV	d/Å	E_a/eV	ΔH/eV	d/Å	E_{tot}/eV
平台-Co_2C(020)	1.77	–0.70	1.78	1.64	1.12	1.50	0.85	–1.53	1.75	1.97
台阶-Co_2C(020)	1.34	–1.09	1.76	1.46	0.94	1.50	0.68	–1.62	1.75	1.62
平台-Co_2C(101)	2.16	0.52	1.82	1.34	0.94	1.17	0.91	–0.71	1.86	1.86
台阶-Co_2C(101)	2.18	0.10	1.90	1.04	0.78	1.16	1.22	–0.62	2.04	2.00
平台-Co_2C(111)	2.18	0.01	1.76	1.76	1.43	1.44	0.69	–1.39	1.97	2.12
台阶-Co_2C(111)	2.16	1.51	2.03	1.79	1.40	1.36	1.37	–0.03	2.02	2.77

图 2.64 为在平整和缺陷的 Co_2C(020)、(101)和(111)表面上 C 加氢得 CH_4 的完整能量分布，计算选择气相中 CH_4 的总能量作为参考能量。中间体 CH_x(x=1，2，3，4)的吸附能见表 2.34，在平整和缺陷的 Co_2C(020)、(101)和(111)表面上，形成 CH_4 的吸附能分别为–0.03eV、–0.35eV、–0.12eV、–0.05eV、–0.01eV 和–0.01eV，表明生成的 CH_4 不会立即黏附在催化剂表面和解吸物上。表 2.35 中列出了生成 CH_4 所计算的能垒、反应能垒和有效能垒(E_{eff,CH_4})。在平整和缺陷的 Co_2C(020)、(101)和(111)表面上，计算的(E_{eff,CH_4})的值分别为 2.88eV、3.44eV、1.06eV、2.11eV、2.13eV 和 0.62eV，即平整和缺陷的 Co_2C(111)和 Co_2C(101)表面 E_{eff,CH_4} 值最低，而平整和缺陷的 Co_2C(020)表面 E_{eff,CH_4} 值最高。上述结果表明 Co_2C(111)和(101)表面更有利于 CH_4 的生成，而平整和缺陷的 Co_2C(020)晶面更容易抑制 CH_4 的生成，这与观察到的实验结果一致。此外，所研究的六个表面可分为两组：平整和缺陷的 Co_2C(020)、(101)和(111)表面 TS(过渡态)的能量沿坐标逐渐增加，表明 C 是这些表面上最稳定的 C_1 物相。而在平整和缺陷的 Co_2C(020)表面，CH_3 加氢生成 CH_4 是速率控制步骤，而在平整和缺陷的 Co_2C(111)和(101)表面，C 加氢生成 CH 是速率控制步骤。对于平整的 Co_2C(101)和缺陷的(111)表面，CH 是最稳定的表面 C_1 物种，且 C 加氢到 CH 是缺陷的 Co_2C(111)表面上的速率决定步骤，而 CH_3 加氢到 CH_4 是平整的 Co_2C(101)表面上的速率决定步骤。另外，在缺陷的 Co_2C(111)表面，TS 的能量总是低于参考点的能量，这表明在动力学和热力学上 C 在该表面加氢生成 CH_4 都是有利的，容易生成 CH_4。计算也表明，CH_4 在缺陷 Co_2C(111)表面最容易生

成，而在缺陷 Co_2C(020)表面最不利。由于球状 Co_2C 大部分暴露(111)面，因此，理论计算为球状 Co_2C 催化剂上的高 CH_4 选择性提供了很好的解释。相反，由于棱柱状 Co_2C 主要暴露(020)和(101)面，其形成 CH_4 的有效势垒高于 Co_2C(111)表面上的有效势垒。在平整和缺陷的 Co_2C(020)表面上形成 CH_4 的有效势垒比在其他表面上更高，这表明主要暴露该表面的 Co_2C 催化剂应具有较高的 CO 反应活性和较低的 CH_4 选择性。

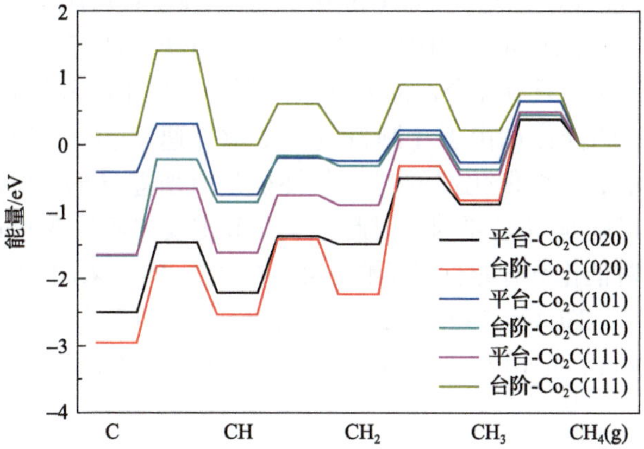

图 2.64 平整和缺陷 Co_2C 表面 CH_4 的生成势垒

表 2.34 平整和缺陷 Co_2C 表面生成 CH_4 的 CH_x 的吸附能垒 （单位：eV）

中间物种	平台-Co_2C(020)	台阶-Co_2C(020)	平台-Co_2C(101)	台阶-Co_2C(101)	平台-Co_2C(111)	台阶-Co_2C(111)
CH	−7.25	−7.59	−6.96	−6.63	−7.04	−6.34
CH_2	−4.89	−5.77	−4.46	−4.21	−4.56	−4.10
CH_3	−2.49	−2.65	−2.37	−2.14	−2.15	−1.80
CH_4	−0.03	−0.35	−0.12	−0.05	−0.01	−0.01

表 2.35 平整和缺陷 Co_2C 上计算的活化能和反应势能

表面	C+H ⟶ CH		CH+H ⟶ CH_2		CH_2+H ⟶ CH_3		CH_3+H ⟶ CH_4		E_{eff,CH_4}/eV
	E_a/eV	ΔH/eV	E_a/eV	ΔH/eV	E_a/eV	ΔH/eV	E_a/eV	ΔH/eV	
平台-Co_2C(020)	1.04	0.29	0.84	0.72	0.99	0.60	1.27	0.89	2.88
台阶-Co_2C(020)	1.14	0.42	1.12	0.30	1.92	1.40	1.32	0.83	3.44
平台-Co_2C(101)	0.72	−0.33	0.55	0.50	0.46	−0.02	0.91	0.26	1.06
台阶-Co_2C(101)	1.44	0.80	0.70	0.55	0.46	−0.04	0.82	0.37	2.11
平台-Co_2C(111)	0.99	0.03	0.86	0.71	0.98	0.46	0.93	0.44	2.13
台阶-Co_2C(111)	1.25	−0.15	0.61	0.17	0.73	0.05	0.55	−0.21	0.62

与 CH_4 的弱吸附相比，烯烃在六个表面上的吸附强度更高，在平整和缺陷的 Co_2C(020)、(101)和(111)表面上的吸附能分别为−1.56eV、−1.45eV、−1.25eV、−1.56eV、−1.19eV 和−1.31eV。尽管烯烃与 CH_4 在碳化物表面的吸附相比具有很强的吸附性，但它

并不是决定产物选择性的唯一因素。事实上，与 CH_4 的生成相比，烯烃形成的选择性主要取决于烯烃的有效生成势垒。在我们之前的工作中已研究了烯烃形成的具体过程。

2.5.3 起活条件

在合成气转化实验中，选择合适的起活条件十分重要。大量的研究发现还原条件(还原气氛、还原温度及还原时间)对 CoMn 催化剂在 FTO 中的评价性能有很大的影响。而 CoMn 催化剂在 FTO 的应用中，可明显观察到催化剂有一个明显的起活过程，之前发现 Co_2Mn_1 催化剂只有在合适的温度条件下才能发生明显的起活，即使同一种催化剂，不同批次制备的催化剂由于在制备过程中搅拌速度、滴定速度、pH、老化温度及老化时间等的影响，使得催化剂的起活条件也是有所差异的，所以研究起活条件对催化剂反应性能的影响是有必要的。因此，本小节主要对不同温度的起活影响进行了一定的探索，出于对催化剂稳定性及活性影响的考虑，实验采用 Co_1Mn_1 催化剂，分别进行了 200℃、220℃、230℃、240℃、250℃、260℃及 270℃的起活实验探究，起活压力定为 5bar，空速 2000mL/(g·h)及 $H_2/CO= 0.5$，本小节工作将主要研究起活条件对催化剂构效关系的影响。

1. 催化剂结构

图 2.65(a)为 200℃、220℃、230℃、240℃、250℃、260℃及 270℃下起活后的 Co_1Mn_1 催化剂的 XRD 表征，当起活温度较低时，催化剂的组成主要为位于 CoO(PDF No. 03-065-2902)物相与 MnO(PDF No. 00-001-1206，特征峰位置为 35.02°、40.60°、58.76°、70.18°和 74.00°)物相之间的 $Co_xMn_{1-x}O$ 物相，部分 MnO(PDF No. 00-001-1206，特征峰位置为 35.02°、40.6°、58.76°、70.18°和 74°)物相也存在于起活后的催化剂中。随着起活温度的上升，催化剂中生成的 Co_2C(PDF No. 03-065-1457，特征峰位于 37.01°、41.28°、42.57°、45.75°、56.63°、64.25°、71.43°、76.14°和 82.4°)的峰也是越来越明显，即起活温度越高，生成 Co_2C 也越容易，在低温下起活的催化剂中的主要组成为 $Co_xMn_{1-x}O$ 与 MnO，但随着起活温度的不断上升，Mn 的存在形式发生了改变，以 $Co_xMn_{1-x}O$ 和 MnO

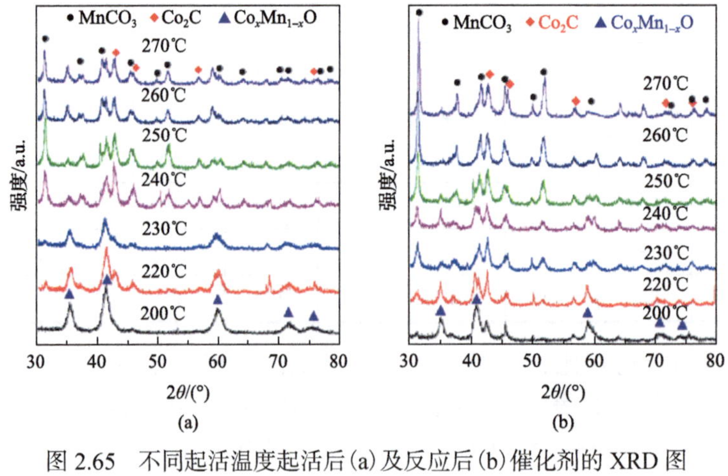

图 2.65　不同起活温度起活后(a)及反应后(b)催化剂的 XRD 图

形式存在的 Mn 开始转变为以 $MnCO_3$(PDF No. 00-002-0785，特征峰位于 31.36°、37.60°、41.38°、45.55°、50.37°、51.91°、60.02°、63.69°、67.86°、72.03°、75.37°及 78.30°)形式存在，并随着起活温度的上升，$Co_xMn_{1-x}O$ 特征峰峰强逐步减弱，$MnCO_3$ 特征峰峰强逐步增强。表 2.36 列出了不同起活温度下 Co_2C 粒径，从表中可以看出，随着起活温度的升高，Co_2C 的粒径一直在不断地增大，主要是由于温度越高，催化剂在迅速解离 CO 的同时，颗粒间的团聚及积碳程度也会愈发严重，从而使催化剂颗粒长大速度加快。从 XRD 物相含量的半定量分析中可以看到(表 2.37)，随着起活温度的升高，Co_2C 的含量不断上升，同时，伴随着 $Co_xMn_{1-x}O$ 物相含量的减少，$MnCO_3$ 的含量也在不断上升，说明 Mn 的存在形式也发生着一定的改变，而 Mn 存在形式的转变对 Co_2C 的性能也能产生一定的影响。

表 2.36 不同温度起活与反应后催化剂中 Co_2C 粒径

起活温度/℃	200	220	230	240	250	260	270
起活后粒径/nm	5.7	8.4	8.7	14.0	14.0	15.4	15.6
反应后粒径/nm	13.5	13.7	14.8	13.4	13.4	13.3	11.4

表 2.37 不同温度起活后与反应后催化剂的物相定量分析 (单位：%)

温度		Co_2C	MnO	$Co_xMn_{1-x}O$	$MnCO_3$
起活后	200℃	2.9	0.08	97.0	
	220℃	7.4	6.5	86.1	
	230℃	8.9	2.6	88.5	
	240℃	15.3	5.6	56.6	22.5
	250℃	17.5	7.9	53.6	21.0
	260℃	21.4	8.7	46.9	23.0
	270℃	22.8	8.9	42.2	26.1
反应后	200℃	9.3	5.6	85.1	
	220℃	18.7	15.3	58.1	7.9
	230℃	21.0	11.3	33.6	34.1
	240℃	20.4	10.4	36.8	32.4
	250℃	21.9	7.9	10.3	59.9
	260℃	25.9			74.1
	270℃	25.9			74.1

图 2.65(b)为起活反应后催化剂 XRD 表征。从图中可以看出，当起活温度较低时，$Co_xMn_{1-x}O$ 物相的存在较为明显，此外 Co_2C 物相与部分 MnO 物相也存在于评价后催化剂中，与起活过程不同的是，在低温起活的催化剂中，已有一定量的 $MnCO_3$ 出现，而随着起活温度的升高，评价后催化剂中的 $MnCO_3$ 峰强愈加显著，当起活温度升至 260℃时，

钴锰复合氧化物基本消失，Mn 完全以 $MnCO_3$ 物相存在，Co 与 Mn 基本完全分离。对评价后催化剂的 Co_2C 粒径进行分析(表 2.36)，发现评价后 Co_2C 的粒径大小区别不大，基本在 10～15nm 之间。而对催化剂的物相含量进行半定量分析后，发现随着起活温度的上升，催化剂中 Co_2C 的含量也是逐步上升的，与起活过程有所区别的是，反应后的催化剂中 Co_2C 含量上升的幅度比起活过程中更小一些，且在低温起活的催化剂，反应后的催化剂中 Co_2C 的含量明显比起活后催化剂中 Co_2C 含量高，随着起活温度的升高，这种差距逐渐减小，由于在低温起活的催化剂中生成的 Co_2C 量极少，主要还是以钴锰复合氧化物的形式存在，而将其升温至 250℃时，在反应的 10h 中，催化剂中不断积累生成更多量的 Co_2C，进一步发生起活，这个过程中生成的 Co_2C 量较多，而当起活温度更高时，在起活过程中大量的钴以 Co_2C 形式存在，在反应中，剩余的可生成 Co_2C 的钴很少，因此在反应中可生成的 Co_2C 更少。但由于不同起活温度反应后的催化剂中生成的 Co_2C 含量均在 20%左右，且粒径相差不大，其在反应 10h 时的评价性能也类似，差别不大。

图 2.66(a)所示为 200℃、220℃、240℃、250℃、260℃以及 270℃下起活后的 Co_1Mn_1 催化剂的 XPS 表征结果。其中，Co^{2+}在 Co $2p_{3/2}$ 轨道出现的峰位置在 780.6eV，Co $2p_{3/2}$ 的卫星峰出现在 785.6eV 处，Co $2p_{1/2}$ 峰为 795.8eV，Co $2p_{1/2}$ 卫星峰为 802.3eV，以上特征峰位置均说明在所选范围的起活温度下，Co^{2+}均存在于起活后的催化剂表面中。而在很低的温度下起活的催化剂，如当起活温度为 200℃的催化剂，其表面出现的 Co^{n+}(n=2, 3)特征峰极为明显，此 XPS 表征结果与 Co_1Mn_1 催化剂在还原后的 XPS 表征结果极为类似，说明催化剂表面反应程度区别不大，主要是 200℃起活的催化剂反应程度极低所致，此结果与起活后的 XRD 物相检测结果一致。随着起活温度的上升，可明显看出 Co 的峰位置向更低结合能处偏移，即 Co^{2+}的特征峰更明显，这也间接说明了 $Co_xMn_{1-x}O$ 物种在高温起活催化剂中的存在不如在低温起活催化剂中明显，应为 Co_2C 生成更多所致。此外，随着起活温度的进一步上升，当起活温度高于 250℃时，在 Co $2p_{3/2}$ 轨道的 777.6eV 与

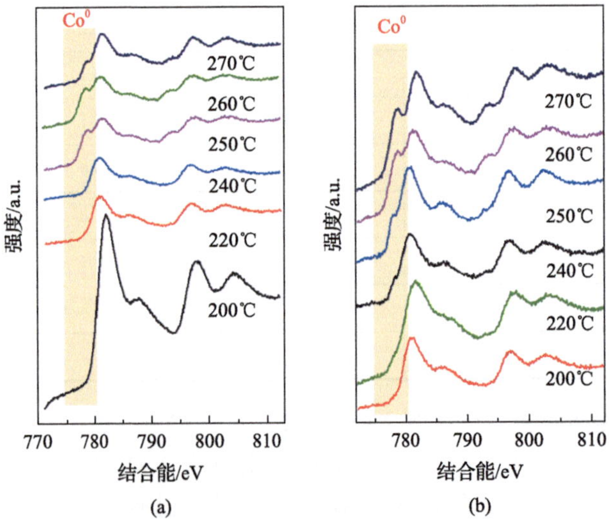

图 2.66　不同温度起活后(a)与反应后(b)催化剂的 XPS 图

Co $2p_{1/2}$轨道的 792.6eV 峰位置处，出现了明显的 Co^0 的特征峰，说明在高温下，亚稳态的 Co_2C 也进一步被具有还原性的合成气还原，这点在 XRD 图中未能确定，很有可能是由于催化剂中生成的 Co^0 含量极低，大多富集于催化剂的表面上所致，但也有可能是由于生成的 Co^0 颗粒尺寸太小，XRD 无法检测出来所致。

图 2.66(b)为 200℃、220℃、240℃、250℃、260℃及 270℃下起活反应后的 Co_1Mn_1 催化剂的 XPS 表征结果。其中，与图 2.66(a)结果一致的是，在 Co $2p_{3/2}$轨道出现在 780.6eV 的特征峰，Co $2p_{3/2}$出现在 785.6eV 处的卫星峰，以及 Co $2p_{1/2}$在 795.8eV 出现的特征峰和 Co $2p_{1/2}$在 802.3eV 出现的卫星峰均为 Co^{2+}的特征峰，以上特征峰的结合能位置均说明在所选的起活温度范围内，Co^{2+}均存在于起活反应后的催化剂表面中。而与起活后催化剂不同的是，在较低的温度下起活的催化剂，如当起活温度为 200℃的催化剂，其表面并未出现明显的 Co^{n+} (n=2, 3)特征峰，而是与所有起活反应后的催化剂 XPS 表征结果一致，Co^{2+}的特征峰均十分明显，这与 XRD 结果中说明的不同温度起活反应后的催化剂中均生成了一定量的 Co_2C 结果一致，且生成的 Co_2C 不如起活后催化剂中 Co_2C 含量的差距大。此外，随着起活温度的上升，当起活温度高于 240℃时，在 Co $2p_{3/2}$轨道的 777.6eV 与 Co $2p_{1/2}$轨道的 792.6eV 峰位置处，出现了明显的 Co^0 的特征峰，这与起活后催化剂的 XPS 表征结果一致，说明在高温下，亚稳态的 Co_2C 也进一步被具有还原性的合成气还原，但在 XRD 表征中并不能十分确定 Co^0 物相的存在。

图 2.67 为 200℃、220℃、230℃、240℃、250℃、260℃及 270℃下起活后的 Co_1Mn_1 催化剂的 TEM 表征结果。从图中可以看出，在低温下起活的催化剂，生成的棱柱状颗粒较少，特别是在 200℃起活后的催化剂，其 TEM 图与还原后的催化剂十分接近，均为无规则形貌的纳米颗粒，其主要组成为 $Co_xMn_{1-x}O$，而当起活温度为 220℃时，在大量 $Co_xMn_{1-x}O$ 生成的同时，也有棱柱状的 Co_2C 开始生成，且其生成的纳米棱柱颗粒数量极少，这与 XRD 中低温下生成的 Co_2C 含量极少结果一致。但相比其他较高温起活的催化剂，从图 2.67(a)和(b)所示的 TEM 图中很容易发现浅黑色衬底不如高温起活后的催化剂明显。而对于不同温度起活的 Co_1Mn_1 催化剂，在 200℃和 220℃起活时，其一直无法达到起活状态，因此催化剂活性很低，与未反应差别不大，生成的蜡相产物含量也极低，因此其浅黑色衬底也十分不明显。提升起活温度后，催化剂达到了一定的起活点，活性明显得到上升，生成的长链产物也进一步增多，催化剂表面附着的长链烃在 TEM 表征中也更加明显。此外，随着起活温度的升高，可观察到催化剂中生成的棱柱状 Co_2C 颗粒明显增多，但随着起活温度的不断上升，催化剂的 TEM 图中其浅黑色衬底也在明显加强，可

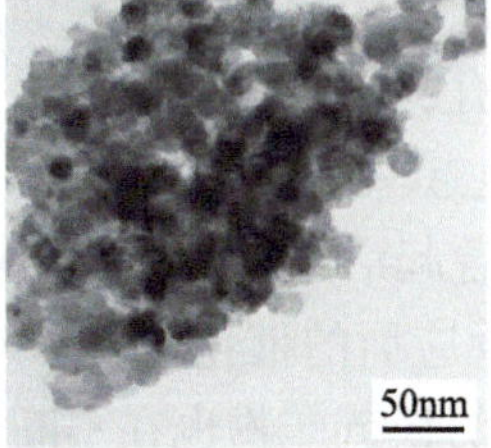

(a1)

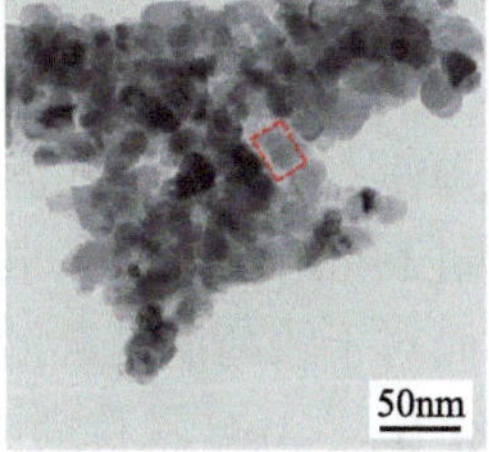

(b1)

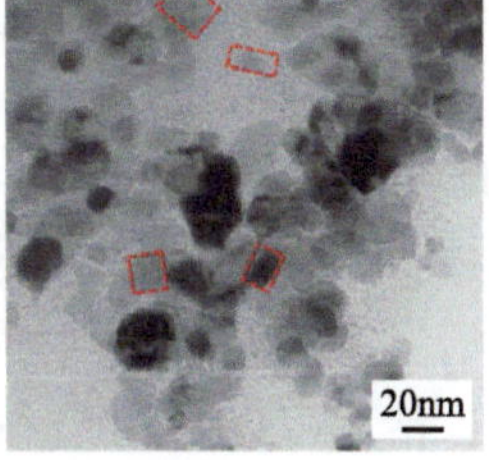

(c1)

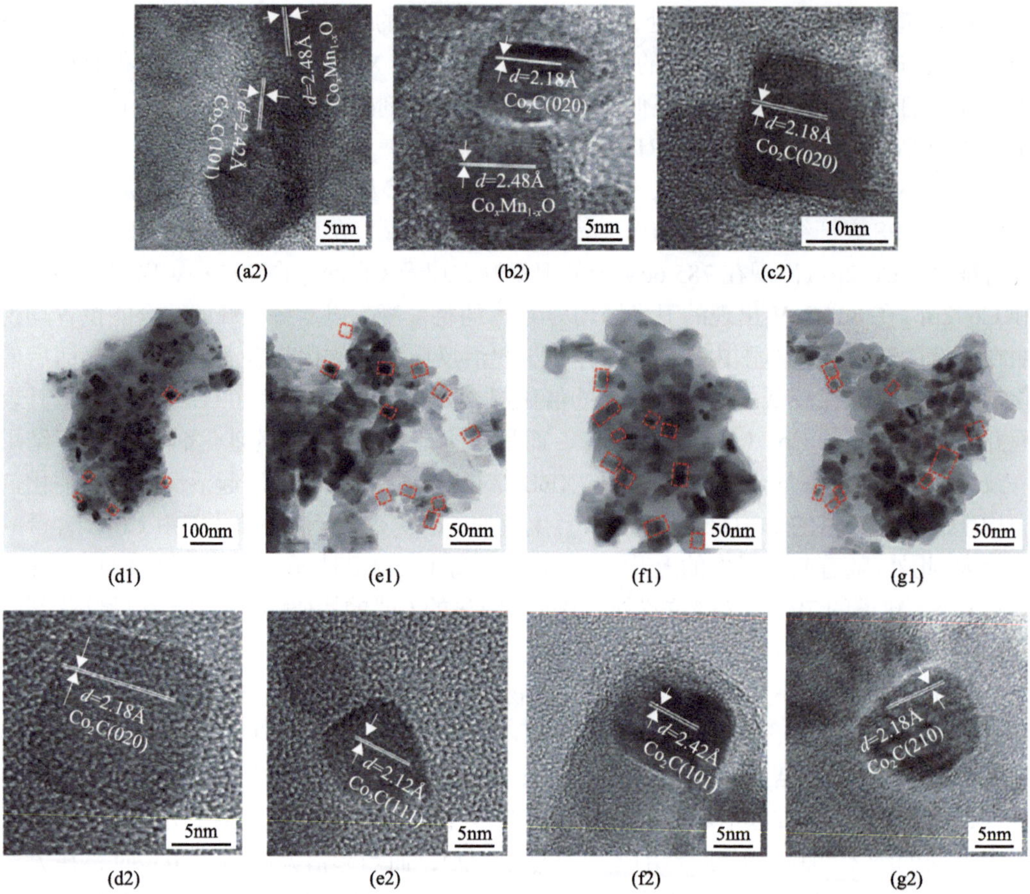

图 2.67　200℃(a)、220℃(b)、230℃(c)、240℃(d)、250℃(e)、260℃(f)及 270℃(g)起活后催化剂 TEM 图(1)及 HRTEM 图(2)

推测在高温下起活后的催化剂生成较多的长链产物，可附着在催化剂表面，进而占据大量催化剂的有效活性位点造成失活。

图 2.68 为 200℃、220℃、230℃、240℃、250℃、260℃及 270℃下起活反应后的 Co_1Mn_1 催化剂的 TEM 表征结果。从图中可以看出，不同温度起活后的催化剂的 TEM 图中均有很明显的浅黑色衬底，这与起活后的催化剂差别较大，主要是由于催化剂在起活后全部统一到同样的反应条件：250℃、5bar、反应 10h。在低温起活的催化剂，由于其并未达到起活，但当其在 250℃、5bar 下进行反应时，在 10h 时间里催化剂可进行高速率的起活，因此催化剂活性较高，且其长链产物生成加快，因此催化剂表面附着的长链物质增多，浅黑色衬底也十分明显。随着起活温度的上升，催化剂表面的长链物质生成得更多，因此浅黑色衬底更加明显厚重。而对于不同温度起活的催化剂，其 TEM 图中均有大量的棱柱状 Co_2C 生成，在低温段起活的催化剂，随着起活温度的上升，棱柱状 Co_2C 含量随着起活温度的升高而增加，而对于较高温度起活反应后的催化剂，从 XRD 表征结果中已发现，钴大多以 Co_2C 形式存在，Co_2C 颗粒周围的长链产物也在不断地集聚，因此浅黑色衬底十分明显，但 Co_2C 的量也是随着起活温度的上升而增加，但其性能却相

差不大，主要是由于 Co_2C 量虽有所增加，但催化剂有效活性位点大多被长链产物覆盖，从图 2.68 (f) 和 (g) 中也可以看出，球状 Co_2C 也很明显，因此其活性并不会随 Co_2C 量的增加而升高，相反，进一步延长反应时间，高温起活的催化剂的评价性能并不稳定，反而出现不断失活的迹象，因此，从稳定性上分析，较低温起活的催化剂虽能使催化剂在反应过程中保持一定的稳定性，但其起活太慢，活性并不高，而高温起活的催化剂，由于其起活过快，晶面择优生长能力下降，生成的长链产物不断富集于催化剂表面，使其活性位点被堵从而有效作用力下降，其稳定性可控性低，失活较快，因此选择合适的起

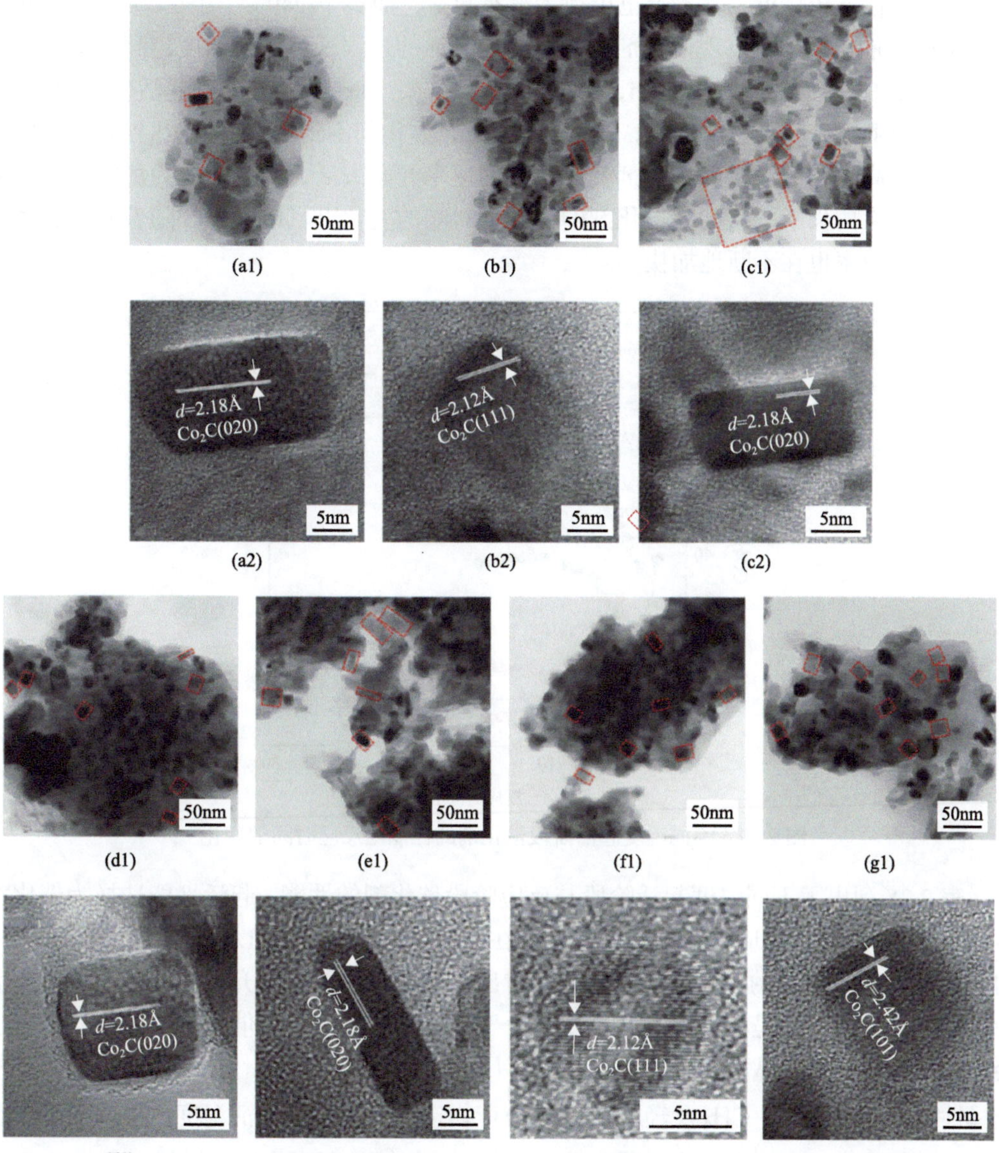

图 2.68　200℃ (a)、220℃ (b)、230℃ (c)、240℃ (d)、250℃ (e)、260℃ (f) 及 270℃ (g) 起活催化剂反应后催化剂 TEM 图 (1) 及 HRTEM 图 (2)

活温度是十分有必要的。在本次起活温度的研究中，可观察到适合于 Co_1Mn_1 催化剂的起活条件为 5bar、240～250℃。

2. 催化性能

起活阶段的性能如图 2.69 所示，发现在低温下，200℃下起活的 Co_1Mn_1 催化剂在起活阶段基本没有活性，色谱 FID 的峰强很低，长时间反应一直无法起活，而对于 220℃起活的 Co_1Mn_1 催化剂，其活性一直处于不断下降的状态，直至2%左右得到稳定，与200℃达到稳定时的性能较接近，基本上也可视为没有起活，而对于 240℃、250℃及 260℃起活的 Co_1Mn_1 催化剂，可发现催化剂有一个明显起活的过程，且起活温度越高，起活速率越快，如 240℃起活需要将近 30h，250℃起活仅需要 10h 左右，260℃起活仅需 8h 就可稳定，但当继续升高起活温度时，发现在 270℃，催化剂不到 5h 就迅速达到起活时催化剂的活性最高点，但紧接着催化剂就以很快的速率开始失活，即使在较为稳定的状态下也发生低速率的失活。从起活催化剂的活性随时间的变化上可以看出，随着起活温度的升高，起活速率也在不断地加快。

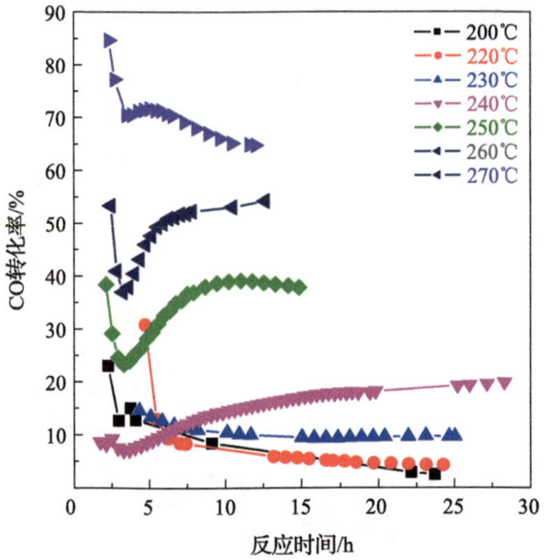

图 2.69　不同温度起活阶段催化剂的性能随反应时间的变化

表 2.38 列出了不同温度起活阶段与反应阶段催化剂的性能。起活性能选择为催化剂活性稳定时的性能，反应性能选择为催化剂在 250℃、5bar、2000mL/(g_{cat}·h)及 H_2/CO=0.5 的条件下反应 10h 时的性能。从表中可以看出，随着起活温度的升高，催化剂达到起活稳定点时的活性明显是在上升的，主要是由于随着温度的上升，催化剂中的成核位点也会形成得越快越多，从而使反应速率加快，因此其活性也就越高。对于起活阶段的产物选择性，可看出 CO_2、CH_4 及轻质烃($C_{2\sim4}^{o}$)产物选择性一直随起活温度的上升而不断上升，水煤气变换反应逐渐强烈，伴随着 C_{5+}产物选择性的下降，低碳烯烃($C_{2\sim4}^{=}$)选择性也有上升的趋势，当起活温度低于 250℃时，可观察到烯/烷比也随着起活温度的上升而上升，当起活温度高于 250℃时，烯/烷比开始下降。

表 2.38 不同温度起活阶段与反应阶段催化剂的性能

温度/℃	CO 转化率/%	CO_2 选择性/%	产物分布				烯/烷比			
			CH_4	$C^=_{2\sim4}$	$C^o_{2\sim4}$	C_{5+}	C_2	C_3	C_4	$C_{2\sim4}$
200[a]	2.5	1.9	0.1	0.3	0.1	99.6	4	6	4	5
220[a]	4.1	21.3	1.1	19.6	1.5	77.8	12	16	11	13
230[a]	9.5	25.8	1.1	23.1	1.5	74.3	14	19	13	15
240[a]	17.0	37.0	2.1	32.3	2.0	63.6	13	20	13	16
250[a]	32.6	37.4	2.8	27.1	2.1	68.0	11	22	16	17
260[a]	52.4	40.5	3.7	29.2	2.5	64.7	5	19	14	12
270[a]	65.2	42.9	6.2	34.7	4.1	55.0	3	19	13	8
200[b]	21.9	42.6	3.2	41.3	4.8	53.1	12	21	17	15
220[b]	32.4	43.8	4.0	46.4	3.4	46.2	7	20	14	14
230[b]	37.5	45.1	4.0	42.0	3.5	50.5	4	15	12	12
240[b]	38.1	39.0	3.6	30.2	3.2	63.1	4	14	12	10
250[b]	39.2	37.8	3.8	30.2	3.2	62.7	7	18	13	13
260[b]	33.2	43.2	4.2	32.7	3.5	59.7	4	14	11	9
270[b]	25.5	40.3	4.5	29.1	2.9	63.6	5	15	11	10

注：反应条件为 250℃、5bar、2000mL/(g_{cat}·h)、H_2/CO=0.5。

a. 起活中。

b. 起活后。

对于不同温度起活后的催化剂，其在相同反应条件下的评价性能也是有所差距的。对于低温起活（<220℃）的催化剂，其活性最低，对于起活温度在 220～250℃间起活的催化剂，其在相同反应条件下的活性随着起活温度的上升而上升，而对于起活温度高于250℃后，会发现随着起活温度的上升，催化剂的活性反而在下降。主要是因为过低的起活温度使得催化剂中形成的成核位点过少，从而形成的活性位点 Co_2C 的数目也不会太多，当升温至 250℃时，催化剂在 10h 反应时间内才开始发生起活，而过高的起活温度，虽然形成的成核位点数目过多，但由于催化剂积碳现象较严重，且其形貌及粒径发生了一定的变化，因此催化剂活性无法维持稳定，在达到相同的反应条件下时，催化剂的活性在不断下降，在反应 10h 时，其活性降到了最低值。

此外，对催化剂的产物选择性变化趋势进行研究时发现，不同的起活温度下催化剂的甲烷选择性相差不大，均在 5%左右，而影响较为明显的是低碳烯烃与 C_{5+}产物选择性，从低碳烯烃选择性上可明显看出随着起活温度的上升，$C^=_{2\sim4}$ 的选择性在不断地下降，反之，C_{5+}的选择性反而在上升，说明起活温度越高，产物的链增长能力不断下降，而烯/烷比与活性变化趋势相反，出现先下降后上升的趋势。即不同的起活温度不仅对催化剂的活性有所影响，对催化剂的产物选择性也有一定的影响。

图 2.70 为经不同起活温度后催化剂的烃产物分布图，在不同的起活温度下，Co_1Mn_1催化剂的烃产物分布均有明显突破传统 ASF 分布的趋势，但随着起活温度的升高，偏离传统 ASF 分布的趋势逐渐减小，主要是由于起活温度越高，甲烷选择性上升，催化剂二次加氢反应增强，此外，催化剂的链增长因子值在不断地下降，从产物选择性来看，主要是由于产物更倾向于 $C_{1\sim4}$ 低碳段生成所致，而高温下 CO 分子的解离速率不断增强，中间物种 CH_x 更容易快速加氢生成低碳段烃产物而来不及进行链增长，从而导致催化剂不利于长链产物的生成。

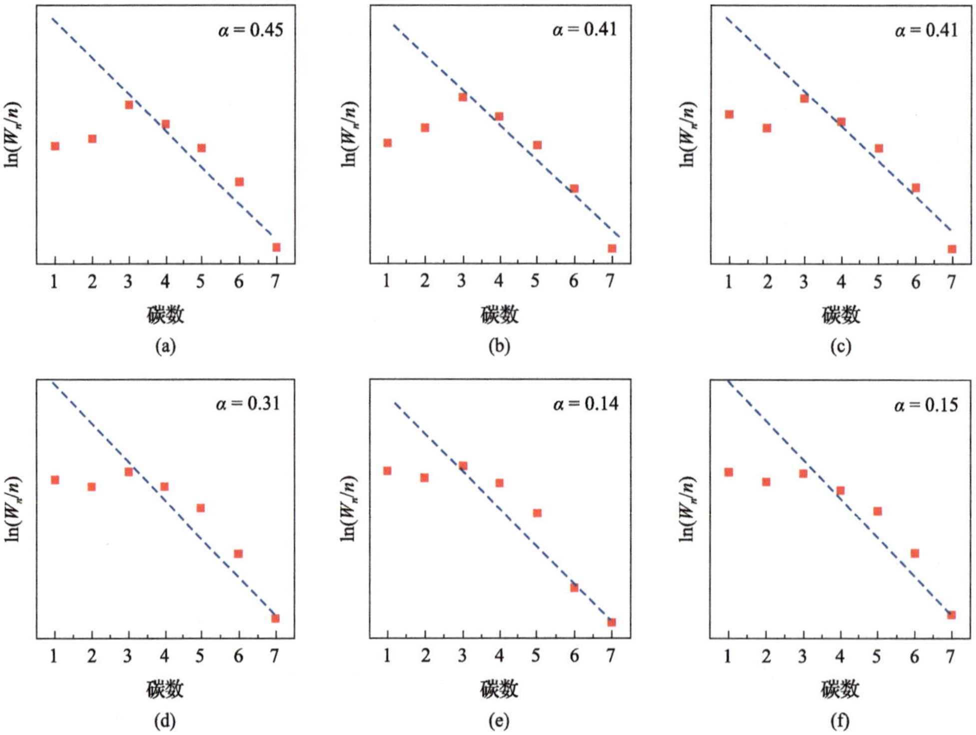

图 2.70　220℃(a)、230℃(b)、240℃(c)、250℃(d)、260℃(e)及 270℃(f)起活烃产物分布

2.5.4　反应压力

费-托合成产物极其复杂，主要生成烷烃、烯烃、醇类、醛等产物。生成的产物种类可高达上百种，是生产燃料和高附加值化学品的重要反应。由于其产物种类的复杂性，其产物选择性受多种因素影响，如催化剂体系、反应器和反应条件等。因此，通过优化各种影响因素进而对产物选择性实现高效调控是十分必要的。其中，由于烯烃和醇的附加值较高，通过合成气转化直接生产烯烃和醇的技术引起了工业界和学术界的广泛关注。本小节将通过优化反应条件(压力及 H_2/CO 比)，探讨其对 Co_2C 基催化剂构效关系的影响。

1. 催化剂结构

在不同的反应压力下，还原与反应后 CoMn 催化剂的 XRD 图如图 2.71(a)所示。还

原后催化剂在 2θ=36.5°、42.4°、61.5°和 73.2°处出现 $Co_xMn_{1-x}O$ 物相的特征峰。对于反应后的催化剂，可在 2θ=37.0°、41.3°、42.6°、45.7°、56.6°、59.4°、64.4°、71.6°和 78.4°处观察到归属于 Co_2C(PDF #65-1457)的特征峰。此外，还检测到 MnO(2θ=35.0°、40.6°和 58.8°，PDF #03-1145)和 $MnCO_3$(2θ=31.5°、37.7°、41.6°、45.4°、49.9°、60.4°、64.2°和 68.0°，PDF #02-0785)。随着反应压力上升，MnO 峰强(2θ = 35.18°)逐渐减弱，$MnCO_3$ 峰强逐渐增强。所有反应后的 CoMn 催化剂中均有 Co_2C 生成，其衍射强度随压力上升而增强。根据谢乐公式计算的 Co_2C 晶粒尺寸(表 2.39)结果表明，随着反应压力的上升，Co_2C 的粒径从 9.1nm 增加到 18.6nm。不同阶段样品的 XPS 表征结果如图 2.71(b)所示。对于在 1bar 下反应后的催化剂，781.0eV 处的宽峰归属于 Co^{n+}。随着反应压力上升，在 778.32eV 处出现金属 Co^0，说明在高压下可形成少量金属钴。

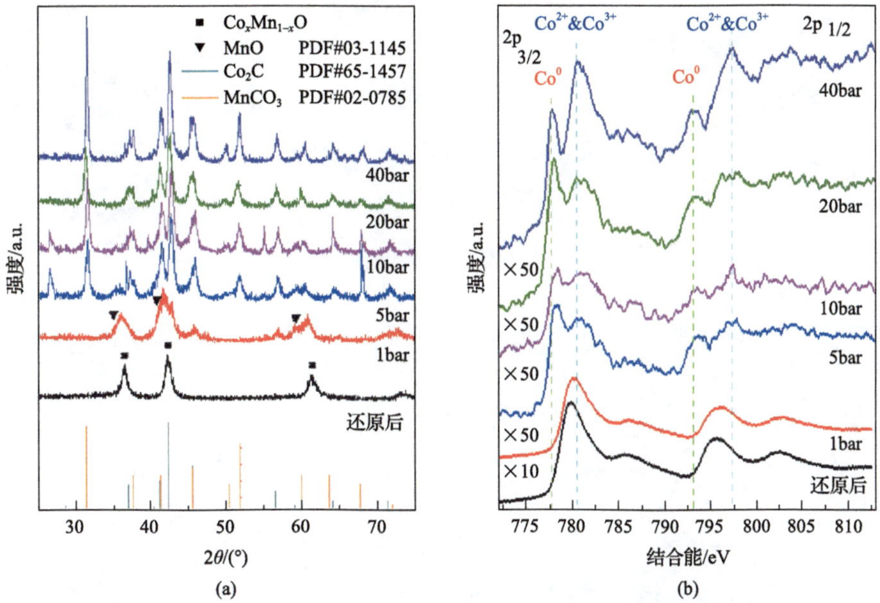

图 2.71 还原及不同压力反应后的 CoMn 催化剂 XRD 图(a)及 XPS 图(b)

图中“×50”为放大倍数

表 2.39 不同压力下的 Co_2C 平均粒径

压力/bar	1	5	10	20	40
粒径/nm	9.1	14.8	15.1	15.7	18.6

TEM 结果如图 2.72 所示，还原后催化剂中仅观察到 $Co_xMn_{1-x}O$，1bar 和 5bar 下反应后催化剂中出现具有(101)和(020)暴露晶面的棱柱状 Co_2C。随着反应压力从 1bar 上升到 5bar，Co_2C 纳米棱柱的数量显著减少。随着压力的继续上升，一些 Co_2C 纳米颗粒的形状也由纳米棱柱状变为纳米球状。图 2.72(l)中出现晶格间距为 2.05nm 的金属钴颗粒，同 XPS 表征结果一致。

CoMn 催化剂在不同反应压力下，催化剂物相组成和 Co_2C 形貌发生改变，催化性能也随之变化。烯烃和含氧化合物的生成需要不同的活性中心，这些活性中心可以通过反

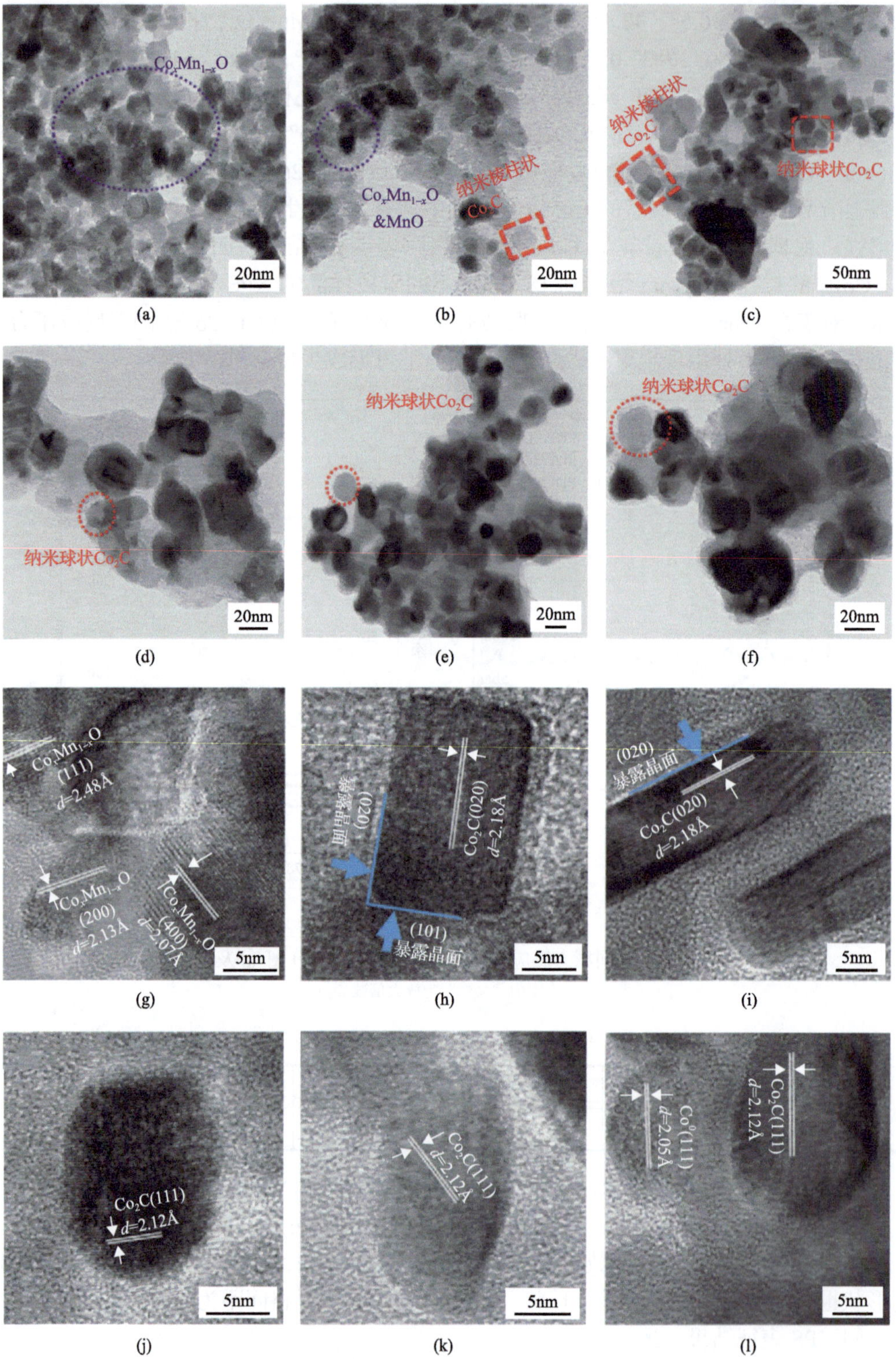

图 2.72　CoMn 催化剂还原后(a)及 1bar(b)、5bar(c)、10bar(d)、20bar(e)、40bar(f)反应后 TEM 图及对应的 HRTEM 图(g～l)

应压力调节。较低反应压力下，可形成以(101)和(020)为主要暴露晶面的稳定棱柱状 Co_2C，并且其具有较高的 $C_{2\sim4}^{=}$ 选择性和较低的甲烷选择性，烃产物分布偏离理论 ASF 分布。随着反应压力的增加，金属 Co^0 逐渐形成，Co_2C 由纳米棱柱状向纳米球状转变，导致 $C_{2\sim4}^{=}$ 选择性降低，甲烷选择性增加。此外，烃类分布由在低压下偏离 ASF 分布逐渐转为遵循 ASF 的线性分布。Co_2C 纳米棱柱主要暴露(101)和(020)晶面，而球状 Co_2C 纳米颗粒以(111)为主要暴露晶面。Co_2C(020)晶面具有较高的 CO 解离活性，甲烷在(020)面上的生成势垒较高，而 Co_2C(111)面上更有利于 CO 非解离吸附，且其生成甲烷的势垒更低。此外，在反应过程中，1bar 下催化剂中主要形成棱柱状 Co_2C 和 MnO。但随着反应压力的上升，$MnCO_3$ 开始出现，Co_2C 的形貌由纳米棱柱逐渐转变为纳米球。研究不同 H_2/CO 比、不同压力时的结构与性能时发现，对于 CoMn 催化剂，其在不同 H_2/CO 比下的结构与性能趋势是一致的。

随着反应压力的增加，虽然烯烃选择性降低，甲烷选择性增加，但含氧化物选择性也在显著上升。部分 Co_2C 也随着压力的增加分解为金属 Co^0，其余的 Co_2C 纳米球主要暴露(111)面。Co/Co_2C(111)界面被认为是形成含氧化合物的双活性中心。Co^0 位能解离 CO 并产生 CH_x 物种，而 Co_2C(111)面能进行 CO 的插入。CO 插入 CH_x 物种进而形成 CH_xCO 中间体，随后氢化成相应的含氧化合物。一系列的研究表明，Co/Co_2C 双活性中心的形成和 Co_2C/Co 比值的增加可以很大程度地提高含氧化合物的选择性。Zhang 等报道的 DFT 计算结果表明，Co/Co_2C(111)界面催化剂比单纯的 Co_2C(111)晶面更有利于含氧化合物的形成。这与本小节研究中，高反应压力下 Co/Co_2C(111)界面的形成有助于提高含氧化合物选择性的结果是一致的。

2. 催化性能

不同反应压力下 CoMn 催化剂的性能列于表 2.40。随着反应压力从 1bar 升至 40bar，CO 转化率呈上升趋势，即从 3.1%上升至 40.0%。CO_2 选择性则呈下降趋势，表明压力的升高可降低催化剂的水煤气变换反应活性。同时，低碳烯烃 $C_{2\sim4}^{=}$ 选择性从 51.7%(1bar)下降到 13.8%(40bar)，甲烷与 $C_{2\sim4}^{o}$ 选择性上升，表明烃产物二次加氢能力在持续增强。此外，含氧化合物选择性有所升高，40bar 下其选择性可达到 31.1%。上述结果表明 CoMn 催化剂的产物分布可通过改变反应压力进行有效调控。CoMn 催化剂上生成的醇主要为

表 2.40 不同压力下的 CoMn 催化剂的反应性能

压力/bar	CO 转化率/%	CO_2 选择性/%	产物分布					$C_{2+}OH/ROH$（质量比）	ROH/CH_n（摩尔比）	STY/[mg/($g_{cat}\cdot h$)]	
			CH_4	$C_{2\sim4}^{=}$	$C_{2\sim4}^{o}$	C_{5+}	Oxy.			Oxy.	CH_n
1	3.1	50.7	7.2	59.6	2.4	30.8	—	—	—	—	5
5	28.4	47.8	11.3	49.2	6.9	27.6	5.0	0.96	0.06	3	39
10	34.7	43.7	10.1	37.1	7.1	28.0	17.7	0.98	0.22	14	50
20	37.4	43.5	14.2	19.5	9.3	34.9	22.1	0.96	0.28	22	61
40	40.0	33.2	19.8	8.9	11.9	28.9	31.1	0.97	0.45	40	75

注：反应条件：T=230℃、2000mL/($g_{cat}\cdot h$)、H_2/CO=2。

具有更高附加值的高碳醇，$C_{2+}OH/ROH$（总醇）比值一直高于 96%。随着压力的升高，醇/烃的选择性也在持续上升，表明压力的升高可促进烃产物向醇产物的转变。在含氧化合物生成的机理中，大多所接受的为 CO 插入机理，压力越高，CoMn 催化剂表面吸附的 CO*更容易插入烃类物种 C_nH_m，进而促进含氧化合物生成，而烃产物选择性相应减少。总体来说，随着反应压力的上升，CoMn 催化剂的产物性能有明显从费-托合成直接制烯烃（FTO）向合成气制高碳醇（HAS）转变的趋势。

CoMn 催化剂在 230℃、H_2/CO 比为 2、不同反应压力下的产物分布如图 2.73 所示。随着反应压力的变化，甲醇选择性比较稳定，在总含氧化合物分布中均低于 5%，而 C_2OH 随着压力的上升却急剧减少，$C_{6+}OH$ 显著增加，进一步表明较高的反应压力有利于高碳含氧化合物的形成。图 2.73（b）为不同反应压力下的烃类产物分布，从图中可以看出，随着反应压力的上升，CH_4 组分和 C_{5+} 组分也随之增加，而 C_2、C_3 和 C_4 组分却在相应减少，表明烃类产物分布受反应压力的影响极大。

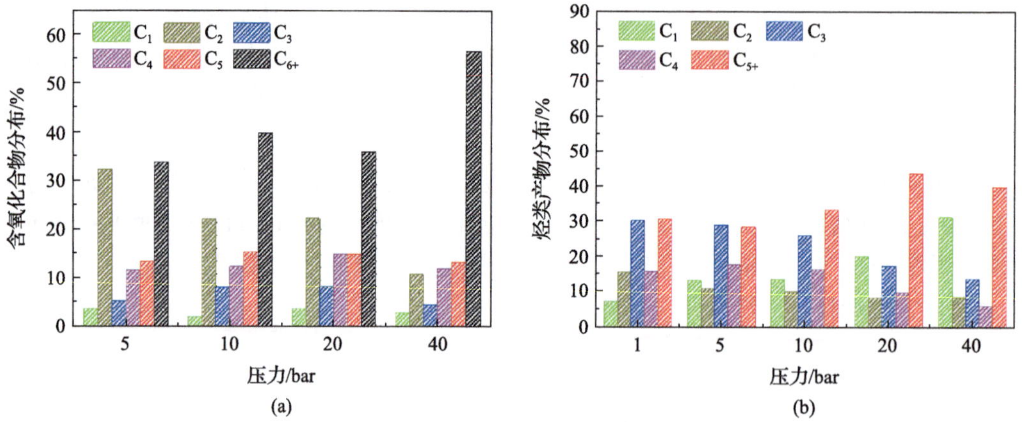

图 2.73 不同反应压力下 CoMn 催化剂的含氧化合物产物（a）和烃类产物（b）分布

图 2.74 为 CoMn 催化剂在不同压力下反应后的烃类产物与含氧化物的 ASF 分布图，1bar 和 5bar 下烃类产物具有偏离传统 ASF 分布的趋势，主要是由于 CoMn 催化剂在低

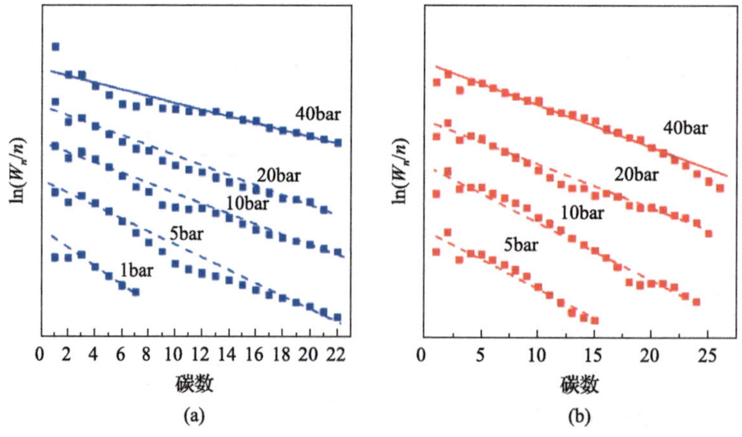

图 2.74 不同压力下烃类产物（a）与含氧化物（b）ASF 分布图

压下生成甲烷的能力较弱。随着压力的上升，产物分布更好地遵循了传统 ASF 分布。图 2.74(b)为含氧化物 ASF 分布图，从图中可以看出，在不同的压力下，含氧化物的分布趋势基本一致。

2.6 结　论

费-托反应是合成气转化的主要途径，由于受经典 ASF 分布规律的限制，产物碳数呈现广谱型分布。如何有效控制 C—O 键的活化及碳链形成与终止行为，摆脱 ASF 分布的限制，提高目标产物(尤其是烯、醇等高值化学品)的选择性是合成气转化的核心科学问题。研发全新的活性位点结构是解决该科学问题的关键。Co_2C 纳米棱柱结构具有独特的费-托催化性能，完全有别于传统的费-托催化剂，在温和的反应条件下可实现高选择性合成气直接制备烯烃，烯/烷比可高达 30 以上，总烯烃选择性高达 80%以上，同时产物分布突破了经典 ASF 规律的束缚，呈现窄分布的特点，主要集中在 $C_{2\sim12}$ 组分，$C_{2\sim12}$ 高达 91%，甲烷及 C_{13+} 选择性均小于 5%。

Co_2C 在合成气转化中存在显著的纳米效应。针对晶面效应，(020)晶面最有利于 CO 解离，甲烷生成能垒最高；(111)晶面 CO 解离能垒最高，甲烷生成能垒最低；(101)晶面最有利于烯烃的形成。此外，Co_2C 还表现出独特的尺寸效应，当粒径小于 7nm 时，随着粒径的进一步减小，TOF 值逐渐降低而甲烷选择性不断升高；当粒径大于 7nm 时，TOF 值及产物选择性基本不变。理论计算表明尺寸效应源于不同粒径的 Co_2C 不同暴露面的相对含量显著不同。助剂对 Co_2C 的形成及形貌控制起关键作用，Na 有利于增强 CO 吸附并有助于其解离，促使 Co 物种碳化为 Co_2C，Mn 的作用是通过形成 CoMn 复合氧化物前驱体，影响碳化过程的成核-长大行为，促进纳米棱柱结构的形成并可有效调控不同暴露晶面的比例。同时，载体对 Co_2C 形貌也有很大的影响，较弱的钴-载体相互作用有利于钴锰复合氧化物的生成，并最终促进形成 Co_2C 棱柱状纳米结构。此外，还原过程通过影响 Co_2C 成核及颗粒长大过程对 Co_2C 纳米结构的形成起显著作用。

Co_2C 基合成气直接制烯烃技术体现出很大的工业应用潜力。围绕该技术，中国科学院上海高等研究院与潞安化工集团、陕西煤业股份有限公司、阳泉煤业(集团)有限责任公司、上海联和投资有限公司和东华工程科技股份有限公司等企业密切合作，致力于 FTO 技术的中试与商业化。通过在认识活性位点结构的基础上开展系统的催化剂制备科学研究，至 2023 年已完成具有高机械强度吨级工业催化剂的放大制备及 5000 吨/年中试装置的建设，正在进行中试装置的调试，并将推进 20 万吨以上的工业示范。

参 考 文 献

[1] Weller S, Hofer L J E, Anderson R B. The role of bulk cobalt carbide in the Fischer-Tropsch synthesis[J]. Journal of the American Chemical Society, 1948, 70(2): 799-801.

[2] Agrawal P K, Katzer J R, Manogue W H. Methanation over transition metal catalysts: Ⅱ. Carbon deactivation of $CoAl_2O_3$ in sulfur-free studies[J]. Journal of Catalysis, 1981, 69(2): 312-326.

[3] Johnson B G, Bartholomew C H, Goodman D W. The role of surface structure and dispersion in CO hydrogenation on cobalt[J]. Journal of Catalysis, 1991, 128(1): 231-247.

[4] Ducreux O, Lynch J, Rebours B, et al. *In situ* characterisation of cobalt based Fischer-Tropsch catalysts: a new approach to the active phase[M]//Parmaliana A, Sanfilippo D, Frusteri F, et al. Studies in Surface Science and Catalysis. Amsterdam: Elsevier, 1998: 125-130.

[5] Xiong J, Ding Y, Wang T, et al. The formation of Co_2C species in activated carbon supported cobalt-based catalysts and its impact on Fischer-Tropsch reaction[J]. Catalysis Letters, 2005, 102(3): 265-269.

[6] Tsakoumis N E, Rønning M, Borg Ø, et al. Deactivation of cobalt based Fischer-Tropsch catalysts: a review[J]. Catalysis Today, 2010, 154(3-4): 162-182.

[7] Zhong L S, Yu F, An Y L, et al. Cobalt carbide nanoprisms for direct production of lower olefins from syngas[J]. Nature, 2016, 538(7623): 84-87.

[8] Laan G P V D, Beenackers A A C M. Kinetics and selectivity of the Fischer-Tropsch synthesis: a literature review[J]. Catalysis Reviews, 2011, 41(3): 255-318.

[9] Keyser M J, Everson R C, Espinoza R L. Fischer-Tropsch studies with cobalt-manganese oxide catalysts: synthesis performance in a fixed bed reactor[J]. Applied Catalysis A: General, 1998, 171(1): 99-107.

[10] Patzlaff J, Liu Y, Graffmann C, et al. Studies on product distributions of iron and cobalt catalyzed Fischer-Tropsch synthesis[J]. Applied Catalysis A: General, 1999, 186(1-2): 109-119.

[11] Patzlaff J, Liu Y, Graffmann C, et al. Interpretation and kinetic modeling of product distributions of cobalt catalyzed Fischer-Tropsch synthesis[J]. Catalysis Today, 2002, 71(3-4): 381-394.

[12] Kuipers E W, Vinkenburg I H, Oosterbeek H. Chain length dependence of α-olefin readsorption in Fischer-Tropsch synthesis[J]. Journal of Catalysis, 1995, 152(1): 137-146.

[13] Claeys M, Dry M E, Steen E V, et al. *In situ* magnetometer study on the formation and stability of cobalt carbide in Fischer-Tropsch synthesis[J]. Journal of Catalysis, 2014, 318: 193-202.

[14] van Santen R A. Complementary structure sensitive and insensitive catalytic relationships[J]. Accounts of Chemical Research, 2009, 42(1): 57-66.

[15] Chen W, Lin T, Dai Y, et al. Recent advances in the investigation of nanoeffects of Fischer-Tropsch catalysts[J]. Catalysis Today, 2017, 311: 8-22.

[16] Yang C, Bo Z, Rui G, et al. Construction of synergistic Fe_5C_2/Co heterostructured nanoparticles as enhanced low temperature Fischer-Tropsch synthesis (FTS) catalyst[J]. ACS Catalysis, 2017, 7(9): 5661-5667.

[17] Bezemer G L, Bitter J H, Kuipers H P C E, et al. Cobalt particle size effects in the Fischer-Tropsch reaction studied with carbon nanofiber supported catalysts[J]. Journal of the American Chemical Society, 2006, 128(12): 3956-3964.

[18] Xiong H, Zhang Y, Liew K, et al. Fischer-Tropsch synthesis: the role of pore size for Co/SBA-15 catalysts[J]. Journal of Molecular Catalysis A: Chemical, 2008, 295(1-2): 68-76.

[19] Tuxen A, Carenco S, Chintapalli M, et al. Size-dependent dissociation of carbon monoxide on cobalt nanoparticles[J]. Journal of the American Chemical Society, 2013, 135(6): 2273-2278.

[20] Gnanamani M K, Jacobs G, Shafer W D, et al. Low temperature water-gas shift reaction over alkali metal promoted cobalt carbide catalysts[J]. Topics in Catalysis, 2014, 57(6-9): 612-618.

[21] Lilleb A, Patanou E, Jia Y, et al. The effect of alkali and alkaline earth elements on cobalt based Fischer-Tropsch catalysts[J]. Catalysis Today, 2013, 215(15): 60-66.

[22] Pei Y P, Liu J X, Zhao Y H, et al. High alcohols synthesis via Fischer-Tropsch reaction at cobalt metal/carbide interface[J]. ACS Catalysis, 2015, 5(6): 3620-3624.

[23] Kuipers E W, Scheper C, Wilson J H, et al. Non-ASF product distributions due to secondary reactions during Fischer-Tropsch synthesis[J]. Journal of Catalysis, 1996, 158(1): 288-300.

[24] Ribeiro M C, Jacobs G, Davis B H, et al. Fischer-Tropsch synthesis: an *in-situ* TPR-EXAFS/XANES investigation of the

influence of group Ⅰ alkali promoters on the local atomic and electronic structure of carburized iron/silica catalysts[J]. Journal of Physical Chemistry C, 2010, 114(17): 7895-7903.

[25] Johnson G R, Werner S, Bell A T. An investigation into the effects of Mn promotion on the activity and selectivity of Co/SiO_2 for Fischer-Tropsch synthesis: evidence for enhanced CO adsorption and dissociation[J]. ACS Catalysis, 2015, 5(10): 5888-5903.

[26] Kumar N, Jothimurugesan K, Stanley G G, et al. *In-situ* FT-IR study on the effect of cobalt precursors on CO adsorption behavior[J]. Journal of Physical Chemistry C, 2010, 115(4): 990-998.

[27] Johnson G R, Bell A T. Effects of Lewis acidity of metal oxide promoters on the activity and selectivity of Co-based Fischer-Tropsch synthesis catalysts[J]. Journal of Catalysis, 2016, 338: 250-264.

[28] Jeong N C, Lee J S, Tae E L, et al. Acidity scale for metal oxides and sanderson's electronegativities of lanthanide elements[J]. Angewandte Chemie International Edition, 2008, 47(52): 10128-10132.

[29] Huo C F, Wu B S, Gao P. The mechanism of potassium promoter: enhancing the stability of active surfaces[J]. Angewandte Chemie International Edition, 2011, 123: 7541-7544.

[30] Zhao S, Liu X W, Huo C F, et al. Morphology control of K_2O promoter on Hägg carbide (χ-Fe_5C_2) under Fischer-Tropsch synthesis condition[J]. Catalysis Today, 2016, 261: 93-100.

[31] Zhai P, Xu C, Gao R, et al. Highly tunable selectivity for syngas-derived alkenes over zinc and sodium-modulated Fe_5C_2 catalyst[J]. Angewandte Chemie International Edition, 2016, 55(34): 9902-9907.

[32] Gaube J, Klein H F. The promoter effect of alkali in Fischer-Tropsch iron and cobalt catalysts[J]. Applied Catalysis A: General, 2008, 350(1): 126-132.

[33] Borg Ø, Hammer N, Enger B C, et al. Effect of biomass-derived synthesis gas impurity elements on cobalt Fischer-Tropsch catalyst performance including *in situ* sulphur and nitrogen addition[J]. Journal of Catalysis, 2011, 279(1): 163-173.

[34] Mohandas J C, Gnanamani M K, Jacobs G, et al. Fischer-Tropsch synthesis: characterization and reaction testing of cobalt carbide[J]. ACS Catalysis, 2011, 1(11): 1581-1588.

[35] Dan I E, Rebours B, Roy-Auberger M, et al. *In situ* XRD study of the influence of thermal treatment on the characteristics and the catalytic properties of cobalt-based Fischer-Tropsch catalysts[J]. Journal of Catalysis, 2002, 205(2): 346-353.

[36] Tao Z, Yong Y, Zhang C, et al. Effect of calcium promoter on a precipitated iron-manganese catalyst for Fischer-Tropsch synthesis[J]. Catalysis Communications, 2006, 7(12): 1061-1066.

[37] Prieto G, Mart ínez A, Concepci N P, et al. Cobalt particle size effects in Fischer-Tropsch synthesis: structural and *in situ* spectroscopic characterisation on reverse micelle-synthesised Co/ITQ-2 model catalysts[J]. Journal of Catalysis, 2009, 266(1): 129-144.

[38] Eliseev O L, Tsapkina M V, Lapidus A L. Fischer-Tropsch synthesis on cobalt catalysts with alkaline earth metal additives[J]. Solid Fuel Chemistry, 2016, 50(5): 282-285.

[39] Xiong H, Motchelaho M A M, Moyo M, et al. Correlating the preparation and performance of cobalt catalysts supported on carbon nanotubes and carbon spheres in the Fischer-Tropsch synthesis[J]. Journal of Catalysis, 2011, 278(1): 26-40.

[40] Gnanamani M K, Jacobs G, Shafer W D, et al. Fischer-Tropsch synthesis: activity of metallic phases of cobalt supported on silica[J]. Catalysis Today, 2013, 215: 13-17.

[41] O'shea V A D L P, Homs N, Fierro J L G, et al. Structural changes and activation treatment in a Co/SiO_2 catalyst for Fischer-Tropsch synthesis[J]. Catalysis Today, 2006, 114(4): 422-427.

[42] Karaca H, Safonova O V, Chambrey S, et al. Structure and catalytic performance of Pt-promoted alumina-supported cobalt catalysts under realistic conditions of Fischer-Tropsch synthesis[J]. Journal of Catalysis, 2011, 277(1): 14-26.

[43] Liu J X, Su H Y, Sun D P, et al. Crystallographic dependence of CO activation on cobalt catalysts: HCP versus FCC[J]. Journal of the American Chemical Society, 2013, 135(44): 16284-16287.

[44] Ducreux O, Rebours B, Lynch J, et al. Microstructure of supported cobalt Fischer-Tropsch catalysts[J]. Oil & Gas Science and Technology-Revue d'IFP Energies Nouvelles, 2009, 64: 49-62.

第 3 章

熔铁催化剂合成气直接转化制 α-烯烃

3.1 引　言

随着我国经济的持续高速发展，我国对能源的需求将持续迅速增加，仅仅依靠我国自产的石油和天然气等化石能源已经难以满足需求。石油和天然气的短缺已成为限制我国经济发展和威胁我国能源安全的重大议题，也直接影响我国液体燃料和化学品的供应，从而影响制造业的成本。从煤炭制取化学品是保障化学品供应、补充石油缺口以及实现煤炭资源清洁化利用的重要途径。

传统石油资源已有百年的加工利用历史，已发展成包括多种单元技术的石油化工炼制行业。石油加工技术提供了现代社会的一些支柱大宗产品，如汽油、柴油、润滑油基础油、聚乙烯、聚丙烯、芳烃，增塑剂醇等。可以预见，虽然石油一段时间内仍将占相当的份额，但石油供应的萎缩趋势已成定局，石油缺口与高品质石油化工产品的保障供应之间的矛盾势必越来越突出。具体问题如下：

(1)柴油调和组分问题。国内车用液体燃料和化学品全部通过原油炼制获得。由于我国原油进口基数已经很庞大，从国家战略安全和国民经济考虑，简单通过扩大油品进口量来解决柴油短缺问题不太现实。柴油不仅存在数量不足的难题，还存在品质偏低的问题。我国近期规划柴油质量与国际标准接轨，这要求生产单位提高车用柴油的指标(安定性、十六烷值)，降低芳烃和硫含量，生产优质、洁净柴油。然而，现实情况是炼厂柴油的十六烷值偏低(38～42)，芳烃、硫、氮含量高。为提高质量而增加的处理工序将不可避免地大幅增加生产成本。煤经费-托合成可以制取高品质、清洁的柴油调和组分，无硫、无氮，且十六烷值高达 70，这不仅可以弥补油料不足的问题，也可大大提升相关产品品质。

(2)润滑油问题。根据有关统计资料显示，我国已成为世界上第三大润滑油生产国和消费国，其中车用润滑油约占全部润滑油的 50%；在整个国内车用润滑油市场，处于低端市场的国产品牌占 85%，其中 95%的国产润滑油厂家都处于亏损状态。在车用油向高档次、高规格跨越发展的大背景下，车用润滑油的利润空间将更大程度依赖于高档轿车、重型汽车等高端用油市场。我国中高档轿车产量占轿车总产量的 1/3，在由此扩大的高端润滑油市场，国外跨国公司的产品占有绝对竞争优势。从煤头实现高品质润滑油基础油的生产，有两条路线正在产业化进程中。一是利用费-托合成的软蜡馏分，经加氢异构化，获得Ⅲ+高品质基础油；二是利用费-托合成，生产 α-烯烃，然后齐聚获得聚 α-烯烃，获得全合成润滑油基础油(Ⅳ类)。

综上所述，目前能源化工领域的突出问题包括煤炭资源的清洁利用、高品质润滑油和化学品的供给。解决上述问题的途径之一是因势利导，借助费-托合成产物的分子特点(主要为端基直链烃产物)，发展特色化工产品，开发从煤制取化学品(如长链α-烯烃、高碳醇)的技术，服务于以煤代油和能源安全的国家战略。

3.2 α-烯烃的生产和应用现状

3.2.1 α-烯烃介绍

长链α-烯烃是指不饱和键位于链烃端位的碳五以上的烯烃，分子式为R—CH═CH_2，是双键在分子链端部的单烯烃，其中R为烷基。若R为直链烷基，则称为线型α-烯烃(LAO)。虽然丙烯等低碳烯烃也属于α-烯烃范畴，但工业实践上习惯指碳原子数为6及6以上的α-烯烃。

由于分子中含有活性位(烯键)，α-烯烃容易接入各种官能团，衍生化为醇、酸、酯等各种化合物，广泛应用于表面活性剂、共聚单体、润滑油等精细化学品生产。三聚α-烯烃就是著名的聚α-烯烃润滑油基础油。1-己烯是重要的聚乙烯共聚单体，用于烯烃共聚，可提升聚烯烃的品质。

石油馏分的热加工和催化裂化的生成物中都含有α-烯烃。但生成物组成复杂、异构体多，无法分离出纯α-烯烃。第二次世界大战前，α-烯烃曾由植物油加氢所得的伯醇经脱水制取。所得产品虽纯度高，但价格昂贵。战后，随着高碳烯烃需求的增长，石油炼厂的催化裂化气体中廉价的丙烯、丁烯主要用于生产C_7、C_9及C_{12}支链烯烃，进而制造增塑剂及烷基苯磺酸盐洗涤剂。20世纪50年代末，发现支链烯烃制成的洗涤剂不能被水中微生物所降解，使用后泡沫聚集，下水道淤塞，河水水质恶化。由此促进直链烯烃生产技术的发展。60年代初，几种直链α-烯烃的生产方法应运而生，用这些α-烯烃制得的洗涤剂生物降解性能好，而且发展出其他许多新的用途。

国外α-烯烃总生产能力约为212万吨，国内缺乏生产长链α-烯烃的能力，1-辛烯和1-己烯几乎完全依赖进口。随着我国润滑油及洗涤剂等行业对原料的要求逐渐提高，长链α-烯烃的市场前景非常被看好。

中国石油化工集团有限公司(简称中国石化、中石化)于1997年开始α-烯烃技术研究开发，由中国石化集团北京燕山石油化工有限公司承担探索性研究工作。乙烯三聚制1-己烯技术已于2007年实现了5万吨的工业应用。产品在满足国内部分需求的同时，也实现了出口。2016年，“乙烯三聚制1-己烯新型催化体系及成套工艺”获得国家技术发明奖二等奖。中国石化乙烯三聚制1-己烯技术采用了铬系催化剂，在反应温度100～150℃、压力3～5MPa下，1-己烯的选择性达93%。此外，中国石化宽分布的α-烯烃技术于2014年完成了5万吨的工艺包编制。

中国石油天然气股份有限公司(以下简称中国石油)于1998年开始α-烯烃技术研究，

集成了催化剂、工艺和成套工程技术，历经实验室小试、中试和万吨级的工业示范。目前，乙烯三聚制 1-己烯技术已进入工业应用阶段。中国石油以 1-己烯作共聚单体，在 LLDPE 装置上生产高附加值聚乙烯。

3.2.2 *α*-烯烃的生产工艺

α-烯烃生产工艺有长链烷烃脱氢、乙烯齐聚和煤化工副产品分离三种。现行洗涤剂原料就由 $C_{14\sim18}$ 烷烃脱氢制得。润滑油基础油所用 *α*-烯烃从石蜡裂解而来。由于裂解或脱氢工艺产生内烯烃、低碳烃等非目标产物，产品质量差，缺乏经济竞争力，在国外已逐渐被淘汰。乙烯齐聚得到的产品质量好、碳数分布窄，是国外普遍采用的工艺。但是，该工艺被国外公司垄断，国内仍在试生产阶段。

α-烯烃的生产方法主要有下列几种：①石蜡裂解法；②乙烯齐聚法；③费-托合成法[1-3]。

1. *石蜡裂解法*

在裂解条件下，石蜡分子中任意位置的碳-碳键都可能发生断裂，生成不同链长的 *α*-烯烃。烯烃分子又会进一步反应产生不希望的二烯烃、芳烃等副产物[4]。因此，裂解深度(单程转化率)的控制是提高 *α*-烯烃收率(质量分数)的关键，适宜的范围一般为 20%～40%。石蜡裂解一般用脱油精制蜡(熔点 50～60℃，$C_{20\sim30}$ 烷烃馏分)为原料。原料蜡预热后与蒸汽混合，于 550℃、0.2～0.4MPa 下在管式裂解炉中进行反应，停留时间为 7～15s。裂解产物经分离，C_{20} 以上重质烃返回裂解炉，其中 $C_{6\sim20}$ 烯烃总收率达 60%。

石蜡裂解得到的 *α*-烯烃是偶、奇碳数约各半的混合烯烃，产物分离能耗较高；产物中含内烯烃(双键不在分子链端的一类单烯烃)、支链烯烃、二烯烃、芳烃等多种杂质，产品质量较差[5]；原料石蜡需脱油精制，且来源受到限制。因此，石蜡裂解法目前已不再发展。

2. *乙烯齐聚法*

单体分子生成低聚合度化合物的均聚过程称为齐聚。生产 *α*-烯烃的乙烯齐聚反应是在三乙基铝催化剂作用下，乙烯发生受控链增长反应。主要有两步法和一步法，还有新开发的 SHOP 工艺。

1) *两步法*

第一步是长链三烷基铝混合物的合成：在 90～100℃和 1.0～2.0MPa 下，三乙基铝与乙烯加成，生成一定链长的三烷基铝混合物。第二步是三烷基铝与乙烯进行置换反应，生成 *α*-烯烃与三乙基铝。三乙基铝通过回收工序返回使用。由于三乙基铝与产物中 1-十二烯的沸点相近，所以分离工艺复杂。

2) *一步法*

该方法中乙烯齐聚反应在 200℃、15MPa 下进行，仅需使用极少量催化剂(三乙基铝与乙烯摩尔比为 10^{-4}～10^{-2})。反应后催化剂用碱液水解破坏，以避免三乙基铝与 *α*-

烯烃分离的麻烦。与两步法相比，一步法所得的烯烃混合物的碳原子数分布较宽。两步法中 α-烯烃混合物都用精馏分离出所需碳数范围的烯烃馏分，$C_{6\sim20}$烯烃总收率达到 70%～80%。

3) SHOP 工艺

SHOP 工艺是壳牌公司开发的另一种较特殊的乙烯齐聚方法，它采用镍络合物催化剂，生成碳数范围较宽($C_{4\sim10}$)的 α-烯烃。该工艺的特点如下：分离出 $C_{12\sim18}$ 的 α-烯烃馏分后，将过程中生成的 $C_{4\sim10}$、$C_{20\sim40}$ 馏分异构化为相应的内烯烃，然后又通过歧化反应，将后者全部转化为 $C_{12\sim18}$ 偶、奇碳数均有的内烯烃。所以，SHOP 法制得的 $C_{12\sim18}$ 烯烃收率很高，主要成分是 α-烯烃与内烯烃混合馏分，均是制洗涤剂的原料。

乙烯齐聚法所得全是偶碳数的 α-烯烃，产品纯度高，而且生产不同碳数馏分的灵活性大，已在 α-烯烃生产方法中占据主导地位。乙烯齐聚得到的产品质量好、碳数分布窄，是国外普遍采用的工艺。但是，该工艺存在原料价格高、成本高的缺点。

3. 费-托合成法

生产 α-烯烃的另一条工艺路线是费-托合成路线。煤经气化、费-托合成的间接液化路线制取优质液体燃料和化学品是最主要的并已工业化的煤洁净高效转化途径之一。目前我国总规模达 750 万吨/年，成为保障能源安全的新兴产业。当费-托合成中间体脱附时，易生成 α-烯烃、伯醇等特有产物，且以直链烃为主，因而，费-托合成粗产物是非常好的 α-烯烃原料。经除杂、分离精制后，可获得 1-己烯、1-辛烯等产品。不同于乙烯齐聚产品，费-托合成路线不仅生成偶数碳的 α-烯烃，也生成奇数碳的 α-烯烃。

3.2.3　α-烯烃的应用

α-烯烃的用途取决于它的链长。目前 α-烯烃主要作为共聚单体用于生产聚乙烯，占总消费量的 44.1%；α-烯烃也用于生产羰基合成醇，最终产品为增塑剂和洗涤剂，占总消费量的 19.6%；α-烯烃还可用于生产聚 α-烯烃，聚 α-烯烃是汽车、工业和航空用的合成润滑油的原料，用于生产聚 α-烯烃的 α-烯烃占总消费量的 16.6%，此外，α-烯烃还可用于生产各种助剂和精细化学品。

α-烯烃类产品中应用最为广泛的品种是 C_4(1-丁烯)、C_6(1-己烯)和 C_8(1-辛烯)，在生产高密度聚乙烯和线型低密度聚乙烯中用作共聚单体，可改善 PE 密度，提高其抗撕裂和拉伸强度。

直链 $C_{6\sim10}$ 的 α-烯烃通过羰基合成、加氢转化为 $C_{7\sim11}$ 直链伯醇，与邻苯二甲酸酐酯化制取增塑剂。与支链醇相比，直链伯醇合成的增塑剂挥发性低、耐低温性能佳。C_8 和 C_9 用作异壬醇和异癸醇的原料。使用这类增塑剂醇的 PE 制品，其低温柔软性、加工性、室外耐候性更好，尤其适用于制造电缆电线、汽车配件或装饰件。同理，$C_{12\sim16}$ 的 α-烯烃可转化为制洗涤剂用的 $C_{13\sim17}$ 直链伯醇，$C_{16\sim18}$ 的 α-烯烃与三氧化硫反应生成烯烃磺酸盐，经氢氧化钠皂化得到烯烃磺酸钠。烯烃磺酸盐比烷基磺酸盐在水中溶解度大，是一种生物降解性能和洗涤性能优异的阴离子表面活性剂。直链 α-烯烃与溴化氢反应，再经氨化氧化制得的烷基胺氧化物，是一种对皮肤作用柔和、泡沫稳定性好的特种非离子表面活性剂。

直链 α-烯烃用作合成润滑油的应用领域发展迅速，C_8 和 C_{12} 的 α-烯烃掺入聚 α-烯烃用作润滑油。例如，1-癸烯三聚物的加氢产物是高级车用润滑油的组分，此即著名的 PAO 润滑油基础油，其用量占合成润滑油的 1/3，价格是矿物油的 2～3 倍。1-己烯和 1-辛烯通过羰基合成制得庚酸和壬酸，然后与季戊四醇合成的聚多元醇酯广泛用于航空润滑油的配制。$C_{16\sim24}$ 的 α-烯烃可用于生产润滑油及添加剂和钻井液。此外，α-烯烃还有制乳化剂、皮革处理剂、润滑油添加剂、防锈剂、织物整理剂、纸张用化学品等用途。

3.3　合成气经费-托合成路线制取 α-烯烃

本节主要阐述经费-托合成的 α-烯烃生产路线。费-托合成本身会产生一定量的 α-烯烃，如果采用合适催化剂，如加氢能力弱的铁催化剂，α-烯烃的生成量是相当可观的。由于 α-烯烃是一步直接得到的，且原料为廉价的合成气而非乙烯，因此该生产工艺在成本上有较大优势。例如，Sasol 从费-托合成产物中分离制取 1-戊烯、1-己烯。该装置可以调整几种烯烃的比例，其 1-己烯的产量超过 10 万吨/年。这些产品取得了良好的经济效益。

3.3.1　费-托合成

原理上，费-托合成技术的链增长活性位存在于长链的端位，不同于石油加工的酸催化，更容易形成内烯烃。因而，合成气路线是生产长链烯烃、高碳醇等产品的理想途径。

Sasol 费-托合成法制 α-烯烃的路线已实现商业生产。此路线是分离精制和利用煤间接液化的副产品。不过，因为 α-烯烃在费-托合成产物中含量比较低，作为一种副产品，此路线适合依托于大型的煤间接液化生产厂。其分离工艺如图 3.1 所示。

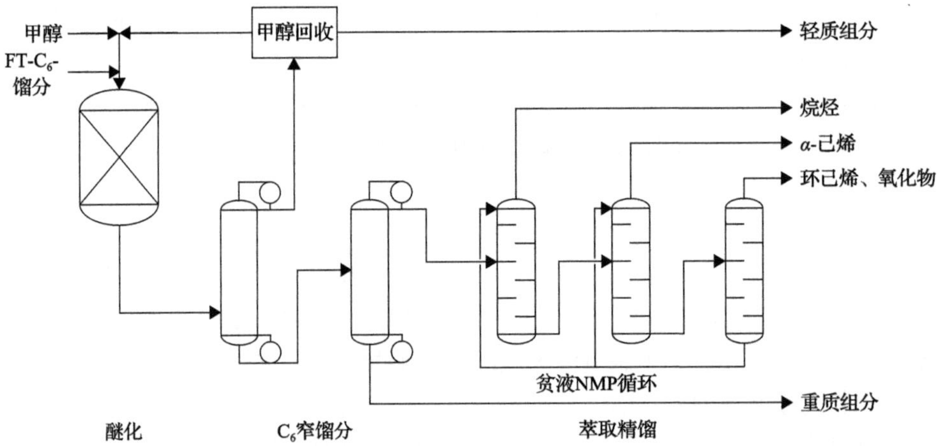

图 3.1　1-己烯分离流程图

第一步是准备富含 1-己烯的 C_6 馏分，此步骤的设计取决于上游的费-托工艺，是高温合成工艺还是低温合成工艺。以前者为例，C_6 馏分由高温合成工艺冷凝油经过掐头去尾而获得。如此获得的 C_6 馏分仍含有含氧化合物，但含量已明显低于轻油。通常而言，轻油中含有约百分之几的含氧化合物，在提纯 1-己烯的过程中需要去除。

第二步是醚化过程，它要求限制含氧化合物含量，否则将影响醚化反应和双键异构反应。含氧化合物是极性化合物，与极性萃取剂 *N*-甲基吡咯烷酮(NMP)有很强的作用，且 NMP 密度高，适合做液-液萃取，因此 NMP 可用于含氧化合物的脱除。NMP 的缺点是其分子中含碱性氮原子，它能与有机酸结合，影响溶剂的再生。1-己烯还有同分异构体，需要通过醚化或双键异构反应而相互转化。醚化反应器的流出物，经两个精馏塔或隔壁精馏塔，分离成轻组分、重组分和 C_6 窄馏分。C_6 馏分经过 NMP 萃取精馏，3 个精馏塔按顺序布置，以去除剩余的微量杂质。

Sasol 比较了只产燃料的工艺路线 1(SPD™)和兼产化学品(包括润滑油基础油及衍生物烷基苯)的工艺路线 2。在相同的原料消耗下，路线 2 的产品价值是路线 1 的 1.3 倍。副产烯烃的工艺也大大提高了产品的附加值，路线 3.4 的产品价值是路线 1 的 1.5 倍，费-托合成工艺的经济可行性显著提高(图 3.2)。

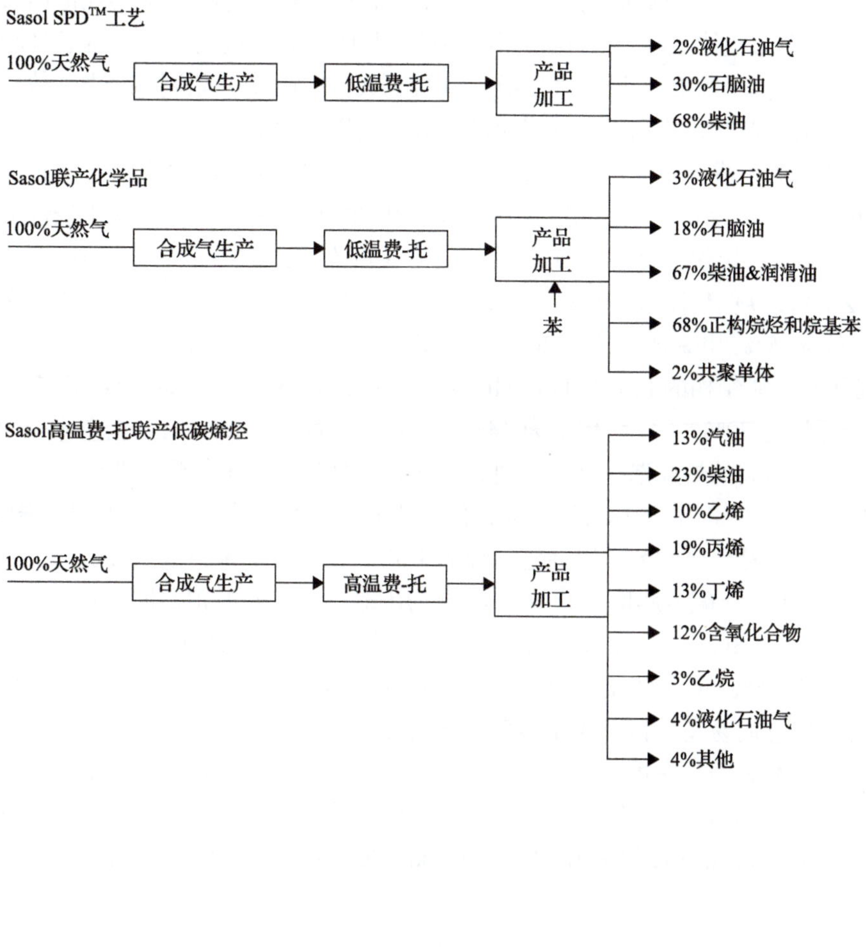

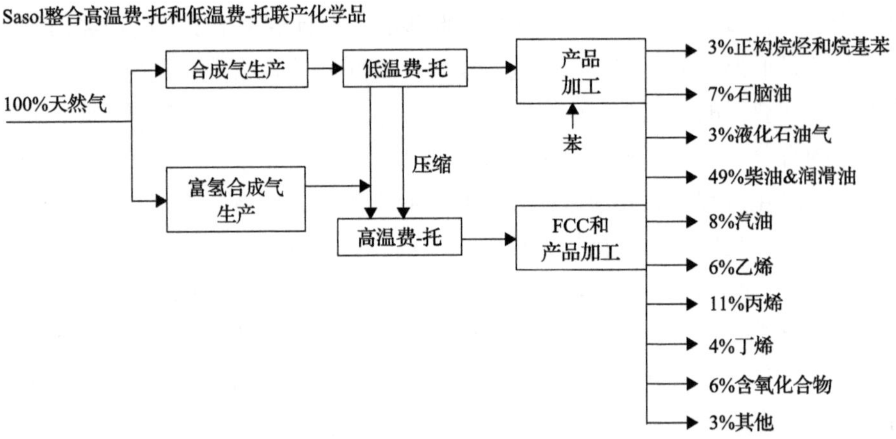

图 3.2 Sasol 只生产燃料油和燃料油与化学品联产经济效益比较图

3.3.2 费-托合成路线制取 α-烯烃

考虑到合成气直接制取烯烃的高效和便捷，近期费-托合成路线制取烯烃(包括低碳烯烃和 α-烯烃)的研究受到学术界重视。对烯烃有巨大需求的中国，以及有丰富页岩气储藏的美国，都对 FTO 非常重视，发表文章和申请专利数量领先。从费-托链增长原理可知，受 ASF 分布规律限制，费-托合成路线产物是碳数分布很宽($C_{1\sim40}$)的烷烃和烯烃，在链增长概率适宜时，$C_{2\sim4}$烃的含量最大值约 57%。打破 ASF 限制，缩小碳数分布范围和提高烯烃的选择性，特别是降低甲烷的生成，是研究的主要目标。

以体相铁为主成分的催化剂有较高的烯烃选择性。20 世纪 80 年代，A. G. Ruhrchemie 开发了混入 Ti、V、Mo、W 及 Mn 的氧化铁，在 280℃、10bar、$H_2/CO=1$ 条件下获得了 70%的低碳烯烃，甲烷选择性约 10%，对应的 CO 转化率约 50%[6,7]。Roy 等[8]研制了 Fe-TiO_2-ZnO-K_2O 催化体系，在 250℃、2.5bar、$H_2/CO=1$ 条件下，$C_{2\sim3}^{=}$的选择性为 68%，CO 转化率为 45%，甲烷选择性为 20%。通过以 K 或 Mn 修饰钙钛矿 $LaFeO_3$，Goldwasser 等[9]制备了钙钛矿结构的 $La_{1-x}K_xFe_{1-y}Mn_yO_3$ 催化剂，在 280℃、11bar、$H_2/CO=2$ 条件下，$C_{2\sim4}^{=}$的选择性为 70%，CO 转化率为 14%，甲烷选择性为 10%。以氧化铁体相为主体的催化剂，表现出高的烯烃选择性，不过，由于稳定性较低，未得到工业应用。为提高结构稳定性，添加了 SiO_2、Al_2O_3 等助剂，但这些成分的引入导致烯烃选择性急剧降低。

研究表明，碱金属助剂可以促进烯烃的生成，最为熟知的是 K 对铁催化剂的作用，Na 的影响也类似。碱金属助剂的效果取决于用量、引入方法和反应条件。Hoffer 等[10]报道了在 340℃、23bar、$H_2/CO=1$ 条件下评价 Na 促进的铁催化剂，其 $C_{2\sim4}^{=}$选择性为 44%，甲烷选择性为 15%，CO 转化率为 98%。尽管碱金属改性的本体铁催化剂呈现出高的烯烃选择性，但它们易发生积碳或相转变，导致粉碎或磨损。S 通常被认为是金属催化剂的毒物，但研究表明，它可促进烯烃的生成，降低甲烷的选择性。Mn 是合成气制低碳烯烃常用的助剂。Crous 等[11]报道在 330℃、20bar、$H_2/CO=4$ 时，$C_{2\sim4}^{=}$的选择性为 39%，甲烷选择性为 9%，CO 转化率为 41%。Hadadzadeh 等[12]考察了共沉淀的 FeMn 催化剂，

以 TiO_2、SiO_2 或 Al_2O_3 为结构助剂，结果显示，在 450℃、1bar、$H_2/CO=2$ 时，$C_{2\sim4}^{=}$ 的选择性高，而甲烷选择性较低。Co 是费-托合成组元，有时与铁组成双金属体系，也可用于烯烃的合成，Tihay 等[13,14]用共沉淀法制备了 Co-Fe 催化剂，在 250℃、10bar、$H_2/CO=1$ 时，$C_{2\sim4}^{=}$ 的选择性为 52%，甲烷选择性为 34%，CO 转化率为 5%。Mirzaei 等[15]以共沉淀法制备了 Fe-Co 催化剂，含有 TiO_2、SiO_2、Al_2O_3 或 La_2O_5 助剂。在优化的配方，即 1.5wt% K、40Fe∶60Co 和 SiO_2 助剂，在 450℃、1bar、$H_2/CO=4$ 条件下，获得了 48%乙烯和 20%丙烯。

负载型铁催化剂具有分散度高、结构稳定性好的优势，也得到了广泛研究。采用传统的浸渍法，在 SiO_2、Al_2O_3 载体上即可获得高分散的铁纳米粒子。不过，铁容易与载体形成铝酸铁、硅酸铁等物种，阻碍铁的还原[16-19]。相对惰性载体或有机铁前驱体的选择，以及制备条件的控制，可以获得满意的铁与载体的相互作用，改善催化剂的反应性能。

Bruce 等[20]在硅胶上浸渍 Fe、FeMn、FeMnK 等，在 300℃、2～5bar、$H_2/CO=1.5$ 条件下，获得了 64%低碳烯烃和 25%甲烷。Commereuc 等[21]采用羰基铁作前驱体，制备了 Fe/SiO_2 催化剂，得到了高达 69%的烯烃选择性，反应条件为 330℃、20bar、$H_2/CO=4$。Stoop 等[22]制备了一种 $RuFe(1:3)/SiO_2$ 催化剂，在 277℃、1bar、$H_2/CO=2$ 条件下，CO 转化率低于 3%，获得很高的烯/烷比，其中丙烯/丙烷比值达 16。Xu 等[23,24]以 K、Mn 促进 Fe/S-2 催化剂，用于合成气直接制烯烃，在 K-Fe-Mn(8.3%-9.5%-9.6%)催化剂上，于 347℃、20bar、$H_2/CO=2$ 条件下，低碳烯烃选择性达到 70%。Liu 等[25]完成了 K-Fe-Mn/Si-2 的单管试验，稳定运行了 1000h，CO 转化率处于 70%～90%，而低碳烯烃的选择性为 71%～74%。

碳材料包括传统的活性炭以及新型的纳米碳，如碳纳米管(CNT)、石墨烯(GO)等，比表面积可达 150～1500m^2/g，拥有丰富的孔隙结构，经氧化处理可实现表面极性可调节。尽管如此，碳材料仍被视作相对惰性的载体。Venter 等[26,27]以有机金属复盐浸渍无定形炭黑制备了 Fe/C 催化剂，在 275～290℃、1bar、$H_2/CO=3$ 时，$C_{2\sim4}^{=}$ 的选择性为 76%。值得注意的是，研究者声称所用的碳材料中含有硫，可能是 S 促进了烯烃的生成。Barrault 等[28]以活性炭为载体，采用乙酰丙酮盐浸渍，制备了 Fe-Mn/AC 催化剂，在 250℃、1bar、$H_2/CO=1$ 反应条件下，$C_{2\sim4}^{=}$ 的选择性为 50%。炭黑和活性炭等以天然有机物为原料，通常含有微量的杂质元素，不利于阐明碳材料本质的影响。Yang 等[29]将 Mn、K 改性的 FeN 限域在碳纳米管中，在 300℃、5bar、$H_2/CO=1$ 时，$C_{2\sim4}^{=}$ 的选择性为 44%，CO 转化率为 12%。Schulte 等[30]以碳纳米管为载体制备了铁催化剂，考察了碳纳米管表面基团对催化性能的影响。以 O 或 N 功能化后，在 340℃、25bar、$H_2/CO=1$ 时，$C_{2\sim6}^{=}$ 的选择性为 92%，甲烷选择性为 9%，CO 转化率为 45%。

由于传统的硝酸盐浸渍法存在铁分散差的问题，Torres Galvis 等[31]提出了一种 Na、S 改性的 $Fe/\alpha\text{-}Al_2O_3$ 催化剂，以柠檬酸铁铵为前驱体，反应条件为 340℃、20bar、$H_2/CO=1$，低碳烯烃选择性为 53%，甲烷选择性为 11%。此体系的产物分布偏离了 ASF 分布。Dry[32] 认为铁催化剂存在两种活性位，一种利于发生碳链增长，另一种有较强的加氢能力，有利于生成甲烷。Torres Galvis 等[33]将偏低的甲烷归属于 S、Na 助剂对加氢中心的阻抑作用，从而削弱了 β-氢消除的链终止步骤。包信和等开发了 $ZnCrO_x$ 和 MSAPO 分子筛耦合的催化体系，其中 $C_{2\sim4}^{=}$ 的选择性高达 80%，CO 转化率为 17%。采用真空超紫外光电离质谱仪器，在气相中检测到烯酮类中间物种，并将这一过程命名为 OXZEO[34]。钟良枢等制备了四方相纳米棱状晶 CoC，$C_{2\sim4}^{=}$ 选择性达到 60.8%，而甲烷选择性仅 5%。详细的催化剂表征结果表明，优先暴露的(101)、(020)晶面利于烯烃的生成[35]。

3.4 铁基催化剂

在多相(金属)催化剂存在下，180～400℃、2.0～15.0MPa 反应压力条件下，合成气可以转化为直链烷烃、低碳烯烃和长链 *α*-烯烃、甲醇和混合醇、C_4 异构烃及醚、酸、醛、酯等化合物。合成的方向(即产物中醇、烯、烃的相对量)取决于催化剂的种类和工艺条件。

合成气($CO+H_2$，通常也含有一定量的 CO_2 和惰性气体 N_2 等)化学是碳一化学的重要组成部分，作为由煤、天然气等含碳物质制取液体燃料和大宗化学品的重要途径，近年来已得到工业示范厂验证。在生物质制取石油化工产品的大历史潮流下，开发适合生物质基的费-托合成技术对于行业发展具有关键的意义。

1923 年，Fischer 和 Tropsch 发现了由 CO 和 H_2 的混合物合成烃类产品的方法(简称费-托合成)[36,37]。1937 年，德国采用钴/硅藻土催化剂和常压多段费-托合成工艺实现了液体燃料的商业生产，随后廉价铁基催化剂替代了钴基催化剂。第二次世界大战后南非发展了以铁催化剂为核心的合成技术，Sasol 公司年产液体燃料 520 万吨、化学品 280 万吨。20 世纪 70 年代的石油危机曾促使美国、日本等出台了庞大的合成燃料研究计划。21 世纪初，在开发利用天然气资源的背景下，大石油公司加大了开发天然气制取烃类液体燃料工艺的力度。Shell 公司提出了 SMDS 工艺，使用钴基催化剂最大限度地使合成气转化为重质烃，然后加氢裂化制取中间馏分油。1993 年在马来西亚实现了 50 万吨/年规模的工业生产[38]，2016 年在卡塔尔建成投运了 570 万吨的天然气变油装置。埃克森美孚公司开发了以 Co/TiO_2 催化剂和浆态床反应器为特征的 AGC-21 新工艺，已完成规模 200 桶/天的中试。Syntroleum 公司也拟在切里波因特炼油厂建一套中试装置。

中国科学院山西煤炭化学研究所从 80 年代开始了费-托合成液体燃料的研究[39]，2001～2005 年，在国家 863 项目和中国科学院知识创新工程及国家自然科学基金重大项目的支持下，进行了千吨级浆态床煤基合成液体燃料的工业中试试验，掌握了工艺和催化剂的诸多关键技术[39]。2009 年，在内蒙古伊泰集团有限公司和山西潞安集团两个 16～20 万吨/年的示范厂一次性投产开车成功，生产出合格油品。2016 年，国家能源集团宁夏煤业有限责任公司 400 万吨/年的煤制油厂投产，标志着大型化自主知识产权技术的示范可行。兖矿集团建设了百万吨的铁基浆态床费-托合成技术。

费-托合成技术主要分为催化剂和反应器两大部分，下面从这两个方面概述技术研究情况。

3.4.1 铁基费-托合成催化剂

费-托合成最显著的特征是产物分布宽($C_{1\sim200}$不同烷、烯及含氧化合物的混合物)，导致单一产物的选择性低。降低甲烷、选择性地合成目标烃类(液体燃油、重质烃或烯烃)始终是催化剂研发的方向。积年的研发工作形成了沉淀铁、熔铁、负载钴及铁锰(钴锰)几大催化体系。从结构、反应性能层次来看，不同催化体系有一定的共性。

1. 催化剂组成

费-托合成催化剂通常包括下列组分：活性金属(Ⅷ族过渡金属)、氧化物载体或结构助剂(SiO_2、Al_2O_3等)、化学助剂(碱金属氧化物)及贵金属助剂(Ru、Re、Cu等)。

金属在周期表中的位置代表了外围电子的递变规律，是决定相应催化剂加氢能力及其产物特征的主要因素。图3.3左上方金属在室温下就能解离吸附CO，但在反应条件下不稳定(易氧化、碳化)，费-托合成活性很低；相反，右下角金属难以解离CO，适宜作为合成醇催化组分使用；中间的几种金属(Fe、Co、Ni、Ru及Rh)既能适度解离CO，又比较稳定，是费-托合成的主要元素。随外围电子数增加，金属的加氢能力增强。Fe大量生成烯烃及含氧化合物，Ru、Co主要生成长链饱和烃，而Ni主要生成甲烷(可以认为烯烃或长链烃是加氢不充分产物，而甲烷是过量加氢产物)。由于Ni存在加压反应时易出现羰基化合物流失以及甲烷化趋势严重等缺点[40,41]，而Ru、Rh等金属价格昂贵，因此只有Fe和Co是具有商业应用价值的元素。在实际生产中，Sasol工业化的催化剂是沉淀铁和熔铁，而Shell公司则采用了钴催化剂。

Cr	Mn	Fe	Co	Ni	Cu
Mo	Tc	Ru	Rh	Pd	Ag
W	Re	Os	Ir	Pt	Au

图3.3 可用于费-托合成的过渡元素

SiO_2、Al_2O_3、TiO_2、MgO、分子筛和活性炭均作为钴、铁催化剂的载体或结构助剂使用，在催化剂中起隔离、阻止活性组分烧结、增加催化剂强度和提高孔隙率的作用。一般而言，SiO_2载体对金属呈惰性，主要起分散、隔离金属颗粒的作用。不过，在碱性、比表面积较高或金属负载量较低的情况下，也能与金属形成表面化合物。与细孔硅胶相比，大孔硅胶负载钴催化剂表现出更高的C_{5+}选择性，虽然一度认为这是反应物扩散限制的结果，但Khodakov等[42]指出这与孔结构改变了金属的分散度、还原度有关。Al_2O_3载体表面活泼，比SiO_2更容易形成表面化合物，使活性钴(金属态)的量减少，导致催化剂的反应活性下降。不过，适量表面化合物的存在有益于金属钴达到高度分散状态。Jacobs等[43]发现氧化铝表面酸性使钴催化剂的还原度降低，从而抑制了反应性能。而Bukur等[44]则认为载体酸性抵消了碱金属助剂的作用，负载型铁催化剂的活性高于沉淀型铁催化剂，且气态烃的选择性偏高。

分子筛作载体使产物烃偏离 ASF 分布，$C_{3\sim11}$烃含量增多，并且使原来的直链产物烃变成了支链烃，这可能与择形效应和强酸中心催化下的异构、裂解等二次反应有关。Cagnoli 等[45]采用 Zeolite-L 作为载体，低碳烃生成量增加，表明分子筛载体显著改变了金属的结构形态。最近，介孔分子筛 MCM-41、HMS 负载钴催化剂的研究得到重视[46]。马文平等[47]提出活性炭载体也有一定的择形作用，可提高液体烃的选择性。

轻过渡金属氧化物组分表现出一些特性。Fe-Mn 催化剂上可高选择性地获得低碳烯烃。XPS 表征结果表明锰富集在催化剂表面，将铁隔离开，加之锰的碱性电子作用，利于烯烃的生成。TiO_2负载过渡金属催化剂的单位活性和C_{5+}选择性均明显高于常规载体，这是由于载体与金属之间存在相互作用(即 SMSI 效应)。类似地，Nb_2O_5负载钴催化剂经高温还原后氢吸附量和CH_4含量均降低，显示出 SMSI 效应。然而，Morris 等[48]认为此效应在费-托合成条件下容易遭到破坏，反应产物中的水或反应中间体氧可以将部分还原的载体氧化到正常价态。而且，Vannice[49]指出即使不经过高温还原，TiO_2负载的金属也表现出超常的高活性。他们认为更深刻的原因是金属载体界面处形成了新活性位点，金属与载体的缺陷位点共同活化 C═O 键，因而使反应活性增加。利用氧化锆的特殊性质，van den Berg 等[50]以柠檬酸盐作前驱体制备了高分散的 Fe/ZrO_2催化剂，既防止了大颗粒铁固有的积碳现象，又避免了硅铝载体加重水煤气变换和甲烷化等副反应的进行。轻过渡金属氧化物也存在一些明显的缺点，如比表面积较低(高温处理后更为严重)。一种解决方法是向载体中加入SiO_2、Al_2O_3以调控载体的孔结构，另一种方法则是将TiO_2、ZrO_2涂层到常规、大比表面积氧化物上制得复合氧化物载体。

碱金属元素对铁催化剂有显著的促进作用，且促进效率大致与碱度成正比。添加碱金属化合物后，铁催化剂对于 CO 的吸附热增加，对于氢的吸附热降低，加氢能力降低，相应费-托合成产物的平均分子量、不饱和度增加，含氧化合物的生成增加，甲烷生成量降低。Ngantsoue-Hoc 等[51]在浆态床反应器中详细研究了碱金属助剂的作用，在低转化率水平(<20%)时，碱金属对反应速率的促进作用不明显；在高转化率水平时，K_2O的助剂效应最显著。由于高转化率时限速步骤是水煤气变换反应，因此作者认为K_2O的助剂效应本质在于影响了水煤气变换反应。碱金属对 Co 基催化剂呈负效应。Liu 等[52]报道了 0.5wt% K_2CO_3使钴催化剂的链增长概率降低。在高分散钴催化剂中加入碱金属化合物后，含氧化合物的生成量增加，而烃的生成量大幅度减少，这与碱金属削弱金属的加氢能力有关。

CuO 易还原，可以通过溢流氢而促进铁的还原，同时促进更多的还原位形成，使催化剂的分散度提高[53]。催化剂中加入贵金属(Ru、Re)使氧化铁变得容易还原，可能是贵金属易解离吸附氢，通过氢溢流促进了铁的还原。类似地，加入 Ru 后，钴催化剂的宏观活性和C_{5+}选择性均有明显提高，但转化频率保持不变，说明 Ru 没有改变活性中心本质，只是增加了活性位点的数量。Co-Ru/TiO_2催化剂的活性和C_{5+}选择性也明显高于不含 Ru 催化剂，研究者设想 Ru 通过不断加氢清除金属表面的含碳物种，防止碳沉积从而保持催化剂的高活性。

2. 催化剂制备方法

制备方法对催化剂反应性能、结构等均有显著影响。钴催化剂最为常用的制备方法是浸渍法，而铁催化剂经常采用共沉淀法或熔融法，凝胶法、化学沉积法及非晶态合金法也有报道，但多限于制备模型催化剂作理论研究。

浸渍法具有活性组分用量少、催化剂机械强度高及操作简单等优点。由于钴的价格较高，通常以浸渍法制备。浸渍法分为湿浸法和等体积浸渍(初润法、干浸法)两类。前者主要通过载体对金属离子的吸附、交换等较强作用形成负载型催化剂，金属含量不宜高；而后者则主要通过载体孔的毛细现象吸留浸液。由于钴催化剂的金属含量较高(>10%)，且金属与载体间作用较弱，因此，钴基催化剂通常由等体积浸渍法制备。

浸渍法一般获得的金属颗粒大小分布不均匀。为提高分散度，研究者不断提出新方法。Ho 等[54]以醇代替水作浸渍溶剂，使得 Co_3O_4 的颗粒减小。Abrevaya[55]采用反相微乳法制备 Ru 催化剂，获得的催化剂具有非常均匀的颗粒直径。van Steen 等[56]以浸渍法、附着-沉积法制备了碳纳米管担载的铁催化剂，采用浸渍法在尿素沉积的催化剂上观测到高分散的 Fe^{3+}，而 K_2CO_3 沉积的则多为大颗粒 Fe_2O_3 相。Fujimoto 等[57]通过使用乙酸钴与硝酸钴的混合盐溶液作前驱体提高了钴的分散度。以羰基钴作前驱体也可得到高分散、高还原度的催化剂。这类催化剂的反应活性较高，但失活速率通常较大。认识到催化剂内扩散限制后，Iglesia 等[58]采用熔化的硝酸钴作浸渍液，制得蛋壳型催化剂。该催化剂不仅提高了钴的利用效率，同时还增加了反应速率及重质烃的选择性。前驱体溶液的浸渍顺序对金属的结构、反应行为也有显著影响。先镧后钴的顺序利于高分散的 La-Co 混合氧化物形成，而先钴后镧则使相互作用减弱。陈开东等[59]报道了先铈后铁的浸渍顺序导致铁的分散度明显偏低，而两者共同浸渍时，铁只以小粒子、超顺磁性 Fe^{3+}存在。

金属盐类的混合溶液在析出变量(如 pH、温度、溶剂量等)改变时，以水合氧化物或氢氧化物的形式析出，然后经洗涤、干燥及焙烧等步骤制备催化剂的方法称为沉淀法。沉淀法所得催化剂通常分散度高，组分间相互作用较强。该方法的不足之处是催化剂的物理结构难以控制，且金属用量大。一般而言，当各组分前驱体对析出变量的应答及金属离子的电荷、半径较接近时，共沉淀催化剂组分混合良好；反之，对变量敏感的组分将优先析出。

pH 是对催化剂结构、反应性能影响最为显著的析出变量。Dry[60]得出沉淀 pH 介于 6.8～8.0 时，铁催化剂有最佳反应性能。当 pH 降到 3.7～4.7 时，催化剂显出不寻常的烯烃选择性与稳定性，而当 pH>9.0 时，出现 FeOOH 和 α-Fe_2O_3 的混合物相。Anderson[61]认为碳酸盐沉淀剂优于氢氧化物生成，前者在制备过程中释放 CO_2，产生发达的孔结构。Howard[62]以共沉淀方法制备 Fe-Co 取代的水滑石中间相，经热处理得到 Fe、Co 同晶取代的尖晶石相及其与 Co_3O_4 的共存物。早期的“标准”钴催化剂通过悬浮着硅藻土的金属硝酸盐溶液与 Na_2CO_3 溶液快速沉淀而成，硅藻土主要提供大孔结构，当以高比表面积硅胶替代硅藻土时，硅酸钴将大量生成。

钴、助剂盐和正硅酸乙酯(TEOS)的醇溶液催化水解后，经过溶胶-凝胶过程制备催化剂的方法，称为溶胶-凝胶法。Ernst 等[63]分别在酸性、碱性条件下制备 Co-SiO_2 溶胶-凝胶催化剂，发现酸性条件下制备的催化剂为微孔结构，还原度达 81%，产物中重质烃含量高；碱性条件下催化剂为中孔结构，还原度为 61%，利于汽油馏分的生成。以草酸沉淀溶液中的金属盐，伴生的硝酸催化 TEOS 的水解，形成凝胶，干燥后样品中含有钴或助剂与钴的复合草酸盐。以柠檬酸处理钴、锰的硝酸盐溶液得到纳米尖晶石型 Co_2MnO_4 超细粒子催化剂，其比表面积明显高于普通催化剂，但相应反应活性提高不大。溶胶-凝胶法样品的活性通常比浸渍法低，且金属元素的体相浓度高于表面浓度，可能是由于生长中的硅胶网络将部分金属包覆所致。

3. 催化剂的活性相

催化剂组成、制备方法及预处理条件等宏观因素，都是通过改变催化剂的微观结构，如活性相、分散度及还原度等发生作用的。近年来对这些微观构效关系的认识有所提高。

在还原、反应过程中，铁基催化剂的物相在氧化物、金属态和碳化物之间变化，相对比例由气氛性质、工艺条件决定。焙烧后催化剂多为 Fe_2O_3 相，经 H_2 还原后，转变成 α-Fe，接触合成气转化为金属、碳化物的混合相，经 CO、合成气活化的催化剂主要显示碳化铁相。应用 EXAFS 技术跟踪物相随反应时间的变化，发现碳化铁相逐渐氧化为 Fe_3O_4，活性随之下降，表明碳化铁可能是活性相。Zhang 等[43]在不含钾催化剂中观察到 Fe_5C_2、在含钾催化剂中观察到 Fe_2C 与活性的单调关系，认为这两类碳化铁都是活性相，只是后者稳定性更好。类似地，Fe_3O_4 物相催化剂活性不高，但碳化铁相达到 35%时，活性高达 90%，研究者据此提出催化剂结构模型——由没有活性的 Fe_3O_4 内核和有活性的外延碳化铁相组成。值得注意的是，Li 等[64]通过反应起始阶段的动力学分析和 X 射线吸收光谱表征，发现只有当 Fe_3O_4 形成，并迅速转化为 FeC_x 时才能检测到费-托活性，且活性仅产生于催化剂颗粒表面缺氧的 FeC_x 位点，与颗粒内部铁相无关。体相-表面之间的差异及铁相的迅速转变使作者认为活性相的归属要慎重。

钴基催化剂的活性相是金属相，碳化钴物相的形成通常伴随着催化剂的失活现象。较大钴晶粒比小晶粒的单位活性高，有研究者认为钴催化的费-托反应是结构敏感反应[65]。进一步对钴单晶或羰基钴衍生催化剂的研究表明，如果金属表面没有被污染，且还原度控制在 50%～70%，CO 加氢比活性与分散度和表面结构无关。Ho 等[66]发现在充分还原的 Co/SiO_2 催化剂上，钴分散度保持在 6%～20%范围内时，转化频数（TON）不随金属分散度的改变而改变。Iglesia[67]也认为载体性质和金属分散度对活性中心的转化频数影响不大，处于 0.016～0.030s^{-1} 范围内。可见，对于钴结构与反应活性关系的认识已渐趋统一：钴基催化剂上的费-托合成为非结构敏感反应，催化剂的单位活性与其分散度无关。Reuel 等[68]认为烃选择性主要由金属的分散度决定，烃的平均碳数与金属分散度近似成反比。与此不同，Iglesia 指出 TiO_2 负载钴晶粒的分散度增加时，C_{5+}烃选择性从 85%提高至 90.5%。Kikuchi 等[69]在对超细钴催化剂的研究中发现，活性及 C_{5+}烃选择性均随金属颗粒的减小而升高，而 CH_4 选择性随金属颗粒的减小而降低。这些说明对于钴分散度与产物分布关系的认识还存在较大的分歧。

4. 动力学机理和反应器

通过动力学实验，将 CO 消耗速率与 CO、H_2、H_2O、CO_2 等反应物种浓度的幂级数关联可以得到实验动力学方程。通过假设基元步骤也可以推导 LHHW 动力学表达式并赋予一定的物理意义。Huff 等[70]总结了铁催化剂的速率方程，Yates 等[71]总结了钴基催化剂的方程。粗略地讲，反应速率对氢的级数为 0.5～2，对 CO 为负级数，钴催化剂的活化能约为 98～103kJ/mol，铁催化剂的活化能约为 70～90kJ/mol。在转化率较低时，方程可以简化为对氢的一级反应。H_2O、CO_2 对钴催化剂的影响较小，其因子不在钴催化剂的动力学方程式中出现，但对铁催化剂速率影响较大。Zennaro 等[72]研究了 Co/TiO_2 催化剂上的动力学，发现数据符合表达式$-r_{CO}=aP_{H_2}^{0.74}P_{CO}/(1+bP_{CO})^2$。Rafael[73]引入了描述水煤气变换反应程度的参数 K，并将反应方程式中的产物变量折算成反应物因子，选择不同的 K 值，可以用一个方程描述 Fe、Co 和 Ru 等不同催化体系的反应速率。这种描述 CO 消耗速率的集总动力学可以很好地预测反应器转化率及温度分布，但对产物的描述常限于半经验链增长模型，存在对产物描述粗略和物理意义不足的缺点。最近，同时给出反应速率和产物分布的详细动力学模型研究得到了重视。Schanke 等[74]把费-托产物简化为 CH_4、$C_{2\sim4}$、C_{5+}和 CO_2 四类，拟合实验数据得到四个独立的反应速率表达式。van der Laan 等[75]考虑了烯烃再吸附现象，所得动力学模型可以描述偏离 ASF 规律的烃分布。

根据产物分布特征，费-托合成可以认为是虚拟 C_1 物种的聚合反应。在假设链增长因子(α)与碳数无关的基础上，将描述聚合反应的数学模型引入费-托产物分布，推导出 ASF 规律。几乎所有的费-托合成反应都近似遵守 ASF 规律。然而，精细分析表明钴基催化剂的产物分布在高碳数区有正偏离，一般是由高碳数烯烃扩散能力差，易发生再吸附、增链长所致。铁催化剂产物呈现双 α 分布，可能源于双活性中心、催化剂内扩散及气液平衡等现象的存在。

为了解释碳数分布的 ASF 规律及烯烃、支链烃和含氧化合物的形成过程，碳化物机理、烯醇式缩聚机理及 CO 插入机理等相继提出。几种机理的区别在于链增长单体不同。碳化物机理认为 CO 在催化剂表面解离吸附，加氢成亚甲基，再聚合成长链烃。不足之处是不能解释含氧化合物与支链烃的形成。另外，在重氮甲烷加氢、碳化物加氢实验中也没有观察到链增长行为。最近在原料中添加 $^{13}CH_2N_2$ 的实验表明，标记原子随机地分布在产物中，为亚甲基机理提供了有力支持[76]。烯醇式缩聚机理认为 CO 与 H_2 同时吸附生成烯醇，然后发生脱水聚合和链增长，标记氧实验及 H_2、CO 等比例吸附支持此机理，不过，脱水反应步骤缺乏实验证据。从均相羰基化合物配体转移现象得到启发，Pichler 提出 CO 插入机理，即 CO 反复插入金属烷基中间体，然后加氢完成链增长。

最新研究丰富了机理中的链引发、二次反应等内容。观察到原料气中的乙烯可进入高碳数烃中，Morris 等[77]提出烯烃产物将重新吸附在活性中心，进行加氢、异构等二次反应，从而改变了产物结构。McCandlish[78]认为金属表面首先形成亚乙烯基链引发物种，随后与活泼的亚甲基形成环亚丙烯金属化合物，重排得到支链产物。Martinez 等[79]提出增链承担者是烯基而非烷基，即 CH_2 插入乙烯基形成烯烷基，重排为烷烯基，再发生下一轮碳链增长过程，以解释 α-烯烃的生成。但金属有机化合物的实验证明，重排关键步骤不太可能发生。Nowicki 等[80]提出一种双活性中心机理，α-烯烃在另一活性中心上发生再吸附，并参与链增长、加氢等反应，该模型可以预测碳数分布、α-烯烃和 β-烯烃含量。^{12}CO-^{13}CO 瞬变应答实验表明，生成甲烷和生成重质烃的 C_1 中间物种在催化剂表面的停留时间相同，可能是同一中间体。Bertole 等[81]发现活性 C_1 物种的表面浓度与甲烷选择性有一定的相关性，据此构建了基于 C_1 表面物种覆盖度和 ASF 规律的机理模型。

Davis[82]认为铁、钴两类催化剂的机理不同，对于铁催化剂含氧化合物机理适合，而对于钴催化剂似乎表面碳化物机理更好。

5. 合成 α-烯烃熔铁催化剂

熔铁是一类独特的催化剂，具有强度高、成本低等优势，广泛应用于合成氨反应。本书作者课题组开展了合成 α-烯烃熔铁催化剂的研制，在对熔炼方法、助剂效应系统考察的基础上，确定了催化剂的配方，随后完成了吨级的批量制备。

目前合成氨熔铁氧化态催化剂的主体是磁铁矿，其化学计量式是$FeO{\cdot}Fe_2O_3$或Fe_3O_4。晶体结构类似于尖晶石($MgAl_2O_4$)的结构(90%以上是具有反尖晶石结构、不均匀复杂体系的磁铁矿)。磁铁矿基体的熔铁催化剂较为成熟，其结构、制备方法多年来变化不大，其生产方法和结构表征可以为我们的工作所借鉴[83]。

Sasol 发展了熔铁催化剂，包含 SiO_2、TiO_2、MgO 和 Al_2O_3 等助剂，用于其高温流化床工艺。早期使用铁矿石为原料，但其中的杂质含量不稳定，导致催化剂质量有波动。后采用钢加工车间的废料，并与固定添加量的助剂结合，形成了可控的熔铁催化剂生产工艺。SiO_2、TiO_2、MgO 和 Al_2O_3 等扮演着结构助剂的作用，它们以固溶体和裹挟物的形态存在于熔块中，可增加还原催化剂的比表面积和反应活性。Al^{3+}、Li^{+}、Mg^{2+}比铁离子小，导致固溶体晶格尺寸下降；而 Ca^{2+}、Mn^{2+}、Ti^{3+}致使晶格尺寸持续增大。K^{+}对晶格尺寸影响不大。SiO_2 不形成固溶体，但会与碱金属形成硅酸盐，如 Na_2SiO_4。TiO_2 和 Al_2O_3 等对比表面积影响显著，而 MgO 影响较弱[40]。

另外一种熔铁催化剂是以维氏体为母体，氧化物促进剂相同，已证明这种新型催化剂的合成氨反应速率要比传统的 Fe_3O_4 基合成氨催化剂高 30%～90%，并且随着温度降低，活性有不同的升高，因而认定这种催化剂适合于低压下氨合成。而且，由于维氏体比磁铁矿更容易还原成 α-Fe，这种催化剂可以显著缩短设备开车时间。据报道，这种催化剂抗烧结能力和机械强度与传统催化剂相当。当熔铁催化剂的前驱体由 Fe_3O_4 变为 $Fe_{1-x}O$ 时，能大幅度提高合成氨的活性。其原因解释为单相性原理。

合成氨催化剂工业发展历程给了我们重要的科学提示，即在费-托合成 α-烯烃方面，维氏体是不是比磁铁矿更为有效的前驱体？熔铁催化剂母体相组成对合成氨活性的影响已经研究得比较透彻，但是，上述影响因素是否对费-托合成反应也存在同样的作用规律？因而，本工作采用氩弧炉方法制备了一系列不同母体相组成的熔铁催化剂，考察了母体相由 Fe_3O_4 基逐步变为 $Fe_{1-x}O$ 基时对费-托合成催化性能的影响，并探讨了不同前驱体反应前后物相结构的变化。

熔铁催化剂的制备采用氩弧炉高温熔融方法。将精选磁铁矿粉、还原铁粉、Al_2O_3 以及 KNO_3(分析纯)等助催化剂按一定比例均匀混合后，置于铁皿中，用氩弧炉使之熔融，迅速水冷却后的熔块干燥后经破碎、筛分至 60～80 目。根据原料配比中还原铁粉与磁铁矿粉的比值 0.05、0.1、0.2 和 0.7，分别将四个催化剂分别标记为 FF01、FF02、FF03 和 FF04。

用 ICP 检测手段测定了四个催化剂的元素组成，作为空白对照，也列出了原料磁铁矿粉的组成。各样品中 Fe^{2+}/Fe^{3+}比值用氧化还原方法滴定，测试结果见表 3.1。

表 3.1　磁铁矿粉和四个催化剂的元素组成

催化剂	成分组成			Fe^{2+}/Fe^{3+}	Fe/Fe_3O_4
	Si	Al	K		
煤铁矿	0.14	0.06	0.0054	0.323	—
FF01	0.17	0.94	0.5	0.585	0.05
FF02	0.16	1.2	0.62	0.829	0.1
FF03	0.17	1.16	0.65	1.911	0.2
FF04	0.17	1.35	0.67	7.559	0.7

由表 3.1 可以看出，改变原料配比中 Fe/Fe_3O_4 值所制备的四个熔铁催化剂中 Si、Al 和 K 元素的组成接近，且与制备催化剂的投料配比基本一致。根据氧化还原滴定方法所得的 Fe^{2+}/Fe^{3+} 比值可以看出，随着原料中还原铁粉含量的增加，熔铁催化剂中铁物相组成由 Fe_3O_4 为主体逐渐变为 Fe_3O_4 和 FeO 两相共存，当 Fe/Fe_3O_4 值为 0.7 时，催化剂母体相已经完全成为 $Fe_{1-x}O$。

图 3.4 为改变原料中还原铁粉含量所制备的四个熔铁催化剂的 XRD 图。图中 35.36°、56.89°和 62.46°的峰对应于 Fe_3O_4 的特征衍射峰，35.96°、41.85°和 60.68°的峰对应于 FeO 的特征衍射峰。由 XRD 图可以看出，随着原料中还原铁粉含量的增加，Fe^{2+}/Fe^{3+} 比值由 0.585 增加到 1.911，催化剂中 Fe_3O_4 的衍射峰逐渐降低，而 FeO 相衍射峰逐渐升高；当原料中还原铁粉与磁铁矿粉的比值 Fe/Fe_3O_4 达到 0.7 时，Fe^{2+}/Fe^{3+} 值为 7.559，催化剂 FF04 中 Fe_3O_4 相已经完全消失，变为维氏体。在 FF01 最强特征峰 35.36°处，用峰宽增宽法计算出其晶粒度为 37.14nm，在最强峰 41.85°处，用同样的方法计算出 FF04 的晶粒度为 24.17nm。

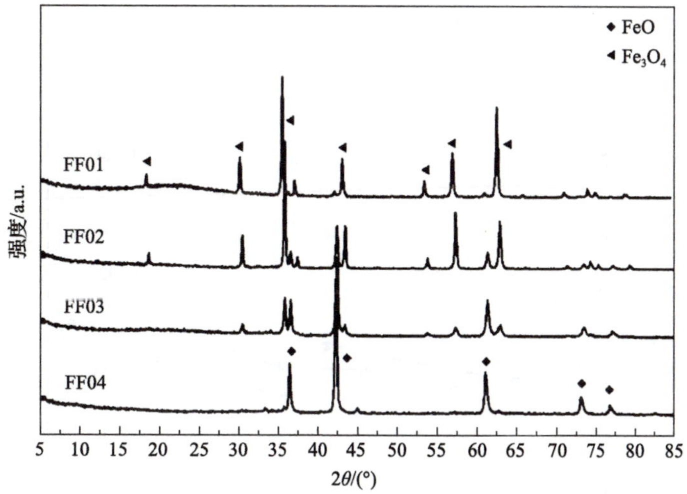

图 3.4　熔铁催化剂的 XRD 图

图 3.5 为不同母体相组成的四个熔铁催化剂的 H_2-TPR 图。TPR 图分别出现了 2～3 个还原峰，参照 XRD 图和各个样品的 TPR 图，可以断定，低温处峰(550～700℃)对应

于 FeO 相的还原峰，高温处峰(850～950℃)为固溶体的还原峰，而介于其间的峰(750～800℃)为 Fe_3O_4 相的还原峰。FF01 和 FF02 样品的 TPR 图相似，均由三个还原峰组成，但是 FF02 相比于 FF01，第一个还原峰向低温方向移动，第二个还原峰拖尾；FF03 和 FF04 样品均为两个还原峰，但是 FF03 中 FeO 相还原峰拖尾严重，且还原峰峰温略低，表明 FF03 样品中 Fe_3O_4 相较少，其还原峰与 FeO 相还原峰重叠。可见，对于由不同母体相组成的熔铁催化剂体系，其还原性能由易变难的顺序为：$Fe_{1-x}O$ 基＞Fe_3O_4 基＞Fe_3O_4-$Fe_{1-x}O$。当母体相为 Fe_3O_4 和 $Fe_{1-x}O$ 两相共存时，催化剂分阶段还原，使得 FeO 相还原变得容易，而 Fe_3O_4 更难还原。

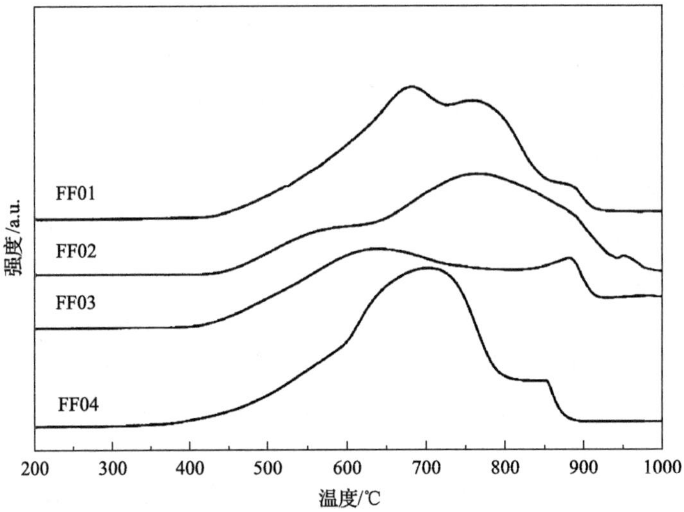

图 3.5　四个熔铁催化剂的 H_2-TPR 图

在压力为 2.0MPa、空速为 $3000h^{-1}$、$H_2/CO=2.0$ 条件下，考察了不同母体相组成的熔铁催化剂的费-托合成反应活性和产物选择性，实验结果列于图 3.6 和图 3.7。

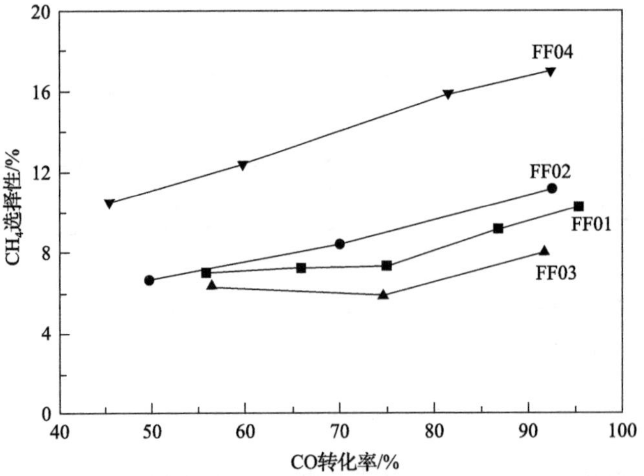

图 3.6　四个熔铁催化剂的费-托合成反应活性与 CH_4 选择性

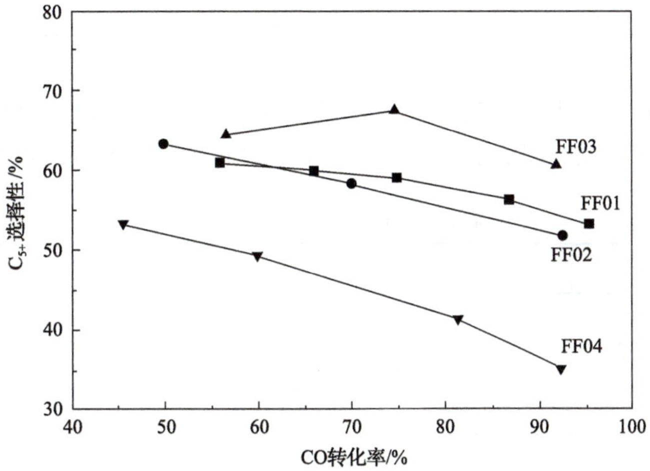

图 3.7 四个熔铁催化剂的费-托合成反应活性与 C_{5+}选择性

由图 3.6 和图 3.7 可以看出，制备的不同母体相组成的四个催化剂均在较低的温度便有很高的费-托合成活性。FF01、FF02 和 FF03 在高 CO 转化率(90%以上)时，产物以重质烃为主，而 FF04 相比于其他三个催化剂，获得高 CO 转化率的温度略高，且产物中 $C_{2\sim4}$烃类含量较多。此外，FF01 水煤气变换反应活性高于 FF04，说明 $Fe_{1-x}O$ 基熔铁催化剂水煤气变换反应选择性低于 Fe_3O_4 基熔铁催化剂。

上述研究表明，Fe_3O_4 基母体相可获得优异的合成催化剂。确定熔铁催化剂的基体后，经过充分的调研，选择了技术力量较强、设备较为先进、经验丰富的合作厂家，并与之签订了合作协议，知识产权归属厘清后，采购了原材料，组织实施了合成 α-烯烃多促进熔铁催化剂吨级放大制备。

2020 年度目标是完成合成气制 α-烯烃多促进熔铁催化剂的吨级生产，为完成这一任务，组织实施了以下工作。

在山东和河南商业熔铁催化剂厂考察，了解其生产设施、设备状态，并就一些特殊问题，咨询其生产上是否可实现。

按照生产流程，统计了所用工业设备的名称、台数，并落实其产量、生产周期、公用工程消耗、人员定额、安全措施等(表 3.2)。

表 3.2 催化剂生产厂家的设备、人员定额

设备名称	台数	产量/(吨/h)	生产周期/天	人员定额/人
混料机	1	1	间断使用	2
熔炼炉	2	0.3	3	6
破碎机	1	1	间断使用	4
行吊	1	1	零星使用	2
叉车	1	1	零星使用	3

学习生产厂相关规章制度、生产管理、车间人员组织、消防救护、危险品管控等。培训参加试验人员。

借鉴合成氨催化剂生产工艺，按照原有的多促进配方，调整技术路线，优化配料、熔炼、破碎等操作单元，制定了生产方案和计划，安排了值班人员(表 3.3)。

表 3.3　催化剂生产方案和计划

批号	炉子编号	收率/桶
1	A(东侧)	8
2	B(西侧)	9
3	A	8
4	B	9
5	A	10
6	B	10
7	A	10

注：每桶催化剂装量为 50kg。

安全操作规程：

(1)防止高温熔炉烫伤，保持安全距离。倾倒熔体过程中，防止飞溅烫伤。

(2)注意行吊运行，车间必须戴安全帽。

(3)破碎车间粉尘较大，需佩戴口罩和工作衣。

随后，在车间进行了熔铁催化剂的生产，场景如图 3.8 和图 3.9 所示。

图 3.8　熔铁催化剂熔炼生产场景

图 3.9　熔铁催化剂生产熔体倾倒场景

熔块冷却后，经破碎、筛分获得成品催化剂，如图 3.10 所示。

采用穆斯堡尔谱及辅助检测设备，开展催化剂物相和反应性能的定量关系研究。建立质量控制体系，包括原料化验方法指标、加工工艺参数、产品检测分析手段等。其中穆斯堡尔谱图见图 3.11。

图 3.10　合成 α-烯烃熔铁催化剂成品

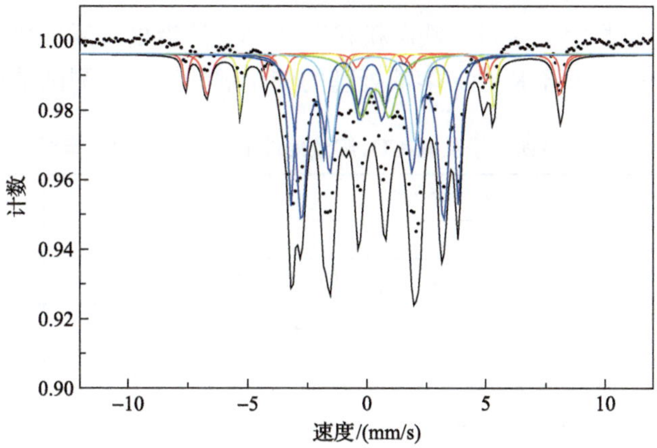

图 3.11　批量制备熔铁催化剂的穆斯堡尔谱图

3.4.2　熔铁催化剂的助剂效应

1. Si、Al 的助剂效应

为改善催化剂的机械性能和费-托合成活性，可向铁基催化剂中添加结构助剂，来抑制活性相的烧结。普遍认为，SiO_2 在费-托合成铁基催化剂中起结构助剂的作用：增大比表面积、分散铁晶粒和增强催化剂的抗磨损能力。然而，由于 Fe 与 SiO_2 之间强烈的相互作用，添加 SiO_2 助剂会加大铁氧化物的还原难度、降低催化剂的活性[84]。Dry 等[85]在研究结构助剂对熔铁催化剂表面性质的影响时，发现 Al_2O_3 为增大催化剂比表面积最有效的助剂。徐云等[86]研究表明，Al_2O_3 对费-托合成熔铁催化剂性能的影响最为显著。但是，Al_2O_3 会表现出强烈的 Fe-Al_2O_3 相互作用，增加了催化剂的还原难度，同时削弱了催化剂的表面碱度，降低了产物中重质烃的选择性[84,87,88]。

熔铁催化剂一般采用电阻炉制备。相比于常用的电阻炉熔融方法，高频感应炉利用原料磁铁矿粉的磁性，加速了催化剂的熔融过程，同时有涡流搅拌效应的存在，使得助剂分布更加均匀。鉴于以上优点，本工作采用高频感应炉制备了熔铁催化剂，但随后发现，此方法引入了大量的 Si 和 Al 元素，降低了反应活性以及目标产物的选择性。为削弱 Si 和 Al 的作用，使用不同浓度的 K_2CO_3 溶液处理所制备的催化剂，同时探讨了 K_2CO_3 溶液处理对熔铁催化剂物相组成和结构的影响，并对其费-托合成催化性能进行了考察。

1) 催化剂的制备

熔铁催化剂的制备采用高温熔融方法。将精选磁铁矿粉、还原铁粉以及 Al_2O_3 等助剂按一定比例均匀混合后，置于石墨坩埚中，于高频感应炉内熔融，迅速水冷，冷却后的熔块经破碎、筛分至 60～80 目。然后经不同浓度的 K_2CO_3 溶液处理，倒掉上清液后洗涤、烘干、焙烧得到所需的新鲜催化剂。按 K_2CO_3 溶液的浓度由低到高，分别为 3wt%、5wt%和 10wt%，将催化剂标记为 FF11、FF12 和 FF13。未经 K_2CO_3 溶液处理的催化剂标记为 FF00，四个样品是由一次熔融所得。

2) 催化剂的化学组成

用 ICP 分析手段测定了原料磁铁矿粉和经 K_2CO_3 溶液处理后催化剂的元素组成，作为空白对照，也分析了未经 K_2CO_3 溶液处理的催化剂的组成，测试结果见表 3.4。

表 3.4　磁铁矿粉及 K_2CO_3 溶液处理前后催化剂的元素组成

催化剂	组成(质量分数)			Fe^{2+}/Fe^{3+}	备注
	Si	Al	K		
磁铁矿粉	0.14	0.06	0.0054	0.323	未熔
FF00	5.64	3.78	0.14	2.578	未处理
FF11	4.48	3.66	0.12	2.812	3wt% K_2CO_3
FF12	4.35	3.51	0.12	3.039	5wt% K_2CO_3
FF13	4.12	3.3	0.12	3.247	10wt% K_2CO_3

由表 3.4 可以看出，原料磁铁矿粉含有少量的 Si、Al 和 K 元素。制备的熔铁催化剂中，Si 和 Al 元素含量急剧增加，其量大于催化剂的原料配比，同时 K 含量也略有增加。这是由于石墨坩埚(主要成分为 SiC 和 Al_2O_3)中的大量 Si、Al 元素在高温熔融过程中进入催化剂熔体中，造成其含量大于原料配比。从表中还可以看出，随着 K_2CO_3 溶液浓度的增加，Si 和 Al 元素的含量逐渐降低，这是因为 Si 和 Al 与铁氧化物形成固溶体，这些固溶体在 K_2CO_3 溶液中逐渐被溶解。但是，固溶体在 K_2CO_3 溶液中的溶解度低，仅能部分被溶解。同时可以看到，K 元素的含量几乎不变，这是因为 K_2CO_3 溶液处理后，催化剂经洗涤、烘干，表面吸附的 K 全部被洗掉，只剩余体相熔融的 K，故 K 含量基本一致。使用氧化还原滴定方法测定了样品中 Fe^{2+}/Fe^{3+} 比值，根据该比值与熔铁催化剂中铁氧化物组成的对应关系[89]，当其值介于 0.5～3.33 时，催化剂由 Fe_3O_4 和 FeO 两相组成，故 FF00、FF11、FF12 和 FF13 的铁氧化物均由 Fe_3O_4 和 FeO 两相组成，且随着 K_2CO_3 溶液浓度的增加，催化剂中 Fe^{2+} 含量增多。

3) 催化剂的物相组成

图 3.12 为不同浓度 K_2CO_3 溶液处理后熔铁催化剂的 XRD 图，从图中可以看出，三

种催化剂的主体物相均为 FeO、Fe_3O_4、$FeAl_2O_4$ 和 Fe_2SiO_4。$FeAl_2O_4$ 和 Fe_2SiO_4 特征峰的出现，说明由石墨坩埚引入的 Al 和 Si 元素与铁氧化物形成了固溶体。随着 K_2CO_3 溶液浓度的增加，FeO 衍射峰（2θ=42.04°，60.92°）和 Fe_3O_4 衍射峰（2θ=35.50°，62.64°）峰形变得尖锐，峰强度明显增大。这说明 K_2CO_3 溶液浓度增加后，催化剂中铁氧化物逐渐聚集，晶粒度变大。结合 ICP 结果可知，随着 K_2CO_3 溶液浓度的增加，催化剂中 $FeAl_2O_4$ 和 Fe_2SiO_4 逐渐被溶解，Si 和 Al 元素含量减少，同时 Fe^{2+} 含量增加。可见，K_2CO_3 溶液处理不仅改变了催化剂的主体物相组成，还改变了铁物相的晶粒度。

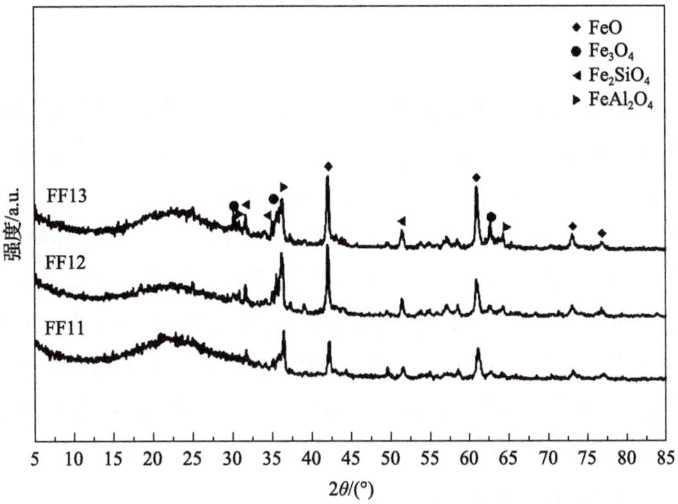

图 3.12 经不同浓度 K_2CO_3 溶液处理后熔铁催化剂的 XRD 图

图 3.13 为费-托合成反应后熔铁催化剂的 XRD 图。从图中可以看出，反应后催化剂的表面均出现了明显的 Fe_5C_2（2θ=40.89°，43.61°，44.21°）、α-Fe（2θ=44.69°，65.04°，82.35°）和 Fe_3O_4（2θ=35.52°，57.04°，62.62°）的特征峰。一般认为，Fe_5C_2 和 Fe_3O_4 分别为费-托

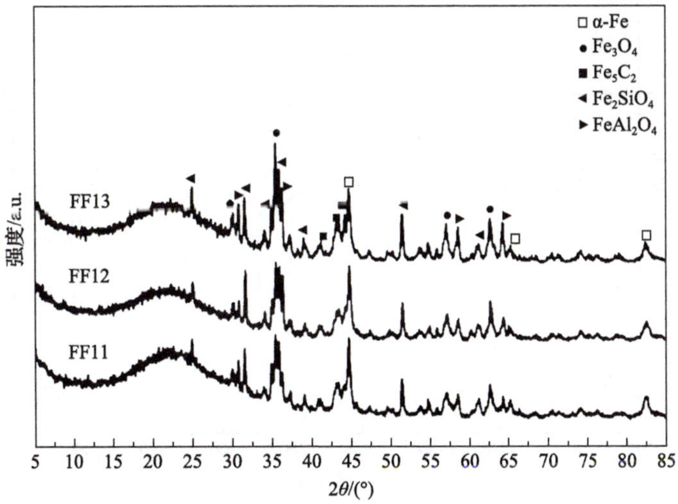

图 3.13 费-托合成反应后不同熔铁催化剂的 XRD 图

合成反应和水煤气变换反应的活性中心[90,91]。在费-托合成条件下，还原态熔铁催化剂中铁总量是一样的[92]。随着反应的进行，熔铁催化剂表面的零价铁和铁碳化合物及铁氧化合物之间存在相互转化[93]。随着 K_2CO_3 溶液浓度的增加，α-Fe 衍射峰减小，说明催化剂中 α-Fe 逐渐转化为 Fe_5C_2 和 Fe_3O_4。此外，Fe_5C_2、Fe_3O_4、$FeAl_2O_4$ 和 Fe_2SiO_4 衍射峰随着 K_2CO_3 溶液浓度的增加逐渐增强。

比较图 3.12 和图 3.13 可以看出，费-托合成反应后，熔铁催化剂的 $FeAl_2O_4$ 和 Fe_2SiO_4 衍射峰强度明显增强，说明历经还原、反应过程，催化剂中 $FeAl_2O_4$ 和 Fe_2SiO_4 聚集，晶粒度增大。

4) 催化剂的还原行为

用 H_2 程序升温还原来研究不同浓度 K_2CO_3 溶液处理对熔铁催化剂还原行为的影响。维氏体熔铁催化剂结构中存在大量的 Fe^{2+} 缺位和相应数量的 Fe^{3+}[94]，这种结构为 Fe^{3+} 沿着空穴移动及电子转移提供了有利条件，使得在纯 H_2 还原气氛中，FeO 比 Fe_3O_4 更易被还原[95]。研究表明[96]，催化剂中的铁氧化物 Fe_3O_4、FeO 或它们的混合物，都是各自一次性直接还原成 α-Fe。故图 3.14 中，三个催化剂的第一个还原峰均为 FeO→α-Fe，第二个还原峰为 Fe_3O_4→α-Fe。可见，不同浓度 K_2CO_3 溶液处理对 FeO 的还原基本没有影响，而对于第二个还原峰，随着 K_2CO_3 溶液浓度的增加，促进了 Fe_3O_4 的还原，使其还原度增大。但是，K_2CO_3 溶液浓度的增加对第一、第二个还原峰的还原温度峰值基本无影响。在接近 1000℃时，三个催化剂均出现了一个难还原峰，归属为催化剂制备过程中铁氧化物与 Al 和 Si 形成的固溶体 $FeAl_2O_4$ 和 Fe_2SiO_4，这些物种很难被还原[88,97]。从图中可以看出，随着 K_2CO_3 溶液浓度的增加，难还原峰的还原温度呈逐渐降低的趋势，这是因为部分固溶体被溶解，使得铁氧化物与 Al 和 Si 的相互作用减弱[18]，进而更易被还原。

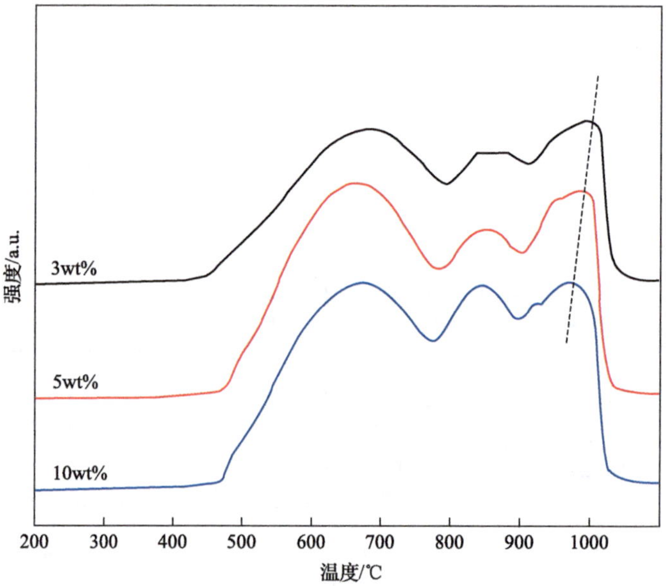

图 3.14　经不同浓度 K_2CO_3 溶液处理后催化剂的 H_2-TPR 谱图

5）催化剂的费-托合成反应性能

不同浓度 K_2CO_3 溶液处理后熔铁催化剂的费-托合成反应活性和产物选择性结果列于表 3.5。

表 3.5 熔铁催化剂的费-托合成反应活性和产物选择性

项目		FF11			FF12			FF13		
		330℃	340℃	350℃	320℃	330℃	340℃	320℃	330℃	340℃
CO 转化率/%		65.26	70.35	93.97	84.00	87.62	92.67	79.66	85.77	91.43
$CO+H_2$ 转化率/%		50.55	53.70	70.54	63.03	66.01	69.82	62.35	64.13	69.05
尾气的 H_2/CO 比		3.61	4.06	14.81	6.90	8.38	13.07	5.28	7.56	12.83
H_2/CO 利用比		1.51	1.47	1.43	1.56	1.57	1.57	1.66	1.54	1.52
K_{WGS}		2.88	3.55	13.14	5.14	6.57	11.86	3.28	5.44	10.36
CO_2 选择性/%		21.75	23.52	25.33	24.91	26.40	27.66	22.20	24.85	26.53
HC 分布/%	CH_4	41.51	44.82	41.19	29.45	29.64	31.23	27.86	28.59	28.85
	$C_{2\sim4}$	50.08	49.48	51.31	56.62	58.06	59.64	55.71	57.15	58.03
	C_{5+}	8.41	5.70	7.50	13.92	12.30	9.13	16.43	14.25	12.64
$C_{2\sim4}$ 烯/烷比		0.64	0.67	0.61	0.76	0.74	0.63	0.93	0.90	0.88
总烃中醇的选择性/%		0.19	0.16	0.30	0.90	0.77	0.37	0.87	0.95	0.68

反应条件：p=2.0MPa，H_2/CO=2，GHSV=3000h^{-1}，220～350℃，$K_{WGS}=[p(CO_2)\cdot p(H_2)]/[p(CO)\cdot p(H_2O)]$。

鉴于上述熔铁催化剂还原比较困难，为兼顾其催化活性和产物选择性，催化剂的活性评价试验在不同温度下进行。由表 3.5 可以看出，FF11、FF12 和 FF13 均在 340℃或 350℃时，CO 转化率才能达 90%以上，这是由于催化剂难以被还原，导致其在低温时催化活性很低。

图 3.15 和图 3.16 分别为产物中 CH_4 和 $C_{5\sim11}$ 选择性随 CO 转化率变化的趋势图。结合图表可以看出，CO 转化率随着反应温度的升高而逐渐升高，催化活性增强，且相同

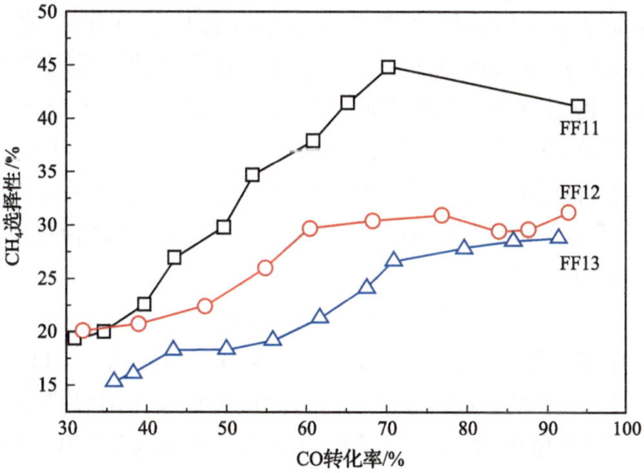

图 3.15 不同 CO 转化率下催化剂 CH_4 选择性的变化

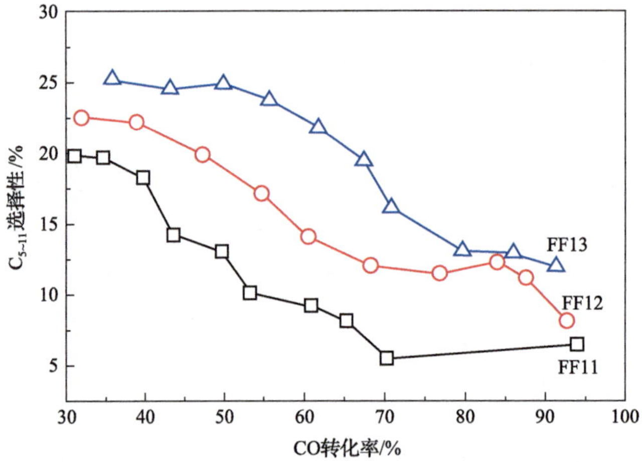

图 3.16 不同 CO 转化率下催化剂 $C_{5\sim11}$ 选择性的变化

反应温度下催化剂活性随着 K_2CO_3 溶液浓度的增加而依次升高,在高温时现象更为明显。

由 FF11、FF12 和 FF13 的碳数分布和产物选择性可知,催化剂的产物以低碳烃为主,$C_{2\sim4}$ 选择性达 50%以上。随着 K_2CO_3 溶液浓度从 3wt%增加到 10wt%,CH_4 选择性大大降低,由 44.82%降低到 28.85%,C_{5+}选择性明显增大,且 $C_{2\sim4}$ 烯/烷比也增大。

熔铁催化剂的表面碱度是影响其性能的一个重要因素。文献表明[98],催化剂表面碱度越强,产物越有利于向重质烃方向生成。Al_2O_3 和 SiO_2 等酸性组分可与碱性助剂或铁氧化物作用形成盐,使熔铁催化剂的表面碱度降低[99]。而且,Al_2O_3 较 SiO_2 有更强的酸性,能严重削弱铁基催化剂的表面碱度[84,87]。FF11、FF12 和 FF13 均含有较多的 Al 和 Si 元素,因此,其产物均以低碳烃为主。经 K_2CO_3 溶液处理后,催化剂中部分 $FeAl_2O_4$ 和 Fe_2SiO_4 被溶解,且 K_2CO_3 溶液浓度越大,固溶体被溶解得越多,熔铁催化剂的表面碱度越强。因此,随着 K_2CO_3 溶液浓度的增加,CH_4 选择性降低,C_{5+}选择性增加,$C_{2\sim4}$ 烯/烷比增大。

6) 小结

采用高频感应炉制备了熔铁催化剂,发现石墨坩埚中的 Al 和 Si 元素渗入催化剂中,导致大量固溶体 $FeAl_2O_4$ 和 Fe_2SiO_4 的形成。这不仅使得催化剂难以被还原,而且降低了催化剂的表面碱度,使得催化剂活性下降,只有在高温时才显示较高的费-托合成活性,同时,产物以 $C_{2\sim4}$ 低碳烃为主。经不同浓度 K_2CO_3 溶液处理后,部分固溶体被溶解,且随着 K_2CO_3 溶液浓度的增加,固溶体的溶解量增大,催化剂的还原性能得到逐步改善,费-托合成产物中重质烃含量增加,CH_4 选择性降低,且 $C_{2\sim4}$ 烯烃含量也逐渐增加。K_2CO_3 溶液处理后,铁氧化物与 Al 和 Si 的相互作用减弱,催化剂的费-托合成性能得到一定程度的改善。未来仍需进一步降低反应温度和 CH_4 选择性。

在熔铁催化剂中必须添加助剂进行改性,以保持质地并调节 CO 或 H_2 的化学吸附。由于助剂可以改变 Fe 电子结合能的位移,与活性位点相互作用以修饰活性位点,改变催化剂的还原性能。同时助剂的加入,对活性组分的分散度以及催化剂的稳定性和产物选择性有极大的影响。Dry[99]研究发现,K 促进剂对费-托合成熔铁催化剂的作用归因于碱性作用，催化剂的活性随 K 含量的增加呈现出先升高后降低的结果，呈正态分布的形式，在产物选择性上有利于促进链增长，对 CH_4 的生成有抑制作用。Nakhaei Pour 等[100]研究了 Mg、La 和 Ga 助催化剂对 Fe/Cu/SiO_2 费-托合成沉淀催化剂的结构、表面积、还原碳化和催化性能的影响。结果表明，Mg、La 和 Ca 促进剂可以提高 CO 和水煤气变换反应活性的转化率，抑制 CH_4 的形成，并提高对烯烃和 C_{5+}产物的选择性，这是由于增加了催化剂表面的碱度并降低了还原度所导致的。Wang 等[101]研究了 Ru 和 Cu 添加剂对费-托合成过程中铁基催化剂的影响，反应结果表明，二者的加入显著提高了催化剂的活性，在产物分布上 Ru 有助于 CH_4 的生成，而 Cu 则对 C_{5+}的形成有更好的促进作用。

在费-托合成反应期间，Fe 相将转变为碳化铁相。传统熔铁催化剂助剂的加入通常是在熔融过程中引入的。但是，在碳化之前或之后添加助剂，可能会导致不同的结果。我们在前驱体加工的各个阶段引入了熔铁催化剂的助剂，并研究了其对费-托合成反应性能的影响。为了避免其他因素的影响，如催化剂的制备方法和铁的分散度等，我们采用了同批制备的熔铁催化剂。在碳化之前和碳化之后的催化剂前驱体上分别浸渍不同的助剂 K、Ru 和 La，以比较它们对费-托合成反应性能的影响。

2. K、Ru、La 的助剂效应

熔铁催化剂的制备是将磁铁矿粉末与 2wt% Al_2O_3、1.3wt% KNO_3、2wt% SiO_2 和 0.7wt% MgO 混合，然后将原料混合熔化并在感应炉中在 Ar 气氛下于 1400℃下保持 1h，保证熔融体的均匀性，将熔融后的材料在水中淬火。淬火后将催化剂干燥，研磨至 60～80 目[102]。然后将研磨好的熔铁催化剂进行不同的预处理，一种是只进行还原处理，还原处理是指将催化剂在氢气气氛中 600℃下焙烧 6h 后钝化处理，将处理好的催化剂以过量浸渍的方式浸入 0.3wt% K、2.5wt% Ru、2.5wt% La，再将催化剂置于烘箱中于 100℃下干燥 12h，制备好的催化剂命名为 U 助剂。另一种预处理方式是将催化剂还原后再于 CO 气氛中碳化，助剂的加入方式与助剂的量保持与未碳化样品一致，命名为 C 助剂，未加助剂的催化剂标记为 C 和 U。

催化剂的制备流程图如图 3.17 所示。

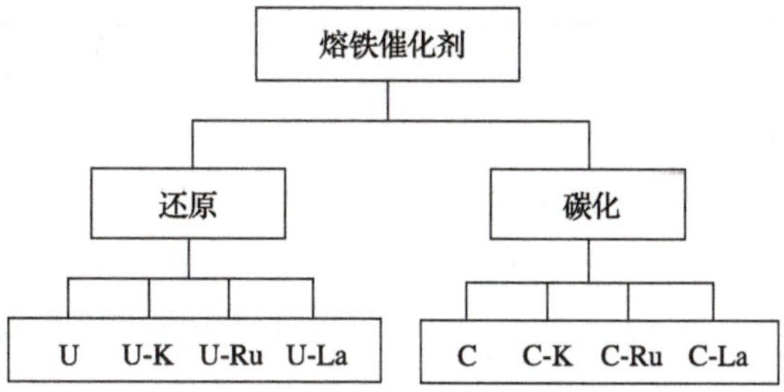

图 3.17　催化剂的制备流程

1) 催化剂的元素组成

用 ICP 测定浸渍后催化剂中助剂金属元素的准确含量。催化剂的 ICP 表征结果显示元素的具体含量如表 3.6 所示。

表 3.6　催化剂中各元素的含量

元素名称	化学式	质量分数/%
U-K	K	0.32
C-K	K	0.36
U-Ru	Ru	2.57
C-Ru	Ru	2.41
U-La	La	2.71
C-La	La	2.62

由表 3.6 可知，助剂的加入量符合预期加入量，各助剂含量在碳化前后基本一致。

2) 催化剂物相组成

以 XRD 图表征催化剂的晶体物相，图 3.18 为还原和碳化预处理后浸渍不同助剂的新鲜催化剂的 XRD 图。通过控制不同的预处理方式(还原、碳化)得到的 α-Fe 和碳化铁物相 XRD 图与标准卡片对比来确定物相，图 3.18(a)为碳化处理之后，浸渍不同助剂的新鲜催化剂的 XRD 图。从图中可以看出，熔铁催化剂显示出良好结晶的 Fe_5C_2 相(PDF # No.19-0629)，其 2θ 角的特征衍射峰为 39.8°、40.7°、43.7°、44.7°、45.1°、45.9°、48.7°、49.3°、51.9°、58.2°、78.5°和 82.5°。可以发现在碳化后，浸渍助剂 K、Ru 和 La 不会影响碳化铁的物相。C-K 的峰形相对尖锐，与空白催化剂的峰形差异较小。C-Ru 和 C-La 的峰强度相对较弱，这可能表明 Ru 和 La 的添加会降低 Fe_5C_2 的结晶度。

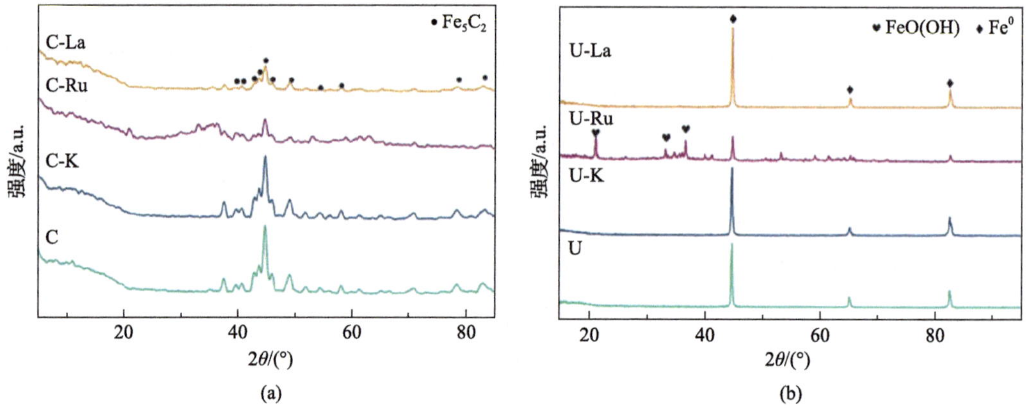

图 3.18　催化剂的 XRD 图

(a)碳化；(b)未碳化

图 3.18(b)为未碳化处理浸渍了助剂的催化剂的 XRD 图。催化剂经过还原后，主要为 α-Fe 物相，且不会因添加助剂而受到显著影响。

图 3.19 展示了反应 240h 后各催化剂的 XRD 图。由图 3.19 可以看出，碳化处理后的催化剂在经历了 240h 费-托合成反应后仍然显示出清晰的碳化铁衍射峰，而未碳化催化剂中碳化铁的衍射峰较为弥散。尤其是 U-La 催化剂在反应后仍显示出尖锐的 α-Fe 特征衍射峰，未见明显的碳化铁衍射峰，这表明 Ru 的引入可能抑制了铁催化剂的碳化。

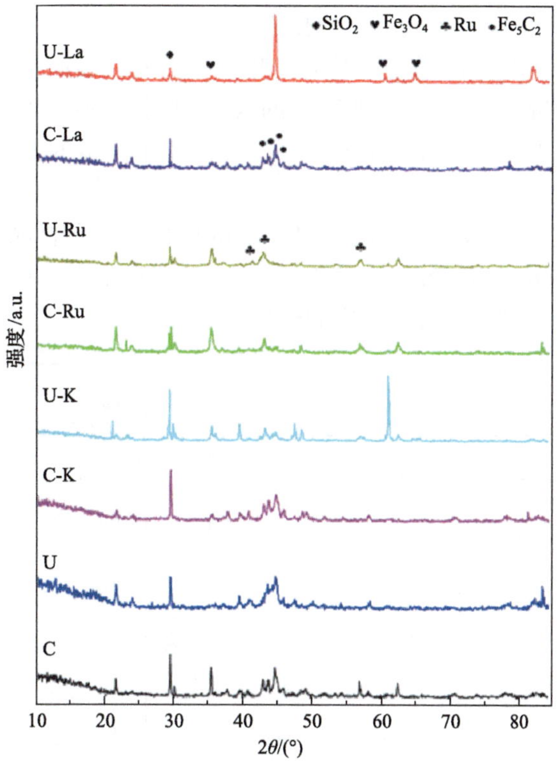

图 3.19 费-托合成评价 240h 后催化剂的 XRD 图

3) 催化剂的织构性质

催化剂的织构参数列于表 3.7 中，催化剂的 N_2 吸附/解吸等温线以及孔径分布如图 3.20 所示。由图中可以看出，所有样品均显示出Ⅳ型吸附等温线，H3 型磁回滞环，表明碳化后的催化剂和未碳化的催化剂均是典型的介孔材料。特别是，浸渍了 Ru 或 La 助剂时会改变催化剂的织构性质。如表 3.7 所示，添加助剂 Ru 或 La 后，催化剂的比表面积和孔体积均显著增加。值得注意的是，无论何种预处理方式(还原、碳化)，引入助剂后，催化剂比表面积的顺序大小均为 Ru＞La＞K。这可能是由于在浸渍过程中，Ru

表 3.7 不同催化剂的织构性质

样品	比表面积 S_{BET}/(m²/g)	孔体积 V_{pore}/(cm³/g)	平均孔径 d_{pore}/nm
C	4.80	0.026	22.91
U	3.02	0.014	19.10
C-K	3.58	0.027	47.13
U-K	2.48	0.027	64.37
C-Ru	39.03	0.033	10.70
U-Ru	17.91	0.050	15.03
C-La	10.11	0.046	35.18
U-La	6.54	0.032	17.06

和 La 积聚在催化剂表面上，形成了新的孔道，这在一定程度上增加了催化剂的比表面积。Zhao 等[103]发现镧的存在能显著增加铁基催化剂的比表面积，这一结果与我们的研究一致。前期的研究表明[104]，添加适量的 K 助剂可以降低费-托合成铁基催化剂的比表面积，熔铁催化剂本身的比表面积较小，在浸渍了少量的 K 后，比表面积降低了不到 1.0m^2/g。

如图 3.20(b)所示，未浸渍助剂的空白样品和 C-K 催化剂样品均显示出较宽的孔径分布(从 10nm 到 200nm)。而浸渍 Ru 和 La 的样品还出现了 0～10nm 的孔径分布，这可能是由 Ru 和 La 在催化剂表面堆积形成的微孔。

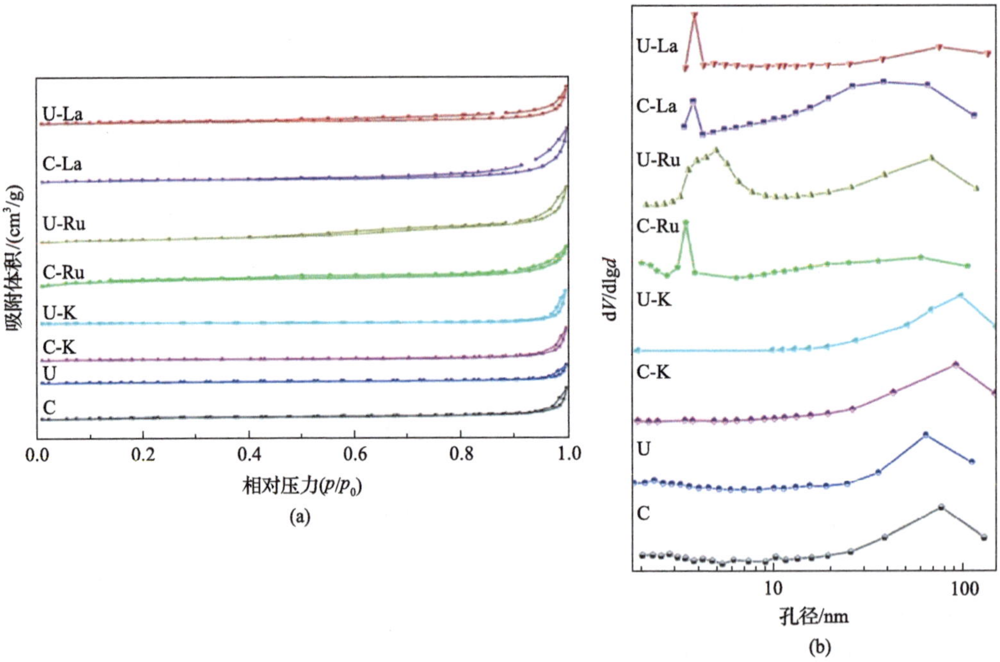

图 3.20 催化剂的 N_2 物理吸附图

(a)氮吸附/解吸曲线的等温线；(b)由氮解吸等温线计算的 BJH 孔径分布曲线

4)催化剂表面价态分析

图 3.21 给出了催化剂的 XPS 图，其中，图 3.21(a)和(b)显示了所有催化剂的 Fe 2p 谱图。在 710.21eV、724.69eV 和 712.10eV、725.98eV 处的结合能峰值分别对应于 Fe^{2+} 的 $2p_{3/2}$、$2p_{1/2}$ 分裂轨道和 Fe^{3+} 的 $2p_{3/2}$、$2p_{1/2}$ 分裂轨道[105-107]。在 707.39eV 和 720.0eV 处的峰归属于金属 Fe 或 Fe_xC[108]。谱图中 Fe^{2+} 和 Fe^{3+} 的出现，可能是在样品制备时以及转移过程中 α-Fe 的氧化所致。

从图 3.21 可以看出，在掺 K 的催化剂中可以发现 Fe 的电子结合能向较低的方向移动，助剂 K 的加入对催化剂的相结构几乎没有影响，但相较于未浸渍助剂的样品来说，加入 K 后铁的结合能移动。Fe 2p 的 XPS 图向结合能降低的方向变化，K 属于碱金属，可以起到提供电子的作用，Fe 的 d 空轨道在得到电子后，使 Fe 原子周围的电子云密度增加，促进了 CO 的解离和吸附，对 H_2 的吸附减弱，从而对费-托反应性能产生一定的

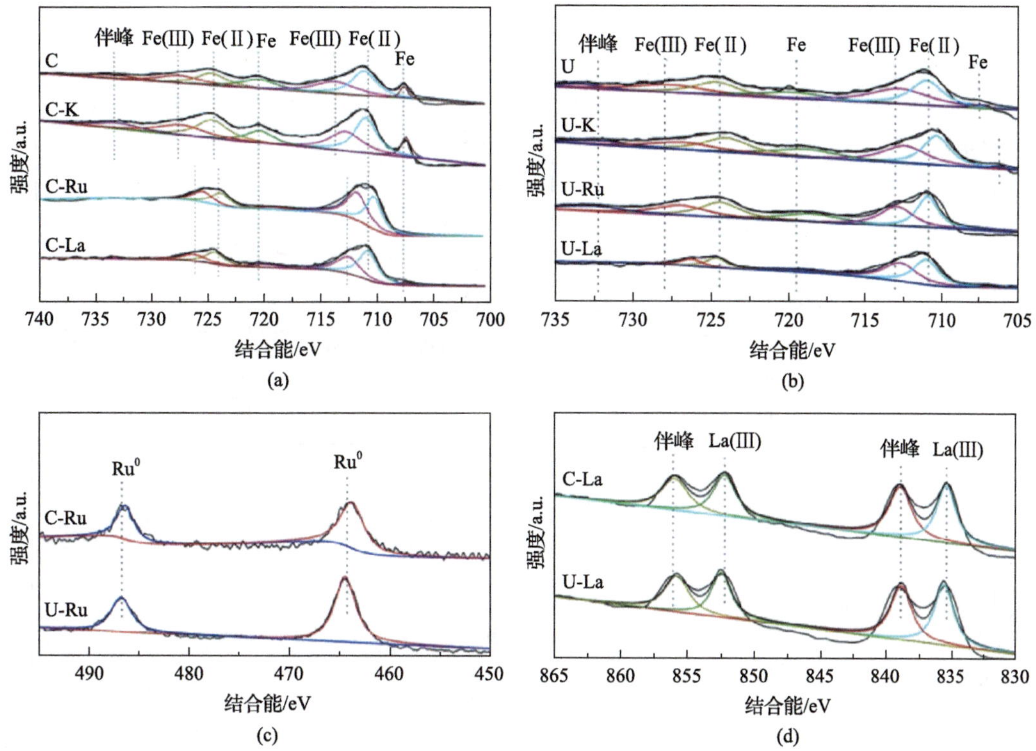

图 3.21 催化剂的 XPS 图

(a) Fe 2p(碳化)；(b) Fe 2p(未碳化)；(c) Ru 3p；(d) La 3d

影响。Ru 和 La 的 XPS 图如图 3.21(c)和(d)所示，465.3eV 和 488.4eV 处的峰表明可能存在 Ru^0。在 La 3d 的 XPS 图中可以找到归属于 La^{3+}的两个峰(835.2eV 和 853.0eV 处的结合能)，这表明 La 以 La_2O_3 的形式存在[109]。图 3.21(a)中 C-Ru 和 C-La 催化剂中未出现碳化铁的峰，这表明在浸渍了 Ru 和 La 助剂后，催化剂表面被助剂覆盖，这与 XRD 结果一致。

H_2-TPD 用于研究催化剂对 H_2 吸附行为的影响(图 3.22)。如图 3.22(a)和(b)所示，熔铁催化剂上的 H_2 吸附主要出现在两个温度区域：低于 500℃和高于 500℃。不同的表面结构可能导致不同的 H_2-TPD 曲线。低于 500℃的峰可能归因于 H_2 从金属铁表面的解吸[102]。从图 3.22(b)可以看出，未碳化的催化剂 U-La 和 U-Ru 样品在 500℃以下有一个明显的峰，这可能是由 La 和 Ru 物种的分解或 H_2 脱附所致。碳化后，该峰出现的温度大大提高，这可能是由于 Fe^0 的催化作用。与 C-K 相比，C-Ru 和 C-La 催化剂的不同之处在于，后者催化剂由于 Ru 和 La 的加入，增加了 H_2 脱附峰的面积。研究表明，当 H_2 的脱附温度较低，意味着 Fe 与 H 的作用强度很弱。C-Ru 和 C-La 催化剂在 300℃以上显示出两个峰，远大于其他两个催化剂。其中峰(300～450℃)的出现可能是由于 H_2 与 Fe_3O_4 强烈相互作用的金属铁上的吸附。另一个吸附峰(高于 580℃)可能归因于 La 或 Ru 物种的强烈的加氢能力。此外，无论采用何种预处理方式(还原、碳化)，Ru 和 La 助剂的加入均会大量活化 H_2，有助于增强 H_2 的吸附，并促进甲烷的产生[110,111]。

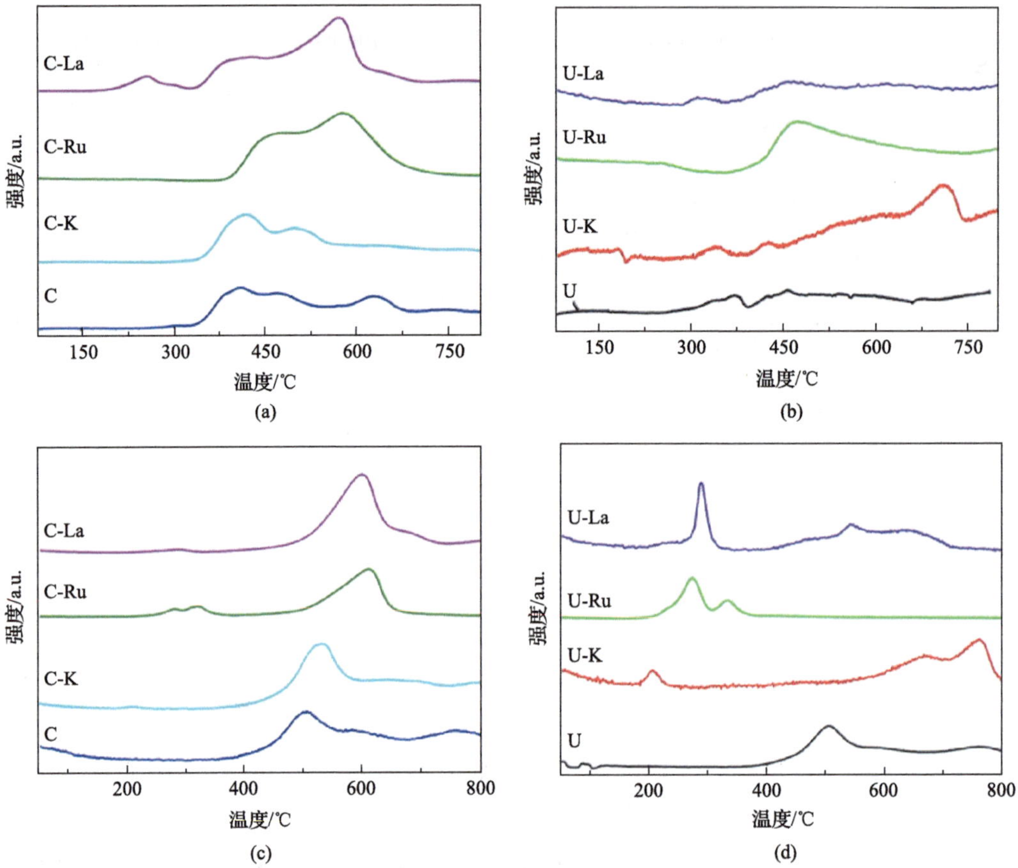

图 3.22　催化剂在不同温度下的吸附行为

(a) H_2-TPD（碳化）；(b) H_2-TPD（未碳化）；(c) CO-TPD（碳化）；(d) CO-TPD（未碳化）

催化剂的 CO 吸附结果如图 3.22(c) 和 (d) 所示。从图中可以发现，催化剂的主要 CO 解吸峰位于 100～650℃的温度范围内。还原处理后催化剂的第一个峰（150～350℃）可归因于 CO 在催化剂上的吸附较弱，第二个峰在 500～650℃范围内逐渐向较高温度转变，对应于 CO 的强吸附峰[112]。碳化后的催化剂仅具有很强的吸附峰，加入助剂后，峰出现的温度和峰面积均增加，由此可以发现，适当添加助剂有利于增强 CO 的强吸附，从而在催化剂表面上引起较高的 CO 浓度。K 助剂可以通过氧化铁将电子转移至 CO，并增强 Fe—C 键[113]。U-La 和 U-Ru 中 CO 的吸附可能归属于表面上 La 或 Ru 物种对 CO 的吸附，尤其是覆盖在表面的 Ru 物种可用作 CO 的吸附位点。

5) 催化剂反应性能

我们对制备的催化剂进行了费-托合成反应性能评价。催化剂评价条件是 240℃、2.0MPa、GHSV=3000h^{-1}、H_2/CO=2/1。经过碳化后，浸渍不同助剂的催化剂进行 CO 加氢的结果的数据汇总在图 3.23 中。由图 3.23 可以看出，对于大多数催化剂来说，CO 转化率随反应时间延长略有升高[102]。从图 3.23 中可以看出，与未掺杂的催化剂相比，助剂 K、Ru 和 La 的添加均抑制了 CO 的转化。其中 C-K 的催化剂活性降低最小，这可能是 K 的电子效应造成了催化剂的活性降低。C-Ru 和 C-La 引起的催化剂活性显著降低。这可能是在浸渍后活性相碳化铁被表面的 Ru 覆盖所致，而 Ru 在该反应条件下活性很低。上述相关表征也证实了这一结论。

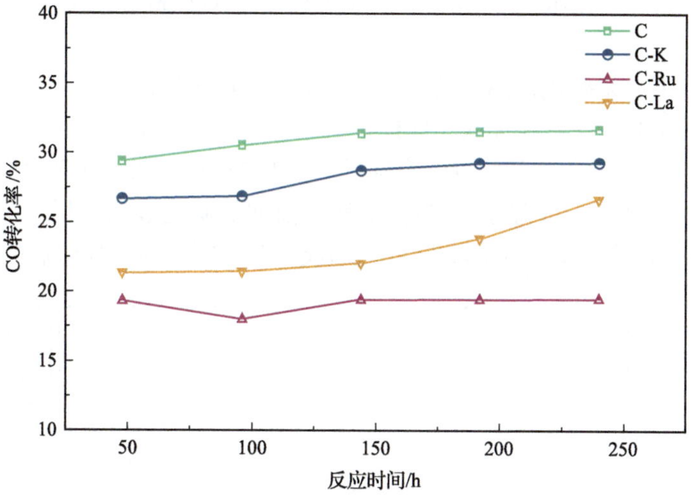

图 3.23 碳化后样品 CO 转化率随反应时间变化关系

从图 3.24 中可以看出，随着反应时间的延长，CH_4 选择性也随之升高，C_{5+}选择性呈相反趋势。反应 240h 后，C-K 催化剂表现出较高的重质烃选择性（C_{5+}选择性 75.84%），而 CH_4 选择性小于 6%，这在费-托合成工艺的应用中是十分理想的。前述 XPS 表征中，浸渍助剂 K 后，铁的结合能向低结合能方向移动。这是因为 K 是典型的碱金属，可以提供电子，增加铁周围电子云密度，致使铁结合能向较小的方向移动。此外，从 CO-TPD 中也可以看出，K 的添加可促进 CO 的吸附，并促进重质烃的生成。K、Ru 和 La 对催化性能的促进作用与之前的报道[53,114]相吻合，其中，K 促进长链烃组分的形成，Ru 和 La

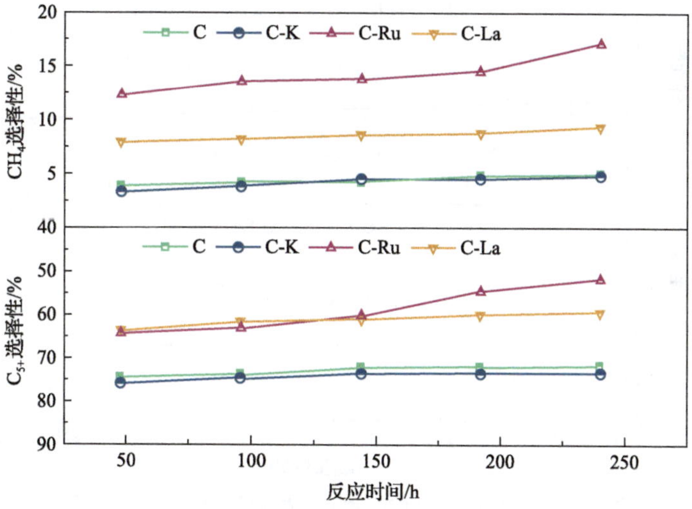

图 3.24 碳化后样品的 CH_4 和 C_{5+}选择性

助剂的作用是促进轻质烃的形成。根据前人的报道[115-117]，反应物和产物在狭窄的孔道中扩散缓慢，在较宽的孔道中扩散迅速。由孔径分布图可以看出，催化剂的平均孔径的大小顺序依次为 K>La>Ru。如先前的 H_2-TPD 中所述，Ru 和 La 助剂可以提高加氢能力，这也更加清楚地解释了 C-Ru 或 C-La 催化剂 CH_4 选择性较高，而 C-K 催化剂中 CH_4 选择性较低。

在相同条件下，未碳化样品上的 CO 转化率及产物选择性如图 3.25 和图 3.26 所示。CO 转化率最明显的变化是在加入不同助剂后，对反应活性上的抑制程度有所不同。其中，Ru 助剂的引入使催化剂的活性略有降低。在 U-La 催化剂中几乎没有活性，随后将反应温度上升至 260℃后才显示出费-托活性。前期的研究表明，稀土金属氧化物可以增加催化剂表面的碱性，并会抑制碳化铁的形成[103]。如前所述，反应后的催化剂的 XRD

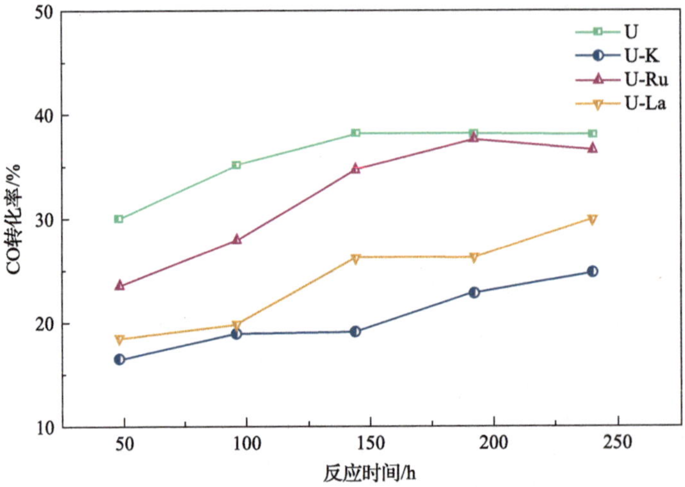

图 3.25　未碳化样品 CO 转化率随反应时间变化关系

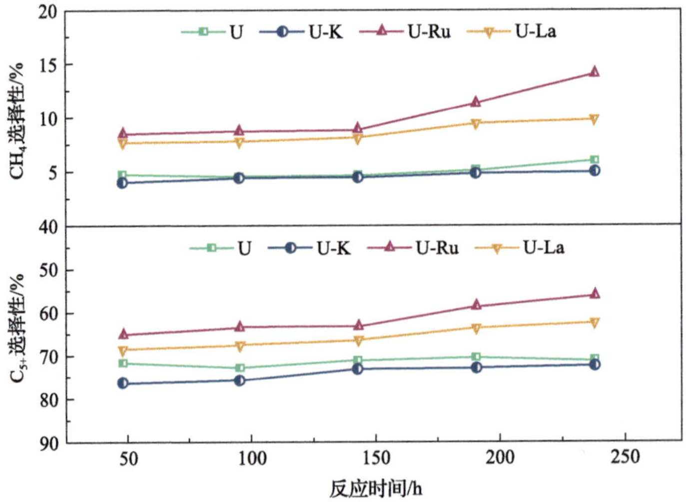

图 3.26　未碳化样品的 CH_4 和 C_{5+} 选择性与反应时间的关系

U-La 在 260℃下评价

表征显示，U-La 催化剂在反应后显示出尖锐的 α-Fe 衍射峰，而碳化铁的衍射峰几乎看不到。碳化铁通常被认为是费-托合成的活性相，而尖锐的 α-Fe 衍射峰表明 La 的引入显著抑制了 U-La 催化剂的碳化，从而导致催化剂活性极低[118]。CH_4 和 C_{5+}的产物分布趋势与碳化后的结果大致相同。

全面分析了碳化与还原(未碳化)对于不同助剂在费-托合成的作用，与碳化后浸渍助剂的催化剂相比，未碳化催化剂对助剂的反应更为敏感。两者之间的比较结果如图 3.27 所示。比较 CO 的转化率，碳化与未碳化处理的催化剂，助剂的加入均会不同程度地降低催化剂活性，但抑制活性的程度是不同的，对于碳化样品是 K<La<Ru，对于还原样品是 Ru<K<La。结合反应后催化剂的 XRD 表征，碳化后催化剂仍然显示出明显的碳化铁衍射峰，而还原处理的催化剂在经历了 240h 反应后，碳化铁的衍射峰依然不明显。对于产物分布来讲，较为明显的是未碳化后的 C_{5+}选择性高于碳化后催化剂的 C_{5+}选择性。

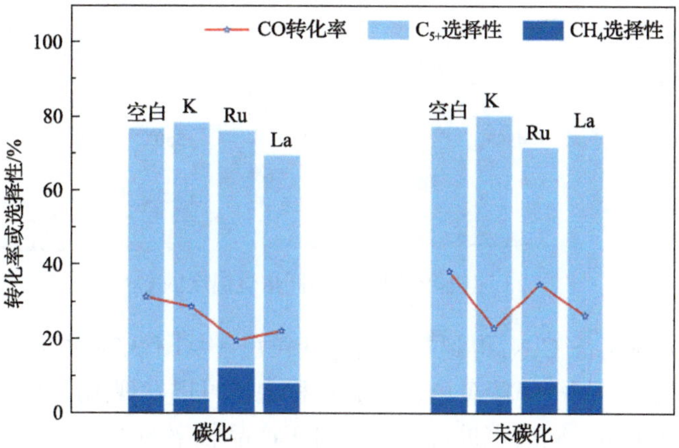

图 3.27　不同助剂和预处理方法催化剂的 CO 转化率、CH_4 和 C_{5+}选择性

6) 小结

本节主要研究不同的预处理方式(碳化/还原)后浸渍助剂对费-托合成性能的影响，得出如下结论：

(1) 助剂在熔铁催化剂的织构性质和相组成中起重要作用。添加 K 助剂提高了长链烃的选择性，添加 Ru 和 La 助剂则促进了氢气的吸附，抑制了碳化铁形成，从而促进了轻组分的形成。

(2) 比较碳化和未碳化后添加助剂的效果，发现助剂加入后的影响与预处理方法有关。助剂的引入对未碳化处理的催化剂影响更大，未碳化处理后加入助剂的催化剂具有更好的性能。

3.4.3　新型铁基催化剂

前期的文献调研表明，碳化铁和氮化铁均具有费-托合成活性。为阐明碳、氮元素与铁的键合作用，选择 C_3N_4 作载体，根据它的性质和结构，将其负载铁应用于费-托合成反应中。下面着重对催化剂的性质以及反应性能进行阐述。

首先，Wang 等以双氰胺和氯化铁为原料，制备了 Fe 掺杂的 C_3N_4，用于改善 C_3N_4 的光催化性能。C_3N_4 制备具有原料来源广(尿素、单氰胺、双氰胺、三聚氰胺等)、制备方法简单(溶剂热法、高温分解法等)、性质稳定的优点，同时 g-C_3N_4 层状结构的边缘效应使此材料的表面呈碱性，再加上电子传递效应较好等优点，为 Fe 掺杂制备负载型 Fe/C_3N_4 催化剂提供了契机。直接制备的 g-C_3N_4 的比表面积小(一般低于 $20m^2/g$)，因此有必要通过模板法制备大比表面积的 C_3N_4。

1. 载体的制备

首先对 C_3N_4 的制备温度进行了探讨，实验以价格低廉的尿素为原料。在 400℃、450℃、500℃、550℃、600℃温度下，在马弗炉空气氛围中经高温缩合反应，制备 C_3N_4。实验室制备的 C_3N_4 如图 3.28 所示。

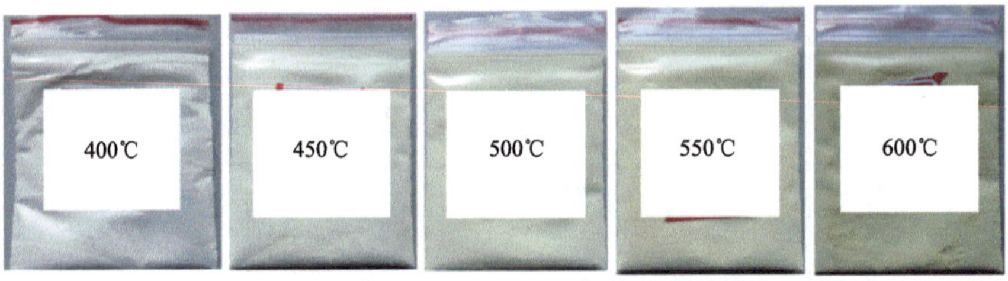

图 3.28 实验室制备的不同焙烧温度的 C_3N_4

以尿素为前驱体制备 C_3N_4 得到的产物为淡黄色。从图 3.28 可以看出，随着温度的升高，产物的颜色逐步加深呈淡黄色，实验过程中也可以发现温度越高，存在的杂质越少，得到的产物越干净。同时也进行了温度对于产品收率的影响研究，如图 3.29 所示。

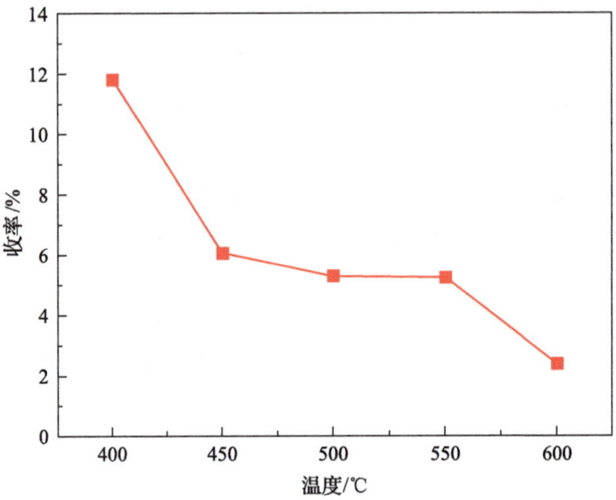

图 3.29 实验室制备的 C_3N_4 收率与焙烧温度的关系

从图 3.29 可以看出，随着温度的升高，产品的收率逐渐降低。这主要是由于尿素在高温条件下更易分解。综上所述，在 600℃虽然得到的收率最低，但是尿素的聚合度最大，得到的 C_3N_4 纯度最高。因此后续 g-C_3N_4 的制备均在 600℃下完成。

2. 不同 Fe 负载量的 Fe/GCN 催化剂的研究

g-C_3N_4(GCN)由于优异的性质而成为国内外研究的热点，其负载 Fe 可能会形成碳化铁、氮化铁化合物，这些化合物正是费-托合成反应的活性组分。氮掺杂对于费-托合成反应活性和产物选择性在一定程度上具有促进作用，同时氮化铁和碳化铁有良好的费-托合成反应活性，尽管近期 C_3N_4 作为牺牲性载体已用于费-托反应中[119]，但是 Fe 在 GCN 中的物相变化及 GCN 含有氮碱基对费-托合成产物选择性的作用尚不清楚。因此制备了不同负载量的 Fe/GCN 催化剂，并探究了 Fe 与载体的作用方式、铁物相的演变过程，以及 C_3N_4 对铁催化剂的调变作用，具体内容叙述如下。

表 3.8 给出了催化剂的 ICP 测试结果，结果显示实验值与理论负载量相差不大，在误差允许的范围内。

表 3.8 不同 Fe 负载量的 Fe/GCN 催化剂的元素分析结果(ICP)

样品	理论负载量/wt%	实验负载量/wt%
10Fe/GCN	10	8.71
20Fe/GCN	20	16.80
30Fe/GCN	30	30.68
40Fe/GCN	40	39.56
60Fe/GCN	60	55.11

表 3.9 及图 3.30 给出了 Fe/GCN 催化剂的 BET 表征结果，由此可知，Fe 的加入使得 g-C_3N_4 的比表面积降低。但是，Fe 进入了 g-C_3N_4 的层间起到了剥离作用，使得比表面积并不随着 Fe 负载量的增加而线性下降。当 Fe 负载量过高时，新生成的物相包覆使比表面积进一步降低。对于所有样品孔径的最概然分布基本相同，均有向大孔径方向移动的趋势，这主要是由于 Fe 的加入导致了 GCN 堆积方式的变化。N_2 吸附/脱附曲线属于第Ⅳ类等温线[120,121]，吸附气体量随组分分压增加而上升且没有上限。

表 3.9 GCN 以及 Fe/GCN 催化剂的织构性质

样品	比表面积/(m^2/g)	孔体积/(cm^3/g)	孔径/nm
GCN	101.87	0.6333	2.889
10Fe/GCN	59.87	0.1642	2.928
20Fe/GCN	67.73	0.4127	2.378
30Fe/GCN	62.50	0.1724	2.664
40Fe/GCN	61.68	0.3227	2.394
60Fe/GCN	37.24	0.2841	2.659

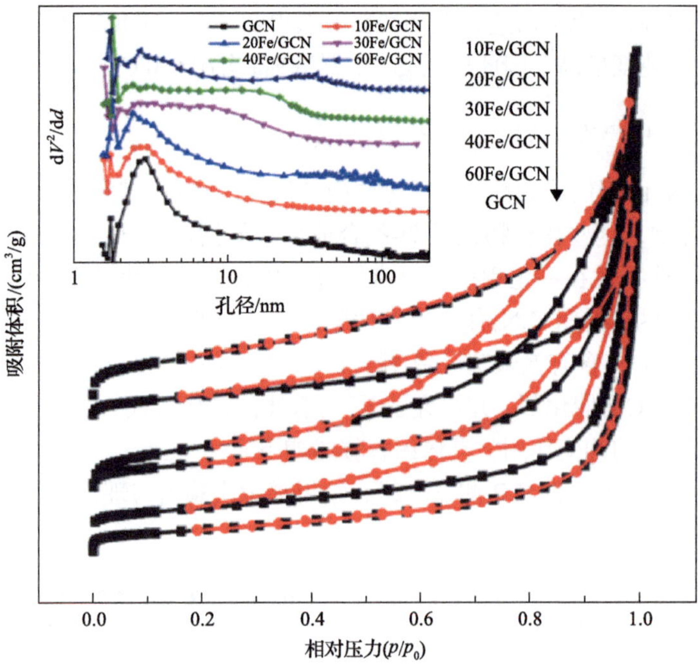

图 3.30 不同负载量的 Fe/GCN 催化剂的 N_2 吸附/脱附曲线及孔径分布

图 3.31 为催化剂的 XRD 图，其中在 27.7°处的峰为 GCN 的特征峰，反映出 GCN 的类石墨层结构，其层间距为 0.322nm。这个峰对应于共轭芳香体系形成的 GCN(002)晶面[122,123]。由图中可以看出，GCN 的特征峰随 Fe 负载量的增加而逐渐减小，甚至消失，表明 Fe 的加入破坏了 GCN 的结晶度。在 13.12°处较小的衍射峰归属于由重复的平面结构形成的 GCN(100)晶面[122,123]。同时，可以看出随着 Fe 负载量的增加，GCN 的特征峰向右移。当 Fe 负载量低于 30%时，仅出现 GCN 的特征衍射峰，未出现铁、铁氧化物、铁氮化物以及碳化物的衍射峰。这可能是因为铁元素与 GCN 载体的主体结构中 N 发生

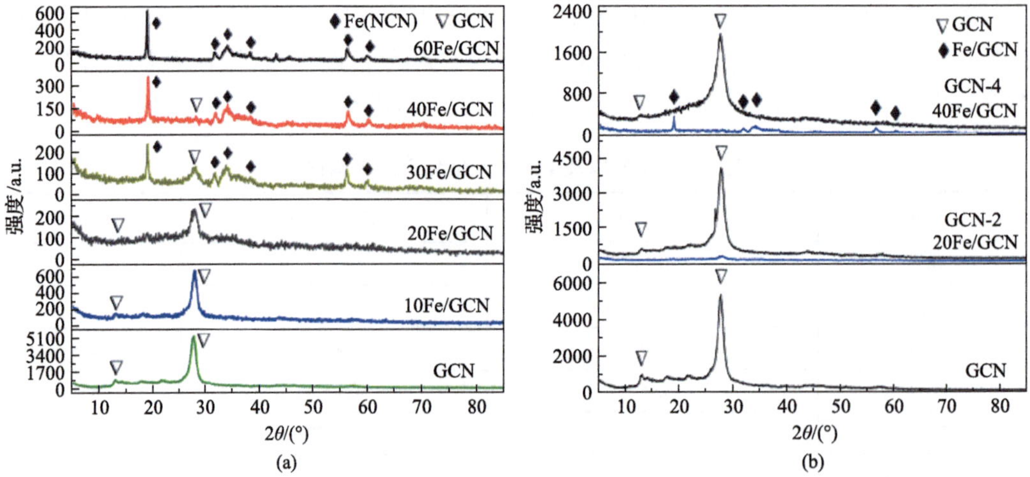

图 3.31 Fe/GCN 催化剂与载体的 XRD 图

(a)所制备的 GCN 以及 Fe/GCN 催化剂的 XRD 图；(b)Fe 被洗前后催化剂的 XRD 图

了耦合作用，形成了 Fe—N 配位键[124]。但是，随着铁负载量的增加，出现了一些新的特征峰且峰强度不断增强，而 GCN 的特征峰几乎消失。新出现特征峰归属于 Fe(NCN) (PDF # 97-041-9223)。

为了进一步证明 Fe 的加入未破坏 GCN 的主体结构，将 20Fe/GCN 和 40Fe/GCN 中的铁化合物用盐酸洗掉，随后进行 XRD 表征。结果显示，相比于未洗的催化剂，Fe(NCN) 的特征峰消失，而 GCN 的特征峰重新出现。因此，随着 Fe 负载量的增加，尽管降低了 GCN 的结晶度，但是 GCN 的主体结构未被破坏。并且洗掉 Fe 后，$g-C_3N_4$ 的峰强度有很大的增强，表明 $g-C_3N_4$ 的结晶度部分恢复，这一性质类似于类水滑石结构化合物的“结构记忆效应”。因此推断，铁元素渗透到 GCN 的晶格中，与晶格中的 N 原子耦合形成 Fe—N 键。Fe 负载量较少时形成的 Fe—N 键尚不稳定，不能形成稳定的化合物，处于非晶状态，所以 XRD 中未出现与 Fe 相关的衍射峰。随着 Fe 负载量的增加，Fe—N 键逐渐增强，新相开始形成，而 GCN 的结晶度大幅降低，导致 XRD 图中 GCN 的特征峰强度降低直至消失，而 Fe(NCN) 的特征峰出现，且强度增强，表明 Fe(NCN) 的结晶度在不断增加。

图 3.32 是不同比例的 Fe/GCN 的红外光谱图。其中，宽吸收峰带 1650～1200cm^{-1} (1635cm^{-1}、1574cm^{-1}、1470cm^{-1}、1408cm^{-1}、1311cm^{-1}、1241cm^{-1}) 归属于三嗪或三三嗪典型的骨架伸展振动，而位于 810cm^{-1} 处的振动为均三嗪环的呼吸振动模式[123,124]。另一个宽吸收带 3600～3000cm^{-1} 为未完全聚合的氨基 ($—NH_2$) 及 Fe/GCN 从空气中吸附的游离水羟基 (—OH) 的伸缩振动峰[125]。从图 3.32 也可以看出宽峰带 1650～1200cm^{-1} 及 810cm^{-1} 处的峰强随 Fe 负载量的增加逐渐减弱，而位于 640cm^{-1} 和 2080cm^{-1} 处出现新的振动峰且峰强度逐渐增强，分别归属于对称氰氨 ($Fe^{2+}—N—C≡N—Fe^{2+}$) 的变形振动和氰基的伸缩振动 (—C≡N—) 或累积双键 (—N=C=N—)，氰基可能与铁离子耦合形成 $Fe^{3+}—C≡N—Fe^{3+}$。这都说明 GCN 随着 Fe 负载量的增加，含氮碱基的数量增多。

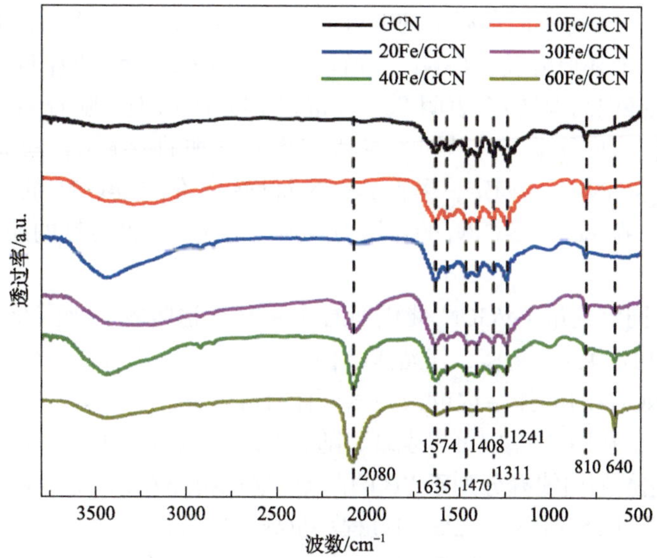

(a)

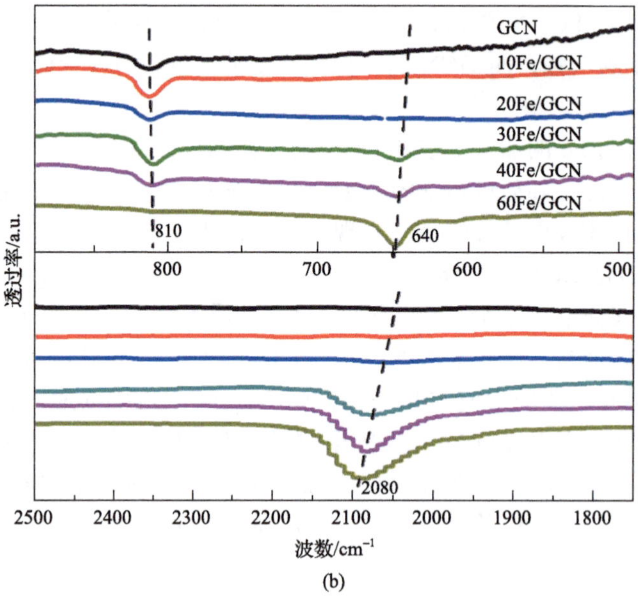

图 3.32　不同比例 Fe/GCN 催化剂的 FTIR 谱图

(a)全图；(b)局部图

这个结果与 XRD 的结果一致，即随着 Fe 负载量的增加，GCN 的主体结构被破坏。而且，当 Fe 的负载量高达 60%时，均三嗪环结构可能被毁坏，因为在红外光谱图中典型三嗪或三三嗪的骨架伸缩振动严重削减。由图 3.32(b)可以看出，红移现象发生在 $810cm^{-1}$处，而蓝移现象发生在 $2084cm^{-1}$和 $640cm^{-1}$处。此外，随着 Fe 负载量增加，$810cm^{-1}$处峰强度逐渐降低，$2084cm^{-1}$和 $640cm^{-1}$处峰的强度逐渐增强。这主要是由于随着 Fe 负载量的增加，氰基(—C≡N—)和对称氰氨(N—C≡N—)数量增加，均三嗪环系统不稳定，Fe—N 键(由 Fe 和—C≡N—或—N—C≡N—耦合形成)变得更强大。

图 3.33 是 $g\text{-}C_3N_4$与不同负载量的 Fe/GCN 的 H_2-TPR 图。第一个峰为铁的还原峰，另一个大峰值为铁的还原峰及 $g\text{-}C_3N_4$的分解峰。如图 3.33 所示，随着 Fe 负载量的增加，第一个 Fe 的还原峰向高温转移，表明 Fe—N 键在不断增强；但是随着 Fe 负载量的增加，第二个峰值向低温方向移动。这是因为在 Fe 负载量增加的情况下，Fe 进入了 $g\text{-}C_3N_4$的层间与晶格，使 $g\text{-}C_3N_4$更不稳定，尽管 Fe—N 键增强，但是 $g\text{-}C_3N_4$的分解促进了 Fe 的还原。这就造成了在 Fe 与 $g\text{-}C_3N_4$的作用力越强的情况下，部分铁的还原温度却向低温方向移动。

图 3.34 为不同负载量 Fe/GCN 催化剂的 X 射线近边吸收光谱图及其对应的傅里叶变换谱图。其中 PB 为普鲁士蓝，其晶体结构为正六面体、配体为—CN、同时含有 Fe^{2+}和 Fe^{3+}，而 Fe(NCN)的晶体结构也为斜六面体且配体同为—CN，所以选择 PB 为标样数据进行对比[126]。从图 3.34 中可以发现，随着 Fe 负载量的增加，吸收边向低能方向移动，而且系列催化剂的白线峰分列于 PB 的两侧，这说明随着 Fe 负载量的增加，Fe^{3+}/Fe^{2+}比值经历了从大于 1.25 到小于 1.25 的过程。负载量低时，Fe 主要以 Fe^{3+}形式存在，随着 Fe 负载量的增加，Fe^{3+}被逐步还原为 Fe^{2+}。边前峰的变化又说明了随着 Fe 负载量的

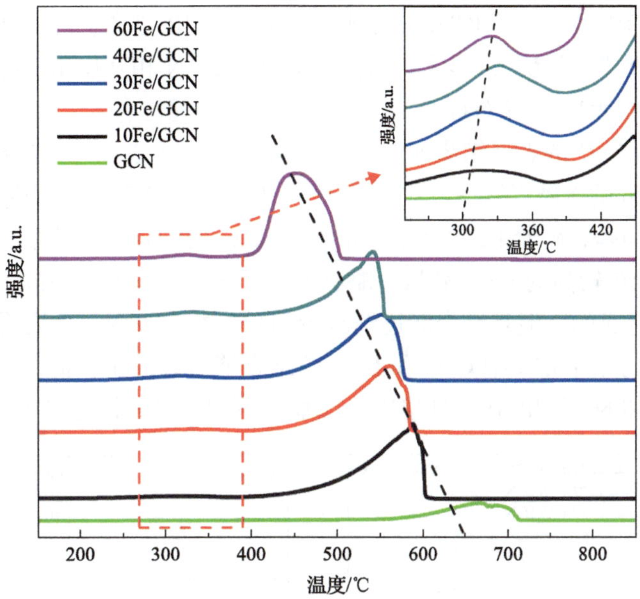

图 3.33　g-C_3N_4 与不同负载量的 Fe/GCN 的 H_2-TPR 图

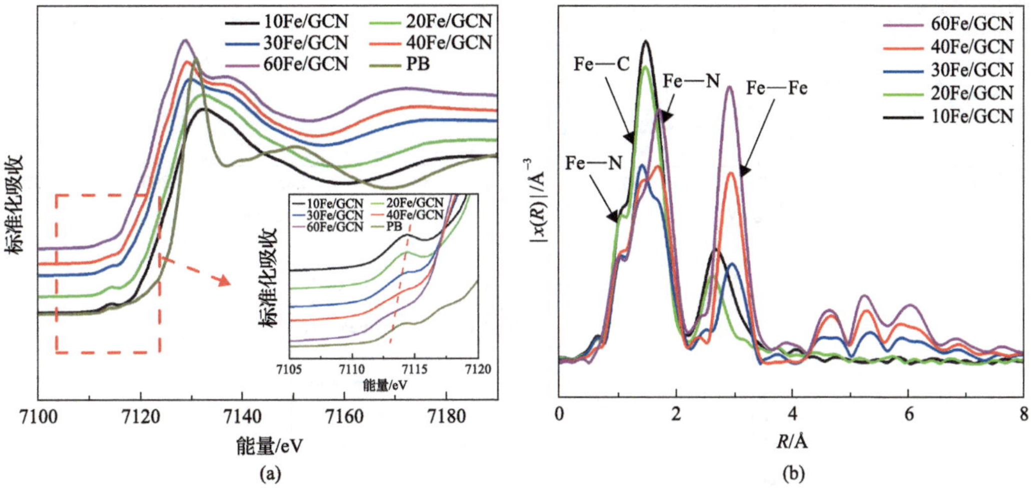

图 3.34　不同负载量的 Fe/GCN 催化剂 X 射线近边吸收光谱图(a)及其对应的傅里叶变换谱图(b)

增加，配合物晶体结构对称性增强，且氧化态降低[127]。由 R 空间可看出，Fe/GCN 中第一壳层由 Fe—N 和 Fe—C 配位组成，第二壳层为 Fe—Fe 键[128,129]。由 R 空间谱图可以看到，随着 Fe 负载量的增加，1Å(Fe—N)和 1.4Å(Fe—C)处的键减少，而 1.7Å 处 Fe—N 键的强度逐渐增强[130,131]。原因可能是 GCN 的局部结构被破坏后产生很多活跃的含氮基团，在 1.7Å 处与铁形成 Fe—N 键。而对于 Fe—Fe 键，键长从 2.56Å 变成 2.65Å，这可能是因为新形成的 Fe—N 键导致 Fe—Fe 键周围的化学环境变化。此外，随着 Fe 负载量增加，Fe—Fe 键的强度增加。前期工作表明，Fe(NCN)中的 Fe—N 键、Fe—Fe 键键长分别为 2.202Å 和 3.269Å。随着 Fe 负载量的增加，Fe/GCN 中 Fe—N 键和 Fe—Fe 键键长均在增大，且趋于接近 Fe(NCN) 中的键长。结合 FTIR 谱图，Fe 刚开始与 GCN 的主体结构耦合，形成“溶解铁”，形成弱的 Fe—C 和 Fe—N 相互作用。随着铁负载量的增加，Fe 与氰基(—C≡N—)和对称氰氨(—N—C≡N—)配位。

X 射线光电子能谱的表征结果如图 3.35 所示，展示了表面元素的价态随 Fe 负载量的变化情况。Fe 2p 的 XPS 图显示，其峰值位于 710.8～712.5eV 范围内[132]，这表明表面 Fe 以三价存在。但是，随着 Fe 负载量的增加，Fe 2p 的结合能向低结合能方向移动。尽管 Fe 2p 的结合能在较高的 Fe 负载量时略有增加，这主要是表面铁被煅烧过程中产生的氧化性气体氧化造成的，但是结合能逐渐减少的趋势并未改变。这表明表面铁与体相铁具有相似的规律。从图 3.35 中 C 1s 和 N 1s 的结合能可以看出彼此之间存在偏差，这主要是因为元素 C 和 N 周围的化学环境因为添加了不同含量的铁而发生了变化。

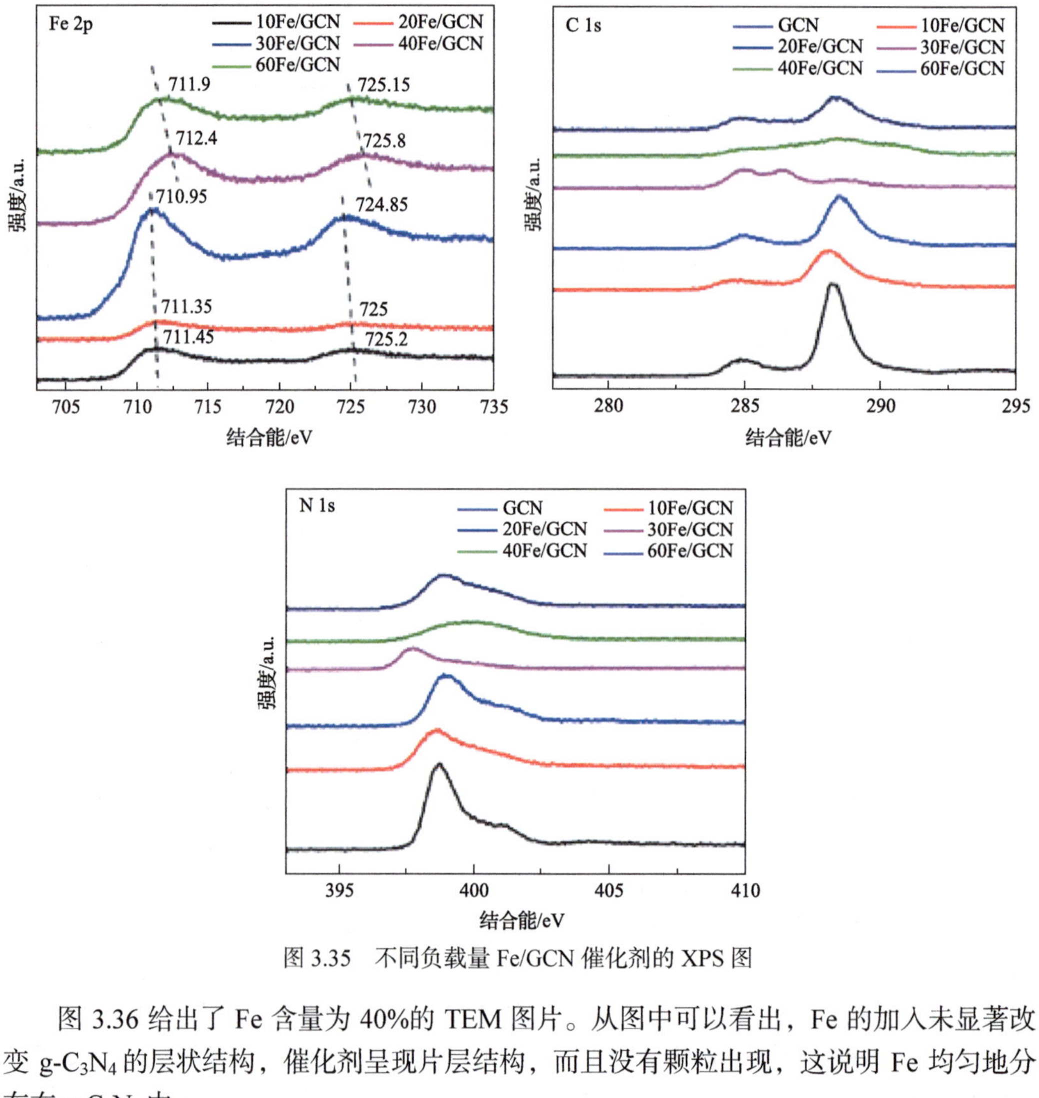

图 3.35　不同负载量 Fe/GCN 催化剂的 XPS 图

图 3.36 给出了 Fe 含量为 40%的 TEM 图片。从图中可以看出，Fe 的加入未显著改变 g-C_3N_4 的层状结构，催化剂呈现片层结构，而且没有颗粒出现，这说明 Fe 均匀地分布在 g-C_3N_4 中。

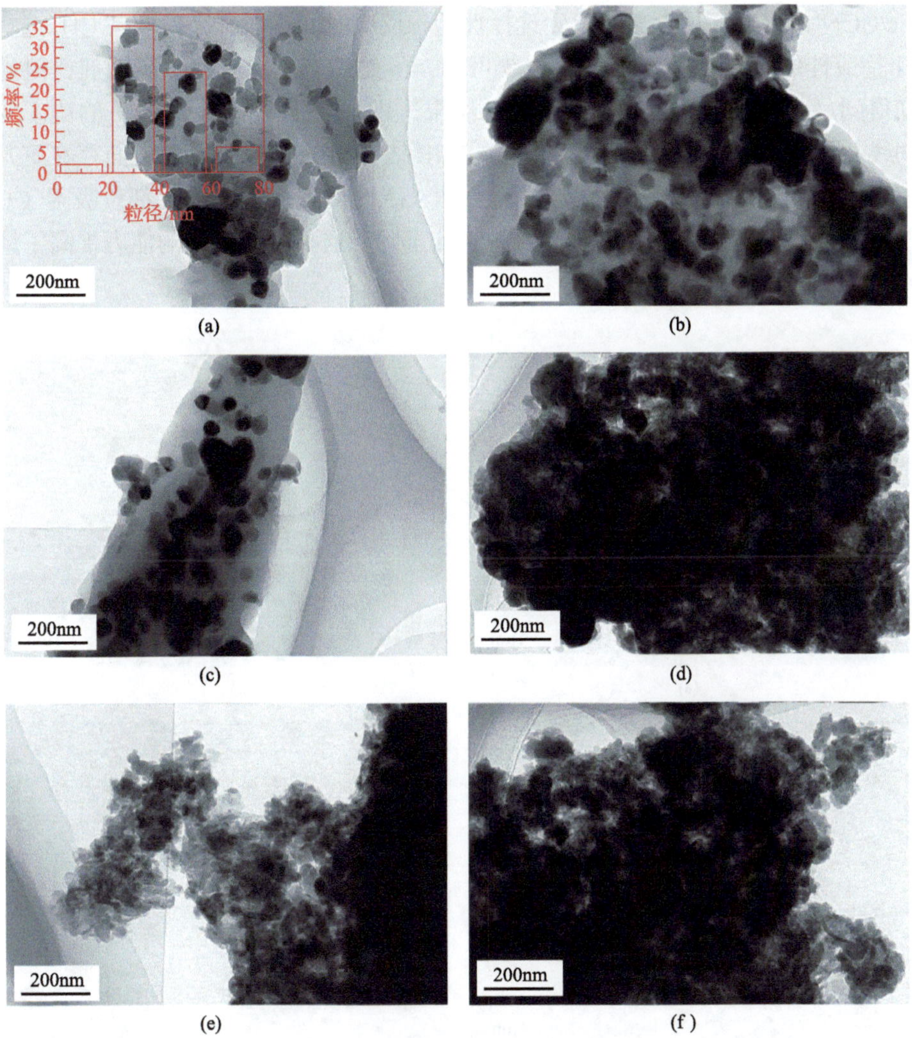

图 3.36　40Fe/GCN 催化剂的 TEM 图

(a～c) 反应前；(d～f) 反应后

图 3.37 为 Fe/GCN 催化剂的 SEM 图，从图 3.37(a) 中可以看出，GCN 表现出其独特的类似于鱼鳞的层状结构。但是，随着 Fe 负载量的增加，其层状结构遭到局部破坏，且层状结构的尺寸逐渐减小[图 3.37(b)]，逐渐呈砂粒状[图 3.37(c)]。因此可以推断，随着 Fe 负载量的增加，GCN 层状结构逐渐被破坏。这也是 Fe/GCN 的比表面积没有呈线性降低的原因。

图 3.38 为不同负载量的 Fe/GCN 催化剂的费-托反应性能曲线。当 Fe 负载量较低时，其费-托反应活性很低；而当 Fe 负载量超过 20%时，费-托反应活性逐渐升高，但存在诱导期。诱导期随 Fe 负载量的增加而逐渐缩短，这可能与 Fe(NCN) 及 g-C_3N_4 结晶度相关。随着 Fe 负载量的增加，Fe(NCN) 逐渐形成，在费-托反应气氛下，g-C_3N_4 的分解促进了铁化合物的还原或转化。与其他负载量的 Fe/GCN 催化剂相比，铁负载量在 40%

的 40Fe/GCN 催化剂，尽管二氧化碳选择性随着反应时间逐渐升高，但是 CH_4 选择性和烯/烷比是最佳的。由烯/烷比的变化曲线可知，虽然没有添加碱性金属助剂，但是实验结果却得到了与添加碱性金属助剂相似的结果，即烯/烷比随着 Fe/GCN 的比率变化呈现抛物线的结构，存在最佳值。由前面的 FTIR 表征可知，g-C_3N_4 的表面存在氨基，它可能扮演碱金属的角色，提供了碱性位点[133]。碱性位点促进了活性部位吸附 CO、抑制氢气的吸附从而导致催化剂表面上的 H/C 比下降，这种抑制加氢的能力提高了烯烃的收率。

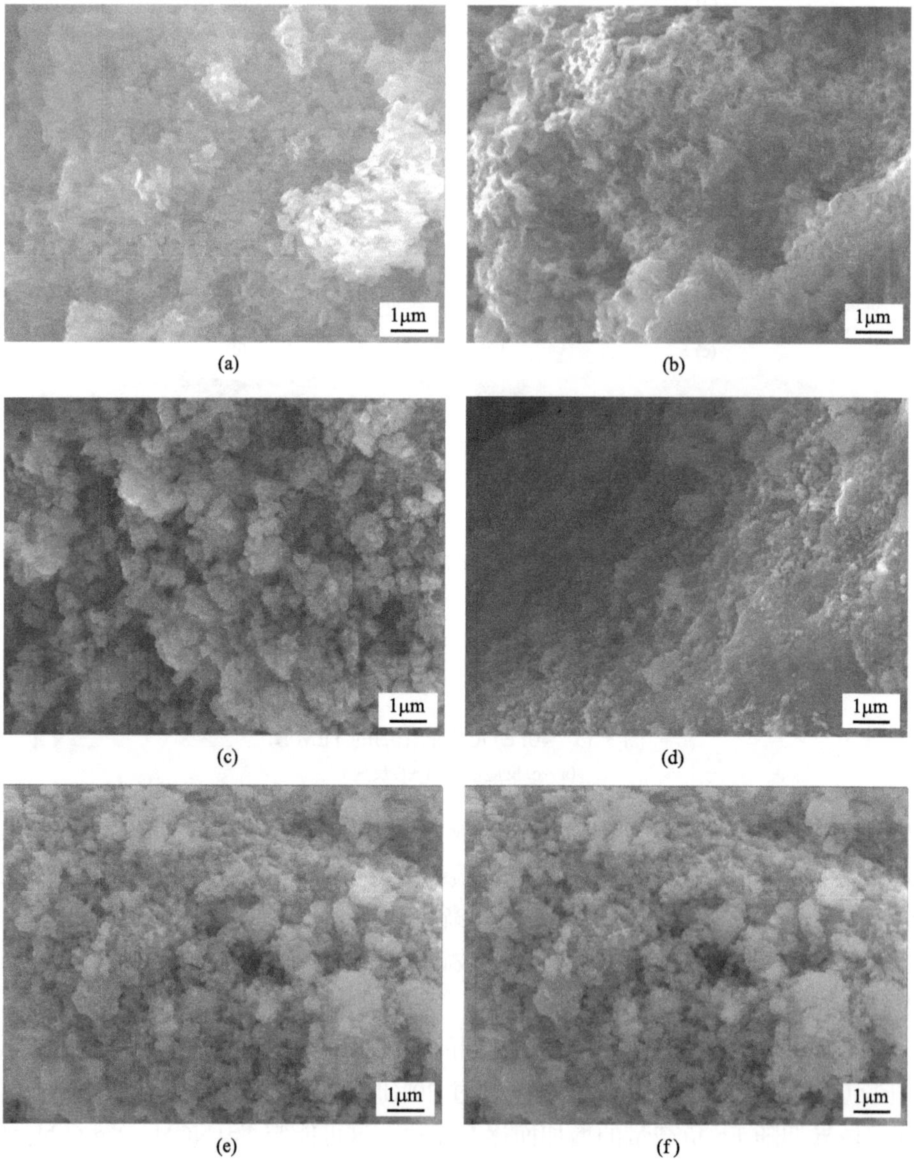

图 3.37　不同负载量 Fe/GCN 催化剂的 SEM 图

(a) 0%；(b) 10%；(c) 20%；(d) 30%；(e) 40%；(f) 60%

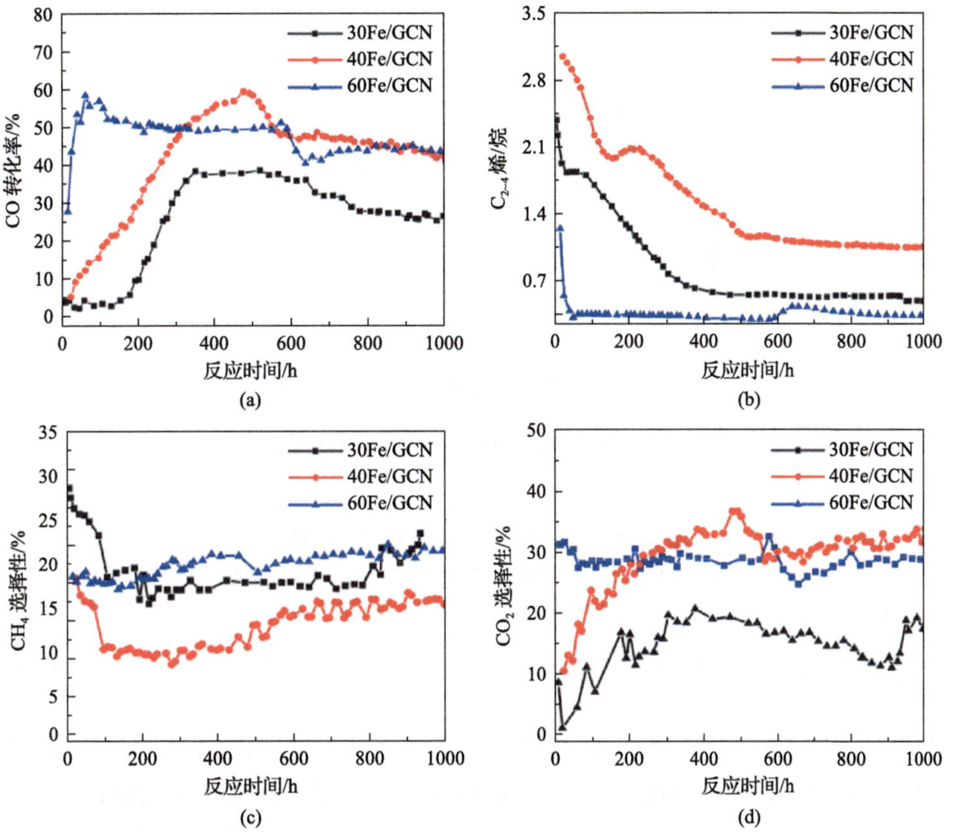

图 3.38　不同负载量 Fe/GCN 催化剂的费-托反应性能图

众所周知，在费-托合成反应中，铁的物相一直在动态变化中。对费-托反应后的 Fe/GCN 催化剂进行了 XRD 表征，以 40Fe/GCN 催化剂为例，说明催化剂在不同反应阶段的物相变化过程。由图 3.39(a)可以看出，当反应进行 200h，前驱体 Fe(NCN)首先转化为 FeO 和 Fe_5C_2。Fe_5C_2 通常被认为是费-托合成反应的活性相[134]。当反应进行至

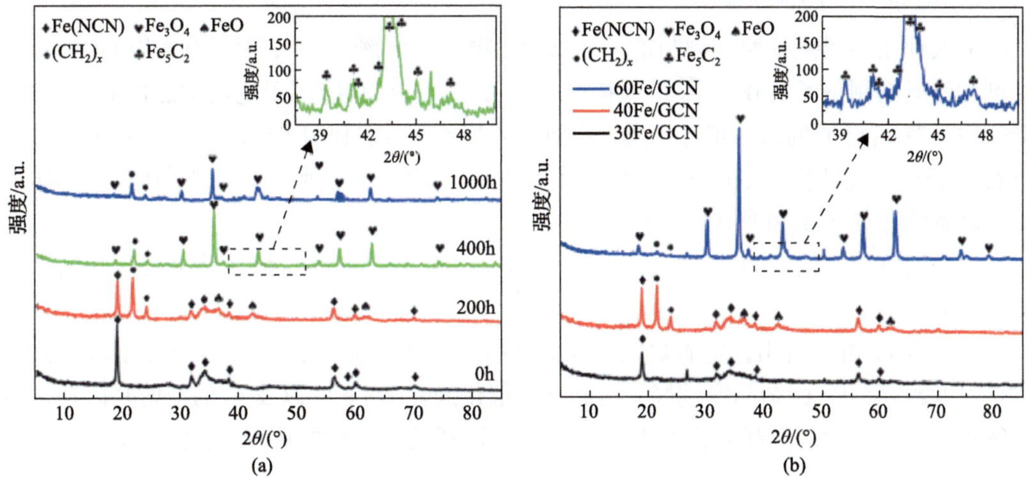

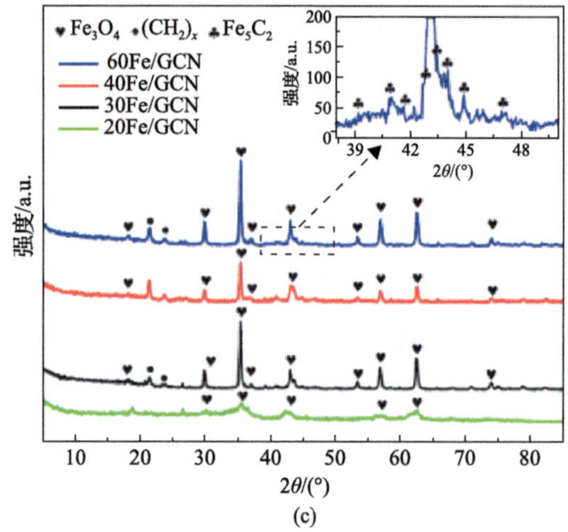

图 3.39 Fe/GCN 催化剂反应后的 XRD 图

(a) 40Fe/GCN 在不同时间反应后的 XRD 图；(b) Fe/GCN 催化剂在反应 200h 后的 XRD 图；(c) Fe/GCN 催化剂反应 1000h 后的 XRD 图

400h，出现了尖锐的 Fe_3O_4 衍射峰。最后，Fe/GCN 催化剂由于大量生成 Fe_3O_4 而缓慢失活。

尽管在反应初期出现了 Fe_5C_2 的衍射峰，但是主要物相是 Fe_3O_4。Fe_5C_2 结晶程度较低，因此峰强度非常小。与此同时，不同负载量 Fe/GCN 催化剂在反应 200h 后的物相也各不相同，即 30Fe/GCN 以 Fe(NCN)为主，40Fe/GCN 以 Fe(NCN)和 FeO 为主，而 60Fe/GCN 以 Fe_3O_4 和 Fe_5C_2 为主，这一现象与各自呈现不同的诱导期相符。这一物相演变过程可以表达为：Fe(NCN)→FeO→Fe_5C_2+Fe_3O_4→Fe_3O_4。这就是 Fe/GCN 催化剂存在诱导期的原因，反应活性随着反应的进展到达最高点，随后逐渐下降。因此，Fe/GCN 催化剂失活的原因是活性组分 Fe_5C_2 在反应中逐渐被氧化为 Fe_3O_4。

3. 焙烧温度对 Fe/GCN 催化剂的影响

前人利用金属氰基配合物制备了金属碳化物和氮化物[135-137]，而且有人以 GCN 为碳化剂和渗氮剂制备了负载 Fe_3C 的氮掺杂的碳材料，并成功应用于电化学催化中[138,139]。碳化铁是费-托合成的活性组分，所以在前期的基础上考虑利用 Fe/GCN 制备 Fe_3C，并进行费-托合成性能评价。其中，GCN 可以作为还原剂、碳化剂、氮掺杂剂以及碳的前驱体。

制备流程如图 3.40 所示。

焙烧温度分别设定为 650℃、750℃、850℃、950℃，焙烧后催化剂的 XRD 结果如图 3.41 所示。

由图 3.41 可以看出，随着焙烧温度的升高，逐渐出现了 Fe_3C 的特征衍射峰，并且焙烧温度越高，Fe_3C 结晶度越好。所制备的催化剂除了 Fe_3C 以及 C 的衍射峰以外，主要物相为 α-Fe。对以上制备的催化剂直接进行费-托反应的性能评价，实验结果如图 3.42

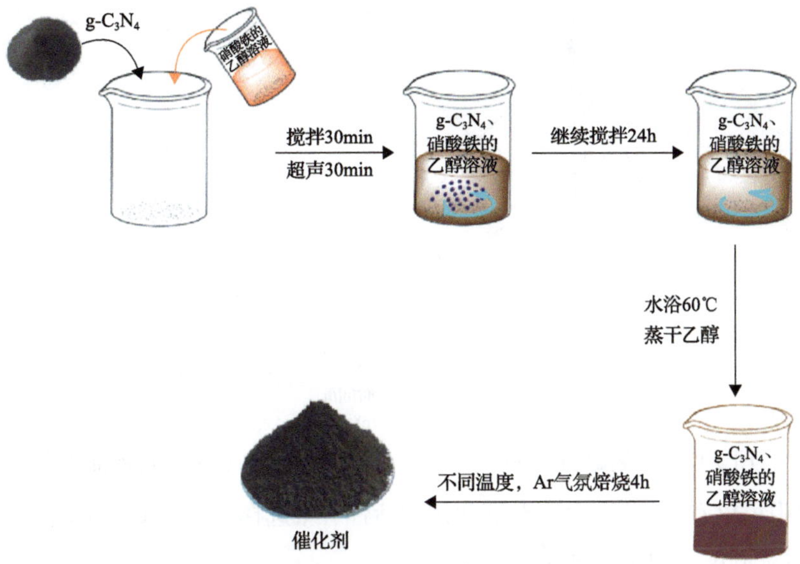

图 3.40　不同焙烧温度下制备 Fe/GCN 催化剂流程图

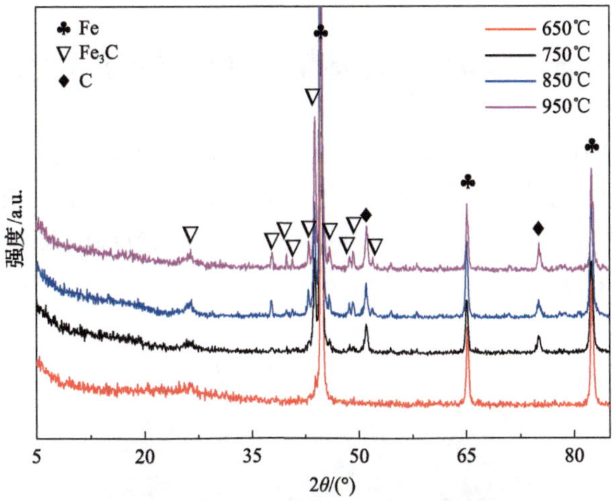

图 3.41　不同焙烧温度下 Fe/GCN 催化剂的 XRD 图

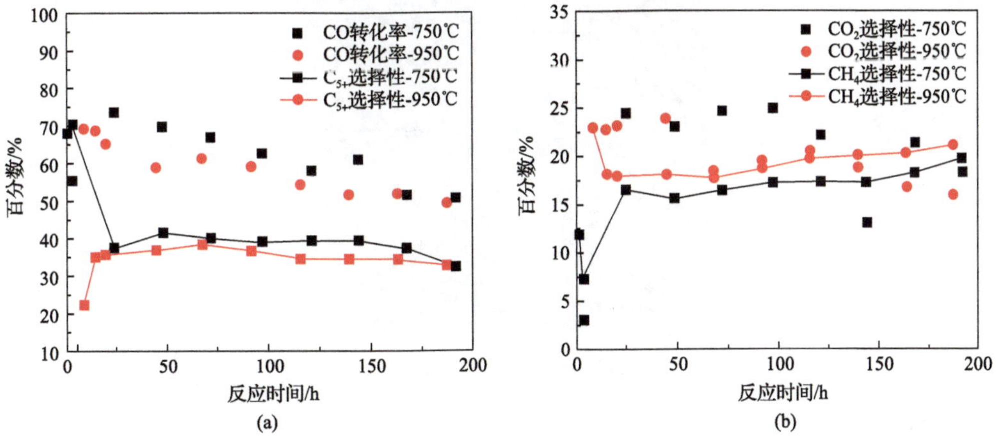

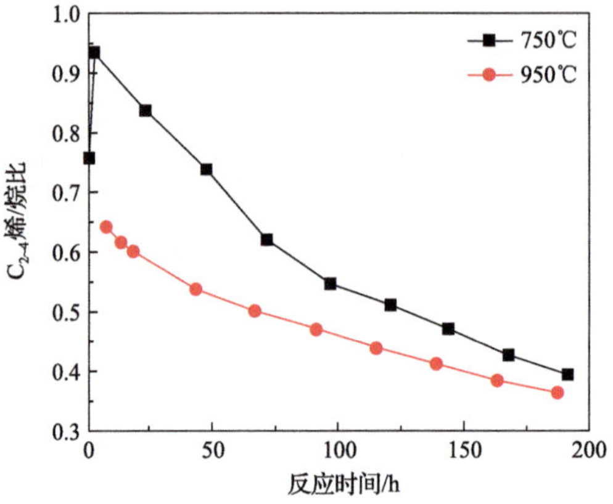

(c)

图 3.42 焙烧温度在 750℃、950℃下制备的催化剂费-托反应评价结果

所示。由图中可以看出，焙烧温度对催化剂的活性、C_{5+}选择性以及 CO_2 选择性影响较小，但较高的焙烧温度不利于低碳烯烃的生成。

3.5 合成气制 α-烯烃的工程和工艺

在以上工作的基础上，作者课题组与企业交流确定，为加速产业化进程，消除放大带来的风险，决定对批量制备的催化剂，进行立升级带循环模式，在接近工业应用的条件下，评价原颗粒催化剂的性能，为后期的中试和工业示范提供参考(具体装置图及控制界面如图 3.43 和图 3.44 所示)。

图 3.43 带循环立升级评价装置

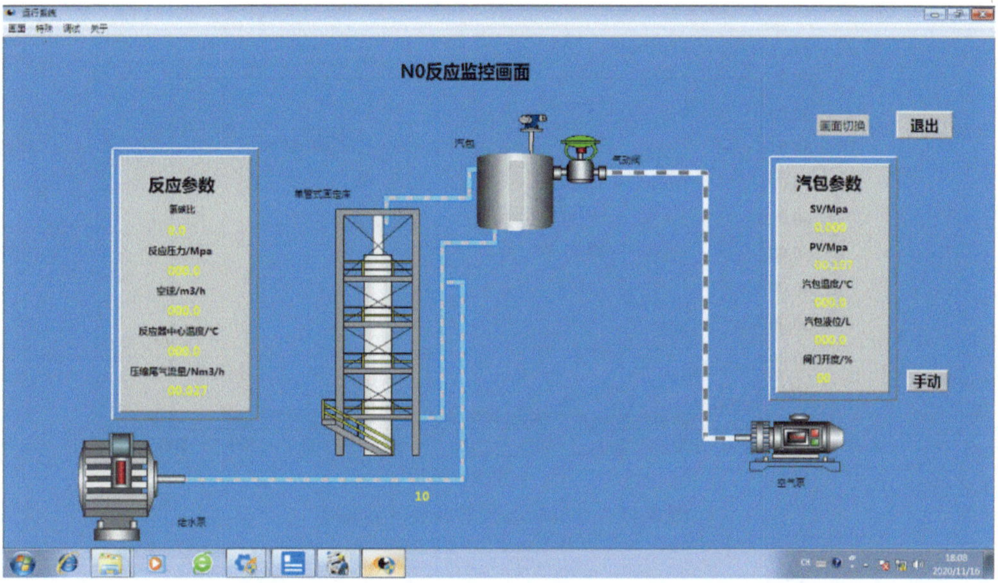

图 3.44　带循环立升级评价装置的分布式控制系统(DCS)界面

建立带尾气循环的立升级合成 α-烯烃反应系统装置，其工艺流程简述如下：合成气通过计量泵进入缓冲罐，与循环尾气混合，进入第一换热器与反应尾气换热升温，随后进入预热器。预热器温度控制在 200～250℃，预热后的原料进入反应器，反应生成烯烃、烷烃和醇等有机物，反应温度控制在 250～320℃。未反应的氢气和一氧化碳经冷凝器冷却，并将未反应的气体与液体冷凝分离。氢气和一氧化碳从尾气阀输出，冷凝下来的液体通过排液缓冲罐排放。

在产品缓冲罐的出口、反应器的出口和冷凝器的出口，设有压力传感器，就地和集中显示仪表，且有超压声光报警并连锁功能，即超压计量泵断电停止进料。在汽化器和各级反应器内壁均设有热电偶，外壁绕有电热丝，通过温度控制仪表显示和控制加热温度。上述仪表部分设有通信接口，与计算机连接，集中显示，并记录运行数据。

待催化剂还原完成后，切入合成气，并缓慢升温以防飞温，待上升至反应温度，每 12h，取样一次，共运转 700h。由图 3.45 可知，合成气转化率随温度的升高逐渐升高。在达到预期反应温度 260℃后，合成气转化率达到 80%，其对应的 CH_4 选择性低于 4.0%，取得满意的结果。对于 CO 加氢这样的强放热反应而言，床层温度极易形成热点，进而导致操作过程不稳，反应状态劣化。在稳定状态下的床层温度分布如图 3.46 所示，由此可见，在催化剂填装区间(50～150cm 高度)，床层的温度差低于 2℃，表明设备移热效率高，催化剂能在理想条件下运行。本次立升级实验共获得约 20L 油品，见图 3.47。油品中烯醇选择性达到了 75.2%，完成了预期指标。

催化剂消耗动力学研究结果表明，在转化率不高的情况下近似为对 P_{H_2} 的一级反应，在转化率大于 60%时，符合 Langmuir-Hinshelwood 形式。因此，立升级实验动力学方程拟合结果与实验数据对比见图 3.48，可知，实验值与理论值吻合得非常好。

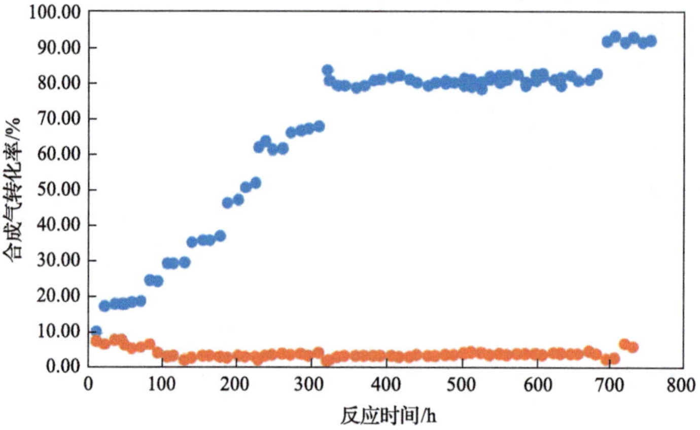

图 3.45 立升级装置的合成气转化率

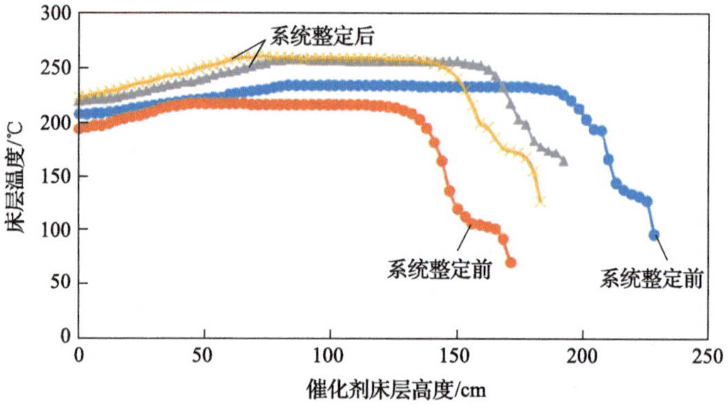

图 3.46 立升级装置的床层温度分布

图 3.47 立升级装置的液体产品

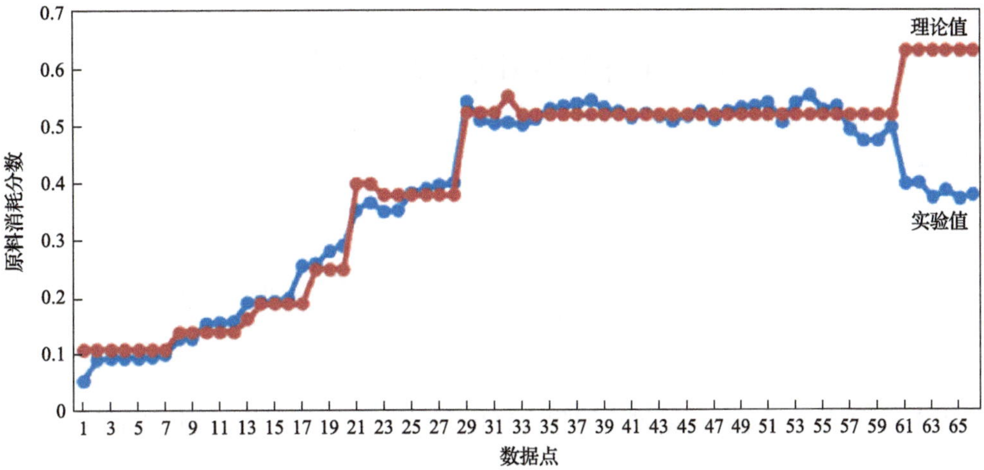

图 3.48　立升级装置实验值(蓝色)与动力学理论值(红色)的比较

在对产物分布行为的影响方面，表面氢覆盖度的增大使得费-托合成中链终止的概率增大，不利于 C—C 耦合反应，从而使产物分布向轻质烃迁移。其中，CH_4 的生成速率表现出与 P_{H_2} 具有近似线性的关系，而 C_{2+}烃类产物由于具有烯烃的二次反应，对于 P_{H_2} 的升高表现出较为复杂的响应形式。据此推导了产物分布方程[式(3.1)]，为千吨级中试装置的设计、建造提供了依据。

$$[S]\left(1+\sqrt{K_1P_{H_2}}+\frac{\alpha}{1-\alpha}\sqrt{K_1P_{H_2}}+\frac{\alpha}{1-\alpha}\frac{P_{H_2O}\sqrt{K_1P_{H_2}}}{K_3K_4K_5P_{H_2}^2}+\frac{\alpha}{1-\alpha}\frac{\sqrt{K_1P_{H_2}}}{K_4K_5P_{H_2}}+\frac{\alpha}{1-\alpha}\frac{\sqrt{K_1P_{H_2}}}{K_5}\right)=1$$

$$R_{C_nH_{2n}}=\frac{k_9K_2^{0.5}P_{H_2}^{0.5}\left(1-\sum\theta\right)}{1+\dfrac{K_7P_{H_2O}}{k_6K_5K_4K_1K_2^{0.5}K_3P_{CO}P_{H_2}^{1.5}}}\prod_{i=2}^{n}\alpha_{p,n}-k_{11}P_{C_nH_{2n}}\left(1-\sum\psi\right) \tag{3.1}$$

在以上工作的基础上，中国科学院山西煤炭化学研究所于 2021 年 5 月进行了 300 吨/年的合成 α-烯烃中试，并一次开车成功，中试装置如图 3.49 所示。

图 3.49　300 吨/年合成 α-烯烃中试装置

3.6 产物的精制分离和深加工

3.6.1 α-烯烃的分离

1. 杂质分离精制技术

脱除杂质的工艺方案主要有共沸精馏法、萃取精馏法、液液萃取法、化学法、固体吸附法等，其中共沸精馏和萃取精馏是最常用的两种方法。

1) 共沸精馏法

表 3.10 列出了采用共沸精馏法脱除含氧化合物的主要研发团队及其结果。

表 3.10 采用共沸精馏法脱除杂质

研发团队	原料	结果
Sasol	C_8窄馏分	1-辛烯纯度为 97%
天津大学	C_8窄馏分	1-辛烯纯度为 99.52%，1-辛烯回收率为 95.5%
中科合成油技术有限公司	C_8窄馏分	1-辛烯纯度为 96%，1-辛烯回收率为 100%
上海兖矿能源科技研发有限公司	C_8窄馏分	塔釜烯烃 0.068%，塔顶杂质 0.02%

共沸精馏法的优势是可一次性脱除酸和其他含氧化合物，但由于共沸精馏中共沸剂与费-托油组分共沸配对问题，该法具有一定的局限性，即不能对费-托油馏分段进行全范围含氧化合物的脱除。

2) 萃取精馏法

在 1-戊烯、1-己烯纯化中分别用甲醇和水、NMP 作为萃取剂脱除 C_5、C_6 窄馏分中的含氧化合物，前者所用萃取精馏塔为两段塔，甲醇与水分段加入。

国内某单位开展了 1-己烯纯化工艺和 1-戊烯纯化工艺，总体工艺与 Sasol 相差不大，均采用 NMP 作为萃取剂的萃取精馏法。在 1-戊烯、1-己烯、1-辛烯、1-癸烯纯化工艺中均应用了萃取精馏工艺，与 Sasol 略有不同的是，这些工艺中所尝试的萃取剂不仅有 NMP，还有环己酮、糠醛等，萃取精馏塔采用隔壁塔。

以上工艺中，含氧化合物脱除均是针对单碳窄馏分进行的，均能在高烃类回收率的情况下达到去除杂质的目的。

3) 液液萃取法

2004 年，Sasol 还开发了一种以甲醇和水为萃取剂，通过液液萃取从烃物流中除去含氧化合物的方法，馏分为碳数分布在 $C_{10\sim13}$ 范围的烃，所得烃类中氧化物残留量为 0.0086%，烃类回收率为 91.4%。

国内某大学开发了将费-托油分段液液萃取的工艺路线，来回收和纯化其中的含氧化合物，详情如表 3.11 所示。该方案的特点是针对不同碳数含氧化合物的极性差异，选用不同的萃取剂进行萃取。

表 3.11 分段液液萃取主要结果

费-托油馏分段	萃取剂	伯醇纯度/%	伯醇回收率/%
$C_{1\sim4}$，≤C_7	水	—	>95
C_4，C_5，C_8	乙腈-水	>99	>95
$C_{9\sim11}$	乙腈-水	>97	>85
≥C_{12}	乙腈-甲醇-水	>85	—

由表 3.11 可以看出，液液萃取法可同时去除多碳数含氧化合物，但针对不同碳数段的含氧化合物，需选用合适的萃取剂。

4)其他方法

固体吸附法，如可用硅胶球吸附费-托油中的含氧化合物。

化学法，如用酸酐与伯醇反应，控制反应条件只生成单酯，此时产物中还留有一个羧基，可与碱发生中和反应而生成易溶于水的脂肪酸盐，通过加入水，将脂肪酸盐与烷烃分离，从而达到脱除含氧化合物的目的。

2. 烷烃烯烃分离

分离烯烃和烷烃的常用方法有萃取精馏、共沸精馏、低温冷冻、吸收分离、吸附分离、膜分离等。烷烃和烯烃分离方案列于表 3.12。

表 3.12 烷烃和烯烃分离方案表

工艺方法	研发团队	原料	结果	研究进程
精馏	Sasol	C_8窄馏分	纯度：1-辛烯 97%	工业化
精馏	北京化工大学	C_5窄馏分	纯度：1-戊烯 98.5%	模拟
精馏	上海华谊集团公司	戊烷+戊烯	纯度：1-戊烯 98.5%	模拟
萃取精馏(NMP)	Sasol	C_6窄馏分	纯度：1-己烯 98.5%	工业化
萃取精馏(NMP+水)	中科合成油技术有限公司	C_6、C_8窄馏分	纯度：1-己烯 99%、1-辛烯 96%；回收率：均 100%	模拟
萃取精馏(NMP)	北京化工大学	C_6窄馏分	纯度：1-己烯 99%；回收率：1-己烯 99.77%	模拟
萃取精馏(MEK-NFM)	中国石化	丁烯+丁烷	纯度：丁烯 98%，丁烷 97%；回收率：丁烯 98%	模拟
烷烯选择性反应	天津大学	C_8、C_{10}窄馏分	纯度：1-辛烯 99.52%，1-癸烯 99.1%；回收率：1-辛烯 95.5%，1-癸烯 95.3%	—
磁性络合吸附	中北大学	$C_{5\sim20}$	烯烃含量 53.44%～70%	实验
5A 分子筛吸附	中北大学	$C_{5\sim20}$	烯烃提升了 22.2%	实验

此外，还尝试了如低温冷冻法、减压精馏法、极性溶剂萃取、络合萃取等方法，但均未实现分离烷烯。

国内外的研究工作表明，费-托合成粗油是非常复杂的混合物，简单套用某一单项技术难以获得目标纯度的产品。另外，用 Aspen 模拟推断出萃取精馏可以实现烷烃烯烃的分离，但在实际中烷烃和烯烃的分离仍需进一步实验探究。

为此，在实验室建造了间歇精馏塔，经过一段时间调试，打通了流程，可用于费-托轻油的精馏分离。采用特定的精馏模式，具有分馏产品丰富、使用样品少等优势，对于合成 α-烯烃粗油这样的复杂混合物而言，此种方式具有较好的分离效果。

在精馏过程中，实验室精馏塔有多处可调节参数以控制精馏状态。在全回流状态下，调稳塔釜及上、下塔段温度，一定时间后，从塔顶取出产品。蒸馏过程中，塔釜会一直升温，由于塔釜一直处于气液平衡状态，釜内温度由釜液组成决定。由目前的实验数据来看，加热套温度对塔釜温度及馏分组成影响不大(实验室切割单碳数馏分色谱分析结果如图 3.50～图 3.52 所示，所分离的单碳数 C_7 和 C_8 组分如图 3.53 所示)。

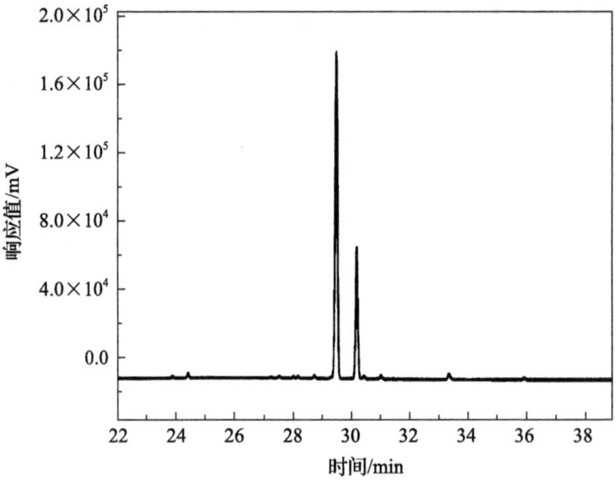

图 3.50　精馏分离得到的 C_7 馏分色谱图

最高峰为 C_7 的 α-烯烃，次高峰为 C_7 烷烃

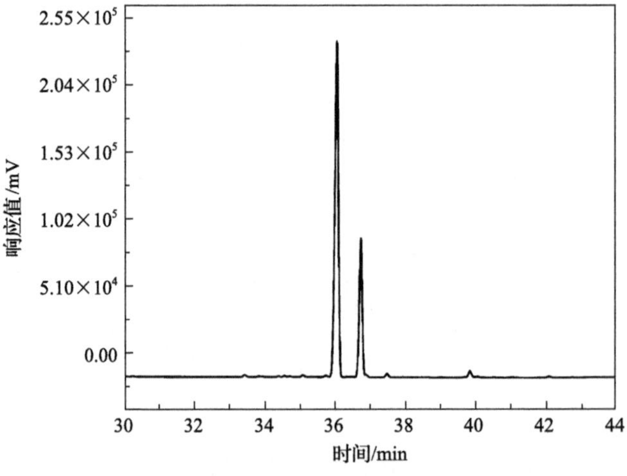

图 3.51　C_8 馏分段色谱图

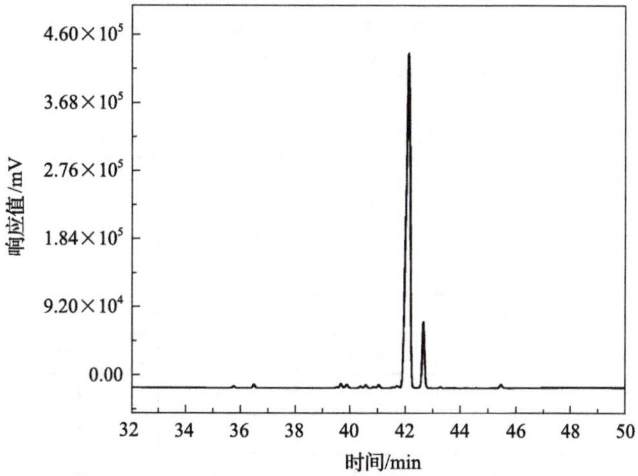

图 3.52　C_9馏分段色谱图

图 3.53　实验室分离得到的C_7、C_8馏分样品的照片

馏分切割主要由隔壁精馏塔进行切割，根据工艺需要可切割为单碳组分和某些馏分段。其中包含各种精馏、萃取过程，以及其他提纯工艺步骤。

分别考察了水萃取，蓝、白色硅胶球吸附，甲醇水混合二元溶剂萃取等分离方式对分离精制产物组成的影响。实验结果如下：

(1) 通过水萃取处理后，油样中$C_{2\sim7}$醇含量有所下降，其他组成变化不大。

(2) 将油样与蓝色硅胶球混合静置 16h 后，各碳数对应的醇含量显著降低，其他组分变化不大。与此同时，硅胶球变为褐色，随后用水冲洗，硅胶球变成了黄色。

(3) 将油样与白色硅胶球混合静置 16h 后，各碳数对应的醇含量显著降低，其他组分变化不大，而硅胶球未发现颜色变化。

(4) 通过甲醇水混合二元溶剂(9:1)萃取后，各碳数对应的醇含量显著降低；

(5) 通过甲醇水混合二元溶剂(1:1)萃取后，C_3醇变化不大，$C_{4\sim6}$醇类含量降低，C_7以上醇类无明显变化。

表 3.13 列出了原油在经过各方案处理后的各碳数醇在与之沸点相近的烷烃、烯烃中

的质量分数，由表可以看出，蓝色硅胶对全碳数醇的吸附效果最好，水萃取对低碳醇的吸附效果较好，甲醇-水(9∶1)对全碳醇的吸附效果逊于蓝色硅胶。

表 3.13 原油及各方案处理后的某碳醇在相近沸点烷烃、烯烃中含量

组分	质量分数/%					
	原油	水萃取	白色硅胶	蓝色硅胶	甲醇-水(9∶1)	甲醇-水(1∶1)
C_3OH	21.14	9.71	13.59	7.12	9.77	11.44
C_4OH	21.25	5.62	10.36	4.24	10.25	10.25
C_5OH	21.69	7.10	8.20	3.88	6.90	10.58
C_6OH	20.51	3.77	8.60	4.00	4.02	9.67
C_7OH	17.77	7.20	5.50	0.95	3.15	12.20
C_8OH	17.87	14.41	5.31	0.81	4.90	14.52
C_9OH	18.47	16.89	5.53	3.54	5.08	15.16
$C_{10}OH$	17.13	17.00	3.55	3.65	3.37	15.64
$C_{11}OH$	16.24	16.67	3.66	3.00	3.45	14.97
$C_{12}OH$	17.06	17.37	3.93	2.32	3.80	17.45
$C_{13}OH$	15.91	16.00	2.97	1.91	3.59	15.27
$C_{14}OH$	14.97	15.39	2.91	1.61	3.88	14.93
$C_{15}OH$	14.20	15.19	3.76	1.12	5.08	14.24
$C_{16}OH$	12.70	14.62	3.75	4.12	5.02	14.48
$C_{17}OH$	11.04	11.39	3.61	3.02	5.85	13.10

蓝色硅胶是否可重复使用、甲醇-水萃取后烯烃的损失等问题有待进一步实验完善。

分别尝试了水萃取、甲醇-水混合二元溶剂萃取、纯甲醇萃取等方式，以及蓝、白色硅胶球吸附，硅胶球处理后二次吸附，以期脱除费-托合成油品中的含氧化合物。

图 3.54 给出了原油及各方案处理后的各碳数醇在与之相近沸点的烷烃、烯烃中的

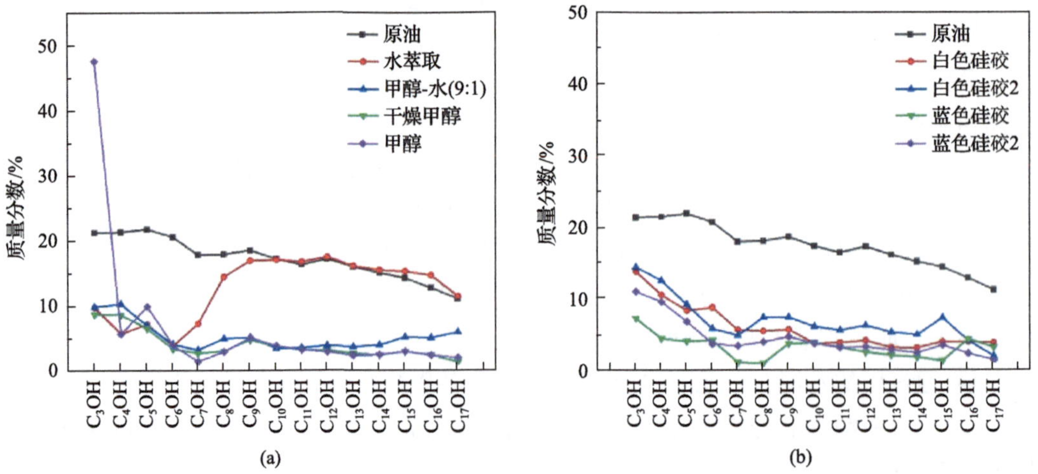

图 3.54 原油及各方案处理后的某碳醇在相近沸点烷烃、烯烃中含量

质量分数，从图中可以看出，水萃取对碳数低于 7 的醇脱除效果好，甲醇-水(9:1)及纯甲醇对各个碳数醇的吸附效果较好，硅胶吸附与甲醇萃取效果近似。

在萃取工艺中，部分烷烃、烯烃会溶解在甲醇(水)相中，造成一定量烯烃的损失，图 3.55 给出了甲醇-水(9:1)及纯甲醇作萃取剂时烯烃的回收率，由图可以看出，少量水的加入降低了萃取过程中的烯烃的损失，碳数越高，烯烃损失越少。

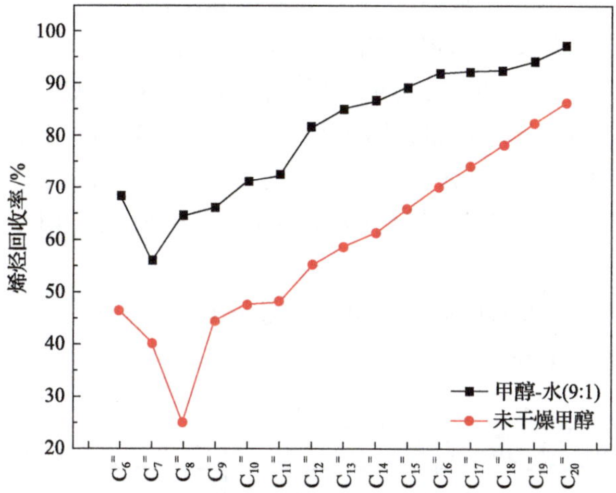

图 3.55　萃取工艺烯烃回收率

与萃取工艺相比，硅胶吸附工艺的后处理工序复杂，不利于后期中试及工业化放大，因此下一步有必要深入研究萃取工艺，进一步优化工艺条件，降低含氧化合物含量及过程中的能耗。

3. 叔烯烃醚化反应

Becker 首先将原料预分离为只含 C_5 组分的馏分，再经普通精馏除去沸点小于 α-戊烯的组分，其余组分与过量甲醇经醚化反应，将杂质转化为醚。Klerk 给出的醚化分离法中平均转化率可以达到 95%以上，醚化的选择性可以达到 75%～80%，所用醚化反应催化剂为 Amberlyst-15 和 Amberlyst-35。

工业上广泛采用的醚化催化剂是以苯乙烯-二乙烯苯共聚物为基体的大孔磺酸型阳离子交换树脂，国内研发的牌号有 QRE、D-72、D005、S-54、F-54、D001-Z 等，国外为 Lewatit K2631、Amberlyst-35、Amberlyst-15 和 Bayer K2631 等。液体酸也是传统的醚化催化剂，如 H_2SO_4、$KHSO_4$ 和 $NaHSO_4$ 等，适用的醇浓度范围较广，且受原料中水的影响小，因此，采用液体酸时生产成本较低，但液体酸对设备的抗腐蚀要求高，使用过程中催化剂损耗大，而且会发生脱水反应生成大量副产物，导致催化剂稳定性降低。

本工作中，以硫酸作为催化剂，催化甲醇与叔烯烃醚化反应。具体来讲，在 10g 油品中加入稀硫酸(实验 1)、2 滴浓硫酸(实验 2)、5 滴浓硫酸(实验 3)、10 滴浓硫酸(实验 4)，再加入甲醇，搅拌加热，在 60～65℃反应 30min，待冷却后，用水冲洗至中性，将所得样品用色谱分析其详细组成。

(1)经稀硫酸处理后实验结果与前述水萃取结果类似，即碳数低于 9 的醇类含量减少，碳数越大，对应醇的减少量越少，但加入稀硫酸后，醇的减少量比水萃取更为显著。这是由于在稀硫酸处理实验中使用了大量水洗涤油品。因此，本实验中稀硫酸未能催化叔烯烃醚化反应。

(2)实验 2、实验 3、实验 4 结果类似，色谱分析结果如图 3.56 所示。与原油相比，其组成变化如下：$C_{8\sim10}$ 峰群中烯前醇后 1 个未知组分消失(对应图 3.56 中的 6、9、12 号峰，疑为含氧化合物或叔碳烯烃)；$C_{11\sim15}$ 峰群中烯前醇后各有 1 个未知组分出现(对应图 3.56 中的 14、16、18、20、22 号峰，疑为内烯烃)；C_{16}、C_{17}、$C_{19\sim21}$ 峰群中烯前醇后有 1 个未知组分增加(对应图 3.56 中的 24、26、28、29、30 号峰，疑为烷异构烃)；$C_{12\sim17}$ 峰群中烷后有 1 个未知组分出现(对应图 3.56 中的 17、19、21、23、25、27 号峰)。

目前，控制适宜的精馏条件，可将轻油中的某一碳数馏分切出，实验室已切出的有 C_5、C_6、C_7 等。

综合应用萃取、精馏及吸附方法，可以获得较为纯净的某一碳数 α-烯烃组分，其中的纯 α-烯烃的含量超过了 96%。

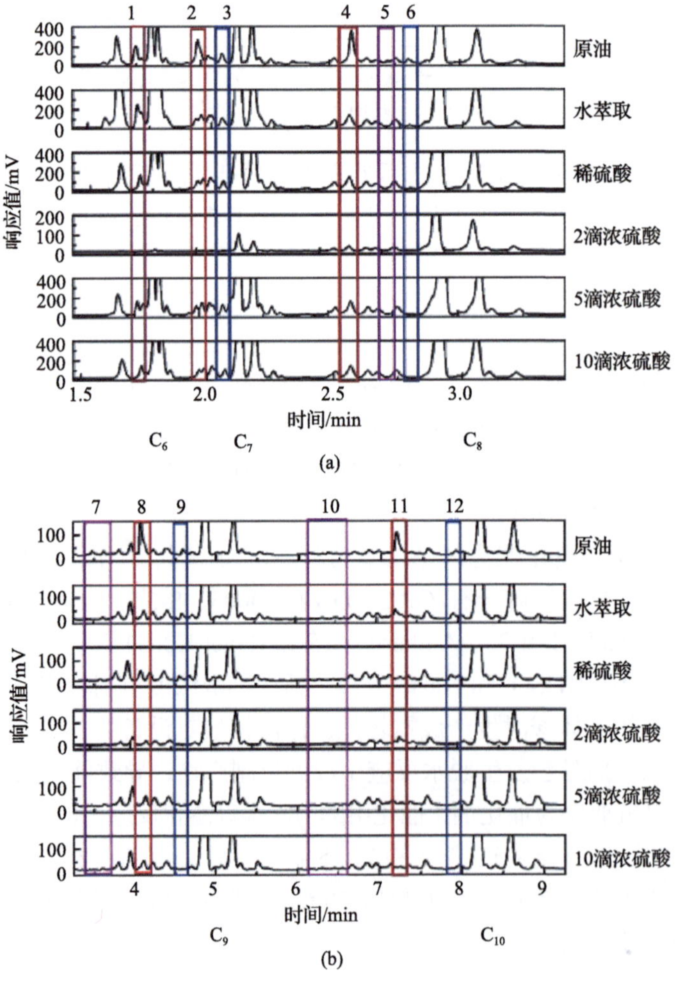

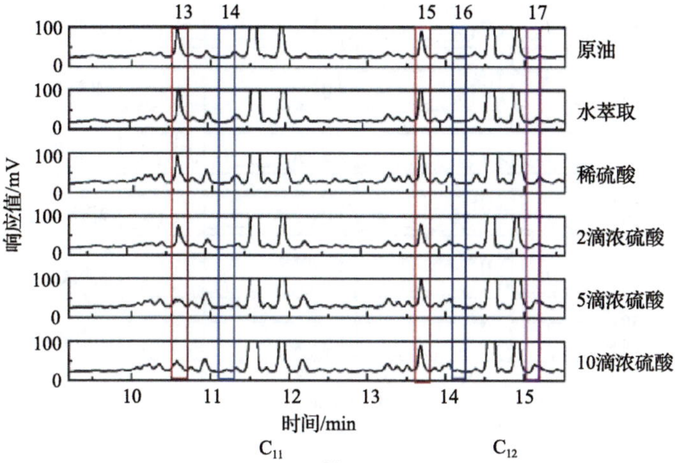
13
14
15
16
17
100
0
响应值/mV
原油
水萃取
稀硫酸
2滴浓硫酸
5滴浓硫酸
10滴浓硫酸
10
11
12
13
14
15
时间/min
C_{11}
C_{12}

(c)

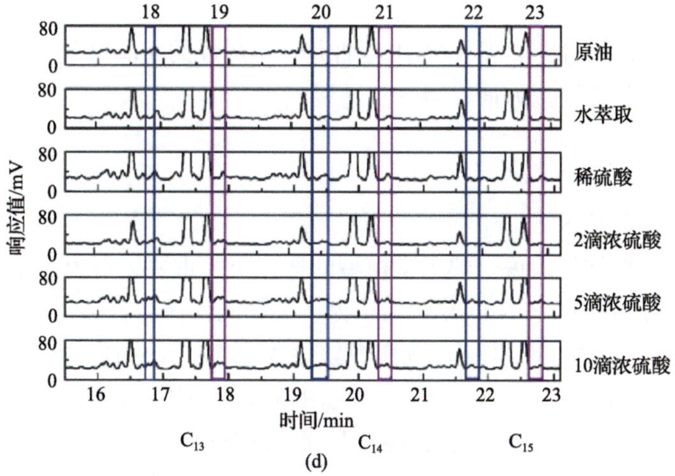
18
19
20
21
22
23
80
0
响应值/mV
原油
水萃取
稀硫酸
2滴浓硫酸
5滴浓硫酸
10滴浓硫酸
16
17
18
19
20
21
22
23
时间/min
C_{13}
C_{14}
C_{15}

(d)

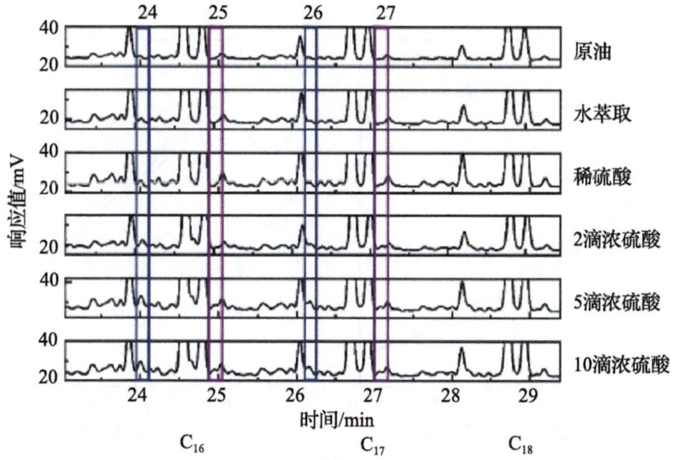
24
25
26
27
40
20
响应值/mV
原油
水萃取
稀硫酸
2滴浓硫酸
5滴浓硫酸
10滴浓硫酸
24
25
26
27
28
29
时间/min
C_{16}
C_{17}
C_{18}

(e)

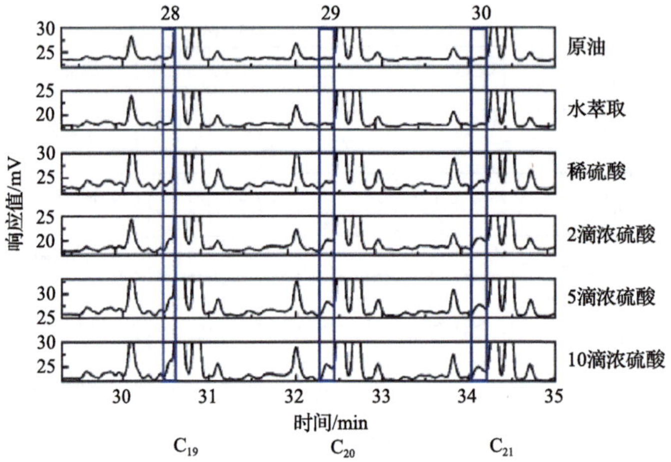

(f)

图 3.56 原油及不同浓度硫酸处理后的组分对比图

以上工作表明，已初步形成了费-托轻油提取 α-烯烃的实验室基础研究；在脱除含氧化合物及烷烃烯烃分离模拟方面取得一定进展。

4. 分离工艺的模拟及计算

1) 热力学平衡及相图

对化工流程模拟软件来说，热力学模型的选择至关重要，对模拟结果影响显著，常用的热力学模型有 NRTL、UNIQUAC 等。为了更好地选择适合已烯-己烷-*N*-甲基吡咯烷酮(NMP)体系的热力学模型，采用流程模拟软件 Aspen Plus 分别对己烯-己烷、己烷-NMP、己烯-NMP 体系进行模拟，得到由热力学模型 NRTL 及 UNIQUAC 计算的相平衡数据，与 NISTTDE 数据库中由实验得到的气液相平衡数据进行对比，结果如图 3.57～图 3.59 所示。

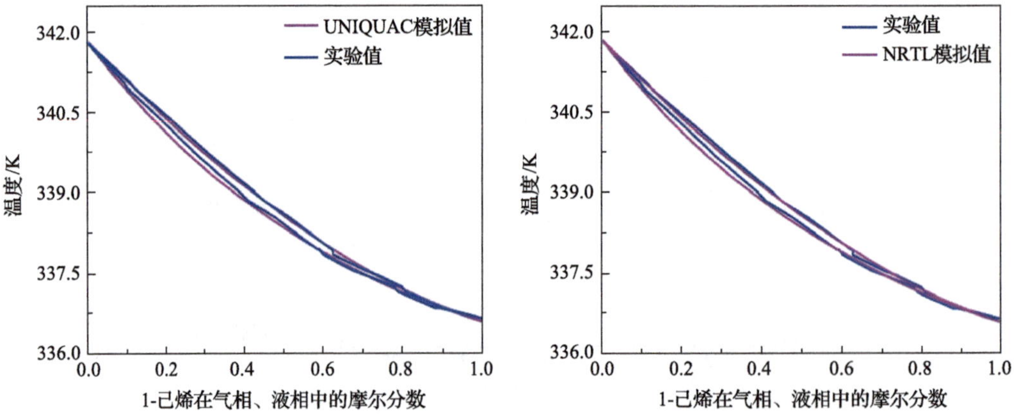

图 3.57 在 101.32kPa 下己烯-己烷文献报道数据与热力学模型预测 *T-x-y* 相平衡图

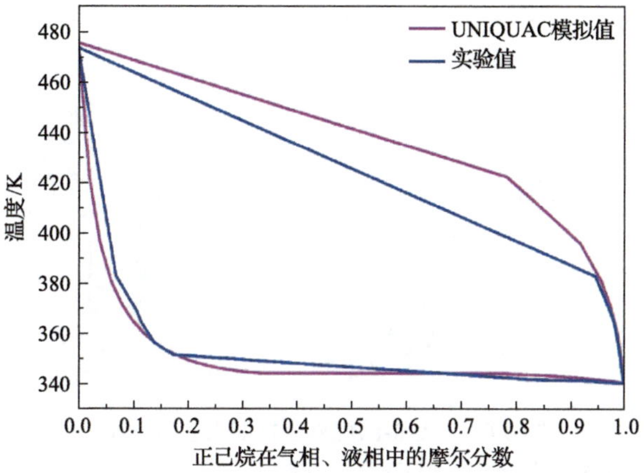

图 3.58 在 101.33kPa 下己烷-NMP 文献报道数据与热力学模型预测 T-x-y 相平衡图

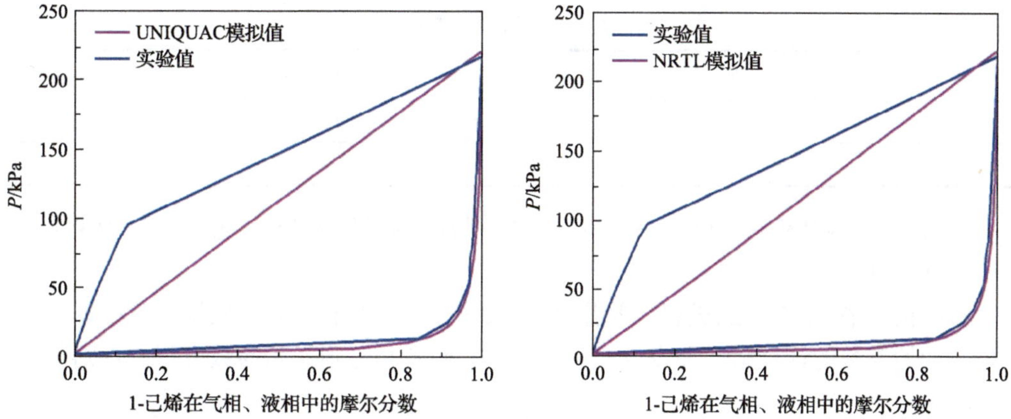

图 3.59 在 363.15K 下己烯-NMP 文献报道数据与热力学模型预测的 P-x-y 相平衡图

可以看出,在三个体系中用 UNIQUAC 模型模拟得到的数据与实验数据均拟合良好;NRTL 模型在己烯-己烷、己烯-NMP 体系中拟合良好，但用于己烷-NMP 体系时 Aspen 运行错误，因此选用 UNIQUAC 为下一步计算的热力学模型。

2)工艺设计计算

从己烯-己烷混合物中分离己烯，设计规模为 2 万吨/年。

分离目标：己烯纯度为 99.9%。

己烯-己烷体系萃取精馏工艺流程如图 3.60 所示。原料为己烯和己烷的混合物，萃取剂为 NMP，该工艺获得高纯度的己烯产品，萃取剂可循环使用。

(1)进料。

经双精馏塔分离后得到的 C_6 窄馏分中含有约 94%的 α-己烯及沸点相近的烷烃异构体及仍然以小浓度存在的其他化合物(在此步计算中暂按正己烷计算)，即进料中各组分质量分数为 α-己烯 0.94、正己烷 0.06(表 3.14)。进料温度暂定为该组成下的泡点温度为 63.6℃，压力为 1atm。

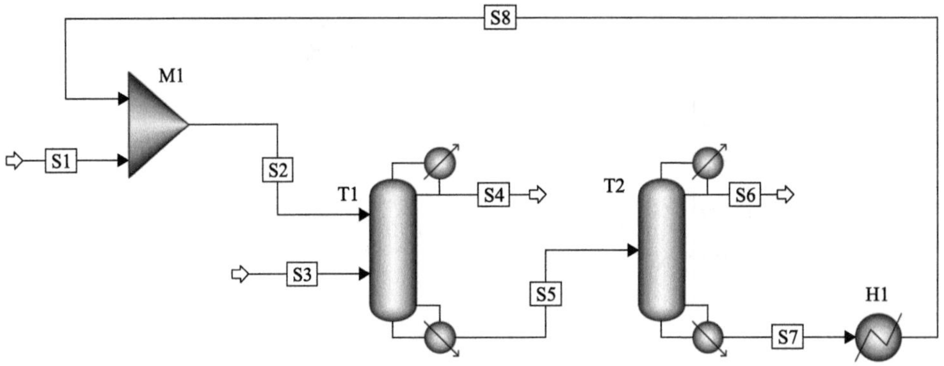

图 3.60　己烯-己烷萃取精馏工艺流程图

M1. 混合器；T1. 精馏塔 1；T2. 精馏塔 2；H1. 换热器；S1. 新鲜吡咯烷酮；S2. 吡咯烷酮；S3. 原料(己烷、己烯混合物)；S4. 己烷；S5. 己烯、吡咯烷酮混合物；S6. 己烯；S7. 吡咯烷酮；S8. 吡咯烷酮

表 3.14　进料设置表

物流股	T/℃	P/atm	流速/(kg/h)	C_6H_{12} 质量分数/%	C_6H_{14} 质量分数/%
F1	63.6	1	2283	0.94	0.06
S	63.6	1	34245	0	0

之后通过NMP萃取进行进一步纯化，NMP与C_6质量比为15∶1，温度暂定为63.6℃。

(2)设计计算方法。

萃取精馏塔 T1 有两股进料，所需的参数如塔板数、回流比，可根据经验设置一定的初值，初始参数的计算结果和设计要求比较，如两者相近则初始参数可行，否则重新设置计算。

萃取剂回收塔 T2 先用 DSTWU 模块简单计算，得到回流比、塔板数等严格计算必要的参数，然后用 RadFrac 模块做严格的设计计算。

两塔计算完成后，再连接循环物料，由于两个精馏塔塔顶出料中会夹带少量萃取剂，因此需补充新鲜萃取剂。

两塔计算类型均选平衡级方法(equilibrium)，冷凝器选全凝器，再沸器选釜式再沸器(kettle)，收敛方法选标准方法(standard)。

(3)萃取精馏塔 T1。

萃取精馏塔 T1 计算结果见表 3.15～表 3.18。由表 3.16 可以看出该塔塔顶己烯回收率很小，均进入 T2。萃取精馏塔温度随塔板数变化趋势如图 3.61 所示。

表 3.15　萃取精馏塔 T1 基本参数

项目	数值	项目	数值
理论塔板数	30	溶剂进料位置	4
回流比(质量比)	0.467	塔顶压力/atm	1
原料进料位置	20		

表 3.16　萃取精馏塔 T1 物料回收率

组分	塔顶 D_1	塔釜 W_1
萃取剂 NMP	3.5×10^{-6}	1
己烯	8.3×10^{-6}	0.99999
己烷	0.999	0.001

表 3.17　萃取精馏塔 T1 冷凝器基本参数

项目	数值	项目	数值
温度/℃	68.76	塔顶采出量 D_1/(kg/h)	136.98
热负荷/kW	–18.69	回流量/(kg/h)	63.99

表 3.18　萃取精馏塔 T1 再沸器基本参数

项目	数值	项目	数值
温度/℃	159.34	塔釜采出量 W_1/(kg/h)	36421.7
热负荷/kW	1970.21	沸腾量/(kg/h)	8905.5

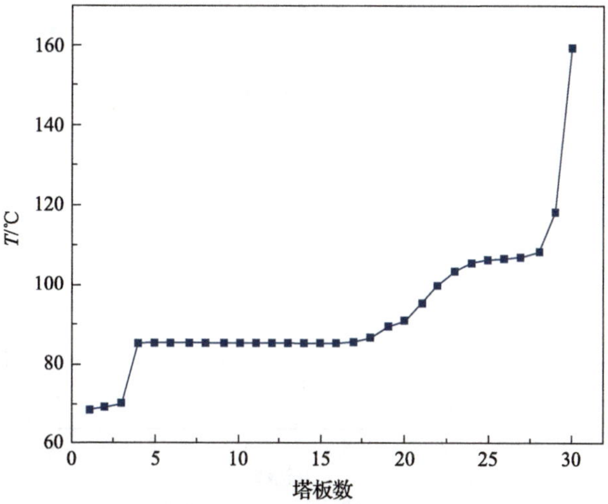

图 3.61　萃取精馏塔 T1 温度随塔板数变化示意图

(4) 萃取剂回收塔 T2。

萃取剂回收塔 T2 计算结果见表 3.19～表 3.22，塔温如图 3.62 所示。

塔顶出料 D_2 中己烯含量 99.92%，达到分离要求。

表 3.19　萃取剂回收塔 T2 基本参数

项目	数值	项目	数值
理论塔板数	10	原料进料位置	5
回流比(质量比)	1.447	塔顶压力/atm	1

表 3.20　萃取剂回收塔 T2 物料回收率

组分	塔顶 D_2	塔釜 W_2
萃取剂 NMP	4.81×10^{-5}	0.9999
己烯	0.999	0.001

表 3.21　萃取剂回收塔 T2 冷凝器基本参数

项目	数值	项目	数值
温度/℃	63.48	塔顶采出量 D_2/(kg/h)	2147.79
热负荷/kW	−514.15	回流量/(kg/h)	3107.74

表 3.22　萃取剂回收塔 T2 再沸器基本参数

项目	数值	项目	数值
温度/℃	203.93	塔釜采出量 W_2/(kg/h)	34273.9
热负荷/kW	1286.88	沸腾量/(kg/h)	10219.2

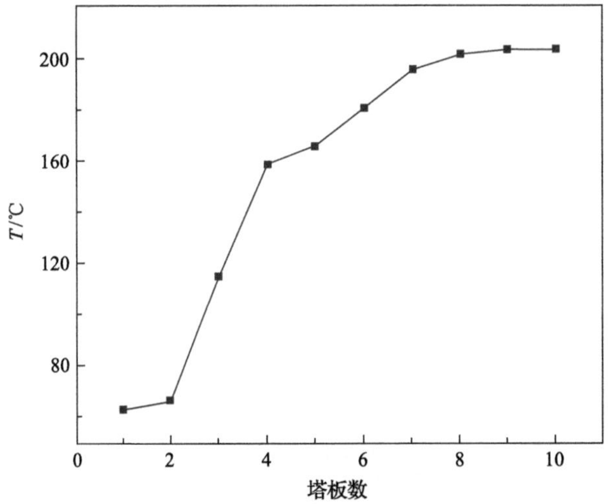

图 3.62　萃取剂回收塔 T2 温度随塔板数变化示意图

3）工艺参数优化

（1）萃取剂用量及进料位置优化（T1）。

萃取剂进料位置 N_S 为第四块板时，用灵敏度分析法考察满足分离要求时不同萃取剂用量下的回流比及再沸器热负荷。由于在萃取剂用量为 14000kg/h 时，运行不收敛，表明此时不能满足分离要求，因此最小值设定不得低于该值，设定萃取剂用量变化范围为 14100～34245kg/h。

结果如图 3.63 所示，可以看出随萃取剂用量增加，回流比（R）先减小后趋于平稳；再沸器热负荷越来越高。考虑到回流比变化不大，选再沸器热负荷最小时的萃取剂用量

14100kg/h，此时，回流比为 0.798，再沸器热负荷为 634.51kW。

用同样的方法考察了萃取剂进料位置在第五块板时的情况。在该条件下，当萃取剂用量为 14700kg/h 时，不收敛，即此时不能满足分离要求，因此设定萃取剂用量变化范围为 14800～34245kg/h。

结果如图 3.64 所示，数据变化趋势与图 3.63 一致。在该条件下选用的萃取剂用量为 14800kg/h，此时，回流比为 0.599，再沸器热负荷为 672.98kW，比萃取剂第四块板进料、用量为 14100kg/h 时再沸器热负荷大。

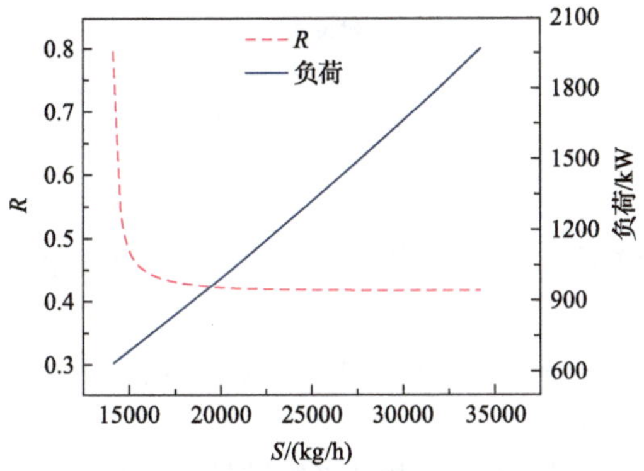

图 3.63　N_S=4 时不同萃取剂用量的回流比及塔釜热负荷

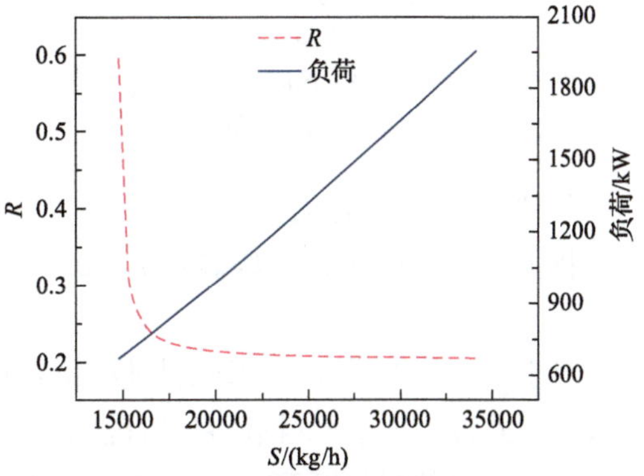

图 3.64　N_S=5 时不同萃取剂用量的回流比及塔釜热负荷

用同样的方法考察了萃取剂进料位置在第三块板时的情况。萃取剂用量在 14000～34245kg/h 范围内均不收敛，表示萃取剂进料位置不合适，不能满足分离要求。

综上所述，选用萃取剂用量为 14100kg/h，萃取剂进料位置为第四块板。

(2) 理论塔板数优化。

将上述得到的优化参数输入 Aspen，即设定萃取精馏塔 T1 萃取剂用量为 14100kg/h，萃取剂进料位置为第四块板，然后将从萃取剂回收塔 T2 塔釜流出的萃取剂回流到精馏 T1，运行，精馏 T1 不收敛(此时 T1 的理论塔板数为 21)，调整 T1 理论塔板数为 22 时则收敛。因此，设定精馏 T1 理论塔板数范围为 22～30。

由于 T2 理论塔板数为 6 或 7 时不收敛，设定回收塔 T2 理论塔板数范围为 8～15。

用灵敏度分析法考察满足分离要求时，精馏塔 T1、T2 不同理论塔板数下的回流比及再沸器热负荷，结果如图 3.65、图 3.66 所示。

由图 3.65 可以看出，对于萃取精馏塔 T1，随理论塔板数增加，回流比及塔釜热负荷逐渐减小，而后趋于平稳，但塔釜热负荷最大值和最小值相差 0.7kW，绝对差距不大，考虑精馏塔设备费用，确定适宜精馏塔塔板数为 22 块。

由图 3.66 可以看出，对于萃取剂回收塔 T2，在塔板数较小时，随理论塔板数增加，回流比及塔釜热负荷快速降低，在 11 块之后趋于平稳，考虑塔釜热负荷及设备费用，确定适宜塔板数为 11 块。

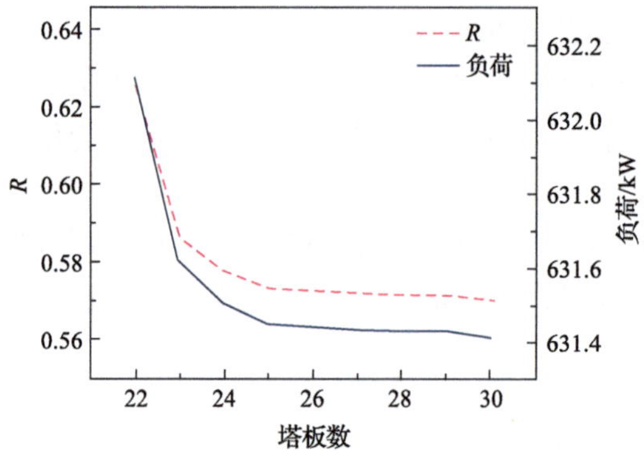

图 3.65 精馏塔 T1 不同理论塔板数时的回流比及塔釜热负荷

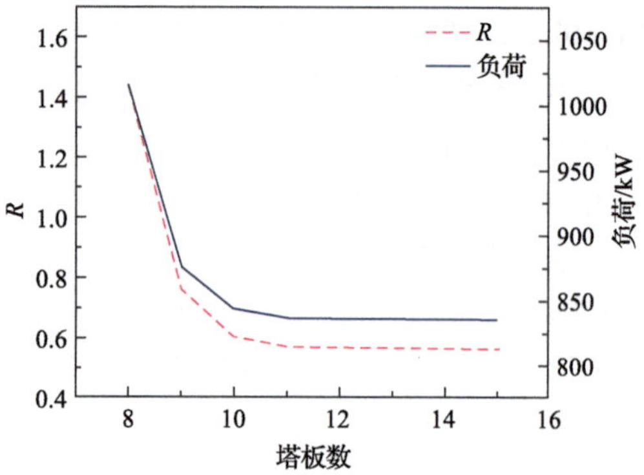

图 3.66 精馏塔 T2 不同理论塔板数时的回流比及塔釜热负荷

(3)原料进料位置优化。

将上述得到的优化参数输入 Aspen，即设定 T1 的理论塔板数为 22，T2 理论塔板数为 11。

对于萃取精馏塔 T1，当原料进料位置在第 9 块板以上及第 15 块板以下时，均不能收敛，因此设定该塔原料进料位置范围为 10～14。

设定萃取剂回收塔 T2 进料位置范围为 4～8。用灵敏度分析法考察满足分离要求时，精馏塔 T1、T2 不同原料进料位置下的回流比及再沸器热负荷，结果如图 3.67、图 3.68 所示。可以看出，两塔的变化趋势相同，随着进料位置塔板数的增大，回流比及塔釜热负荷呈先减小后增大的趋势，因此最小值处的塔板数较为适宜，即萃取精馏塔原料进料位置设定为第 13 块板，萃取剂回收塔进料位置设定为第 5 块板。

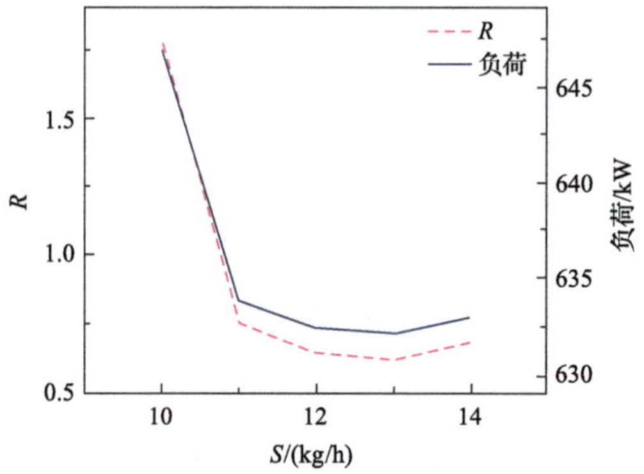

图 3.67 精馏塔 T1 不同原料进料位置时的回流比及塔釜热负荷

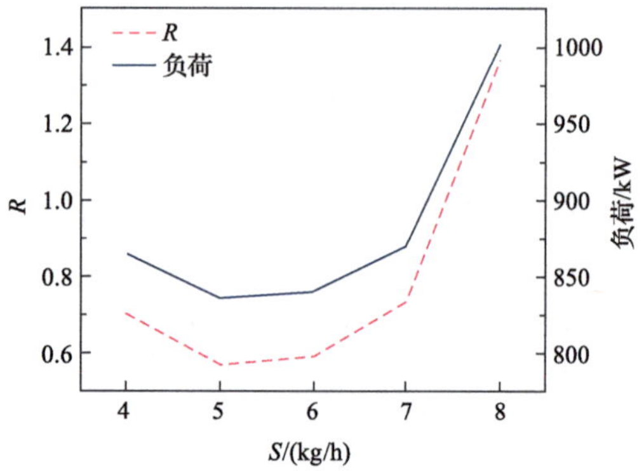

图 3.68 精馏塔 T2 不同进料(W_1)位置时的回流比及塔釜热负荷

通过对两个塔进行灵敏度分析确定了回流比及塔釜热负荷对设备和操作参数变化时的敏感程度，获得了较优的塔设计参数。将上述结果作为基本参数，重新进行了萃取精馏过程模拟，结果表明，萃取精馏塔 T1 塔顶已烷质量分数为 0.999，已烷回收率为 0.999；萃取剂回收塔 T2 塔顶已烯质量分数为 0.9998，已烯回收率为 0.999。

3.6.2 α-烯烃的下游深加工

α-烯烃是高附加值的化学中间体，可以进行下游深加工，延伸产业链，获得高碳醇、聚 α-烯烃、烷基苯等精细化学品，为日用化学、润滑油、聚烯烃等产业提供优质原辅材料，由此也进一步提升其产品附加值。下面着重讲述α-烯烃的下游相关反应的进展。

1. 氢甲酰化反应

在 Co 或 Rh 盐存在下，α-烯烃与合成气反应生成增加一个碳数的醛或醇，称为氢甲酰化反应。此反应由 Otto Roelen 于 1938 年意外发现，在 $Co/ThO_2/SiO_2$ 组成的催化剂上，乙烯与 CO 及 H_2 反应，生成了丙醛和二乙基甲酮。Otto Roelen 将钴与氢甲酰化反应关联。早在 1953 年，第一个以钴作为催化剂、丙烯生产丁醛的反应装置就在德国的鲁尔化学公司投入使用。至今钴羰基配合物作为催化剂，仍然是工业氢甲酰化研究的重点。Cornils 在 1980 年发表了关于此方面的综述。主要关注的问题是建立完整催化循环的不同方法，也包括潜在中间产物的描述。此外，文章还分析了不含其他官能团的烯烃的氢甲酰化的活性和区域选择性与典型的反应条件，如温度、H_2 和 CO 分压、溶剂效应、促进剂、毒物以及催化剂和底物浓度的相互关系。

氢甲酰化反应的机理如下：Co 或 Rh 金属中心原子与 CO、H_2 络合，形成含氢羰基配合物活性物种，再与烯烃的 π 电子络合，随后发生 CO 的迁移和插入，加氢脱附后形成醛类(反应机理如图 3.69 所示)。

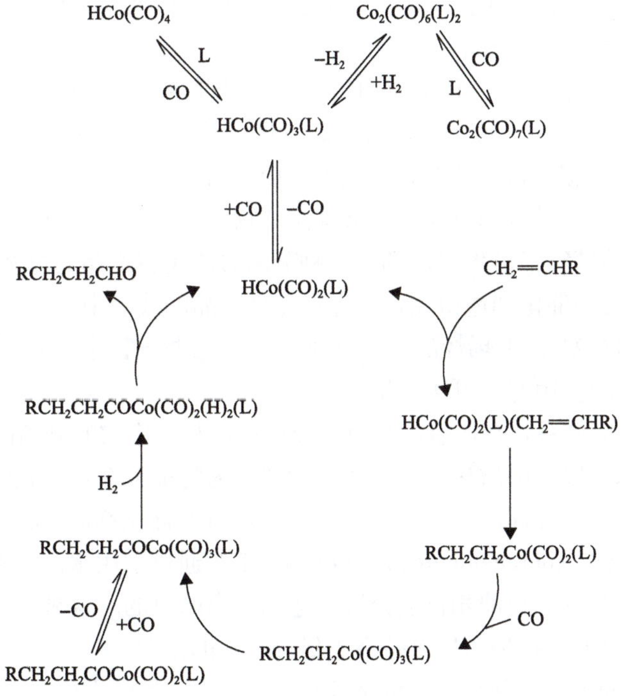

图 3.69 氢甲酰化反应机理图

截至目前，全世界每年经此工艺要生产千万吨的脂肪族醛。其中，数量较多的是从丙烯生产丁醇、辛醇。

早期的氢甲酰化催化剂无配体，如羰基钴，工艺条件较为苛刻。1964 年，壳牌公司引入三烃基膦配体，改性后催化剂的工作温度和压力均降低，不过仍存在正异比（区域选择性）偏低的问题；Wilkinson 引入了 PPh_3 配体修饰，不仅反应条件温和，且产物中直链醛比例高，已经确认，$RhH(CO)(PPh_3)_2$ 和 $RhH(CO)_2(PPh_3)$ 是关键催化活性物种，产物醛的正异比与这两类活性中心的比例有关，$RhH(CO)(PPh_3)_2$ 越多，则正异比越高。这也正是反应过程中要求膦过量的原因所在。随后 $P(OPh)_3$ 的亚磷酸盐的优越特性得到确立。van Leeuwen 和 Roobeek 发现将大位阻烷基基团引入芳基膦的取代位，可以稳定亚磷酸盐，增强其抗水解性能。

Rh 是最活泼的氢甲酰化金属，在适宜的配体作用下，可在温和的条件下发生氢甲酰化反应，为第三代氢甲酰化技术。当烯烃的链长小于 C_{10} 时，主要使用均相未修饰或配体修饰的 Rh 催化剂。这种催化剂活性是钴催化剂活性的 1000 倍。使用 Rh 催化剂的最大优势在于减小了合成气的压力，降低了反应温度，这是 Rh 催化氢甲酰化得以快速发展的原因。20 世纪 80 年代只有不到 10%的氢甲酰化由 Rh 催化，这一比例在 20 世纪后期增加到 80%。

同时，该体系具有较高的正构醛/异构醛比，产物选择性较好。因此，近期研究多集中在 Rh 系催化剂上。这些反应装置反应条件温和，温度 85～130℃，压力 1.8～6.0MPa，采用含膦配体的 Rh 催化剂。此种低压羰基合成反应至今仍在许多大型化工企业中广泛应用。反应中通常优先使用短链纯烯烃，如乙烯、丙烯以及丁烯作为底物。约有 70%的氢甲酰化是基于此种工艺实现的。

Rh 催化的氢甲酰化与前一代反应的最主要不同点在于产品的分离和 Rh 金属的再利用。Wiese 和 Obst 曾为一个 40 万吨的反应装置做过估算，当每千克产品中有百万分之一的 Rh 损失时，经济损失可高达数百万欧元。由此可见有效回收催化剂的重要性。可能的有效回收方法是使用过量的合成气将低沸点产物反萃取（即气体回收法）。这种方法仅适用于戊烯以下的烯烃。最近发展出的另一种分离方法是将产品通过蒸馏进行移除（即液体回收法）。此方法中催化剂遗留在含高沸点冷凝产品的残液中，直接进入下一轮待用。这种方法可以应用在 C_6 以上烯烃的氢甲酰化。在反应过程控制良好、产品纯度得到保证的情况下，催化剂的使用寿命可达一年。

然而，均相反应体系存在固有的缺点，即催化剂与反应物的分离困难。1984 年，第四代氢甲酰化技术，以氢甲酰化反应后实现相转移为特征，在鲁尔化学下属的德国奥伯豪森工厂投入使用。该装置现在产量为 50 万吨/年。Rh 催化剂固定在水相中，其高水溶性由磺化膦配体提供。Ruhrchemie/Rhône-Poulenc 工艺通过采用水溶性的膦配体使催化剂分离时进入水相，与反应物油相自然分层，达到分离的目的。这种分离方法避免了催化剂受热分解。这样 Rh 的损失可以维持在十亿分之一的范畴。

使用 Rh 金属的最大问题在于其价格长年居高不下，且极不稳定。世界市场上 Rh 金属价格被汽车工业垄断，其占用了约 80%的 Rh 用于催化式尾气净化器。

中国科学院大连化学物理研究所开发了多相的氢甲酰化反应。起始原料采用三苯基膦(TPP)或 2,2′-双吡啶。当它们在溶剂热条件下聚合时，形成一种多孔配体新材料(POL)。孔洞的尺寸为 0.7～1.5nm，BET 比表面积为 1086m^2/g，孔体积为 1.7mL/g。扫描电子显微镜和透射电子显微镜显示这是一种层级多孔材料。热重研究表明，此材料有很好的稳定性，起始降解温度为 440℃。表 3.23 显示了 POL 的氢甲酰化实验结果，实验过程为：3g 的 1-辛烯和 6g 甲苯与不同量的 POL 的催化体系在反应釜中混合，通入 H_2/CO 比为 1∶1 的合成气后，加热到 90℃，反应 4h，过程压力保持在 20bar。表中数据显示，基于 POL-TPP 的催化剂与 TPP 体系的催化性能类似，且前者呈现出更佳的可回收性，即使重复使用达 6 次，也能保持高的转化率。

表 3.23　三苯基膦催化氢甲酰化反应性能

序号	催化剂	TPP 种类	转化率/%	重复次数	石蜡含量/%	异烯烃含量/%	醛含量/%	正异比/(mol/mol)
1	RhH(CO)$(PPh_3)_3$	TPP	99.4	0	0.7	0.9	98.4	2.01
2	RhH(CO)$(PPh_3)_3$	POL-TPP	99.4	0	1.5	6.4	92.1	0.87
3	RhH(CO)$(PPh_3)_3$	POL-TPP	99.4	1	1.3	6.1	92.6	0.82
4	RhH(CO)$(PPh_3)_3$	POL-TPP	99.4	6	1.7	8.1	90.2	0.87

2. *α*-烯烃聚合反应

α-烯烃还可以通过齐聚反应生成高级润滑油基础油(PAO)[2]。众所周知，润滑油对发动机和工业大机器等机械设备的正常使用是不可或缺的，润滑油除了减小机器摩擦外，还可以起到密封、冷却、传动的作用[140,141]。随着 21 世纪航天航空润滑领域需求的升级和机械工业重载卡车的快速发展，以及环保要求的提高，润滑油生产飞速发展，同时各行业对润滑油基础油的性能也提出更为苛刻的要求[142]。高品质的润滑油可以降低能源消耗 20%左右，在节能减排大背景下，实现润滑油品质升级具有重要的现实意义。润滑油可以分为矿物类润滑油和合成型润滑油。传统的矿物基润滑油基础油主要是通过物理方法分离原油生产的，通常具有黏度指数低、高低温性能差、闪点低的缺点，导致润滑油的性能不理想，很难满足目前航空、国防等特殊工况要求[143]。除此之外，传统的矿物基润滑油基础油因含有硫、氮等元素，使用排放过程也难以满足环保要求。因此，生产更高端性能的润滑油基础油产品势在必行。合成型润滑油指通过化学合成的方法制备的润滑油，因具有高低温性能更好、换油周期更长、适应更恶劣的工况以及环保无污染等优点获得飞速发展[144]。

聚 *α*-烯烃润滑油基础油是合成润滑油的一种，是由 *α*-烯烃($C_{8\sim12}$)在催化剂作用下聚合，然后经过加氢饱和获得的具有规则结构的多侧链烷烃[145]。聚 *α*-烯烃润滑油基础油因具有高低温性能很好、工作温度范围宽，闪点高、使用安全，黏度指数高、黏温性能好等诸多优点，成为近年润滑油领域的研究热点。

合成聚 *α*-烯烃润滑油基础油的催化剂包括三氟化硼、三氯化铝、铬金属催化体系、Ziegler-Natta 催化体系和茂金属催化体系[3]。三氟化硼和三氯化铝具有强腐蚀性，而且产物分离困难，产生大量废水，产物分子量分布均一性差，且铬化合物对人体和环境的危害极大。Ziegler-Natta催化体系有多种活性位点，每种活性位点烯烃的生长速率不同，导致产物分子量分布宽，难以控制其性能，所以上述催化剂的应用正日益受到限制[146,147]。

茂金属催化剂避开了以上缺陷，近期发展迅速。公开号为 108752509A[148]的专利报道了采用环戊二烯及环戊二烯衍生物作有机配体，金属锆、铪和钛作为配位金属原子，合成一种限制几何构型的茂金属催化剂，在催化剂上引入吸电子基团，降低 β-H 消除反应速率，获得了高分子量聚烯烃产品。公开号为 106554433B[149]专利报道了一种球形负载型茂金属催化剂的合成方法，以球形磷酸氢钛/锆类化合物为载体，一系列二氯二茂锆（Cp_2ZrCl_2）、二氯二茚基锆（Ind_2ZrCl_2）、二甲基双（9-芴基）硅基二氯化锆［$Me_2Si(9\text{-}Flu)_2ZrCl_2$］、二甲基双（环戊二环烯基）硅基二氯化锆（$Me_2SiCp_2ZrCl_2$）等茂金属催化剂为主催化剂，催化烯烃聚合。公开号为 106543304B[150]的专利提供一种茂金属催化剂$(Ind)_2ZrCl_2$的合成方法，主要步骤包括在烷烃和醚类混合溶剂中将茚制备成茚锂盐，该取代茚锂盐与金属氯化物在室温下反应合成茂金属催化剂。

茂金属催化剂合成困难，且合成茂金属的原料环戊二烯以及环戊二烯衍生物茚、芴价格昂贵，极大地限制了其在催化合成中的应用。寻求成本低、性能优异的有机配体是突破该技术产业化应用瓶颈的努力方向之一。研究者设想利用煤焦油副产的稠环化合物作为有机配体，制备茂金属催化剂。

煤焦油是煤干馏而得到的油状混合物，是一种高芳香度的碳氢化合物的复杂混合物。1819 年，英国人加登（Garden）和布兰德（Brand）在煤焦油中发现了萘。这是在煤焦油中发现的第一个化合物，又相继发现了蒽、酚、苯胺、喹啉、吡啶、芘和䓛等[151]。煤焦油的一些组分具有独特的分子结构，据此可以开发出特色的应用路线。将煤焦油进一步加工，利用高温焦油中质量分数≥1.0%的化合物萘（10.0%）、菲（5.0%）、芴（2.0%）、蒽（1.5%）、茚（1.0%）和氧芴（1.0%）等有机化合物合成有机金属配位催化剂，既可以降低催化剂的成本，又简化了催化剂的合成步骤，同时合成的催化剂对催化烯烃聚合具有高活性、单一活性位点、聚合物结构规则的优点。

传统催化剂催化烯烃聚合时，在某些情况下许多侧链基团会沿着主碳链的随机位置产生。除此之外，还会造成骨架异构化形成复杂的脂环或芳香环类结构。茂金属催化剂合成聚 α-烯烃可以克服传统催化剂的缺点，得到黏温性好、分子量分布窄、均匀规整梳状结构的聚 α-烯烃[152]。Nifant'ev 等[153]研究了锆茂/MAO 催化剂的制备、表征及其用作低黏度、低温基础油的前景。在 $Al_{(MAO)}/Zr$ 比为 200 和低 $Al_{(MAO)}/Zr$ 比为 10 的比率下，做了由一系列衍生自锆茂的茂金属催化剂催化 α-烯烃低聚的研究。选择双环戊二烯二氯化锆及双（正丁基环戊二烯）二氯化锆催化剂和 MAO 时，当 $Al_{(MAO)}/Zr = 200$ 时，聚合会有内烯烃和正构烷烃生成。在低 $Al_{(MAO)}/Zr$ 比为 10 的条件下，α-烯烃低聚几乎无骨架异构化，而且使用低 Al/Zr 比可减少烷基转移副反应，生成正构烷烃，导致 α-烯烃的损失。此外，还研究了含有杂原子（硫）的新型锆茂催化剂。在相同的条件下，与没有杂原子的配合物相比，含硫杂原子的锆茂催化剂表现出更高的产率。Schmidt 等[154]描述了有不同单取代基茚类型配体的未桥联茂金属的合成，其中包括茚基配体的 1 位被烯基取代基、烷基取代基或者芳基取代，配合物应用于催化聚合乙烯和丙烯。聚合结果和聚合物性质表明催化剂结构对聚合行为有相当大的影响。当从茚基配体 1 位的 β-烯基变为相同碳原子数的烷基时，聚合产率下降。该取代基从茚基配体的 1 位到 2 位的变化也会导致活性降低。通常茂金属聚合的产物分子量分布约为 2，而该研究的聚合物的分子量分布范围为 3.7～10，作者认为分子量分布宽的原因是茚基配体带有取代基团，形成因取代的 π-配体旋转产生多中心催化。

茂金属催化剂合成过程复杂，价格昂贵，探索一种合成路线简单、具有高效率的茂金属催化体系十分重要。首先，我们采用茚为原料，通过“一锅法”合成了茂金属催化剂；其次将该催化剂用于 1-癸烯聚合，探索聚合反应的最佳条件，生产低黏度、高黏度指数的聚 α-烯烃基础油。

3. 中科院山西煤炭化学研究所 α-烯烃聚合反应的进展

1）催化剂用量的影响

图 3.70 是在聚合时间 12h、温度 70℃、$Al_{(MAO)}/Zr$ 摩尔比为 100 的条件下，转化率和产物分布与催化剂用量的关系图。从图 3.70(a)可以看出，转化率随着茂金属用量增加呈现出先升高后平稳的趋势；从图 3.70(b)可以看出，催化剂用量增加使产物中二聚体含量增加，但对三聚体、四聚体和五聚体影响不明显。在一定范围内，催化剂用量与活性中心数量成正比，催化剂用量不足，1-癸烯不能完全转化，导致转化率较低。当进一步增加茂金属用量时，活性位点的数量也会相应增加，更多的烯烃单体参与反应[155]，从而提高了转化率。当催化剂用量为 0.0848mmol 时，转化率高达约 93%。同时，催化剂用量少时，每个活性位点可以接触更多的烯烃，催化剂用量和活性位点数量的增加，使每个活性位点接触的烯烃相对减少，从而导致形成更短的分子链，二聚体的含量增加，三聚体及以上聚合物的含量减少。

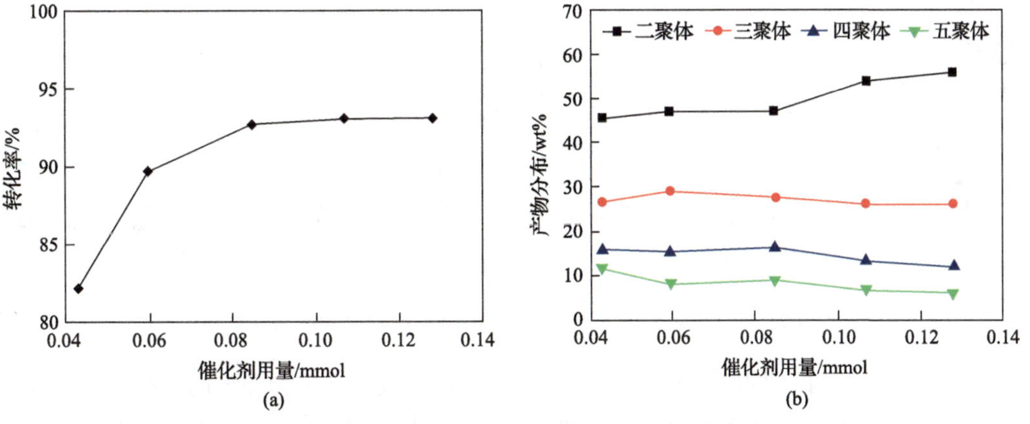

图 3.70　不同催化剂用量下的 1-癸烯转化率(a)和产物分布(b)

表 3.24 显示了催化剂用量对所合成的低聚物黏度特性的影响。由表可知，随着催化剂含量的增加，运动黏度逐渐降低。PAO 黏度的变化趋势主要与聚合结果的低聚物分布

有关。由于催化剂使用量的增加，二聚物含量的增加，多聚体含量降低，短链聚合物的分子量比长链聚合物的分子量低，聚合产物的运动黏度下降。

表 3.24 催化剂用量对黏度特性的影响

催化剂用量/mmol	运动黏度/(mm²/s)		黏温指数 VI
	40℃	100℃	
0.0428	20.28	4.61	150
0.0595	19.15	4.4	145
0.0848	18.5	4.25	139
0.107	17.24	3.98	131
0.128	16.71	3.87	127

2) Al/Zr 摩尔比的影响

在聚合时间 12h、聚合温度 70℃、催化剂用量 0.0848mmol 时，不同 Al/Zr 摩尔比量的实验结果如图 3.71 所示。从图中可以看出，当 Al/Zr 摩尔比由 70 增加至 100，转化率由 71.88%提高到约 93%。这是因为在 MAO 用量少时，助催化剂的烷基化效果差，茂金属催化剂不能完全形成活性物种[156]，所以转化率低。随着 MAO 用量的增加，可以充分发挥出助催化剂的效果，使茂金属的催化活性中心得到充分活化，并且产生更多且稳定的单一活性位点。催化剂用量不变，随着 MAO 的增加，除二聚体含量逐渐增加，多聚体含量均表现出下降趋势。一方面是因为 MAO 的增多导致产生更多的活性位点；另一方面，MAO 属于一种链转移剂，使用较多的 MAO 会降低聚合物的分子量和链长[156]。

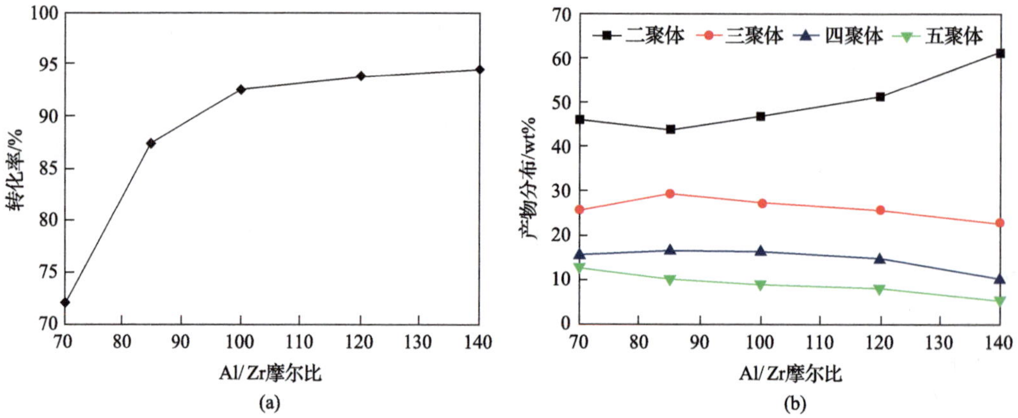

图 3.71 不同 Al/Zr 摩尔比下的 1-癸烯转化率(a)和产物分布(b)

表 3.25 显示了不同的 Al/Zr 摩尔比对 1-癸烯合成的低聚物黏度的影响，发现随着 Al/Zr 摩尔比的增加，PAO 聚合物的运动黏度降低。黏度降低的一个原因是 Al/Zr 摩尔比增加，产生了更多的催化活性中心，这样相对来讲在加入的总烯烃用量不变的条件下，每个活性中心接触的烯烃数量减少，从而导致短链聚合物的增多。此外，MAO 是一种链转移剂[156]，较多的 MAO 对链转移的有利程度大于对链增长的有利程度，所以更有利于

形成低分子量的聚合物。考虑到以上两个原因，Al/Zr 摩尔比增加，烯烃单体形成了更多的短链聚合物，导致运动黏度下降。

表 3.25 Al/Zr 摩尔比对黏度特性的影响

Al/Zr 摩尔比	运动黏度/(mm^2/s)		黏温指数 VI
	40℃	100℃	
70	19.3	4.48	148
85	18.51	4.2	134
100	18.5	4.25	139
120	18.09	4.18	138
140	14.3	3.44	117

3) 温度的影响

在催化剂用量 0.0848mmol、Al/Zr 摩尔比 100、反应时间 12h 的条件下，聚合温度的影响如图 3.72 所示。可以看出，1-癸烯转化率随反应温度的变化趋势呈类似于火山型曲线，在 70℃时催化剂活性最高，因此 70℃选择为最优聚合温度。一般而言，温度升高，反应物能量和传质系数增加，从而提高了转化率。但是随着温度进一步升高，可能出现金属活性中心和茂环形成的配位键断裂或者茂环配体从活性中心上脱落的情况。茂金属催化剂的分子结构被破坏，导致部分催化剂失效，降低了催化活性，导致转化率降低。反应温度升高，除二聚体含量增加外，其他低聚物含量均减少，这是因为与链增长的活化能相比，链转移所需的活化能更低，因此反应温度升高，链增长速率比链转移速率慢[157]，形成的短链聚合物越来越多。

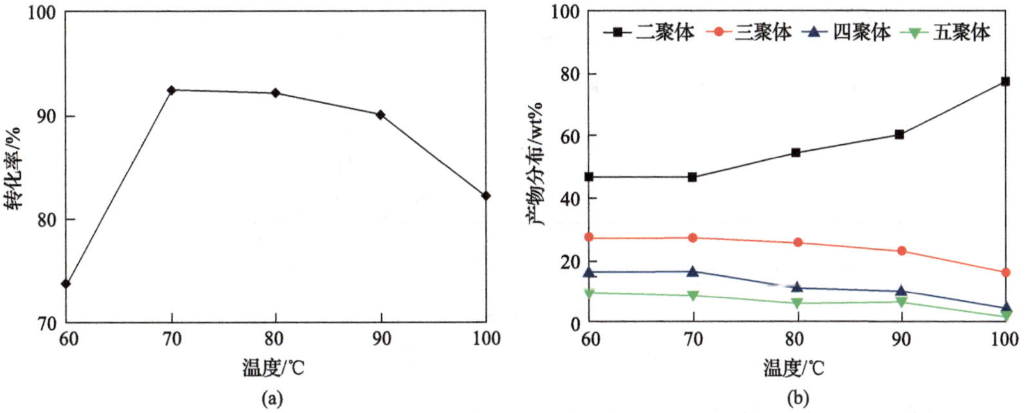

图 3.72 不同温度下的 1-癸烯转化率(a)和产物分布(b)

表 3.26 为反应温度对黏度特性的影响。催化体系较高的反应温度会导致合成的 PAO 聚合物的运动黏度降低。1-癸烯的聚合是放热反应，高温不利于正向的链增长反应，导致反应混合物中二聚体含量的增加，运动黏度的降低也是二聚体链含量增加的结果。

表 3.26　反应温度对黏度特性的影响

温度/℃	运动黏度/(mm^2/s)		黏温指数 VI
	40℃	100℃	
60	19.95	4.36	144
70	18.50	4.25	139
80	17.04	4.01	137
90	14.52	3.58	132
100	8.65	2.51	120

4) 聚合产物的表征

产物 PAO 的 ^1H NMR 图见图 3.73，饱和烃(—CH_x)的 ^1H NMR 谱峰通常在 0.5～2.5ppm 范围内。根据文献[158]、[159]，1.78～2.0ppm、1.56～1.62ppm、1.46～1.55ppm 和 0.68～0.89ppm 处的峰分别对应图中标识的 α-H(a, d)、β-H(b)、δ-H(c)和端基氢。在 4.5～7.0ppm 处观察到的峰归属于烯烃碳上的氢。图中还展示了 4.5～5.5ppm 化学位移的局部位移放大图，可以看出有 3 个质子峰信号[158]，4.5～4.8ppm 处出现的峰归属于 $H_2C{=}CR_1R_2$，5.0～5.15ppm 处出现的峰归属于 $HR_1C{=}CR_2R_3$，5.2～5.35ppm 处出现的峰归属于 $HR_1C{=}CHR_2$[160]。其中，$H_2C{=}CR_1R_2$ 结构含量最多。

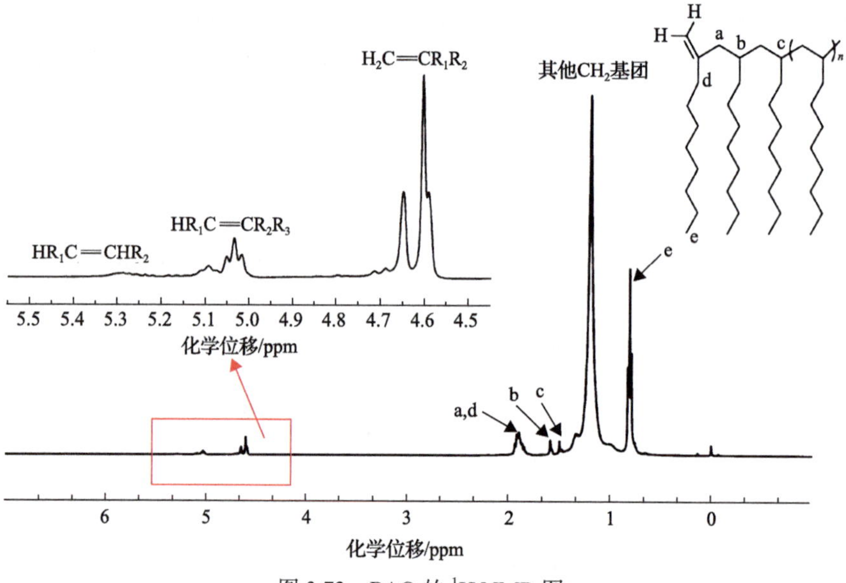

图 3.73　PAO 的 ^1H NMR 图

PAO 的 ^{13}C NMR 图如图 3.74 所示，15～45ppm 代表单键碳原子的化学位移，在局部放大图像中标出了聚合物结构中的 $C_{1\sim14}$ 对应于 14～45ppm 化学位移峰的每个饱和碳原子的位置。双键附近的 C_8 和 C_9 的化学位移受双键的影响，化学位移值最大，不同支链的 $C_{1\sim4}$ 的化学位移因距离双键较远化学位移值受其影响较小，所处的化学环境相似，化学位移相同。C═C 键在 100～150ppm 范围内出峰。108.63ppm、149.52ppm、134.89ppm、124.64ppm、125.38ppm 和 134.66ppm 处的峰分别对应图 3.75 中的 $C_1^=$、$C_2^=$、$C_3^=$、$C_4^=$、$C_5^=$

和 $C_6^=$。如图 3.75 所示，双键存在于三个不同的位置，这可能与聚合过程中发生的异构化反应有关[161]。根据公式[15×(^{13}C integral 11-17ppm)]/[15×(^{13}C integral 11-17ppm)+14×(^{13}C intergral 18-44ppm)]计算得出支化率为 0.15，表明 PAO 产物具有规则的碳链结构[162]。

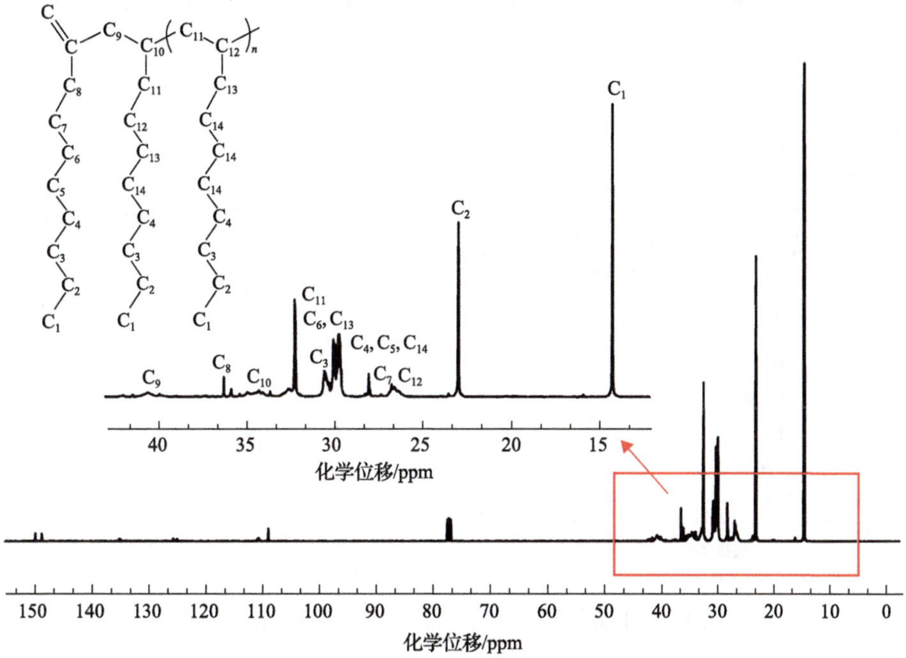

图 3.74 PAO 的 ^{13}C NMR 图

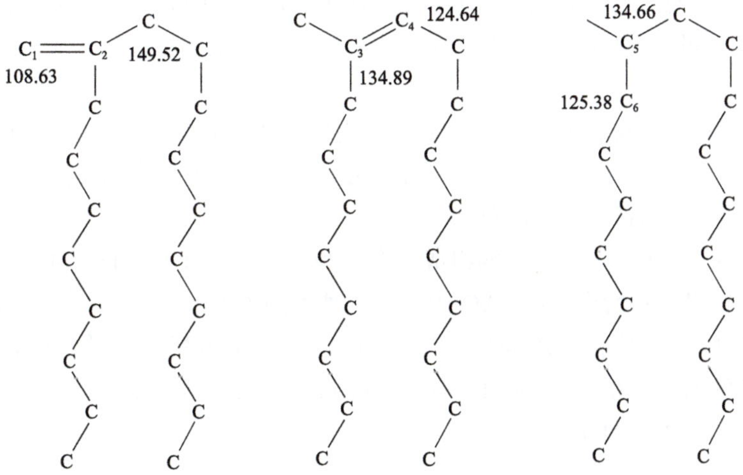

图 3.75 烯烃二聚体的结构

PAO 和 1-癸烯在 500～4500cm^{-1} 范围内的红外光谱如图 3.76 所示。从图中可以看出，在 721cm^{-1} 处观察到$-(CH_2)_n-$的变形振动吸收峰，说明所合成的 PAO 聚合物含有四个或更多的—CH_2 基团[158]。与 1-癸烯的红外光谱相比，聚合产物在 721cm^{-1} 处的峰强度有所增加，这是因为 1-癸烯发生聚合反应使碳链增长。1643cm^{-1} 处的峰代表 PAO 基础油中—C═C—的伸缩振动，观察到—C═C—的吸收峰强度变弱，这是由于聚合过程的异构化反应导致双键向分子中心移动。888cm^{-1}处的峰归属于基团 H_2C═CR_1R_2 中的 C—H 面外弯曲振动。967cm^{-1}处的峰归属于 R_1CH═CHR_2(反)结构中═CH 的面外弯曲振动[163,164]。与 888cm^{-1} 处的吸收峰相比，967cm^{-1} 处的吸收峰强度变弱，说明产物中 H_2C═CR_1R_2 的结构比 R_1CH═CHR_2(反)多，该结果与 ^{1}H NMR 谱得到的结果一致。PAO 中—CH_3 和—CH_2 结构的不对称和对称伸缩振动吸收峰出现在 2854cm^{-1}、2925cm^{-1} 和 2954cm^{-1}处。

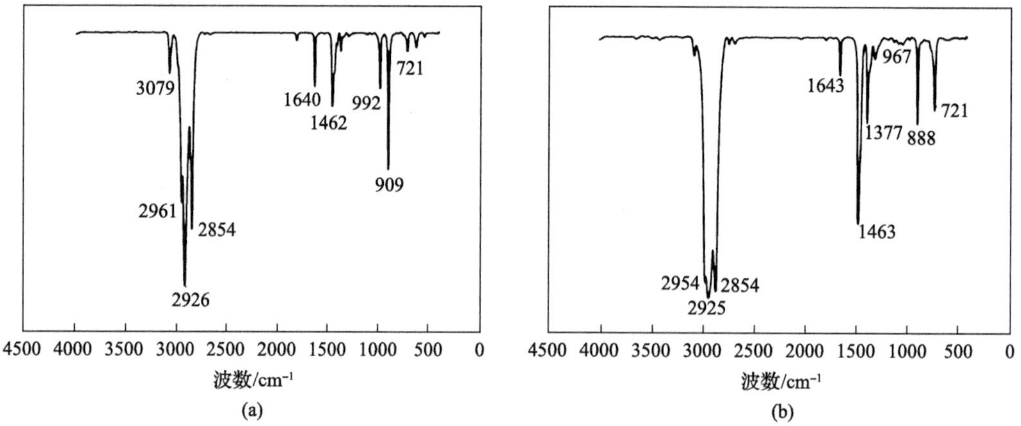

图 3.76　1-癸烯的红外光谱(a)及 PAO 的 FTIR 图(b)

总之，在标准的 Schlenk 系统中，成功地合成了高效的茂金属化合物，并将其应用于 1-癸烯的聚合反应。通过优化反应参数使其在聚合过程中表现出高活性，合成具有规则梳状结构的低黏度 PAO 润滑油基础油，为高品质润滑油的发展带来希望。主要得出如下结论：

(1)在相对较低的聚合温度 70℃、催化剂用量 0.0848mmol、Al/Zr 摩尔比 100 的情况下实现了约 93%的高转化率。此外，随着 Al/Zr 摩尔比、催化剂用量的增加和温度的升高，所合成的 PAO 的运动黏度降低。

(2)利用 GC 检测了聚合产物的组成分布，利用 ^{1}H NMR 和 FTIR 对产物结构进行分析。^{1}H NMR 结果显示所合成的 PAO 中存在三种不同类型的不饱和结构，分别是亚乙烯基(H_2C═CR_1R_2)、三取代亚乙烯基(HR_1C═CR_2R_3)和双取代亚乙烯基(HR_1C═CHR_2)。此外，所合成的 PAO 润滑油基础油具有低黏度和高达 139 的黏度指数，表明生产的 PAO 聚合物具有良好的黏温性能[165]。

3.7　结　　论

线型 α-烯烃是聚烯烃产业升级、全合成润滑油生产及日化原料供应的关键原料。商业化的生产技术主要有乙烯齐聚、蜡裂解、混合 C_4 分离、费-托合成等。线型 α-烯烃生产技术及产能主要掌握在 Shell、Sasol、INEOS 等国外企业手中，总产能近 500 万吨。虽然国内需求巨大，但国际石油巨头一直对我国封锁 α-烯烃合成技术，中国产能占比不足 2%，严重限制了我国聚烯烃、润滑油、洗涤剂等产业的升级，是国内亟待攻克的“卡脖子”技术。

在众多线型 α-烯烃制备技术中，费-托合成的反应机理决定了其易于生成直链端烯烃或伯醇。国内外多家研究机构开展 α-烯烃研发工作。中国科学院山西煤炭化学研究所在中国科学院 A 类战略性先导科技专项的支持下，开发出用于合成气直接制备线型 α-烯烃的新型高效熔铁催化剂，催化剂表面经特殊处理，使其催化性能长期保持稳定。2020 年吨级规模的催化剂放大研究完成，并实现了催化剂单管稳定运行 6000h，同时还建立了质量控制体系、产品检测分析方法等。2021 年在内蒙古自治区实施的“科技兴蒙”行动战略的支持下，中国科学院山西煤炭化学研究所、北京三聚环保新材料股份有限公司、内蒙古聚实能源有限公司、上海寰球工程有限公司合作，完成了合成气制 α-烯烃 300 吨/年固定床的工业示范运转，十万吨级合成气制 α-烯烃固定床技术工艺软件包已开始编制。2021 年 5 月 16～20 日山西省化工学会组织专家对合成气一步法制长链 α-烯烃技术工业示范进行了 96h 性能标定。专家一致认为，该项目研发出的长寿命熔铁催化剂和固定床工艺拥有自主知识产权。熔铁催化剂性能稳定、成本低，具有较好的技术经济性。与现有工艺相比，固定床工艺在合成长链 α-烯烃方面具有一定的技术优势，在精细化工领域有较好的应用前景。标定期间，CO 转化率＞85.0%，CH_4 选择性 4.8%～6.2%，产物轻油中 α-烯烃和高碳醇占比 72.1%。

合成气直接制 α-烯烃工业示范装置的稳定运行实现了实验室技术向工业化生产的跨越，产品可填补国内空白，同时为煤化工企业转型升级带来契机。更重要的是，该技术的成功示范为煤化工行业探索出一条新的产业路线，在碳中和、碳减排的大行业环境下，为煤基化学品向差异化、高端化发展做出了贡献。

参 考 文 献

[1] 徐鑫磊. 茂金属催化混合 α-烯烃制备高粘度润滑油基础油的研究[D]. 上海: 华东理工大学, 2018.

[2] 李龙娟, 郑良全, 曾海英, 等. 聚 α-烯烃(PAO)的生产工艺与市场现状[J]. 石油商技, 2016, 34(1): 66-67.

[3] Jiang H B, Xu X L, Hong X Z, et al. Preparation of high viscosity PAO from mixed alpha-olefins over metallocene catalyst[J]. China Petroleum Processing & Petrochemical Technology, 2018, 20(2): 90-96.

[4] 陈琳, 由爱农. 我国聚 α-烯烃基础油发展路线研究[J]. 当代石油石化, 2019, 27(8): 30-35.

[5] 卫达. 长链 α-烯烃合成工艺进展[J]. 河南化工, 2020, 37(6): 7-9.

[6] Büssemeier B F C D, Cornils B. The Ruhrchemie story[J]. Hydrocarbon Process, 1976, 56: 105-112.

[7] Büssemeier B F C D, Kluy W. Process for the production of unsaturated hydrocarbons. DE Patent: 2518964[P]. 1976-11-11.

[8] Roy S C, Prasad H L, Dutta P, et al. Conversion of syn-gas to lower alkenes over Fe-TiO_2-ZnO-K_2O catalyst system[J]. Applied Catalysis A: General, 2001, 220(1): 153-164.

[9] Goldwasser M R, Dorantes V E, Pérez-Zurita M J, et al. Modified iron perovskites as catalysts precursors for the conversion of syngas to low molecular weight alkenes[J]. Journal of Molecular Catalysis A: Chemical, 2003, 193(1): 227-236.

[10] Hoffer B W B S, Neumann D, Bay K, et al. Method for producing olefins through reaction of carbon monoxide with hydrogen. International Patent: Application No. WO2009013174[P]. 2009-01-29.

[11] Crous R B T C, Booyens S. Olefin selective FT catalyst composition and preparation thereof. International Patent: Application No. WO2010066386[P]. 2010-06-17.

[12] Hadadzadeh H, Mirzaei A A, Morshedi M, et al. The effect of H_2S on the selectivity of light alkenes in the Fe-Mn-catalyzed Fischer-Tropsch synthesis[J]. Petroleum Chemistry, 2010, 50(1): 78-86.

[13] Tihay F, Roger A C, Kiennemann A, et al. Fe-Co based metal/spinel to produce light olefins from syngas[J]. Catalysis Today, 2000, 58(4): 263-269.

[14] Tihay F, Pourroy G, Richard-Plouet M, et al. Effect of Fischer-Tropsch synthesis on the microstructure of Fe-Co-based metal/spinel composite materials[J]. Applied Catalysis A: General, 2001, 206(1): 29-42.

[15] Mirzaei A A, Habibpour R, Kashi E. Preparation and optimization of mixed iron cobalt oxide catalysts for conversion of synthesis gas to light olefins[J]. Applied Catalysis A: General, 2005, 296(2): 222-231.

[16] Park J Y, Lee Y J, Khanna P K, et al. Alumina-supported iron oxide nanoparticles as Fischer-Tropsch catalysts: effect of particle size of iron oxide[J]. Journal of Molecular Catalysis A: Chemical, 2010, 323(1): 84-90.

[17] Perrichon V, Charcosset H, Barrault J, et al. Influence of a partial dissolution of alumina during the preparation of iron catalysts on their catalytic properties for Fischer-Tropsch synthesis[J]. Applied Catalysis, 1983, 7(1): 21-29.

[18] Zhang C H, Wan H J, Yang Y, et al. Study on the iron-silica interaction of a co-precipitated Fe/SiO_2 Fischer-Tropsch synthesis catalyst[J]. Catalysis Communications, 2006, 7(9): 733-738.

[19] Suo H Y, Wang S G, Zhang C H, et al. Chemical and structural effects of silica in iron-based Fischer-Tropsch synthesis catalysts[J]. Journal of Catalysis, 2012, 286: 111-123.

[20] Bruce L H G, Turney T W. Light olefin production from CO/H_2 over silica supported Fe/Mn/K catalysts derived from a bimetallic carbonyl anion, $[Fe_2Mn(CO)_{12}]^-$. Reaction Kinetics, Mechanisms and Catalysis Letters, 1982, 20: 175-180.

[21] Commereuc D, Chauvin Y, Hugues F, et al. Catalytic synthesis of low molecular weight olefins from CO and H_2 with $Fe(CO)_5$, $Fe_3(CO)_{12}$, and$[HFe_3(CO)_{11}]$-supported on inorganic oxides[J]. Journal of the Chemical Society, Chemical Communications, 1980, (4): 154-155.

[22] Stoop F, van der Wiele K. Formation of olefins from synthesis gas over silica-supported RuFe bimetallic catalysts[J]. Applied Catalysis, 1986, 23(1): 35-47.

[23] Xu L, Wang Q, Xu Y, et al. Promotion effect of K_2O and MnO additives on the selective production of light alkenes via syngas over Fe/silicalite-2 catalysts[J]. Catalysis Letters, 1995, 31(2): 253-266.

[24] Xu L, Wang Q, Xu Y, et al. A new supported Fe-MnO catalyst for the production of light olefins from syngas: Ⅰ. Effect of support on the catalytic performance[J]. Catalysis Letters, 1994, 24(1): 177-185.

[25] Liu Z M, Sun C L, Wang G W, et al. New progress in R&D of lower olefin synthesis[J]. Fuel Processing Technology, 2000, 62(2): 161-172.

[26] Venter J, Kaminsky M, Geoffroy G L, et al. Carbon-supported Fe-Mn and K-Fe-Mn clusters for the synthesis of C_2-C_4 olefins from CO and H_2: Ⅰ. Chemisorption and catalytic behavior[J]. Journal of Catalysis, 1987, 103(2): 450-465.

[27] Venter J, Kaminsky M, Geoffroy G L, et al. Carbon-supported Fe-Mn and K-Fe-Mn clusters for the synthesis of C_2-C_4 olefins from CO and H_2: Ⅱ. Activity and selectivity maintenance and regenerability[J]. Journal of Catalysis, 1987, 105(1): 155-162.

[28] Barrault J, Renard C. Selective hydrocondensation of carbon monoxide into light olefins with iron-manganese catalysts[J]. Applied Catalysis, 1985, 14: 133-143.

[29] Yang Z Q, Pan X L, Wang J H, et al. FeN particles confined inside CNT for light olefin synthesis from syngas: effects of Mn and K additives[J]. Catalysis Today, 2012, 186(1): 121-127.

[30] Schulte H J, Graf B, Xia W, et al. Nitrogen- and oxygen-functionalized multiwalled carbon nanotubes used as support in iron-catalyzed, high-temperature Fischer-Tropsch synthesis[J]. ChemCatChem, 2012, 4(3): 350-355.

[31] Torres Galvis H M, Bitter J H, Khare C B, et al. Supported iron nanoparticles as catalysts for sustainable production of lower olefins[J]. Science, 2012, 335(6070): 835-838.

[32] Dry M E. Catalytic aspects of industrial Fischer-Tropsch synthesis[J]. Journal of Molecular Catalysis, 1982, 17: 133-144.

[33] Torres Galvis H M, Koeken A C J, Bitter J H, et al. Effects of sodium and sulfur on catalytic performance of supported iron catalysts for the Fischer-Tropsch synthesis of lower olefins[J]. Journal of Catalysis, 2013, 303: 22-30.

[34] Jiao F, Li J J, Pan X L, et al. Selective conversion of syngas to light olefins[J]. Science, 2016, 351 (6277): 1065-1068.

[35] Zhong L S, Yu F, An Y L, et al. Cobalt carbide nanoprisms for direct production of lower olefins from syngas[J]. Nature, 2016, 538: 84-99.

[36] Fischer F, Tropsch H. The preparation of synthetic oil mixture from carbon monoxide and hydrogen[J]. Brennstoff-Chemie, 1928, 9: 539.

[37] Fischer F, Tropsch H. The synthesis of petroleum at atmospheric pressures from gasification products of coal[J]. Brennstoff-Chemie, 1926, 7: 97-104.

[38] Storch H H. Review of development of processes for synthesis of liquid fuels by hydrogenation of carbon monoxide [J]. Chemical Engineering Progress, 1948, 44 (6): 469-480.

[39] 张碧江. 煤基合成液体燃料[M]. 太原: 山西科学技术出版社, 1993.

[40] Dry M E. The Fischer-Tropsch synthesis[J]. Catalysis Science and Technology, 1981, (1): 159-255.

[41] Dry M E. The Fischer-Tropsch process-commercial aspects[J]. Catalysis Today, 1990, 6: 183-206.

[42] Khodakov A Y, Griboval-Constant A, Bechara R, et al. Pore size effects in Fischer-Tropsch synthesis over cobalt-supported mesoporous silicas[J]. Journal of Catalysis, 2002, 206 (2): 230-241.

[43] Jacobs G, Zhang Y, Das T K, et al. Deactivation of a Ru promoted Co/Al_2O_3 catalyst for FT synthesis//Spivey J J, Roberts G W, Davis B H. Catalyst Deactivation[M]. Elsevier Science B. V. 2001: 415-422.

[44] Bukur D B, Sivaraj C. Supported iron catalysts for slurry phase Fischer-Tropsch synthesis[J]. Applied Catalysis A: General, 2002, 231 (1-2): 201-214.

[45] Cagnoli M V G N G, Alvarez A M, Bengoa J F, et al. Studies in surface science and catalysis[C]//Zeolites and Mesoporous Materials at the Dawn of the 21st Century. Montpellier: Proceedings of the 13th International Zeolite Conference, 2001: 272.

[46] Yin D H, Li W H, Yang W S, et al. Mesoporous HMS molecular sieves supported cobalt catalysts for Fischer-Tropsch synthesis[J]. Microporous and Mesoporous Materials, 2001, 47 (1): 15-24.

[47] 马文平, 丁云杰, 罗洪原, 等. 浆态反应器中铁活性炭催化剂上还原研究[J]. 燃料化学学报, 2001, (4): 375-377.

[48] Morris S R M R B, Wells P B. Support effect in the Ruthenium-catalysed hydrogenation of carbon monoxide[J]. Studies in Surface Science and Catalysis, 1982, 11: 247-254.

[49] Vannice M A. Hydrogenation of CO and carbonyl functional-groups[J]. Catalysis Today, 1992, 12 (2-3): 255-267.

[50] van den Berg F R, Craje M W J, Kooyman P J, et al. Synthesis of highly dispersed zirconia-supported iron-based catalysts for Fischer-Tropsch synthesis[J]. Applied Catalysis A: General, 2002, 235 (1-2): 217-224.

[51] Ngantsoue-Hoc W, Zhang Y Q, O'Brien R J, et al. Fischer-Tropsch synthesis: activity and selectivity for Group Ⅰ alkali promoted iron-based catalysts[J]. Applied Catalysis A: General, 2002, 236 (1-2): 77-89.

[52] Liu Y, Patzlaff J, Gaube J. Studies on the promoter action of alkali-metal compounds in iron and cobalt catalysts in the Fischer-Tropsch synthesis [J]. Chemie Ingenieur Technik, 1994, 66 (7): 945-947.

[53] Li S Z, Krishnamoorthy S, Li A W, et al. Promoted iron-based catalysts for the Fischer-Tropsch synthesis: design, synthesis, site densities, and catalytic properties[J]. Journal of Catalysis, 2002, 206 (2): 202-217.

[54] Ho S W, Su Y S. Effects of ethanol impregnation on the properties of silica-supported cobalt catalysts[J]. Journal of Catalysis, 1997, 168 (1): 51-59.

[55] Abrevaya H T W M. Microemulsion impregnated catalyst composite and use thereof in a synthesis gas conversion process: US 4714692[P]. 1987-12-22.

[56] van Steen E, Prinsloo F F. Comparison of preparation methods for carbon nanotubes supported iron Fischer-Tropsch catalysts[J]. Catalysis Today, 2002, 71 (3-4): 327-334.

[57] Sun S L, Tsubaki N, Fujimoto K. The reaction performances and characterization of Fischer-Tropsch synthesis Co/SiO_2 catalysts prepared from mixed cobalt salts[J]. Applied Catalysis A: General, 2000, 202 (1): 121-131.

[58] Iglesia E, Soled L, Baumgartner J E, et al. Synthesis and catalytic properties of eggshell cobalt catalysts for the F-T synthesis[J]. Journal of Catalysts, 1995, 153: 108-122.

[59] 陈开东, 颜其洁. 氧化铈对 F-T 反应铁锆催化剂的助催化作用[J]. 物理化学学报, 1996, (11): 990-994.

[60] Dry M E. The Fischer Tropsch Synthesis//Anderson J R, Boudard M. Catalysis Science and Technology. Vol. 1[M]. New York: Springer, 1981: 159.

[61] Anderson P H. Hydrocarbon Synthesis Hydrogenation and Cyclization[M]. New York: Reinhold Publishing Co, 1956: 29.

[62] Howard B H. Preparation of F-T catalysts from Co/Fe hydrotalcites[J]. Preprint of the American Chemical Society Division of Petrdeum Chemistry, 1995, 40(1): 196.

[63] Ernst B, Libs S, Chaumette P, et al. Preparation and characterization of Fischer-Tropsch active Co/SiO_2 catalysts[J]. Applied Catalysis A: General, 1999, 186(1-2): 145-168.

[64] Li S Z, Ding W P, Meitzner G D, et al. Spectroscopic and transient kinetic studies of site requirements in iron-catalyzed Fischer-Tropsch synthesis[J]. Journal of Physical Chemistry B, 2002, 106(1): 85-91.

[65] Reuel R C, Bartholomew C H. The stoichiometries of H_2 and CO adsorptions on cobalt-effects of support and preparation[J]. Journal of Catalysis, 1984, 85(1): 63-77.

[66] Ho S W, Houalla M, Hercules D M. Effect of particle-size on CO hydrogenation activity of silica supported cobalt catalysts[J]. Journal of Physical Chemistry, 1990, 94(16): 6396-6399.

[67] Iglesia E. Design, synthesis, and use of cobalt-based Fischer-Tropsch synthesis catalysts[J]. Applied Catalysis A: General, 1997, 161(1-2): 59-78.

[68] Reuel R C, Bartholomew C H. Effects of support and dispersion on the CO hydrogenation activity selectivity properties of cobalt [J]. Journal of Catalysis, 1984, 85(1): 78-88.

[69] Kikuchi E, Sorita R, Takahashi H, et al. Catalytic performances of cobalt-based ultrafine particles prepared by chemical reduction in slurry-phase Fischer-Tropsch synthesis[J]. Applied Catalysis A: General, 1999, 186(1-2): 121-128.

[70] Huff G A, Satterfield C N. Intrinsic kinetics of the Fischer-Tropsch synthesis on a reduced fused magnetite catalyst[J]. Industrial & Engineering Chemistry Process Design and Development, 1984, 23(4): 696-703.

[71] Yates I C, Satterfield C N. Intrinsic kinetics of the Fischer-Tropsch synthesis on a cobalt catalyst[J]. Energy & Fuels, 1991, 5(1): 168-173.

[72] Zennaro R, Tagliabue M, Bartholomew C H. Kinetics of Fischer-Tropsch synthesis on titania-supported cobalt[J]. Catalysis Today, 2000, 58(4): 309-319.

[73] Rafael L E. A preliminary unified approach to the study of Fischer-Tropsch kinetics[J]. Preprint of the American Chemical Society Division of Petrdeum Chemistry, 1993, 42(1): 172-175.

[74] Schanke D, Lian P, Eri S, et al. Optimisation of Fischer-Tropsch reactor design and operation in GTL plants[J]. Studies in Surface Science and Catalysis, 2001, 136: 239-244.

[75] van der Laan G P, Beenackers A A C M. Hydrocarbon selectivity model for the gas-solid Fischer-Tropsch synthesis on precipitated iron catalysts[J]. Industrial & Engineering Chemistry Research, 1999, 38(4): 1277-1290.

[76] Quyoum R, Berdini V, Turner M L, et al. Carbon monoxide hydrogenation: intermediates derived from methylene probes offering dual polymerization pathways in Fischer-Tropsch homologation[J]. Journal of the American Chemical Society, 1996, 118(44): 10888-10889.

[77] Morris S R, Moyes R B, Wells P B, et al. Support effects in the ruthenium-catalyzed hydrogenation of carbon monoxide-ethene and propene addition [J]. Journal of Catalysis, 1985, 96(1): 23-31.

[78] McCandlish L E. On the mechanism of carbon carbon bond formation in the CO hydrogenation reaction[J]. Journal of Catalysis, 1983, 83(2): 362-370.

[79] Martinez J M, Adams H, Bailey N A, et al. The coupling of vinyl and μ-methylene ligands: a new view of the mechanism of the Fischer-Tropsch polymerization reaction[J]. Journal of the Chemical Society-Chemical Communications, 1989, (5): 286-287.

[80] Nowicki L, Ledakowicz S, Bukur D B. Hydrocarbon selectivity model for the slurry phase Fischer-Tropsch synthesis on

precipitated iron catalysts[J]. Chemical Engineering Science, 2001, 56(3): 1175-1180.

[81] Bertole C J, Mims C A, Kiss G. The effect of water on the cobalt-catalyzed Fischer-Tropsch synthesis[J]. Journal of Catalysis, 2002, 210(1): 84-96.

[82] Davis B H. Fischer-Tropsch synthesis: current mechanism and futuristic needs[J]. Fuel Processing Technology, 2001, 71(1-3): 157-166.

[83] 刘化章. 氨合成催化剂——实践和理论[M]. 北京: 化学工业出版社, 2007.

[84] Wan H J, Wu B S, Li Z C, et al. Effects of SiO_2 and Al_2O_3 on performances of iron-basedcatalysts for slurry Fischer-Tropsch synthesis[J]. Journal of Fuel Chemistry and Technology, 2007, 35: 589-594.

[85] Dry M E, Ferreira L C. The distribution of promoters in magnetite catalysts[J]. Journal of Catalysis, 1967, 7: 352-358.

[86] 徐云, 杨霞珍, 唐浩东, 等. 助催化剂对费-托合成熔铁催化剂影响的研究[J]. 天然气化工, 2009, 34(3): 4-9.

[87] Wan H J, Wu B S, Zhang C H, et al. Study on Fe-Al_2O_3 interaction over precipitated iron catalyst for Fischer-Tropsch synthesis[J]. Catalysis Communications, 2007, 8(10): 1538-1545.

[88] Wan H J, Wu B S, An X, et al. Effect of Al_2O_3 binder on the precipitated iron-based catalysts for Fischer-Tropsch synthesis[J]. Journal of Natural Gas Chemistry, 2007, 16(2): 130-138.

[89] Pu Z Y, Zheng Y F, Liu H Z, et al. Influence of promoter and Fe^{2+}/Fe^{3+} ratio on microstructure of fused iron catalysts for ammonia synthesis[J]. Indian Journal of Chemistry Section A: Inorganic Bio-inorganic Physical Theoretical & Analytical Chemistry, 2011, 50(2): 156-162.

[90] Dry M E. Practical and theoretical aspects of the catalytic Fischer-Tropsch process[J]. Applied Catalysis A: General, 1996, 138(2): 319-344.

[91] Jager B, Espinoza R. Advances in low-temperature Fischer-Tropsch synthesis[J]. Catalysis Today, 1995, 23(1): 17-28.

[92] Steynberg A P, Espinoza R L, Jager B, et al. High temperature Fischer-Tropsch synthesis in commercial practice[J]. Applied Catalysis A: General, 1999, 186(1-2): 41-54.

[93] Shi B C, O'Brien R J, Bao S Q, et al. Mechanism of the isomerization of 1-alkene during iron-catalyzed Fischer-Tropsch synthesis[J]. Journal of Catalysis, 2001, 199(2): 202-208.

[94] 刘化章, 李小年. 熔铁催化剂活性与其母体铁氧化物形态和组成的关系(Ⅰ)母体铁氧化物活性次序[J]. 化工学报, 1998, (5): 534-541.

[95] Dry M E. The Fischer-Tropsch process: 1950-2000[J]. Catalysis Today, 2002, 71(3-4): 227-241.

[96] 刘化章, 李小年. 氨合成催化剂母体相组成对还原性能的影响[J]. 化工学报, 1997, (3): 354-362.

[97] 刘化章. 合成氨催化剂研究的新进展[J]. 催化学报, 2001, (3): 304-316.

[98] Dry M E, Oosthuizen G. The correlation between catalyst surface basicity and hydrocarbon selectivity in the Fischer-Tropsch synthesis[J]. Journal of Catalysis, 1968, 11: 18-24.

[99] Dry M E. Catalytic aspects of industrial Fischer-Tropsch synthesis [J]. Journal of Molecular Catalysis, 1982, 17(2-3): 133-144.

[100] Nakhaei Pour A, Shahri S M K, Bozorgzadeh H R, et al. Effect of Mg, La and Ca promoters on the structure and catalytic behavior of iron-based catalysts in Fischer-Tropsch synthesis[J]. Applied Catalysis A: General, 2008, 348(2): 201-208.

[101] Wang L, Wu B, Li Y. Effects of Ru and Cu promoters on Fischer-Tropsch synthesis over Fe-based catalysts[J]. Chinese Journal of Catalysis, 2011, 32(3): 495-501.

[102] Zhang J, Abbas M, Chen J. The evolution of Fe phases of a fused iron catalyst during reduction and Fischer-Tropsch synthesis[J]. Catalysis Science & Technology, 2017, 7(16): 3626-3636.

[103] Zhao L L, Liu G R, Li J J. Effect of La_2O_3 on a precipitated Iron catalyst for Fischer-Tropsch synthesis[J]. Chinese Journal of Catalysis, 2009, 30(7): 637-642.

[104] Luque R, de la Osa A R, Campelo J M, et al. Design and development of catalysts for Biomass-To-Liquid-Fischer-Tropsch (BTL-FT) processes for biofuels production[J]. Energy & Environmental Science, 2012, 5(1): 5186-5202.

[105] Zhang Y, Xie Y, Zhou Y T, et al. Well dispersed Fe_2N nanoparticles on surface of nitrogen-doped reduced graphite oxide for highly efficient electrochemical hydrogen evolution[J]. Journal of Materials Research, 2017, 32(9): 1-7.

[106] Hu T H, Yin Z S, Guo J W, et al. Synthesis of Fe nanoparticles on polyaniline covered carbon nanotubes for oxygen reduction reaction[J]. Journal of Power Sources, 2014, 272: 661-671.

[107] Vinod K R, Saravanan P, Suresh K T R, et al. Enhanced shielding effectiveness in nanohybrids of graphene derivatives with Fe_3O_4 and ε-Fe_3N in the X-band microwave region[J]. Nanoscale, 2018, 10(3): 12018-12034.

[108] Yu X F, Zhang J L, Wang X, et al. Fischer-Tropsch synthesis over methyl modified Fe_2O_3@SiO_2 catalysts with low CO_2 selectivity[J]. Applied Catalysis B: Environmental, 2018, 232: 420-428.

[109] Zhao Z A, Lu W, Zhu H J, et al. Tuning the Fischer-Tropsch reaction over Co_xMn_yLa/AC catalysts toward alcohols: effects of La promotion[J]. Journal of Catalysis, 2018, 361: 156-167.

[110] Nie C, Zhang H T, Ma H F, et al. Effects of Ce addition on Fe-Cu catalyst for Fischer-Tropsch synthesis[J]. Catalysis Letters, 2019, 149(5): 1375-1382.

[111] Wu H T, Yang Y, Suo H Y, et al. Effects of ZrO_2 promoter on physic-chemical properties and activity of Co/TiO_2-SiO_2 Fischer-Tropsch catalysts[J]. Journal of Molecular Catalysis A: Chemical, 2015, 396: 108-119.

[112] Al-Dossary M, Fierro J L G, Spivey J J. Cu-promoted Fe_2O_3/MgO-based Fischer-Tropsch catalysts of biomass-derived syngas[J]. Industrial Engineering Chemistry Research, 2015, 54(3): 911-921.

[113] Ding M Y, Yang Y, Wu B S, et al. Study of phase transformation and catalytic performance on precipitated iron-based catalyst for Fischer-Tropsch synthesis[J]. Journal of Molecular Catalysis A: Chemical, 2009, 303(1-2): 65-71.

[114] Shi Z B, Yang H Y, Gao P, et al. Effect of alkali metals on the performance of $CoCu/TiO_2$ catalysts for CO_2 hydrogenation to long-chain hydrocarbons[J]. Journal of Catalysis, 2018, 39(8): 1294-1302.

[115] Xue Y Y, Duan S Y, Chen G Y, et al. Effect of annealing atmosphere on Fischer-Tropsch synthesis performance of Fe/Fe foam structured catalyst[J]. Fuel, 2020, 262: 116570.

[116] Wang W B, Ding M Y, Ma L L, et al. Fe_2O_3 nanoparticles encapsulated in TiO_2 nanotubes for Fischer-Tropsch synthesis: the confinement effect of nanotubes on the catalytic performance[J]. Fuel, 2016, 164: 347-351.

[117] Xu B L, Fan Y N, Zhang Y, et al. Pore diffusion simulation model of bimodal catalyst for Fischer-Tropsch synthesis[J]. AIChE Journal, 2005, 51(7): 2068-2076.

[118] Lu F X, Chen X, Lei Z G, et al. Revealing the activity of different iron carbides for Fischer-Tropsch synthesis[J]. Applied Catalysis B: Environmental, 2020, 281: 119521.

[119] Park H, Youn D H, Kim J Y, et al. Selective formation of Hägg iron carbide with g-C_3N_4 as a sacrificial support for highly active Fischer-Tropsch synthesis[J]. ChemCatChem, 2015, 7(21): 3488-3494.

[120] Han Q, Wang B, Zhao Y, et al. A graphitic-C_3N_4 “seaweed” architecture for enhanced hydrogen evolution[J]. Angewandte Chemie International Edition, 2015, 54(39): 11433-11437.

[121] Gong Y T, Li M M, Wang Y. Carbon nitride in energy conversion and storage: recent advances and future prospects[J]. ChemSusChem, 2015, 8(6): 931-946.

[122] Zhao Z W, Sun Y J, Dong F. Graphitic carbon nitride based nanocomposites: a review[J]. Nanoscale, 2015, 7(1): 15-37.

[123] Wang M, Cui S H, Yang X D, et al. Synthesis of g-C_3N_4/Fe_3O_4 nanocomposites and application as a new sorbent for solid phase extraction of polycyclic aromatic hydrocarbons in water samples[J]. Talanta, 2015, 132: 922-928.

[124] Wang X C, Chen X F, Thomas A, et al. Metal-containing carbon nitride compounds: a new functional organic-metal hybrid material[J]. Advanced Materials, 2009, 21(16): 1609-1612.

[125] She X J, Xu H, Wang H F, et al. Controllable synthesis of CeO_2/g-C_3N_4 composites and their applications in the environment[J]. Dalton Transactions, 2015, 44(15): 7021-7031.

[126] Zhao G, Feng J J, Zhang Q L, et al. Synthesis and characterization of prussian blue modified magnetite nanoparticles and its application to the electrocatalytic reduction of H_2O_2[J]. Chemistry of Materials, 2005, 17(12): 3154-3159.

[127] Tonda S, Kumar S, Kandula S, et al. Fe-doped and -mediated graphitic carbon nitride nanosheets for enhanced photocatalytic performance under natural sunlight[J]. Journal of Materials Chemistry A, 2014, 2(19): 6772-6780.

[128] Eisenberger P, Shulman R G, Brown G S, et al. Structure-function relations in hemoglobin as determined by X-ray absorption

spectroscopy[J]. Proceedings of the National Academy of Sciences, 1976, 73(2): 491-495.

[129] Chen X Q, Deng D H, Pan X L, et al. N-doped graphene as an electron donor of iron catalysts for CO hydrogenation to light olefins[J]. Chemical Communication, 2015, 51(1): 217-220.

[130] Liu Y, Chen J F, Zhang Y. The effect of pore size or iron particle size on the formation of light olefins in Fischer-Tropsch synthesis[J]. RSC Advances, 2015, 5(37): 29002-29007.

[131] Yao T, Liu S J, Sun Z H, et al. Probing nucleation pathways for morphological manipulation of platinum nanocrystals[J]. Journal of the American Chemical Society, 2012, 134(22): 9410-9416.

[132] Velázquez-Palenzuela A, Zhang L, Wang L, et al. Carbon-supported Fe-N_x catalysts synthesized by pyrolysis of the Fe(Ⅱ)-2,3,5,6-tetra(2-pyridyl)pyrazine complex: structure, electrochemical properties, and oxygen reduction reaction activity[J]. Journal of Physical Chemistry C, 2011, 115(26): 12929-12940.

[133] Su F Z, Antonietti M, Wang X C. mpg-C_3N_4 as a solid base catalyst for Knoevenagel condensations and transesterification reactions[J]. Catalysis Science & Technology, 2012, 2(5): 1005-1009.

[134] Yang C, Zhao H B, Hou Y L, et al. Fe_5C_2 nanoparticles: a facile bromide-induced synthesis and as an active phase for Fischer-Tropsch synthesis[J]. Journal of the American Chemical Society, 2012, 134(38): 15814-15821.

[135] Zhou J Q, Qian T, Yang T Z, et al. Nanomeshes of highly crystalline nitrogen-doped carbon encapsulated Fe/Fe_3C electrodes as ultrafast and stable anodes for Li-ion batteries[J]. Journal of Materials Chemistry A, 2015, 3(29): 15008-15014.

[136] Fischer A, Antonietti M, Thomas A. Growth confined by the nitrogen source: synthesis of pure metal nitride nanoparticles in mesoporous graphitic carbon nitride[J]. Advanced Materials, 2007, 19(2): 264-267.

[137] Bhattacharyya S. Iron nitride family at reduced dimensions: a review of their synthesis protocols and structural and magnetic properties[J]. Journal of Physical Chemistry C, 2015, 119(4): 1601-1622.

[138] Wang M Q, Yang W H, Wang H H, et al. Pyrolyzed Fe-N-C composite as an efficient non-precious metal catalyst for oxygen reduction reaction in acidic medium[J]. ACS Catalysis, 2014, 4(11): 3928-3936.

[139] Liu X L, Wang C, Wu Q H, et al. Metal-organic framework-templated synthesis of magnetic nanoporous carbon as an efficient absorbent for enrichment of phenylurea herbicides[J]. Analytica Chimica Acta, 2015, 870: 67-74.

[140] Pathmasiri T K K S, Perera G I P. Potential of using polyethylene as ciscosity enhancer of palm oil to use as a lubricating oil[J]. Advances in Mechanical Engineering, 2020, 12(11). DOI:10.1177//687814020970745.

[141] 郭孔哲. 润滑油在机械运行中的重要作用[J]. 科技创新导报, 2017, 14(2): 79-81.

[142] 任志超, 石薇薇, 杜佳芮, 等. 混合α-烯烃聚合生产高黏度合成润滑油基础油[J]. 当代化工, 2021, 50(4): 820-823.

[143] Yadav G D, Doshi N S. Development of a green process for poly-alpha-olefin based lubricants[J]. Green Chemistry, 2002, 4(6): 528-540.

[144] 董振鹏, 孔梦琳, 俞欢, 等. 合成润滑油基础油的现状分析[J]. 山东化工, 2020, 49(17): 70-74.

[145] 朱永进. 聚α-烯烃的性能及应用[J]. 合成润滑材料, 2014, 41(4): 15-17.

[146] Hanifpour A, Bahri-Laleh N, Mohebbi A, et al. Oligomerization of higher α-olefins to poly(α-olefins)[J]. Iranian Polymer Journal, 2022, 31(1): 107-126.

[147] 张耀, 段庆华, 刘依农, 等. α-烯烃齐聚制备聚α-烯烃合成油催化剂的研究进展[J]. 精细石油化工, 2011, 28(1): 82-86.

[148] 黄启谷, 付瑶, 时子海, 等. 茂金属催化剂及制备方法与应用: 108752509A[P]. 2018-06-18.

[149] 袁苑, 义建军, 王仪森, 等. 一种球形负载型茂金属催化剂: 106554433B[P]. 2019-06-11.

[150] 许健, 李久盛, 刘俊义. 一种茂金属催化剂的合成方法: 106543304B[P]. 2016-11-21.

[151] 中国冶金百科全书总编辑委员会《炼焦化工》卷编辑委员会. 炼焦化工[M]. 北京: 冶金工业出版社, 1992.

[152] 马跃锋, 许健, 蒋海珍, 等. 茂金属催化体系下煤制α-烯烃制备低黏度PAO基础油的工艺研究[J]. 石油炼制与化工, 2016, 47(6): 32-36.

[153] Nifant'ev I E, Vinogradov A A, Vinogradov A A, et al. Structurally uniform 1-hexene, 1-octene, and 1-decene oligomers: zirconocene/MAO-catalyzed preparation, characterization, and prospects of their use as low-viscosity low-temperature oil base stocks[J]. Applied Catalysis A: General, 2018, 549: 40-50.

[154] Schmidt R, Deppner M, Alt H G. Synthesis and characterization of unbridged metallocene dichloride complexes with two differently mono-substituted indenyl ligands and their application as catalysts for the polymerization of ethene and propene[J]. Journal of Molecular Catalysis A: Chemical, 2001, 172(1-2): 43-65.

[155] 高针针, 顾瑾璟, 米普科, 等. 不同结构茂金属催化剂催化 1-癸烯齐聚[J]. 石油炼制与化工, 2016, 47(11): 14-19.

[156] 江洪波, 毋少庚. 桥联茂金属催化 1-癸烯聚合及其产物结构与性能[J]. 化工进展, 2015, 34(4): 1088-1092.

[157] Shao H Q, Li H, Lin J C, et al. Metallocene-catalyzed oligomerizations of 1-butene and α-olefins: toward synthetic lubricants[J]. European Polymer Journal, 2014, 59: 208-217.

[158] Jalali A, Nekoomanehs-Haghighi M, Dehghani S, et al. Effect of metal type on the metallocene-catalyzed oligomerization of 1-hexene and 1-octene to produce poly alpha-olefin-based synthetic lubricants[J]. Applied Organometallic Chemistry, 2020, 34(2): 5338-5348.

[159] 李洪梅. 混合 α-烯烃聚合制备高粘度 PAO 的工艺研究[D]. 抚顺: 辽宁石油化工大学, 2019.

[160] Dehghani S, Hanifpour A, Nekoomanesh-Haghighi M, et al. Highly efficient supported $AlCl_3$-based cationic catalysts to produce poly alpha-olefin oil base stocks[J]. Journal of Applied Polymer Science, 2020, 137(22):49018-49029.

[161] Zhao R D, Mi P K, Xu S, et al. Structure and properties of poly-alpha-olefins containing quaternary carbon centers[J]. ACS Omega, 2020, 5(16): 9142-9150.

[162] Ghosh R, Bandyopadhyay A R, Jasra R, et al. Mechanistic study of the oligomerization of olefins[J]. Industrial & Engineering Chemistry Research, 2014, 53: 7622-7628.

[163] 王京, 吴燕珍, 王乃鑫, 等. 运用多谱学分析技术测定高黏聚 α 烯烃的结构[J]. 石油炼制与化工, 2016, 47(1): 93-100.

[164] 李春秀, 韦夏. 红外光谱分析 PAO 的组成和结构[J]. 合成润滑材料, 2009, 36(3): 10-13.

[165] 贾军纪, 郑祖伟, 朱勇, 等. 聚丙烯催化剂的聚合机理研究进展[J]. 高分子通报, 2012, (4): 56-60.

第 4 章

合成气直接制混合醇

4.1 引　　言

混合醇($C_{2+}OH$)通常指两个碳原子以上的直链混合伯醇，分为低碳混合醇($C_{2\sim5}OH$)和高碳混合醇($C_{6+}OH$)。低碳混合醇通常作为溶剂和汽油添加剂[1]。高碳混合醇简称高碳醇，是合成增塑剂($C_{6\sim9}OH$)、洗涤剂($C_{10\sim18}OH$)、表面活性剂以及其他多种精细化学品的重要基础原料，高碳醇及其衍生物具有单位产值高和附加值高等优良性能，在食品、纺织和造纸等领域有广泛应用[2,3]。目前偶数碳数高碳醇市场售价为 1.5 万～2.0 万元/吨，尽管奇数碳数高碳醇市场较小，但售价高达 4.0 万～5.0 万元/吨。当前，全球高碳醇工业快速发展，近年来高碳醇的年需求量增长率约为 3.1%，全球 C_{10} 以上高碳醇需求量从 1988 年的 150 万吨/年增长至 2010 年的 210 万吨/年。我国高碳醇市场前景广阔，随着我国国民经济的快速发展和人民生活水平的日益提高，对高碳醇及其衍生物产品的需求也在逐步增加。

目前高碳醇生产方法有多种，如图 4.1 所示，主要有以下两类：一类是天然油脂经甲酯化后加氢生产高碳醇，主要包括天然油脂加氢和脂肪酸加氢，由于我国不具备工业

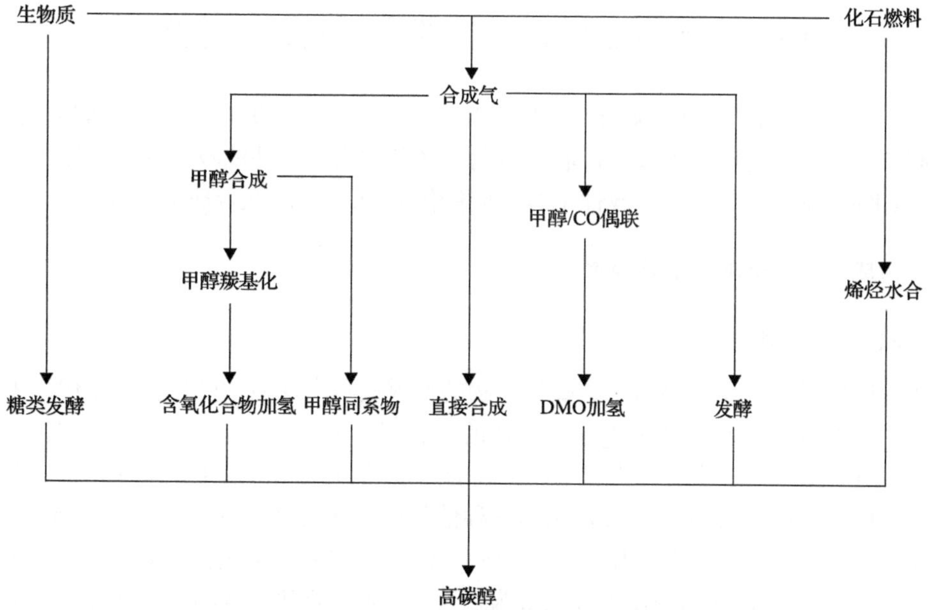

图 4.1　混合醇的生产路线

性油源规模，无法实现大规模生产；另一类是以石油衍生物为原料合成高碳醇，主要包括齐格勒法和羰基合成(OXO)法[4,5]。齐格勒法以三乙基铝(极易爆炸)为催化剂，乙烯通过三乙基铝链增长反应及氧化、水解和精馏等工艺生产洗涤剂醇，其中三乙基铝催化剂消耗量大、成本高，该方法生产灵活性差，存在工艺流程长和技术复杂等缺点，并且只能生产偶数碳原子的直链伯醇[2]。羰基合成法以均相钴膦金属有机配合物为催化剂，高碳烯烃、一氧化碳与氢气在该催化剂的作用下生成直链醛和支链醛，再经加氢生成高碳醇。目前超过 90%的增塑剂醇均采用此方法生产，但产品质量低于齐格勒法，羰基合成法的生产工艺复杂，产物与催化剂的分离以及催化剂的回收具有一定难度，限制了其大规模应用[6]。南非 Sasol 公司的费-托合成过程，除用于生产发动机燃料外，其副产的 α-烯烃经分离后与合成气在催化剂的作用下发生氢甲酰化反应，再经过进一步加氢得到高碳醇，但流程复杂，目标产物选择性差。

合成气直接制备高碳醇的报道较少，Exxon 公司在 1985 年公开的专利中，以 Tl 为助剂的 Fe 催化剂能催化 CO 加氢生产 $C_{1\sim19}$ 直链混合醇。在 200℃、$H_2/CO=1.0$、8.2atm 和 150h^{-1} 的条件下，CO 转化率为 40%～47%，产物中 CO_2 选择性为 11%～18%，碳氢化合物选择性为 82%～89%，在有机物中 $C_{1\sim19}$ 醇占 28.1%～33.4%，其中，$C_{6\sim12}$ 醇占有机物总量的 4.7%～8.1%。埃克森美孚公司于 2002 年报道了 Co-Cu-Mg-K 催化剂上合成气直接制 $C_{1\sim11}$ 醇，在 280℃、$H_2/CO=2.0$、60bar 和 4800h^{-1} 的条件下，CO 转化率为 2.6%～7.6%，$C_{1\sim11}$ 醇占碳氢化合物的 14%～48%，但有大量 CO_2 生成，CO_2 选择性最高可达 65%。目前的合成气直接制高碳醇催化剂都存在活性和高碳醇选择性相对较低的问题，因此，研发高活性和高选择性的合成气一步直接制备混合醇催化剂极具理论和实际意义。

4.2 合成气制低碳醇的催化体系和工艺路线

CO 加氢制混合醇的研究始于 20 世纪 20 年代。20 世纪 70 年代石油危机后，合成气直接制混合醇的研究取得了较大进展。目前已经开发出几类性能较好的催化体系，包括 Rh 基催化剂、Mo 基催化剂、改性甲醇合成催化剂和改性费-托合成催化剂。

4.2.1 合成气制低碳醇的催化体系

1. Rh 基催化剂

Rh 基催化剂上合成气制 C_{2+}含氧化合物的报道最早出现在 20 世纪 80 年代，美国联碳化学公司发表了一系列以 SiO_2 作为载体的专利[7,8]。获得 C_{2+}含氧化合物的催化剂活性金属组分在元素周期表中处于促进 CO 解离的元素(如 Fe、Ru)和促进 CO 非解离的元素(如 Pd、Pt)之间，其中 Rh 是最常用的一种催化剂活性组分。Cr、Ag、V、La、Fe、Li 和 Mn 等多种元素都可以作为 Rh 基催化剂上合成气制 C_{2+}含氧化合物的催化剂助剂，其中 Fe、Li 和 Mn 三种助剂的作用效果最为显著，它们能促进 CO 的解离和插入，抑制烷基中间体的加氢[9-11]。

对于负载于 SiO_2、CeO_2 和 TiO_2 的 Rh 基催化体系，Fe 是过渡金属中效果最好的助剂。对于 Fe-Rh/Al_2O_3 催化剂，乙醇的选择性随 Fe 的负载量增加而升高。有研究表明，负载量的最优值变化与载体的性质和其他助剂的存在与否有关。对分别负载于 SiO_2、CeO_2 和 TiO_2 的 Rh-Mn-Li 催化剂，其 Fe 助剂的最佳加入量分别为 0.1wt%、0.25wt%和 4.0wt%[9,12,13]。这种差异可能源于不同载体的织构性质和电子性质的差异，以及 Fe 物种的分散差异。

Li 是用于改变 C_{2+}含氧化合物选择性的常用助剂，但是会覆盖 Rh 位点，从而降低催化剂活性。Mn 是 Rh 基催化剂上第三种常用的助剂。Mn 助剂被认为有利于促进 Rh^0 上的 CO 解离和 $Rh^{\delta+}$上的 CO 插入。

2. Mo 基催化剂

在众多种类的 Mo 基高碳醇合成（HAS）催化剂中，MoS_2 基催化剂的性能最佳。碱金属的存在可通过增加烷基（MoS_2 上 CO 解离形成）中能插入活化后的 CO 活性位点数量来提高总醇选择性，但是不改变 ASF 分布。该体系具有独特的抗硫性能，不易积碳，水煤气变换活性高，能以较高硫含量（20～100ppm）和较低氢碳比（H_2/CO=0.7～1）的合成气为原料。此外，碱金属的存在会降低催化活性，不能抑制 CO_2 形成。几十年来，有很多对碱金属作用的研究。这类催化剂用于 HAS 反应遵循 CO 插入机理，存在两类活性中心：①MS_x，其中 M=Fe、Co 和 Ni，该中心能促进 CO 解离吸附引发链增长，是催化活性的主要来源；②M-$KMoS_x$，该中心上 CO 发生非解离吸附，是形成醇的活性中心[14]。MoS_2 基催化剂的 HAS 性能还与载体有关。碳载体（如活性炭和碳纳米管）与氧化物载体（如硅胶、氧化铝）相比更能促进 HAS 反应。除了其较大的比表面积能促进活性物种分散外，π 电子与活性物种的作用强弱也对催化性能产生较大影响。

Mo 基 HAS 催化剂中，Mo_2C 基催化剂的性能仅次于 MoS_2。碱金属对 Mo_2C 的促进作用与 MoS_2 相似，通过促进 CO 插入，产物从烃类更多地向醇类转变。碱金属还能促进甲醇向乙醇或其他高碳醇的转变。Bej 等[15]研究了 Mo_2C 上的酸性位点和碱性位点（分别弱于 HZSM-5 和 MgO）对醇选择性的影响，研究发现即使是较弱的酸性位点，对醇类的选择性也是不利的，这是因为酸性位点能促进副反应（醇脱水）和积炭发生。因此，需要加入碱金属中和表面酸性位点以抑制或减少这些竞争反应的发生。

3. 改性甲醇合成催化剂

改性甲醇合成催化剂主要分为以下两种类型[16]：①低温 Cu 基催化剂，如 Cu-Zn-Al_2O_3、Cu/ZrO_2、Cu/CeO_2、Cu-Mn 核壳型纳米颗粒等；②高温 Cr 基催化剂，如 Zn-Cr 混合氧化物等。

1）低温 Cu 基改性甲醇合成催化剂

低温 Cu 基改性甲醇合成催化剂用于合成支链醇的活性较高。如果添加 Co 助剂可以促进直链醇（主要是乙醇）的形成[17,18]。这类催化剂上产生的醇的碳链长较短，乙醇和丙醇的含量较高。

碱金属对 $Cu-Zn-Al_2O_3$ 催化剂的促进作用被广泛研究。Cu/ZnO 催化剂上总醇的选择性随碱金属的碱性增加而增加(Cs＞Rb＞K＞Na＞Li)[19]，所以 K 和 Cs 引起了广泛的关注。碱金属的主要作用是中和表面酸性位点，提供碱性位点促进碳-碳和碳-氧偶联反应，同时碱金属会覆盖 Cu 位点，从而引起活性和比表面积的降低。为了提高 Cu-Zn-Al、Cu-Zn-Cr 和 Cu-Zr 体系中总醇的选择性，Fe、Co、Ni、Mn、Mo 和 La 等过渡金属助剂通常与碱金属一起使用。它们起到结构助剂(促进 Cu 的分散)和电子助剂(提高活性相的还原度)两方面的作用。

2)高温 Cr 基改性甲醇合成催化剂

高温 Cr 基改性甲醇合成催化剂由于寿命长、能抑制积碳的特性受到广泛关注。该类催化剂的 CO 转化率高(10%～30%)，总醇尤其是支链醇的选择性高，甲醇和异丁醇在总醇中的含量最高可达 94%[20]。但是该类催化剂上的烷烃选择性较高，对于 5wt%Cs-Cr/ZnO 催化剂，烃类选择性最高可达 35%(不计 CO_2)，到目前为止没有不产生 CO_2 的报道[21]。近年来，有很多改进催化剂活性位点的性质，从而提高异丁醇产率的研究。有研究者提出制备 Zn-Cr 尖晶石中过量的 Zn 形成的 ZnO 是活性位点[21,22]；而另一些研究者认为非化学计量的尖晶石相是醇形成的原因[23,24]。

4. 改性费-托合成催化剂

改性费-托合成催化剂是高碳醇合成催化剂中研究最为广泛的。对于改性费-托合成的 HAS 催化剂的研究可以追溯到 1978 年，当时法国石油研究院(IFP)发表了一系列 CoCu 催化剂并且选择至少两种碱金属或者过渡金属作助剂[25-29]，该催化剂的组成通式为 $Cu_xCo_yM_zA_w$，其中 M 为 V、Cr、Mn、Fe 以及稀土金属，A 为碱金属或碱土金属。IFP 催化剂所需的温度、压力较低(523K，6.0MPa)，主产物为 $C_{1\sim6}$ 混合伯醇，异构醇的选择性很低，副产物主要为 $C_{1\sim6}$ 烷烃。因此，CoCu 催化剂由于成本低、醇类选择性高的优势备受学术界和工业界关注。设计双功能催化剂的目的是将 CO 解离吸附和 CO 非解离吸附的这两种活性位点结合起来。大多数研究者认为金属 Co 上进行 CO 解离吸附，产生碳链吸附中间体，而金属 Cu 促进 CO 非解离吸附。基于这种设计双功能活性位点的思想，催化剂中高分散的 Co 和 Cu 之间的紧密接触、Co 和 Cu 的含量达到合适的平衡以及在 CO 加氢过程中调变 Co 的电子状态是 HAS 反应中迫切需要解决的问题。

Co 基改性费-托合成 HAS 催化剂研究较多的是 CoCu 基催化剂。Prieto 等[30]通过 DFT 和微观动力学模型揭示了 $CoCu/MoO_x$ 催化剂中富集在 Co 表面的 CuCo 合金纳米颗粒(NP)是 HAS 反应的关键。他们通过理论计算研究了催化剂表面的不同 Co/Cu 比与甲烷、甲醇和乙醇选择性之间的关系，发现富 Co 的合金相上乙醇的选择性最高。随后研究了具有不同 Cu/(Cu+Co)摩尔比的催化剂的晶相结构及 Co 在催化剂表面的价态与催化剂组成的关系。Cu/(Cu+Co)=0.35 时，Co 的还原度与 Cu 的含量达到平衡，此时混合醇的时空收率最大[27mmol/(g_{Cu+Co}·h)]。同时，还发现表面存在 Co 和 Co^{n+}的 Co/SiO_2 催化剂也能形成一定量的混合醇，说明 $Co^{\delta+}$与 Cu 在 HAS 反应中起到类似作用。Liu 等[31]通过向 Cu/Al_2O_3 中加入不同含量的 Co 来建立 Co-Cu 双活性位点之间的联系。XRD 表征发现随着 Co 含量的增加，焙烧后的样品中 $CuCo_2O_4$ 的含量增加，该相能促进活化过程中 H 原子吸附和高分散的双金属 CoCu 活性位点的形成，提高了催化活性(7.6%～31%)和醇选择性(4.7%～31%)。

Su 等[32]通过研究 Co/SiO_2 和 $CoCu/SiO_2$ 催化剂来解释 Cu 的作用。XRD、X 射线吸收光谱(XAS)和拉曼光谱发现了 $Cu_x^{2+}Co_{1-x}^{2+}Co_2^{3+}O_4^{2-}$ 尖晶石相的形成。当 Cu 含量较低时，Co^{2+} 可代替 Cu^{2+} 占据 $CuCo_2O_4$ 中的四面体空隙。动力学研究发现，Cu 抑制了 CO/HCO 的解离和 CH_x 的形成，控制表面 Co 颗粒的尺寸，抑制 CH_x 的插入。相反，Baker 等[33]发现 Co/SiO_2 催化剂比 $CoCu/SiO_2$ 催化剂具有更高的含氧化合物选择性，认为 Co^0 和 Co^{2+} 是 HAS 反应的活性物种，Cu 不起直接作用，其作用可能是抑制 Co 上 CH_x 的形成以及促进 Co 的还原。Smith 等[34,35]采用原位 XRD、X 射线吸收近边结构(XANES)和漫反射傅里叶变换红外光谱(DRIFTS)来研究 Co/SiO_2、Cu/SiO_2 和 $CoCu/SiO_2$ 上的还原与 CO 吸附行为，Co 的存在不会改变 Cu 上吸附的 CO 的振动频率和键强，认为含氧化合物选择性的差异与 Cu 无关，而 Co/SiO_2 催化剂中的 Co^0 和 Co^{n+} 的作用分别是解离和非解离吸附 CO。尽管大多数的研究者已经强调了该催化体系中 Cu 和 Co 两种组分的具体作用，但这些有争议的研究结果表明 CoCu 双金属催化剂活性位点的性质仍需进一步研究。

CoCu 基催化剂的助剂研究主要集中于碱金属、部分过渡金属与稀土金属等元素。Tien-Thao 等[36-38]研究了碱金属助剂对纳米级 $LaCuCoO_x$ 钙钛矿的影响。碱金属能按照 Li、Na(Cs)、K、Rb 的顺序提高氧化物的比表面积和总醇选择性。碱金属还能促进碳链增长，促进水煤气变换反应，同时抑制 CH_4 形成。Cosultchi 等[39]研究了碱金属(2wt% Li、Na、K、Rb 和 Cs)对混合氧化物 CoCuCr 的影响，实验发现 Na 的加入能将高碳醇的选择性提高到 34%，略高于烃类选择性(33%)，但是 CO_2 选择性将高达 30%。除了碱金属助剂，Wang 等[40]研究了 Zr、Al 和 La 助剂对 CoCu 催化剂的影响。在不同的反应条件下，$CuCoLa_2O_3$ 表现出最高的总醇选择性(约 35%)和最低的烃类选择性(约 14%)，他们认为由 La_2O_3 产生的碱性表面促进了醇的形成。Xiang 等开发出了一系列用于 CO 加氢合成混合醇的 CoCu 基催化剂[41-43]，他们采用草酸盐沉淀法制备了纳米尺度的核壳型三元 CoCuMn 催化剂[3]，表现出优异的合成气制混合醇的性能，产物中烯烃和醇的选择性超过 60%，最高可达 95%，而且得到的高碳醇主要是制备润滑剂、增塑剂和洗涤剂的 $C_{8\sim14}$ 醇。他们又进一步开发了三元 CoCuNb 催化剂[44]，CO 转化率为 5%～20%时，产物中烯烃和醇的选择性可达 73%，$C_{2\sim5}$ 醇超过 50%。

4.2.2　合成气制低碳醇工艺路线

自 1975 年法国石油研究院首先提出合成低碳混合醇的方法以来，经过五十余年的研究，目前具有代表性的和合成气制低碳醇工艺有 MAS 工艺、Octamix 工艺、IFP 工艺和 Sygmol 工艺。

(1)MAS 工艺：采用 Zn-Cr 催化体系，意大利 Snamprogetti 公司在 1979 年建设了中试装置，1982 年建成 15 千吨/年示范装置，这也是目前 CO 加氢合成低碳醇过程唯一的工业化工艺。

(2)Octamix 工艺：采用 Cu-Zn 催化体系，由德国鲁奇(Lurgi)公司在 $Cu\text{-}ZnO/Al_2O_3$

催化剂的基础上，通过添加碱金属和对孔结构的改进开发而来，现已通过了单管模试。

(3) IFP 工艺：由法国石油研究院开发，采用 Cu-Co 催化体系，从 1975 年开始研究，1984 年在日本建成 7000 桶/年中试装置。

(4) Sygmol 工艺：在 1985 年，由美国陶氏化学公司和联碳化学公司开发，采用 MoS_2 催化体系，完成了 6500h 的中试考察。

在合成气直接合成低碳醇催化剂研究与工艺技术开发方面，国内也有十余家单位从事相关研究，包括清华大学、厦门大学、华东理工大学、中国科学院山西煤炭化学研究所、中国科学院大连化学物理研究所、西南化工研究院和南京化学工业有限公司等。山西煤炭化学研究所开发的 Zn-Cr 催化剂于 1988 年通过工业侧线模试鉴定，Cu-Co 催化剂也通过了 1000h 工业侧线模试鉴定。清华大学和南京化学工业有限公司等对类似 Octamix 工艺的改性 Cu-Zn 催化剂进行开发，清华大学研制出改性 Cu-ZnO-MgO 催化剂，南京化学工业有限公司进行了 700h 模试考察。

在上述工艺中，MAS 工艺最为成熟，其次是 IFP 工艺。Sygmol 工艺采用的催化剂具有独特的抗硫性能，该工艺和 IFP 工艺的产物中 C_{2+}醇含量最高，最具工业化前景。Octamix 工艺采用低压 Cu 基催化剂，是对 MAS 工艺的改进，而且与 Sygmol 工艺一样，产物含水量低，脱水能耗最低。

目前，合成气制低碳混合醇工艺的时空收率为 100～600mg/(g_{cat}·h)，远低于合成气制甲醇的时空收率[1300～1500mg/(g_{cat}·h)]，生成的醇中 C_{2+}醇的分布不高(60%左右)，甲醇比例较大。因此，研制高活性、高 C_{2+}醇选择性、低甲醇选择性的合成气制混合醇催化剂和工艺仍是该领域的研究重点。

4.3 合成气制混合醇 Co@Co_2C 活性位点的发现

碳原子等半径较小的非金属原子插入过渡金属晶格中，使过渡金属 d 带收缩，费米能级态密度增加，从而使过渡金属碳化物的表面性质和吸附特征类似于Ⅷ族贵金属，所以对碳化物的催化性能的研究相对较集中地围绕以贵金属为催化剂的特征反应上，特别是多与加氢反应相联系，希望能够替代 Pt、Pd 等贵金属催化剂。

目前，金属碳化物催化剂主要应用于合成氨和氨分解、加氢精制、烃类异构、选择加氢、甲烷重整、水煤气变换和费-托合成等反应。对于碳化钴(Co_2C)物种催化性能的争论，目前仍集中在费-托合成上。下面将具体阐述 Co_2C 物种在费-托合成中的作用。

4.3.1 Co_2C 物种在费-托合成中的作用

Co_2C 在 CO 加氢反应中的作用存在长期的争论。近年来，随着对 CO 加氢和 Co_2C 物种认识的不断深入，有研究者发现 Co_2C 物种在 CO 加氢反应过程可能起到特殊的作用，但是对 Co_2C 物种具体作用机理的认识并未达成统一。

长期以来，Co_2C 都被认为是 Co 基 CO 加氢催化剂失活的主要原因之一[45-48]。Bukur

等[49]通过研究预处理方式对 15Co/Al_2O_3 的费-托合成性能影响发现，用 CO 进行预处理会在催化剂表面形成 Co_2C，导致 CH_4 选择性升高。Xiong 等[50]发现形成 Co_2C 导致了 Co 基催化剂的失活。Hu 等[51]通过 DFT 计算发现，Co_2C 的费-托合成反应活性比 Co 低很多，CH_4 选择性高，Co_2C 的出现可能导致 Co 基催化剂失活。

有研究者提出，Co_2C 具有 CO 解离活性。中国科学院上海高等研究院孙予罕等发现了一种暴露特定晶面的 Co_2C 纳米棱柱催化剂，它能将合成气高效转化为低碳烯烃，在 523K、0.1MPa、H_2/CO=2 的条件下，CO 转化率为 31.8%，低碳烯烃选择性可达 60.8%（不包括 CO_2，约 50%），同时烯/烷比大于 30。通过 DFT 计算发现，Co_2C(101)晶面非常有利于烯烃的生成，而(101)和(020)晶面有效抑制 CH_4 的形成[52]。Kruse 等用草酸盐沉淀法制备了碱金属改性的 CoMn 催化剂用于 CO 加氢反应（493K、4MPa），直链醛和直链醇的总选择性超过 50wt%。当 H_2/CO=0.5 时，产物中直链醛的选择性约为 60wt%；当 H_2/CO=9 时，产物中烷烃和直链醇的选择性分别为 65wt%和 35wt%，Mn_5O_8 与体相 Co_2C（K 促进形成）的协同作用是造成这种选择性的主要原因[53]。

但是，也有研究者认为，Co_2C 具有类贵金属性质，能发生 CO 非解离吸附，是 CO 插入的活性中心[54-56]。丁云杰等开发了一系列活性炭负载 Co 基催化剂用于 CO 加氢一步法直接合成高碳醇，在制备催化剂时选择不同的助剂，可以促进 Co_2C 形成，提高醇的选择性[57-72]。他们首次系统提出 Co_2C 是 CO 加氢反应过程中活性物种，是合成醇的活性中心之一。通过 DFT 计算发现，该催化体系中原位形成 Co_2C 物种可以非解离吸附 CO，促进 CO 插入；而金属 Co 上进行 CO 解离吸附，促进碳链增长，Co 和 Co_2C 的紧密接触是形成醇的必要条件[73]。Liu 等[74]通过研究负载的 CoCu 催化剂发现在费-托合成反应过程中 La_2O_3 促进 Co_2C 的形成，使催化剂的组成变为 Co_2C-Cu/$La_2O_2CO_3$-$LaFeO_3$，其高活性和高醇类选择性源于 $LaFeO_3$ 表面高分散 Cu 改性的 Co_2C 纳米颗粒，其良好的稳定性归因于 Co_2C-Cu 纳米颗粒与载体的相互作用。Davis 等在研究 Ce 改性的 Co 基催化剂（15Co/$Ce_{0.75}Si_{0.25}O_2$）时发现，在费-托合成反应过程中在催化剂表面形成了 Co_2C 物种，改变了 CO 与 Co 的相互作用，促进 CO 插入表面烷基，含氧化合物的选择性提高[75]。Spivey 等[76]通过对共沉淀法制备的 CuCoLa 催化剂的原位 DRIFTS 研究发现，在温度为 473K 的合成气气氛中形成 Co_2C，CO 在 473～523K 时在 Co_2C 上发生线式吸附，温度为 573K 时 Co_2C 物种在合成气气氛中会分解为金属 Co 和碳，这时吸附于 Co_2C 物种上的 CO 开始脱附，这种原位形成的 Co_2C 上发生 CO 非解离吸附，促进 CO 插入邻近的表面烷基 CH_x。

虽然 Co_2C 基催化剂在 CO 加氢反应领域的应用是近期合成气转化领域的研究热点，但目前对其精细结构及其作用机理的认识尚不清晰[77-79]。因此，对 Co_2C 物种的精细结构的剖析及其在 CO 加氢反应中作用机理的研究将成为未来的研究重点内容。

4.3.2 Co@Co_2C 界面的作用机理

丁云杰研究团队自 2005 年起开展合成气一步制混合醇的改性 Co 基费-托合成催化剂的研究，开发了一系列活性炭负载 Co 基催化剂上合成气一步法直接合成直链混合伯醇联产液体燃料的新催化体系和催化反应过程。该技术突破了目前国内外广泛研究的合成气制低碳醇($C_{1\sim5}$)工艺路线，也突破了合成气制高碳烯烃，再经分离、氢甲酰化制高碳醛、再加氢制高碳醇的多步技术路线。该技术具有工艺简单、设备投资少、产品附加值和经济性高等优势，费-托合成产物中烃类(主要是石脑油和柴油)和混合伯醇($C_{1\sim18}OH$)的质量比约为1:1，而且甲醇的选择性低(液相有机物中小于2%)，气态烃的比例可以控制在 20%左右。液体产品经精馏切割-萃取-反萃取分离，可以将烃类与醇类分离，其中烃类为石脑油和柴油馏分，醇类产品可分为 $C_{2\sim5}$ 低碳醇、$C_{6\sim9}$ 增塑剂醇和 $C_{10\sim18}$ 洗涤剂醇。同时根据需要，可以将不同碳数的醇通过精馏分离获得高纯度的单一醇。

与合成气制低碳醇($C_{1\sim5}$ 醇)相比，合成气制直链混合醇联产液体燃料工艺的产品中，除乙醇等低碳醇外，还包括石脑油和柴油馏分，以及更高附加值的 $C_{6\sim9}$ 增塑剂醇和 $C_{10\sim18}$ 洗涤剂醇，提高了合成气工艺的经济性。

通过对反应后的催化剂进行系统的表征发现，反应后的催化剂中均有 Co_2C 物种的存在。后续研究表明，此类催化剂中以金属 Co 纳米颗粒和反应过程中原位生成的 Co_2C 物种构成双活性中心，其中金属 Co 相具有较强的 CO 解离和加氢能力，能够催化碳-碳偶联并加氢生成烃基链，而 Co_2C 相具有类贵金属性质，能够非解离吸附 CO，颠覆了以往对 Co_2C 物种是费-托合成过程中非活性物种的认知。DFT 计算和实验研究表明，金属 Co 与 Co_2C 二者的界面是生成醇的活性位点，如图 4.2 所示。通过进一步深入研究，发现活性炭负载 Co_2C 纳米颗粒也具有较高的费-托合成活性，以 Co_2C 相为主，含有少量金属 Co 的纳米颗粒 Co@Co_2C，具有很高的醇/烯烃选择性(>60%)，而以金属 Co 为主，含有少量 Co_2C 相的纳米颗粒(Co_2C@Co)则更倾向于生成烷烃。Co_2C 纳米颗粒的体相内和表面上存在一定比例的金属 Co，这些金属 Co 是分散的团簇，无法通过 XRD 检测，只能通过 XAFS 和 XPS 等针对体相精细结构和表面微观性质的表征手段证实其存在。研究表明：①Co_2C 具有类贵金属特性，非解离化学吸附活化 CO 分子，活化的 CO 插入邻近的 Co 金属上产生的 $Co(CH_2)_nCH_3$ 中加氢生成混合伯醇；②碳链增长在 Co 金属纳米颗粒上进行；③只有 Co_2C 与 Co 金属纳米颗粒紧密接触位点才有活性，否则 Co_2C 没有活性。在应用基础研究结果的基础上提出了金属 Co 和 Co_2C 的紧邻界面是醇类形成的双活性中心，金属 Co 晶粒是碳链形成和生长的活性位，具有类贵金属性质的 Co_2C 非解离吸附活化 CO，随后插入到邻近的纳米 Co^0 晶粒上生成的吸附碳链并加氢生成 α-醇。

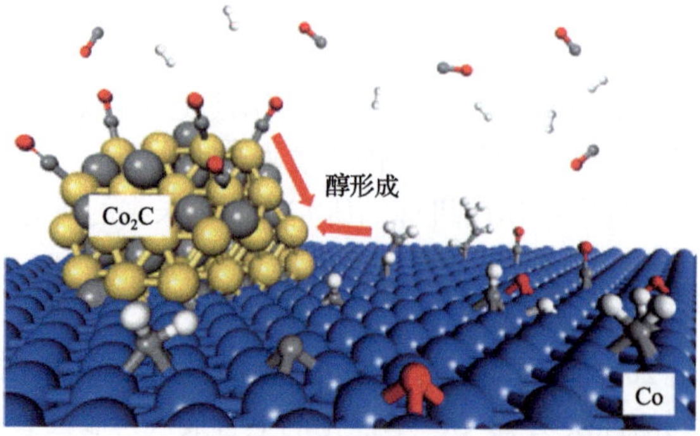

图 4.2 Co-Co_2C 界面上混合醇形成过程的示意图

4.4 合成气制混合醇联产柴油

“合成气直接制混合醇联产柴油”这一原创性技术获得中国科学院战略性先导科技专项“变革性洁净能源关键技术与示范”的首批资助，2018 年 4 月启动“合成气下游及耦合转化利用”项目的重要研究任务。研究任务以煤基合成气制混合醇催化剂和反应工艺的创制为核心，开发煤基合成气生产混合醇联产柴油大型化成套技术软件包，核心技术包括 Co-Co_2C/AC 催化剂生产技术和单台 50 万吨/年级大型浆态床反应器技术，完成 10 万吨/年工业示范，达到世界领先水平。该技术采用原料的廉价性将改变混合醇的生产方式，形成数百万吨/年混合醇的消费市场，促进变革性技术创新和高附加值化学品新兴产业的形成与发展。该技术将煤炭转化为高附加值的化学品，符合煤炭清洁高效利用的发展方向，将取得世界领先的原创新研究和工业化成果，对实现我国煤炭资源的高值化利用和社会可持续发展具有重大的经济和现实意义。

本节主要介绍合成气制混合醇联产柴油的催化体系、工艺路线、副产烯烃的多相氢甲酰化及其加氢、加氢产物的分离以及工业示范的相关研究进展。

4.4.1 合成气制混合醇联产柴油的催化体系

丁云杰研究团队首次发现以活性炭(AC)为载体合成的一系列钴基催化剂，费-托合成的产物具有较高的总醇碳数选择性(>38%)，C_{6+}醇在总醇中的含量超过 50%，并且在反应后的催化剂中都发现了 Co_2C 物种的存在，通过一系列表征手段证明了醇类的形成与 Co_2C 物种有关。目前合成气制混合醇催化剂的活性和混合醇的选择性尚不能满足工业化的需求，仍需进行进一步的改性和优化，性能仍需进一步提高。本节通过不同类型助剂对活性炭负载钴基催化剂进行改性，调变其 CO 加氢反应性能，并且通过多种表征手段认识 Co-Co_2C 活性中心的作用机理。

1. Mn 助剂对 Co/AC 催化剂 CO 加氢性能的影响

Mn 是一种被广泛使用的 Co 基费-托合成助剂。研究表明，Mn 助剂能提高 CO 转化率和 C_{5+}烃类的选择性，同时可使产物中的烯/烷比提高。但是，对于 Mn 助剂作用机理的研究仍不清晰。对于 CoMn 共沉淀催化剂，Mn 是形成烯烃和含氧化合物的关键因素之一。近期的研究表明，少量的碱金属可以促进 CoMn 共沉淀催化剂中 Co_2C 物种的形成。

基于 Co_2C 基催化剂 CO 加氢反应性能的研究，将深入探究 Mn 助剂对于活性炭负载 Co 基催化剂结构的影响机理以及其对 CO 加氢反应性能的影响，并结合 XRD、原位 XRD、XPS、准原位 XPS、原位 XAFS 等多种表征深入研究催化剂的构效关系，揭示活性炭载体上 Mn 促进 Co_2C 形成的机理、在 CO 加氢反应过程中催化剂的结构演变过程及反应机理。

首先考察 Co/AC 和 Co*x*Mn/AC 催化剂的 CO 加氢反应性能，不同 Mn 负载量催化剂在相同条件下的 CO 加氢反应结果如图 4.3 所示。从图 4.3(a)可以看出，Mn 负载量从 0wt%

增加到 3.0wt%，CO 转化率从 47.5%降低至 10.5%，CH_4 选择性随着 Mn 的加入而迅速降低(从约 23%降低至约 8%)，CO_2 选择性从 0.7%升高至 3.1%。$C_{2\sim4}$ 烃选择性从 15.8%降低至 13.3%，变化幅度较小；$C_{2\sim4}$ 烃选择性从 7.0%显著升高至 20.7%。C_{5+}烃选择性从 31.3%显著降低至 14.3%，C_{5+}烃选择性从 7.6%显著升高至 21.0%。混合伯醇的选择性在 Mn 负载量为 1wt%时达到最高(21.4%)，过量 Mn 的加入会使混合伯醇的选择性有所降低(17.5%)，而无 Mn 加入时混合伯醇的选择性为 14.6%。产物中烯烃和混合伯醇的时空收率在 Mn 含量为 0.5wt%时达到最大[174.3g/(kg_{cat}·h)]，烯烃和混合伯醇总选择性可达 60.6%，与无 Mn 时相比提高近一倍[总时空收率 92.4g/(kg_{cat}·h)，总选择性 29.3%]。从反应结果可以看出，Mn 助剂的存在能显著抑制 CH_4 的形成，降低 C_{5+}烃的选择性，显著促进烯烃($C_{2\sim4}$ 低碳烯烃和 C_{5+}高碳烯烃)的形成，而对混合伯醇的形成影响较小。少量 Mn 助剂的加入可以明显起到促进作用，但过量 Mn 的添加导致催化剂活性的下降，对产物选择性的影响不大。

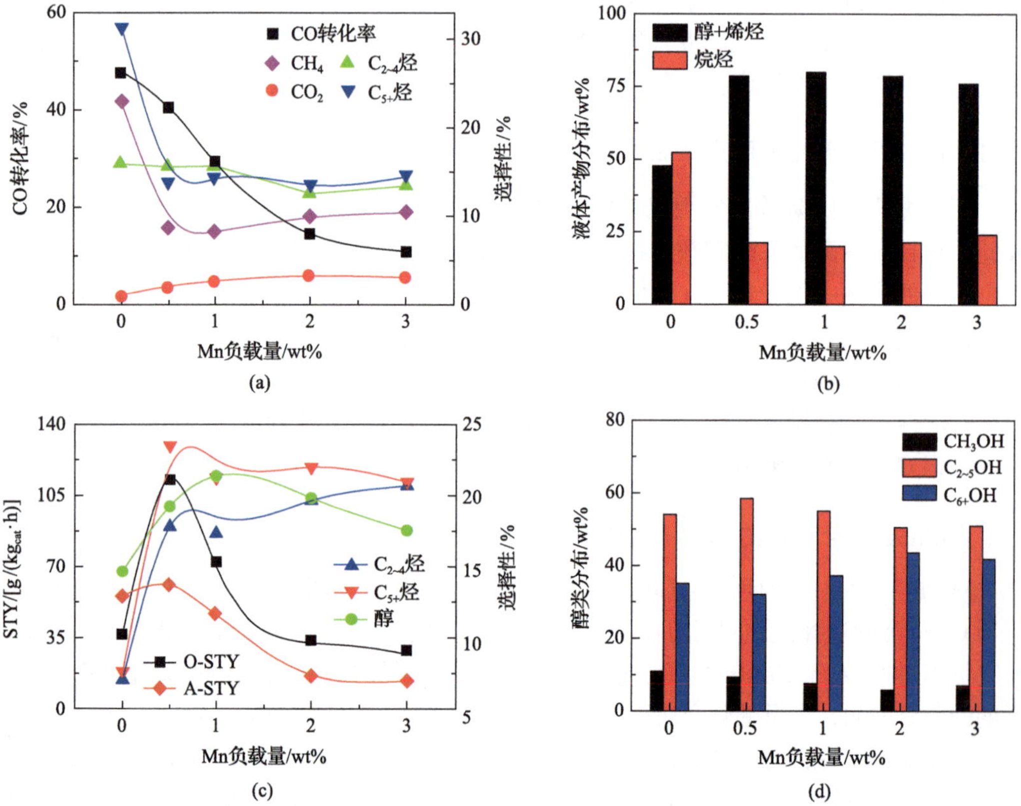

图 4.3 相同反应条件下不同 Mn 负载量催化剂的 CO 加氢反应性能比较

(a，c)CO 转化率、各产物选择性以及烯烃(O)和醇(A)的时空收率；(b，d)Co/AC 和 CoxMn/AC 催化剂的 CO 加氢反应液体产物分布和醇类分布；反应条件：493K、3.0MPa、GHSV=2000h^{-1}、H_2/CO=2.0

从图 4.3(b)可以看出，Mn 的加入能显著提高液相产物中混合伯醇和烯烃的质量分数(从 48wt%增加到 80wt%)，而 Mn 的加入量对液相产物分布的影响不大。此外，Mn 的加入能降低混合伯醇中 CH_3OH 的质量分数(从 10.9wt%降低至 5.8wt%)，提高 C_{6+}醇的质量分数(从 35.0wt%增加至 43.6wt%)，同时，$C_{2\sim5}$醇的质量分数变化不大。

Co/AC 与 Co*x*Mn/AC 催化剂在上述条件下进行 CO 加氢反应的产物 ASF 分布如图 4.4 所示。对于 Co/AC 催化剂，产物中烷烃的α值为 0.68；Mn 加入后，产物中烷烃的α值增加至 0.70～0.73。对于 Co/AC 催化剂，产物中烯烃的α值为 0.60；Mn 加入后，产物中烯烃的α值增加至 0.62～0.68。对于 Co/AC 催化剂，产物中混合醇的α值为 0.68；Mn 加入后，产物中混合醇的α值为 0.64～0.69，α值略有降低。分析上述结果发现，Mn 对于 CO 加氢反应各产物的α值的影响较小。

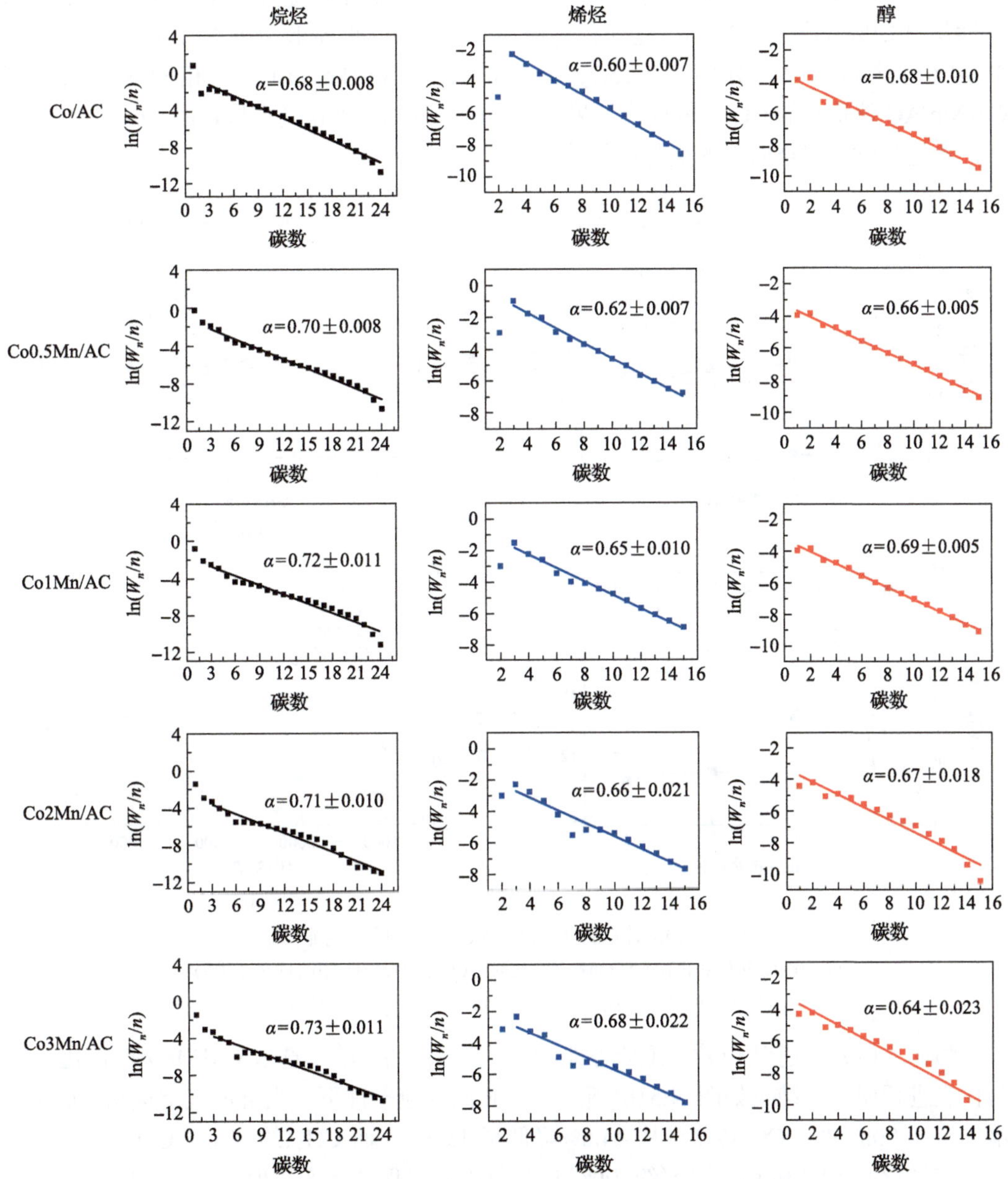

图 4.4 Co/AC 和 Co*x*Mn/AC 催化剂的 ASF 分布

为比较 Co*x*Mn/AC 催化剂在相似转化率下的产物选择性，采用控制其他条件不变的情况下(温度 493K，压力 3.0MPa)，调节反应气时空速，使 CO 转化率控制在 10%～17% 范围内，此时各产物的选择性及时空收率如图 4.5(a)所示。从图 4.5(a)可以看出，当不同 Mn 负载量的 Co*x*Mn/AC 催化剂的 CO 转化率接近时，随着 Mn 负载量的增加，CH_4 选择性显著下降(从 38.6%下降至 8.0%)，CO_2 选择性的变化较小(1.0%～3.0%)，$C_{2\sim4}$ 烷烃选择性逐渐降低(从 16.8%下降至 12.4%)，C_{5+} 烷烃的选择性逐渐升高(从 8.0%升高至 14.3%)。与之相比，烯烃和混合伯醇的选择性随着 Mn 负载量的增加而提高，$C_{2\sim4}$ 烯烃选择性从 14.2%升高至 22.8%，C_{5+} 烯烃选择性从 6.5%显著升高至 24.1%，混合伯醇的选择性从 13.1%升高至 19.8%。此外，烯烃和混合伯醇的时空收率均在 Mn 的加入量为 0.5wt%时达到最大，分别为 115.7g/(kg_{cat}·h) 和 43.3g/(kg_{cat}·h)。与相同反应条件下 Co*x*Mn/AC 催化剂的 CO 加氢反应结果相比，Co*x*Mn/AC 催化剂在接近的 CO 转化率下，各产物选择性和时空收率的变化趋势接近。

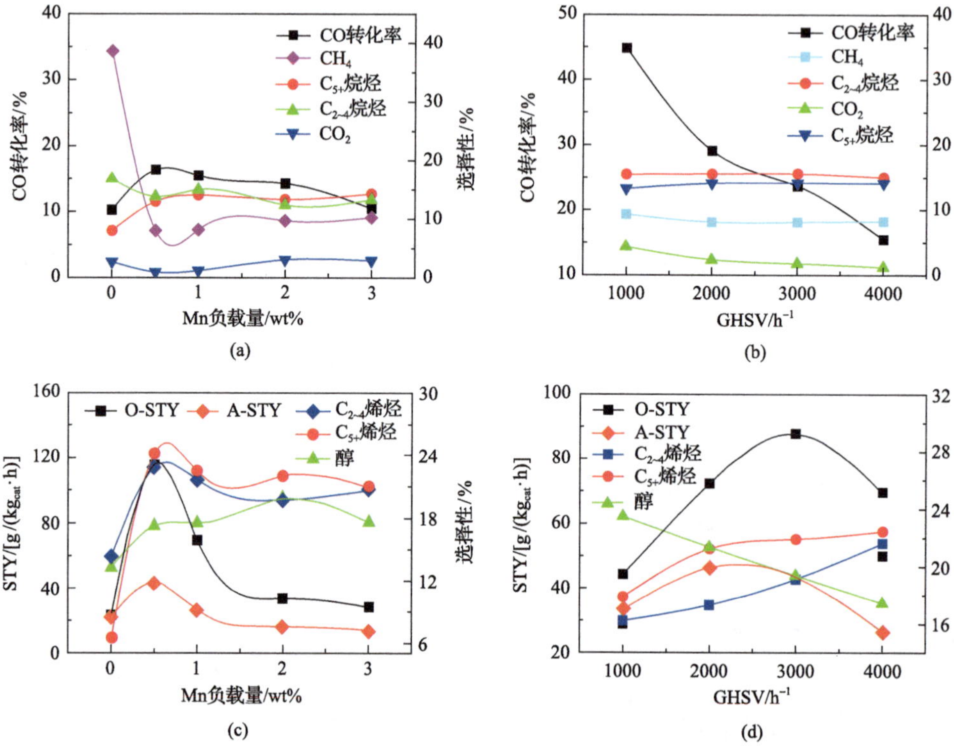

图 4.5　Mn 对 Co/AC 催化剂 CO 加氢反应性能影响

(a，c)相近转化率下不同 Mn 负载量催化剂的 CO 加氢反应性能比较(不同空速)；

(b，d)Co1Mn/AC 催化剂在不同空速下的 CO 加氢反应性能比较

为深入研究空速对 CO 加氢催化剂活性和选择性的影响，选取 Co1Mn/AC 催化剂作为代表进行研究，结果如图 4.5(b)所示。在相同反应条件下，当合成气空速从 $1000h^{-1}$ 增加至 $4000h^{-1}$ 时，CO 转化率从 44.8%降低至 15.5%，而 CH_4(约 8%)、CO_2(约 2%)、$C_{2\sim4}$ 烷烃(约 15%)和 C_{5+} 烷烃(约 14%)的选择性几乎保持不变。但是，混合伯醇和烯烃的选择性随反应气时空速的改变而发生较大变化。随着空速的增加，混合伯醇的选择性

下降(从 23.5%下降至 17.4%),烯烃的选择性升高,$C_{2\sim4}$烯烃选择性从 16.2%升高至 21.6%,C_{5+}烯烃选择性从 17.9%升高至 22.5%。烯烃的时空收率在空速为 3000h^{-1} 时达到最大[87.5g/(kg_{cat}·h)],混合伯醇的时空收率在空速为 2000h^{-1} 时达到最大[46.7g/(kg_{cat}·h)]。

Co1Mn/AC 催化剂在固定床中的反应稳定性实验结果如图 4.6 所示。反应进行 120h 以后,CO 转化率从 29%降低至 25%,CH_4 选择性约为 9%,CO_2 选择性约为 2%,$C_{2\sim4}$烯烃选择性在 20%左右波动,$C_{2\sim4}$烷烃选择性在 15%左右波动,C_{5+}烯烃和烷烃的选择性基本不变,混合伯醇的选择性略有下降(从 21%降低至 18%)。根据上述结果,Co1Mn/AC 催化剂初步表现出较好的 CO 加氢反应稳定性。

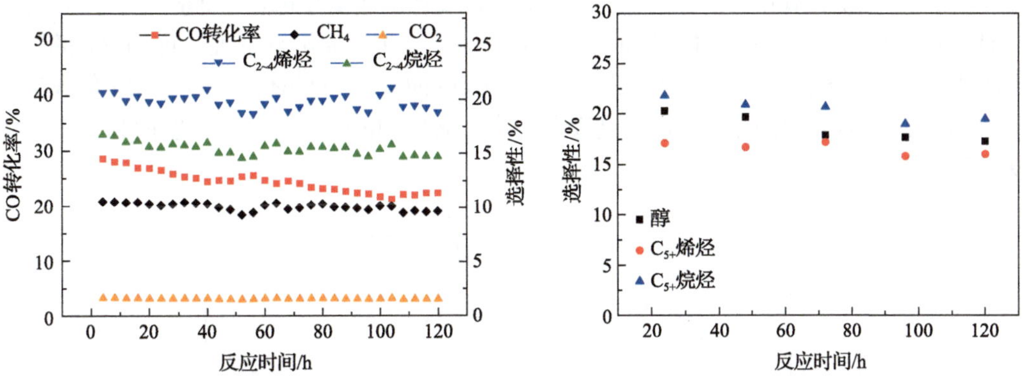

(a) (b)

图 4.6 Co1Mn/AC 催化剂活性和产物选择性随时间变化曲线(120h)

(a) CO 转化率,CH_4、CO_2、$C_{2\sim4}$烯烃和 $C_{2\sim4}$烷烃选择性;(b) 混合醇、C_{5+}烯烃和 C_{5+}烷烃选择性;反应条件:493K、3.0MPa、GHSV=2000h^{-1}、H_2/CO=2.0

以 Co/AC 和 Co1Mn/AC 催化剂为代表研究在空气中钝化前后的 CO 加氢反应性能,结果列于表 4.1。对于 Co1Mn/AC 催化剂,反应后的催化剂在空气中钝化后,CO 转化率从 29.1%降低至 28.8%,CH_4 选择性从 8.1%增加至 10.0%,C_{2+}烷烃、烯烃和混合伯醇的选择性基本保持不变。Co1Mn/AC 催化剂的 CO 加氢活性和产物选择性基本保持不变,说明在钝化过程中催化剂的结构没有发生改变,其反应后催化剂的结构在空气中保持稳定。而对于 Co/AC 催化剂,反应后的催化剂在空气中钝化后,CO 转化率降为原来的一半(从 47.5%降低至 25.4%),CH_4 选择性从 22.9%升高至 24.8%,$C_{2\sim4}$烯烃和 C_{5+}烯烃的选择性略有升高,$C_{2\sim4}$ 烷烃和 C_{5+}烷烃的选择性略有降低,混合伯醇的选择性从 14.7%

表 4.1 Co/AC 与 Co1Mn/AC 催化剂在空气中钝化前后的 CO 加氢反应性能比较

催化剂	CO 转化率/%	产物选择性/%						
		CH_4	CO_2	$C_{2\sim4}$烯烃	$C_{2\sim4}$烷烃	C_{5+}烯烃	C_{5+}烷烃	ROH
Co/AC	47.5	22.9	0.7	7.0	15.8	7.6	31.3	14.7
钝化后 Co/AC	25.4	24.8	1.4	10.3	13.1	10.5	22.6	17.3
Co1Mn/AC	29.1	8.1	2.4	17.3	15.5	21.2	14.1	21.4
钝化后 Co1Mn/AC	28.8	10.0	1.0	17.6	16.7	18.8	15.0	20.9

反应条件:493K、3.0MPa、GHSV=2000h^{-1}、H_2/CO=2.0。

升高至 17.3%。Co/AC 催化剂 CO 加氢活性的显著降低，说明了在钝化过程中催化剂的结构发生了不可逆的变化，造成催化活性和产物时空收率的下降。

随后采用多种表征手段对Co/AC和Co*x*Mn/AC催化剂的物理化学性质和精细结构进行深入分析，首先进行化学吸附表征。Co/AC 和 Co*x*Mn/AC 催化剂的 H_2 程序升温还原(H_2-TPR)谱图如图 4.7 所示。对于 Co/AC 催化剂，其在 503K、623K 和 752K 出现三个耗氢峰，分别对应于 Co_3O_4 还原为 CoO、CoO 还原为 fcc-Co 和活性炭载体的甲烷化。当 Mn 负载量从 0 增加到 3wt%时，位于 503K 的 Co_3O_4 的第一步还原温度逐渐升高至 508K。当 Mn 负载量从 0 增加到 2wt%时，位于 623K 的 Co_3O_4 的第二步还原温度逐渐升高至 655K；而当 Mn 负载量为 3wt%时，Co_3O_4 的第二步还原峰为 620～700K 的一个宽峰。从 H_2-TPR 结果可以看出，Mn 的加入对 Co_3O_4 的第一步还原影响不大，而 Co_3O_4 的第二步还原温度逐渐向高温移动，说明 Mn 抑制了 CoO 向 fcc-Co 的还原。随着 Mn 负载量的增加，活性炭载体的甲烷化的温度也逐渐升高，说明 Mn 在一定程度上也抑制了甲烷化反应的发生。

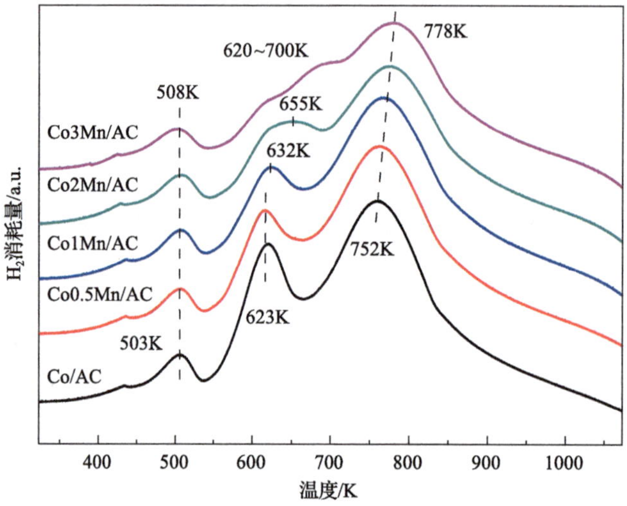

图 4.7　Co/AC 与 Co*x*Mn/AC 催化剂的 H_2-TPR 谱图

Co/AC 和 Co*x*Mn/AC 催化剂的 H_2 和 CO 脉冲吸附结果列于表 4.2。当 Mn 负载量增加至 0.5wt%时，H_2 吸附量从 34.0μmol/g_{cat} 急剧下降至 8.3μmol/g_{cat}。继续增加 Mn 负载量，H_2 吸附量继续单调降低，但下降趋势并不显著；当 Mn 负载量为 3wt%时，H_2 吸附量降低至 2.2μmol/g_{cat}。可以看出，少量 Mn 的加入就可以显著降低催化剂的 H_2 吸附量，使催化剂上形成相对缺氢的表面化学环境。与硅胶负载 Co 基催化剂相比[金属 Co 负载量为 10wt%时，H_2 吸附量为(51±6) μmol/g_{cat}]，活性炭负载 Co 基催化剂表现出更低的 H_2 吸附量(金属 Co 负载量为 15wt%时，H_2 吸附量 34.0μmol/g_{cat})。同样，对于添加 Mn 助剂的 Co 基催化剂，与硅胶负载 CoMn 基催化剂相比[Co/Mn 摩尔比约为 10，H_2 吸附量为(21±5) μmol/g_{cat}]，活性炭负载 CoMn 基催化剂也表现出更低的 H_2 吸附量(Co/Mn 摩尔比约为 30，H_2 吸附量为 8.3μmol/g_{cat})。所以，与硅胶载体相比，活性炭载体在一定程度上也可以抑制 H_2 的吸附，有助于催化剂形成相对“缺氢”的表面化学环境。

表 4.2 Co/AC 和 Co*x*Mn/AC 催化剂的 H_2 和 CO 脉冲吸附、分散度、还原度

催化剂	H_2 吸附量[a]/(μmol/g_{cat})	CO 吸附量[b]/(μmol/g_{cat})	分散度[c]/%	还原度[d]/%
Co/AC	34.0	146.5	5.7	84
Co/SiO_2	51±6	—	9±2	79±5
Co0.5Mn/AC	8.3	111.6	4.4	72
Co1Mn/AC	7.2	105.4	4.1	65
Co2Mn/AC	4.3	92.6	3.6	53
Co3Mn/AC	2.2	87.6	3.4	40
Co1Mn/SiO_2 (Mn/Co 摩尔比=0.1)	21±5	—	9±3	64±5

a.采用 H_2 脉冲吸附计算。

b.采用 CO 脉冲吸附计算。

c.基于 CO/金属=1/1 计算分散度，分散度=(0.5893×CO 吸附量)/(金属负载量×还原度)。

d.还原度由 H_2-TPR 中 H_2 的消耗量计算。

Co/AC 和 Co*x*Mn/AC 催化剂的 CO 脉冲吸附结果同样列于表 4.2。当 Mn 负载量从 0 增加到 3wt%时，CO 吸附量从 146.5μmol/g_{cat} 单调下降至 87.6μmol/g_{cat}。与 H_2 脉冲吸附结果相比，Mn 的加入虽然使 CO 的吸附量降低，但没有 H_2 吸附量下降的趋势显著。

Co/AC 和 Co*x*Mn/AC 催化剂的分散度和还原度也列于表 4.2。当 Mn 负载量从 0 增加到 3wt%时，Co 物种的分散度从 5.7%单调下降至 3.4%，说明 Mn 在一定程度上抑制了 Co 物种在活性炭载体上的分散，Co 纳米颗粒的尺寸较大。当 Mn 负载量从 0 增加到 3wt%时，Co 物种的还原度从 84%单调下降至 40%，说明 Mn 的加入显著抑制了 Co 氧化物的还原。

为研究反应后催化剂的微观晶相结构，采用高分辨透射电子显微镜(HRTEM)进行分析表征。在固定床中进行 CO 加氢反应 48h 后的 Co/AC 和 Co1Mn/AC 催化剂的 HRTEM 表征结果如图 4.8 所示。

从图 4.8(a)和(c)可以看出，两种反应后的催化剂均为分散于活性炭载体上尺寸约 20nm 的纳米颗粒。反应后的 Co/AC 催化剂的 HRTEM 图如图 4.8(d)所示，晶面间距 1.42Å 归属为 Co_3O_4(440)晶面，晶面间距 2.04Å 归属为 fcc-Co(111)晶面，晶面间距 2.15Å 归属为 Co_2C(111)晶面，Co_2C(210)晶面和 Co_2C(200)晶面的晶面间距分别为 1.97Å 和 2.26Å，其晶面夹角为 76°。反应后的 Co1Mn/AC 催化剂的 HRTEM 图如图 4.8(f)所示，晶面间距 2.06Å 归属为 fcc-Co(111)晶面，晶面间距 1.99Å 归属为 Co_2C(210)晶面，

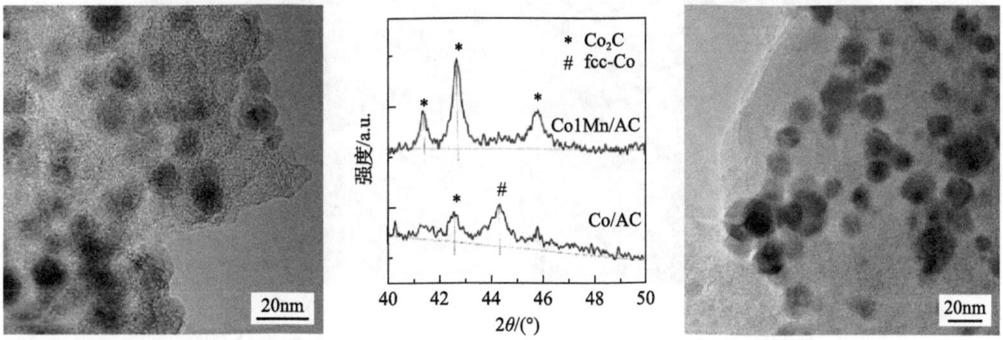

(a) (b) (c)

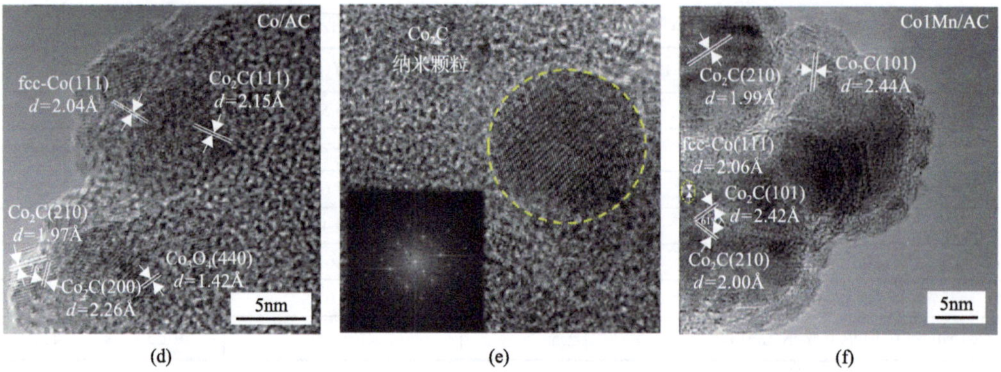

图 4.8 反应后 Co/AC 与 Co*x*Mn/AC 催化剂的 HRTEM 图

(a，d)反应后 Co/AC 催化剂的 HRTEM 图；(b)反应后 Co/AC 和 Co1Mn/AC 催化剂的 XRD 图；(c，f)反应后 Co1Mn/AC 催化剂的 HRTEM 图；(e)反应后 Co1Mn/AC 催化剂中 Co_2C 纳米颗粒的 HRTEM 图

Co_2C(210)晶面和 Co_2C(101)晶面的晶面间距分别为 2.00Å 和 2.42Å，其晶面夹角为 61°。从两种反应后催化剂的 HRTEM 图可以看出，这两种反应后的催化剂均包含 fcc-Co 和 Co_2C 两种晶相，但反应后的 Co1Mn/AC 催化剂具有较小的 fcc-Co 尺寸。

反应后 Co1Mn/AC 催化剂的高角环形暗场扫描透射电子显微镜(STEM)图和 EDS 元素分布结果如图 4.9 所示。从图 4.9(a)可以看出，反应后的 Co1Mn/AC 催化剂呈现出较

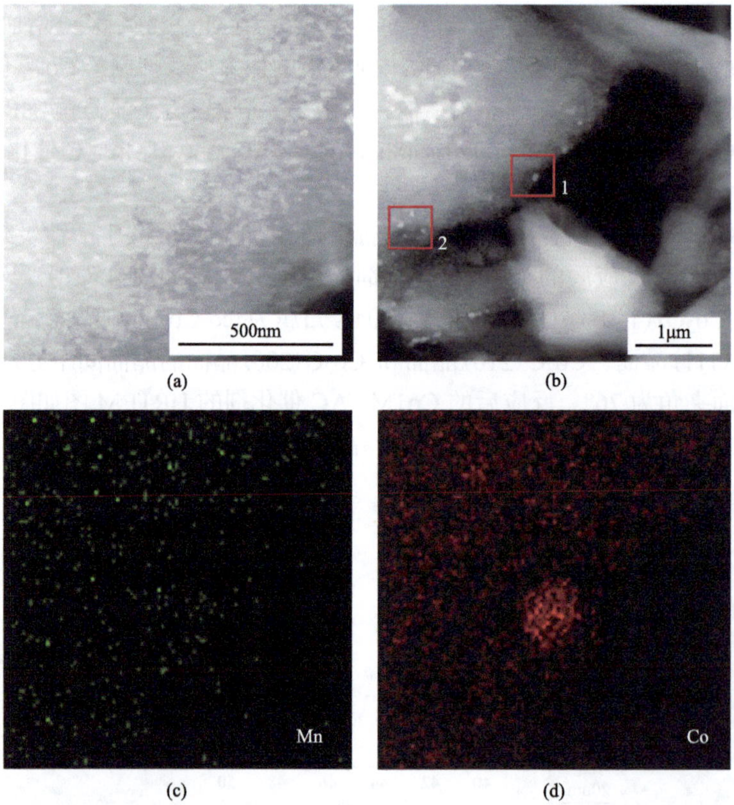

图 4.9 反应后 Co1Mn/AC 催化剂的 STEM 和 EDS 元素分布图

(a，b)STEM 图；(c)Mn 元素分布；(d)Co 元素分布

为分散的 Co 纳米颗粒。从 EDS 元素分布结果可以看出，Co 以纳米颗粒形式分散于活性炭载体上，而 Mn 在活性炭载体上呈现出高分散状态，没有明显晶相，如图 4.9(c)、(d)所示。

反应后的 Co0.5Mn/AC、Co2Mn/AC 和 Co3Mn/AC 催化剂的 TEM 和 HRTEM 图如图 4.10 所示。从图 4.10(a)、(c)、(e)所示的 TEM 图可以看出，反应后的这三种催化剂

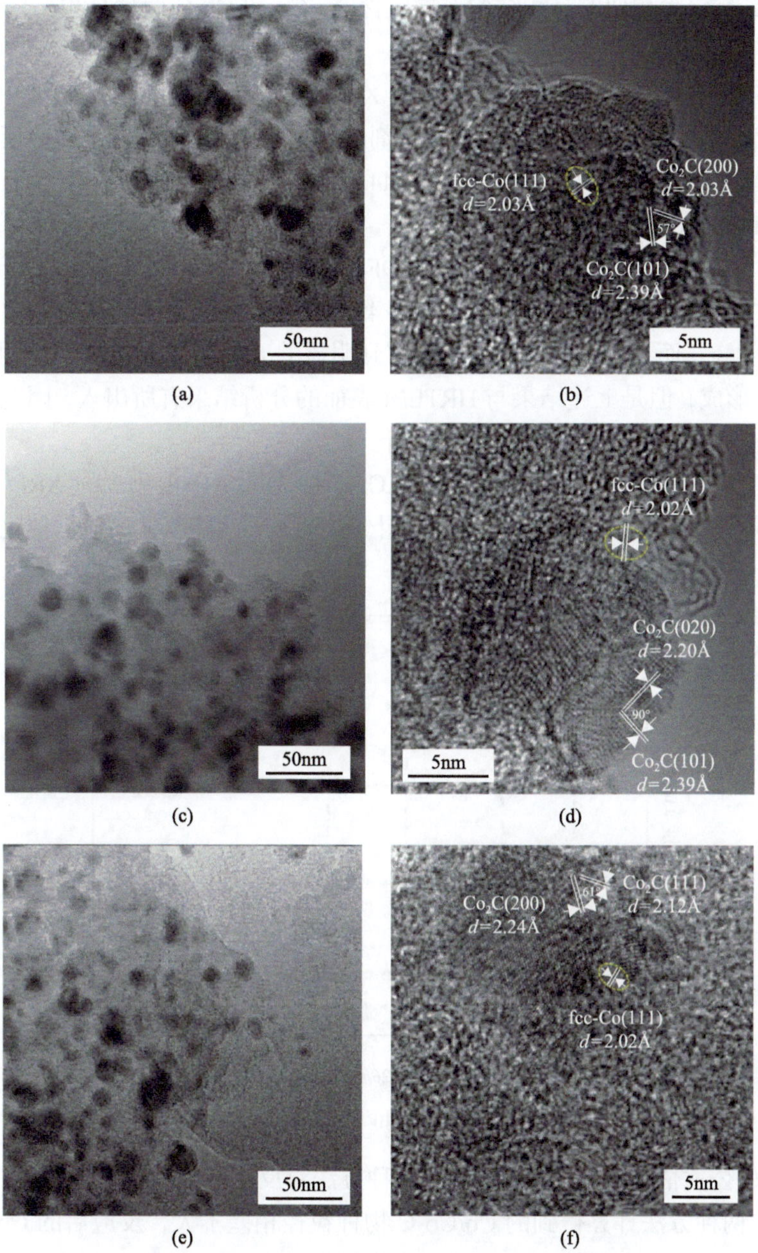

图 4.10　反应后 Co*x*Mn/AC 催化剂的 TEM 和 HRTEM 图

(a，b)Co0.5Mn/AC；(c，d)Co2Mn/AC；(e，f)Co3Mn/AC

均为分散于活性炭载体上尺寸约 20nm 的纳米颗粒。反应后的 Co0.5Mn/AC 催化剂的 HRTEM 图如图 4.10(b)所示，晶面间距 2.03Å 归属为 fcc-Co(111)晶面，Co_2C(101)晶面和 Co_2C(200)晶面的晶面间距分别为 2.39Å 和 2.23Å，其晶面夹角为 57°。反应后的 Co2Mn/AC 和 Co3Mn/AC 催化剂的 HRTEM 表征结果也与之类似，均可以观察到归属为 fcc-Co 和 Co_2C 的特征晶面间距。根据 HRTEM 表征结果分析，不同 Mn 负载量的 Co*x*Mn/AC 具有较为相似的晶相结构，均包含 fcc-Co 和 Co_2C 两种晶相，且 fcc-Co 的尺寸较小。

为研究反应后催化剂的晶相变化，采用 XRD 进行分析表征。在固定床中进行 CO 加氢反应 48h 后的 Co/AC 和 Co1Mn/AC 催化剂的 XRD 表征结果如图 4.8(b)所示。从反应后 Co/AC 催化剂的 XRD 图可以看出，2θ=44.3°处的衍射峰归属为 fcc-Co(111)晶面的特征衍射峰(PDF # 01-089-7093)，2θ=41.4°、42.7°和 45.8°处的衍射峰分别归属为 Co_2C(020)、(111)和(210)晶面的特征衍射峰(PDF #01-072-1369)。反应后 Co1Mn/AC 催化剂的 XRD 图中只能观察到 2θ=41.4°、42.7°和 45.8°处归属为 Co_2C(020)、(111)和(210)晶面的特征衍射峰，而在 2θ=44.3°处没有观察到明显的 fcc-Co 的衍射峰，说明 Mn 能促进 Co_2C 物种的形成，但是上述结果与 HRTEM 表征的分析结果有所出入，因此需要采用更加精细的表征对催化剂的精细结构进行分析。

对于反应后的 Co0.5Mn/AC、Co2Mn/AC 和 Co3Mn/AC 催化剂的 XRD 图与反应后 Co1Mn/AC 催化剂相似，如图 4.11 所示，说明少量的 Mn 就能改变反应后催化剂的晶相，显著促进 Co_2C 物种的形成。

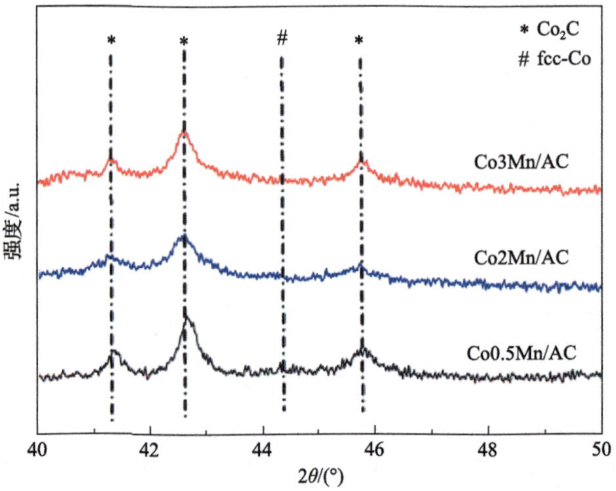

图 4.11 反应后 Co*x*Mn/AC 催化剂的 XRD 图

采用谢乐公式估算和 TEM 统计粒径两种方法对反应后催化剂的粒径进行计算，结果列于表 4.3。两种方法计算得到的 Co/Co_2C 物种粒径相差不大，反应后的 Co/AC 催化剂粒径约为 11nm，而反应后的 Co*x*Mn/AC 催化剂粒径为 17～21nm，加入 Mn 以后催化剂的粒径增加，说明在 CO 加氢反应过程中可能发生了 Co 晶粒的团聚或晶格膨胀。

表 4.3 反应后 Co/AC 和 Co*x*Mn/AC 催化剂的 Co 物种平均粒径

催化剂	Co 物种的平均粒径/nm	
	XRD	TEM
Co/AC	11.1	11.4
Co0.5Mn/AC	20.4	19.8
Co1Mn/AC	18.7	18.2
Co2Mn/AC	18.4	17.1
Co3Mn/AC	17.9	16.9

为研究在 H_2 原位还原和 CO 加氢反应过程中催化剂晶相结构的变化，采用原位 XRD 进行分析表征。将焙烧后的 Co1Mn/AC 催化剂置于 XRD 原位池中，通入 H_2 进行原位程序升温还原，结果如图 4.12 所示。当温度低于 433K 时，催化剂的晶相为 Co_3O_4 相。当温度升高至 473K 时，Co_3O_4 部分还原为 CoO，XRD 图显示为 Co_3O_4 和 CoO 的混合相。温度继续升高时，Co_3O_4 的衍射峰强度减弱，CoO 的衍射峰强度增加。当温度升高至 553K 时，开始出现 fcc-Co 的衍射峰。温度继续升高时，CoO 的衍射峰强度减弱，fcc-Co 的衍射峰强度增强。当温度升高至 703K 时，仍有部分 CoO 存在。703K 继续还原 10h 后，CoO 的衍射峰消失，fcc-Co 的衍射峰强度达到最大。

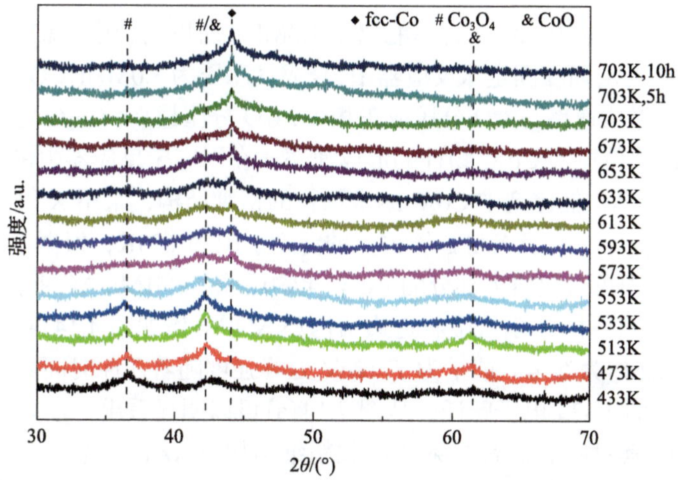

图 4.12 Co1Mn/AC 在 H_2 中程序升温还原的原位 XRD 图

H_2 中原位还原后的 Co1Mn/AC 催化剂降温至 493K，切换 H_2/CO=2 合成气，升压至 0.8MPa，进行原位 CO 加氢反应，其原位 XRD 表征结果如图 4.13(a)所示。当反应时间为 1h 时，只能观察到 2θ=44.3°处的 fcc-Co(111)晶面的衍射峰。当反应时间延长到 15h，开始在 2θ=41.4°和 42.7°处出现衍射峰，分别归属为 Co_2C(020)和(111)晶面的特征衍射峰。随着反应时间的延长，fcc-Co 的衍射峰强度逐渐减弱，Co_2C 的衍射峰强度逐渐增强。当反应时间延长到 34h，开始在 2θ=45.8°处出现归属为 Co_2C(210)晶面的特征衍射峰。反应时间继续延长，fcc-Co 的衍射峰强度继续减弱，Co_2C 的衍射峰强度继续增强，说明在 CO 加氢反应过程中存在 fcc-Co 向 Co_2C 的晶相转变。反应进行 52h 和反应进行 76h

的 XRD 图相差不大，说明这种晶相变化已经达到平衡，并在 CO 加氢反应过程中保持稳定。以 2θ=42.7°处归属为 Co_2C(111)晶面的衍射峰强度和 2θ=44.3°处归属为 fcc-Co(111)晶面的衍射峰强度随反应时间的变化作图，如图 4.13(b)所示，可以看出在反应的前 15h 没有 Co_2C 物种形成；反应 15h 以后，Co_2C 的特征衍射峰强度增强，fcc-Co 的特征衍射峰强度减弱；反应约 50h 以后，Co_2C 和 fcc-Co 的特征衍射峰强度基本不变。

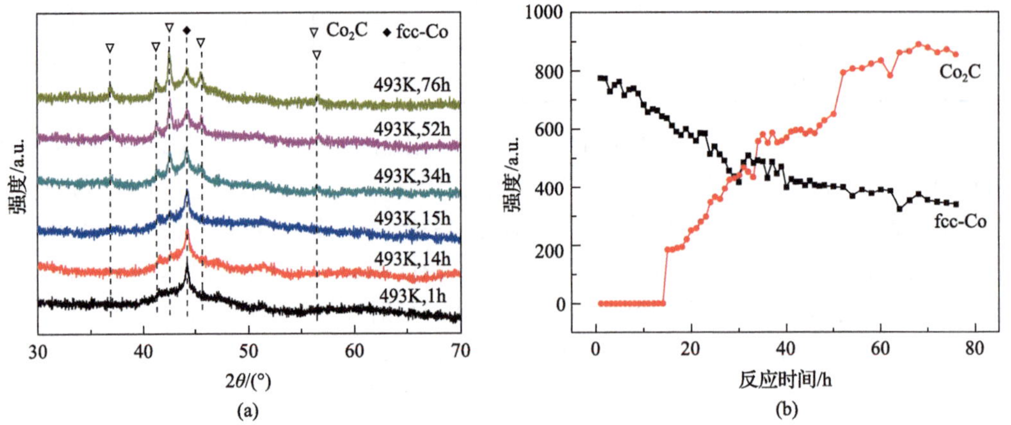

图 4.13 Mn 促进反应诱导 Co1Mn/AC 催化剂上 Co_2C 形成的原位 XRD 图

由于 XRD 的原位池中气体压力不能超过 1.0MPa，所以当合成气总压为 0.8MPa 时，CO 分压仅为 0.27MPa。而在固定床反应器中，合成气总压为 3.0MPa，CO 分压为 1.0MPa。因为 Co_2C 物种的形成速率与 CO 分压成正相关，CO 分压越高，Co_2C 物种的形成速率越快，所以在 XRD 原位池中 Co_2C 物种的形成速率比在固定床反应器中慢得多。

为研究 Co*x*Mn/AC 催化剂中 Co_2C 纳米颗粒的精细结构，采用 X 射线吸收精细结构(XAFS)进行分析表征。由于 XAFS 原位池的温度上限为 673K，根据原位 XRD 的表征结果(图 4.12)，该温度可以将大部分的 Co 氧化物还原。Co1Mn/AC 催化剂在 H_2 中原位还原的 Co 的 K 边归一化 X 射线吸收近边结构(XANES)谱如图 4.14(a)所示，并以金属 Co 和 Co_3O_4 的标样作为参考。能量为 7712eV 处峰强度随着还原时间的延长而增强，该峰对应于 Co 原子的 1s-3d 电子跃迁，从图 4.14(a)可以明显看出，还原过程中催化剂的金属性逐渐增强。其对应的扩展 X 射线吸收精细结构(EXAFS)谱如图 4.14(b)所示，键长为 1.90Å 和 2.45Å 对应于 Co—O 键及其邻近的 Co—Co 键。随着还原过程的进行，Co—O 键的配位壳层迅速降低，而 Co—Co 键的配位壳层迅速增加。Co 的 K 边 EXAFS 拟合结果列于表 4.4，还原 160min 后的 Co1Mn/AC 催化剂(记为 Co1Mn/AC-Red)中，Co—Co 键的配位数为 7.8，Co—O 键的配位数为 1.8，说明 Co 氧化物没有被完全还原，这与 H_2-TPR 的结果一致。根据 XANES 和 EXAFS 表征结果，还原后的 Co1Mn/AC 催化剂以金属 Co 为主。

为研究反应过程中催化剂活性位结构的变化，对反应后的 Co1Mn/AC 催化剂进行 XAFS 表征。在固定床中反应 48h 的 Co1Mn/AC 催化剂(记为 Co1Mn/AC-Spent)的 XANES 谱见图 4.14(c)，可以看出 Co 的氧化态较为接近 Co_2C 物种，其对应的 EXAFS

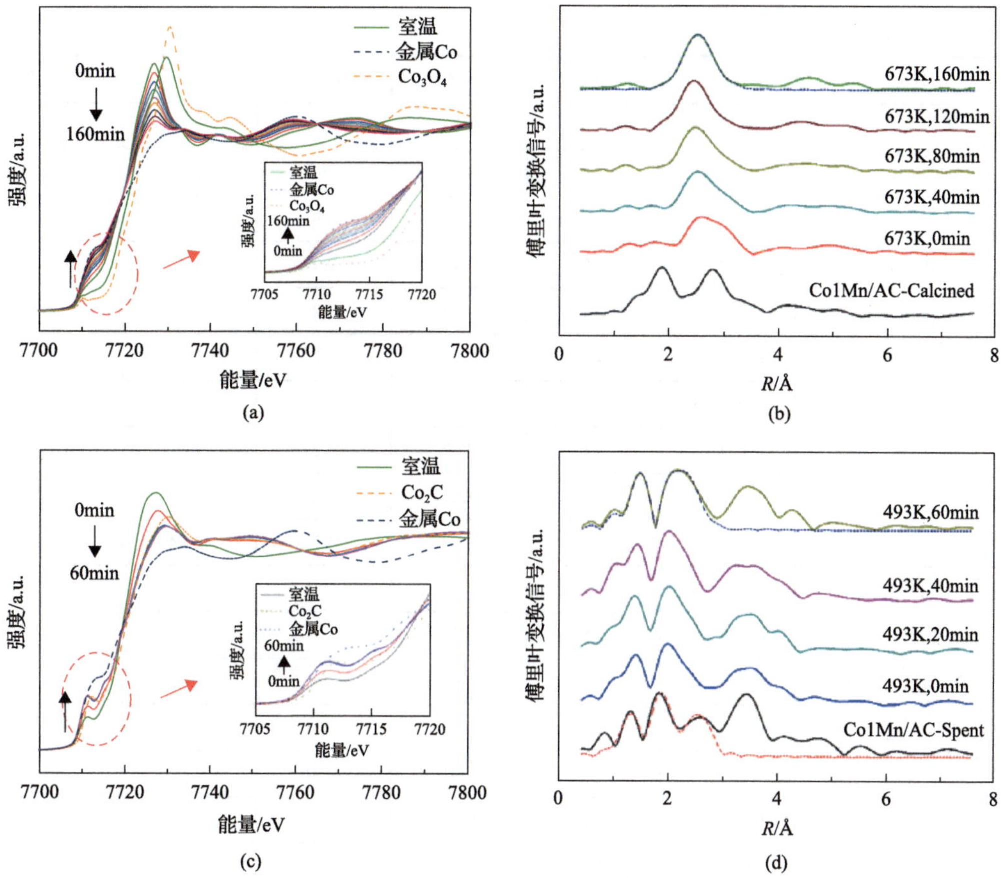

图 4.14 Co1Mn/AC 催化剂的化学态

(a)焙烧后 Co1Mn/AC 催化剂(Co1Mn/AC-Calcined)在 H_2 中原位还原(673K)过程中 Co K 边(7712eV)XANES 谱;(b)焙烧后 Co1Mn/AC 催化剂在 H_2 中原位还原的 Co K 边 EXAFS 谱及拟合结果;(c)反应后的 Co1Mn/AC 催化剂在合成气中原位处理(H_2/CO=2/1、493K、0.6MPa)的 Co K 边(7712eV)XANES 谱;(d)反应后 Co1Mn/AC 催化剂在合成气中处理的 Co K 边 EXAFS 谱及拟合结果

表 4.4 Co1Mn/AC 催化剂的 Co K 边 EXAFS 拟合结果

样品	壳层	N	R/Å	ΔE_0/eV	$\Delta\sigma^2/10^{-3}$Å^2	R 因子/%
fcc-Co	Co—Co	12	2.42			
CoO	Co—O	6	2.13			
	Co—Co	12	3.01			
Co_3O_4	Co—O	6	1.90			
	Co—Co	6	2.85			
Co_2C	Co—C	1.8	1.90	−5.6	4.00	
	Co—Co1	0.7	2.51	−5.6	6.54	1.7
	Co—Co2	3.4	2.63	−5.6	6.54	

续表

样品	壳层	N	R/Å	ΔE_0/eV	$\Delta\sigma^2/10^{-3}$Å^2	R 因子/%
Co_2C	Co—Co3	2.6	2.79	–5.6	6.54	1.7
	Co—Co4	1.2	3.00	–5.6	6.54	
Co1Mn/AC-Red	Co—O	1.8	2.09	0.9	9.07	0.1
	Co—Co1	7.8	2.43	0.9	11.43	
	Co—Co2	2.4	2.94	3.2	9.07	
Co1Mn/AC-Spent	Co—C/O	4.1	2.03	5.2	11.94	0.7
	Co—Co1	1.6	2.50	5.2	3.06	
	Co—Co2	3.1	2.67	5.2	3.06	
	Co—Co3	2.0	2.83	5.2	3.06	
	Co—Co4	6.6	3.02	5.2	11.94	
Co1Mn/AC-Syn	Co—C/O	1.7	1.93	–4.3	7.43	0.9
	Co—Co1	3.8	2.48	–6.0	9.78	
	Co—Co2	3.3	2.67	–6.0	9.78	
	Co—Co3	3.0	2.83	–6.0	9.78	
	Co—Co4	1.2	3.01	–6.0	9.78	
Co/AC-Spent	Co—C/O	3.2	2.08	–2.0	11.18	1.1
	Co—Co1	6.9	2.48	–4.6	5.81	
	Co—Co2	1.5	2.67	–4.6	5.81	
	Co—Co3	1.2	2.82	–4.6	5.81	
	Co—Co4	2.9	3.01	–4.6	5.81	

注：N 为配位数；R 为原子间距；σ为无序度参数；ΔE_0 为能量偏差；所有的变换都在 R 空间中进行。

谱见图 4.14(d)，拟合结果见表 4.4，可以看出其为 Co_2C 和金属 Co 的混合相，但与 Co1Mn/AC-Red 样品存在较大区别，金属 Co(Co—Co1，2.50Å)的配位数从 7.8 降为 1.6，说明反应后配位不饱和金属 Co 数量增加，金属 Co 的尺寸变小。可以判断在反应过程中催化剂的结构发生了改变，大量的金属 Co 转变为 Co_2C 相，与原位 XRD 的结果一致(图 4.13)。

Co1Mn/AC-Spent 样品继续在 493K、0.6MPa 的合成气(H_2/CO=2/1)中处理 60min，每隔 20min 扫谱一次，以此研究实际反应条件下催化剂的精细结构变化，结果如图 4.14(c)所示，可以发现能量为 7712eV 处的吸收峰强度逐渐增强，说明在合成气反应过程中样品的金属性逐渐增强。换言之，尽管此时该催化剂主要为 Co_2C 相，但仍有部分金属 Co 存在。从图 4.14(c)可以看出，样品在合成气处理 40min 以后达到平衡，根据 EXAFS 的拟合结果可以计算出合成气处理后的样品(记为 Co1Mn/AC-Syn)中 Co 的价态为 1.4，介于 Co 和 Co_2C 之间(Co 和 Co_2C 的价态分别为 0 和 1.8)，如图 4.15 所示。

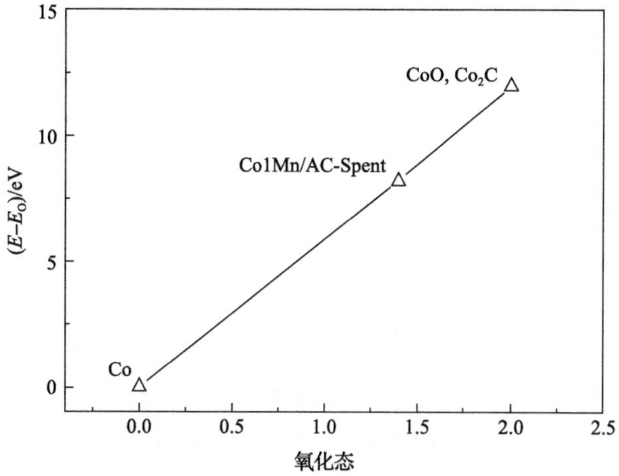

图 4.15 Co1Mn/AC 催化剂中 Co 的氧化态

Co1Mn/AC-Syn 样品的 K 边的 EXAFS 谱及其拟合结果见图 4.14(d)和表 4.4。结果表明，在合成气处理过程中，键长为 2.50Å 的 Co—Co 键配位数从 1.6 增加至 3.8，键长为 2.03Å 处的 Co—C/O 键的配位数从 4.1 降至 1.7，键长为 3.02Å 的 Co—Co 键的配位数从 6.6 降至 1.2。上述结果表明，Co1Mn/AC-Spent 样品中含有一定量的金属 Co，在实际反应条件下其晶相发生了变化，即部分的 Co_2C 和 CoO 在合成气处理过程中发生转化，形成金属 Co。从动力学因素考虑，合成气处理后，Co1Mn/AC-Syn 样品中新形成的金属 Co 位于 Co_2C 纳米颗粒的表面，这是由于在 Co_2C 纳米颗粒的表面上 Co 和 Co_2C 按照如下的转化达到动态平衡：

$$2Co + 2CO \longrightarrow Co_2C + CO_2$$

$$Co_2C + 2H_2 \longrightarrow 2Co + CH_4$$

将 Co1Mn/AC-Syn 样品在合成气(H_2/CO=2)中继续处理 60min(反应温度升至 523K，压力为 0.6MPa)，标记为 Co1Mn/AC-130，其 EXAFS 谱如图 4.16 所示，拟合结果列于表 4.5。位于 2.48Å 处的 Co—Co 键的配位数从 3.8 升高至 4.4，这说明温度升高，样品的金属性继续增加，可能的原因是 H_2 存在下表面 Co_2C 转化为小尺寸的金属 Co。换言之，温度升高可以促进 Co_2C 物种在合成气中的分解。

作为对比，CO 加氢反应后 48h 的 Co/AC 催化剂(记为 Co/AC-Spent)也进行了 XANES 和 EXAFS 表征，拟合结果列于表 4.4。其位于 2.48Å 处的 Co—Co 键的配位数为 6.9，远高于 Co1Mn/AC-Spent 和 Co1Mn/AC-Syn 样品中 Co—Co 键的配位数(分别为 1.6 和 3.8)。上述结果表明，反应后的 Co/AC 催化剂中含有尺寸较大的金属 Co，其金属 Co 的颗粒尺寸远大于反应后的 Co1Mn/AC 催化剂。同时，其拟合结果表明 Co_2C 物种与金属 Co 共存，与其 XRD 表征结果相一致。

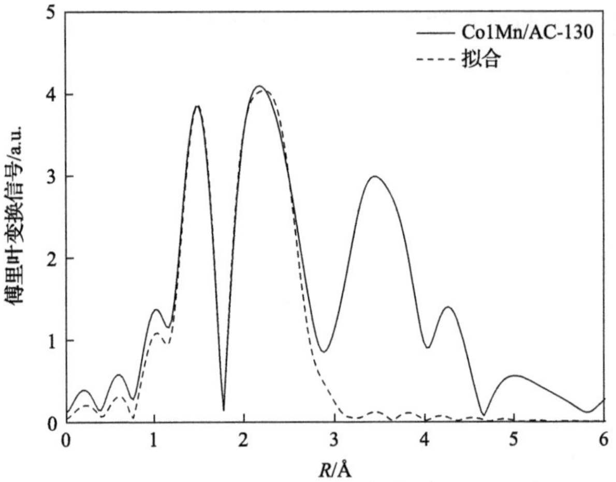

图 4.16　Co1Mn/AC-130 催化剂的 EXAFS 谱

表 4.5　反应 130 min 后的 Co1Mn/AC-130 催化剂的 Co K 边 EXAFS 拟合结果

催化剂	壳层	N	R/Å	ΔE_0/eV	$\Delta\sigma^2/10^{-3}$Å^2	R 因子/%
Co1Mn/AC-130	Co—C	1.7	1.90	9.5	3.52	0.7
	Co—Co1	4.4	2.53	9.5	8.21	
	Co—Co2	3.4	2.67	9.5	3.52	
	Co—Co3	3.0	2.83	9.5	3.52	
	Co—Co4	1.2	3.02	9.5	3.52	

选择Co1Mn/AC-Red对Mn物种的精细结构进行研究,Mn的K边XANES谱见图4.17。以 MnO_2 和 Mn_3O_4 作为参照，并对其进行线性相关拟合(LCF)发现，还原后的Co1Mn/AC-Red 中的 Mn 物种应为 MnO_2 和 Mn_3O_4 的混合物，即+2、+3 和+4 价的 Mn 物

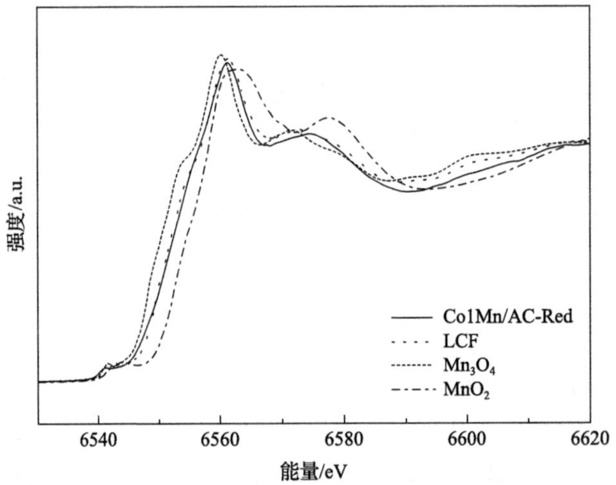

图 4.17　还原后 Co1Mn/AC 催化剂的 Mn K 边 XANES 谱及其线性相关拟合结果

种共存，说明在 H_2 还原活化过程中 Mn 氧化物发生了部分还原，但是其不能被完全还原。结合 XPS 结果分析，在 CO 加氢反应过程中，Mn 仍以氧化物形式存在。

为研究 Co/AC 和 Co1Mn/AC 催化剂焙烧后、还原后和反应后的表面组成，采用了 X 射线光电子能谱(XPS)进行分析表征。Co 2p 和 Mn 2p 的 XPS 图如图 4.18 所示。焙烧后

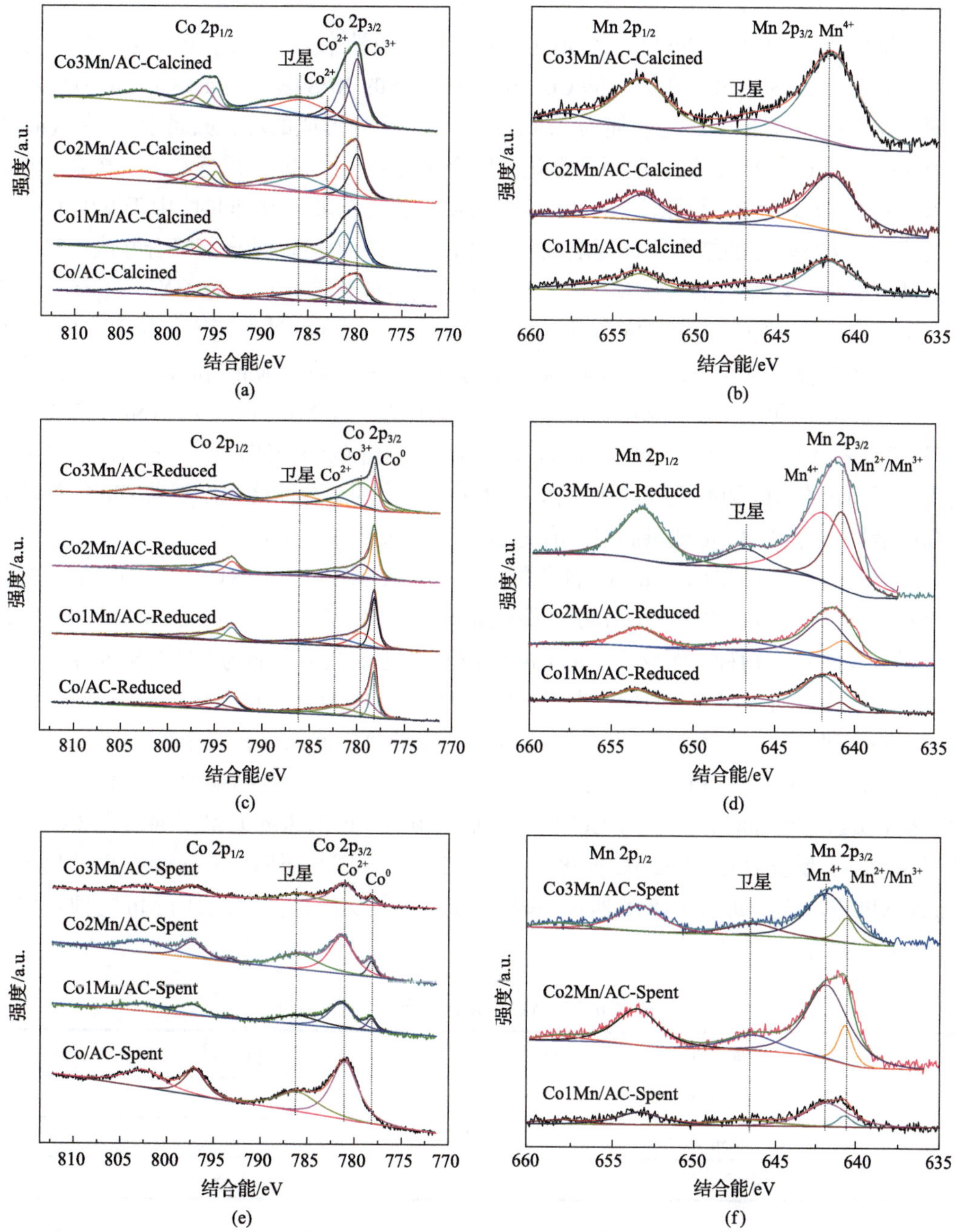

图 4.18　Co/AC 和 CoxMn/AC 催化剂的 Co 2p 与 Mn 2p XPS 图

(a，b) Ar 气氛中 623K 下焙烧 16h；(c，d) H_2 气氛中 703K 原位还原 2h；(e，f) 合成气中 493K 下反应 48h

Co/AC 和 Co*x*Mn/AC 催化剂的 Co 2p XPS 图如图 4.18(a)所示，可以看出，焙烧后的 Co/AC 和 Co*x*Mn/AC 催化剂的 Co 2p XPS 图较为接近，779.7eV、781.3eV 和 782.7eV 处的结合能峰分别归属为 Co_3O_4 中的 Co^{3+}物种和 Co_3O_4、CoO 中的两种 Co^{2+}物种[80]。焙烧后 Co*x*Mn/AC 催化剂的 Mn 2p XPS 图如图 4.18(b)所示，Co*x*Mn/AC 催化剂的 Mn 2p XPS 图较为接近，641.9eV 处的结合能峰归属为 Mn^{4+}。

焙烧后的 Co/AC 和 Co*x*Mn/AC 催化剂随后在原位池中 H_2 气氛下常压还原 2h，降至室温然后进行 XPS 测试，还原后的 Co 2p 和 Mn 2p 的 XPS 图如图 4.18(c)和(d)所示。从图 4.18(c)可以看出，在结合能为 778.2eV 处有一个新形成的峰，归属于 Co 氧化物还原形成的金属 Co 物种，说明还原后催化剂以金属 Co 为主，即在进行 CO 加氢反应前主要以金属 Co 形式存在，与原位 XANES 和 EXAFS 表征结果一致。同时，由于发生了 Co^{3+}的还原，779.7eV 处的结合能峰逐渐减弱，781.3/782.7eV 处的结合能峰合并成 782.3eV 处的结合能峰。还原后的 Co3Mn/AC 催化剂与其他催化剂存在一定差别，还有大量的 Co^{3+}和 Co^{2+}未被还原，说明 Mn 负载量高时能显著抑制 Co 物种的还原。从图 4.18(b)可以看出，在结合能为 642.3eV 和 640.9eV 处的结合能峰归属为 Mn^{4+}和 Mn^{2+}/Mn^{3+}，还原后 Co*x*Mn/AC 催化剂主要以 MnO_2 和 Mn_3O_4形式存在，与 Mn 的 K 边 XANES 谱的表征结果一致(图 4.17)。还原后 Mn 的结合能与焙烧后 Mn 的结合能存在一定偏移，这可能是由于不同价态 Mn 物种之间的相互作用。Mn^{2+}/Mn^{3+}的结合能峰强度随着 Mn 负载量的升高而增加，说明 Mn 负载量高时，有更多的 Mn^{4+}发生了还原。

反应后的 Co/AC 和 Co*x*Mn/AC 催化剂的 Co 2p XPS 图如图 4.18(e)所示。从图 4.18(e)可以看出，反应后 Co/AC 和 Co*x*Mn/AC 催化剂均存在位于 781.3eV 的 Co $2p_{3/2}$ 结合能峰，其归属为表面 Co^{2+}物种；而反应后的 Co*x*Mn/AC 催化剂在结合能为 778.2eV 处存在一个肩峰，归属为表面金属 Co 物种。由于反应后的 Co*x*Mn/AC 催化剂在空气中存储，仍可以观察到金属 Co 的结合能峰，说明反应后的 Co*x*Mn/AC 催化剂表面存在稳定的金属 Co 物种。计算反应后 Co*x*Mn/AC 催化剂的表面金属 Co^0/Co^{2+}比，其结果列于表 4.6，可以看出，Mn 负载量增加时，其表面 Co^0/Co^{2+}比基本相同，说明 Mn 负载量对表面 Co^0/Co^{2+}比影响较小。反应后 Co*x*Mn/AC 催化剂的 Mn 2p XPS 图与还原后 Co*x*Mn/AC 催化剂的 Mn 2p XPS 图接近，如图 4.18(f)所示，说明在 CO 加氢反应过程中，表面 Mn 物种以+2、+3 和+4 价共存。

表 4.6　Co*x*Mn/AC 催化剂的表面 Co^0/Co^{2+}比

催化剂	Co^0/Co^{2+}
Co1Mn/AC	0.14
Co2Mn/AC	0.10
Co3Mn/AC	0.09

焙烧后、还原后和反应后的 Co/AC 和 Co1Mn/AC 催化剂的 C 1s XPS 图如图 4.19(a)、(b)和(c)所示，其位于 284.5eV 处的结合能峰对应于活性炭载体上的表面石墨碳(C—C)，

更高的结合能对应于活性炭载体表面的含氧基团。从反应后的两种催化剂的 C 1s XPS 图都能观察到一个位于 283.9eV 的结合能峰，其可能归属为表面碳化物的结合能峰，如图 4.19(c)所示。

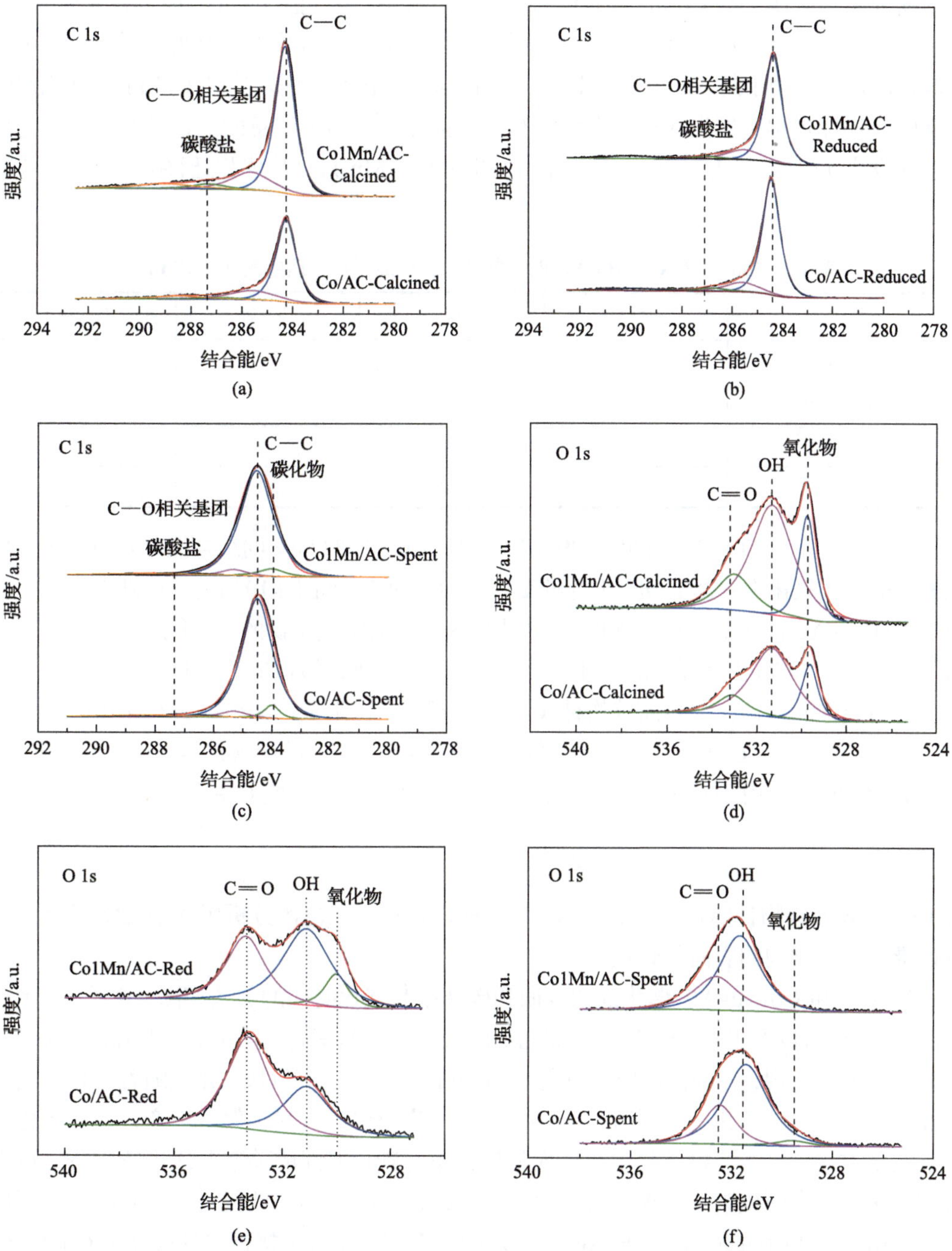

图 4.19 Co/AC 和 Co1Mn/AC 催化剂的 C 1s 与 O 1s XPS 图

(a，d)Ar 气氛中 623K 下焙烧 16h；(b，e)H_2气氛中 703K 原位还原 2h；(c，f)合成气中 493K 下反应 48h

根据 XPS 对 Co*x*Mn/AC 催化剂焙烧、还原和 CO 加氢反应前后催化剂的表面 Co/Mn 比进行半定量计算，结果列于表 4.7。从计算结果可以看出，在焙烧前后，催化剂表面的 Co/Mn 比与化学计量比基本一致，这也说明了焙烧后的催化剂中 Co 和 Mn 均匀分布。大量研究结果表明，在 CoMn 基催化剂的焙烧过程中，Co 能与 Mn 形成复合氧化物[81]，如 $Co_{3-x}Mn_xO_4$。然而，还原后催化剂的表面 Co/Mn 比明显减小，说明在还原过程中，CoMn 复合氧化物中的 Mn 发生了迁移，并迁移至催化剂表面。这种 CoMn 基催化剂中的 Mn 在还原过程中发生迁移的现象已有文献报道[82]。值得注意的是，虽然在还原过程中 Mn 发生了迁移，但是 Co 与 Mn 并未发生分离，Mn 只是从体相迁移至 Co 纳米颗粒表面。

表 4.7　Co/AC 和 Co*x*Mn/AC 催化剂焙烧、还原、反应后的表面 Co/Mn 比

催化剂	体相	焙烧后	还原后	反应后
Co/AC	—	—	—	—
Co1Mn/AC	14.0	16.6	6.7	2.2
Co2Mn/AC	7.0	11.7	4.7	1.1
Co3Mn/AC	4.7	9.2	3.1	0.7

两种催化剂的 O 1s XPS 图中 529.8eV、531.5eV 和 533.0eV 的结合能分别对应于催化剂表面的金属氧化物、表面 OH 基团和表面 C═O 基团，如图 4.19(d)、(e)和(f)所示。反应后 Co1Mn/AC 催化剂的 O 1s XPS 图中没有观察到金属氧化物的结合能峰，如图 4.19(f)所示，结合 C 1s XPS 分析，说明其表面的 Co^{2+}物种应归属为 Co_2C 物种。

为研究 Mn 对催化剂表面碳物种(Co_2C、石墨碳等)形成的影响，进行了 CO 碳化实验。还原后的 Co/AC 和 Co*x*Mn/AC 催化剂在 CO 气氛中进行碳化(493K、3.0MPa 和 GHSV=4000h^{-1})，由于 CO 会在金属 Co 的表面发生歧化，生成 CO_2 和表面碳物种，即

$$2CO \longrightarrow C + CO_2$$

且 CO_2 和表面碳物种的化学计量比为 1∶1，所以通过气相色谱分析尾气中 CO_2 的含量就可以推算出催化剂的表面积碳量。

Co/AC 和 Co*x*Mn/AC 催化剂的表面积碳速率与碳化时间的关系如图 4.20(a)所示。从图 4.20(a)可以看出，Co*x*Mn/AC 催化剂的表面积碳速率高于 Co/AC 催化剂。对于这两种类型的催化剂，在碳化反应进行前 300min 内，碳化速率较快，并且随着碳化时间的延长而下降；而在碳化反应后 1200min，碳化速率较慢，且基本保持不变，说明碳化反应已经基本达到平衡。将催化剂的表面积碳速率与碳化时间的关系曲线进行积分，可以得到催化剂的表面积碳量与碳化时间的关系曲线，如图 4.20(b)所示。从图 4.20(b)可以看出，相同碳化时间下，Co*x*Mn/AC 催化剂的表面积碳量较为接近，且远高于 Co/AC 催化剂。这两种催化剂的表面积碳量随碳化时间的延长而增加，Co*x*Mn/AC 催化剂表面积碳量的增加速率随反应时间的延长而变得缓慢，Co/AC 催化剂表面积碳量的增长速率基

本不变，继续延长反应时间，表面积碳量会继续增加。

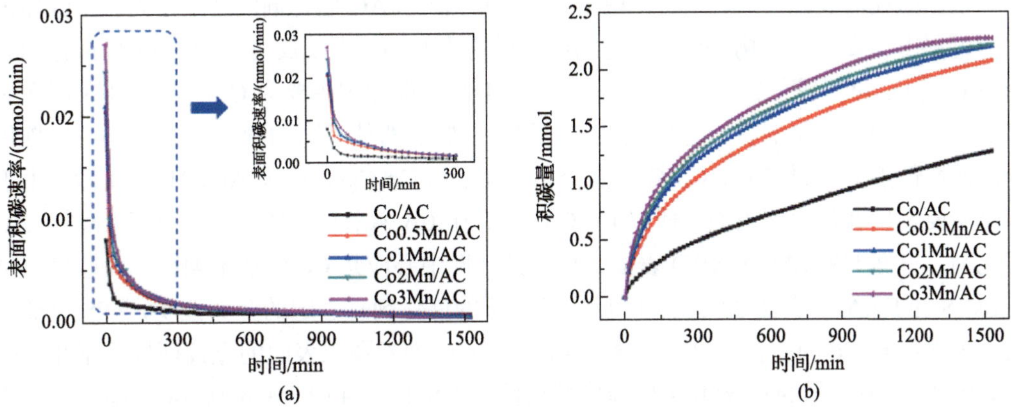

图 4.20 CO 碳化过程中 Co/AC 和 Co*x*Mn/AC 催化剂的积碳过程

(a) 积碳速率与碳化时间的关系；(b) 积碳量与碳化时间的关系；反应条件：493K、3.0MPa、GHSV=4000h^{-1}、纯 CO 气氛

碳化反应进行 1500min 后的 Co/AC 和 Co*x*Mn/AC 催化剂的表面 C/Co 比列于表 4.8。Co*x*Mn/AC 催化剂的表面积碳量较接近，为 2.08～2.27mmol，远高于 Co/AC 催化剂的表面积碳量(1.28mmol)。Co_2C 物种中的 C 与 Co 的化学计量比为 0.50，Co/AC 催化剂的 C/Co 比为 0.38，低于 Co_2C 的化学计量比，说明 Co/AC 催化剂并未完全碳化，仍有部分的金属 Co 没有发生碳化。Co*x*Mn/AC 催化剂的 C/Co 比为 0.62～0.67，高于 Co_2C 的化学计量比，说明 Co*x*Mn/AC 催化剂已经完全碳化，且形成了其他表面碳物种。

表 4.8 Co/AC 和 Co*x*Mn/AC 催化剂碳化 1500min 后的积碳量、Co 含量和 C/Co 比

项目	Co/AC	Co0.5Mn/AC	Co1Mn/AC	Co2Mn/AC	Co3Mn/AC
积碳量/mmol	1.28	2.08	2.21	2.22	2.27
Co 含量/mmol	3.38	3.37	3.38	3.38	3.37
C/Co 比	0.38	0.62	0.65	0.66	0.67

以上结果表明，Mn 的加入能够促进 Co*x*Mn/AC 催化剂表面 CO 的解离和歧化，从而促进催化剂表面碳物种的形成，在催化剂上形成相对富碳的表面化学环境，这一表面化学环境能够促进 Co_2C 物种的形成。

CO 加氢反应结果可以看出，Mn 对 CO 加氢性能产生显著影响，可以促进烯烃的形成，使烯烃的选择性从约 10%提高至约 40%；但 Mn 对混合伯醇选择性的影响较小，混合伯醇的选择性从约 15%提高至约 21%。此外，Mn 的引入能够显著降低 CH_4 的选择性，CO_2 的选择性略有提高。Johnson 等[83]详细研究了 Mn 对 Co 基催化剂的促进作用机理，他们认为 Co 纳米颗粒上分布的 MnO 边缘的 Mn^{2+}和邻近 MnO 的 Co 纳米颗粒表面吸附 CO 的 O 之间的路易斯酸碱相互作用能够促进 CO 中 C—O 键的解离。然而，少量 Mn 的加入(0.5 wt%)可以显著改变 CO 加氢反应的产物分布，继续增加 Mn 负载量，除了引起 CO 加氢活性下降以外，对产物选择性几乎没有影响，这是由于少量 Mn 的加入增强了 Co 纳米颗粒与活性炭载体之间的弱相互作用。

根据前述的表征结果，可以发现 Co/AC 和 Co*x*Mn/AC 催化剂的活性位点在 CO 加氢反应过程中均发生了重构。两种催化剂还原后均为 fcc-Co 相，反应后的 Co/AC 催化剂为金属 Co 和 Co_2C 的混合相，而反应后的 Co*x*Mn/AC 催化剂主要为 Co_2C 相。通过深入研究发现，这两种催化剂在 CO 加氢反应过程中形成了两种不同的微观结构。Co/AC 催化剂的活性位点为金属 Co 和 Co_2C 的混合相，标记为 Co_2C@Co，如图 4.21(a)所示，由于碳化主要发生在催化剂表面，所以 Co_2C 应分布于 Co 纳米颗粒的表面。对于 Co*x*Mn/AC 催化剂，根据 HRTEM 和 XRD 表征分析，其活性中心应是 Co_2C 纳米颗粒，而通过原位 XANES 和 EXAFS 表征证明在实际反应条件下的催化剂有一定的金属性质，XPS 表征证明了表面金属 Co 的存在，这是金属 Co 位于 Co_2C 纳米颗粒表面的直接证据。据此，提出如图 4.21(b)所示的 Co*x*Mn/AC 催化剂活性位点结构，标记为 Co@Co_2C，即小尺寸的金属 Co 位点分散于 Co_2C 纳米颗粒(约 20nm)的表面，金属 Co 位点的尺寸小于 6nm，低于 XRD 的检测限而无法被检测。实际反应条件下，形成 Co@Co_2C 结构需要两方面的关键因素，一是 Co_2C 相的形成与稳定，二是催化剂表面金属 Co 位点的形成与稳定。实际反应条件下 Co_2C 向金属 Co 的转化已有报道(Co_2C 含量减少，金属 Co 含量增加，CO 加氢活性增加)，所以 Co_2C 相的形成与稳定是构建 Co@Co_2C 活性结构的关键因素。

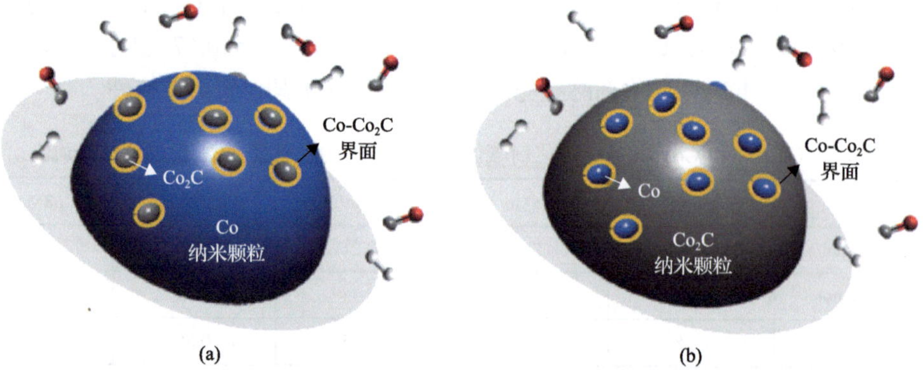

图 4.21 Co/AC(a)和 Co*x*Mn/AC(b)催化剂的活性位点示意图

由于没有添加其他助剂，所以 Mn 对 Co_2C 的形成具有显著的促进作用。Mn 的加入能够促进 Co*x*Mn/AC 催化剂表面 CO 的解离和歧化，在催化剂上形成相对“富碳”的表面化学环境，这一表面化学环境能够促进 Co_2C 的形成。Johnson 等[83]报道了 Mn 对 Co 基催化剂表面 CO 解离和歧化的作用，Zhu 等[84]发现部分还原的 MnO_x 中的 O 空位能促进 CO 解离，形成表面碳酸盐和表面碳物种。此外，由于 Mn 对 Co 纳米颗粒表面的覆盖和电子效应，Mn 抑制了催化剂表面的 H_2 吸附。根据上述结果，可以认为催化剂表面相对较高的碳物种浓度和相对较低的氢原子浓度是形成催化剂上相对“富碳缺氢”表面化学环境的主要原因，这一表面化学环境能够显著促进 Co_2C 的形成并抑制其加氢分解。

由于在反应前 12h 的诱导期后，Co*x*Mn/AC 催化剂就可以达到稳定的 CO 加氢活性和产物选择性，所以在实际反应条件下，Co_2C 的形成速率很快。在动力学方面，Co 纳米颗粒的碳化不仅只是在 Co 的表面形成含碳物种，而且表面碳原子会向 Co 纳米颗粒的核中扩散。研究表明，碳原子向 Co 晶格中扩散的能垒较高(约 0.94eV)，但空位介导的路径可以将扩散能垒降至约 0.77eV[85]。CoxMn/AC 催化剂中的空位缺陷已经由原位 EXAFS 拟合结果证明，原位还原后的 Co1Mn/AC 催化剂中 Co 的配位数是 7.8，低于金属 Co 晶体中的配位数(12)。相对疏松的 Co 纳米颗粒能够促进碳原子渗入金属 Co 的晶格中，从而促进 Co 纳米颗粒的体相碳化。根据上述讨论，CoxMn/AC 催化剂中 Co@Co_2C 结构的形成需要两方面的因素，一是 Mn 的存在导致催化剂上形成特殊表面化学环境(相对"富碳缺氢")，二是相对疏松的 Co 纳米颗粒。

值得注意的是，加入少量的 Mn 就能对 CoxMn/AC 催化剂的结构和 CO 加氢反应性能产生巨大影响，因此需要建立该催化体系的构效关系。丁云杰研究团队的前期研究已经证明 Co-Co_2C 界面是形成混合伯醇的活性中心，其中金属 Co 上发生 CO 的解离吸附，形成碳链增长的活性物种，Co_2C 上发生 CO 的非解离吸附，促进 CO 插入表面吸附的烷基，再加氢得到混合伯醇，如图 4.22 所示。Co@Co_2C 和 Co_2C@Co 两种活性位点结构均有 Co-Co_2C 界面的形成，这两种结构的混合伯醇选择性接近(15%和 21%)，这是由于这两种结构中具有接近的 Co-Co_2C 界面密度。根据表 4.9 的结果，用 XANES 的线性相关拟合可以得到反应后 Co/AC 和 Co1Mn/AC 催化剂的 Co_2C/Co^0 比分别为 0.5 和 3.0，因此两种催化剂中 Co-Co_2C 的界面密度接近。

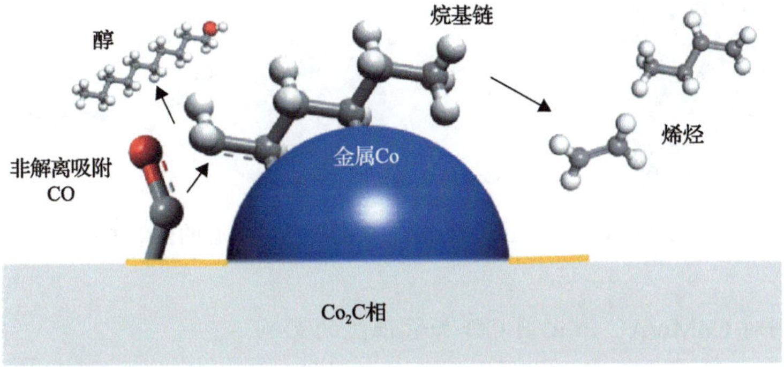

图 4.22　Co@Co_2C 结构上烯烃和混合醇形成的机理示意图

表 4.9　反应后 Co/AC 和 Co1Mn/AC 催化剂的 Co_2C/Co^0 比

催化剂	Co_2C/Co^0	
	XRD[a]	XANES[b]
Co/AC	0.6	0.5
Co1Mn/AC	—	3.0

a.通过 RIR(强度比)校正的 XRD 相对峰强度计算。
b.通过 XANES 的线性相关拟合计算，相对误差为 5%～10%。

Co-Co_2C 基催化剂上烯烃形成的机理尚不清晰，这是由于形成烯烃的活性中心尚不明确。Zhong 等[52]报道了暴露特定晶面的 Co_2C 是 $C_{2\sim4}$ 低碳烯烃形成的活性中心，但并

未提出 C_{5+}高碳烯烃的形成机理。对于传统的 Co 基催化剂上的费-托合成反应，催化剂表面吸附的烷基链可以直接加氢形成直链烷烃，也可以经过β-H 消除形成α-烯烃[86]。大量研究表明，Mn 对 Co 基费-托合成产物选择性的影响较大，Mn 通过削弱催化剂的加氢过程来提高产物中 C_{5+}烃类的选择性。Dinse 等[87]的研究表明 Mn 能抑制烯烃到烷烃的二次反应，从而提高烯烃的选择性。实验数据表明，CO 加氢反应产物中烷烃、烯烃和混合伯醇均遵循 ASF 分布，如图 4.4 所示，所以该反应机理应与传统的费-托合成反应机理一致，都是分步的表面聚合反应。因此，在 Co_2C 纳米颗粒表面的金属 Co 位点是形成表面烷基的活性中心(图 4.22)，Co@Co_2C 结构上相对“富碳缺氢”的表面化学环境对烯烃的形成起到至关重要的作用。与混合伯醇形成的机理相比较(金属 Co 和 Co_2C 在其界面的协同作用)，该催化体系中烯烃形成的机理仍需进一步研究。通过 Mn 助剂的加入，可以构建两类不同的活性中心，从而实现费-托合成产物选择性的定向调变，如图 4.23 所示。

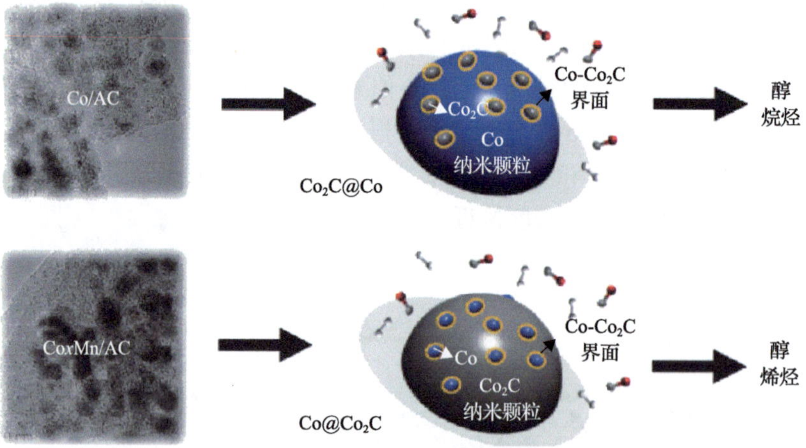

图 4.23　Co_2C@Co 和 Co@Co_2C 两种活性中心的构效关系

2. La 助剂对 CoMn/AC 催化剂 CO 加氢性能的影响

稀土金属氧化物 La_2O_3 是费-托合成 Co 基催化剂的一种有效助剂，Barrault 等[88]发现在 Co/C 催化剂中加入少量 La 可以显著提高催化剂的比活性和 TOF 值，而 Ledford 等[89]的研究表明少量 La 的加入对 Co/Al_2O_3 的 CO 加氢活性几乎没有影响。Lebarbier 等[90]详细研究了 La 助剂对活性炭和氧化铝负载 Co 基催化剂性质的影响，发现 La 能促进活性炭载体上 Co_2C 物种的形成，却能抑制氧化铝载体上 Co_2C 物种的形成，而 Co_2C 与金属 Co 的比例是形成混合醇的关键因素。从头算分子动力学计算结果表明，在活性炭载体上，La 以氧化物形式存在于 Co 纳米颗粒的空位上，在 La_2O_3 和 Co_2C/Co 的界面处可以形成稳定的 CH_x 物种，可以与 CO 或 CH_x 发生 CO 插入或 C—C 偶联反应，形成 CH_xO 和 CH_xCO 等形成混合醇的中间物种。

丁云杰研究团队前期对 La 助剂对活性炭负载 Co 基催化剂的 CO 加氢反应性能进行

了初步研究，发现 La 能促进 Co_2C 物种的形成并提高混合醇的选择性，但是对反应活性中心和反应机理的认识尚不清晰[57]。因此，本章将通过研究 Mn 存在下 La 对 Co/AC 催化剂 CO 加氢反应性能的影响，并结合多种表征手段深入研究催化剂的构效关系。

不同 La 负载量的 Co*y*La/AC 催化剂的 CO 加氢反应结果如图 4.24(a)所示。产物主要为烷烃、烯烃、混合伯醇和少量 CO_2，$C_{1\sim4}$ 烃类分布于尾气中，C_{5+} 烃类主要分布于液相产物中，混合伯醇分布于液相产物中。从图 4.24(a)的结果可以看出，La 负载量从 0wt%增加到 1wt%，CO 转化率从 64.5%降低至 31.5%，C_{5+} 烃类选择性从 35.2%降低至 13.8%，同时 $C_{2\sim4}$ 烃类和混合伯醇的选择性提高，其中 $C_{2\sim4}$ 烯烃选择性从 5.1%提高至 15.1%，

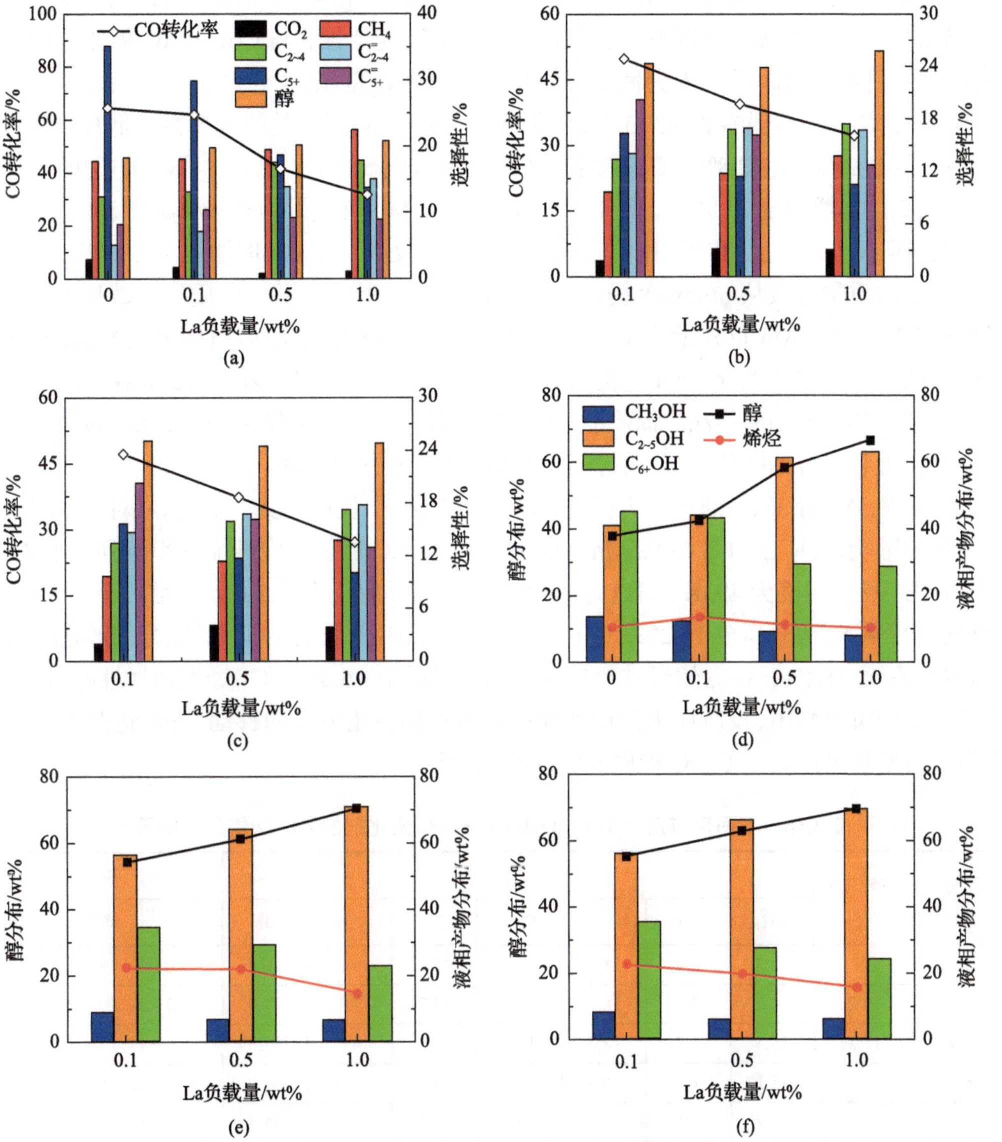

图 4.24 CO 转化率、产物分布、液相产物中烯烃和醇的质量分数以及醇分布

(a，d) Co*y*La/AC；(b，e) Co0.5Mn*y*La/AC；(c，f) Co1Mn*y*La/AC；反应条件：493K、3.0MPa、GHSV=1000h^{-1}、H_2/CO=2.0

$C_{2\sim4}$烷烃选择性从 12.4%提高至 17.9%，混合伯醇选择性从 18.3%提高至 20.8%。此外，La 可以使液相产物中混合伯醇的质量分数提高(从 37.9wt%提高至 66.8wt%)。从醇分布的结果可以看出，La 能显著促进 $C_{2\sim5}$ 醇的形成，$C_{2\sim5}$ 醇在总醇中的质量分数从 41.1wt%提高至 63.2wt%。同时，随着 La 负载量的增加，烯烃的α值从 0.68 降低至 0.61，烷烃的α值从 0.76 降低至 0.67，混合伯醇的α值从 0.72 降低至 0.62。因此，La 的加入能使产物分布向轻组分方向移动。

根据上一部分的研究结果，将 Mn 引入 Co/AC 催化剂中可以大幅提高烯烃和混合伯醇的选择性(约 60%)。在本小节的研究中，将 La 引入 Co*x*Mn/AC 催化剂中研究其助剂效应，CO 加氢反应结果如图 4.24(b)、(e)所示。从图 4.24(b)可以看出，当 Mn 负载量为 0.5wt%时，La 的加入会降低催化剂的 CO 加氢反应活性，与 Co*y*La/AC 催化剂的变化规律一致。同时，La 的加入会使低碳烃类的选择性升高($C_{2\sim4}$ 烯烃选择性从 14.2%升高至 16.7%，$C_{2\sim4}$烷烃选择性从 13.4%升高至 17.4%)，高碳烃类的选择性降低(C_{5+}烯烃选择性从 20.1%降低至 12.8%，C_{5+}烷烃选择性从 16.4%降低至 10.5%)，混合伯醇的选择性升高(从 24.3%增加至 25.7%)。图 4.24(e)所示，当 Mn 负载量为 0.5wt%时，La 负载量从 0.1 增加到 1wt%时，液相产物中混合伯醇的质量分数从 54.3wt%增加至 70.3wt%，$C_{2\sim5}$醇在总醇中的质量分数从 56.5wt%提高至 70.7wt%，C_{6+}醇在总醇中的质量分数从 34.5wt%降低至 22.8wt%。Mn 负载量为 1wt%时，催化剂的 CO 加氢反应活性和产物选择性变化规律相同，结果图 4.24(c)所示。此外，当 Mn 负载量一定时，随着 La 负载量的增加，烯烃、烷烃和混合伯醇的α值都降低，与前述结果一致。以上结果表明，La 的加入能促进低碳烃类和混合伯醇的形成，使产物分布向轻组分方向移动。

以 Co0.5Mn1La/AC 催化剂为代表，研究操作条件(反应压力、空速等)对 CO 加氢反应性能的影响。反应压力对 Co0.5Mn1La/AC 催化剂 CO 加氢反应性能的影响列于表 4.10。可以看出，反应温度为 493K、空速为 $2000h^{-1}$ 时，当反应压力从 3.0MPa 增加至 8.0MPa，CO 转化率从 8.3%升高至 16.2%，CH_4 选择性从 18.3%降低至 14.4%，混合伯醇选择性从 26.8%升高至 31.4%，$C_{2\sim4}$ 烯烃选择性从 21.1%降低至 16.3%，C_{5+}烃类选择性略有升高。从以上结果可以看出，反应压力的增加使产物分布向重组分方向移动，并促进醇的形成，说明压力增加可以促进 C—C 偶联和 CO 插入过程。

表 4.10　不同反应压力下 Co0.5Mn1La/AC 催化剂的 CO 加氢反应结果

压力/MPa	CO转化率/%	产物选择性/%							液相产物分布/wt%		
		CH_4	CO_2	$C_{2\sim4}^{=}$	$C_{2\sim4}$	$C_{5+}^{=}$	C_{5+}	醇	醇	烯烃	烷烃
3.0	8.3	18.3	2.5	21.1	13.3	12.0	6.0	26.8	77.0	14.5	8.5
4.0	10.2	16.2	2.0	18.2	13.6	14.7	7.4	27.9	70.3	19.4	10.3
5.0	11.2	16.5	1.8	18.5	14.7	14.1	6.6	27.8	75.5	15.8	8.7
6.0	13.7	15.1	1.5	16.5	14.5	14.4	7.0	31.0	75.2	15.9	8.9
7.0	14.3	14.7	1.4	16.1	14.0	14.5	7.6	31.7	74.8	15.9	9.3
8.0	16.2	14.4	1.3	16.3	14.8	13.7	8.1	31.4	75.5	14.7	9.8

反应条件：493K、GHSV=$2000h^{-1}$、H_2/CO=2.0。

另一影响催化剂 CO 加氢性能的关键因素是反应气时空速，根据 4.4.1 节第一部分的研究结果，通过研究 Co1Mn/AC 催化剂在不同空速下的产物选择性，可以观察到烯烃和混合伯醇的相互转化。气时空速对 Co0.5Mn1La/AC 催化剂 CO 加氢反应性能的影响列于表 4.11。从反应结果可以看出，混合伯醇的选择性变化不大(约 26.0%)，但是可以观察到烯烃和烷烃之间的相互转化。当气时空速从 $1000h^{-1}$ 增加到 $3000h^{-1}$ 时，CO 转化率从 32.2%降低至 10.4%，CH_4 选择性从 13.8%降低至 12.4%，$C_{2\sim4}$ 烯烃选择性从 16.7%升高至 22.2%，C_{5+} 烯烃选择性从 12.8%升高至 14.6%，$C_{2\sim4}$ 烷烃选择性从 17.4%降低至 13.7%，C_{5+} 烷烃选择性从 10.5%降低至 8.2%。$C_{2\sim4}$ 烃类的总选择性约 35%，C_{5+} 烃类的总选择性约 25%，以上结果表明，气时空速改变时，烯烃和烷烃之间存在相互转化。其他 Co*x*Mn*y*La/AC 催化剂也表现出类似的规律，结果列于表 4.12 和表 4.13。

表 4.11　不同空速下 Co0.5Mn1La/AC 催化剂的 CO 加氢反应结果

$GHSV/h^{-1}$	CO 转化率/%	产物选择性/%							
		CH_4	CO_2	$C_{2\sim4}^{=}$	$C_{2\sim4}$	$C_{5+}^{=}$	C_{5+}	醇	醇+烯烃
1000	32.2	13.8	3.2	16.7	17.4	12.8	10.5	25.7	55.2
2000	14.2	13.2	2.4	20.0	14.7	14.3	9.5	25.9	60.2
3000	10.4	12.4	2.3	22.2	13.7	14.6	8.2	26.5	63.3

反应条件：3.0MPa、$GHSV=2000h^{-1}$、$H_2/CO=2.0$。

表 4.12　不同空速下 Co0.5Mn*y*La/AC 催化剂的 CO 加氢反应结果

催化剂	CO 转化率/%	产物选择性/%								醇+烯烃的时空收率/[g/(kg_{cat}·h)]
		CH_4	CO_2	$C_{2\sim4}^{=}$	$C_{2\sim4}$	$C_{5+}^{=}$	C_{5+}	醇	醇+烯烃	
Co0.5Mn0.1La/AC[a]	49.7	9.7	1.9	14.2	13.4	20.1	16.4	24.3	58.7	92.4
Co0.5Mn0.1La/AC[b]	14.8	11.7	0.9	20.9	14.1	18.8	12.2	21.4	61.1	52.6
Co0.5Mn0.1La/AC[c]	9.8	12.1	0.9	24.5	14.0	17.0	10.8	20.6	62.1	41.5
Co0.5Mn0.5La/AC[a]	39.4	11.8	3.4	16.9	16.7	16.2	11.5	23.7	56.7	74.5
Co0.5Mn0.5La/AC[b]	20.8	10.2	2.0	19.4	14.2	19.0	10.4	24.5	62.9	66.0
Co0.5Mn0.5La/AC[c]	13.4	10.3	1.9	22.3	13.9	18.5	9.7	23.3	64.1	67.1

a.反应条件：493K、3.0MPa、$GHSV=2000h^{-1}$、$H_2/CO=2.0$。
b.反应条件：493K、3.0MPa、$GHSV=1000h^{-1}$、$H_2/CO=2.0$。
c.反应条件：493K、3.0MPa、$GHSV=4000h^{-1}$、$H_2/CO=2.0$。

表 4.13　不同空速下 Co1Mn*y*La/AC 催化剂的 CO 加氢反应结果

催化剂	CO 转化率/%	产物选择性/%								醇+烯烃的时空收率/[g/(kg_{cat}·h)]
		CH_4	CO_2	$C_{2\sim4}^{=}$	$C_{2\sim4}$	$C_{5+}^{=}$	C_{5+}	醇	醇+烯烃	
Co1Mn0.1La/AC[a]	47.2	9.7	1.9	14.6	13.4	20.1	15.5	25.0	59.7	93.4
Co1Mn0.1La/AC[b]	21.0	9.4	1.1	19.1	13.5	21.0	13.1	22.9	63.0	78.4
Co1Mn0.1La/AC[c]	13.1	10.9	1.0	21.3	15.2	19.7	11.8	20.2	61.2	67.4
Co1Mn0.5La/AC[a]	37.3	11.4	4.1	16.6	15.8	16.1	11.6	24.4	57.1	64.4

续表

催化剂	CO 转化率/%	产物选择性/%								醇+烯烃的时空收率/[g/(kg$_{cat}$·h)]
		CH_4	CO_2	$C_{2\sim4}^{=}$	$C_{2\sim4}$	$C_{5+}^{=}$	C_{5+}	醇	醇+烯烃	
Co1Mn0.5La/AC[b]	23.0	9.0	2.5	18.7	12.6	20.2	11.9	25.1	64.0	83.0
Co1Mn0.5La/AC[c]	16.4	8.9	2.2	20.6	11.8	22.3	11.0	23.3	66.2	82.3
Co1Mn1La/AC[a]	27.1	13.8	3.9	17.7	17.1	12.9	10.0	24.6	55.2	49.5
Co1Mn1La/AC[b]	14.7	12.0	3.1	21.0	13.4	16.2	9.1	25.2	62.4	49.7
Co1Mn1La/AC[c]	12.3	14.5	3.7	25.2	16.1	15.5	7.7	17.3	58.0	58.7

a.反应条件：493K、3.0MPa、GHSV=1000h^{-1}、H_2/CO=2.0。
b.反应条件：493K、3.0MPa、GHSV=2000h^{-1}、H_2/CO=2.0。
c.反应条件：493K、3.0MPa、GHSV=3000h^{-1}、H_2/CO=2.0。

不同 La 和 Mn 含量的 Co*y*La/AC 和 Co*x*Mn*y*La/AC 催化剂 CO 加氢产物的时空收率列于表 4.14。可以看出，加入少量的 La(0.1wt%)可以提高同时混合伯醇和烯烃的时空收率，继续增加 La 的加入量，由于其 CO 转化率降低，各产物的时空收率也降低。继续添加少量的 Mn 可以显著提高烯烃的时空收率，而对混合伯醇的时空收率影响较小。

表 4.14　Co/AC、Co*y*La/AC 和 Co*x*Mn*y*La/AC 催化剂 CO 加氢反应产物时空收率

催化剂	时空收率/[g/(kg$_{cat}$·h)]		
	醇	烯烃	烷烃
Co/AC	45.6	23.7	128.4
Co0.1La/AC	51.9	35.0	126.4
Co0.5La/AC	33.2	29.7	70.5
Co1La/AC	25.3	23.3	51.2
Co0.5Mn0.1La/AC	41.7	50.7	52.4
Co0.5Mn0.5La/AC	33.7	40.7	44.1
Co0.5Mn1La/AC	28.9	27.5	35.7
Co1Mn0.1La/AC	42.3	51.1	50.8
Co1Mn0.5La/AC	30.1	34.3	37.0
Co1Mn1La/AC	24.1	25.4	30.8
Co2Mn0.5La/AC	11.9	18.0	17.5

反应条件：493K、3.0MPa、GHSV=1000h^{-1}、H_2/CO=2.0。

根据反应过程中 CO 消耗量和 Co 物种的分散度计算得到的 Co*x*Mn*y*La/AC 催化剂的 TOF 值如图 4.25 所示。La 的加入量为 0.1wt%时，由于 Mn 的加入 Co*x*Mn0.1La/AC 催化剂的 TOF 值(约 80h^{-1})提高至 Co0.1La/AC 催化剂 TOF 值(约 40h^{-1})的一倍；而随着 La 负载量的增加，Co*y*La/AC 和 Co*x*Mn*y*La/AC 催化剂的 TOF 值均下降。与其他 Co 基催化剂相比(表 4.15)，Co*x*Mn*y*La/AC 催化剂的 TOF 值与合成醇催化剂(CoCuLa)的 TOF 值在相同数量级(约 10^1)，但是低于以金属 Co 为活性中心的费-托合成催化剂 TOF 值的数量级(约 10^2)。可能的原因是在 CO 加氢反应过程中，部分金属 Co 转变为 Co_2C 物种，使催化剂的活性下降，TOF 值降低。

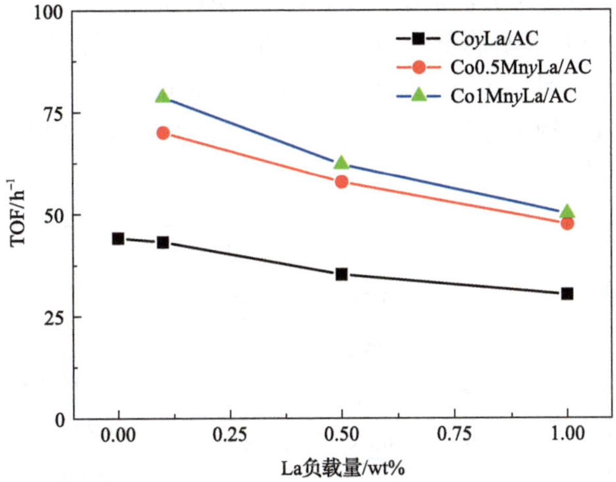

图 4.25　不同 Mn 和 La 负载量催化剂的 TOF 值

表 4.15　文献报道的 Co 基费-托合成催化剂的 TOF 值

催化剂	TOF/h^{-1}	反应条件	参考文献
Cu1Co1La	45	3.0MPa, 523K, H_2/CO=2/1	[76]
Cu1Co2La	77		
Co1La	111		
8.9CoLa/SiO_2 (La/Co=0.1)	288	1.0MPa, 493K, H_2/CO/Ar=62/31/7	[91]
9.4CoMn/SiO_2 (Mn/Co=0.1)	468		
20hcp-Co/SiO_2	245	2.0MPa, 493K, H_2/CO=2/1	[92]
20fcc-Co/SiO_2	176		
11Co/CNF	38	0.1MPa, 493 K, H_2/CO=2/1	[93]

目前，对 Co_2C 基催化剂 TOF 值的研究较少，这是由于 CO 加氢反应中形成不同产物的活性中心尚存在争议。因此，尚需深入研究 CO 加氢反应的活性中心和反应机理，才能准确计算 TOF 值。

基于上述研究结果，La 的作用主要是促进混合伯醇的形成，并使产物分布向轻组分方向移动。由于 Co*x*Mn*y*La/AC 催化剂的 CO 加氢产物分布与 Co*x*Mn/AC 催化剂接近，所以，La 的助剂效应远远弱于 Mn。Mn 助剂主要通过路易斯酸碱相互作用促进 CO 的解离，而 La 助剂主要促进加氢和 CO 插入过程。因此，下面对催化剂的体相结构和表面结构进行剖析，以深入研究 La 存在下 Co*x*Mn*y*La/AC 催化剂的构效关系。

Co*x*Mn*y*La/AC 催化剂的 H_2-TPR 表征结果如图 4.26 所示。498～507K 处的耗氢峰归属为 Co_3O_4 向 CoO 的还原(第一步还原)，609～625K 处的耗氢峰归属为 CoO 向金属 Co 的还原(第二步还原)，750～770K 处的宽耗氢峰归属为金属 Co 存在下活性炭载体表面基团的加氢，同时伴有 CH_4 的形成。当 Mn 和 La 的负载量增加时，H_2-TPR 谱图中的三个耗氢峰均向高温方向移动，说明 Mn 和 La 都能抑制 Co 物种的还原。根据 H_2-TPR 谱图定量计算得到的还原度列于表 4.16。对于 Co*y*La/AC 催化剂，当 La 的负载量从 0 增加至 1wt%，Co 的还原度从 84%降低至 66%；当 Mn 的负载量增加时，还原度进一步降低，Mn 负载量增加到 2wt%时，还原度降低到 48%，与 Johnson 等[83]的研究结果一致。由于 Mn、La 两种助剂与 Co 纳米颗粒之间存在较强的相互作用，所以 Mn 和 La 对 Co 氧化物的还原都起到抑制作用。

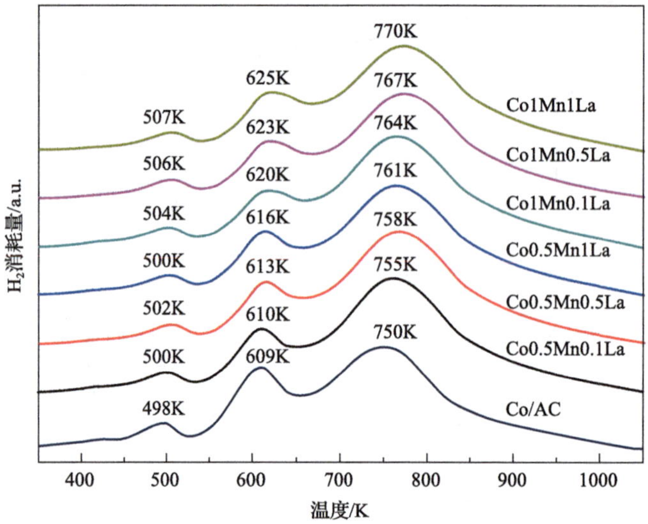

图 4.26　Co/AC 和 Co*x*Mn*y*La/AC 催化剂的 H_2-TPR 谱

表 4.16　Co/AC、Co*y*La/AC 和 Co*x*Mn*y*La/AC 催化剂的 H_2 和 CO 脉冲吸附量、分散度和还原度

催化剂	H_2 吸附量/(μmol/g_{cat})	CO 吸附量/(μmol/g_{cat})	分散度/%	还原度/%
Co/AC	9.8	293	11.5	84
Co0.1La/AC	13.8	283	11.2	76
Co0.5La/AC	14.5	239	9.4	70
Co1La/AC	29.0	213	8.3	66
Co0.5Mn0.1La/AC	4.3	135	5.3	72
Co0.5Mn0.5La/AC	5.5	127	5.0	63
Co0.5Mn1La/AC	9.0	125	4.9	60
Co1Mn0.1La/AC	3.5	117	4.6	61
Co1Mn0.5La/AC	4.3	109	4.3	59
Co1Mn1La/AC	4.7	102	4.0	56
Co2Mn0.5La/AC	2.9	92	3.5	48

Co*y*La/AC 和 Co*x*Mn*y*La/AC 催化剂的 CO 脉冲吸附结果列于表 4.16。对于 Co*y*La/AC 催化剂，当 La 负载量从 0 增加至 1wt%，CO 吸附量从 293μmol/g_{cat} 降低至 213μmol/g_{cat}，Co 的分散度从 11.5%降低至 8.3%。继续引入 Mn，CO 吸附量发生明显降低。引入少量

Mn (0.5wt%) 就可以将 CO 吸附量降低为原来的一半左右；继续增加 Mn 的负载量，CO 吸附量进一步降低；当 Mn 负载量为 2wt%时，CO 吸附量降至 92μmol/g_{cat}。引入少量的 Mn 就可以显著降低 Co 物种的分散度 (约 5%)，继续增加 Mn 的负载量对 Co 物种分散度的影响不大。

Co*y*La/AC 和 Co*x*Mn*y*La/AC 催化剂的 H_2 脉冲吸附结果同样列于表 4.16。对于 Co*y*La/AC 催化剂，当 La 负载量从 0 增加至 1wt%，H_2 吸附量从 9.8μmol/g_{cat} 升高至 29.0μmol/g_{cat}。Mn 的加入能显著抑制 H_2 吸附，降低 Co*x*Mn*y*La/AC 催化剂的 H_2 吸附量 (2.9～9.0μmol/g_{cat})，此结果与 CH_4 的选择性变化趋势一致，La 能促进表面 CH_x*物种的加氢，Mn 能抑制其加氢。与 CoLa/AC 催化剂相比，Co*x*Mn*y*La/AC 催化剂具有更低的 H_2 吸附量，在催化剂上形成一种相对“缺氢”的表面化学环境。Co*x*Mn*y*La/AC 催化剂的分散度和还原度的变化趋势与其 CO 加氢活性的变化趋势一致，其 CO 加氢活性较低的原因部分源于 Mn 和 La 这两种助剂都抑制了 Co 氧化物的还原。

为研究催化剂的微观结构和晶相结构，对反应后的 Co*x*Mn*y*La/AC 催化剂进行了 HRTEM 表征。反应后的 Co0.5Mn0.5La/AC、Co0.5Mn1La/AC 和 Co1Mn1La/AC 催化剂的 HRTEM 图如图 4.27 (a)、(b) 和 (c) 所示，可以看出反应后的催化剂均为分布于活性炭载体上的球形纳米颗粒，对应的粒径分布如图 4.27 (g)、(h) 和 (i) 所示，其均为单峰高斯型分布，Co 物种的平均粒径为 9.2nm、12.2nm 和 10.8nm，这说明了 Mn 和 La 的加入量对 Co 物种的粒径影响不大。

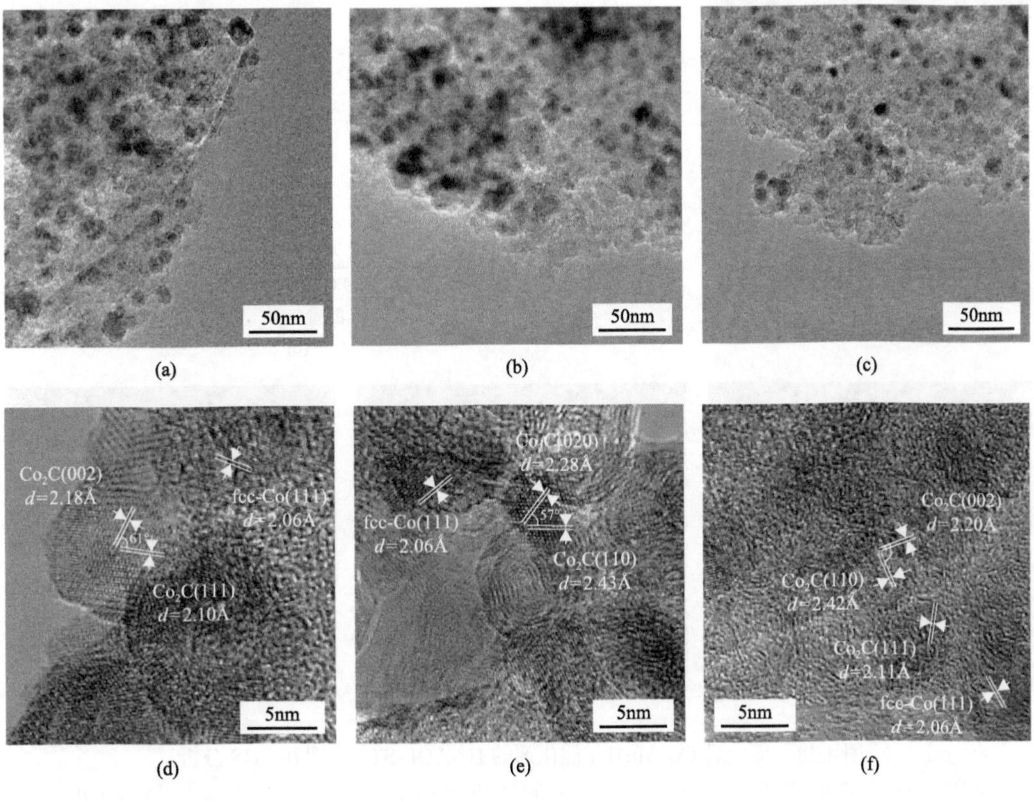

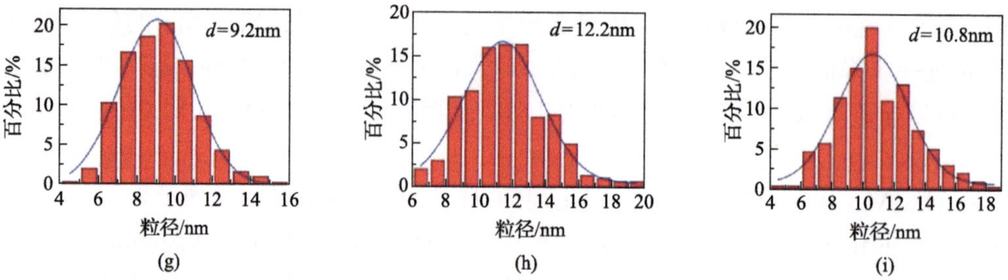

图 4.27　反应后 Co*x*Mn*y*La/AC 催化剂的 HRTEM 图

(a，d) Co0.5Mn0.5La/AC；(b，e) Co0.5Mn1La/AC、(c，f) Co1Mn1La/AC 的 HRTEM 图；(g～i) Co0.5Mn0.5La/AC、Co0.5Mn1La/AC 和 Co1Mn1La/AC 的粒径分布

由于 HRTEM 图中没有观察到 Mn 和 La 这两种助剂的存在，所以进行 EDS 元素表征来研究各元素的空间分布。反应后的 Co1Mn1La/AC 催化剂的 HAADF-STEM 图如图 4.28(a) 所示，可以观察到图中的白色亮点是分布于活性炭载体上的 Co 物种。在 EDS 谱中，如图 4.28(b) 所示，分别选择能量为 4.8keV、5.8keV 和 6.8keV 的能量代表 La、Mn 和 Co 三种元素。La、Mn 和 Co 元素的空间分布图如图 4.28(c)、(d) 和 (e) 所示。图 4.28(e) 中球形的 Co 纳米颗粒清晰地分布于活性炭载体上。然而，La 和 Mn 首先在 Co 纳米颗粒表面富集，同时也有一部分分布于活性炭载体上，如图 4.28(c)、(d) 所示。此现象说明 La 和 Mn 会在金属 Co 的周围发生团聚，说明 La、Mn 与 Co 之间存在相互

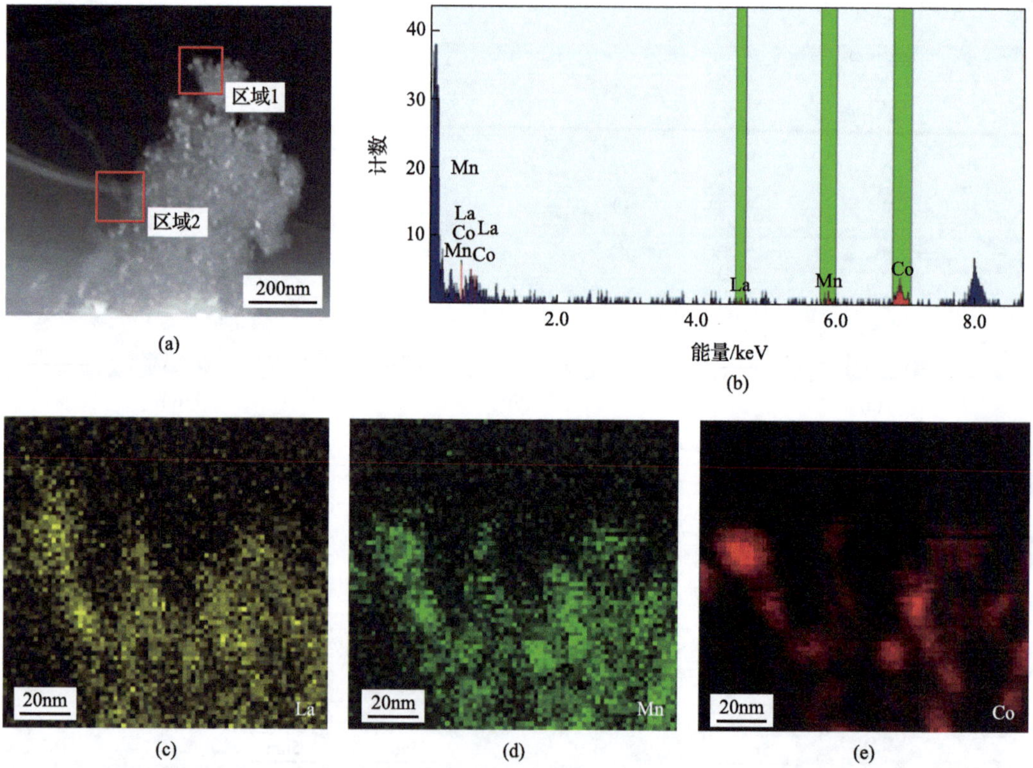

图 4.28　反应后 Co1Mn1La 催化剂的 HAADF-STEM 图和 EDS 分析

(a) HAADF-STEM 图；(b) EDS 谱图；(c～e) 反应后 Co1Mn1La 催化剂的能谱面扫描图 [(c) La、(d) Mn、(e) Co]

作用。已有文献对金属 Co 和 Mn 氧化物之间的相互作用及其对费-托合成的促进作用进行报道，La、Mn 两种助剂与 Co 物种之间的相互作用会对 CO 加氢反应活性和选择性产生巨大影响。

焙烧后、反应后的 Co*y*La/AC 和 Co*x*Mn*y*La/AC 催化剂的 XRD 表征结果如图 4.29 所示。焙烧后的 Co*y*La/AC 催化剂的 XRD 图与焙烧后的 Co*x*Mn*y*La/AC 催化剂的 XRD 图基本一致，如图 4.29(a)、(c)所示，可以看出焙烧后的催化剂中的 Co 物种主要以 Co_3O_4 形式存在(PDF #01-074-2120，$2\theta = 36.8°$、$44.8°$、$59.3°$和 $65.2°$)，同时也有 CoO 物种存在(PDF #01-070-2855，$2\theta = 36.7°$、$42.8°$和 $62.2°$)。在 XRD 图中没有观察 Mn 和 La 的衍射峰，这是由于 Mn 和 La 在催化剂表面高度分散而无法被 XRD 检测到。

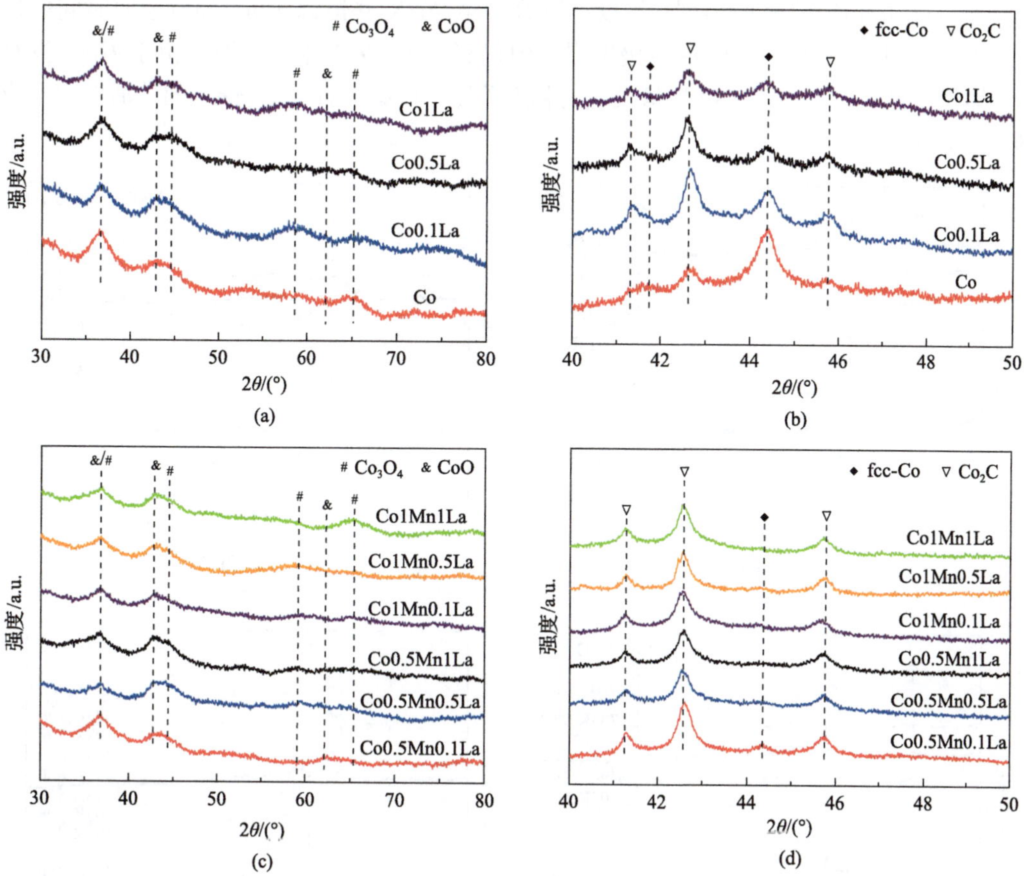

图 4.29　焙烧后和反应后催化剂的 XRD 图

(a)焙烧后、(b)反应后 Co*y*La/AC 催化剂的 XRD 图；(c)焙烧后、(d)反应后 Co*x*Mn*y*La/AC 催化剂的 XRD 图

在固定床中反应 24h 后的 Co*y*La/AC 和 Co*x*Mn*y*La/AC 催化剂的 XRD 图表现出一定差异，如图 4.29(b)、(d)所示。反应后 Co*x*Mn*y*La/AC 催化剂的 XRD 图中，Co_2C 物种的衍射峰强度高(PDF #01-072-1369，$2\theta = 37.0°$、$41.3°$、$42.5°$、$45.7°$和 $56.6°$)，而 fcc-Co 的衍射峰强度很弱(PDF #01-089-7093，$2\theta = 44.2°$)，如图 4.29(d)所示。而反应后 Co*y*La/AC 催化剂的 XRD 图中可以清晰地观察到 Co_2C 和 fcc-Co 的衍射峰，所以其活性位点应是

Co 和 Co_2C 的混合相。反应后 Co*x*Mn*y*La/AC 催化剂的 XRD 图与反应后 Co*x*Mn/AC 催化剂的 XRD 图基本一致，故推测其应具有与 Co*x*Mn/AC 催化剂相似的活性位点结构，即分散于 Co_2C 纳米颗粒上的小尺寸的金属 Co 位点——Co@Co_2C。

为研究催化剂在原位还原和 CO 加氢反应中的晶相变化，选择 Co0.5Mn1La/AC 催化剂为代表进行原位 XRD 表征，结果如图 4.30 所示。首先，焙烧后的 Co0.5Mn1La/AC 催化剂在 H_2 中进行程序升温还原(从 298K 线性升温至 703K)，每隔 20K 扫谱一次，如图 4.30(a)～(c)所示。从中可以看出，当还原温度低于 433K 时，催化剂的晶相以 Co_3O_4 相为主；当温度升至 453K 时，Co_3O_4 开始向 CoO 还原(第一步还原)，与 H_2-TPR 的表征结果一致；当温度升至 573K 时，开始发生 CoO 向金属 Co 的还原(第二步还原)，fcc-Co(111)的衍射峰开始出现；温度继续升高至 703K 并恒温 10h，随着还原时间的延长，fcc-Co(111)的衍射峰强度缓慢增强，但仍有少量 CoO 未被还原。由于 CoO 没有 CO 加氢活性，因此，在 CO 加氢反应的初期阶段，Co*x*Mn*y*La/AC 催化剂的活性中心应该是金属 Co。

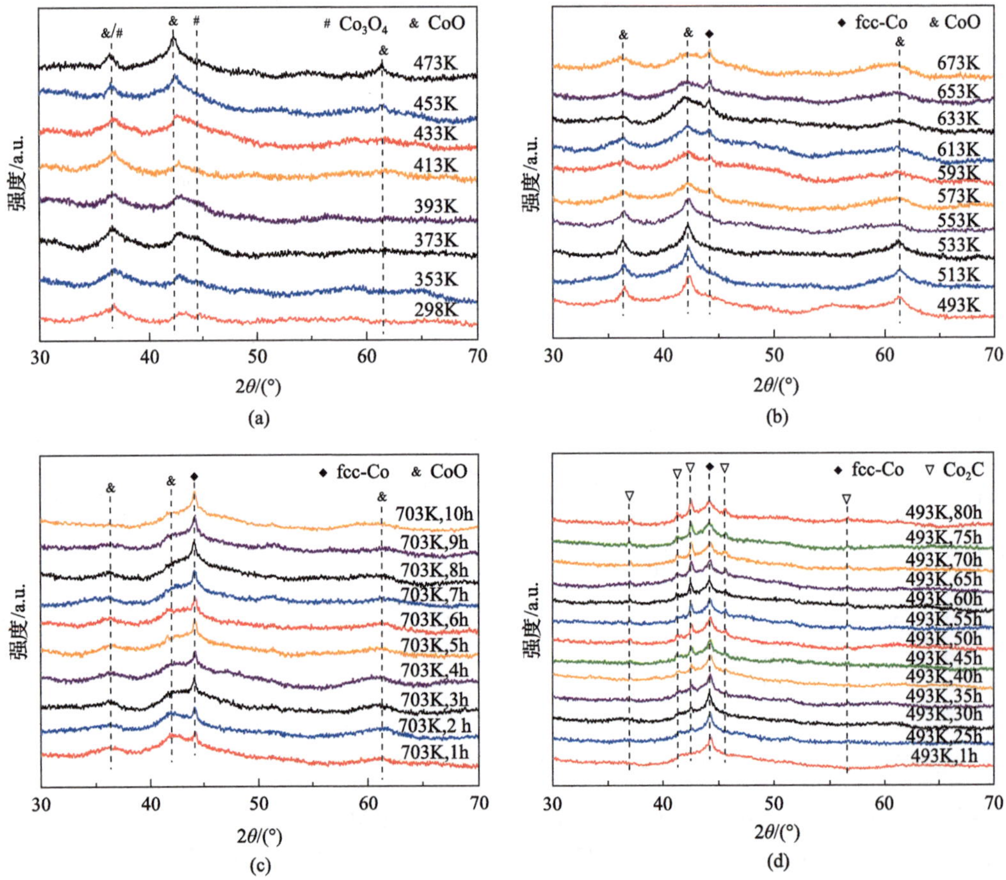

图 4.30　Co0.5Mn1La/AC 还原和 CO 加氢反应过程中的原位 XRD 图

(a～c)焙烧后的 Co0.5Mn1La/AC 在 H_2 中原位还原(703K, 0.10MPa)；(d)还原后的 Co0.5Mn1La/AC 在合成气中原位反应(493K, 0.80MPa, H_2/CO=2)

催化剂还原后降温至 473K，随后通入合成气(H_2/CO=2)，升压至 0.80MPa，以研究实际反应条件下催化剂晶相结构的变化，结果如图 4.30(d)所示。在原位反应的前 25h，催化剂的主要晶相为 fcc-Co；在反应时间延长至 30h，开始在 2θ = 42.5°处出现衍射峰，其归属为 Co_2C(111)晶面的特征衍射峰；随着反应时间的继续延长，2θ = 42.5°处的衍射峰强度增强，在 2θ = 41.3°和 45.7°处又出现两个新的衍射峰，分别归属为 Co_2C(002)晶面和(021)晶面的特征衍射峰，同时 fcc-Co(111)的衍射峰强度逐渐减弱。此结果表明，在 CO 加氢反应过程中，发生了 fcc-Co 向 Co_2C 的转变，催化剂表面的 CO 发生解离导致金属 Co 的碳化，从而促进了 Co_2C 的形成。XRD 原位池中形成 Co_2C 所需时间较长，可能的原因是 Co 纳米颗粒在 XRD 原位池中的碳化速率和深度远远低于固定床反应器。由于固定床反应器中的 CO 分压为 1.0MPa，而 XRD 原位池中的 CO 分压仅为 0.27MPa，由于较低的 CO 分压影响了积碳速率和碳物种的迁移。

为研究催化剂表面元素组成和价态，采用 XPS 进行分析表征。反应 24h 后的 Co*x*Mn*y*La/AC 催化剂的 XPS 表征结果如图 4.31 所示。Co 2p XPS 图如图 4.31(a)所示，位于 778.3eV、780.0eV 和 780.9eV 处的 Co $2p_{3/2}$ 结合能峰归属为 Co^0、Co^{3+}和 Co^{2+}物种，

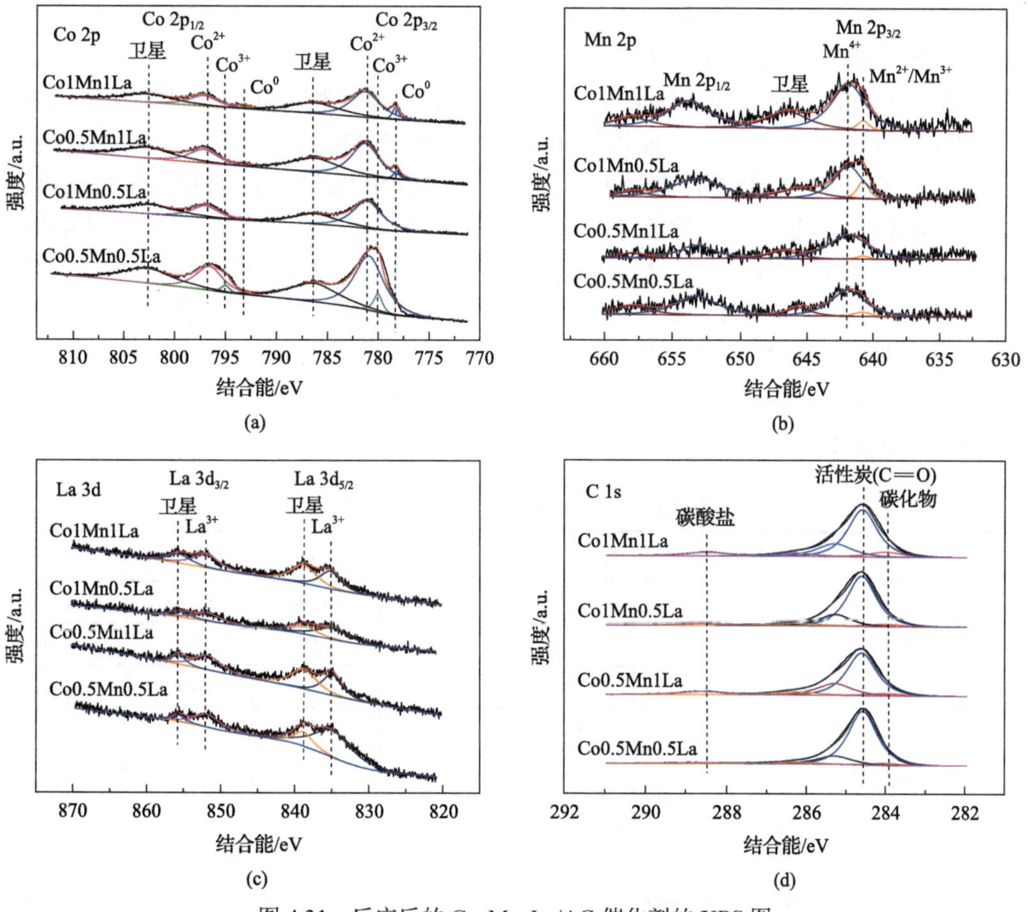

图 4.31　反应后的 Co*x*Mn*y*La/AC 催化剂的 XPS 图

(a) Co 2p；(b) Mn 2p；(c) La 3d；(d) C 1s

可以看出反应后催化剂表面的 Co 物种主要以 Co^{2+}形式存在。Co0.5Mn0.5La/AC 催化剂表面存在少量 Co^{3+}，这可能是由于表面金属 Co 的深度氧化。但是，即使在空气中暴露很长时间，Co*x*Mn1La/AC 催化剂上仍可以观察到金属 Co 的结合能峰，说明其表面存在稳定的金属 Co 物种。

不同的 Co*x*Mn*y*La/AC 催化剂的 C 1s XPS 图均观察到 283.9eV、284.6eV 和 288.5eV 处的结合能峰，如图 4.31(d)所示，其中，位于 284.6eV 处的结合能峰归属为活性炭载体上的表面石墨碳，288.5eV 处的结合能峰归属为活性炭载体上的表面羰基，283.9eV 处的结合能峰归属为催化剂表面的碳化物，即 Co_2C 物种。表面金属 Co 能稳定存在可能是由于其被 CO 解离形成的表面薄层碳物种覆盖，结合 C 1s XPS 分析，表面 Co^{2+}物种应对应于 Co_2C 物种。Co0.5Mn0.5La/AC 催化剂的 Co^{2+}结合能发生了偏移，这是由于催化剂表面 CoO 与 Co_2C 物种共存。

Mn 2p XPS 图如图 4.31(b)所示，位于 640.7eV 和 641.9eV 的 Mn $2p_{3/2}$ 结合能峰归属为 Mn^{2+}/Mn^{3+}和 Mn^{4+}。在还原过程中，有部分 Mn^{4+}被还原为 Mn^{2+}/Mn^{3+}，Mn 含量高时还原程度降低。在还原和反应过程中，Mn 均以氧化物形式存在。La 3d XPS 图如图 4.31(c)所示，位于 834.9eV 处的 La $3d_{5/2}$ 结合能峰归属为 La^{3+}，说明 La 在还原和反应过程中都不能被还原，始终以 La_2O_3 形式存在。

反应后 Co*x*Mn*y*La/AC 催化剂的表面 Co/Mn 比、Co/La 比和 Co/C 比分别列于表 4.17。通过对反应后的 Co*x*Mn*y*La/AC 催化剂进行 XPS 半定量分析发现，反应后催化剂表面的 Co/Mn 比和 Co/La 比均低于其化学计量比，这说明在催化剂的重构过程中 Mn 和 La 都在 Co 的表面富集，这也说明了微量的 Mn 和 La 就能起到明显的促进作用，而继续增加负载量对产物选择性的影响不大。Mn 和 La 会优先覆盖在 Co 纳米颗粒的表面上，会引起催化剂的 CO 加氢反应活性降低。此外，反应后催化剂表面的 Co/C 比同样低于其化学计量比，这说明在反应过程中有碳物种形成(可能是 Co_2C 物种，也可能是表面积碳)，在催化剂表面形成一种相对“富碳”的化学环境，催化剂表面的实际 H/C 比降低，从而促进 CO 插入和β-H 消除过程。

表 4.17　Co*x*Mn*y*La/AC 的表面原子比

样品	计量原子比			反应后样品表面原子比 [a]		
	Co/Mn	Co/La	Co/C	Co/Mn	Co/La	Co/C
Co0.5Mn0.5La/AC	27.7	70.7	0.036	12.8	7.4	0.021
Co1Mn0.5La/AC	13.9	70.7	0.036	6.2	8.9	0.012
Co0.5Mn1La/AC	27.7	35.4	0.036	7.4	9.3	0.015
Co1Mn1La/AC	13.9	35.4	0.037	3.4	8.2	0.011

a.根据 XPS 半定量公式 $\frac{n_i}{n_j}=\frac{I_i}{I_j}\times\frac{\sigma_j}{\sigma_i}\times\frac{E_{k_j}^{0.6}}{E_{k_i}^{0.6}}$ 计算。

对 CO 加氢反应性能的影响与前期研究结果和文献报道相一致[57]，La 能提高产物中混合伯醇的选择性并使产物分布向轻组分方向移动，Mn 能提高产物中烯烃的选择性。

少量的 Mn 和 La 的加入就能起到明显的助剂效应，并且它们都倾向于在 Co 纳米颗粒的表面富集。通过对不同 Mn 和 La 负载量的催化剂结构进行分析，可以发现 Co*x*Mn*y*La/AC 催化剂中 Mn 和 La 的助剂效应不同。上述研究表明，Mn 能促进 Co_2C 物种的形成，在 CO 加氢反应过程中形成小尺寸金属 Co 位点分散于 Co_2C 纳米颗粒上的 Co@Co_2C 活性结构，仅引入 La 只能导致 fcc-Co 和 Co_2C 混合相的形成（Co-Co_2C）。Co*x*Mn*y*La/AC 催化剂的产物分布与 Co*x*Mn/AC 催化剂类似，所以其活性位点也应是 Co@Co_2C 结构。产生这种现象的原因可能是 Mn 的路易斯酸性强于 La（MnO 和 Mn_2O_3 的路易斯酸度为 1.4 和 2.5，La_2O_3 的路易斯酸度为 0.85），从而导致 Mn 的助剂效应远强于 La[94]。

根据费-托合成反应机理，Co 纳米颗粒是 H_2 和 CO 解离吸附的活性中心，形成表面 H*和 C*物种，这两种表面活性物种反应形成碳链增长的单体物种 C_nH_{2n}*。如果 C_nH_{2n}*发生了加氢，就形成 C_nH_{2n+2}；如果 C_nH_{2n}*发生 C—C 偶联就形成了表面烷基物种 $C_{n+1}H_{2n+3}$*。这一反应过程的机理如图 4.32 所示，在 CO 加氢反应过程中，表面吸附烷基可以发生β-H 消除形成α-烯烃，也可以与表面 H*发生α-加氢而形成直链烷烃。在相对“富碳”的 Co@Co_2C 表面上，表面 H*物种的浓度较低。因此，α-加氢过程被抑制而β-H 消除过程被促进，从而导致烷烃选择性降低，烯烃选择性升高。此外，Co_2C 能促进 CO 的非解离吸附并促进 CO 插入表面吸附的烷基链中。所以，表面吸附烷基物种 C_nH_{2n+1}*可以被 CO 插入而发生链终止，在加氢形成直链伯醇（$C_{n+1}H_{2n+3}OH$）。La 的加入促进了加氢和 CO 插入步骤，同时抑制 C—C 偶联步骤，使得混合伯醇选择性升高，产物分布向轻组分方向移动。产生这种现象的原因有以下两方面，一是 La 的加入促进 H_2 吸附，提高催化剂表面的实际 H/C 比，能促进表面吸附烷基的加氢，同时抑制 C—C 偶联；二是 La_2O_3 的弱路易斯酸性能降低 CO 的解离速率，并促进其插入表面烷基物种中形成直链伯醇。

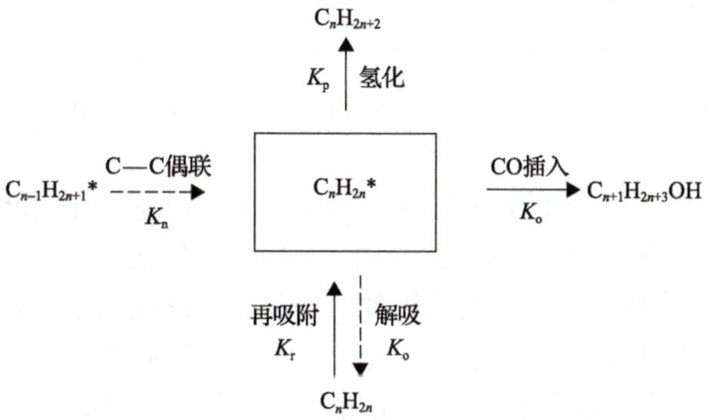

图 4.32　Co*x*Mn*y*La/AC 催化剂上费-托合成反应机理示意图

基于上述研究结果和相关研究，提出如图 4.33 所示的催化剂结构示意图。对于 Co/AC 催化剂，其活性中心主要是金属 Co，在反应过程中会形成部分 Co_2C 物种，其进行 CO 加氢反应的产物主要是烷烃和较低选择性的混合伯醇，同时伴有较高的 CH_4 选择性。在 Co/AC 催化剂中加入 La 助剂以后，在反应过程中形成较多的 Co_2C 物种，其活性中心为 Co@Co_2C 双活性中心，由于 La 的加入增加 H_2 的吸附量，所以该催化剂上 CO 加氢产物中烷烃的选择性较高，同时伴有更高的 CH_4 选择性；由于 Co_2C 物种含量的增加，Co-Co_2C

界面密度增加，故混合伯醇的选择性升高。在 Co*y*La/AC 催化剂中加入 Mn 助剂以后，在反应过程中形成大量的 Co_2C 物种，金属 Co 含量较低，其活性中心为 Co_2C 纳米颗粒与在其表面上高分散的 Co 位点组成的 Co@Co_2C 双活性中心，该催化体系能有效抑制烷烃形成，大幅度提高烯烃和混合伯醇的选择性。

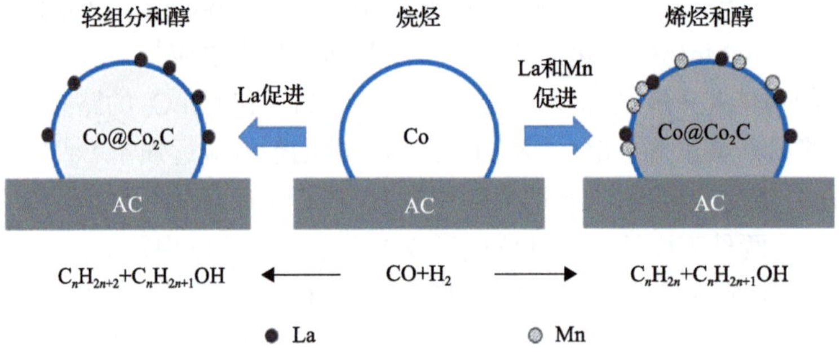

图 4.33　La 助剂对 Co/AC 及 Co*x*Mn/AC 催化剂结构的影响

向 Co*x*Mn/AC 催化剂中引入 La 助剂可以提高混合伯醇的选择性。La 能促进催化剂表面 H_2 吸附，从而促进催化剂表面吸附烷基链的加氢，使产物分布向轻组分方向移动。与 Mn 在催化剂表面的分布相似，La 也优先在 Co 纳米颗粒的表面聚集，且少量的 La 就可以起到显著的促进作用。但是，La 的助剂效应远远弱于 Mn，这可能是由于 La 的路易斯酸性弱于 Mn。Co*x*Mn*y*La/AC 催化剂的活性中心也是 Co@Co_2C 活性结构，与 Co*x*Mn/AC 催化剂的活性位点结构相同，而 Co*y*La/AC 催化剂的活性中心是 Co-Co_2C 的混合相。

4.4.2　合成气制混合醇联产柴油的工艺路线

陕西延长石油榆林煤化有限公司已建设了一套 15 万吨/年费-托合成装置，生产轻质馏分油醇、重质馏分油醇及重质蜡，是由中国科学院大连化学物理研究所和陕西延长石油集团有限责任公司合作开发建设的、国内首套以钴基作为催化剂的合成气浆态床制油示范装置。

大连化学物理研究所开发的钴基费-托合成制高碳醇工艺具有原始创新性，具有完全自主知识产权。该工艺部分利用合成气原料中的氧元素，使之部分转化生成了醇类产品，化学原子经济性高。合成的高碳醇为高附加值产品，广泛应用于塑料加工（$C_{8\sim10}$ 醇为增塑剂醇）和高性能洗涤剂（$C_{12\sim14}$、$C_{16\sim18}$ 洗涤剂醇）等多个领域。

鉴于“钴基费-托合成制合成油”的催化剂与“钴基费-托合成制高碳醇”的催化剂工程性能方面的相似性，拟依托钴基费-托合成制合成油工业示范装置，开展钴基费-托合成制高碳醇（简称高碳醇）工业示范项目的工业试验，采用的工艺流程图如图 4.34 所示。

总工艺流程包括以下 8 个单元。

1）费-托合成单元

费-托合成单元是将来自净化装置的新鲜合成气、来自 PSA 制 CO 单元的外循环气及来自 PSA 制 H_2 单元的氢气转化为油醇混合物（轻质馏分油醇、重质馏分油醇）及 LPG 等中间产品的过程。

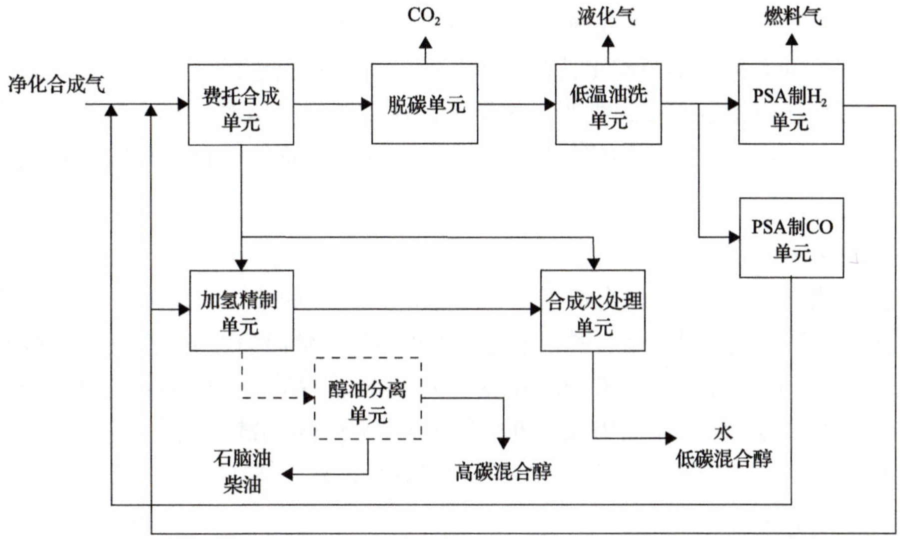

图 4.34 合成气制高碳醇装置工艺流程图

来自净化装置的新鲜合成气(总硫含量<0.1ppm)经过精脱硫后将合成气中的总硫含量降至 0.02ppm 以下，以满足费-托合成反应的要求。脱硫后的新鲜合成气与来自加压后的外循环气及循环氢混合后(H_2/CO=2.0～2.1)去脱羰基罐脱除其中羰基化合物。脱羰基后的合成气与费-托反应尾气换热，用蒸汽加热至 220℃后进入费-托合成反应器，在高碳醇钴基催化剂浆料中进行合成气转化为混合伯醇联产油品的反应(称为油醇联产，反应温度 210～228℃，压力 3.5MPa)。反应产生的气相混合物经旋风分离后经冷却、二级分离出重质馏分油醇(160℃)和油水混合物(40℃)，分离出的合成尾气(3.5MPa，40℃)送至脱碳单元以脱除其中的 CO_2。尾气经冷却液化的馏分油醇作为合成尾气的洗涤原料，用于洗涤出其中夹带的固体催化剂颗粒，对于合成气油醇联产反应产生的重质馏分油醇，分别设置了内过滤和外过滤两套过滤系统，用于过滤出其中的固体催化剂，分离出的重质馏分油醇和部分轻质馏分油醇送至加氢精制单元作进一步处理。油水混合物再经油水分离出其中的轻质馏分油醇和合成水，产生的干气加压后送至低温油洗单元回收烃类，轻质馏分油醇经脱 C_3、C_4 塔分离，塔顶产出的干气和 LPG 送至低温油洗单元，塔底产生的轻质馏分油醇送至加氢精制单元作进一步处理。

钴基费-托制混合醇反应是强放热反应，会放出大量的反应热，通过反应器上、下两段内置的换热管与循环锅炉给水换热移除大量反应热，并副产 1.5MPa 蒸汽，再经燃料炉过热后送至管网。

2) 脱碳单元

脱碳单元用于脱除来自费-托合成单元合成尾气中的 CO_2，以保证系统达到设计的转化深度。脱除 CO_2 后的脱碳尾气送至低温油洗单元回收烃类。在工艺上，其特殊性在于合成气油醇联产尾气中有机烃类含量较高，要求在完成脱碳过程的同时不会将其中的有机烃类损失过高。目前，这一特殊的脱碳过程评价的结果是只有热钾碱法符合上述基本要求。这里采用南京化工研究院开发的变压再生脱碳工艺。变压再生脱碳工艺是在最典型的热碳酸钾化学脱碳工艺的基础上，充分利用富液的压力位能；以带压闪蒸气为动力对低压系统进行喷射抽吸；按照不同压力等级分级利用蒸汽热能，并通过闪蒸槽将贫液闪蒸出来的蒸汽抽到低压系统再次利用，从而大幅度降低脱碳溶液的再生蒸汽消耗。

3）低温油洗单元

低温油洗单元的原料是来自费-托合成单元的 LPG，脱 C_3、C_4 塔顶干气，轻质馏分油醇油水分离器干气，以及来自脱碳单元的脱碳尾气。低温油洗单元采用低温吸收、高温解吸的原理回收气体中的 LPG 和石脑油，得到 LPG 产品，油洗石脑油醇和油洗干气。将油洗石脑油醇送至加氢精制单元作进一步加氢处理；将油洗干气大部分送至 PSA 制 CO 单元，一部分送至 PSA 制 H_2 单元提氢，LPG 产品送至罐区。

4）PSA 制 CO 单元

PSA 制 CO 单元用于回收来自油洗单元干气中的 H_2 和 CO，同时脱除尾气中的 CH_4 和 C_2H_6 气体以及部分 N_2 和 Ar。PSA 制 CO 单元用吸附进行逐级分离。分离出的外循环气（H_2+CO 约 99.9%）经加压后直接返回费-托合成单元，提高了费-托合成反应中 H_2+CO 回收率，节约了原料气消耗。分离出的 CH_4、C_2H_6、N_2+Ar 等气体则送至焚烧炉燃烧回收热量。

5）加氢精制单元

来自费-托合成单元的轻质馏分油醇、重质馏分油醇，来自低温油洗单元的油洗石脑油醇，与 H_2 混合，在 H_2、催化剂以及一定温度、压力条件下进行加氢反应。

高温（250～300℃）加氢反应，是指在催化剂作用下，将粗合成油中的烯烃、醇和少量醛加氢为烷烃，再经分离进入石脑油罐、柴油罐和重质产物罐。

$$C_nH_{2n} + H_2 \longrightarrow C_nH_{2n+2}$$

$$C_nH_{2n+1}OH + H_2 \longrightarrow C_nH_{2n+2}$$

$$C_nH_{2n+1}CHO + H_2 \longrightarrow C_nH_{2n+2}$$

低温（170～210℃）加氢反应：以氢气和费-托合成反应单元的粗合成油为原料，在催化剂作用下，高选择性和高转化率地将粗合成油中的少量醛加氢为醇，加氢后的产物储存于两个 $5m^3$ 产品小罐，作为百公斤级油-醇萃取-精馏分离的原料。

$$C_nH_{2n+1}CHO + H_2 \longrightarrow C_nH_{2n+1}CH_2OH$$

6）PSA 制 H_2 单元

PSA 制 H_2 单元是将来自低温油洗单元的油洗干气经 PSA 提氢，生产的高纯氢气满足费-托合成单元和加氢精制单元使用。

7) 合成水处理单元

合成水处理单元是将合成水中的醇进行回收，剩余水作为循环水。

8) 醇油分离单元

拟建的萃取-精馏醇油分离单元是将油品中的醇和烷烃切割成数段油醇，经过萃取-反萃取分离出具有高附加值的醇类和烷烃产品，包括一组(2～3 个)高碳醇产品，混合醇可以精馏分离获得单个高碳醇产品，也可以尝试采用吸附-脱附技术来分离油与醇，关键是开发合适的吸附剂。

4.4.3　副产烯烃的多相氢甲酰化及其加氢

"合成气制混合醇联产柴油"这一过程副产大量 α-烯烃(选择性达 25%)，副产的烯烃可以通过多相氢甲酰化反应转化为直链醛和支链醛，再进一步通过加氢转化为混合醇。采用本技术可以增产高碳醇，提高过程的经济性。

1. 副产烯烃的多相氢甲酰化

本节以乙烯基官能团化的三苯基膦(记为 3v-PPh_3)为单体，通过溶剂热聚合，形成多孔有机聚合物材料 POL-PPh_3[95]。将 3v-PPh_3 与 4v-Xantphos 配体通过溶剂热聚合得到多孔有机聚合物材料 POL-Xantphos&PPh_3[96]。以 POL-PPh_3 和 POL-Xantphos&PPh_3 为载体，通过浸渍法制备多相催化剂 Rh/POL-PPh_3 和 Rh/POL-Xantphos&PPh_3(Rh 的负载量为 0.25wt%)，考察其在费-托合成副产烯烃多相氢甲酰化过程中的催化性能。

将万吨级合成气制高碳醇工业试验获得的轻质馏分油的组成进行了分析，其中正构 $C_{6\sim18}$ 烯烃约占 21.0%，异构烯烃约占 1.6%。Rh/POL-PPh_3 催化剂 Co 基费-托副产烯烃氢甲酰化反应性能列于表 4.18。在反应温度 120℃、反应压力 3.0MPa、液时空速 1.1h^{-1}、气时空速 1000h^{-1} 的条件下，连续运行 120h，烯烃总转化率 75%，正构烯烃转化率为 84%，正构醛选择性为 73.1%，异构醛选择性为 23.3%，异构烯烃选择性为 3.6%，醛正异比为 3.1。当选用 Rh/POL-Xantphos&PPh_3 催化剂时(表 4.19)，在反应温度 120℃、反应压力

表 4.18　Rh/POL-PPh_3 催化剂 Co 基费-托副产烯烃氢甲酰化反应性能

反应时间/h	总烯烃转化率/%	正构烯烃转化率/%	选择性/%			醛正异比
			正构醛	异构醛	异构烯烃	
24	73	81	69.8	28.9	1.3	2.4
48	75	84	73.1	23.3	3.6	3.1
72	76	85	73.1	23.9	3.0	3.1
96	74	84	71.0	25.0	4.0	2.8
120	75	84	73.1	23.3	3.6	3.1
144	74	83	74.1	22.1	3.8	3.4

反应条件：T=120℃、P=3.0MPa、LHSV=1.1h^{-1} 和 GHSV=1000h^{-1}。

表 4.19 Rh/POL-Xantphos&PPh_3催化剂 Co 基费-托副产烯烃氢甲酰化反应性能

反应时间/h	总烯烃转化率/%	正构烯烃转化率/%	选择性/%			醛正异比
			正构醛	异构醛	异构烯烃	
24	83	87	71.0	24.0	5.0	2.9
48	69	76	74.4	23.7	1.9	3.1
96	72	80	81.0	16.5	2.5	4.9
120	73	82	77.5	16.3	6.2	4.8
144	73	81	75.1	20.2	4.7	3.7

反应条件：T=120℃、P=3.0MPa、LHSV=1.1h^{-1}和 GHSV=1000h^{-1}。

3.0MPa、液时空速 1.1h^{-1}、气时空速 1000h^{-1}的条件下，连续运行 120h 时，烯烃总转化率为 73%，正构烯烃转化率为 82%，正构醛选择性为 77.5%，异构醛选择性为 16.3%，异构烯烃选择性为 6.2%，醛正异比为 4.8。

2. 费-托合成与氢甲酰化催化剂串联制含氧化合物

合成气经费-托合成直接制 C_{2+}醇/醛被认为是一种高效的含氧化合物制备方法，但仍具有挑战性。Xiang 等报道了共沉淀的 CoCu[3,41]、CoMnK[53]和 CoCuNb[44]催化剂，1-醇和 1-烯烃的总选择性可达 60%，但是只能通过在较低的 CO 转化率时获得较高的醇选择性。丁云杰研究团队创新性地开发出具有特殊结构的 Co-Co_2C 双功能催化剂，其中金属 Co 作为 CO 的解离吸附、氢化和链增长位点，将 CO 转化为表面烷基链(CH_x*)，而 Co_2C 作为 CO 非解离吸附的活性位点，并将 CO 插入生成的烷基链中以形成 C_{2+}含氧化合物。

“接力催化”的概念已广泛被用于开发串联催化剂，将基于单个催化剂的复杂且不可控制的反应耦合为控制良好的串联反应，可以提高催化效率，为开发更有效的催化方法提供了可能。本节工作将基于 Co-Co_2C 活性中心的费-托合成催化剂和多相单点氢甲酰化催化剂进行耦合，通过串联催化实现 CO 加氢高选择性合成 C_{2+}含氧化合物。通过优化费-托合成和多相氢甲酰化催化剂，设计了新型串联催化体系。从图 4.35(a)可以看出，活性炭(AC)材料通过表面改性得到的改性活性炭(MAC)负载的 CoMn 催化剂具有更好的活性和选择性，CO 转化率从 12.5%增加到 14.8%，同时 CH_4 和 CO_2 的选择性降低。进一步研究了助剂的影响，如图 4.35(a)所示，添加 Cr 助催化剂提高了 CO 转化率，但对烯烃和含氧化合物的总选择性降低，同时 CH_4 的选择性显著升高；Zr 和 Ce 的添加对活性、烯烃及含氧化合物的总选择性影响较小。CoMn/MAC 催化剂由于具有良好的活性和烯烃/含氧化合物选择性(65.9%)，是第一段催化剂的最佳选择。

使用不同的金属和配体制备了三种多孔有机聚合物(POPs)负载的多相氢甲酰化催化剂，实验表明这些催化剂没有 CO 加氢反应活性。将氢甲酰化催化剂填充在 CoMn/MAC (P)下部组成串联催化剂进行 CO 加氢反应，结果如图 4.35(b)所示，三种串联催化剂上

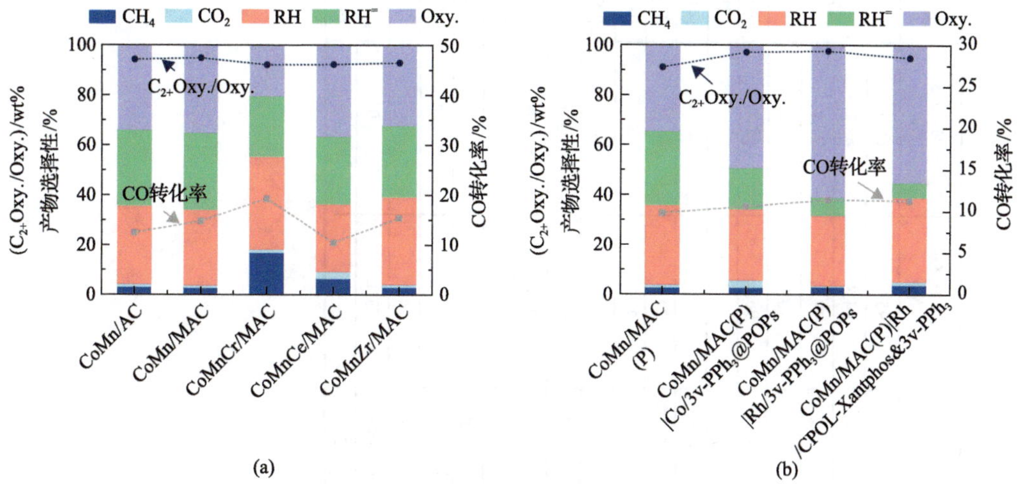

图 4.35 不同催化剂的 CO 加氢反应性能

反应条件：200℃、3.0MPa、H_2/CO=1.5、(a) WHSV=2800mL/(g·h)、(b) WHSV=2500mL/(g·h)

含氧化合物选择性显著增加，烯烃选择性降低，CoMn/MAC(P)和氢甲酰化催化剂的双床排列方式有效地将 CoMn/MAC(P)催化剂副产的烯烃转化为含氧化合物。CoMn/MAC(P)与 Rh/3v-PPh_3@POPs 组成的串联催化剂[CoMn/MAC(P)| Rh/3v-PPh_3@POPs]，在图 4.35(b)的反应条件下，CO 转化率 10.0%，含氧化合物选择性 61.1%。图 4.36 中列出了三种串联催化剂的 ASF 分布和含氧化合物的碳数分布。本部分工作与目前文献报道的典型合成气制混合醇催化剂性能列于表 4.20。含氧化合物的选择性可达 62.1%，优于目前文献报道的催化体系。

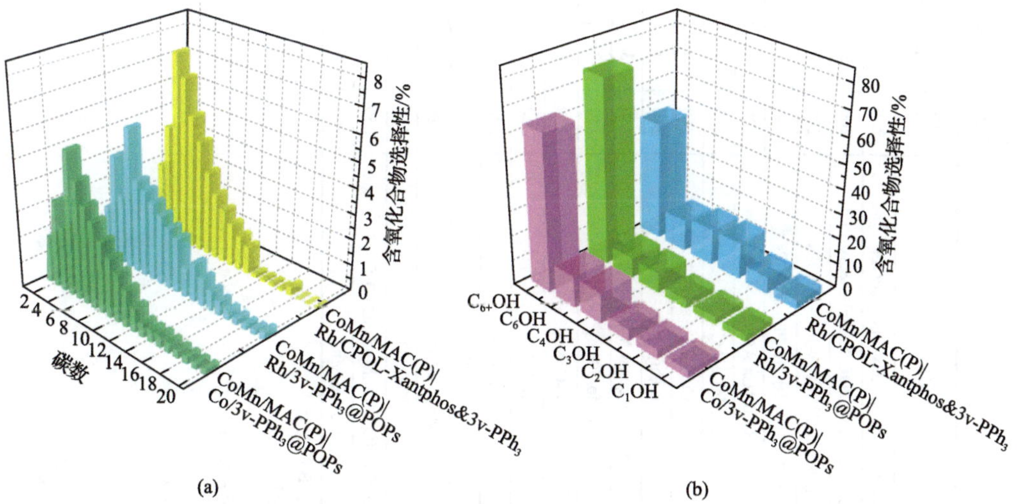

图 4.36 CoMn/MAC(P)| Rh/CPOL-Xantphos&3v-PPh_3、CoMn/MAC(P)| Rh/3v-PPh_3@POPs 和 CoMn/MAC(P)| Co/3v-PPh_3@POPs 催化剂的 ASF 分布(a)和含氧化合物的碳数分布(b)

反应条件：200℃、3.0MPa、H_2/CO=1.5 和 WHSV=2500mL/(g·h)

表 4.20 文献中报道的合成气制含氧化合物催化剂性能

No.	催化剂	温度/℃	压力/MPa	H_2/CO	WHSV	CO 转化率/%	$RH^{=}$[g] 选择性	Oxy.[h] 选择性	CO_2 选择性	(C_{2+}Qxy./Oxy.)[i] /%	(C_{6+}Qxy./Oxy.)[j] /%	文献
1	CoMn/MAC(P)|Rh/3v-PPh_3@POPs[a]	220	3	1.5	2500[b]	27.7	11.5	46.6	4.0	95.8	65.6	[97]
2	CoMn/MAC(P)|Rh/CPOL-Xantphos&3v-PPh_3[a]	200	3	1.5	2500[b]	11.3	5.9	54.9	1.4	94.8	48.2	
3	CoMn/MAC(P)|Rh/3v-PPh_3@POPs[a]	200	3	1.5	2500[b]	11.4	7.1	60.8	0.6	97.6	75.1	
4	CoMn/MAC(P)|Rh/3v-PPh_3@POPs[a]	200	3	1.5	1250[b]	18.7	8.5	62.1	2.9	90.7	55.6	
5	Co0.1Ca/AC	220	3	2	900[c]	49.0	—	30.3	0.7	96.4	52.7	[64]
6	CoMnLa/AC	220	7	2	2000[c]	14.3	30.6	31.7	1.3	—	—	[72]
7	$Co_1Cu_1Mn_1$	240	6	2	2000[c]	18.0	—	37.0	20.0[f]	—	—	[41]
8	Co_2Cu_1	240	4	1.5	2000[c]	5.7	10.2	37.9	2.7	72.3	—	[3]
9	Co/MnO_x@quasi-MOF-74	230	3	2	4500[b]	21.4	21.6	39.0	0.8	92.2	—	[98]
10	50Mo/50Co	250	2	2	15[d]	2.5	—	41.0	5±2	~39.0[f]	—	[99]
11	0.7Ru-CoMn	220	6	1	2000[b]	32.3	34.6[e]	37.7[e]	23.1	92.9	~53.0[fk]	[100]
12	1.1Rh-CoMn	220	6	1	2000[b]	33.1	27.4[e]	40.9[e]	18.9	95.6	~50.0[fk]	[100]
13	$Co_1Cu_2Nb_{0.2}$	200	6	1.5	40[d]	6.0[f]	18.0[f]	52.0[f]	1.3[f]	—	—	[44]
14	$Co_4Mn_1K_{0.1}$	220	4	1.5	40[d]	7.5[f]	15.0[f]	50.0[f]	10.0[f]	—	—	[53]
15	CoMn | CuZnAlZr	220	6	2	2000[b]	12.4	23.6	54.5[e]	6.3	93.1	~75.0[f]	[101]
16	Co/CuZnO	250	0.18	2	45[d]	0.1	—	56.9	—	74.0	—	[102]
17	$ZnCrAlO_x$ | KNiMoS-MMO-5	250	5	1	3000[b]	10.0	—	60.0	19.0	73.3	~0.0[f]	[103]
18	$Co_1Cu_4Mn_{0.1}$	200	6	2	2000[c]	1.0	—	86.0	3.0[f]	—	—	[41]

a.A B：A 位于 B 的上方。
b.单位为 mL/(g·h)。
c.单位为 h^{-1}。
d.流量，单位为 mL/min。
e.不包含 CO_2。
f.根据文献中的数据估算。
g.烯烃。
h.含氧化合物(醇、醛)。
i.C_{2+}含氧化合物所占比例。
j.C_{6+}含氧化合物所占比例。
k.C_{5+}含氧化合物所占比例。

作者进一步研究了串联催化剂在管式固定床反应器中的排列方式对催化性能的影响。如图 4.37 所示，设计了不同的排列方式，包括 Rh/3v-PPh_3@POPs 催化剂在 CoMn/MAC 催化剂下方（型 A），Rh/3v-PPh_3@POPs 催化剂在 CoMn/MAC 催化剂上方（模型 B）以及两种催化剂等体积混合（C 型），并单独用石英砂稀释 CoMn/MAC 和 Rh/3v-PPh_3@POPs 催化剂（模型 D 和模型 E）进行比较。结果表明，模型 A 显示出最高的含氧化合物选择性，模型 C 也可以提高含氧化合物选择性，但比模型 A 略低。模型 B 和模型 D 表现出相似的活性和产物选择性，模型 E 无活性。根据结果，双床构型对于含氧化合物选择性是最佳的，这是因为在 CoMn/MAC 催化剂上形成的烯烃与 Rh/3v-PPh_3@POPs 催化剂能充分接触，进而通过氢甲酰化反应转化为含氧化合物。结果证明，接力催化可以更有效地提高含氧化合物选择性。

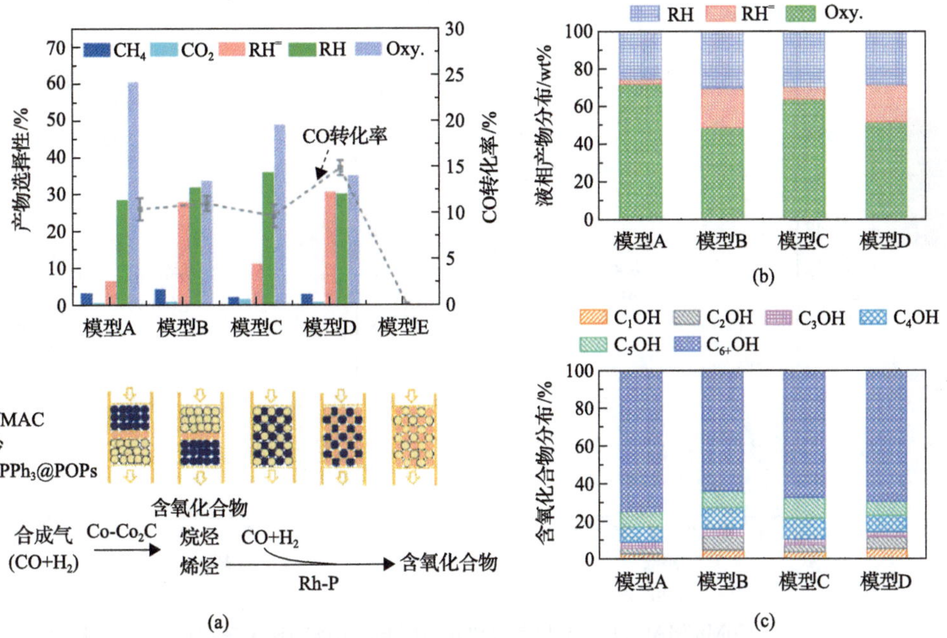

图 4.37　不同组合方式的串联催化剂的 CO 加氢反应性能

随后考察了串联催化体系的稳定性，如图 4.38（a）所示，可以看出串联催化剂具有良好的稳定性，在 120h 的运行时间内未观察到 CO 转化率和含氧化合物选择性的明显变化，并且串联催化剂不会改变链增长因子和产物的 ASF 分布。

反应后 CoMn/MAC 催化剂的 HRTEM 图如图 4.39（a）和（b）所示，Co 纳米颗粒的平均尺寸为 7.6nm，可以观察到明显的归属为 fcc-Co 和 Co_2C 的特征晶面间距。Mn 的添加促进了 Co_2C 纳米颗粒的形成和稳定，形成一种相对"富碳缺氢"的表面化学环境，抑制了 H_2 吸附并提高了烯烃的选择性。由于 Mn 的负载量较低，分散度高，无法在 HRTEM 中观察到 Mn。Rh/3v-PPh_3@POPs 催化剂的 ac-HAADF-STEM 表征如图 4.39（c）～（f）所示，图 4.39（c）和（d）可以看出反应前催化剂上 Rh 物种以单分散形式，这归

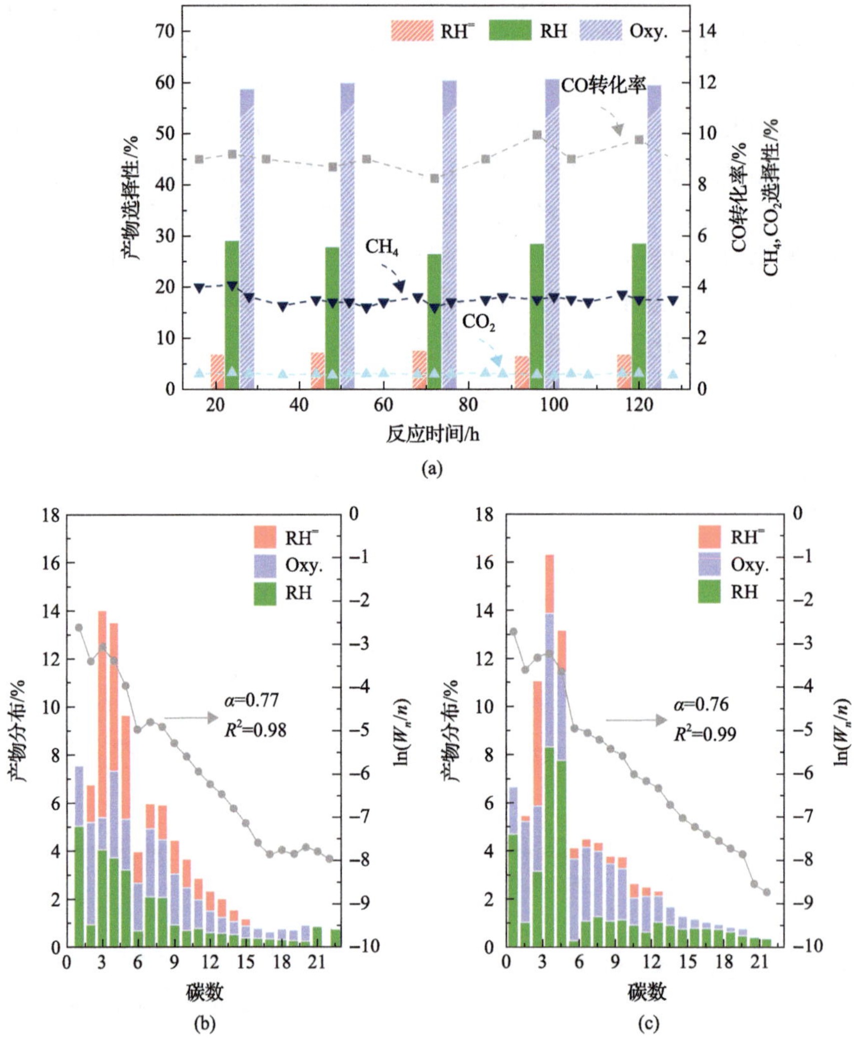

图 4.38 CoMn/MAC | Rh/3v-PPh_3@POPs 串联催化剂的稳定性及产物的 ASF 分布

(a) 串联催化剂的 CO 加氢反应稳定性曲线；(b、c) 串联催化剂上 CO 加氢反应产物分析

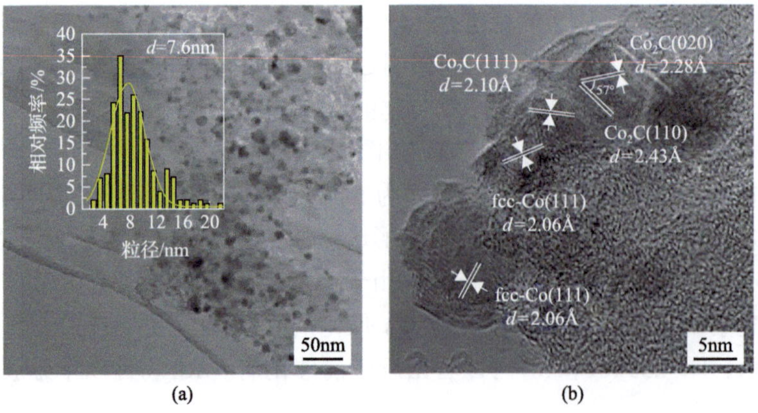

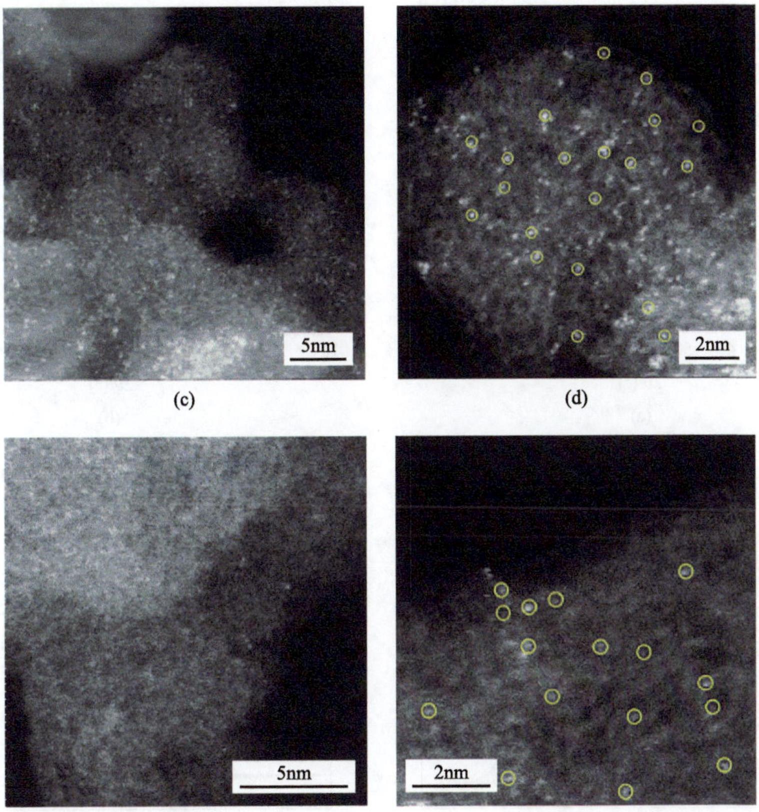

(c) (d)

(e) (f)

图 4.39 CoMn/MAC | Rh/3v-PPh$_3$@POPs 串联催化剂的电子显微表征

(a、b) 串联催化剂中 CoMn/MAC 的高分辨率透射电镜图；(c、d) 反应前 Rh/3v-PPh$_3$@POPs 的 HAADF-STEM 图；(e、f) 反应后 Rh/3v-PPh$_3$@POPs 的 HAADF-STEM 图

因于 Rh 和 P 之间的强配位，并且从图 4.39 (e) 和 (f) 可以看出反应后的金属 Rh 没有聚集，仍然以单分散形式存在，催化剂具有良好的稳定性。

本工作首次成功实现了将纳米催化-单原子催化串联催化剂应用于合成气高选择性制含氧化合物的研究中。串联催化体系由改性活性炭负载的 Co 基纳米催化剂和含磷多孔有机聚合物负载的 Rh 基单原子催化剂组成。结果表明，钴基催化剂作为 FTS 催化剂，生成了烷烃、烯烃和含氧化合物。结构表征如图 4.40 所示。Rh-P 配位和 Co-P 配位催化剂用于费-托合成副产烯烃的氢甲酰化过程。CoMn/MAC 和 Rh/3v-PPh$_3$@POPs 组成的串联催化剂上，高级含氧化合物的选择性可高达 62.7%，C_{2+}含氧化合物在含氧化合物中的比例高达 96.6%，如图 4.41 所示。本工作为基于单一催化剂的复杂且不可控的反应耦合成一系列控制良好的多步反应提供了一种有效的方法。同时，这项工作为合理设计合成气制含氧化合物的纳米催化-单原子催化串联催化体系提供了新思路。

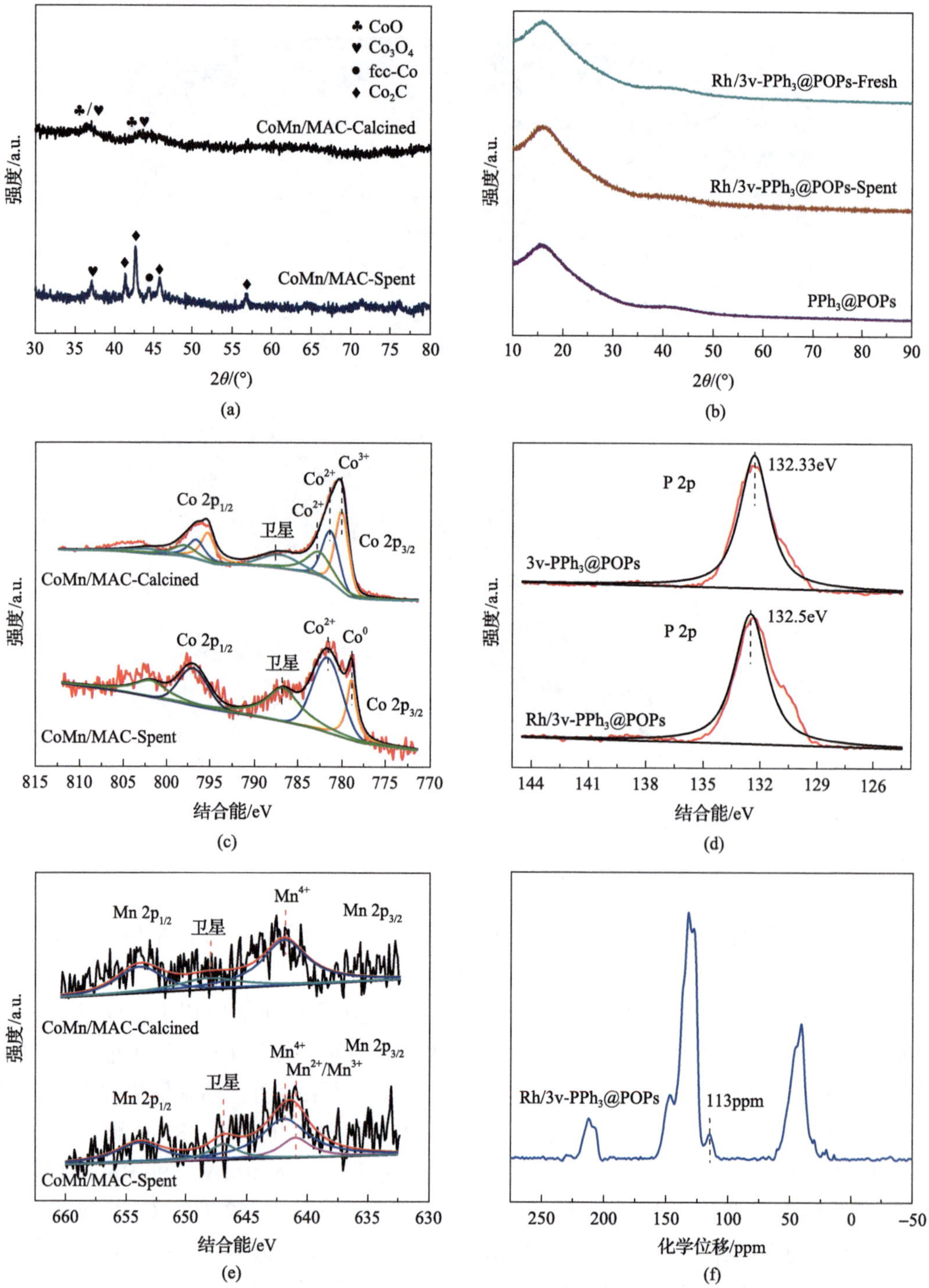

图 4.40　串联催化剂的结构表征

(a) 焙烧和反应后 CoMn/MAC 催化剂的 XRD 图；(b) PPh_3@POPs 和反应前后 Rh/3v-PPh_3@POPs 催化剂的 XRD 图；(c) 焙烧和反应后 CoMn/MAC 催化剂的 Co 2p XPS 谱图；(d) 3v-PPh_3@POPs 载体和 Rh/3v-PPh_3@POPs 催化剂的 P 2p XPS 谱图；(e) 焙烧和反应后 CoMn/MAC 催化剂的 Mn 2p XPS 谱图；(f) Rh/3v-PPh_3@POPs 催化剂的 ^{13}C NMR 谱图

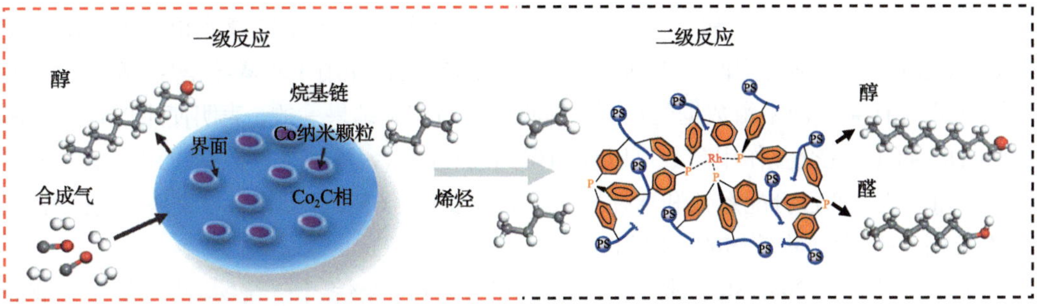

图 4.41　合成气制 C_{2+}含氧化合物的反应历程

4.4.4　加氢产物的分离

通过对万吨级合成气制高碳醇工业试验生产的加氢后合成轻油产物进行分离(包括 $C_{2\sim18}$醇和 $C_{5\sim24}$烃)，得到烃类产品和醇类产品，为产业化打下科学基础并提供详尽的数据支持。

1. 基础研究与工艺优化

针对费-托合成产物的分离，萃取是醇和烃能否实现有效分离的关键。液液平衡数据是萃取的基础，对提高萃取过程的选择性、工艺参数的优化以及 Aspen 模拟的准确性有重要的意义。因此，对不同碳数醇-烃-萃取剂体系的液液平衡进行研究，并以获得的液液平衡数据为基础，进行工艺优化研究，获得较优的工艺参数。

1) 乙醇-丁醇-辛烷-壬烷-水液液平衡研究

通过对实测液液平衡数据进行回归得到了 NRTL 热力学模型的二元交互作用参数，然后用回归得到的二元交互作用参数预测乙醇-丁醇-辛烷-壬烷-水五元体系的液液平衡数据，并将计算值与实验数据进行对比，两者吻合，表明回归得到的二元交互作用参数可以进一步用于模拟以乙醇水溶液为萃取剂将丁醇从丁醇-辛烷-壬烷中分离出来的萃取过程。研究发现，在溶剂比为 3 时，随着乙醇水溶液质量分数的升高，丁醇和烷烃的分配系数随之升高，丁醇的选择性系数随之先升高后降低，并在乙醇水溶液质量分数 40%左右可以达到最高值(691)，表明 40%的乙醇水溶液是较佳的萃取剂。

在上述基础上，提出了从丁醇-辛烷-壬烷混合物中分离出丁醇产品的工艺流程，对萃取塔进行了模拟计算，同时对整个流程进行了模拟与优化，得到了较佳的操作参数，实现了质量流速 2.74t/h，质量分数 99.83%，回收率 99.45%，年产 2 万吨左右的丁醇分离目标。

2) 乙醇-己醇-庚醇-癸烷-十一烷-水液液平衡研究

通过液液平衡实验，获得了 298.15K、常压下的乙醇-己醇-癸烷-水、乙醇-己醇-十一烷-水、乙醇-庚醇-癸烷-水和乙醇-庚醇-十一烷-水四组四元体系的液液相平衡数据，使用 UNIQUAC 热力学模型回归得到二元交互作用参数，并用于乙醇-己醇-庚醇-癸烷-十一烷-水六元体系液液平衡数据的预测，预测结果与实验结果一致，表明使用四组四元体系回归得到的二元交互作用参数可以预测得到准确的六元液液平衡数据，用于萃取过程的设计和优化。通过分配系数和选择性系数研究发现，65%的乙醇水溶液是分离己醇-庚醇-癸烷-十一烷混合物较佳的萃取剂。

其次，测定了 298.15K、常压下的乙醇-己醇-庚醇-癸烷-十一烷-水-十六烷七元液液平衡数据，用 UNIQUAC 热力学模型回归得到二元交互作用参数，分别用该参数和 Aspen 默认参数模拟七元液液平衡数据，并与实验值进行对比，结果表明，回归得到的二元交互作用参数比 Aspen 默认参数具有更高的准确度，可以用于己醇-庚醇-癸烷-十一烷混合物分离工艺的设计和优化。

最后，经过 Aspen 模拟计算和优化，确定了己醇-庚醇-癸烷-十一烷混合物的分离方案，提出了 1500 吨/年己醇-庚醇-癸烷-十一烷混合物分离的工艺流程。对己醇-庚醇-癸烷-十一烷混合物，65%的乙醇水溶液作为萃取剂进行多级逆流萃取，萃取醇相以正十六烷作为反萃剂进行多级逆流萃取，再经过一系列精馏处理，得到含量为 99.7%的己醇-庚醇产品和含量为 99.9%的癸烷-十一烷产品，萃取剂和反萃剂循环使用。反萃实验验证了反萃模拟结果的准确性。

3) 乙醇-己醇-庚醇-癸烷-十一烷-水液液平衡研究

通过液液平衡实验获得常压下 293.15K、298.15K 和 303.15K 乙醇-辛醇-十二烷-十三烷-水、乙醇-辛醇-十三烷-水、乙醇-壬醇-十二烷-水、乙醇-壬醇-十三烷-水四组体系的液液相平衡数据，使用 NRTL 热力学模型对液液相平衡数据进行关联拟合，获得对应的二元交互作用参数，用于预测乙醇-辛醇-壬醇-十二烷-十三烷-水六元体系的液液相平衡数据，预测结果和实验结果有较高的一致性，表明四组体系液液平衡数据回归关联所得的二元交互作用参数可以用于预测六元体系液液平衡数据，进一步用于萃取流程的模拟和优化。通过分析分配系数和选择性系数发现，75%的乙醇水溶液是较合适的萃取剂，298.15K 是进行萃取操作较为合适的温度。

其次，通过筛选，选定正十六烷作为反萃剂，测定了常压 298.15K、303.15K 和 308.15K 条件下的乙醇-辛醇-壬醇-十二烷-十三烷-水-十六烷七元液液平衡数据，并用 NRTL 模型进行了回归，与 Aspen Plus 的默认参数相比，回归得到的二元交互作用参数有更高的准确性，可用于后续萃取的模拟与优化。综合考虑选择性系数、传质速率和黏度等，298.15K 是进行反萃操作较为合适的温度。

最后，利用 Aspen Plus 模拟设计并优化了分离辛醇-壬醇-十二烷-十三烷混合物的工艺流程，以年处理 2000 吨辛醇-壬醇-十二烷-十三烷混合物为例，以 75%的乙醇水溶液作为萃取剂，通过多级逆流萃取，萃余相进行水洗获得纯度为 99.8%的十二烷-十三烷产品；萃取相以正十六烷作为反萃剂进行反萃，所得的萃余相经过一系列精馏处理，获得纯度为 99.5%的辛醇-壬醇产品。萃取剂和反萃剂通过精馏循环使用。

2. 工艺流程的确定

在前述研究的基础上，确定费-托产物分离的工艺流程如下：

首先采用精馏将费-托产物进行分段，以脂肪醇的碳原子数为标准，将其分为含 $C_{1\sim3}$ 醇的第一段、含 $C_{4\sim5}$ 醇的第二段、含 $C_{6\sim7}$ 醇的第三段、含 $C_{8\sim9}$ 醇的第四段、含 $C_{10\sim12}$ 醇的第五段以及含 C_{12+} 醇的第六段，由于醇和烃之间存在共沸，每段馏分均含有与相应碳数脂肪醇沸点相近或共沸的烃类物质。

精馏切割得到各段馏分后，采用萃取的方式对各段进行分离，综合考虑选择性、毒性、稳定性和经济性等因素，采用不同浓度的乙醇水溶液作为萃取剂，同时，为保证脂肪醇的纯度，还需进行反萃取，综合考虑选择性和能耗等因素，采用高碳烷烃作为反萃剂。萃取剂和反萃剂通过精馏等处理后循环使用。

具体而言，精馏切割分段就是通过五个串联的精馏塔将费-托产物分成六段，费-托产物由第一个塔中间部位进入，塔顶得到第一段馏分，塔釜液进入第二个塔，依次得到第二段到第六段馏分。每个塔在不同的真空度下操作，所需的理论塔板数和回流比等根据待分离组分的特点来确定。精馏分段的工艺流程图如图 4.42 所示。

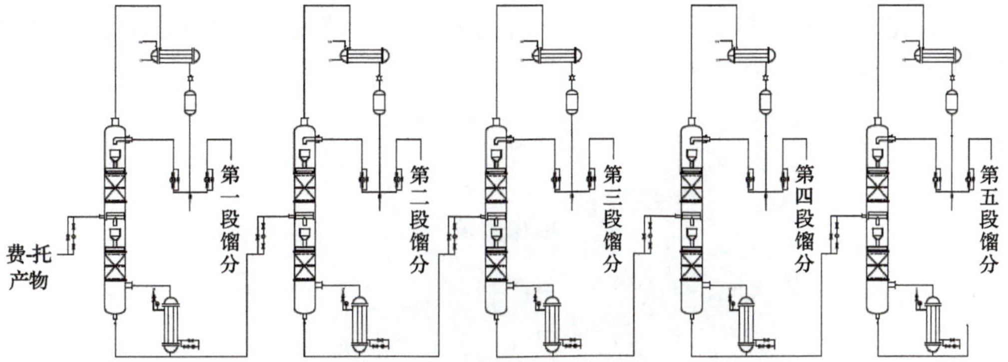

图 4.42 精馏分段的工艺流程图

针对精馏分段后的第一段馏分，由于其脂肪醇为 $C_{1\sim3}$ 醇，因此可以用水萃取，所得油相为对应的烃类，所得水相与费-托水相产物合并后进行处理即可。对于第六段馏分，由于高碳醇的含量稍低，且分离难度增大，暂不考虑其分离问题。对于第二段到第五段馏分，可采用不同浓度的乙醇水溶液为萃取剂进行萃取，用高碳烷烃作为萃取剂进行反萃取。各段的工艺流程基本相同，仅在萃取剂浓度、反萃剂碳链长度和具体工艺参数上有所区别。以第三段为例，其工艺流程图如图 4.43 所示。

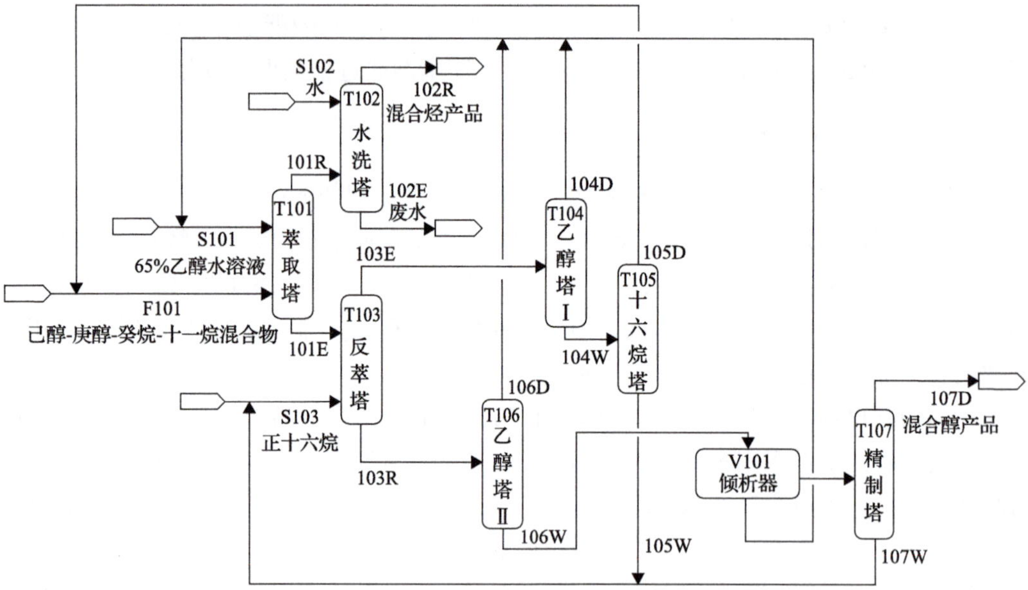

图 4.43　萃取-反萃取的工艺流程图

3. 百公斤级模试分离实验

为验证小试实验结果和 Aspen 模拟结果的准确性，并为项目的产业化打下坚实基础，进行了百公斤级费-托产物模试分离实验，首先根据上述工艺流程设计并建设了百公斤级分离装置(图 4.44)，然后进行了分离实验。

图 4.44　百公斤级醇/油萃取-精馏分离中试装置

1) 装置运行情况

经前期准备及调试后，首先进行费-托产物分段，第一段常压分出 $C_{1\sim3}$ 醇及其对应的烃，得到第一段产物约 40L；第二段减压分离出 $C_{4\sim5}$ 醇及其对应的烃，得到第二段产物约 75L；第三段减压分离出 $C_{6\sim7}$ 醇及其对应的烃，得到第三段产物约 60L。

萃取分离实验以第三段产物($C_{6\sim7}$ 醇及其对应的烃)为分离对象，以 65%乙醇水溶液为萃取剂，以十六烷为反萃剂，经萃取、反萃取、反萃剂回收和萃取剂回收等得到 $C_{6\sim7}$ 醇，装置运行顺利，得到了需循环使用的醇烃混合物约 4L。

2）实验结果

精馏分段及第三段醇烃萃取分离的结果如下：

(1)精馏分段。

第一段：常压连续精馏，精馏塔建立平衡并经取样稳定达标后的优化操作条件为进料流量 300mL/min，塔顶出料 30mL/min，回流量约 250mL/min，回流比约 8，塔顶温度 55℃，塔釜温度 145℃(模拟结果为回流比 8，塔顶温度 65℃，塔釜温度 154℃)。对塔顶产物和塔釜产物的分析表明，塔顶产物中基本不含 C_4 醇，塔釜产物中基本不含 C_3 醇，实现了 C_3 醇和 C_4 醇的清晰分割。

第二段：减压连续精馏，精馏塔建立平衡并经取样稳定达标后的优化操作条件为真空度–0.075MPa，进料流量 200mL/min，塔顶出料 35mL/min，回流量约 300mL/min，回流比约 8，塔顶温度 85℃，塔釜温度 153℃(模拟结果为回流比 7.5，真空度–0.059MPa，塔顶温度 103℃，塔釜温度 163℃)。对塔顶产物和塔釜产物的分析表明，塔顶产物中基本不含 C_6 醇，塔釜产物中基本不含 C_5 醇，实现了 C_5 醇和 C_6 醇的清晰分割。

第三段：减压连续精馏，精馏塔建立平衡并经取样稳定达标后的优化操作条件为真空度–0.090MPa，进料流量 220mL/min，塔顶出料 30mL/min，回流量约 250mL/min，回流比约 8，塔顶温度 101℃，塔釜温度约 163℃(模拟结果为回流比 7，真空度–0.084MPa，塔顶温度 112℃，塔釜温度 173℃)。对塔顶产物和塔釜产物的分析表明，塔顶产物中基本不含 C_8 醇，塔釜产物中基本不含 C_7 醇，实现了 C_7 醇和 C_8 醇的清晰分割。

(2)第三段醇烃萃取分离。

萃取塔：醇烃混合物($C_{6\sim7}$ 醇及其对应的烃)进料流量 5mL/min，萃取剂(65%乙醇水溶液)进料流量 15mL/min，即萃取剂与醇烃混合物的进料比为 3，塔釜出料约 17mL/min，塔顶溢流，此条件下萃取烃相中 $C_{6\sim7}$ 醇的含量低于 0.5%，$C_{6\sim7}$ 醇的萃取率大于 98%(模拟结果为：65%乙醇水溶液为萃取剂，萃取剂与醇烃混合物的进料比为 3，经三级逆流萃取后烃相中 $C_{6\sim7}$ 醇的含量低于 0.5%)。

反萃塔：反萃剂进料流量 9mL/min，萃取醇相进料流量 16mL/min，塔釜出料约 16mL/min，塔顶溢流，此条件下反萃醇相中烃(反萃剂十六烷除外)的含量约占 $C_{6\sim7}$ 醇含量的 2%，可以保证最终产品 $C_{6\sim7}$ 醇的含量达到 98%(模拟结果为：十六烷为反萃剂，反萃剂与萃取醇相的进料比为 0.5，经三级逆流萃取后醇相中烃的含量低于 2%)。

反萃剂回收塔(脱乙醇)：减压连续精馏，进料流量 20mL/min，塔顶温度约 45℃，塔釜温度约 185℃，真空度约–0.08MPa，回流比 0.1，在此条件下，塔釜已基本不含乙醇(模拟结果为：塔顶温度 47℃，塔釜温度 187℃，真空度约–0.076MPa，回流比 0.1)。

反萃剂回收塔：减压连续精馏，进料流量 20mL/min，塔顶温度约 80℃，塔釜温度约 193℃，真空度约–0.097MPa，回流比约为 3，在此条件下，塔釜十六烷中已不含其他杂质，达到循环使用的要求，塔顶蒸出的醇烃混合物中 $C_{6\sim7}$ 醇的含量约为 15%，可以循环至萃取塔(模拟结果为：塔顶温度 83℃，塔釜温度 183℃，真空度约–0.097MPa，回流比 2.5)。

萃取剂回收塔：常压连续精馏，进料流量 35mL/min，塔顶出料 20mL/min，回流量 60mL/min，回流比为 3，塔顶温度约 80℃，塔釜温度约 101℃。在此条件下，塔顶回收乙醇中不含其他杂质，可以配制成萃取剂循环使用，塔釜乙醇含量低于 0.5%，可以实现 $C_{6\sim7}$ 醇与水的分层，分层后的油相除少量乙醇和反萃剂十六烷外，$C_{6\sim7}$ 醇的含量达 98% 以上，经进一步精制后可得到含量为 98%的 $C_{6\sim7}$ 醇(模拟结果为：塔顶温度 78℃，塔釜温度 95℃，回流比 2.5)。

可以得出如下结论：①精馏分段可以实现醇的清晰分割，装置实际运行参数和实验结果与小试和模拟结果吻合；②第三段醇烃混合物($C_{6\sim7}$ 醇及其对应的烃)可以实现醇和烃的分离，分离后烃中醇的含量低于 0.5%，醇中烃的含量低于 2%，醇的回收率和含量均可达 98%以上，且装置实际运行参数和实验结果与小试和模拟结果吻合；③第三段醇烃混合物的分离颇具代表性，基于上述结果，$C_{4\sim5}$ 醇、$C_{8\sim10}$ 醇、$C_{10\sim12}$ 醇的分离也是完全可行的。

经模拟物料的 Aspen 模拟计算和小试分离实验、实际费-托产物的小试分离实验、不同碳数醇-烃-萃取剂体系的液液平衡研究和工艺优化研究、百公斤级模试分离实验等确定的费-托产物醇烃分离工艺流程是切实可行的，经 Aspen 模拟优化所得的工艺参数与实际操作参数之间偏差较小，表明在实测液液平衡数据基础上的 Aspen 模拟具有较高的可靠性，可大大减少进一步进行工艺优化的实验工作量，为放大设计和项目的产业化打下了坚实的基础。

4.4.5 万吨级合成气制高碳醇工业试验

万吨级合成气制高碳醇工业试验是采用中国科学院大连化学物理研究所与陕西延长石油集团有限责任公司合作开发的煤经合成气制高碳醇原创性工艺技术，依托陕西延长石油榆林煤化有限公司开展的工业试验。

该试验依托现有的钴基浆态床合成气制合成油工业示范装置(图 4.45)。原装置设计

图 4.45 钴基浆态床合成气制合成油工业示范装置

规模为 15 万吨/年，总投资约为 11 亿元，配套的空分、造气和净化装置等合计约 12 亿元。工程于 2013 年投产，2015 年 9 月投料试车并打通全流程，2016 年实现 40%负荷开车，催化剂性能基本达到合同约定指标，与国内外同类技术相比具有优势；装置消缺整改后，2018 年 9 月实现 80%负荷运行，2020 年完成满负荷运行。合成气制高碳醇采用 $Co\text{-}Co_2C/AC$ 催化剂，其产品中高碳醇、烯烃和醛等高附加值产物的选择性高，经过大量的基础研究和催化剂制备放大研究，完成了催化剂的工业放大，同时，鉴于"Co/AC 费-托合成制合成油"的催化剂与"$Co\text{-}Co_2C/AC$ 合成气制高碳醇"的催化剂工程性能方面的相似性，在中国科学院"变革性洁净能源关键技术与示范"先导专项的支持下，依托钴基费-托合成制合成油工业示范装置，在略作些许改造的基础上于 2019 年 10 月开展万吨级合成气制高碳醇工业示范项目的工业试验。

万吨级合成气制高碳醇工业试验是利用 15 万吨/年的费-托合成制油品的装置进行的，该装置原设计装填费-托合成制油品催化剂 85 吨，而目前费-托合成制高碳醇催化剂的装填量仅为 27 吨，且二者催化剂的堆密度基本相当，现催化剂装填量是原设计催化剂装填量的 31%，因此，装置原料气的处理量仅为原装置设计值的 30%左右。催化剂性能指标和产品产量见表 4.21 和表 4.22。

表 4.21　催化剂性能指标

项目	考核标定结果			
	第一天	第二天	第三天	72h 平均
有效合成气总转化率/%	84.73	84.47	84.03	84.41
$2000h^{-1}$ 空速下单程转化率/%	24.80	25.30	23.80	24.63
甲烷选择性/%	5.23	6.09	5.88	5.73
醇+醛总选择性/%	41.28	41.69	42.28	41.75
醇+醛+烯烃总选择性/%	63.07	60.32	63.04	62.14
液相有机产物中醇+醛+烯烃与 C_{5+} 烷烃（油品）的质量比/%	70.05	67.72	70.64	69.47
$C_{2\sim5}$ 混合醇（醛）与 C_{6+}（包括 C_6）高碳脂肪醇（醛）在醇产物中的比例/%	1.01	1.32	1.47	1.27
甲醇在醇类产物的比例/%	0.57	0.63	0.62	0.61
时空收率/[$g_{产品}/(g_{cat}\cdot h)$]	0.134	0.143	0.145	0.140
生成吨产品的有效合成气消耗/Nm^3	5139	5067	4842	5016

注：产品指醇、醛、烯烃和 C_{2+} 烷烃。

表 4.22　产品产量

项目	考核标定结果			
	第一天	第二天	第三天	72 小时累计
轻质馏分油醇产量/t	38.4	42.96	45.36	126.72
重质馏分油醇产量/t	21.0	21.12	21.36	63.48
含醇水产量/t	124.8	130.08	126.48	381.36
驰放气产量/Nm^3	108936	120522	112555	342017

4.5 结论与展望

将煤炭高效转化为高附加值化学品，为实现我国资源的高值化利用和社会可持续发展具有重大的经济和现实意义。近年来科技部组织了多项合成气转化制液体燃料、乙醇等低碳混合醇、烯烃和乙二醇等化学品的重点研发项目，合成气转化混合伯醇等高附加值化学品的研究项目符合国家集中持续支持、长期持续攻关要求。中国科学院大连化学物理研究所经过十余年的合成气转化为混合伯醇的应用基础研究和实验室模试放大研究，完成了 $Co\text{-}Co_2C/AC$ 催化剂的吨级放大研制及合成油品与伯醇的精馏切割-萃取-反萃取-精馏分离实验室小试和中试研究。利用钴基浆态床费-托合成油和碳化钴基浆态床合成气制混合伯醇技术两个过程的催化剂和反应工艺在合成气反应单元的相似性，在中国科学院“变革性洁净能源关键技术与示范”先导专项的支持下，于 2019 年 10 月在 15 万吨/年钴基浆态床合成气制油工业示范装置上进行万吨级合成气制高碳醇工业试验，通过了中国石油和化学工业联合会组织的催化剂性能考核和科技成果鉴定。利用万吨级合成气制高碳醇工业试验的加氢后产物开展百公斤级醇/油精馏切割-萃取-反萃取-精馏分离中试试验，验证了醇烃之间和不同碳数的醇之间分离的可行性。这里采用的核心技术具有完全的自主知识产权，是煤化工领域又一个重要的技术创新和突破，对于提高我国煤化工整体技术水平有着重要的升级示范意义。

参 考 文 献

[1] Surisetty V R, Dalai A K, Kozinski J. Alcohols as alternative fuels: an overview[J]. Applied Catalysis A: General, 2011, 404: 1-11.

[2] 姜淑兰, 张威. 高碳醇的生产方法[J]. 河北化工, 1994, 2: 31-36.

[3] Xiang Y, Véronique C, Liddicoat P, et al. Long-chain terminal alcohols through catalytic CO hydrogenation[J]. Journal of the American Chemical Society, 2013, 135(19): 7114-7117.

[4] Luk H T, Mondelli C, Ferré D C, et al. Status and prospects in higher alcohols synthesis from syngas[J]. Chemical Society Reviews, 2017, 46: 1358-1426.

[5] Forzatti P, Tronconi E, Pasquon I. Higher alcohol synthesis[J]. Catalysis Reviews, 1991, 33(1-2): 109-168.

[6] Franke R, Selent D, Borner A. Applied hydroformylation[J]. Chemical Reviews, 2012, 112(11): 5675-5732.

[7] Ellgen P C, Bhasin M M. Ethanol, acetic acid, and/or acetaldehyde, from synthesis gas: US 4096164A[P]. 1978-06-20.

[8] Bartley W J, Wilson T P. Two-carbon atom oxygenated compounds from synthesis gas with minimal production of methane: US 4446251A[P]. 1984-05-01.

[9] Yu J, Mao D, Han L, et al. The effect of Fe on the catalytic performance of Rh-Mn-Li/SiO_2 catalyst: a DRIFTS study[J]. Catalysis Communications, 2012, 27: 1-4.

[10] Mao W, Su J, Zhang Z, et al. Kinetics study of C_{2+} oxygenates synthesis from syngas over Rh-MnO_x/SiO_2 catalysts[J]. Chemical Engineering Science, 2015, 135: 312-322.

[11] Yu J, Mao D, Han L, et al. Conversion of syngas to C_{2+} oxygenates over Rh-based/SiO_2 catalyst: the promoting effect of Fe[J]. Journal of Industrial and Engineering Chemistry, 2013, 19(3): 806-812.

[12] Liu W, Wang S, Sun T, et al. The promoting effect of Fe doping on Rh/CeO_2 for the ethanol synthesis[J]. Catalysis Letters, 2015, 145(9): 1741-1749.

[13] Palomino R, Magee J W, Llorca J, et al. The effect of Fe-Rh alloying on CO hydrogenation to C_{2+} oxygenates[J]. Journal of Catalysis, 2015, 329: 87-94.

[14] Zaman S, Smith K J. A review of molybdenum catalysts for synthesis gas conversion to alcohols: catalysts, mechanisms and kinetics[J]. Catalysis Reviews, 2012, 54 (1) : 41-132.

[15] Bej S K, Bennett C A, Thompson L T. Acid and base characteristics of molybdenum carbide catalysts[J]. Applied Catalysis A: General, 2003, 250 (2) : 197-208.

[16] Herman R G. Advances in catalytic synthesis and utilization of higher alcohols[J]. Catalysis Today, 2000, 55 (3) : 233-245.

[17] Anton J, Nebel J, Song H, et al. Structure-activity relationships of Co-modified $Cu/ZnO/Al_2O_3$ catalysts applied in the synthesis of higher alcohols from synthesis gas[J]. Applied Catalysis A: General, 2015, 505: 326-333.

[18] Schroeder J, Arnold U, Abeln J, et al. Conversion of carbon monoxide-rich synthesis gas to hydrocarbons and alcohols over $Cu/Co/ZnO/SiO_2$ catalysts[J]. Chemie Ingenieur Technik, 2015, 87 (12) : 1760-1770.

[19] Vedage G A, Himelfarb P B, Simmons G W, et al. Alkali-promoted copper-zinc oxide catalysts for low alcohol synthesis[J]. ACS Symposium Series, 1985, 279: 295-312.

[20] Tian S, Wang S, Wu Y, et al. Cation distribution in Zn-Cr spinel structure and its effects on synthesis of isobutanol from syngas: structure-activity relationship[J]. Journal of Molecular Catalysis A: Chemical, 2015, 404-405: 139-147.

[21] Epling W S, Hoflund G B, Hart W M, et al. Reaction and surface characterization study of higher alcohol synthesis catalysts: Ⅱ. Cs-promoted commercial Zn/Cr spinel[J]. Journal of Catalysis, 1997, 172 (1) : 13-23.

[22] Epling W S, Hoflund G B, Hart W M, et al. Reaction and surface characterization study of higher alcohol synthesis catalysts: Ⅰ. K-promoted commercial Zn/Cr spinel[J]. Journal of Catalysis, 1997, 169 (2) : 438-446.

[23] Giamello E, Fubini B, Bertoldi M, et al. Structure and reactivity of zinc-chromium mixed oxides: 3. The surface interaction with carbon monoxide[J]. Journal of the Chemical Society, Faraday Transactions 1: Physical Chemistry in Condensed Phases, 1989, 85 (2) : 237-249.

[24] Bertoldi M, Fubini B, Giamello E, et al. Structure and reactivity of zinc-chromium mixed oxides: 1. The role of nonstoichiometry on bulk and surface properties[J]. Journal of the Chemical Society, Faraday Transactions 1: Physical Chemistry in Condensed Phases, 1988, 84 (5) : 1405-1421.

[25] Courty P, Durand D, Forestiere A, et al. Synthesis of aliphatic primary saturated alcohols by means of a catalyst: US 4675343A[P]. 1987-06-21.

[26] Courty P, Durand D, Sugier A, et al. Mixture of methanol and higher alcohols from synthesis gas: US 4659742A[P]. 1987-04-21.

[27] Sugier A, Freund E. Alcohols, especially saturated linear primary alcohols from synthesis gas: US 4122110A[P]. 1978-10-24.

[28] Sugier A, Freund E. Saturated and linear primary alcohols from synthesis gas: US 4291126A[P]. 1981-09-22.

[29] Sugier A, Freund E, Le Page J F. Alcohols from synthesis gas: US 4346179A[P]. 1982-08-24.

[30] Prieto G, Beijer S, Smith M L, et al. Design and synthesis of copper-cobalt catalysts for the selective conversion of synthesis gas to ethanol and higher alcohols[J]. Angewandte Chemie International Edition, 2014, 53 (25) : 6397 6401.

[31] Liu J, Ding M, Wang T, et al. Promoting effect of cobalt addition on higher alcohols synthesis over copper-based catalysts[J].Advanced Materials Research, 2012, 550-553: 270-275.

[32] Su J, Zhang Z, Fu D, et al. Higher alcohols synthesis from syngas over $CoCu/SiO_2$ catalysts: dynamic structure and the role of Cu[J]. Journal of Catalysis, 2016, 336: 94-106.

[33] Baker J E, Burch R, Hibble S J, et al. Properties of silica-supported copper/cobalt bimetallic catalysts in the synthesis of higher alcohols[J]. Applied Catalysis, 1990, 65 (2) : 281-292.

[34] Smith M L, Kumar N, Spivey J J. CO adsorption behavior of Cu/SiO_2, Co/SiO_2, and $CuCo/SiO_2$ catalysts studied by *in situ* DRIFTS[J]. Journal of Physical Chemistry C, 2012, 116 (14) : 7931-7939.

[35] Smith M L, Campos A, Spivey J J. Reduction processes in Cu/SiO_2, Co/SiO_2, and $CuCo/SiO_2$ catalysts[J]. Catalysis Today, 2012, 182 (1) : 60-66.

[36] Tien-Thao N, Zahedi-Niaki M H, Alamdari H, et al. Effect of alkali additives over nanocrystalline Co-Cu-based perovskites as catalysts for higher-alcohol synthesis[J]. Journal of Catalysis, 2007, 245 (2): 348-357.

[37] Tien-Thao N, Zahedi-Niaki M H, Alamdari H, et al. Conversion of syngas to higher alcohols over nanosized $LaCo_{0.7}Cu_{0.3}O_3$ perovskite precursors[J]. Applied Catalysis A: General, 2007, 326 (2): 152-163.

[38] Tien-Thao N, Alamdari H, Zahedi-Niaki M H, et al. $LaCo_{1-x}Cu_xO_{3-\delta}$ perovskite catalysts for higher alcohol synthesis[J]. Applied Catalysis A: General, 2006, 311: 204-212.

[39] Cosultchi A, Pérez-Luna M, Morales-Serna J A, et al. Characterization of modified Fischer-Tropsch catalysts promoted with alkaline metals for higher alcohol synthesis[J]. Catalysis Letters, 2012, 142 (3): 368-377.

[40] Wang Z, Spivey J J. Effect of ZrO_2, Al_2O_3 and La_2O_3 on cobalt-copper catalysts for higher alcohols synthesis[J]. Applied Catalysis A: General, 2015, 507: 75-81.

[41] Xiang Y, Barbosa R, Kruse N. Higher alcohols through CO hydrogenation over CoCu catalysts: influence of precursor activation[J]. ACS Catalysis, 2014, 4 (8): 2792-2800.

[42] Xiang Y, Chitry V, Kruse N. Selective catalytic CO hydrogenation to short- and long-chain C_{2+} alcohols[J]. Catalysis Letters, 2013, 143 (9): 936-941.

[43] Voss J M, Xiang Y, Collinge G, et al. Characterization of CoCu- and CoMn-based catalysts for the Fischer-Tropsch reaction toward chain-lengthened oxygenates[J]. Topics in Catalysis, 2018, 61 (9-11): 1-8.

[44] Xiang Y, Barbosa R, Li X, et al. Ternary cobalt-copper-niobium catalysts for the selective CO hydrogenation to higher alcohols[J]. ACS Catalysis, 2015, 5 (5): 2929-2934.

[45] Moodley D J, van de Loosdrecht J, Saib A M, et al. Carbon deposition as a deactivation mechanism of cobalt-based Fischer-Tropsch synthesis catalysts under realistic conditions[J]. Applied Catalysis A: General, 2009, 354: 102-110.

[46] Kong F T, Jing X, Jie C, et al. Carbon deposition on Co catalysts during Fischer-Tropsch synthesis: a computational and experimental study[J]. Journal of Catalysis, 2010, 274 (2): 121-129.

[47] Tsakoumis N E, Rønning M, Borg Ø, et al. Deactivation of cobalt based Fischer-Tropsch catalysts: a review[J]. Catalysis Today, 2010, 154 (3): 162-182.

[48] Yang Y, Qi X, Wang X, et al. Deactivation study of CuCo catalyst for higher alcohol synthesis via syngas[J]. Catalysis Today, 2015, 270: 101-107.

[49] Pan Z, Parvari M, Bukur D B. Fischer-Tropsch synthesis on Co/Al_2O_3 catalyst: effect of pretreatment procedure[J]. Topics in Catalysis, 2014, 57 (6-9): 470-478.

[50] Xiong J, Ding Y, Wang T, et al. The formation of Co_2C species in activated carbon supported cobalt-based catalysts and its impact on Fischer-Tropsch reaction[J]. Catalysis Letters, 2005, 102 (3-4): 265-269.

[51] Cheng J, Hu P, Ellis P, et al. Density functional theory study of iron and cobalt carbides for Fischer-Tropsch synthesis[J]. Journal of Physical Chemistry C, 2010, 114 (2): 1085-1093.

[52] Zhong L, Yu F, An Y, et al. Cobalt carbide nanoprisms for direct production of lower olefins from syngas[J]. Nature, 2016, 538 (7623): 84-87.

[53] Xiang Y, Kruse N. Tuning the catalytic CO hydrogenation to straight- and long-chain aldehydes/alcohols and olefins/paraffins[J]. Nature Communications, 2016, 7: 13058.

[54] Zhao Y, Su H, Sun K, et al. Structural and electronic properties of cobalt carbide Co_2C and its surface stability: density functional theory study[J]. Surface Science, 2012, 606 (5-6): 598-604.

[55] Volkova G, Yurieva T, Plyasova L, et al. Role of the Cu-Co alloy and cobalt carbide in higher alcohol synthesis[J]. Journal of Molecular Catalysis A: Chemical, 2000, 158 (1): 389-393.

[56] Anton J, Nebel J, Song H, et al. The effect of sodium on the structure-activity relationships of cobalt-modified $Cu/ZnO/Al_2O_3$ catalysts applied in the hydrogenation of carbon monoxide to higher alcohols[J]. Journal of Catalysis, 2016, 335: 175-186.

[57] Jiao G, Ding Y, Zhu H, et al. Effect of La_2O_3 doping on syntheses of C_1-C_{18} mixed linear α-alcohols from syngas over the Co/AC catalysts[J]. Applied Catalysis A: General, 2009, 364: 137-142.

[58] Pei Y, Ding Y, Zang J, et al. Effects of Li promoter on the performance of Co/AC catalysts for CO hydrogenation to mixed linear α-alcohols[J]. Chinese Journal of Catalysis, 2012, 33 (5) : 808-812.

[59] Dong W, Zhu H, Ding Y, et al. Effect of trace amounts of Li doping on performance of Co/AC catalysts for syntheses of mixed linear α-alcohols[J]. Acta Physico-Chimica Sinica, 2014, 30 (9) : 1745-1751.

[60] Pei Y, Ding Y, Zhu H, et al. Effect of Al_2O_3 promoter on a performance of C_1-C_{14} α-alcohols direct synthesis over Co/AC catalysts via fischer-tropsch synthesis[J]. Catalysis Letters, 2014, 144 (8) : 1433-1442.

[61] Pei Y, Ding Y, Zhu H, et al. Study on the effect of alkali promoters on the formation of cobalt carbide (Co_2C) and on the performance of Co_2C via CO hydrogenation reaction[J]. Reaction Kinetics Mechanisms and Catalysis, 2014, 111 (2) : 505-520.

[62] Pei Y, Ding Y, Zhu H, et al. One-step production of C_1-C_{18} alcohols via Fischer-Tropsch reaction over activated carbon-supported cobalt catalysts: promotional effect of modification by SiO_2[J]. Chinese Journal of Catalysis, 2015, 36: 355-361.

[63] Pei Y, Jian S, Chen Y, et al. Synthesis of higher alcohols by the Fischer-Tropsch reaction over activated carbon supported CoCuMn catalysts[J]. RSC Advances, 2015, 5 (93) : 76330-76336.

[64] Du H, Zhu H, Chen X, et al. Study on CaO-promoted Co/AC catalysts for synthesis of higher alcohols from syngas[J]. Fuel, 2016, 182: 42-49.

[65] Du H, Zhu H, Zhao Z, et al. Effects of impregnation strategy on structure and performance of bimetallic CoFe/AC catalysts for higher alcohols synthesis from syngas[J]. Applied Catalysis A: General, 2016, 523: 263-271.

[66] Du H, Zhu H, Liu T, et al. Higher alcohols synthesis via CO hydrogenation on Fe-promoted Co/AC catalysts[J]. Catalysis Today, 2017, 281: 549-558.

[67] Pei Y, Ding Y, Zang J, et al. Temperature-programmed desorption and surface reaction studies of CO on Co_2C[J]. Chinese Journal of Catalysis, 2013, 34 (8) : 1570-1575.

[68] Jiao G, Ding Y, Zhu H, et al. Effect of the reduction temperature of Co-La-Zr/AC on the synthesis of higher alcohols from syngas[J]. Chinese Journal of Catalysis, 2009, 30 (2) : 92-94.

[69] Jiao G, Ding Y, Zhu H, et al. Synthesis of linear mixed higher alcohols from syngas over activated carbon supported Co-based catalysts[J]. Chinese Journal of Catalysis, 2009, 30 (8) : 825-829.

[70] Du H, Jiang M, Zhao Z, et al. Alcohol synthesis via Fischer-Tropsch synthesis over activated carbon supported alkaline earth modified cobalt catalyst[J]. Catalysis Letters, 2021, 151: 3632-3638.

[71] Zhao Z, Lu W, Yang R, et al. Insight into the formation of Co@Co_2C catalysts for direct synthesis of higher alcohols and olefins from syngas[J]. ACS Catalysis, 2018, 8: 228-241.

[72] Zhao Z, Lu W, Zhu H, et al. Tuning the Fischer-Tropsch reaction over Co_xMn_yLa/AC catalysts toward alcohols: effects of La promotion[J]. Journal of Catalysis, 2018, 361: 156-167.

[73] Pei Y, Liu J, Zhao Y, et al. High alcohols synthesis via Fischer-Tropsch reaction at cobalt metal/carbide interface[J]. ACS Catalysis, 2015, 5 (6) : 3620-3624.

[74] Fang Y Z, Liu Y, Zhang L H. $LaFeO_3$-supported nano Co-Cu catalysts for higher alcohol synthesis from syngas[J]. Applied Catalysis A: General, 2011, 397 (1-2) : 183-191.

[75] Gnanamani M K, Jacobs G, Graham U M, et al. Influence of carbide formation on oxygenates selectivity during Fischer-Tropsch synthesis over Ce-containing Co catalysts[J]. Catalysis Today, 2016, 261: 40-47.

[76] Wang Z, Kumar N, Spivey J J. Preparation and characterization of lanthanum-promoted cobalt-copper catalysts for the conversion of syngas to higher oxygenates: formation of cobalt carbide[J]. Journal of Catalysis, 2016, 339: 1-8.

[77] Claeys M, Dry M E, van Steen E, et al. In situ magnetometer study on the formation and stability of cobalt carbide in Fischer-Tropsch synthesis[J]. Journal of Catalysis, 2014, 318: 193-202.

[78] Mohandas J C, Gnanamani M K, Jacobs G, et al. Fischer-Tropsch synthesis: characterization and reaction testing of cobalt carbide[J]. ACS Catalysis, 2011, 1: 1581-1588.

[79] Zhang R, Wen G, Adidharma H, et al. C_2 oxygenate synthesis via Fischer-Tropsch synthesis on Co_2C and Co/Co_2C interface

catalysts: how to control the catalyst crystal facet for optimal selectivity[J]. ACS Catalysis, 2017, 7(12): 8285-8295.

[80] Lukashuk L, Föttinger K, Kolar E, et al. Operando XAS and NAP-XPS studies of preferential CO oxidation on Co_3O_4 and CeO_2-Co_3O_4 catalysts[J]. Journal of Catalysis, 2016, 344: 1-15.

[81] Bezemer G L, Radstake P, Falke U, et al. Investigation of promoter effects of manganese oxide on carbon nanofiber-supported cobalt catalysts for Fischer-Tropsch synthesis[J]. Journal of Catalysis, 2006, 237(1): 152-161.

[82] den Breejen J P, Frey A M, Yang J, et al. A highly active and selective manganese oxide promoted cobalt-on-silica Fischer-Tropsch catalyst[J]. Topics in Catalysis, 2011, 54(13-15): 768-777.

[83] Johnson G R, Werner S, Bell A T. An investigation into the effects of Mn promotion on the activity and selectivity of Co/SiO_2 for Fischer-Tropsch synthesis: evidence for enhanced CO adsorption and dissociation[J]. ACS Catalysis, 2015, 5(10): 5888-5903.

[84] Zhu Y, Pan X, Jiao F, et al. Role of manganese oxide in syngas conversion to light olefins[J]. ACS Catalysis, 2017, 7(4): 2800-2804.

[85] Li B, Zhang Q, Chen L, et al. Vacancy-mediated diffusion of carbon in cobalt and its influence on CO activation[J]. Physical Chemistry Chemical Physics, 2010, 12(28): 7848-7855.

[86] Iglesia E, Reyes S C, Madon R J, et al. Selectivity control and catalyst design in the Fischer-Tropsch synthesis: sites, pellets, and reactors[J]. Advances in Catalysis, 1993, 39: 221-302.

[87] Dinse A, Aigner M, Ulbrich M, et al. Effects of Mn promotion on the activity and selectivity of Co/SiO_2 for Fischer-Tropsch synthesis[J]. Journal of Catalysis, 2012, 288: 104-114.

[88] Barrault J, Guilleminot A, Achard J C, et al. Hydrogenation of carbon monoxide on carbon-supported cobalt rare earth catalysts[J]. Applied Catalysis, 1986, 21(2): 307-312.

[89] Ledford J, Houalla M, Proctor A, et al. Influence of lanthanum oxide on the surface structure and CO hydrogenation activity of supported cobalt catalysts[J]. Journal of Physical Chemistry, 1987, 93: 6770-6777.

[90] Lebarbier V M, Mei D, Kim D H, et al. Effects of La_2O_3 on the mixed higher alcohols synthesis from syngas over Co catalysts: a combined theoretical and experimental study[J]. Journal of Physical Chemistry C, 2011, 115(35): 17440-17451.

[91] Johnson G R, Bell A T. Effects of Lewis acidity of metal oxide promoters on the activity and selectivity of Co-based Fischer-Tropsch synthesis catalysts[J]. Journal of Catalysis, 2016, 338: 250-264.

[92] Gnanamani M K, Jacobs G, Shafer W D, et al. Fischer-Tropsch synthesis: activity of metallic phases of cobalt supported on silica[J]. Catalysis Today, 2013, 215: 13-17.

[93] Bezemer G L, Bitter J H, Kuipers H, et al. Cobalt particle size effects in the Fischer-Tropsch reaction studied with carbon nanofiber supported catalysts[J]. Journal of the American Chemical Society, 2006, 128(12): 3956-3964.

[94] Jeong N C, Lee J S, Tae E L, et al. Acidity scale for metal oxides and Sanderson's electronegativities of lanthanide elements[J]. Angewandte Chemie International Edition, 2008, 47(52): 10128-10132.

[95] Jiang M, Yan L, Ding Y, et al. Ultrastable 3V-PPh_3 polymers supported single Rh sites for fixed-bed hydroformylation of olefins[J]. Journal of Molecular Catalysis A: Chemical, 2015, 404-405: 211-217.

[96] Li C, Sun K, Wang W, et al. Xantphos doped Rh/POPs-PPh_3 catalyst for highly selective long-chain olefins hydroformylation: chemical and DFT insights into Rh location and the roles of Xantphos and PPh_3[J]. Journal of Catalysis,2017, 353: 123-132.

[97] Li Y, Zhao Z, Lu W, et al. Highly selective conversion of syngas to higher oxygenates over tandem catalysts[J]. ACS Catalysis, 2021, 11: 14791-14802.

[98] Cui W, Li Y, Zhang H, et al. *In situ* encapsulated Co/MnO_x nanoparticles inside quasi-MOF-74 for the higher alcohols synthesis from syngas[J]. Applied Catalysis B: Environmental, 2020, 278: 119262.

[99] Asundi A S, Hoffman A S, Chi M, et al. Enhanced alcohol production over binary Mo/Co carbide catalysts in syngas conversion[J]. Journal of Catalysis, 2020, 391: 446-458.

[100] Qin T, Lin T, Qi X, et al. Tuning chemical environment and synergistic relay reaction to promote higher alcohols synthesis via syngas conversion[J]. Applied Catalysis B: Environmental, 2021, 285: 119840.

[101] Lin T, Qi X, Wang X, et al. Direct production of higher oxygenates by syngas conversion over a multifunctional catalyst[J]. Angewandte Chemie International Edition, 2019, 58 (14) : 4627-4631.

[102] Mo X, Tsai Y T, Gao J, et al. Effect of component interaction on the activity of Co/CuZnO for CO hydrogenation[J]. Journal of Catalysis, 2012, 285 (1) : 208-215.

[103] Luan X, Ren Z, Dai X, et al. Selective conversion of syngas into higher alcohols via a reaction-coupling strategy on multifunctional relay catalysts[J]. ACS Catalysis, 2020, 10 (4) : 2419-2430.

第 5 章

煤制乙二醇技术

5.1 引　　言

乙二醇(ethylene glycol，EG)是重要的大宗化工基础原材料，主要用于生产聚对苯二甲酸乙二醇酯(polyethylene terephthalate，PET)和防冻液等。以石油乙烯为原料氧化制备环氧乙烷(ethylene oxide，EO)，再水解制备乙二醇的路线，简称“石油路线”，是乙二醇工业生产的主要工艺。进入 21 世纪后，由于中国纺织行业的迅猛发展带来的 PET 聚酯工业快速发展(占世界年产量的 50%以上)，带动了乙二醇需求逐年增加，中国国内由石油路线生产的乙二醇产能已经远远不能满足需求，乙二醇大量依赖进口。

中国科学院福建物质结构研究所经过 30 多年的科学探索，开发了以煤(合成气)为原料的“CO 氧化偶联合成乙二醇技术”(简称“煤制乙二醇”技术)[1]，率先在国际上实现了工业化，引领了国际煤制乙二醇技术的发展方向。该技术可充分利用中国相对丰富的煤炭资源，生产中国供不应求的乙二醇，契合中国资源禀赋，是乙二醇生产的一项变革性技术，不仅弥补了石油路线生产的不足，还将逐步替代石油路线，对中国能源和现代煤化工产业产生重要影响。

5.2 现有乙二醇生产技术

根据生产原料的不同，当前国际上乙二醇的工业生产技术主要分为石油路线、生物质转化路线和煤化工路线。长期以来，石油路线是国内外乙二醇生产的主流技术。煤制乙二醇技术自 2009 年崭露头角，至今已有十多年，煤制乙二醇现已在国内乙二醇生产技术中占据了重要地位。此外，随着其他技术的发展，形成了多种技术工艺并存的格局。

5.2.1 油气路线

油气路线以乙烯为原料，经环氧乙烷制取乙二醇。根据乙烯来源的不同可以分为石脑油裂解制乙烯、乙烷裂解制乙烯(石油伴生气、页岩气)和煤制乙烯。石脑油裂解制乙烯是以液态石脑油等重质原料生产乙烯，该路线完全依赖于石油，竞争性随原油价格涨跌而波动。乙烷裂解制乙烯的原料是油田伴生气及页岩气得到的廉价乙烷，主要集中在中东和北美地区，因原料价廉具有较强的成本优势。石油伴生气及页岩气乙烷裂解乙烯生产乙二醇，约占全球乙二醇产能的 25%。煤制乙烯，而后再生产乙二醇的技术，是中国高油价时期的产物，该技术以煤或天然气合成甲醇，经甲醇制烯烃，再通过环氧乙烷生产乙二醇。

按照“乙烯—环氧乙烷—乙二醇”制备工艺的不同，油气路线又可大致分为环氧乙烷直接水合法、环氧乙烷催化水合法、碳酸乙烯酯法和 MTO 法等。

1. 环氧乙烷直接水合工艺

环氧乙烷直接水合工艺是乙烯经氧化得到环氧乙烷，进一步水解得到乙二醇，简称环氧乙烷水合工艺。环氧乙烷水合工艺，即传统的“石油路线”，是目前最成熟且被普遍采用的乙二醇生产工艺，采用该工艺生产的乙二醇占全球乙二醇产能的 65%以上。该生产技术基本上由壳牌公司、美国科学设计(SD)公司以及美国联合碳化物公司(UCC)三家公司所垄断。

反应方程式如下：

$$C_2H_4O + H_2O \longrightarrow (CH_2OH)_2 \tag{5.1}$$

该工艺是将水与环氧乙烷按摩尔比(简称水比)20∶1～22∶1 配成混合水溶液，在管式反应器中于 190～220℃、1.0～2.5MPa 下反应 18～30min，环氧乙烷全部转化，生成质量分数约为 10%的乙二醇水溶液，经多效蒸发器脱水提浓、减压精馏分离得到乙二醇及副产物二甘醇(DEG)、三甘醇(TEG)等。反应产物乙二醇、DEG、TEG 的摩尔比约为 100∶10∶1，产品总收率约为 90%[2]。虽然环氧乙烷直接水合法制乙二醇工艺成熟，是目前工业生产乙二醇最重要的生产方法，但其自身仍存在一些明显不足，如生产工艺流程长、设备多、能耗大、水比高和乙二醇选择性低等，直接影响乙二醇的生产成本。

针对传统石油路线存在的问题，陶氏化学(原 UCC 公司)开发了 METEOR™(most effective technology for ethylene oxide reactions)工艺，1994 年首次在加拿大实现工业化生产[3]。该工艺采用大型单台反应器、独特的催化剂和多塔合一技术，比其他通过环氧乙烷制备乙二醇的工艺更为高效，所需设备数量较少，占地总面积较小，且原材料利用率显著提高，减少能耗并节省投资。

目前，世界上已经有多套乙二醇装置采用 METEOR™ 工艺进行生产。如 1994 年加拿大 Prentiss 公司、1997 年科威特 EQUATE 公司、2002 年马来西亚 Optimal 公司、2008 年科威特 Olefins 公司分别采用该方法建成乙二醇生产装置。2010 年中国石化镇海炼化分公司 65 万吨/年装置和中国石化天津分公司 40 万吨/年装置也采用该方法进行乙二醇生产。

2. 环氧乙烷催化水合工艺

环氧乙烷催化水合法合成乙二醇工艺是在生产过程中加入了合适的催化剂，降低水比，同时提高环氧乙烷的转化率和乙二醇的选择性[4]。

反应方程式如下：

$$C_2H_4O + H_2O \xrightarrow{\text{催化剂}} (CH_2OH)_2 \tag{5.2}$$

环氧乙烷催化水合法工艺的关键在于催化剂。与直接水合法相比，催化水合法可大幅度节能降耗，具有良好的经济和环境效益，是石油路线生产乙二醇的一项重大技术突破。国外多家企业取得了较好的进展，如壳牌公司开发的使用大环螯合化合物催化剂的水合工艺[5]、联合碳化物公司开发的使用水滑石型催化剂的水合工艺[6]、俄罗斯开发的以苯乙烯和二乙烯基苯交联的含季铵基的碳酸氢盐型离子交换树脂为催化剂的水合工艺[7]、陶氏化学公司开发的使用 MSA-1 阴离子交换树脂催化剂的水合工艺[8]等。其中，Huntsman 开发的以活性炭为催化剂的水合工艺，使得环氧乙烷的转化率及乙二醇的选择性分别得到了显著提高[9]。在中国，多家企业和科研机构也对环氧乙烷的催化水合进行了研究。例如，大连理工大学开发了一种铜催化的环氧乙烷水合制备乙二醇的方法，环氧乙烷转化率可达 100%，乙二醇选择性达到 85%～99%，主要副产物二乙二醇、三乙二醇的生成量很少[10]。江苏工业学院（现为常州大学）研发了一种季鏻型阴离子交换树脂催化剂，催化活性高，树脂不易破碎，环氧乙烷转化率达到 99%，乙二醇选择性达到 95%以上[11]。

虽然国内外多家企业和科研机构对环氧乙烷催化水合法制备乙二醇工艺已开展大量工作，降低了水比，提高了环氧乙烷的转化率和乙二醇的选择性，但该工艺在催化剂制备、再生和寿命方面还存在一定的问题。因此，这些高效的催化水合工艺技术目前还没有实现工业化。

3. 碳酸乙烯酯工艺

碳酸乙烯酯法是环氧乙烷和二氧化碳在催化剂的作用下反应生成碳酸乙烯酯，而后水解或醇解制备乙二醇。该方法又可分为碳酸乙烯酯水解法和酯交换法（即乙二醇与碳酸二甲酯联产法）。由于同时得到碳酸二甲酯（DMC）和乙二醇两种重要的工业产品，此法除了有能耗少的优点外，还可实现 CO_2 的综合利用。因此，这是一条具有吸引力的工业路线。

工艺路线如下：

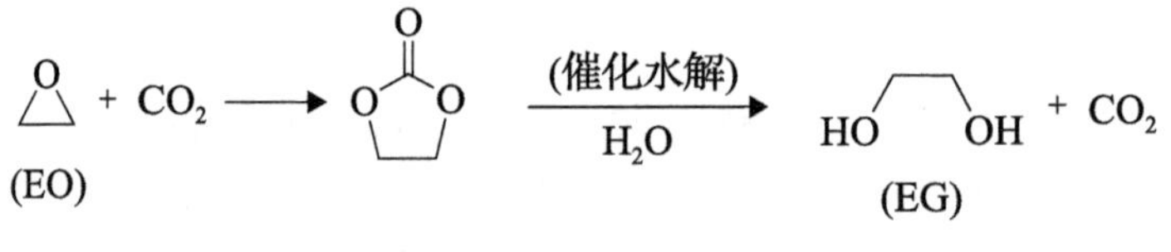

(5.3)

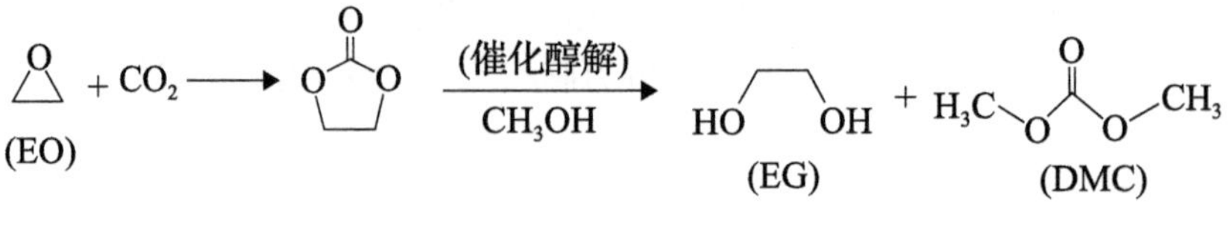

(5.4)

20 世纪 70 年代，美国的 Halcon-SD、联合碳化物公司、英国 ICI、日本触媒公司等相继开发了碳酸乙烯酯水解制备乙二醇的方法。日本三菱化学株式会社（简称三菱化学）开发的 MCC 新工艺取得了突破性进展[12]。日本三菱化学于 1979 年开始研发该技术路线，1982 年完成实验室规模试验，1997 年在鹿岛建造了 1.5 万吨/年的中试装置，并于 2001

年 7 月投入运转。

2002 年 4 月，壳牌公司与三菱化学联合推进，形成了 OMEGA 工艺。韩国乐天大山石化公司(LotteDaesan Petrochemical)首次将 OMEGA 工艺技术用于 2008 年 5 月建成投产的 40 万吨/年乙二醇生产装置[13]；2009 年 4 月，沙特阿拉伯 Petro Rabigh 公司应用该工艺建成 60 万吨/年乙二醇生产装置并投产；2009 年 11 月，壳牌公司采用该技术在新加坡裕廊岛建设一套生产能力为 75 万吨/年乙二醇装置[14]，该装置是目前世界上采用 OMEGA 工艺建成的最大的乙二醇生产装置。

陶氏化学公司早期采用碱金属催化剂，此后又开发了阴离子交换树脂催化剂，并申请了该工艺的专利[15,16]。德士古(Texaco)公司开发了季铵盐型离子交换树脂催化剂、沸石催化剂和聚合物负载的季鏻盐催化剂[17]。埃克森美孚公司开发了碱性沸石催化剂技术，具有更好的热稳定性、催化活性、选择性和再生性[18]。

在中国，中国科学院兰州化学物理研究所[19]完成了由环氧乙烷与二氧化碳合成碳酸乙烯酯，经甲醇酯交换合成乙二醇，联产碳酸二甲酯的全流程工艺开发，并进行中试。中国科学院过程工程研究所开发了催化水解法生产乙二醇的清洁工艺技术，克服了传统工艺的高能耗、高水比、低资源利用率、低乙二醇选择性等问题[20]，开发了固载离子液体催化二氧化碳转化制备碳酸二甲酯/乙二醇绿色工艺[21]，以乙烯氧化制环氧乙烷排放的二氧化碳废气为原料，与环氧乙烷在离子液体催化剂的作用下，通过羰基化反应生成碳酸乙烯酯，然后碳酸乙烯酯再与甲醇反应生产碳酸二甲酯和乙二醇，并于 2014 年与江苏奥克化学有限公司签约合作完成了“固载离子液体催化二氧化碳转化制备碳酸二甲酯/乙二醇(DMC/EG)绿色工艺”项目。由辽宁省石油化工规划设计院有限公司设计，江苏奥克化学有限公司采用该技术建成了万吨级工业化示范装置并实现了稳定运行，碳酸二甲酯品质达到电池级标准，乙二醇品质优于国家标准。以环氧乙烷与二氧化碳为原料生产碳酸二甲酯联产乙二醇，开辟了一条兼具经济效益和社会效益的新途径。

4. MTO 路线

甲醇制烯烃(MTO，methanol to olefin)，由中国科学院大连化学物理研究所(以下简称大连化物所)首先在 2010 年工业化[22]。MTO 路线是以煤或天然气为起始原料合成甲醇，经 MTO 得到乙烯，再由乙烯生产乙二醇，实际上是煤造气制甲醇、MTO、乙烯经环氧乙烷水合制乙二醇三种技术工艺的组合。

反应方程式如下：

$$CO + 2H_2 \longrightarrow CH_3OH \tag{5.5}$$

$$CO_2 + 3H_2 \longrightarrow CH_3OH + H_2O \tag{5.6}$$

$$2CH_3OH \longrightarrow C_2H_4 + 2H_2O \tag{5.7}$$

$$C_2H_4 + \frac{1}{2}O_2 + H_2O \longrightarrow (CH_2OH)_2 \tag{5.8}$$

该工艺路线目前已有三家企业投产，均采用Shell氧化法由乙烯制备乙二醇。宁波富德能源有限公司外购180万吨/年甲醇制烯烃项目中，30万吨乙烯用于生产50万吨乙二醇，项目于2013年投产[23]。浙江三江化工新材料有限公司20万吨乙烯生产乙二醇项目于2015年投产[24]。江苏斯尔邦石化有限公司4万吨乙烯生产乙二醇项目于2018年投产[25]。

5. 其他工艺

还有一些其他的方法可通过石油产品制得乙二醇，如氯乙醇水解法和二氯乙烷水解法。这两种方法早期曾被用于工业生产，但因使用对设备腐蚀严重的次氯酸或氯气，到20世纪70年代就已经被完全淘汰。

5.2.2 生物质转化路线

生物质是自然界中储量丰富的可再生含碳资源，资源开发利用潜力巨大。以生物质为原料，利用绿色加工方式生产有机化学品，日益受到国际社会的重视。生物质转化制乙二醇采用自然界中的碳水化合物，如玉米、小麦、土豆、地瓜、甜菜等淀粉基的多糖类作物，以及甜高粱、菊芋和木薯等单糖或多糖类农作物作为生物基乙二醇原料。

(1)生物质发酵制备混合多元醇：利用糖、淀粉等生物质发酵制备混合多元低碳醇，但该方法生产的产品中含多种低碳二元醇，造成分离和纯化困难。

我国有多家科研机构和企业从事这方面的研发，如长春大成实业集团有限公司(简称长春大成集团)生产的玉米化工醇产品主要有乙二醇、丙二醇、1, 4-丁二醇、2, 3-丁二醇和多组分二元醇等[26]。2003年10月，长春大成集团与一家外企合资以玉米淀粉为原料的年生产1万吨化工醇(多元醇)项目启动。2004年9月，世界上第一条具有自主知识产权、领先世界的以玉米为原料年产量2万吨的多元醇工业化生产线，在长春大成集团建成投产。2007年在此基础上创新发展了年产20万吨的工业化示范装置。

(2)玉米等生物资源生产乙醇制乙二醇：玉米等生物资源生产乙醇的工艺已经十分成熟，可利用得到的乙醇生产乙二醇，其成本低于石油路线生产的乙二醇。

2005年，丰原宿州生物化工有限公司建成了目前国内唯一以玉米等淀粉为原料生产环氧乙烷的生产装置，可将生物质能转化成生物乙烯、环氧乙烷，替代石油基化工产品，生产能力为2万吨/年环氧乙烷，并取得良好经济效益[27]。

(3)以甘油为原料生产乙二醇：在将生物质转化为生物柴油这样的清洁燃料时，每生产1kg生物柴油约产生1kg低价值甘油，随着生物柴油产业的发展已出现甘油过剩。Davy公司开发出以生物柴油生产过程中的副产物甘油为原料生产乙二醇的新工艺[28]。

(4)纤维素催化转化制乙二醇：由纤维素水解、多糖/单糖的C—C断键以及乙醇醛加氢等三个串联反应构成。2008年大连化物所在世界上首次发现纤维素直接催化转化高选择性制乙二醇技术，开辟了生物质转化利用的新途径[29]。大连化物所在纤维素高选择性催化转化为乙二醇方面开展了系统的研究工作[30]，在完成实验室小试工作基础上，2019年10月，由大连化物所、中科柏易金(郑州)新能源科技有限责任公司、河南能源研究总院、河南省中原大化集团有限责任公司(简称中原大化)联合开发的千吨级生物质(秸秆糖催化加氢)制乙二醇反应的中试项目在中原大化启动。

(5)糖类加氢制乙二醇：以来自葡萄糖或木糖的山梨醇(六个碳原子)或木糖醇(五个碳原子)为原料，选择性氢解得到乙二醇。葡萄糖也可以直接加氢得到乙二醇。该工艺相对较为成熟，已建成多套工业规模的装置。

采用可再生的生物质资源生产乙二醇，具有广阔的发展前景。

5.2.3 煤化工路线

煤化工(合成气)路线首先由煤制合成气，再以合成气中CO和H_2为原料生产乙二醇，可以分为直接合成法和间接合成法。间接合成法是合成气经某种中间化合物，而后再转化为乙二醇的合成方法。间接法主要有甲醛法和草酸酯法。

1. 直接合成法

直接合成工艺即以合成气为原料，直接合成乙二醇。反应方程式如下：

$$2CO + 3H_2 \longrightarrow HOCH_2CH_2OH \tag{5.9}$$

直接合成法虽然在理论上具有最短的反应路径，但是该反应需在高温、高压和催化剂存在的条件下进行，反应条件十分苛刻。直接合成法最早由美国杜邦公司于20世纪50年代提出[31]，采用钴催化剂，在190～280℃、300MPa的条件下进行。该法工作压力高，乙二醇收率、选择性低，并且伴随着大量甲酸甲酯等副产物的生成。随后美国联合碳化物公司、日本三井化学株式会社和住友化学株式会社等分别对催化剂进行了改进，取得了一些进展，但是研究结果与实现工业应用仍然有较大距离。

2. 甲醛法

由于合成气直接法合成乙二醇难度较大，用合成气的成熟工艺先合成甲醇进而制取甲醛，再合成乙二醇的间接方法，就成为研究重点之一[32]。目前以甲醛为原料合成乙二醇的方法有[33-36]：①以甲醛和CO为原料的甲醛羰基化法；②以甲醛和合成气为原料的甲醛氢甲酰化法；③甲醛与甲醇反应的Redox法；④甲醛与甲酸甲酯偶联法；⑤甲醛电化加氢二聚法；⑥甲醛缩合法等。

2013年，伊士曼化工公司与庄信万丰戴维科技有限公司(JM Davy)合作开发了以煤(合成气)为原料，经甲醛/乙醇酸路线生产乙二醇的专利技术。Davy公司一套10吨/年的实验装置运行超过1000h。2017年9月29日，内蒙古久泰新材料有限公司年产100万吨乙二醇项目启动。该项目采用Davy公司的甲醛氢羰基化法制备乙二醇，2022年9月开始试运行。

3. 草酸酯法

草酸酯法也称CO氧化偶联法，即先由CO和醇类经氧化偶联制得草酸酯，再通过草酸酯加氢制备乙二醇，这是目前煤化工路线制乙二醇的主流技术。草酸酯法制乙二醇的最早研发机构是日本宇部兴产公司(UBE)和美国联合碳化物公司[37]。UBE 在 1978 年建成了一套 6000 吨/年高压液相合成草酸二丁酯工业试验厂[38]，并在此基础上开展了常压气相法的研究[39]，在反应体系中引入了关键的氮氧化物，使得反应可以在固定床、常压条件下进行。

CO 氧化偶联合成草酸酯反应方程式：

$$2CO + 2RONO \longrightarrow (COOR)_2 + 2NO \quad (5.10)$$

$$2NO + 2ROH + 1/2O_2 \longrightarrow 2RONO + H_2O \quad (5.11)$$

CO 氧化偶联总反应式：

$$2ROH + 2CO + 1/2O_2 \longrightarrow (COOR)_2 + H_2O \quad (5.12)$$

草酸酯加氢合成乙二醇反应方程式：

$$(COOR)_2 + 4H_2 \longrightarrow (CH_2OH)_2 + 2ROH \quad (5.13)$$

UBE 提出的这种技术方案，大幅度提高了反应效率，奠定了当今煤制乙二醇的技术基础。UBE 随即开展了常压气相法生产草酸酯的模试和中试，并申请了专利。

从 20 世纪 80 年代开始，中国有多家科研机构开展了“CO 催化合成草酸酯和乙二醇”相关的技术研发工作。西南化工研究设计院有限公司[40]采用 $PdCl_2/CuCl_2$ 催化剂，液相法合成草酸二乙酯，草酸二乙酯和碳酸二乙酯的总收率达 79.63%。中国科学院成都有机化学研究所[41]于 1985～1989 年开展了纯 CO 气相催化合成草酸二乙酯的研究，曾对五种催化剂进行了试验。浙江大学[42]也于 1989 年开展过纯 CO 气相催化合成草酸二乙酯的研究，并在浙江江山化工厂进行 200 吨/年合成草酸二乙酯的中试。天津大学[43-44]于 1992 年开始开展了纯 CO 气相催化合成草酸二乙酯的研究。华东理工大学和上海焦化有限公司也联合开展技术研发工作[45]。

中国科学院福建物质结构研究所[46-50]从 1982 年开始，开展煤经草酸二甲(乙)酯制备乙二醇(简称“煤制乙二醇”)的技术研发，突破了关键的催化剂核心技术和工艺流程组合设计，研发了系列煤制乙二醇技术的催化剂和相关工艺技术。2009 年在内蒙古通辽市率先实现了煤制乙二醇技术的工业化。

煤制乙二醇是在 2008 年前后崭露头角的现代煤化工新技术，其技术不断成熟和大规模工业化应用，将产生显著的社会效益和经济效益，对中国的能源和大化工产业产生重要积极的影响。一方面，生产目前中国仍需大量进口的乙二醇(2022 年进口 751 万吨，进口依存度为 39.6%)，缓解乃至彻底解决目前中国乙二醇大量依赖进口的供求矛盾；另一方面，以中国相对富产的煤炭资源作为原料代替石油生产乙二醇，可逐步替代石油路线生产工艺，为中国节省大量石油资源。

5.3 煤制乙二醇的催化剂和工艺路线

5.3.1 技术概述

以 CO 脱氢净化、草酸酯合成、草酸酯加氢制乙二醇三种催化反应的技术集成为特征的煤制乙二醇技术是由福建物质结构研究所首先提出并组织实施的[1]，其技术路线如图 5.1 所示。

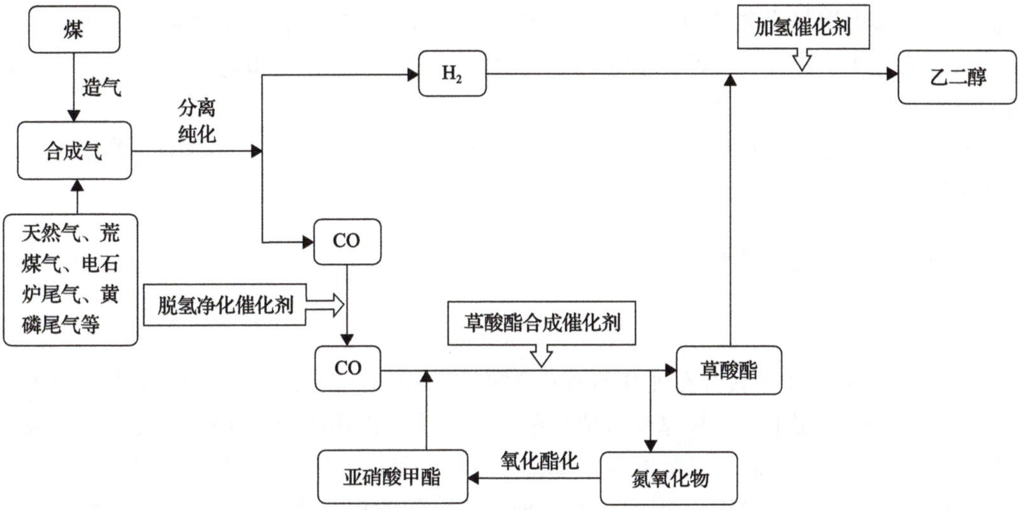

图 5.1 煤制乙二醇技术路线图

首先，煤在气化炉中气化为以 CO 和 H_2 为主的粗煤气，为煤制乙二醇提供原料气。粗煤气中有效组分(CO + H_2)占比约 90%，同时含有 CO_2、H_2S、NO_x、CH_4 等杂质气体。粗煤气中 CO 的比例取决于气化工艺，水煤浆气化得到的粗煤气(干基)中 CO 含量在 40%左右，粉煤气化得到的粗煤气(干基)中 CO 含量在 60%左右。为满足煤制乙二醇对原料气中 H_2/CO 比约 2∶1 的要求，需要对合成气中 H_2 和 CO 的比例进行水煤气变换调整，最终将粗煤气中 H_2/CO 比调整为 2∶1。变换后的粗煤气再经净化工艺脱除 CO_2、H_2S、NO_x、CH_4 等杂质，得到符合后续反应要求的合成气。为了分别给草酸酯合成提供纯 CO，为草酸酯加氢提供纯 H_2，净化后的合成气需要设置气体分离装置将 H_2/CO 相互分离。不同煤制乙二醇专利技术商对 H_2 和 CO 的纯度要求不同，但通常要求 CO 纯度 98%以上，H_2 纯度 99%以上。

煤经过气化、变换、净化、分离等过程得到的 CO 原料气中一般含有浓度为 0.5%～2%的 H_2 杂质，这部分的 H_2 杂质对于 CO 氧化偶联合成草酸酯所使用的贵金属催化剂具有明显的毒化作用[51,52]。为了保证合成催化剂的活性和选择性，提高草酸酯粗产品的纯度，需要先经过脱氢净化反应脱除 CO 原料气中少量 H_2 到 100×10^{-6} 以下。脱氢净化后的 CO 原料气与亚硝酸酯在合成草酸酯催化剂作用下得到草酸酯和 NO。合成反应得到的 NO 和 O_2、甲醇反应后经氧化酯化反应后又得到亚硝酸酯。亚硝酸酯在反应中再生循环，理论上不消耗。合成反应得到的草酸酯和 H_2 在加氢催化剂的作用下得到乙二醇。加氢反应得到的甲醇(或乙醇)再循环使用，理论上也不消耗。所以，煤制乙二醇只消耗煤、水和氧气。因 CO 水煤气变换会排放 CO_2；另外，NO 氧化酯化还会生成水，所以产物除了乙二醇外，还有副产物 CO_2 和水。

总反应示意式可表示为

$$3C + 3H_2O + 1/2O_2 \longrightarrow (CH_2OH)_2 + CO_2 \tag{5.14}$$

式中，乙二醇和 CO_2 的比例取决于粗合成气的组成和变换反应的使用程度，不是简单的 1∶1 关系。由于煤气化和变换反应的碳损耗，通常有 20%左右的总碳将作为 CO_2 排放。因此，在不考虑燃料煤和动力煤消耗的情况下，煤制乙二醇约有 80%的碳转换效率。

示意式(5.14)表示：以煤、空气和水为原料合成乙二醇，这也是“煤制乙二醇”命名的技术释义。

同时，该技术路线还可以采用天然气、荒煤气、电石炉尾气、黄磷尾气等作为合成气的来源，生产乙二醇。

5.3.2 技术起源和技术发展

1. 技术起源

1965 年，美国加州联合石油(Unocal)公司的 Fenton 和 Steinwand[53,54]发现了醇类在 Pd-Cu 催化剂的作用下氧化羰基化合成草酸酯的反应，即由醇类与 CO 直接反应生成草酸酯的过程，奠定了煤制乙二醇的科学基础。该反应采用 $PdCl_2$-$CuCl_2$ 催化剂，反应温度为 125℃，反应压力为 7MPa。但起初的这种方法草酸酯收率低，且在生成草酸酯的同时有副产物水生成，需要使用大量脱水剂来保持无水状态。另外，含氯催化剂对设备产生严重腐蚀。这些因素限制了该技术的进一步发展。反应方程式如下：

$$2CO + 2ROH + 1/2O_2 \longrightarrow (COOR)_2 + H_2O \tag{5.15}$$

由于生成的水阻碍反应的进行，在系统中需加入脱水剂三乙氧基甲烷[$CH(OC_2H_5)_3$]，也可以用硼酐或煅烧过的钠型合成分子筛等，将水从反应系统中除去，以增加反应产物的收率。脱水反应方程式为

$$H_2O + CH(OC_2H_5)_3 \longrightarrow 2C_2H_5OH + HCOOC_2H_5 \tag{5.16}$$

2. 技术发展

1) 液相法

1973 年石油危机后，合成气化学引起世界各国的重视，各国普遍加大了技术开发的力度。人们认识到通过 CO 的氧化偶联反应可以实现 C_1 到 C_2 的转变，可以发展为以煤(或天然气等)代替石油生产大宗化学品的一条可行路线。

自从 Fenton 和 Steinwand 的合成草酸酯专利公开以后，世界各公司一直致力于研究改进 Pd-Cu 氧化还原系催化剂的方法，相继有不少专利报道。例如，美国大西洋里

奇菲尔德公司(ARCO)的 $PdCl_2$-$CuCl_2$-LiCl-碱系催化剂[55]、日本三菱瓦斯化学株式会社(MGC)的 $Pd(NO_3)_2$ 催化剂[56]、UBE 的 $PdCl_2$-$CuCl_2$-K_2CO_3 催化剂[57-58]、意大利蒙特爱迪生集团(MG)的 $PdCl_2$-$CuCl_2$-LiCl-NH_3 系催化剂[59]等，其改进目的都是避免采用昂贵的 $CH(OC_2H_5)_3$ 等脱水剂，以降低生产成本，提高工艺的先进性和实用性。

20 世纪 70 年代，UBE 研究开发了由醇系化合物氧化羰基化合成草酸酯的液相法工艺路线，采用 Pd/活性炭催化剂，以亚硝酸酯为助催化剂，进行一氧化碳与醇的氧化偶联反应[60]。该法解决了 Pd-Cu 催化剂在氧化偶联反应中铜易生成难溶解的草酸铜，使铜失去氧化还原作用，导致催化剂活性下降、催化剂再生困难等问题。

反应方程式可表示如下：

$$2CO + 2RONO \xrightarrow{\text{催化剂}} (COOR)_2 + 2NO \tag{5.17}$$

$$2NO + 1/2O_2 \longrightarrow N_2O_3 \tag{5.18}$$

$$N_2O_3 + 2ROH \longrightarrow 2RONO + H_2O \tag{5.19}$$

将所生成的氮化物进行氧化并与醇反应，转化为亚硝酸酯，重新循环利用。生成的水通过与亚硝酸酯共沸而分离。但缺点是草酸酯生成的速率低，副产物较多。

针对工业化的要求，日本 UBE 和美国联合碳化物公司共同成功开发了液相法草酸二烷基酯合成工艺[61]。该工艺采用浆态床反应器，催化剂为负载型钯催化剂，载体为活性炭，亚硝酸丁酯作为助催化剂。UBE 于 1978 年在日本建立了一套年产 6000 吨草酸二丁酯的工业规模生产装置，生产的草酸酯成本比传统的草酸酯化法低 40%左右。其反应过程为：在钯催化剂的作用下，一氧化碳、氧气、丁醇及稀硝酸(起助催化作用)在压力 8～11MPa 和温度 90～100℃下进行催化反应，生成草酸二丁酯。生成的草酸二丁酯的含量为 45%～55%，经提纯后得到高纯度的草酸二丁酯：

$$2CO + 2C_4H_9OH + 1/2O_2 \xrightarrow[\text{Pd/AC}]{\substack{90\sim100℃ \\ 8\sim11\text{MPa}}} (COOC_4H_9)_2 + H_2O \tag{5.20}$$

该反应的关键是生成草酸酯时，必须使反应生成的水量尽可能少，以防止反应速率下降。另外，还需循环回收丁醇和亚硝酸丁酯。

2) 气相法

虽然液相法取得了成功，但液相法条件比较苛刻，存在高压及反应过程中催化剂流失等工艺缺点。日本帝人株式会社(TL)最早进行了 Pd-C 载体催化剂的气相反应，但收率较低[62]。

UBE 和 MG 于 1978 年也相继开展了气相法的研究[63]。气相法反应过程分为两步：第一步为一氧化碳在负载型 Pd/α-Al_2O_3 催化剂的作用下，常压与亚硝酸甲酯偶联反应生成草酸二甲酯和一氧化氮，反应方程式(与液相法相同)为

$$2CO + 2CH_3ONO \longrightarrow (COOCH_3)_2 + 2NO \tag{5.21}$$

第二步为偶联反应生成的一氧化氮与产品分离后进入填料塔，在塔内常温与甲醇和氧气反应生成亚硝酸甲酯，反应方程式(与液相法相同)为

$$2NO + 2CH_3OH + 1/2O_2 \longrightarrow 2CH_3ONO + H_2O \tag{5.22}$$

生成的亚硝酸酯返回偶联过程循环使用。总反应方程式(与液相法相同)为

$$2CO + 2CH_3OH + 1/2O_2 \longrightarrow (COOCH_3)_2 + H_2O \tag{5.23}$$

日本 UBE[64]完成了气相法中试，具备了工业化生产的条件，并申请了一些专利[65,66]。

亚硝酸酯的引入是一项决定性的发明，使得 Fenton 发明的低碳醇氧化羰化合成草酸酯的技术路线具备了工业化实施的可行性。亚硝酸酯的引入，一方面克服了液相法条件苛刻的缺点，另一方面，可以将低碳醇羰化合成草酸酯的反应分解成两步简单易行的反应[CO 与亚硝酸甲酯(MN)反应合成草酸酯；NO 氧化酯化]，使得合成草酸酯的反应可以在气相下实现。在 CO 与 MN 的反应中，避免了产物草酸酯与水接触水解成腐蚀性很强的草酸，也避免了反应原料 O_2 与催化剂接触引起催化剂氧化而活性下降，保证了催化剂的长周期运行，也降低了设备的材质要求和投资量。而另一反应 NO 氧化酯化则可以在常温常压、非催化环境下进行。

到了 20 世纪 80 年代，中国的科研工作得以恢复，以煤代油合成化学品的重要性在中国显得尤为突出，中国也加强了 C_1 化学及其技术的研究开发。当时就有多家高校和科研机构相继开展了“CO 催化合成草酸酯和乙二醇”的技术研发工作[67]，为以后的技术发展及工业化实施奠定了坚实的基础。

福建物质结构研究所是国内最早开展 CO 气相催化合成草酸二酯研究的单位之一，从 1982 年开始，开发出高活性的 CO 气相催化合成草酸二酯催化剂，并完成了 1004h 的小试装置连续寿命试验。1993 年，完成了国家“八五”攻关项目 200mL 催化剂 1000 多小时寿命考察的模试工作[68]，打通了工艺路线全过程。天津大学[52,69-81]自 1987 年开始进行合成气经草酸酯加氢制乙二醇成套技术的研发工作，通过从实验室小试到吨级模试再到百吨、千吨级中试的逐级工程放大，在催化剂的基础研究、反应机理研究、物性数据库的建立、工艺集成优化及工程放大等方面做了大量系统的研究工作。西南化工研究院[40]采用 $PdCl_2/CuCl_2$ 催化剂，液相法合成草酸二乙酯，草酸二乙酯和碳酸二乙酯的总收率达 79.63%，开发了 Pd 系 CO 偶联制草酸酯催化剂和 Cu 基加氢催化剂及其配套工艺技术。中国科学院成都有机化学研究所[82-85]于 1985～1989 年开展了纯 CO 气相催化合成草酸二乙酯的研究，对该反应的多种催化剂进行了试验考察，研究了亚硝酸乙酯生成的热力学和最佳工艺条件，分析了液相、气相的反应物和产物。浙江大学化工系[42,86-88]于 1989 年开展了纯 CO 气相催化合成草酸二乙酯的研究，对催化剂进行了筛选，研究了载体效应，研究了亚硝酸酯的再生和催化分解，并在浙江江山化工股份有限公司厂区内进行 200 吨/年合成草酸二乙酯的中试。华东理工大学[89-92]从 1995 年开始研究合成气制乙二醇，先后开发出合成气制草酸酯、草酸酯加氢制乙二醇两种关键催化剂，并进行了长寿命实验。南开大学[93]也开展了两步法煤制乙二醇技术的相关研究工作。

5.3.3 技术原理与特点

1. 技术原理

煤制乙二醇包含煤制合成气和合成气制乙二醇两个部分。

1) 煤制合成气

煤炭经气化得到合成气，合成气经变换、净化、分离处理后得到符合煤制乙二醇要求的 CO 和 H_2(CO:H_2≈1:2)。其流程示意如图 5.2 所示。

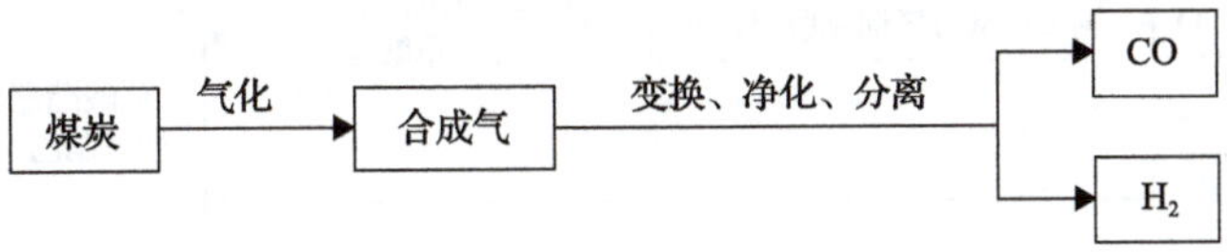

图 5.2 煤制合成气及其变换、净化和分离流程图

A. 煤气化

煤气化实质是将难以加工处理、难以脱除无用组分的固体煤，转化为易于净化、易于应用的合成气的过程，简言之，是将煤中的 C 与水等气化剂反应转化为($CO + H_2$)合成气的过程。

$$C + H_2O \longrightarrow CO + H_2 \tag{5.24}$$

在高温下，煤炭中的各种组分都能与高压水蒸气和氧气发生反应。因此煤气化后的合成气中除了有大量的 H_2 和 CO 以外，还有 CO_2、SO_2、CH_4、NO_x 等杂质气体，这些杂质可采用各种现成的工艺技术一一脱除净化。

B. 变换

为满足煤制乙二醇对原料气中 H_2/CO 约为 2 的要求，需要对合成气中 H_2 和 CO 的比例进行调整。

变换反应是水蒸气与 CO 反应生成 H_2 和 CO_2 的过程，反应方程式如下：

$$CO + H_2O \longrightarrow CO_2 + H_2,\quad \Delta H_{298}^{\ominus} = -41.4\text{kJ/mol} \tag{5.25}$$

变换反应属于可逆放热反应，考虑到化学平衡的影响，过量的水蒸气和适当低的温度有利于将尽可能多的 CO 转化成为 H_2，但多耗蒸气又会增加生产成本。

C. 净化

将合成气送入下游合成装置之前，需要对合成气进行净化，以除去各种形态的 N、S、C 等杂质。国内外煤气化装置所采用的净化工艺，以活化 MDEA(*N*-甲基二乙醇胺)法、NHD(聚乙二醇二甲醚)法、低温甲醇洗(Rectisol)较为常见。在吸收能力和溶液循环量、选择性、净化度、操作费用、装置投资等指标方面，上述三种合成气净化技术各有所长。

D. 分离

气体分离是将气体混合物转化为成分各不相同的两个或多个单一气体的过程。为了分别给煤制乙二醇的草酸酯合成提供纯 CO，为 DMO 加氢提供纯 H_2，需要设置 H_2/CO 分离装置。目前，已工业化的从混合气体中提纯 CO 的技术有铜氨液法、Cosorb 法、深冷分离法和变压吸附(PSA)法。

2) 合成气制乙二醇

利用合成气分离后的 CO 和 H_2 制备乙二醇是煤制乙二醇的主工艺，其中包括 CO 原料气催化脱氢净化、CO 氧化偶联合成草酸酯、草酸酯催化加氢制乙二醇、乙二醇产品的分离纯化等几个核心工艺单元，主工艺流程如图 5.3 所示。

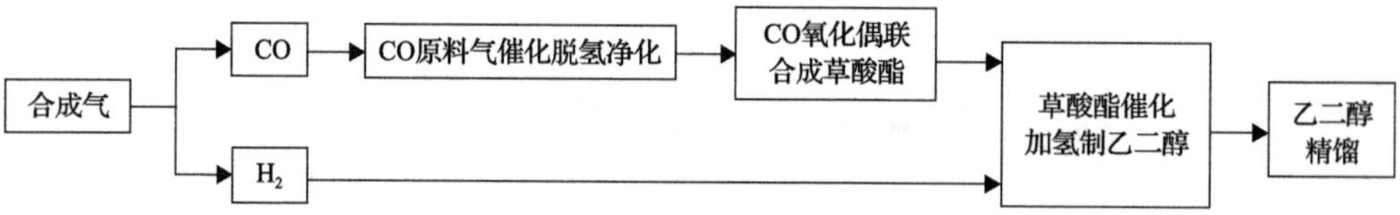

图 5.3 合成气制乙二醇主工艺流程图

A. CO 原料气催化脱氢净化

在煤制乙二醇技术中，为避免草酸酯合成催化剂出现可逆失活[52]，工业 CO 原料气中的 H_2 杂质(0.5%～2.0%)必须脱除至 100×10^{-6} 以下。迄今为止，通过物理和化学手段脱除 H_2 的方法主要有深冷分离法、固体吸附法、变压/变温吸附分离法、膜分离法、铜氨液吸收法、Cosorb 法和 Hisorb 法等。然而，这些方法均难以有效地将富 CO 气氛中的少量 H_2 脱除至 100×10^{-6} 以下。目前，最为行之有效的手段是通过选择性催化氧化的方法来脱除 CO 气氛中的 H_2 杂质，采用的催化剂基本以 Pd、Pt 等贵金属作为活性组分。反应方程式如下：

$$2H_2 + O_2 \longrightarrow 2H_2O \tag{5.26}$$

如图 5.4 所示，来自合成气分离后的 CO(含 0.5%～2.0%H_2)经加热后与氧气混合进入脱氢净化反应器，在催化剂的作用下发生选择性脱氢反应，反应后的气体经冷却后进入气液分离器分离出 H_2O、CO 等气体进入下一道工序。CO 脱氢净化反应在固定床列管式反应器中进行，常用的催化剂为氧化铝球负载的 Pd 催化剂，脱氢净化后的 CO 中要求 H_2 含量≤100×10^{-6}。

图 5.4 CO 原料气脱氢净化流程示意图

B. CO 氧化偶联合成草酸酯

通过 CO 氧化偶联合成草酸酯的反应，实现了 C—C 偶联，将无机的 CO 变成有机的草酸酯。CO 氧化偶联反应是煤制乙二醇技术中重要的工艺单元，也是最复杂的工艺单元。除了合成催化剂，反应体系中更为重要的是循环中间物亚硝酸酯[MN 或亚硝酸乙酯

(EN)]，使得原本反应条件苛刻的液相反应可以在反应条件温和的气相中进行。

以甲醇、草酸二甲酯(DMO)和 MN 为例，CO 氧化偶联合成 DMO 技术包含 MN 生成、DMO 生成、MN 循环(氧化酯化)、MN 回收、驰放气回收等技术环节(图 5.5)。

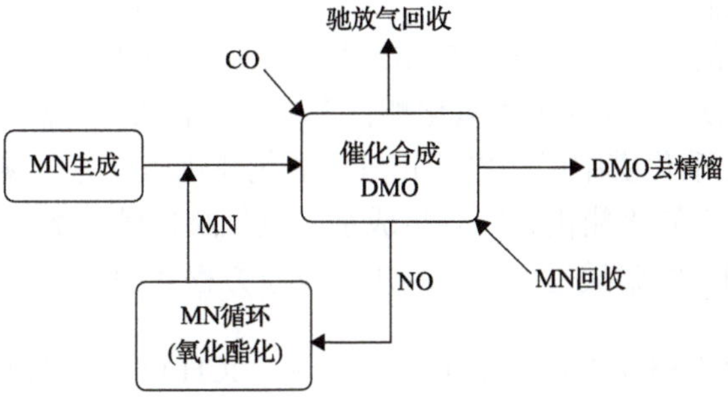

图 5.5　CO 氧化偶联合成草酸二甲酯简图

a. MN 生成

循环中间物 MN 在体系中反应、再生、循环，理论上是不消耗的，但是为了引发氧化酯化反应，体系(循环气)中必须预先充满一定量的 MN；再加上或多或少的运行损耗，需要不断补充 MN。所以，MN 的制备技术是煤制乙二醇技术体系中必须包含的工艺技术单元之一。

MN 的生成方法很多，根据不同的氮源，可分为氨氧化法、亚硝酸钠法和硝酸还原法等。这三种方法都已经应用于煤制乙二醇中试或工业化装置中。

氨氧化法：液氨在高温下氧化生成 N_2O、NO、NO_2、N_2O_4 等，其中的主要成分 NO 再氧化酯化得到 MN，氨氧化制 MN 所涉及的反应方程式如下：

$$NH_3 + O_2 \longrightarrow NO_x + H_2O \tag{5.27}$$

$$4NO + O_2 + 4CH_3OH \longrightarrow 4CH_3ONO + 2H_2O \tag{5.28}$$

亚硝酸钠法：亚硝酸钠、硝酸、甲醇反应生成亚硝酸甲酯。反应方程式如下：

$$NaNO_2 + HNO_3 + CH_3OH \longrightarrow NaNO_3 + CH_3ONO + H_2O \tag{5.29}$$

亚硝酸钠法制备方法简单，操作方便，生成的 MN 纯度高，不会给后端的反应带入其他杂质，是目前工业化装置中补充 MN 应用最多的技术方案。

硝酸还原法：硝酸、甲醇和 NO 反应生成 MN，反应可以在常压下进行，不需要催化剂反应。反应方程式如下：

$$3CH_3OH + 2NO + HNO_3 \longrightarrow 3CH_3ONO + 2H_2O \tag{5.30}$$

b. DMO 生成

经过脱氢反应净化后的 CO 与 MN 按一定比例混合后进入装有合成催化剂的列管式 DMO 合成反应器进行草酸酯合成反应，反应后生成 DMO 和 NO，其反应方程式如下：

$$2CO + 2CH_3ONO \longrightarrow (COOCH_3)_2 + 2NO \tag{5.31}$$

合成反应常用的催化剂为氧化铝负载的 Pd 催化剂。反应后的气相产物经过换热、冷却、分离、回收 DMO 后并入循环气。产物 DMO 由甲醇吸收成为 DMO 的甲醇溶液。回收的粗 DMO 在进入加氢单元前需要进行精制，通常要求 DMO 精制后的纯度≥99%。

c. MN 循环(氧化酯化)

合成反应器出口的气相产物经过 DMO 吸收塔吸收 DMO 后进入循环气，主要成分是 NO 和未反应的 CO。循环气进入氧化酯化塔与甲醇和 O_2 反应，将反应生成的大部分 NO 转化成 MN。氧化酯化塔中甲醇以液相进入氧化酯化塔反应段顶部，新鲜氧气由塔底进入氧化酯化塔。由于氧化酯化反应会生成水，氧化酯化塔塔釜废液在排放前要回收其中的 MN 和甲醇，副产的硝酸也可回收利用。反应方程式如下：

$$2NO + 1/2O_2 + 2CH_3OH \longrightarrow 2CH_3ONO + H_2O \tag{5.32}$$

反应同时产生副产物 HNO_3：

$$2NO + O_2 \longrightarrow 2NO_2 \tag{5.33}$$

$$2NO_2 \longrightarrow N_2O_4 \tag{5.34}$$

$$CH_3OH + N_2O_4 \longrightarrow CH_3ONO + HNO_3 \tag{5.35}$$

d. MN 回收

由反应方程式(5.34)可知，氮氧化物在氧化酯化塔中由于过度氧化生成 N_2O_4，N_2O_4 遇水或甲醇反应后会产生副产物硝酸，并溶解在氧化酯化塔的含水甲醇溶液中成为稀硝酸溶液。稀硝酸在系统中循环严重腐蚀设备，并且含硝酸的废水处理成本高。经过研发人员的探索与实践，现在可以采用多种方法将这部分的硝酸还原回收利用，制取 MN 再返回到反应系统。硝酸还原技术的应用，不仅降低了系统中氮元素的流失，同时也减少了含酸废液的排放。

稀硝酸还原分为催化还原和非催化还原。目前，这两种方法都在煤制乙二醇工业化装置中得到了应用。如大连瑞克科技股份有限公司与濮阳永金化工有限公司合作开发的“合成气制乙二醇工艺中的硝酸还原技术”已经成功应用于煤制乙二醇工业装置，其流程如图 5.6 所示。

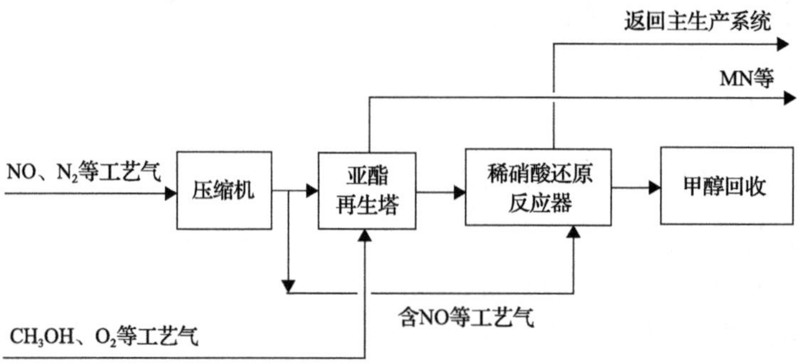

图 5.6 稀硝酸还原催化回收技术流程简图

稀硝酸的催化还原涉及的反应如下：

$$NO + 2HNO_3 \longrightarrow 3NO_2 + H_2O \tag{5.36}$$

$$NO + NO_2 \longrightarrow N_2O_3 \tag{5.37}$$

$$N_2O_3 + 2CH_3OH \longrightarrow 2CH_3ONO + H_2O \tag{5.38}$$

催化还原使用的催化剂活性组分多为过渡金属氧化物，使用活性炭、SiO_2、Al_2O_3等作为载体。

稀硝酸的非催化还原涉及的反应如下：

$$3CH_3OH + 2NO + HNO_3 \longrightarrow 3CH_3ONO + 2H_2O \tag{5.39}$$

e. 驰放气回收

合成循环气中含有一些惰性气体和一些合成反应的副产气体如CO_2等，随着循环次数的增加而不断积累引起压力上升，因此部分循环气要以驰放气的形式连续或间隙排放。驰放气进入火炬前要回收其中的MN和甲醇。具体步骤是：尾气进入尾气吸收塔与氧气反应，再与塔顶进入的甲醇逆流接触，回收部分MN，吸收MN的甲醇可直接回到酯化塔。尾气经过吸收后，还有部分NO_x未吸收。为了满足驰放气达标排放要求，需进入尾气净化塔进一步净化处理。这股气体在尾气净化塔中与空气反应后变成酸性气体NO_x，再与尾气净化塔中的碱液中和，使驰放气中氮氧化物含量≤200×10^{-6}。

C. 草酸酯催化加氢制乙二醇

草酸酯催化加氢反应通常在压力2～10MPa、温度200℃左右的条件下进行。反应方程式如下：

$$(COOCH_3)_2 + 4H_2 \longrightarrow (CH_2OH)_2 + 2CH_3OH \tag{5.40}$$

如图5.7所示，精制后的DMO与H_2混合后经加热后进入加氢反应器，反应生成的粗乙二醇经降温后气液分离，液态粗乙二醇进入乙二醇精馏系统。

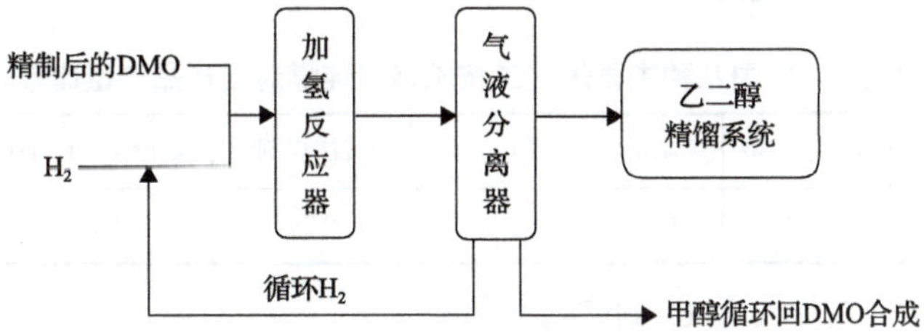

图5.7 草酸酯催化加氢制乙二醇流程示意图

草酸酯催化加氢合成乙二醇可以分为液相均相加氢和非均相加氢。液相均相加氢通常使用Ru等贵金属催化剂，非均相（或多相）加氢通常使用Cu等非贵金属催化剂。非均相加氢催化剂还可分为铜基催化剂和非铜基催化剂，其中铜基催化剂已经得到大规模工业化应用。

D. 乙二醇产品分离纯化

DMO 加氢后得到乙二醇粗产品，在分离纯化单元实现乙二醇与甲醇以及其他副产物的分离，使乙二醇达到所要求的产品质量，并回收甲醇等副产物。

乙二醇的沸点高，粗产品中副产物种类较多，沸点分布范围广，一些组分间沸点非常接近，存在多种共沸体系，如甲醇 + 碳酸二甲酯、乙醇 + 水、1, 2-丁二醇 + 1, 2-丙二醇 + 乙二醇等，分离难度极大。设计煤制乙二醇的产品分离纯化方案要同时兼顾物耗、能耗和分离纯化效率等因素，通常采用多塔连续的减压精馏方案。

然而，使用单一的精馏工艺，能耗高、效率低，且难以保证下游聚酯产业对产品质量的要求，特种纤维和高品质纤维产品对乙二醇原料的要求更高。经过多年的技术发展，集成多种分离手段的煤制乙二醇分离技术（包括精馏分离、树脂吸附和液相加氢等）已逐渐成熟，并应用于工业化生产过程中。

2. 技术特点

1）原子经济

原子经济性作为绿色化学的核心内容之一，考虑的是在化学反应中究竟有多少原料的原子进入产品中，旨在最大限度利用资源，减少副产物和废弃物。

将反应方程式（5.31）、方程式（5.32）和方程式（5.40）相加，得到以下方程式：

$$2CO + 4H_2 + 1/2O_2 \longrightarrow (CH_2OH)_2 + H_2O \qquad (5.41)$$

可以发现，乙二醇有两个羟基，含氧量为 51.6%，原料气 CO 中的 O 都进入了最终的产品乙二醇中。

表 5.1 列举了中国几种主要煤化工技术路线吨煤对应产品产量数据，从表中可以看到，煤制乙二醇吨煤对应产品产量为 0.63 吨，略低于同为含氧化学品、技术路线较短的煤制甲醇（0.71 吨），远高于煤制天然气吨煤对应产品产量（0.36 吨），是间接法煤制油（0.29 吨）和煤制烯烃 DMTO-II（0.27 吨）的 2 倍多。因为烷烃、烯烃、芳烃中不含氧，所以含氧化学品煤制乙二醇的原子经济性优势明显。

表 5.1　中国几种主要煤化工技术路线吨煤对应产品产量比较

	煤制乙二醇	煤制甲醇	煤制天然气	间接法煤制油	煤制烯烃 DMTO	煤制烯烃 DMTO-II
每吨煤对应产品产量/吨	0.63	0.71	0.36	0.29	0.24	0.27

2）不经过甲醇，直接实现 C_1 到 C_2 的转换

图 5.8 是中国煤制化学品路线图。技术原理上，煤制乙二醇技术与煤制油（汽油、柴油、润滑油、石蜡等）、煤制烯烃、煤制芳烃、煤制二甲醚等煤化工新技术有显著的区别，煤制油需要经过费-托合成，煤制烯烃、煤制芳烃、煤制二甲醚都需要通过甲醇转化（从甲醇到 C_2），煤制乙二醇则直接将合成气的 CO 经氧化偶联反应制得草酸酯，草酸酯加氢再转化成乙二醇（从 CO 到 C_2），实现了从 C_1 到 C_2 的转换。

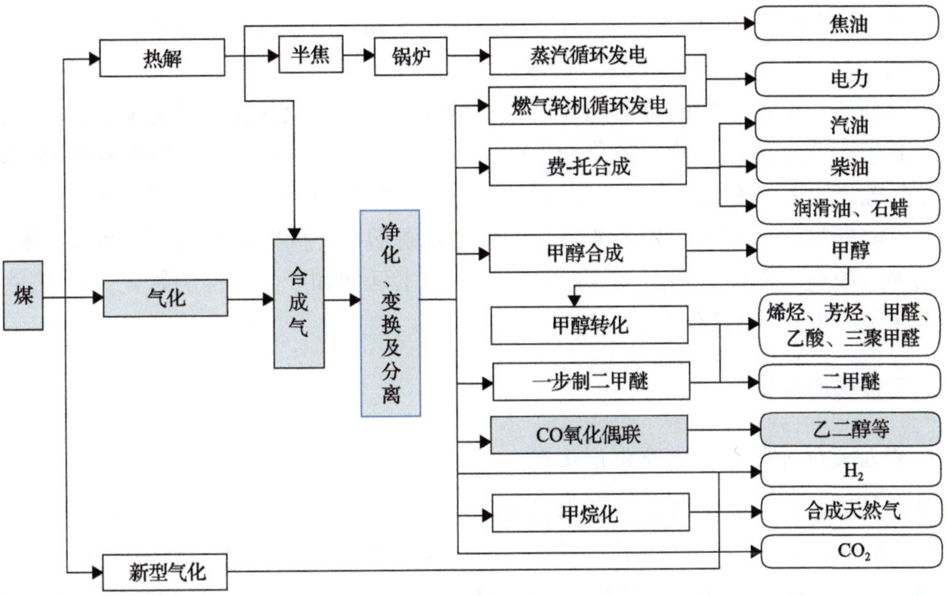

图 5.8　中国煤制化学品路线图

3) 技术覆盖面广

如图 5.9 所示，煤制乙二醇形成了一个技术体系，包含了一系列重要化学品的制备。发展煤制乙二醇的技术延伸(以氮氧化物作为反应中间体的合成气化学)和产品延伸(草酸酯和乙二醇等)新技术，可高效利用我国丰富的煤炭资源生产高附加值大宗化学品和精细化学品。

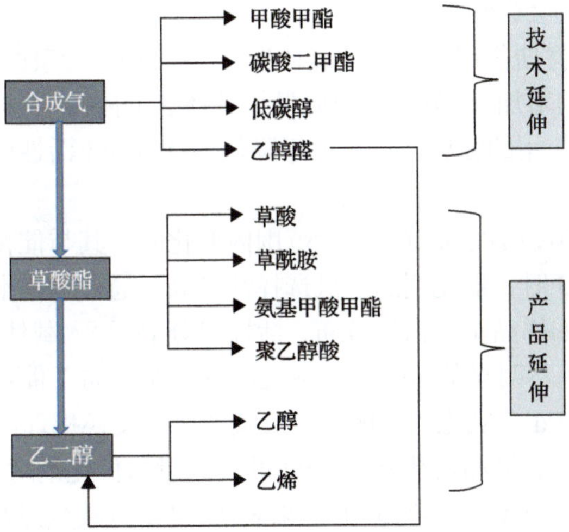

图 5.9　煤制乙二醇的技术延伸和产品延伸

对 CO 氧化偶联合成草酸酯技术的深入研究发现，使用不同的催化剂可以得到不同的产物。同样以亚硝酸甲酯作为循环中间体，通过低价钯活性中心，CO 可以通过 C—C 偶联得到草酸酯；通过修饰催化活性中心，改变钯的价态或修饰钯的配位环境可以得到碳酸二甲酯。在体系中引入适量的 H_2，改变催化剂和反应条件还可以得到重要的中间体甲酸甲酯。

以煤制乙二醇技术中的草酸酯为原料，可以制备多种化学品，草酸酯水解可以制备草酸，其生产成本远低于传统的草酸生产法。草酸酯氨解可以制备草酰胺和氨基甲酸甲酯。草酸酯进行不同程度的加氢可以得到乙醇、乙醇酸甲酯。乙醇酸甲酯水解后得到乙醇酸，乙醇酸聚合后得到的聚乙醇酸是一种可降解塑料。同时，乙二醇也可作为制备乙醇和乙烯的原料。因此，通过对煤制乙二醇的技术延伸和产品延伸的研究，可研发一系列重要化学品的合成新技术。

5.3.4 三种核心催化剂

1. 新型 CO 原料气脱氢净化催化剂

研究人员通过对催化剂中金属/载体界面结构的精细调控，在复合氧化物载体表面构筑了稳定的 $Pd^{\delta+}$活性中心，利用 Pd 和卤素的配位不饱和效应实现了 Pd 表面电子密度的可控调节，显著提高了催化剂对 CO 的耐受性以及对 H_2 的吸附和活化效率，从而保证了 CO 原料气中微量 H_2 的高效脱除。

1) 制备因素对催化剂结构的影响

研究人员对早期的脱氢净化催化剂的性能、结构和制备工艺进行了系统的研究，以期实现脱氢净化催化剂的技术创新[94]。在催化剂的合成过程中，载体碱处理、浸渍液 pH、活性组分 Pd 负载量和负载方式、催化剂热处理条件等制备因素均会对催化剂的结构和催化性能产生影响，这是催化剂制备调控的关键[95]；在催化剂运行时，原料气配比、活化条件、空速等因素也会影响催化性能。

(1) 载体碱处理。将催化剂的氧化物载体进行碱处理后，其比表面积、孔体积和平均孔径都会有一定程度的增加。碱处理同时降低了载体表面路易斯酸性位点的数量和强度，以及金属-载体间相互作用的强度，这有助于降低 CO 在 Pd 活性中心上的吸附强度和覆盖度。

(2) 浸渍液 pH。当浸渍液 pH 在 1～5 范围内变化时，其与催化剂的选择性呈火山型分布，当浸渍液 pH ≈ 3 时，催化剂的脱氢选择性最高。通过扫描电镜可观察到：当浸渍液 pH＜3 时制备得到的样品呈蛋白型分布，活性组分 Pd 深入载体内部；当浸渍液 pH＞3 时制备得到的样品呈不明显的蛋壳型，活性组分分布趋向于催化剂外表面。可见，随着浸渍液 pH 的增加，Pd 在氧化铝载体上的负载由离子交换机理向沉淀机理转变。

(3) 活性组分 Pd 负载量和负载方式。Pd 的负载量与催化剂对 H_2 的转化率呈正比关系。然而，TEM 和脉冲 CO 化学吸附的结果表明，Pd 负载量过高会增加 Pd 的颗粒尺寸，催化剂在长时间反应后更容易烧结；而 Pd 负载量过低则会导致催化剂表面的活性位点数量不足，难以驱动反应进行。除了浸渍法，Pd 活性组分也可以通过共沉淀法进行固载，在共沉淀过程中利用水滑石的层板定位效应，可以将 Pd 颗粒的尺寸控制在 1～2nm。

(4) 催化剂热处理条件。催化剂的热处理速度和温度可以极大影响活性组分在催化剂载体表面的分布，其中，通过低温、高速热处理得到的催化剂具有最佳的脱氢性能。这是因为高速热处理过程使溶液的蒸发速度大于活性组分的迁移速度，使活性组分的分布更均匀。需要注意的是，过高的热处理温度虽然可以提高热处理速度，但不利于催化剂的稳定性。

2) 助剂掺杂对催化剂结构的影响

助剂是催化剂的辅助成分，其本身对反应的活性可忽略不计，但在掺杂助剂后，往往可以显著改变催化剂表面化学组分的结构、价态、酸碱性、分散度等，从而影响催化剂的性能。对于不同的反应，同一种助剂往往起到不同的作用。按作用机理的不同，可分为立体结构助剂和电子结构助剂两类。立体结构助剂主要利用物理作用改变催化剂的表面形貌和织构，如形成层状结构、增加表面粗糙度等提高活性组分在载体表面的分散度，抑制活性组分在载体表面的迁移和聚集，从而提高催化剂的稳定性。电子结构助剂主要通过化学键的结合来修饰活性组分的电子结构，从而改变活性组分的价态、酸碱性等化学性质，并进一步影响活性组分与载体的相互作用、对反应物和产物的吸脱附能力等。下面以稀土和卤素对催化剂的修饰为例，分别探讨立体结构助剂和电子结构助剂对脱氢净化催化剂结构和性能的影响。

A. 稀土类助剂的掺杂

以 La、Ce 为代表的稀土类助剂广泛应用于能源和环境领域中的催化反应，如燃料电池、甲烷重整、NO_x 降解、汽车尾气处理等[96]。稀土类元素作为催化剂的助剂，对 H_2、CO 和 NO_x 等小分子气体的氧化反应具有明显的提升作用[97]。在 CO 选择性氧化脱氢反应体系中，研究的重点在于调整稀土助剂在催化剂中的掺杂量（5%～40%）和复合氧化物载体的焙烧温度（450～750℃）。催化剂样品按照“金属-掺杂量-热处理温度”的方式命名，例如：样品 M1-10-750 表示掺杂 10% M1 助剂元素，在 750℃进行热处理的催化剂。

表 5.2 和图 5.10 比较了 M1-10-X 系列样品的脱氢性能。由催化剂的 H_2 转化率和选择性变化曲线发现，该系列样品对 H_2 的转化率都随着反应温度的提高而呈上升趋势，其中 M1-10-750 具有最佳的脱氢活性。当反应温度为 90℃时，M1-10-750 对 H_2 的转化率达到 50.2%，而其他样品对 H_2 的转化率都低于 20%。随着反应温度提升到 130℃，所有样品对 H_2 的转化率都达到 95%以上，然而只有 M1-10-750 可以将 H_2 脱除至 100×10^{-6} 的浓度。在反应温度区间内，M1-10-750 对 H_2 氧化的选择性远高于其他样品，但随着反应温度升高至 130℃，其选择性由 83.0%逐步降至 65.2%。与 M1-10-750 略有不同，系列中其他样品的选择性随温度升高呈现先升高后降低的趋势。

表 5.2　M1-10-X 系列样品脱氢性能比较

样品	H_2 转化率/%			H_2 选择性/%		
	90℃	110℃	130℃	90℃	110℃	130℃
M1-10-450	15.4	59.3	98.1	22.3	51.2	48.3
M1-10-550	15.6	55.2	99.0	25.6	44.9	37.3
M1-10-650	17.3	61.4	99.1	28.9	48.3	32.3
M1-10-750	50.2	80.3	100	83.0	79.0	65.2

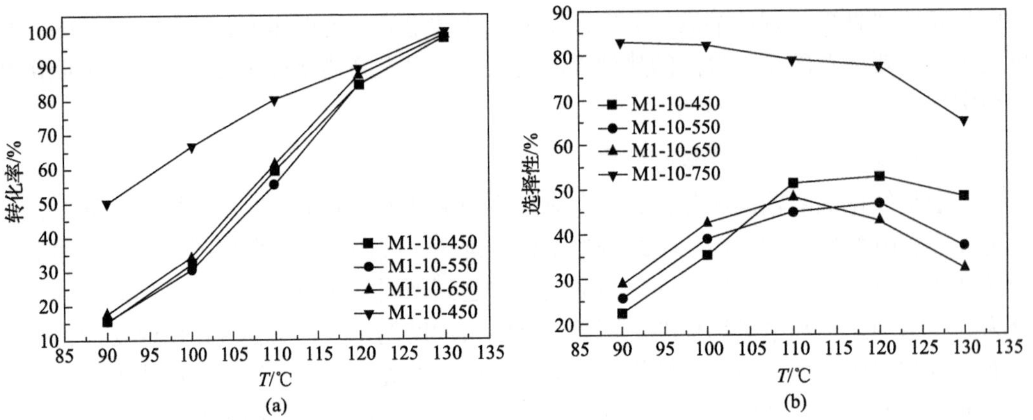

图 5.10　M1-10-X 系列样品 H_2 转化率随温度变化曲线(a)，以及对 H_2 氧化的选择性随温度变化曲线(b)

表 5.3 和图 5.11 比较了 M1-X-750 系列样品的脱氢性能。由催化剂的 H_2 转化率和选择性变化曲线发现，该系列样品对 H_2 的转化率都随着反应温度的提高而呈上升趋势，其中 M1-20-750 具有最佳的脱氢活性。当反应温度为 110℃时，M1-20-750 对 H_2 转化率约为 97.0%，残余 H_2 浓度为 598×10^{-6}，优于掺杂量更低的 M1-5-750、M1-10-750 以及掺杂量更高的 M1-40-750；当反应温度升至 130℃时，M1-10-750 和 M1-20-750 对 H_2 的转化率皆达到 100%，H_2 被完全脱除；值得注意的是，在 120℃时 M1-40-750 对 H_2 的转

表 5.3　M1-X-750 系列样品脱氢性能比较

样品	H_2 转化率/%			H_2 选择性/%		
	90℃	110℃	130℃	90℃	110℃	130℃
M1-5-750	45.0	65.2	91.4	89.0	82.2	77.9
M1-10-750	50.2	80.3	100	83.0	79.0	65.2
M1-20-750	67.4	97.0	100	48.3	39.0	32.3
M1-40-750	79.8	90.3	97.8	28.0	21.0	15.0

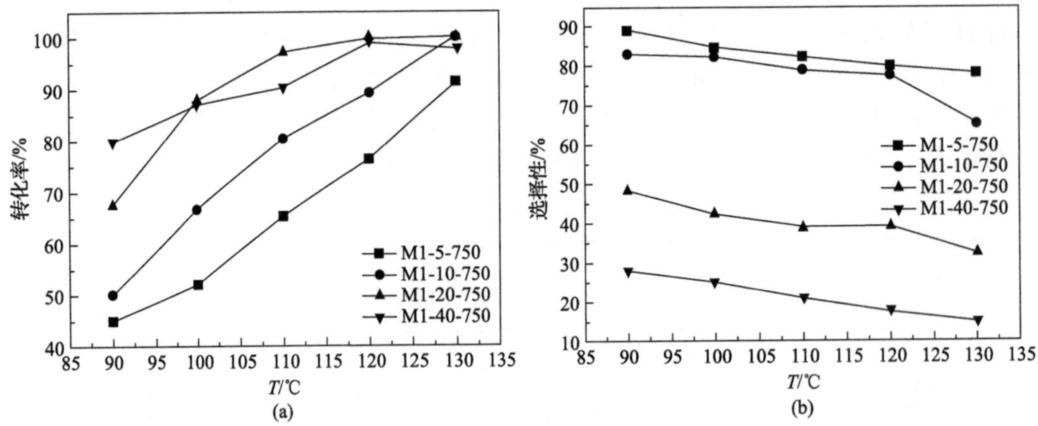

图 5.11　M1-X-750 系列样品 H_2 转化率随温度变化曲线(a)，以及对 H_2 氧化的选择性随温度变化曲线(b)

化率已接近 100%，但升温至 130℃后，H_2转化率反而出现了下降的趋势。在反应温度区间内，掺杂量较低的 M1-5-750 和 M1-10-750 对 H_2 氧化的选择性明显高于 M1-20-750 和 M1-40-750，特别是当反应温度为 120℃时，H_2 可以被脱除至 100×10^{-6} 以下，选择性也高于 80%。相比之下，掺杂量较高的 M1-20-750 和 M1-40-750 对 H_2 氧化的选择性在整个温度区间都低于 50%，并且随着反应温度的提高呈现下降趋势。

提高助剂 M1 的掺杂量有利于提高催化剂的活性，但当掺杂量高于某一阈值后将会对催化剂的选择性带来负面影响，这与助剂 M1 本征的化学性质以及反应体系中的复杂影响因素密切相关。因此，为了平衡催化剂的活性和选择性，确定 M1 助剂的掺杂量是关键。

为了寻找催化剂之间性能差异的内在原因，需要采用多种表征技术来探索催化剂结构与性能之间关系，研究稀土掺杂量和焙烧温度变化对催化剂本征结构的影响，以及由此带来的对金属活性中心价态、电子传输以及金属-载体强相互作用的改变。

在 M1 含量为 10%的情况下，随焙烧温度由 450℃升高至 750℃，催化剂的比表面积由 $260m^2/g$ 降至 $155m^2/g$；平均孔体积由 $0.66cm^3/g$ 降低至 $0.63cm^3/g$；平均孔径由 7.7nm 增至 12.2nm（表 5.4）；同时，催化剂的吸脱附等温线和回滞环的形状并未出现较大变化，仍然保持 Type IV 和 Type H1 型结构，但随着焙烧温度的升高，回滞环的面积略有减少，这与催化剂平均孔体积下降的结果相印证；另外，M1-10-450 的孔分布较均一，孔分布峰在 5～9nm 区间，随着焙烧温度升高，孔径分布开始变宽，说明介孔的尺寸不再单调，有许多不同尺寸的介孔形成，例如 M1-10-750 的孔分布峰移动至 9～14nm 区间。

表 5.4　M1-10-X 系列样品的比表面积与孔结构对比

样品	比表面积/(m^2/g)	平均孔体积/(cm^3/g)	平均孔径/nm
M1-10-450	260	0.66	7.7
M1-10-550	229	0.65	8.4
M1-10-650	192	0.63	10.2
M1-10-750	155	0.63	12.2
Al_2O_3-450	316	0.57	5.6

在焙烧温度为 750℃时，随着催化剂中 M1 含量由 5%增加至 40%，催化剂的比表面积由 $156m^2/g$ 持续降低至 $108m^2/g$；样品的平均孔体积由 $0.62cm^3/g$ 显著降低至 $0.34cm^3/g$；样品的平均孔径由 13.0nm 降至 9.9nm（表 5.5）；同时，催化剂吸脱附等温线的回滞环形状开始由 Type H1 型向 Type H2 型转化，表明随着 M1 含量的增加，样品中介孔的形态发生了变化。原先两端开口的管状孔，随着孔口尺寸减小，孔的结构趋向于锥状或墨水瓶状的形态。另外，M1-5-750 的孔分布在 12～15nm 的区间，且分布较窄。当 M1 的含量增至 10%，孔分布移动至 9～14nm 区间，孔径分布变宽。当 M1 的含量增至 20%，孔分布移动至 8～10nm 的区间，而孔径分布却变窄，介孔的尺寸再次趋向于均一。当 M1 的含量进一步增至 40%，孔径分布未出现进一步的变化。

表 5.5　M1-X-750 系列样品的比表面积与孔结构对比

样品	比表面积/(m^2/g)	平均孔体积/(cm^3/g)	平均孔径/nm
M1-5-750	156	0.62	13.0
M1-10-750	155	0.63	12.2
M1-20-750	127	0.39	9.2
M1-40-750	108	0.34	9.9
Al_2O_3-750	161	0.67	12.4

对 M1-10-X 系列样品进行物相分析发现，当样品的焙烧温度为 450℃时，样品仍保持部分 γ-Al_2O_3 的特征；随着焙烧温度升高至 550℃，样品中开始出现 M1 的金属氧化物。对 M1-X-750 系列样品进行分析发现，M1 含量在 1%以下的样品仍然呈现典型的 γ-Al_2O_3 特征；当 M1 含量增加至 5%，样品中开始出现 M1 的金属氧化物；当 M1 含量增加至 40%，样品呈现完全的 M1 金属氧化物特征，γ-Al_2O_3 的特征被掩盖。

对 M1-10-X 系列样品进行 H_2-TPR 表征发现，催化剂中的 Pd 物种首先与 H_2 在室温下形成了 β-PdH_x 物种。其中，低温焙烧样品形成的 β-PdH_x 物种最多，随着载体焙烧温度的升高，β-PdH_x 数量逐渐降低。催化剂的还原峰出现在 125℃和 275～300℃，分别归属为易还原的 Pd 物种和难还原的 Pd 物种。随着载体焙烧温度升高，易还原 Pd 物种数量增多且与载体的相互作用变弱，而难还原 Pd 物种的数量减少。对 M1-X-750 系列样品的研究发现，M1 含量在 10%以下的样品中只含有易还原的 Pd 物种；随着 M1 含量的增加至 20%，样品中逐渐产生难还原的 Pd 物种，而原有的易还原物种的数量并未因此而减少，这说明催化剂中可还原 Pd 物种的总数量随焙烧温度升高而增加。

对 M1-10-X 系列样品进行 O_2-TPO（O_2 程序升温氧化）表征发现，催化剂归属于 Pd 物种的氧化峰出现在 100℃和 150～300℃区间。随着焙烧温度的升高，易氧化物种的数量增加，而难氧化物种的数量变化不大。进一步通过 O_2-TPD 表征发现，M1-10-X 系列样品对 O_2 的吸附能力也对焙烧温度较为敏感，随着焙烧温度的升高，催化剂对 O_2 的吸附明显增强。

因此，稀土金属含量以及焙烧温度的变化对于助剂的存在形态和所扮演的角色有着很大的影响，显著改变了催化剂的表面织构以及物相结构，对金属与载体之间相互作用的强度以及 Pd 物种的氧化还原能力也起到了明显的调节作用。

B. 卤素类助剂的掺杂

卤素是 CO 氧化等反应中常见的催化剂毒物[98]，Cullis 和 Iyagba 等认为卤素对金属催化剂的毒化作用源于其本身性质对活性中心造成的空间位阻效应[99]以及电子效应[100]，这些作用改变了金属活性中心的结构，削弱了反应物在金属活性中心上的吸附和活化。然而，卤素的这种特性使其有可能控制 CO 在金属活性中心的吸附行为，从而消除 H_2 选择氧化过程中 CO 对反应和催化剂造成的诸多负面效应。

在 CO 选择氧化脱氢反应体系中，卤素对催化剂表面 Pd 活性物种的修饰作用受到关注，因为通过卤素与 Pd 的相互作用（吸附或成键），有可能改变 Pd 表面或 Pd/载体界面处活性位点的电荷密度，从而调节反应物分子在活性中心的吸附和活化程度，提高催化剂的性能。

Pd-X1 系列催化剂对 H_2 的转化率基本呈现随反应温度升高而增加的变化趋势。如表 5.6 和图 5.12(a)所示，经 $N_2/H_2/H_2O$ 混合气在 150℃处理的样品 Pd-X1-150 具有最佳的脱氢活性，H_2 转化率在 180℃趋近 100%，可将 H_2 脱除至 60×10^{-6}。相比之下，在 250℃处理的样品 Pd-X1-250 对 H_2 的转化率明显低于 Pd-X1-150，在 200℃以内很难将 H_2 脱除至 100×10^{-6} 以下。

表 5.6　Pd-X1 系列样品脱氢性能比较

样品	H_2 转化率/%			H_2 选择性/%		
	160℃	180℃	200℃	160℃	180℃	200℃
Pd-X1	69.7	73.6	82.9	84.2	83.4	81.4
Pd-X1-150	95.1	99.4	100	86.3	83.2	70.8
Pd-X1-250	79.7	89.6	85.9	62.4	51.4	42.1

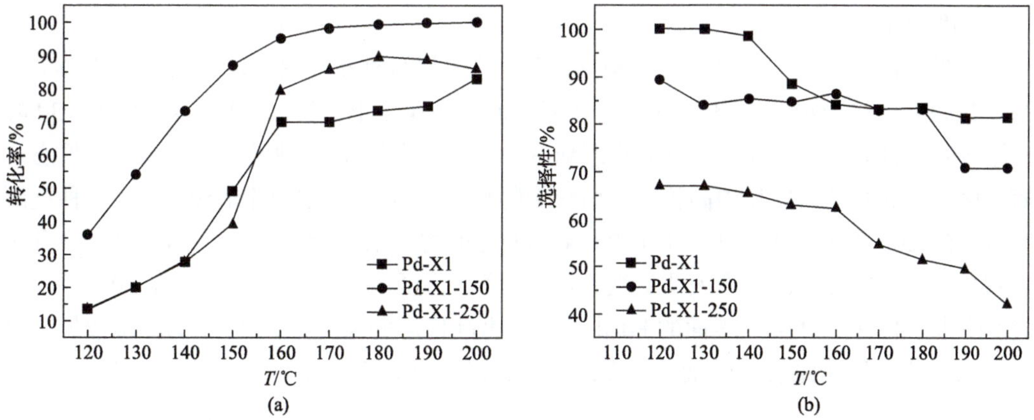

图 5.12　Pd-X1 系列样品 H_2 转化率随温度变化曲线(a)，以及对 H_2 氧化的选择性随温度变化曲线(b)

Pd-X1 系列样品的选择性数据如图 5.12(b)所示，其中样品 Pd-X1-250 对 H_2 氧化的选择性明显低于其他样品，随着反应温度由 120℃升高至 200℃，其选择性逐步下降至 40%；相比之下，样品 Pd-X1-150 在 180℃时仍保持 80%以上的选择性，此时 H_2 已被脱除至 100×10^{-6} 以下；样品 Pd-X1 在整个温度区间都表现出最高的脱氢选择性，特别在 140℃以下时选择性已达到 95%。

结合 Pd-X1 系列样品的催化剂性能评价结果，需要对催化剂活性中心的结构变化以及活性组分的电子状态进行分析，来甄别影响催化剂活性和选择性的主要因素。

如表 5.7 所示，通过 CO 静态化学吸附对 Pd-X1 系列催化剂的研究发现，随着活化温度的升高，催化剂中 Pd 活性组分的分散度呈现先上升后下降的变化趋势。在 50℃活化的 Pd-X1-50 样品，其 Pd 分散度约为 35.4%，Pd 的平均颗粒尺寸约为 3.2nm；随着活化温度的升高，Pd 的分散度不断升高，并在 150℃时达到最大(42.8%)，颗粒尺寸也降到最低(2.6nm)；然而，随着活化温度进一步升高至 250℃，样品中 Pd 的分散度逐渐下降至 24.4%，同时 Pd 颗粒尺寸升高至 4.6nm。

表 5.7 Pd-X1 系列样品中 Pd 颗粒的分散度及平均颗粒尺寸

样品	贵金属分散度/%	平均颗粒尺寸/nm
Pd-X1-50	35.4	3.2
Pd-X1-100	38.0	3.0
Pd-X1-150	42.8	2.6
Pd-X1-200	38.9	2.9
Pd-X1-250	24.4	4.6

因此，随活化温度升高，原先与 Pd 配位的 X1 不断减少，催化剂表面可吸附反应物分子的活性位点不断增加，CO 的吸附量也逐渐增加，Pd 的分散度在催化剂 150℃活化处理时达到最高；而随着活化温度进一步升高，Pd 物种被过度还原，Pd 颗粒开始长大，活性位点的数量迅速减少，250℃时 Pd 的分散度降至 24.4%，说明催化剂表面的 Pd 出现一定程度的团聚。

如图 5.13 所示，通过 XPS 对 Pd-X1 系列催化剂的研究发现，未活化样品 Pd-X1 的 Pd 3d 峰位于 337.8eV，呈现明显的卤化钯特征；相比之下，样品 Pd-M1-50 的 Pd 3d 峰整体向低结合能移动且在 336.5eV 出现新的 3d 峰，部分 Pd 物种呈现 $Pd^{\delta+}$的中间价态。随活化温度的升高，样品中高价态的卤化钯物种逐渐减少，而中间价态的 $Pd^{\delta+}$物种逐渐增多；在 200℃时，卤化钯物种和 $Pd^{\delta+}$物种的表面浓度比降到最低；当温度进一步升至 250℃，表面 Pd 物种的性质发生突变，Pd 3d 峰红移至 334.7eV，呈现明显的 Pd^0 特征。这说明未活化样品 Pd-X1 表面的 Pd 物种基本为高价态的卤化钯，Pd-X1 的配位数最多且 X1 与 Pd 中心紧密结合。随活化温度的升高，卤素 X1 开始流失，其间高价态的卤化钯

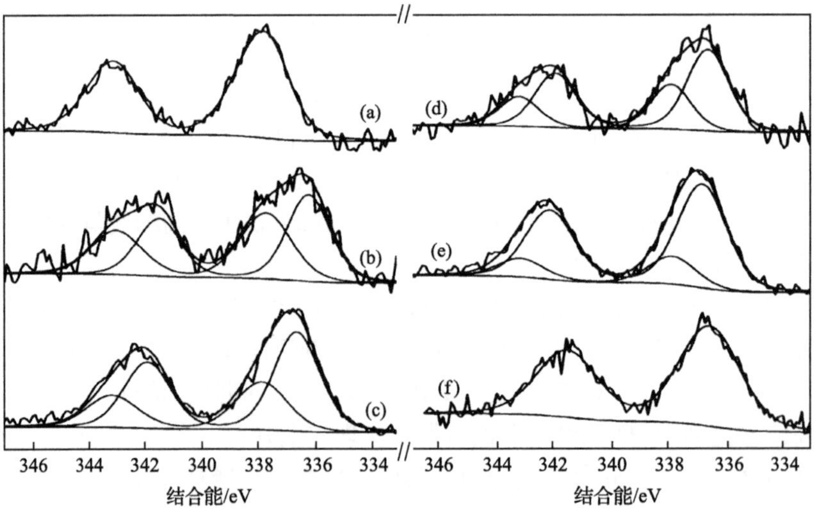

图 5.13 Pd-X1 系列样品的 XPS 谱图

(a) Pd-X1；(b) Pd-X1-50；(c) Pd-X1-100；(d) Pd-X1-150；(e) Pd-X1-200；(f) Pd-X1-250

物种逐渐减少，中间价态的 $Pd^{\delta+}$物种不断增加；活化温度升高至 250℃之后，Pd-X1 的配位结构被完全破坏，且 Pd 物种开始团聚，表现为样品 Pd-X1-250 表面的 Pd 物种被完全还原为 Pd^0。

尽管卤化钯本身是一种催化惰性的物质，饱和配位的 Pd-X 结构不具有反应活性。然而，适宜的 Pd-X 配位能够有效调节 Pd 表面的电子结构，进而影响 Pd 对反应物分子的吸附以及活化能力，最终影响催化剂的反应行为[101]。

3）催化剂稳定性考察

在实验室微反应装置上筛选出合格的催化剂后，进一步通过模试装置考察催化剂的稳定性，以筛选出适合工业化放大的催化剂。研究人员共进行了两次 2000h 以上的模试实验，还进行了一次 1000h 以上的催化剂抗扰动能力测试。

A. 4600h 稳定性实验

如图 5.14 所示，在 1～2000h 的阶段，催化剂可以稳定地将 H_2 脱除至 100×10^{-6} 以下。在 2000h 后，装置故障导致 CO 进气中断，使催化剂的活性受到严重影响；虽然通过降低空速、升高反应温度可以维持催化剂的脱氢表现，在随后的 2700～4600h 中催化剂仍然可以将 H_2 脱除至 100×10^{-6} 以下，但催化剂的结构已经遭到破坏，无法在原有空速和温度下保证活性，实验表明原料气流量和组分的稳定对催化剂的稳定性非常重要。

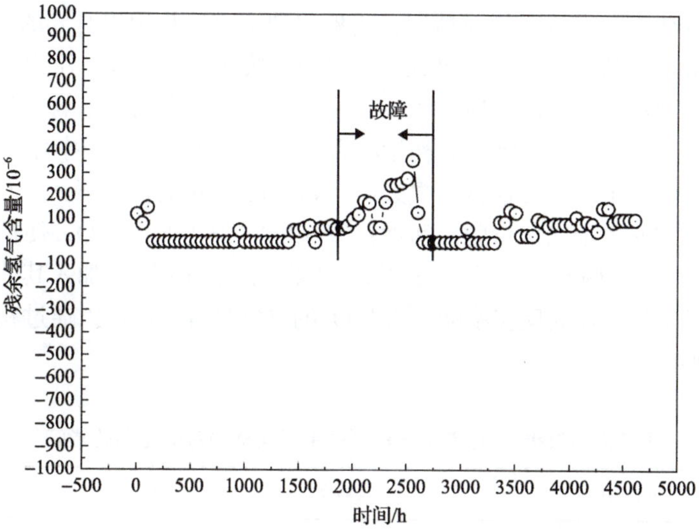

图 5.14 4600h 催化剂寿命考察

B. 2300h 稳定性实验

为了考察催化剂在较高空速下的处理能力，原料气空速从第一次寿命考察的 $1000h^{-1}$ 提高到 $2000h^{-1}$。如图 5.15 所示，在整个时间进程内催化剂基本保持稳定，CO 中的 H_2 基本被脱除至 100×10^{-6} 以下。随着评价时间的延长，催化剂床层的热点会发生移动。热点移动的原因很复杂，与催化剂装填的均匀程度、床层加热的均匀性、反应物的扩散效应以及反应物和产物在整个恒温区的浓度分布梯度都有关联，这对工业装置上的催化剂装填方式有指导意义。

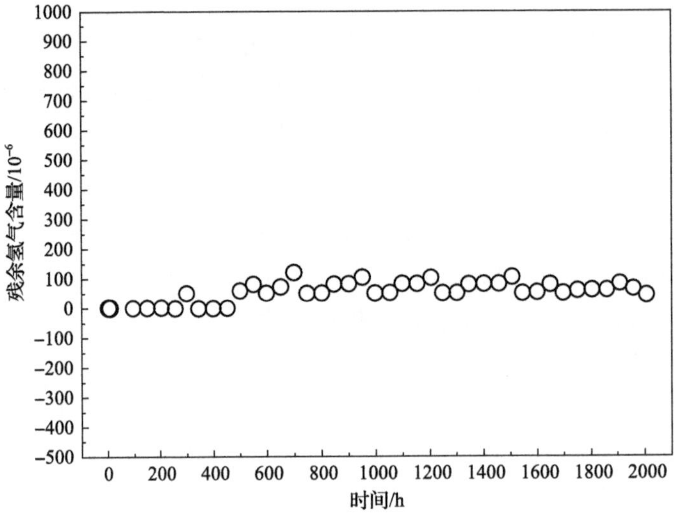

图 5.15　2300h 催化剂寿命考察

C. 催化剂抗干扰测试

人为加入一系列干扰因素打破反应平衡，模拟装置运行过程中可能遇到的各种突发状况，以考察催化剂的表现和恢复情况，为催化剂工业试验积累必要的经验。如表 5.8 所示，在 1350h 的反应历程中，通过在某一时间点快速改变温度、压力、原料气空速等各种反应因素，观察催化剂的反应行为以及反应条件突变造成的影响，并通过相应的恢复手段，来检验催化剂是否能恢复到初始状态。实验发现，在反应中停止通入 CO 气体将会使催化剂的活性出现不可逆转的损失。例如，在 60h 时停止通入 CO，使得催化剂部分失活，在原空速下难以保持脱氢活性；在 1350h 停止通入 CO，使得催化剂完全失活，此次失活无法通过调节反应条件来弥补，只能更换催化剂。而加入其他的干扰因素，如短时间内提高空速、降低反应温度、减少 O_2 的进气量等，均可以通过相应的操作来使催化剂的性能得到恢复。

表 5.8　1350h 催化剂抗干扰测试中不同扰动对催化剂的影响

序号	调整时间/h	具体操作	调整效果
干扰 1	60	停止通入 CO	部分失活
干扰 2	120	降低空速	脱氢活性恢复
干扰 3	190	提高空速	脱氢活性下降
干扰 4	230	降低空速，降低温度	脱氢活性恢复
干扰 5	300	降低温度	脱氢活性下降
干扰 6	330	提高空速，提高温度	脱氢活性下降

续表

序号	调整时间/h	具体操作	调整效果
干扰 7	350	提高温度	脱氢活性上升
干扰 8	440	提高温度	脱氢活性恢复
干扰 9	490	降低 O_2 进气量	脱氢活性下降
干扰 10	520	恢复 O_2 进气量	脱氢活性上升
干扰 11	620	提高温度	脱氢活性上升
干扰 12	760	停止循环，降低空速	脱氢活性恢复
干扰 13	1070	提高温度	脱氢活性维持
干扰 14	1140	停止通入 CO	活性和选择性下降
干扰 15	1350	停止通入 CO	完全失活

4) 催化剂的放大生产

A. 催化剂的制备流程

脱氢净化催化剂的制备流程包括载体预处理、活性组分及助剂负载、催化剂热处理等三个步骤。

(1) 载体预处理：将合成后的复合氧化物载体进行水洗除尘、除粉，再置于马弗炉中焙烧除掉残余有机物，完成预处理步骤。

(2) 活性组分和助剂负载：一定质量的钯盐和助剂金属盐溶解于溶剂中，调节溶液的 pH 配置得到一定浓度的活性组分溶液；设定温度，将预处理后的复合氧化物载体浸泡于活性组分溶液中，待浸渍完全后再老化、过滤得到催化剂前体。

(3) 催化剂热处理：将浸渍完成后的催化剂前体依次置于烘箱、工业微波炉中进行热处理，得到催化剂成品。

脱氢净化催化剂的物性指标如表 5.9 所示。优良的脱氢净化催化剂，除了拥有高的 H_2 转化率和选择性外，还必须在粒度分布、抗压强度等方面满足要求，才可以保证催化剂在工业装置中稳定运行。

表 5.9 脱氢净化催化剂物性指标

指标	数值	指标	数值
比表面积/(m^2/g)	≥180	堆密度/(kg/L)	0.8～0.9
孔体积/(cm^3/g)	0.7	颗粒轴向抗压强度/(N/mm^2)	≥36.0
平均颗粒尺寸/mm	2.0	Pd 含量/%	≤1.0

B. 催化剂性能评价

催化剂成品使用固定床反应装置进行性能评价，图 5.16 为 CO 脱氢净化固定床反应评价装置的流程图。此外，也偶见流化床评价装置的报道[102]。

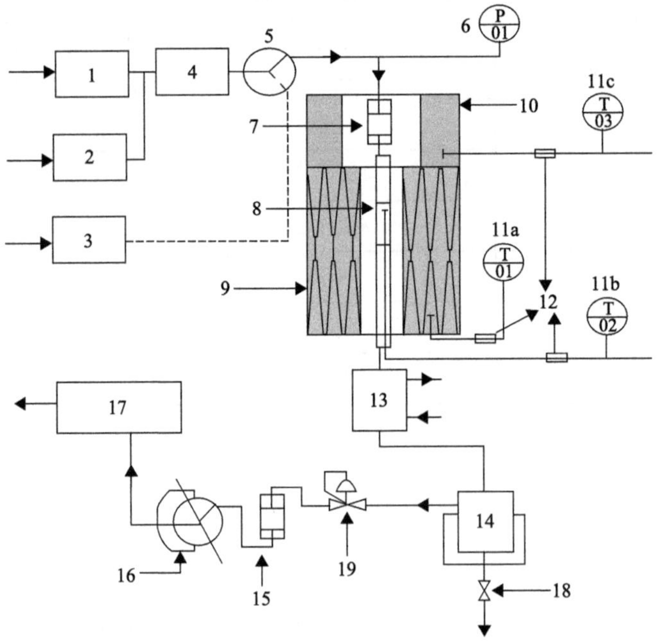

图 5.16　固定床脱氢反应评价装置的流程图

1. CO 气源；2. H_2 气源；3. O_2 气源；4. 混合后的原料气；5. 混合器；6. 系统压力表；7. 预热器；8. 催化剂反应床层；9. 床层加热层；10. 预热器加热层；11. 温控仪；12. 测温热电偶；13. 冷凝器；14. 气液分离器；15. 干燥器；16. 六通阀；17. 气相色谱；18. 放空装置；19. 背压阀

实验室反应装置的催化剂装填量一般分为 0.1mL、1mL、10mL 等；反应器配备有四路进气系统，由质量流量计控制进气速率；反应管配有分段式加热装置(包括预热器)和相应的测温元件，通过程序升温控制反应温度；CO、H_2、O_2 等反应物气体首先经质量流量计输送至气体混合器中均匀混合，然后通入反应管并经过催化剂床层；反应后的尾气依次流经气液分离器和干燥器，通过六通阀采样供色谱分析，最后收集处理；系统总压力由六通阀后的背压阀控制。

催化剂寿命评价通常在模试装置上进行，催化剂最大装填量为 100mL。模试装置的基本设计与小试装置类似，同样配备有四路进气系统、气体混合器、分段式加热装置(包括预热器)和相应的测温元件、气液分离器、干燥器、背压阀等控制单元；模试装置配有气体循环系统，反应后的尾气从反应器底部进入低压罐，经增压泵增压后再进入高压罐，在高压罐中与补充的新鲜反应气混合后重新通入反应器顶部继续反应，以节省长期寿命评价过程中对原料的消耗。

5) 催化剂的工业试验

2018 年，新型脱氢净化催化剂在千吨级工业试验装置上经过考评，顺利完成预定目标。催化剂共运行 136 天(3220h)，其中最长连续运行 1584h，脱氢后 CO 产品中残余 H_2 平均含量为 37×10^{-6}。CO 原料气脱氢净化催化剂的运行情况见表 5.10；催化剂的 1000h

稳定性考察情况如图 5.17 所示。

表 5.10 千吨级工业试验脱氢净化工段运行情况

月份	运行时间/h	H_2 转化率/%	H_2 选择性/%	残余 H_2 含量/10^{-6}	平均负荷/最高负荷/%
4 月	357	99～100	78～85	20	36/45
5 月	684	99～100	78～85	25	36/45
6 月	588	99～100	78～85	42	50/68
7 月	667	98～99	78～85	49	61/70
8 月	471	98～99	78～85	74	77/86

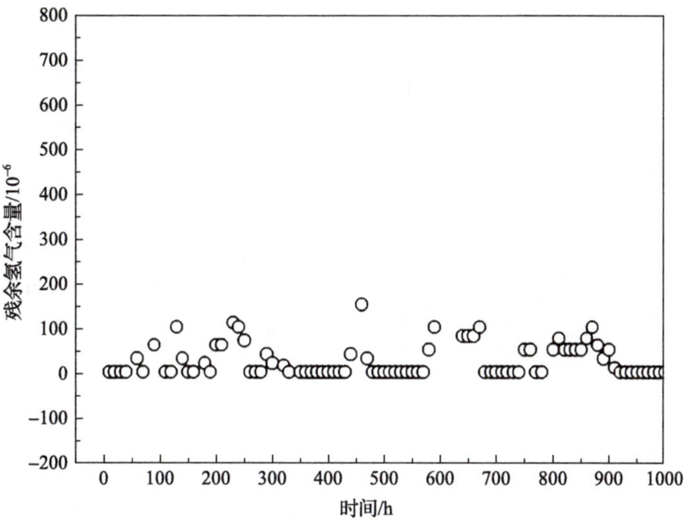

图 5.17 工业试验脱氢净化催化剂 1000h 稳定性考察

2. CO 氧化偶联合成草酸酯催化剂

1) 反应机理

有关 CO 氧化偶联合成草酸酯反应机理的研究先后经历了三个阶段：第一阶段通过表观动力学研究和经验总结，得出了多个可能的基元反应模型；第二阶段通过催化剂微观结构的表征和吸附过程的研究，归纳了活性中心价态、晶面结构等对反应路径和选择性的影响规律，深化了反应机理的认识；第三阶段是在近几年来研究人员结合原位红外等现代分析方法和理论模拟计算，完成了反应中间体的仪器捕捉和反应路径的能垒计算，推导出较为合理的 CO 连续插入的双羰基反应机理。

陈庚申等[103]探讨了均相反应体系中 CO 氧化偶联反应动力学，并借助红外光谱和核磁共振谱等表征手段检测反应前后催化体系中的活性组分和中间络合物。他们认为，在反应过程中，乙酰丙酮钯[Pd(acac)$_2$]中 acac$^-$基团被三苯基膦(PPh$_3$)取代生成三苯基膦钯[Pd(PPh$_3$)$_3$]活性络合物而起催化作用，提出了 Pd(acac)$_2$-PPh$_3$/EtOH 氧化偶联反应制草酸酯的反应机理：

$$Pd(acac)_2 + 3PPh_3 \longrightarrow Pd(PPh_3)_3 + 2acac \tag{5.42}$$

$$Pd(PPh_3)_3 + CO \longrightarrow PdCO(PPh_3)_3 \tag{5.43}$$

$$PdCO(PPh_3)_3 + RONO \longrightarrow PdCOOR(PPh_3)_3 + NO \tag{5.44}$$

$$2PdCOOR(PPh_3)_3 \longrightarrow 2Pd(PPh_3)_3 + (COOR)_2 \tag{5.45}$$

Franco 等[104]用乙酸钯[$Pd(OAc)_2$]作催化剂，PPh_3 为络合剂对草酸酯的合成实验进行了研究，并提出了如下反应机理(图 5.18)。

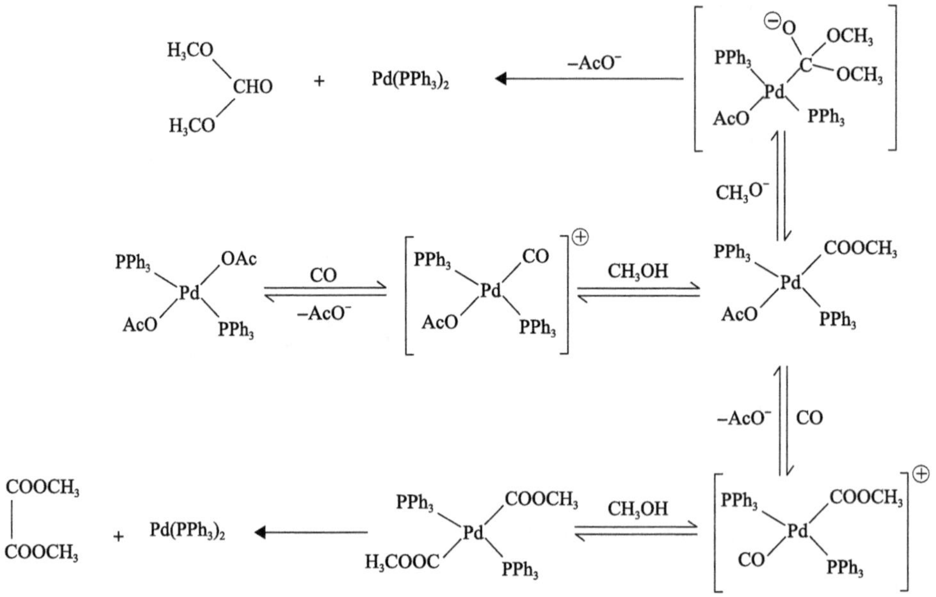

图 5.18　$Pd(OAc)_2$ 作催化剂，PPh_3 为络合剂的草酸酯合成机理

CO 置换了络合物 $Pd(PPh_3)_2(OAc)_2$ 上的 OAc^-后变成了带正电荷的羰基络合物[$Pd(PPh_3)_2(OAc)(CO)]^+$，然后由醇的亲核反应生成烷氧羰基络合物 $Pd(PPh_3)_2(COOCH_3)(OAc)$。该化合物进一步与 CO、醇反应，生成烷氧基羰基中间体 $Pd(PPh_3)_2(COOCH_3)$，最后依靠分子内的还原分离变成草酸酯和金属 Pd。倘若反应中 CO 的压力较低时，就会生成碳酸酯。

杜邦公司 Waller 也提出了如图 5.19 所示的偶联反应机理[105]，亚硝酸酯首先吸附于 Pd(0)原子上形成 ONPd(OR)，随后 CO 插入 ONPd(OR)的 Pd—O 键中形成 ONPd(CO_2R)，之后亚硝酸酯、CO 再依次同 ONPd(CO_2R)反应，同时释放出两分子的 NO 形成 $Pd(CO_2R)_2$，$Pd(CO_2R)_2$ 随后还原脱除形成$(CO_2R)_2$ 和 Pd(0)。若反应体系中存在卤化氢，则 Pd(0)在卤化氢和亚硝酸酯的作用下被氧化为 Pd(Ⅱ)，Pd(Ⅱ)则催化 CO 和亚硝酸酯生成碳酸酯。

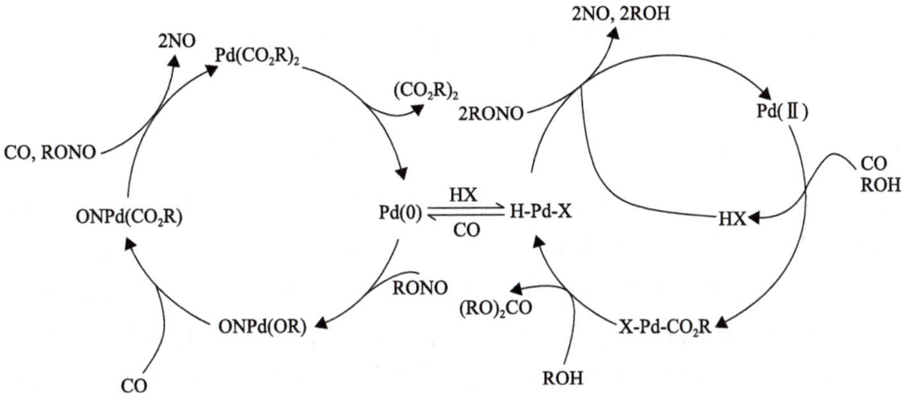

图 5.19 液相中亚硝酸甲酯氧化羰基化低碳醇的假设机理

这些研究结果揭示了这样一个规律：在 Pd(0)上，反应生成草酸酯；而在 Pd(Ⅱ)上，则生成碳酸酯。

关于 DMO 的生成机理和 MN 的催化分解，Ji 等[106]通过原位红外光谱观察到了—OCH_3 基团的 C—O 伸缩振动峰，推测 MN 在 Pd 上发生了解离形成了 CH_3O-Pd-NO，同时也通过 CO 两种吸附形式的强度变化来推测只有桥式 CO 参与了 CO 氧化偶联合成 DMO 的反应。陈长军[107]通过原位红外光谱研究了气相合成 DMO 的副反应情况，合成气中微量氢气(H_2)会加速 MN 分解生成甲酸甲酯(MF)和 NO 还原生成氧化亚氮(N_2O)，羰化反应过程中 MN 在 Pd 上吸附解离产生的 CH_3O-Pd 插入吸附态 CO 羰化生成 CH_3OCO-Pd 中间体，2 个 CH_3OCO-Pd 中间体脱附生成产物 DMO，符合分子内偶联路径。这一结果也说明了工业 CO 气体在进入羰化反应器前先要进行脱氢净化的必要性。

MN 催化分解机理如图 5.20 所示。

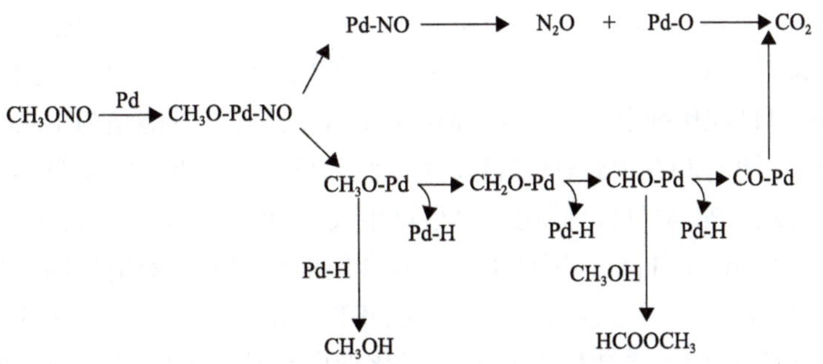

图 5.20 MN 催化分解机理示意图

一些科研人员通过理论计算，探讨了 CO 氧化偶联合成 DMO 的反应机理，并通过 DFT 计算从以下三个方面研究了合成 DMO 的反应机理[108-116]。

(1)从活性组分微观结构和性能的角度：Feng 等[112]通过 DFT 研究了一系列通过第二金属掺杂形成的不同核壳结构催化剂对 CO 氧化偶联合成 DMO 反应的性能影响，推测催化剂结构不同，CO 合成 DMO 最有利的反应路径也不同。具体分为如下两种：

路径1：

$$CO + CH_3O \longrightarrow COOCH_3 \xrightarrow{+CO+CH_3O} 2COOCH_3 \xrightarrow{+COOCH_3} DMO$$

路径2：

$$CO + CH_3O \longrightarrow COOCH_3 \xrightarrow{+CO} OCCOOCH_3 \xrightarrow{+CH_3O} DMO$$

其中CO在$Al_6@Pd_{32}$催化剂的(100)晶面上最有利的反应路径是路径2，而在$Al@Pd_{12}$和$Al_{13}@Pd_{42}$催化剂的(111)晶面上最有利的反应路径是路径1。其中决速步骤的能垒大小顺序如下：$Al_6@Pd_{32}$(152.4kJ/mol)＞$Al_{13}@Pd_{42}$(119.9kJ/mol)≈Pd(111)(114.6kJ/mol)＞$Al@Pd_{12}$(72.7kJ/mol)，因此$Al_6@Pd_{32}$催化剂的活性最差，这是因为$Al_6@Pd_{32}$催化剂有类似Pd(100)晶面，而$Al@Pd_{12}$和$Al_{13}@Pd_{42}$催化剂有类似Pd(111)晶面，已有文献[113]报道在CO氧化偶联合成DMO的反应中Pd(111)晶面活性优于Pd(100)晶面活性。

韩冰莹等[114]通过DFT系统地研究了CO氧化偶联合成DMO在Pd(111)、Pd-Cu(111)和Pd-Al(111)催化剂上的反应情况，其中在后两个催化剂上DMO合成反应路径分为以下两种：

路径1：

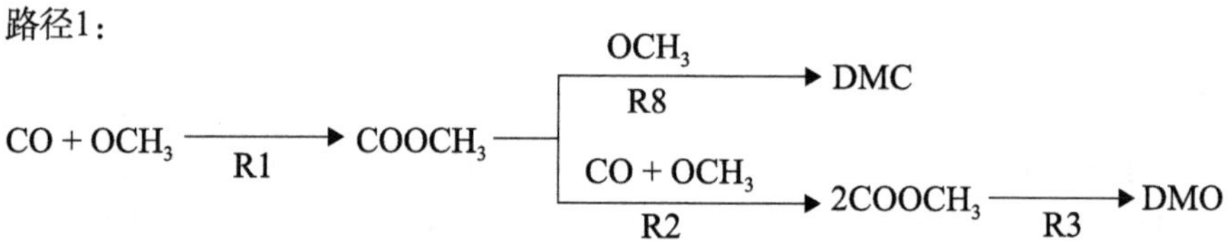

路径2：

$$CO + OCH_3 \xrightarrow[R1]{} COOCH_3 \xrightarrow[R4]{CO} OCCOOCH_3 \xrightarrow[R5]{OCH_3} DMO$$

在Pd-Cu(111)催化剂上CO合成DMO过程中，路径1和路径2的决速步骤能垒分别为132.2kJ/mol和166.1kJ/mol，表明路径1更有利在Pd-Cu(111)发生。而DMC的生成需要克服更高的能垒(194.8kJ/mol)，因此CO在Pd-Cu(111)催化剂上不利于DMC的生成。在Pd-Al(111)催化剂上CO合成DMO过程中，路径2的能垒为113.0kJ/mol高于路径1，表明路径1更有利在Pd-Al(111)发生。而DMC的生成需要克服高达349.1kJ/mol的能垒，因此CO在Pd-Al(111)催化剂上很难生成DMC。由反应势能可知，反应活性顺序为Pd-Al(111)＞Pd-Cu(111)，因此Pd-Al双金属催化剂能有效地提高催化剂活性。

(2)从载体结构的角度：凌丽霞等[115]通过DFT计算研究了不同尺寸的Pd_n($n=1,4,6$)负载在不同缺陷的石墨烯结构上对CO氧化偶联合成DMO反应的性能影响，同样反应路径分为两种：分子内偶合路径和CO连续插入双羰基路径。以Pd_4-SVG(单原子空穴结构石墨烯)为例，分子内偶合路径的能垒(114.5kJ/mol)低于CO连续插入双羰基路径的能垒(266.0kJ/mol)，分子内偶合这个反应路径更适合Pd_4-SVG催化剂；而Pd_6-SVG催化剂上，由于CO连续插入双羰基路径是它的决速步骤，能垒(216.3kJ/mol)高于Pd_4-SVG(114.5kJ/mol)，导致Pd_6-SVG催化剂较低的催化活性。通过不同缺陷类型的石墨烯结构对比发现，双原子空穴(DVG)结构的石墨烯显示出最优的催化活性。

(3) 从活性组分与载体相互作用的角度：曹月婷等[116]通过 DFT 计算研究了 TiO_2 载体上的氧空穴(TiO_2-O_v)对 CO 氧化偶联合成 DMO 反应的性能影响，发现 Pd_4 团簇与有氧空穴的 TiO_2-O_v(001)晶面结合力大于其与无氧空穴的 TiO_2(001)晶面的结合力，CO 在 TiO_2-O_v(001)晶面相对较弱的吸附能利于 CO 的脱除反应。通过研究 CO 在两种载体上的反应机理和反应能垒计算，发现催化剂 Pd_4/TiO_2-O_v 比 Pd_4-TiO_2 表现出更高的 DMO 催化活性和选择性。

徐忠宁等[113]开展了关于活性中心 Pd 纳米颗粒的晶面选择性研究，利用晶面控制生长技术，合成出如图 5.21 所示两种暴露(111)晶面的 Pd 纳米八面体和(100)晶面的 Pd 纳米立方体，再将得到的八面体纳米 Pd 和立方体纳米 Pd 负载到 α-Al_2O_3 载体上。暴露(111)晶面的八面体纳米 Pd 的催化剂具有较好的催化性能，DMO 的时空收率为 642g/(L_{cat}·h)，而暴露(100)晶面的立方体纳米 Pd 的催化剂则表现出很弱的催化活性，其 DMO 的时空收率仅为 79g/(L_{cat}·h)。他们又通过液相还原法得到了一种高分散的 Pd 催化剂，其 Pd 纳

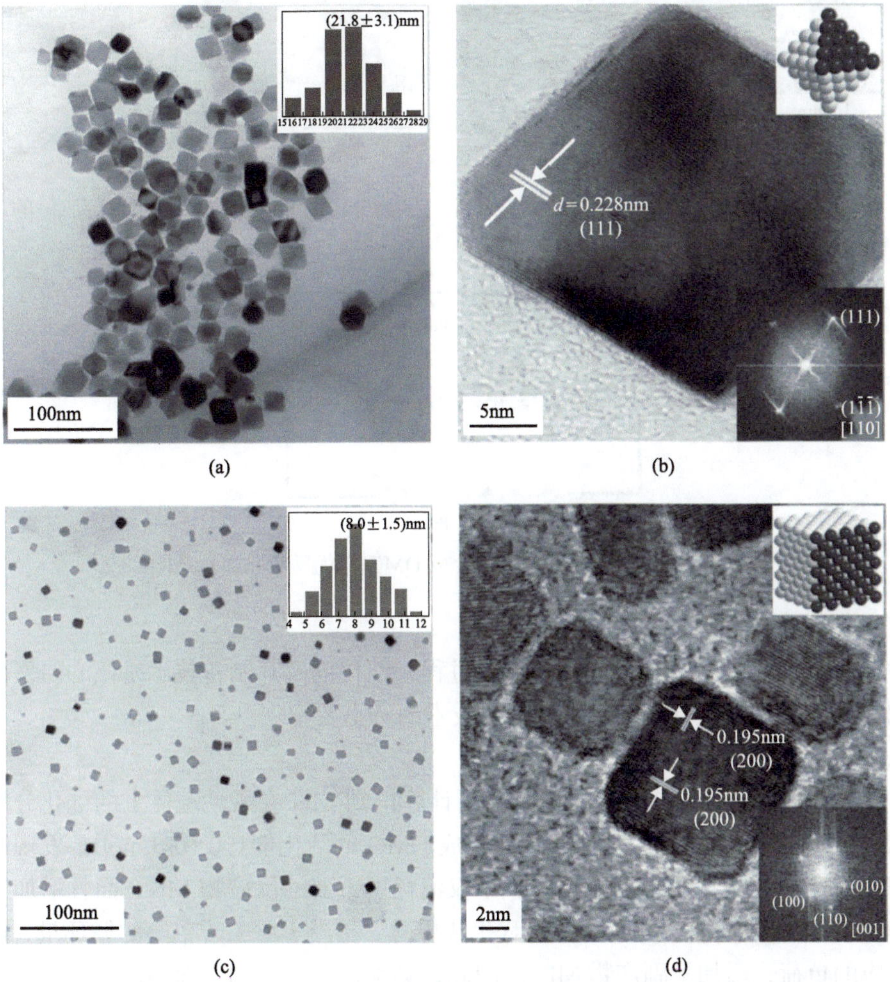

图 5.21　Pd 纳米多面体(a)、高分辨的 Pd 纳米多面体(b)、Pd 纳米立方体(c)及高分辨的 Pd 纳米立方体(d)的 TEM 图

米粒子的分散粒径为2.4nm，经检测其裸露的晶面主要为(111)晶面(图5.22)。该催化剂中Pd的负载量仅为0.37%，在实验室微反应装置上其DMO收率却比负载1.5%Pd的第一代工业用催化剂高40%左右。由此，他们指出：活性组分Pd粒子的(111)晶面是CO氧化偶联合成DMO反应的活性晶面(图5.23)。该研究成果从实验上验证了CO合成DMO反应机理中的晶面选择性效应。

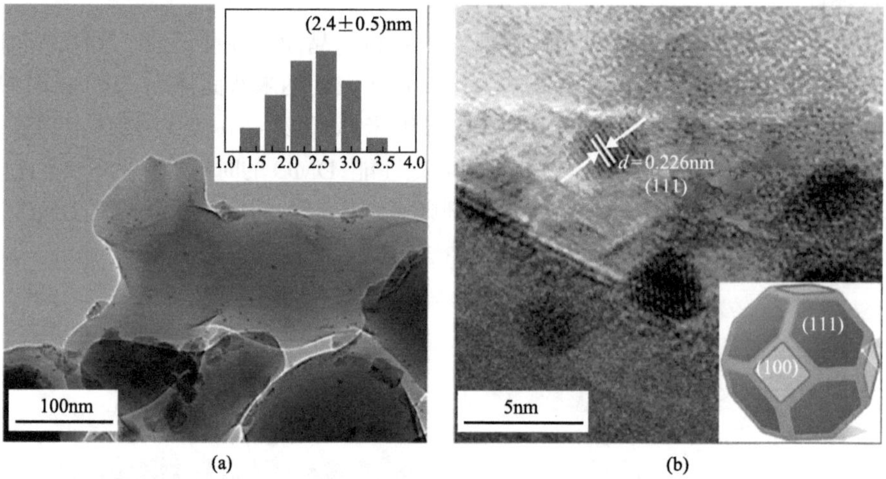

图5.22 液相还原法制备的Pd/α-Al_2O_3催化剂样品(a)和高分辨的Pd/α-Al_2O_3催化剂样品(b)的TEM图

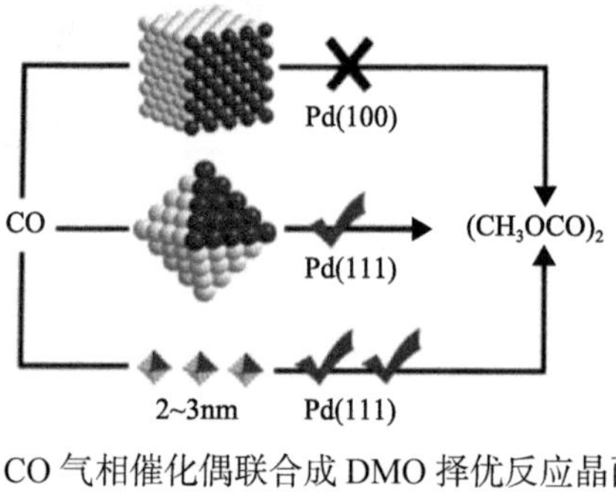

图5.23 CO气相催化偶联合成DMO择优反应晶面示意图

2)催化剂技术

对于CO氧化偶联合成草酸酯的反应过程，催化剂及其制备技术是核心研发内容，催化剂的载体、活性组分和助剂是催化剂技术的基本要素。

A. 载体影响

日本UBE公司Uchiumi等[64]通过高斯计算得到MN在酸性载体上的催化分解活化能为12.6kJ/mol，低于主反应CO和MN合成DMO的活化能(90.10kJ/mol)，发现酸性载体会加速MN催化分解为MF和甲醇，不仅消耗了重要的反应物MN，而且增加了无效反应(整个反应体系不消耗甲醇，此过程生成甲醇，相当于增大了甲醇的循环量，提高了整个反应的负荷，增加了副产物MF)。因此，必须控制载体的表面酸性。

鉴于氧化物载体存在的酸性中心会引起MN的大量催化分解，国内外研究人员将载体目标瞄准在弱酸性氧化物和碱性氧化物，其中弱酸性氧化物 α-Al_2O_3 显示出良好的催化活性，研究人员[91,117,118]对 α-Al_2O_3 比表面积、孔结构与催化剂活性开展了大量的研究，各种报道屡见不鲜。

在 20 世纪 80 年代，国外很多专利开始报道关于载体对 CO 氧化偶联合成草酸酯催化剂的影响。采用 Al_2O_3、二氧化硅、浮石、沸石、活性炭、硅藻土等几种常见载体制备催化剂，通过其催化性能对比研究发现，α-Al_2O_3 是比较理想的载体，并认为氧化铝的比表面积为 0.05～70m^2/g 是比较适宜的范围。如果氧化铝比表面积太大，CO 的单程转化率和草酸酯的时空收率降低，同时副产物碳酸酯的选择性升高；如果氧化铝的比表面积太小，将会抑制活性组分在其表面的均匀分散，进而影响催化剂的催化活性[119-121]。

王保伟等[74]研究了载体的比表面积和孔分布对催化剂性能的影响。他们认为采用小比表面积、大孔径的载体制备的催化剂具有较好的催化活性。后来，王保伟等[80]又考察了焙烧温度对 α-Al_2O_3 孔结构的影响，研究发现焙烧温度越高，载体的比表面积和孔体积就越小，其所制得的催化剂 CO 的单程转化率越高。赵秀阁等[90]对载体的孔结构与催化剂的催化性能关系进行了研究，发现具有双峰孔结构的催化剂表现出优良的催化性能。这是因为大孔可以提供快速的质量传递渠道，反应底物在没有阻碍的前提下优先进入催化剂的大孔孔道中，然后再从裂缝处的小孔导向最终起反应的活性部位而进行反应。姜玄珍等[118]选用两种不同晶型的 Al_2O_3(α 和 γ)作为载体，采用浸渍法制备催化剂并对催化剂的性能进行对比，结果发现以 γ-Al_2O_3 为载体的催化剂，其产物 DEO 的时空收率仅为 272g/(L_{cat}·h)，而以 α-Al_2O_3 为载体的催化剂，其产物 DEO 的时空收率为 475g/(L_{cat}·h)，并且副产物 DEC 和乙酸乙酯(EA)也比较少。因此，α-Al_2O_3 更适合作为 CO 氧化偶联合成草酸酯催化剂的载体。卓广澜等[88]对亚硝酸酯在不同 Al_2O_3 载体的上的分解情况进行了研究，结果发现亚硝酸酯的分解与载体的表面酸性成正比。载体的表面酸性越大，亚硝酸酯就越容易分解，从而不利于产物草酸酯的生成。α-Al_2O_3 载体的表面羟基较少，其表面酸性较弱，因此 α-Al_2O_3 是 CO 氧化偶联合成草酸酯反应的最合适载体。宋若钧等[41]对比了 γ-Al_2O_3、α-Al_2O_3、炭毡、活性炭、分子筛等不同载体负载的钯基催化剂的催化活性，同样认为 α-Al_2O_3 是 CO 氧化偶联合成草酸酯反应的最佳载体。

然而，也有学者认为 α-Al_2O_3 载体并不是最佳载体。赵铁军等[122]研究了碳纳米管、γ-Al_2O_3、α-Al_2O_3 载体对 CO 氧化偶联合成草酸酯反应的影响，发现以碳纳米管为载体制备的催化剂，活性组分 Pd 的颗粒更小，且分散度更高。就产物 DMO 的选择性而言，以碳纳米管为载体制备的催化剂的催化性能高于以 α-Al_2O_3 为载体制备的催化剂。只是碳纳米管价格高、机械强度差，限制了其工业化的应用前景。

周张锋、潘鹏斌等对比了不同焙烧温度处理后不同晶型的 Al_2O_3 为载体的催化剂的性能(表 5.11)，表明具有较小比表面积和相应孔结构特征的 α-Al_2O_3 载体具有显著的优越性[94,116]。

表 5.11 不同焙烧温度处理下不同晶型的 Al_2O_3 为载体的催化剂的性能表

性能	071027-1	071027-2	071027-3	071027-4	070918-7	070918-8
Al_2O_3 晶型	α-Al_2O_3	α-Al_2O_3	θ-Al_2O_3	θ-Al_2O_3	γ-Al_2O_3	γ-Al_2O_3
空速/h^{-1}	3000	3000	3000	3000	3000	3000
温度/℃	149	150	152	155	163	169
收率/[g/(L_{cat}·h)]	880	820	625	550	440	470
比表面积/(m^2/g)	4	4	85	84	268	302
孔体积/(cm^3/g)	0.020	0.020	0.35	0.45	0.43	0.47
平均孔径/nm	19.6	17.9	16.7	21.4	6.3	6.3

张鑫[123]采用溶胶-凝胶法制备了系列掺杂硼(B)、镁(Mg)和钴(Co)元素的载体，并进行了粉末 X 射线衍射表征(图 5.24)。掺杂载体主要包含两种不同晶相，掺 B 载体主要是 α-Al_2O_3 和 $Al_5(BO_3)O_6$，掺 Mg 载体主要是 α-Al_2O_3 和 $MgAl_2O_4$ 尖晶石，掺 Co 载体主要是 α-Al_2O_3 和 $CoAl_2O_4$ 尖晶石相。以这些掺杂载体制备的催化剂活性评价结果表明，掺杂 B 元素载体的催化剂的活性要优于掺杂 Mg 和 Co 的载体，并且其催化性能要优于纯 α-Al_2O_3 载体。

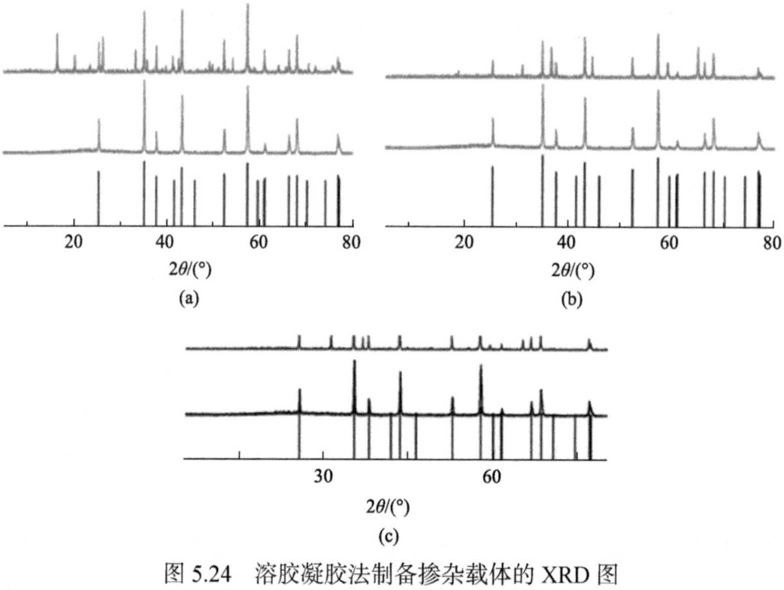

图 5.24 溶胶凝胶法制备掺杂载体的 XRD 图

(a)掺杂 B 元素；(b)掺杂 Mg 元素；(c)掺杂 Co 元素

彭思艳等[124,125]发现 Pd 负载在碱性 MgO 载体上表现出良好的催化活性，CO 的单程转化率可以达到 63%，DMO 的选择性为 97%，在连续 120h 的反应期间内，催化剂性能稳定。他们又通过尿素水热法制备了碱性氧化物 ZnO 纳米微球，然后通过浸渍法将活性组分 Pd 负载在 ZnO 纳米微球上，该催化剂在 CO 气相氧化偶联制备 DMO 反应中表现出良好的催化活性但是稳定性不佳。为了改善催化剂的稳定性，他们通过掺杂 Mg 改善载体与活性组分 Pd 之间的相互作用程度，如图 5.25(a)所示，Mg 的掺杂使得载体碱性位点增多并通过 XPS、CO-FTIR 和 H_2-TPR 表征手段共同证实了载体与活性组分 Pd 相互之间存在电子转移效应。如图 5.25(b)所示，掺杂 Mg 的催化剂稳定性显著提高。

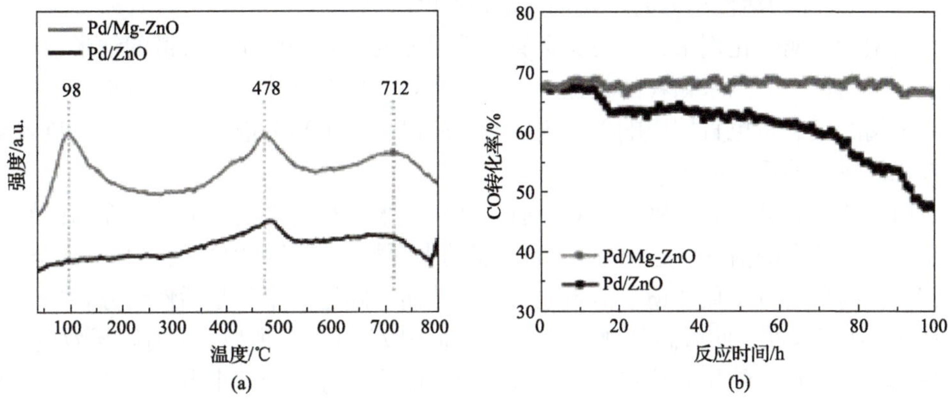

图 5.25　ZnO 载体掺杂 Mg 对负载 Pd 催化剂性能的影响

(a) Pd/Mg-ZnO 和 Pd/ZnO 催化剂的 CO_2 程序升温脱附曲线；(b) 130℃连续反应 100h Pd/Mg-ZnO 和 Pd/ZnO 催化剂的 CO 转化率曲线

姚元根等[126]通过溶胶-凝胶法制备得到钙钛矿型 $MgTiO_3$ 载体负载的 Pd 催化剂，Pd 的负载量仅为 0.3%。如图 5.26 所示，从粉末 X 射线衍射图中可以看出催化剂的主要组成相为 $MgTiO_3$，并含有少量板钛矿型 TiO_2 和 MgO，由于 Pd 的负载量较低且高度分散，粉末 X 射线衍射图中观察不到任何 Pd 的衍射峰。该催化剂在 130℃、$3000h^{-1}$ 下，CO 的单程转化率可以达到 61%，DMO 的选择性可以达到 98%，DMO 的时空收率可以达到 $1426g/(L_{cat}·h)$。

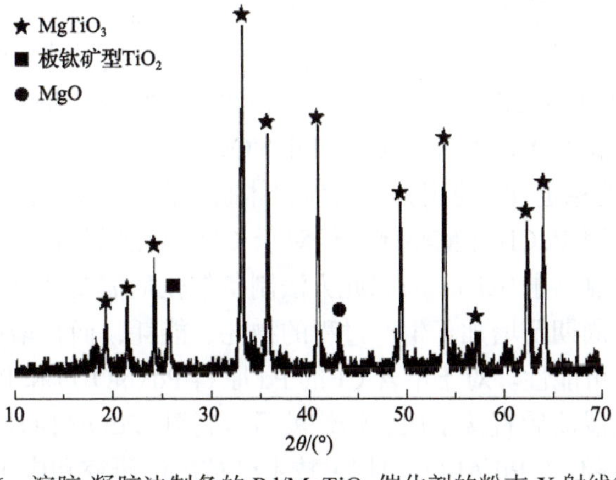

图 5.26　溶胶-凝胶法制备的 Pd/$MgTiO_3$ 催化剂的粉末 X 射线衍射图

综上所述，合适的合成催化剂载体应具备较高的稳定性，并且对负载其上的活性组分 Pd 有较好的分散作用。迄今为止，在工业上得到广泛应用的是技术成熟且廉价易得的 α-Al_2O_3，比 α-Al_2O_3 性能更为优异的新型载体在工业化装置上应用有待进一步研发。

B. 活性组分

活性组分是催化剂的核心，因此称为活性中心，是起催化作用的根本性物质，活性中心在化学反应前后不会发生变化。在研究 CO 氧化偶联合成草酸酯的反应时，研究人员发现铂(Pt)、钌(Ru)、铑(Rh)、铱(Ir)、钯(Pd)等贵金属对该反应都具有一定的催化活性，其中 Pd 作为活性组分时催化剂活性最好[127-129]。

负载型贵金属催化剂中，最终贵金属活性组分的形态一般是高分散的纳米金属或氧化物颗粒，活性中心纳米颗粒的粒径、晶面等微观结构对催化剂性能产生重要影响。此外，贵金属的负载量也直接影响催化剂成本。所以，追求高分散和低负载量是负载型贵金属催化剂研究的重要内容。

然而，金属高分散和团聚是一对矛盾。金属纳米颗粒的高度分散使得在同样的负载量下获得了足够多的活性中心。高分散的金属纳米颗粒的粒径可以控制在 1nm 甚至更低，这些都能在高分辨电子显微镜上清晰地看到。然而，随之而来的是活性组分颗粒越小越容易迁移、团聚越快，使得高分散的催化剂寿命一般都不长。所以，具有限域效应[130-132]的载体就成为近年来的研究热点，这种限域效应能将高分散的纳米颗粒用“网阱”固定起来，阻止纳米颗粒的迁移和团聚，从而保证了催化剂的活性和寿命。

早期，许根慧等[72]通过改变 Pd 的负载量制备了一系列催化剂，结果发现 Pd 负载量低于 5%时，CO 的单程转化率和草酸酯的时空收率随着 Pd 负载量的增大而增大。但是当 Pd 负载量高于 5%时，CO 的单程转化率、草酸酯的选择性和时空收率都随着 Pd 负载量的增大而减小。他们推测造成这种情况的原因可能是过量的 Pd 负载容易造成活性组分 Pd 物种在载体表面形成簇合物，簇合物的形成容易堵塞催化剂的孔口，使得 CO 氧化偶联反应无法正常进行。因此，合适的 Pd 负载量不仅对催化反应有利，而且能够有效降低催化剂的生产成本。

采用什么样的前驱体制备催化剂，对催化剂的活性中心组成并无影响，但对催化剂的结构形态和性能具有重要影响。由于制备条件和反应过程不同，不同金属前驱体物种与载体的相互作用也不同，从而影响金属分散度和纳米颗粒尺寸等微观结构特征。

潘鹏斌[133]比较了不同 Pd 源对催化剂结构和性能的影响。在 Pd/α-Al_2O_3 的催化剂体系中，可采用的贵金属前体物种有 $PdCl_2$、$Pd(NO_3)_2$、$Pd(OAc)_2$ 和 $Pd(acac)_2$ 等。由于 $PdCl_2$-HCl 络合体系的稳定性，使用其作为前驱体制备催化剂易控制，因此大部分的负载型合成催化剂都是采用 $PdCl_2$ 作前驱体。但对于 CO 氧化偶联合成草酸酯催化剂，要求催化剂成品中不能含氯离子(Cl^-)，所以此方法制备催化剂需要经过多次长时间的脱氯洗涤，不但延长了生产周期及增加了生产过程的物耗、能耗，而且增加了在洗涤过程中催化剂活性组分团聚的可能性。对于不含 Cl^- 的 Pd 原料 $Pd(NO_3)_2$ 和 $Pd(OAc)_2$，其共同特点是受热易分解，在浸渍后直接干燥、焙烧就可以得到 PdO/Al_2O_3，不需经过洗涤。目前以 $Pd(NO_3)_2$ 为原料制备 Pd/Al_2O_3 的相关技术已被广泛研究和应用；$Pd(OAc)_2$ 不溶于水的特点限制了其在催化剂制备的应用，但以其乙酸稀溶液为前驱体可制得分散度更高、负载量很低的催化剂。

潘鹏斌[133]还考察了活性组分在球状 α-Al_2O_3 载体上的宏观径向分布对催化剂性能的影响，呈现一定浸渍深度的蛋白型分布是最优的分布形貌，这种分布是由金属在载体表面的扩散和选择性吸附共同作用造成的。

贵金属的超低负载量和活性中心的高分散是催化剂制备追求的目标，研究人员经过一系列合成技术的优化，可将合成催化剂中贵金属 Pd 负载量降低到 0.1%以下，仍然表现出很好的催化性能。目前工业装置中所采用的合成催化剂 Pd 的负载量一般在 0.2%～0.6%，比早期有了很大的进步。随着技术的不断创新，更低负载量的草酸酯合成催化剂可望投入使用。

C. 助剂

助剂是指本身不具活性或活性很小的物质，但能改变催化剂的部分性质，如化学组成、离子价态、酸碱性、表面结构、晶粒大小等，从而能够提高催化剂的活性、选择性、抗中毒性和稳定性等。助剂通常可以分为以下两种。

(1) 立体结构型助剂：提高催化剂的机械强度和烧结温度(因载体相变带来的烧结)。

(2) 电子结构型助剂：调变催化剂活性组分的电子结构，影响反应物吸附能和活化能，调变催化剂性能。

为了提高 CO 氧化偶联合成 DMO 催化剂的催化性能，提高活性组分 Pd 在载体上的分散度，可以在制备催化剂的过程选择添加合适量的助剂。赵秀阁等[90]考察了助剂 CeO_2 对 Pd/α-Al_2O_3 催化剂催化合成 DMO 性能的影响，他们认为 CeO_2 的添加能够提高活性组分 Pd 物种的分散度，进一步通过 XPS 和 XRD 表征技术证明了助剂 CeO_2 的添加可以使活性组分 Pd 物种更加集中分布在载体表面上，更有利于 CO 在 Pd-CeO_2/α-Al_2O_3 催化剂上的吸附。

陈庚申等[134]研究了钒(V)、钛(Ti)、镁(Mg)、锰(Mn)助剂对催化剂催化性能的影响，发现助剂 Mn 对草酸酯的选择性影响不大，而加入助剂 Mg 之后草酸酯和碳酸酯的选择性降低，加入助剂 Ti 和 V 的催化剂能提高草酸酯的选择性。然而，朱毓群[135]则认为采用 Ti 作为助剂，催化剂的催化性能几乎没有显著变化。

高正虹等[77]对采用铁(Fe)助剂的 Pd 基催化剂进行了研究，通过 XPS 表征发现催化剂中活性组分 Pd 以零价存在，而 Fe 助剂主要以+2 价存在，即 Fe^{2+}。他们认为，Fe 助剂的加入使得活性组分 Pd 在催化剂上保持较好的分散度，并能够有效抑制活性组分 Pd 粒子的团聚和长大，延长催化剂的使用寿命。

另外，有一些文献和专利报道，镓(Ga)、镧(La)、锆(Zr)、钙(Ca)等助剂的加入可以在一定程度上提高了 CO 氧化偶联合成草酸酯的时空收率，提高了催化剂的稳定性和 DMO 的选择性[136,137]。而也有文献报道 Cu[138]、Co[139]等助剂的加入，显著提高了催化剂对副产物碳酸酯的选择性，降低了催化剂对主产物草酸酯的选择性。

从目前已在工业化装置上使用的催化剂来看，不添加助剂的催化剂性能较低，添加助剂 Fe 能明显提高催化剂活性，而添加 Mg、Co、Ni 的催化剂效果更好，稀土元素如 Ce、La 的添加则对合成反应的选择性影响较大。

D. 催化剂制备方法

催化剂的制备方法主要有浸渍法、离子交换法、溶胶-凝胶法、沉积沉淀法和共沉淀法[139,140]等。不同制备方法能够影响活性组分在载体上的分散状态，进而影响催化性能。

浸渍法是目前 CO 氧化偶联合成草酸酯催化剂的常规制备方法。浸渍法简单易行，适合于大规模工业化生产。按照浸渍方式的不同，浸渍法可分为过量浸渍法、等体积浸渍法、多次浸渍法、浸渍-沉淀法、超声浸渍法等。浸渍法的一般过程是：将载体置于预先配好的活性组分前驱体的浸渍液中，吸附后再将剩余的浸渍液滤去，经过干燥、焙烧和还原活化等步骤制得所需的催化剂。浸渍液的配制、浸渍时间、浸渍温度以及后续的热处理过程等都会影响催化剂的最终性能表现。

彭思艳等[141]利用 Cu^{2+}辅助的原位还原法制备了一种 Pd 颗粒尺寸约 2.7nm 在载体 α-Al_2O_3 上高度分散的催化剂，Pd 暴露的晶面为(111)晶面，成功制备了超低 Pd 负载量(0.13wt%)、高活性和高稳定的催化剂。

在传统的浸渍法基础上，潘鹏斌等[142,143]进行了制备技术多样化的研究。对于传统浸渍法，从 pH 控制、溶液 Cl^-浓度控制、干燥和焙烧条件控制等方面进行了优化。他们还探讨了液相还原法、高温分解还原法、超声浸渍法等催化剂制备新技术。利用 Pd 盐及氧化物在高温条件下分解为 Pd 单质的反应，使 Pd 物种在载体上高度分散；活性组分 Pd 以二价离子或络合物的形态在还原剂作用下还原成单质 Pd，并分别沉积沉淀在载体表面和孔道内。

张雨等[142]采用了原位液相还原法来制备催化剂，研究了制备过程中干燥温度、还原剂的种类、还原剂的浓度等条件对催化剂性能的影响。采用 $PdCl_2$、$Pd(OAc)_2$ 等 Pd 源，配制成浸渍液后通过浸渍使活性组分负载到载体内部孔道和表面上，然后通过温和的还原性有机物溶液处理，制备成均匀、高分散的催化剂。经过实验比较，可在极低的 Pd 负载量(小于 0.06wt%)情况下，DMO 时空产率达到 600g/(L_{cat}·h)。

黄园园[143]采用超声浸渍法制备催化剂，考察了不同超声频率、不同超声时间、超声顺序对催化剂性能的影响。图 5.27(a)是先浸渍后超声，在不同超声频率下催化剂性能随超声时间的变化曲线，催化剂的时空收率较未经超声的催化剂有很大幅度的提高，25Hz 和 40Hz 超声频率下的催化剂，经过 15min 超声，时空收率达到一个最佳值，而 59Hz 超声频率下的催化剂则在超声时间 10min 性能达到最佳。图 5.27(b)是超声浸渍同时进行，在不同超声频率下催化剂性能随超声时间的变化曲线，经过超声后催化剂的时空收率相对没有超声处理的空白样品有了一定程度的提高，25Hz 超声频率下经过 10min 的超声处理催化剂活性达到了一个相对较高的值，继续延长超声时间，催化剂的时空收率反而有所降低。高频率超声后，催化剂样品在 5min 左右就能达到催化剂时空收率的一个顶点，

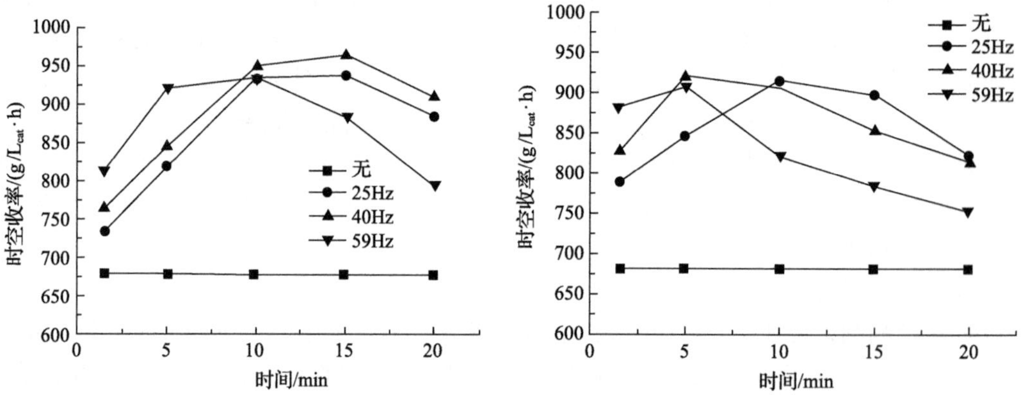

图 5.27 不同超声条件下催化剂的性能图

(a)先浸渍后超声；(b)超声浸渍同时进行

继续延长超声时间，催化剂的时空收率降低比较明显。比较图 5.27(a)和图 5.27(b)发现，先浸渍后超声和同时超声浸渍的催化剂性能不相上下；相比于未经超声处理的催化剂，超声处理过的催化剂性能有很大程度的提高。

3)反应条件及工艺技术

基于前面反应机理的研究结果，根据质量守恒定律推导 CO 氧化偶联合成 DMO 化学反应过程如下：

主反应：
$$2CH_3ONO + 2CO \longrightarrow (COOCH_3)_2 + 2NO \tag{5.46}$$

副反应：
$$2CH_3ONO + CO \longrightarrow CO(OCH_3)_2 + 2NO \tag{5.47}$$

MN 热分解：
$$2CH_3ONO \longrightarrow CH_3OH + CH_2O + 2NO \tag{5.48}$$

MN 催化分解：
$$4CH_3ONO \longrightarrow CHOOCH_3 + 2CH_3OH + 4NO \tag{5.49}$$

DMO 是主产物，DMC 是副产物，甲醛是 MN 热分解产物，甲酸甲酯(MF)是 MN 催化分解产物。鉴于目前反应机理尚未有完全一致的结论，因此有必要通过小规模的典型实验，验证反应过程中温度、物料、空速等对反应过程的影响，为该化学过程的技术放大和反应器设计提供参考。研究人员采用 10～100mL 反应评价装置研究了不同反应工艺条件对 CO 氧化偶联反应的影响[123]。

A. 反应温度

根据表 5.12 中的各化学物质的热力学数据和反应方程式(5.46)可以计算得知，298K 条件下，CO 氧化偶联合成 DMO 的反应焓变为–159.43kJ/mol，是一个中强放热反应。

表 5.12 基本热力学数据

物质	$\Delta_f H_{298}^{\ominus}$/(kJ/mol)	$\Delta_f G_{298}^{\ominus}$/(kJ/mol)
CO	–110.69	–135.37
NO	90.50	86.81
CH_3OH	–201.98	–162.42
CH_3ONO	–64.10	1.00
DMO	–709.27	–604.86
HCOH	–108.60	–102.50

对于该类放热反应，反应温度不仅影响反应速率，还会带来一系列其他方面的问题。催化剂前期活性高，所需反应温度低，随着长时间运转后，后期催化剂活性会有所下降，需要升高反应温度维持催化剂的活性。但是，随着温度的升高，反应物的物理化学性能会受到影响，副产物的数与量也随之增加，针对副产物的后续分离提纯工艺也需要相应调整。因此，考察温度对反应过程的影响对工业化装置的运行具有重要意义。黄园园[144]对反应进行了研究，考察了温度对反应的影响，其结果如图 5.28～图 5.30 所示。

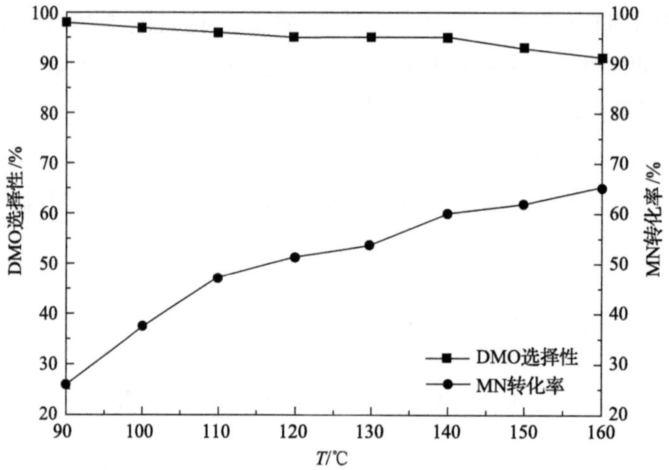

图 5.28　温度对 MN 转化率和 DMO 选择性的影响(空速 3000h^{-1}，N_2:MN:CO≈5:2:3)

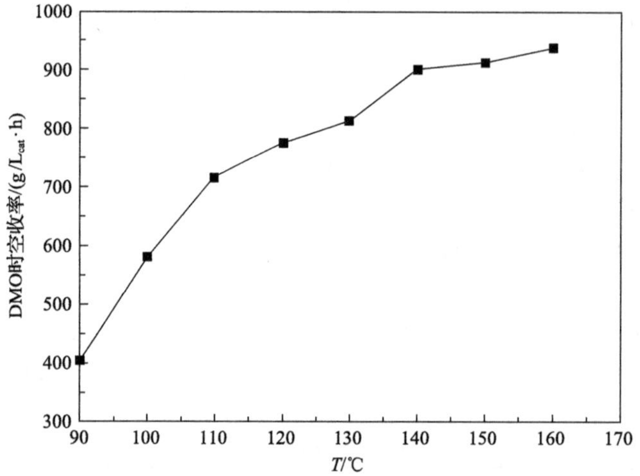

图 5.29　温度对 DMO 时空收率的影响(空速 3000h^{-1}，N_2:MN:CO≈5:2:3)

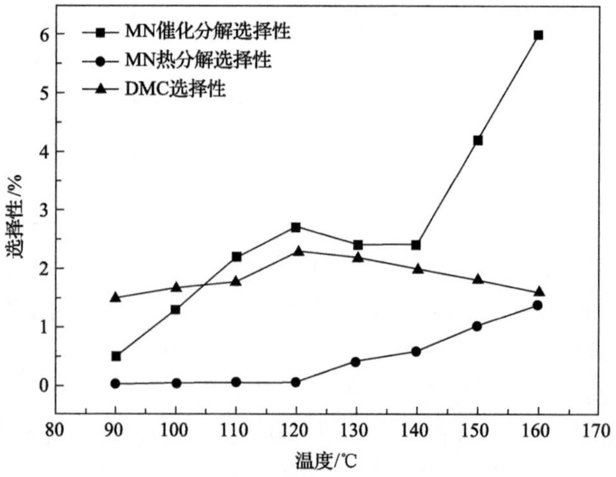

图 5.30　温度对副产物的选择性的影响(空速 3000h^{-1}，N_2:MN:CO≈5:2:3)

如图 5.28 所示，随着温度的逐渐升高，MN 转化率显著增加，DMO 选择性有所降低。

如图 5.29 所示，当温度从 90℃上升到 160℃时，催化剂的活性保持上升的趋势，但在 140℃后 DMO 收率的增速变缓慢。另外，考虑到大反应器中的移热负荷、安全等因素，反应温度不宜过高。

由图 5.30 可见，随着温度的升高，MN 的催化分解和热分解有上升的趋势，其中 MN 的催化分解在 140℃后增加较为显著；DMC 的选择性随着温度的升高先升高后降低，变化幅度只在 1.5%～2.5%波动。虽然随着温度的升高，催化剂的活性逐渐增加，但是 140℃后副反应程度显著增加。

综合各种因素，反应温度应以 110～140℃为宜。

B. 反应物料

由反应方程式(5.46)可知，从反应的计量比上看 CO/MN 物料比应为 1:1。但是，实际的反应物料计量比对催化剂活性和选择性的影响是多方面的。鉴于 MN 的易爆性，如何在较低的 MN 含量下，催化剂仍能保持高活性和选择性，对提高反应过程的经济性和安全性意义重大。

在常压、温度 140℃、气时空速 3000h^{-1} 的条件下，考察了反应物料中 CO/MN 的比例对反应的影响，结果如图 5.31～图 5.33 所示。

如图 5.31 所示，可见随着 CO/MN 比的升高，DMO 的选择性上升比较明显，而当 CO/MN 比为 1.6 以上时，随着 CO/MN 比的增加，DMO 的选择性变化很平缓。导致这种现象发生的原因在于，当 CO/MN 比在 1.6 以内时，MN 分压增大，催化剂更多地倾向发生 MN 的催化分解，导致更多的 MN 催化分解副产物的产生；当 CO/MN 比在 1.6 以上时，CO 过量，CO 的分压逐渐升高，使得 CO 过多地占据催化剂 Pd 物种的活性中心，减少了 MN 在催化剂 Pd 物种的活性中心上的吸附比例，从而导致整个合成反应速率降低。根据图 5.31 可知，MN 的转化率在 CO/MN 比为 1 和 1.6 时有两个高低峰极值，也进一步说明了过多的 MN 会导致更多的 MN 催化分解，过多的 CO 会抑制 MN 的吸附。

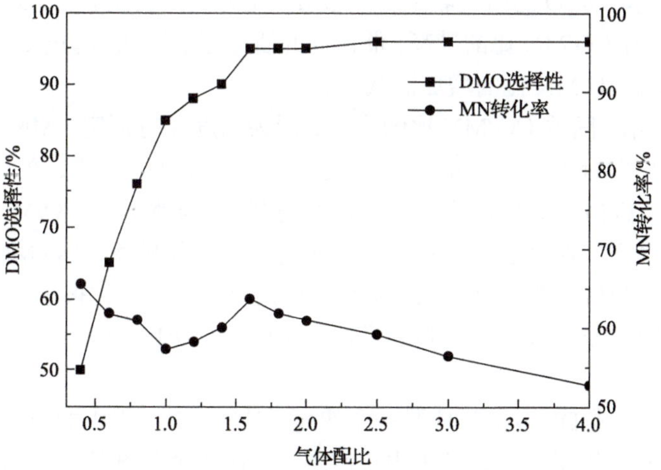

图 5.31 气体配比对 DMO 选择性和 MN 转化率的影响(空速 3000h^{-1}、反应温度 140℃)

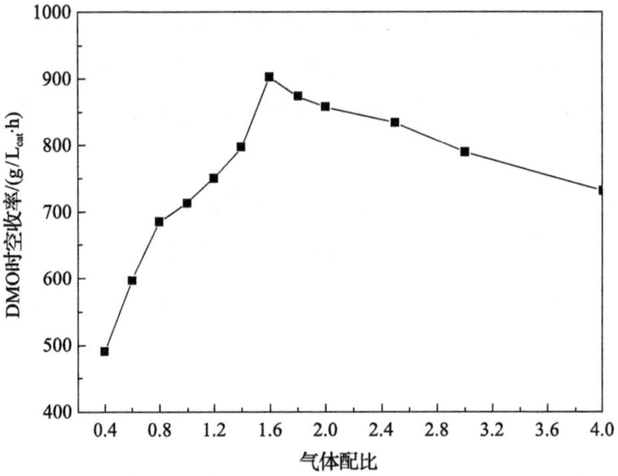

图 5.32　气体配比对催化剂时空收率的影响（空速 $3000h^{-1}$、反应温度 140℃）

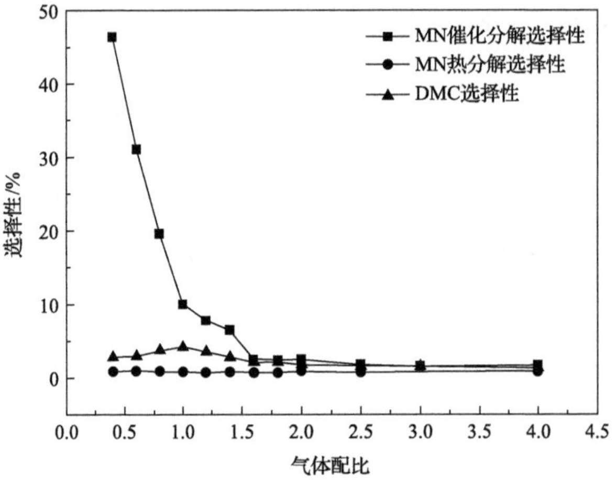

图 5.33　气体配比对 MN 催化分解、MN 热分解和 DMC 选择性的影响（空速 $3000h^{-1}$、反应温度 140℃）

如图 5.32 所示，DMO 的时空收率在 CO/MN 比为 1.6 时达到一个最佳值，在 CO/MN 比为 1.6 以内，随着 CO/MN 比的升高，催化剂的活性逐渐增加；超过 CO/MN 比 1.6 后，催化剂的活性随着 CO/MN 比的增加而减少。

如图 5.33 所示，随着 CO/MN 比的变化，因为温度保持恒定，MN 热分解的比例波动很小。DMC 选择性随着 CO/MN 比的变化，有一定程度的起伏，在 CO/MN 为 1.0 时达到峰值，随着 CO/MN 比的继续升高，DMC 选择性逐渐降低。CO/MN 比≤1.6 时，随着 CO/MN 比的升高，催化剂的 MN 催化分解选择性下降显著；CO/MN 比超过 1.6 后，随着 CO/MN 比的升高，催化剂的 MN 催化分解选择性降低变化很小，趋于平缓。

因此，常规条件下，该反应进料的最佳 CO/MN 比为 1.6。

C. 空速

CO 氧化偶联合成 DMO 的反应是一个快速反应，反应过程中的内扩散和外扩散是影响反应速率的最重要因素之一，其中内扩散主要取决于催化剂的孔道结构，而外扩散则与催化剂表面反应物的流速密切相关，在压力和催化剂堆积状态一定的条件下，空速越大则意味着气流的流动速度越大，扩散层越薄，扩散速度越快。

因此，选择合适的空速去消除外扩散的影响，同时兼顾载体 α-Al_2O_3 的低热传导性的特点，最大化地利用催化剂的性能，是探索反应工艺条件的重要内容。

实验测定了空速 500～10000h^{-1} 条件下的催化剂的各项性能，测定的结果见图 5.34 和图 5.35。

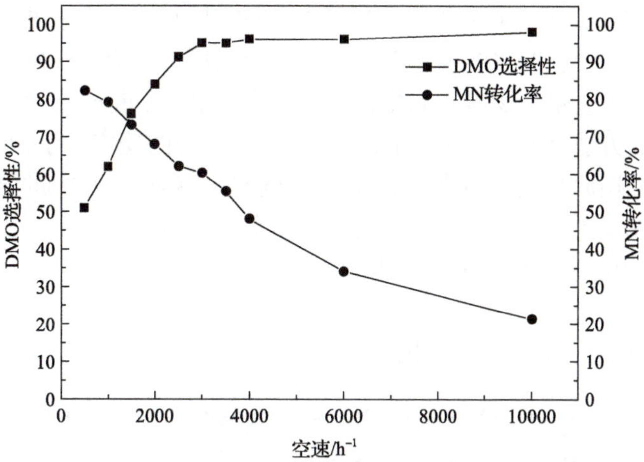

图 5.34 反应空速对 DMO 选择性和 MN 转化率的影响(温度 140℃，CO/MN 为 1.6)

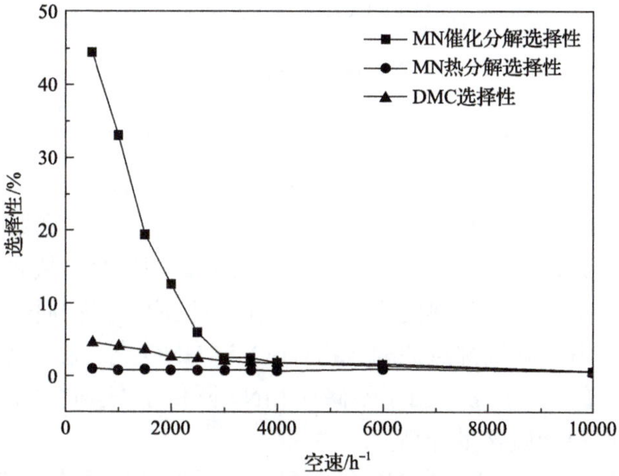

图 5.35 反应空速对 MN 催化分解、MN 热分解和 DMC 选择性的影响(温度 140℃，CO/MN 为 1.6)

如图 5.34 所示，MN 转化率随空速的增加而逐渐下降，转化率从 82%下降到 21%，其中空速在 500～3000h^{-1} 范围内，DMO 选择性升高较为明显；空速在 3000～10000h^{-1} 范围内，催化剂的 DMO 选择性变化幅度只在 5%以内。可见，空速在 2000～3000h^{-1} 区间内，是催化剂的最佳活性区。

如图 5.35 所示，在最佳活性区间，随着空速的增加，副产物的选择性逐渐下降，DMC 选择性从 4.6%下降到 0.6%；MN 催化分解选择性从 44.5%下降到 0.5%；MN 热分解选择性基本保持不变。这个现象说明，在低空速的情况下，MN 催化分解程度比较剧烈；空速的增加能有效地抑制 MN 的催化分解。但当空速在 $3000h^{-1}$ 以上时，提高空速对催化剂的选择性的影响几乎没有变化，所以，在一定的条件下反应的最佳空速为 $3000h^{-1}$。

4) 氮氧化物循环和回收技术

自从 UBE 发明了亚硝酸酯和 CO 氧化偶联合成草酸酯反应以来，亚硝酸酯的合成、再生和回收技术成为煤制乙二醇技术中极其重要的工艺技术单元。

在 CO 氧化偶联合成草酸酯的反应过程中，MN 反复在体系中循环，理论上是不消耗的。由于酯化塔中产生的水溶解了部分 NO 氧化副反应生成的稀硝酸而被醇水溶液带走，再加上驰放气也会带走少量氮氧化物，所以体系中要不断补充 MN 或氮氧化物。常用补充氮氧化物的方法是氨氧化法和亚硝酸钠/硝酸/甲醇的反应。所幸的是，煤制乙二醇装置配套的稀硝酸还原装置可回收废水(含硝酸的醇水溶液)中 90%的氮氧化物，使 MN 或氮氧化物的补充量大大减小，同时降低了后续水处理的负荷。

本节将概述 MN 的生成、再生与回收。

A. NO 氧化酯化生成 MN

在氧化酯化塔中，NO 与 O_2 和甲醇反应生成 MN，其反应方程式如下：

$$4NO + O_2 + 4CH_3OH \longrightarrow 4CH_3ONO + 2H_2O \tag{5.50}$$

NO 的过度氧化是副反应，产生副产物 HNO_3：

$$2NO + O_2 \longrightarrow 2NO_2 \tag{5.51}$$

$$2NO_2 \longrightarrow N_2O_4 \tag{5.52}$$

$$CH_3OH + N_2O_4 \longrightarrow CH_3ONO + HNO_3 \tag{5.53}$$

MN 生成后，与 CO 反应生成 DMO 和 NO，NO 进入循环气循环。

姚斐等[145]公开了一种使用该方法的连续生成 MN 的装置。该装置使用管式反应器，过量的甲醇从顶部进入反应管，NO 与 O_2 的混合气(摩尔比 4:1)从底部进入反应管，气化甲醇与混合气在 30～120℃加热的反应管中段进行反应。产物通过反应管顶部经 0～10℃冷凝得到产品。其中较高沸点的副产物(H_2O 与 HNO_3 等)流入反应管底部液体罐排放。该方法能够去除部分副产物，由于不储存 MN，降低了安全隐患，同时可以避免 MN 储存时分解引起的原料杂质含量升高。

孙凤侠等[146]对超重力反应器中 NO 氧化酯化合成 MN 的反应工艺进行了研究，在常压下，NO 和 O_2 采用分别进入反应器内后混合的进气方式，反应温度为 30～50℃，甲醇/NO 比为 2:6，NO/O_2 比为 5:7 的条件下，MN 收率达 96%以上。

B. 氨氧化生成 MN

于驰放气造成部分 NO 损失，可通过氨氧化方法补充 NO[方程式(5.54)]，NO 再氧化酯化生成 MN。

$$4NH_3 + 5O_2 \longrightarrow 4NO + 6H_2O \tag{5.54}$$

王江义等[147]公开了一种氨氧化方法，在反应温度 750～930℃、反应压力 0.075～0.1MPa 条件下，用水蒸气代替传统方法中的部分空气，反应气在通过催化剂网反应后经急冷工序将游离水分离，将产品气中 NO 浓度从摩尔百分比为 1 提高到了 10～50，同时降低了爆炸的危险性。

C. MN 的制备反应

亚硝酸钠（$NaNO_2$）、硝酸（HNO_3）和甲醇反应生成 MN，也是一种氮氧化物的补充方法，其反应方程式如下：

$$NaNO_2 + HNO_3 + CH_3OH \longrightarrow NaNO_3 + CH_3ONO + H_2O \quad (5.55)$$

其中涉及的反应有

$$NaNO_2 + HNO_3 \longrightarrow NaNO_3 + HNO_2 \quad (5.56)$$

$$2HNO_2 \longrightarrow NO_2 + NO + H_2O \quad (5.57)$$

$$HNO_2 + CH_3OH \longrightarrow CH_3ONO + H_2O \quad (5.58)$$

$$2NO_2 \longrightarrow N_2O_4 \quad (5.59)$$

$$N_2O_4 + H_2O \longrightarrow HNO_3 + HNO_2 \quad (5.60)$$

姚元根等[148]公开了一种可用于该反应的装置。该装置使用高压 N_2 将 $NaNO_2$、硝酸和甲醇混合液分别压入反应釜中进行反应。产生的气体经–10～0℃冷凝回流，甲醇和水回流至反应釜内。该系统中大部分 MN 溶于甲醇中，小部分暂存在缓冲罐中。通过调节反应釜的加热温度和冷凝温度，控制 MN 气体的释放速度及缓冲罐中 MN 气体的压力，从而实现连续稳定供气。

D. MN 的回收

在 NO 氧化酯化生成 MN 过程中会产生副产物硝酸，硝酸溶解在醇水溶液中，在系统中循环造成设备腐蚀严重，含硝酸的废水处理难度大、成本高。通过多种方法将稀 HNO_3 还原利用，一方面可以减少系统中氮元素的流失，另一方面大幅度降低了水处理的负荷。

（1）非催化还原。涉及的反应如下：

$$3CH_3OH + 2NO + HNO_3 \longrightarrow 3CH_3ONO + 2H_2O \quad (5.61)$$

$$CH_3OH + HNO_3 \longrightarrow CH_3ONO_2 + H_2O \quad (5.62)$$

$$6CH_3OH + 4HNO_3 \longrightarrow 3HCOOCH_3 + 4NO + 8H_2O \quad (5.63)$$

陈俊超等[149]公开了一种非催化还原硝酸的方法。将含有硝酸的酯化塔釜液与含有 NO 的循环气混合，从硝酸还原塔顶通入进行反应，该塔压力 0.2～0.5MPa，温度 70～100℃。生成的 MN 溶于塔釜甲醇中，进入汽提塔，通入 CO 使气液两相充分接触，利用不溶气体 CO 带动 MN 穿过气液界面，达到分离 MN 的目的。

（2）催化还原。涉及的反应如下：

$$NO + 2HNO_3 \longrightarrow 3NO_2 + H_2O \quad (5.64)$$

$$NO + NO_2 \longrightarrow N_2O_3 \quad (5.65)$$

$$N_2O_3 + 2CH_3OH \longrightarrow 2CH_3ONO + H_2O \quad (5.66)$$

催化还原使用的催化剂活性组分多为过渡金属氧化物，使用经过处理的活性炭、SiO_2、Al_2O_3等作为载体。

毛彦鹏等公开了一种稀硝酸催化还原的方法。将含有甲醇和稀硝酸的水溶液在催化酯化塔中反复循环，从塔顶喷淋进入酯化塔[150]。MN 反应器出口的 NO 从塔底进入，塔中段装有催化剂，气液逆流接触反应生成 MN。该方法具有反应设备简单、反应时间短、能耗低，同时安全性高且易于操控的特点，实现了羰化合成尾气中氮元素连续、稳定、高效的回收。

3. 草酸酯加氢制备乙二醇催化剂

1）反应机理

A. 化学反应及路径

草酸二甲酯（DMO）加氢反应由多条反应路径组成，属于连串反应[151-159]。在图 5.36 中，加氢反应有多条反应路径，除了得到主产品乙二醇（EG）以外，还可得到乙醇酸甲酯（MG）、乙酸甲酯（MA）、乙醇（EtOH）、乙二醇单甲醚（EM）、1, 2-丙二醇（1, 2-PDO）和 1, 2-丁二醇（1, 2-BDO）等。

普遍认为，DMO 先经过一步加氢生成乙醇酸甲酯［MG，反应式（5.67）］，MG 再进一步加氢生成乙二醇［反应式（5.68）］，EG 进一步加氢脱水生成乙醇（EtOH）[160]［图 5.36 路径 3，反应式（5.69）］。

$$CH_3OOCCOOCH_3 + 2H_2 \longrightarrow CH_3OOCCH_2OH + CH_3OH \tag{5.67}$$

$$CH_3OOCCH_2OH + 2H_2 \longrightarrow HOCH_2CH_2OH + CH_3OH \tag{5.68}$$

$$HOCH_2CH_2OH + H_2 \longrightarrow CH_3CH_2OH + H_2O \tag{5.69}$$

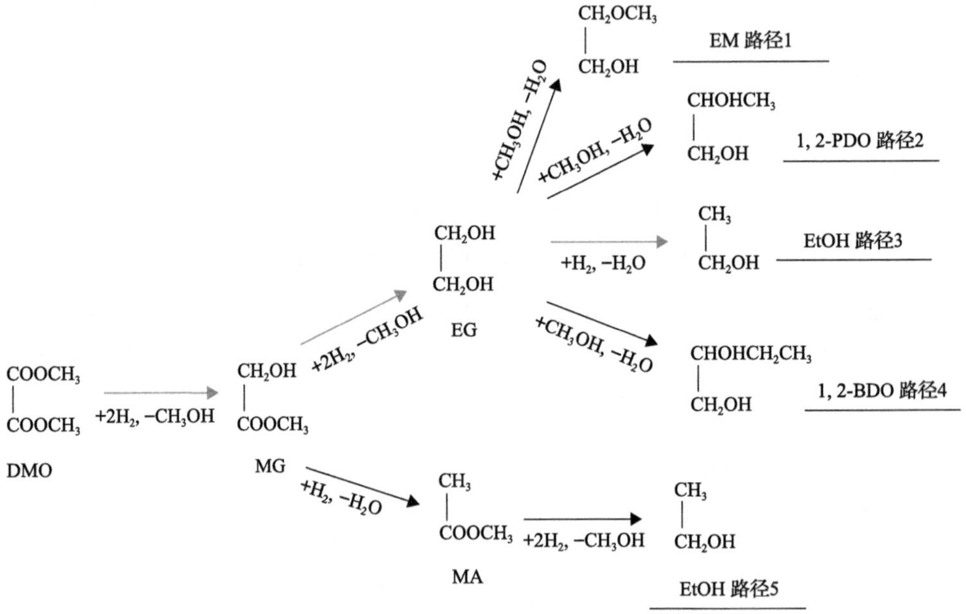

图 5.36　DMO 加氢反应的路径示意图

除了路径 3 这三个连串反应外，DMO 加氢还存在其他副反应。如在较高反应温度或在催化剂较强碱性位点上容易发生 Guerbet 反应生成 $C_{3\sim4}$ 醇[156,161]，即乙二醇能与反应生成的甲醇、乙醇进行缩合反应分别生成 1, 2-PDO、1, 2-BDO[反应式(5.70)和反应式(5.71)，图 5.36 路径 2 和路径 4]。在 DMO 加氢催化剂表面的酸性位点上还容易发生醇类脱水生成醚的反应，如乙二醇与反应生成的甲醇发生分子间缩合反应生成 EM 等[反应式(5.72)，图 5.36 路径 1]，含有羟基的氧化物载体是引起催化剂表面产生酸性位点的主要原因[162]。

$$HOCH_2CH_2OH + CH_3OH \longrightarrow CH_3CHOHCH_2OH + H_2O \tag{5.70}$$

$$HOCH_2CH_2OH + CH_3CH_2OH \longrightarrow CH_3CH_2CHOHCH_2OH + H_2O \tag{5.71}$$

$$HOCH_2CH_2OH + CH_3OH \longrightarrow CH_3OCH_2CH_2OH + H_2O \tag{5.72}$$

在长时间的反应过程中部分乙二醇还会发生聚合反应生成二聚、三聚乙二醇等。此外，反应物 DMO 受热会分解生成 CO、CO_2 和甲醇等，Hegde 等[163]通过光谱研究发现气相 DMO 在 200℃的温度下开始分解，且与催化剂的表面酸性有关，分解程度取决于催化剂表面羟基的数量。

总之，由于反应条件(如温度)、催化剂的活性物种、催化剂表面的酸碱性位点不同，草酸酯加氢反应路径不同，加氢产物也多种多样。因此，利用这种反应路径多样性的特点，我们就能根据实际需要调控反应温度、引入适当助剂甚至改变催化剂活性物种，对草酸二甲酯进行不同程度的加氢反应，不仅能够获得乙二醇产品，还能获得 MG、乙醇等产品。

B. 活性中心

DMO 催化加氢是一个典型的气固两相反应，反应物为气相，催化剂为固相。反应物先吸附在催化剂表面，活性中心和吸附分子共同构成表面吸附配合物，形成表面活性中间物种，发生界面反应转化成产物、产物脱附离开催化剂、活性中心恢复再循环。

常见的草酸酯加氢催化剂是 Cu 基催化剂，研究人员提出了各种 Cu 基活性中心模型。李竹霞等[92]提出了以 Cu^+为主要活性中心的单中心模型，李振花等[71]提出了 Cu^0-Cu^+双活性中心模型，最近 Cui 等[164]又提出了 Cu^0-载体酸碱位点的界面多中心模型。

a. Cu^+或 Cu^0 单活性中心模型

早期的研究建立在对其他 Cu 基加氢催化剂活性中心认识的基础上，认为 DMO 加氢催化剂的活性中心也可能是单一的 Cu^0 或 Cu^+活性中心。

Klier[165]通过 XRD、XPS-AES(X 射线光电子能谱-俄歇电子能谱)、DRIFTS 研究了合成甲醇的 Cu 基催化剂，认为 Cu^+是合成甲醇的活性中心，CO 加氢合成甲醇催化剂失活是由 Cu^+被还原为 Cu^0 造成的，而有 CO_2 存在时可使 Cu 基催化剂维持 Cu^+价态。Gao 等[166]研究了超导材料 $YBa_2Cu_3O_7$ 在 CO_2 加氢合成甲醇反应的应用，发现在氢气还原后的 $YBa_2Cu_3O_7$ 催化剂中，只有 Cu^+和氧空穴存在，而没有 Cu^0 存在，吸附在氧空穴上的 CO_2 可以将 Cu^+氧化为 Cu^{2+}，并得出以下结论，CO_2 加氢合成甲醇的活性中心是 Cu^+而不是 Cu^0。

李竹霞等[92]研究了 DMO 加氢合成乙二醇的 Cu 基催化剂，结合 XRD 和俄歇电子能谱结果发现在不同 SiO_2 负载的 Cu 催化剂上，当 DMO 加氢活性比较高时，Cu^+的比例较高，由此说明 Cu^+是 DMO 的主要活性位点。

也有学者认为 Cu^0 是活性中心，张旭等[167]认为在氢气气氛 350℃下还原的 Cu 基催化剂中只含有 Cu^0，不存在 Cu^+，因而 Cu^0 是草酸二甲酯加氢 Cu/SiO_2 催化剂的主要活性位点，但这种论述尚未获普遍认同。不过，2018 年孙剑等[168]利用磁控溅射装置，在电场驱动下，通过被等离子体化的氩气产生的高能粒子流定向地轰击铜金属靶，使得金属铜以原子形式均匀沉积于载体表面，从而合成具有纯 Cu^0 物种的 Cu 基催化剂。这种 Cu 基催化剂在反应温度大于 240℃时，在 DMO 加氢反应得到的 MG 选择性较高。在较宽的温度范围(240～280℃)，MG 能保持较高的选择性，最高达到 89%。该结果表明 Cu^0 物种在 DMO 加氢的第一步加氢生成 MG 的反应中起关键作用，也证明如果没有 Cu^+活性中心，进一步加氢反应生成乙二醇中的活性较低。

b. Cu^0-Cu^+双活性中心协同模型

更多研究表明，在 Cu 基加氢催化剂中存在 Cu^+与 Cu^0 两种活性中心，Cu^0 活化解离 H_2，Cu^+活化 DMO 中的 C═O 键而实现催化加氢[169-174]。van der Grift 等[174]也认为，Cu^0 是催化剂上的一个活性位点，用于活化 H_2；Cu^+是另一个活性位点，可吸附羰基。Poels 等[175]在研究乙酸甲酯加氢制乙醇时指出 Cu^0 和 Cu^+在加氢反应中各自扮演着不同的角色，认为 Cu^0 将氢分子解离吸附生成活性氢原子，Cu^+则起到稳定甲氧基和乙酰基的作用。李振花等[71]在 Cu/SiO_2 催化 DMO 加氢反应研究中，通过 XPS-AES 分析不同反应状态下催化剂表面组成后得出的结论是，Cu^+是草酸二乙酯加氢的活性中心，决定着反应物的转化率，而 Cu^0 则提高乙二醇的选择性。

陈梁锋等[152]发现在草酸酯加氢过程中，Cu^+与 Cu^0 的协同作用决定了催化剂的活性。巩金龙等在研究合成气制乙醇反应中进一步阐明了这一观点[157]，通过调变 Cu 负载量以调变催化剂表面的 Cu^0 和 Cu^+的相对量，认为当 $Cu^0/(Cu^+ + Cu^0)$ 为 0.33 时，草酸酯加氢活性最高。He 等和 Huang 等[176,177]则认为高比例的 Cu^+/Cu^0 应该是获得优异加氢性能的先决条件，他们通过引入硼(B)、Ag 等元素对 Cu 基催化剂进行修饰，降低了 Cu^+物种的还原性或增加了 Cu^+的表面浓度，使改性后 Cu/SiO_2 的催化活性和稳定性得到显著提高。岳海荣[178]引入纳米管制备技术，制备了较纯的硅酸铜纳米管，调变纳米管表面 Cu 的价态，考察催化剂表面的 Cu^0 和 Cu^+比例与目标产物收率的关联，证实两种价态的协同作用促进了加氢反应目标产物乙二醇的生成。

c. Cu^0-载体酸碱位点的界面多活性中心模型

Hu 等[179]以 Al 修饰的 ZrO_2 为载体制备了 Cu/Al-ZrO_2 催化剂，该催化剂在 DMO 加氢反应中的表现出优异的性能。通过研究发现催化剂的高效性主要归因于高度分散的 Cu^0 物种与强路易斯酸中心之间的表面协同催化作用，而非纯粹的 Cu^+和 Cu^0 协同作用。

Cui 等[164]将水滑石类插层材料(LDHs)制备的 Cu/MMOs(M 代表金属)催化剂应用于 DMO 气相加氢反应中，反应温度在低至 165℃时仍然表现出较高的乙二醇收率。他们采用多种原位表征手段(原位 XRD、原位 XPS、原位 XAFS 和原位 FTIR)证实了催化剂表面高分散金属 Cu 纳米颗粒主要以 Cu^0 的形式存在，而没有观察到 Cu^+物种的存在，同时复合金属氧化物载体具有丰富的酸碱活性位点。通过反应物分子的原位红外光谱技术，进一步研究和揭示了 Cu/MMOs 系列催化剂的结构特点与催化性能的关联：①表面 Cu^0 物种是氢解离吸附生成活性氢原子的活性位点；②Cu/MMOs 的表面路易斯酸性位点（Al^{3+}）吸附并极化酯基（O═C—O）中具有 p-π 共轭作用的氧原子；同时，中等强度的碱性位点（Mg^{2+}-O^{2-}对）易与酯基上碳原子的 π^*受体轨道相互作用，从而促进 DMO 分子中 C═O/C—O 键的活化吸附，如图 5.37 所示。在此基础上他们提出了一种新的 DMO 加氢活性中心和反应机理：Cu^0-载体酸碱位点的多活性中心界面协同催化机理，Cu^0 物种和酸碱位点之间的三元协同催化作用促进了 DMO 的活化吸附和随后的氢化反应，从而在较低反应温度（165℃）下具有出色的催化性能。

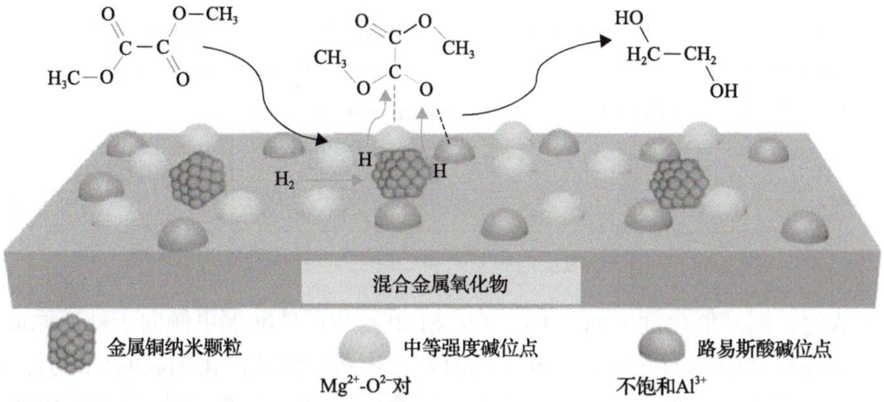

图 5.37　Cu^0 路易斯酸位点和中强碱性位点对 DMO 加氢反应的三元协同反应[164]

无论哪种模型都必须合理解释反应体系内 H_2 和 DMO 分子是如何同时在催化剂上被吸附并活化的。Cu^0 或 Cu^+单活性中心模型显示，单一活性中心只有利一种反应物分子的活化。Cu^0-载体酸碱位点的界面多活性中心模型中，载体酸碱位点所起的作用与 Cu^+所起的作用相似，可以认为增强了对 DMO 分子及中间产物的吸附活化的作用。因此，Cu^0-Cu^+双活性中心协同模型现在被大多数学者所接受：Cu^0 和 Cu^+协同催化草酸酯加氢反应。

C. 基元反应与反应机理

在活性中心的研究基础上，研究人员进一步探索 DMO 催化加氢的基元反应和反应机理，这里主要介绍 Cu^0-Cu^+双活性中心协同催化的研究结果。

图 5.38 描述了 DMO 加氢铜硅催化剂和 Hougen-Watson 经典反应动力学模型的反应历程。首先，H_2 分子在 Cu^0 位点上解离成 $2H^*$，同时 DMO 分子在 Cu^+位点上吸附解离成 CH_3OOCC^*O 和 CH_3O^*，这与乙酸甲酯、乙酸乙酯和丁酸丁酯在 Cu 基催化剂上加氢解离的方式类似[180,181]。然后，H^*进攻 CH_3OOCC^*O 生成 CH_3OOCCH_2OH（MG）。惠胜国等[182]使用原位红外光谱技术不仅检测到了这些中间体，还发现 DMO 的吸附解离比它的中间体进一步加氢更慢，即 DMO 的吸附解离是第一步反应的速控步骤（图 5.38 步骤②）。此后 MG 进一步加氢生成 EG，也与 DMO 加氢生成 MG 类似，MG 的吸附解离是第二步反应的速控步骤（图 5.38 步骤⑦）。图 5.38 显示，两个速控步骤均发生在 Cu^+上，因此具有较大比例的 Cu^+/（Cu^++Cu^0）催化剂会表现出更高的催化活性。

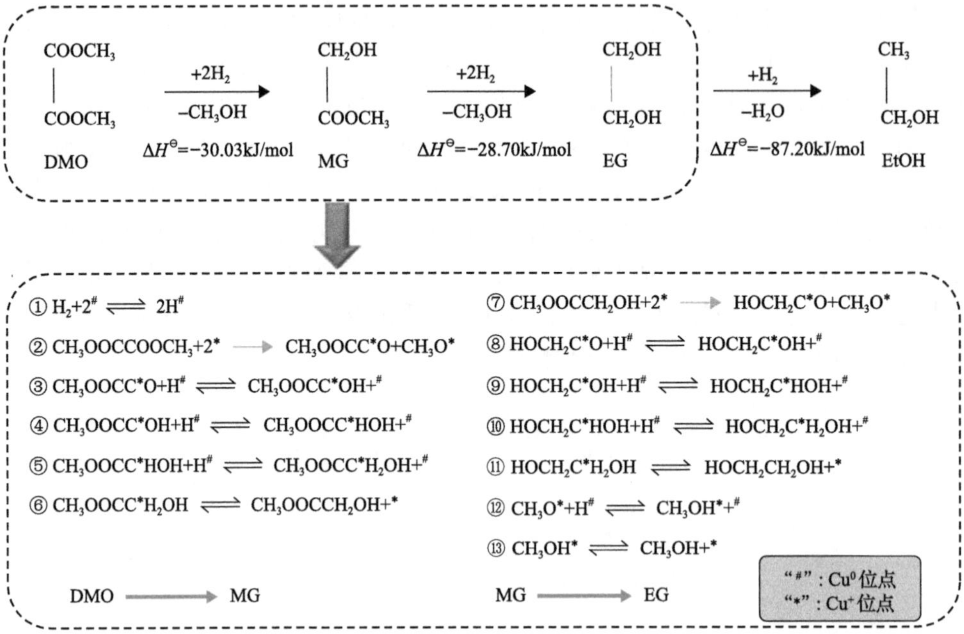

图 5.38 DMO 加氢反应中 Cu^0 和 Cu^+的协同基元反应[154,184,185]

一般认为，铜硅催化剂表面的 Cu—O—Si 单元和页硅酸铜更倾向于被还原成 Cu^+，CuO 容易被还原成 Cu^0。因此可通过催化剂制备方法调整铜硅催化剂表面 Cu 物种的种类，从而实现表面活性位点调控。但是，马现刚等[183]发现反应过程中酯类(乙酸甲酯、乙酸乙酯、草酸二甲酯)可以将 Cu/SiO_2 催化剂中的 Cu^0 氧化成 Cu^+，Cu^+又会被反应气氛中的 H_2 还原成 Cu^0，如此 Cu^+和 Cu^0 会互相转换，达到动态氧化还原循环，如图 5.39 所示。不同的观点还在争论，所以关于 DMO 催化加氢反应机理的研究有待进一步深化。

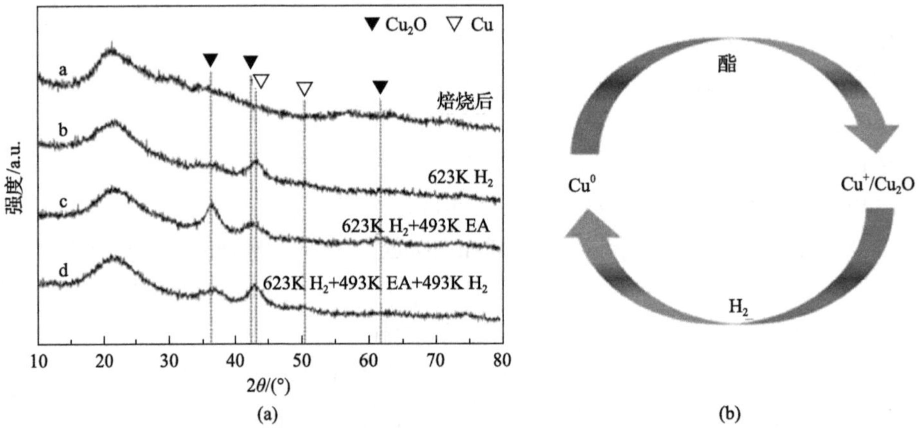

图 5.39 铜硅催化剂在酯加氢反应中 Cu^0 和 Cu^+的动态循环图[183]

综上所述，Cu^0 充当主要活性位点吸附解离氢分子，Cu^+促进中间体的转化。Cu^+作为亲电子的路易斯酸，能极化 C═O 键，提高草酸二甲酯中酯基加氢反应活性。在反应过程中，Cu^0 和 Cu^+的比例存在着动态平衡，它们的协同作用促进了 DMO 加氢反应在温和的反应条件下(如更低的反应温度)下进行。

D. 非 Cu 基催化剂的活性中心

在 DMO 加氢催化剂的改进与发展中，出于不同目的，或引入第二种元素作为助剂，或直接将活性物种用非 Cu 元素替代，有关非 Cu 基催化剂的活性中心的研究报道不断增多。

在非 Cu 基 DMO 加氢催化剂中，最常见的是 Ag 基催化剂，由于 Ag 本身极化 C═O 的能力较弱，所以在较高温度下 DMO 加氢反应基本上停留在第一步加氢生成 MG。尹安远等[186]认为在 Ag/SiO_2 催化剂与 DMO 加氢反应中，金属态的 Ag 是该反应的活性中心，H_2 在单质 Ag 表面不发生吸附解离，而是以分子氢的方式存在，DMO 中的羰基选择性的吸附在单质银的表面和氢气分子直接发生加氢反应。Bron 等[187]认为氢分子是在 Ag 表面发生活化解离，当 Ag 表面产生电子缺陷位点或当 Ag 物种中有次表面氧的生成时，都有利于增强氢分子在 Ag 表面发生活化解离。

赵玉军等[158]将 Fe_5C_2 用于 DMO 加氢反应制乙醇，并指出 Fe_5C_2 就是活性中心，且其对 MG 中的 C—O 键优先极化生成乙酸甲酯再进加氢一步得到乙醇。陈红梅等[188]报道了一种过渡金属磷化物催化剂 Ni_2P/TiO_2，在 230℃下是 DMO 加氢制 MG 高效稳定的催化剂，其中 Ni 的电子缺陷和 Ni_2P 中 P 的团簇是 DMO 加氢制 MG 反应的活性部位。

2) 催化剂的失活机理

在运行过程中，由于某些因素，催化剂本征活性下降，此化学和物理过程[189]被称为催化剂失活。根据其可恢复的可能性，催化剂失活可以分为可逆失活和不可逆失活。如粉尘、炭等沉积在催化剂表面上遮盖活性中心，使内扩散阻力增加，可导致活性下降，这种失活是杂质的物理作用引起的，清除杂质后，还可恢复催化剂活性，称之为可逆失活。如果在催化反应过程中物理结构发生变化，或者反应原料与催化剂的活性中心发生了化学反应而引起的失活，就属于不可逆失活，如烧结、中毒等。

对于工业催化剂来说，稳定性至关重要。稳定性包括化学稳定性、热稳定性和机械稳定性等方面。因此，失活机理的研究对构筑高效稳定草酸酯加氢催化剂非常重要[185]。如图 5.40 所示，草酸酯加氢催化剂失活包括：活性物种的烧结(团聚)、活性中心化学中毒、积碳及催化剂性能下降等。

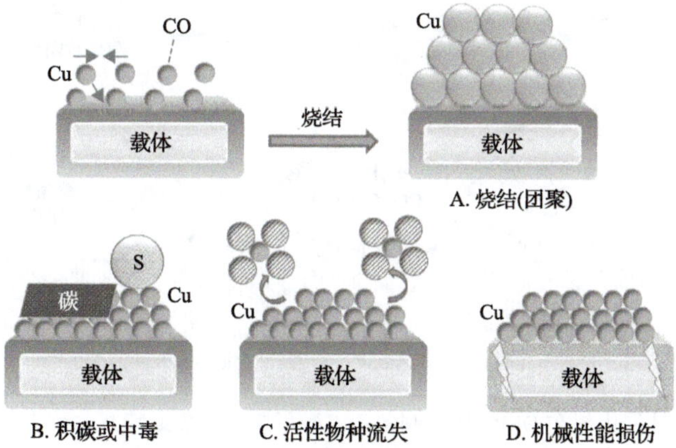

图 5.40　Cu 基催化剂的失活机理示意图[185]

A. 烧结

烧结一般指高温下催化剂的结构和性能发生变化而引起的催化剂活性下降。DMO 加氢反应中铜硅催化剂失活的首要原因是 Cu 颗粒的迁移、团聚乃至于烧结。有以下几个方面的因素引起铜硅加氢催化剂烧结失活。

(1)活性物种逐步团聚引起的烧结。由于 Cu 的许蒂希(Hüttig)温度(约 134℃)远低于 DMO 加氢的反应温度(160～200℃)，容易引起催化剂的烧结。张博等[190]通过快速老化实验来加速铜硅催化剂失活，在 100h 内乙二醇收率由 95%降低至 10.8%，指出催化剂失活的主要原因是热烧结和活性组分铜价态的变化。同时指出，在相同的操作条件下，催化剂的失活是一个自加速的过程。He 等[176]报道了铜硅催化剂的失活是由于催化剂的热稳定性差，以至于表面 Cu 的分散度降低和 Cu^+/Cu^0 的比例失调。

(2)溶剂引起的烧结。溶解 DMO 的溶剂也会引起铜硅催化剂的烧结失活。林敬东等[191]研究了甲醇和乙醇作为溶解 DMO 溶剂时对反应性能的影响，得出以甲醇为溶剂时，铜硅催化剂在反应 10h 后失活。进一步表征发现，甲醇容易被氧化产生 CO，从而增强 Cu 物种的氧化还原循环，导致铜晶粒长大。而乙醇对于活性中心具有稳定作用，可有效降低铜晶粒聚集长大速率，从而将催化剂的稳定性提高 20 倍。Wen 等[192]进一步研究了甲醇和乙醇的溶剂效应，发现以甲醇为溶剂时，铜硅催化剂上 Cu 纳米颗粒(CuNP)周围的 SiO_2 载体容易与甲醇反应生成 $Si(OCH_3)_4$ 而流失，导致 CuNP 聚集，从而失活。

(3)气氛引起的烧结。Zheng 等[193]也深入研究了反应气氛的影响，通过控制引入的 CO 浓度，可得出 CO 对草酸二甲酯加氢活性具有抑制效应，一方面强烈吸附于 Cu^+ 位点与底物发生竞争活化；另一方面引起 Cu 物种的奥斯特瓦尔德(Ostwald)熟化，引起 Cu 团聚，从而加速催化剂失活(图 5.41)。工业应用时，加氢循环气中的 CO 和 CO_2 是由 DMO 遇热分解而来的，累积含量逐渐增大，会引起加氢催化活性烧结，要严密监控和及时消除加氢循环气中的 CO。

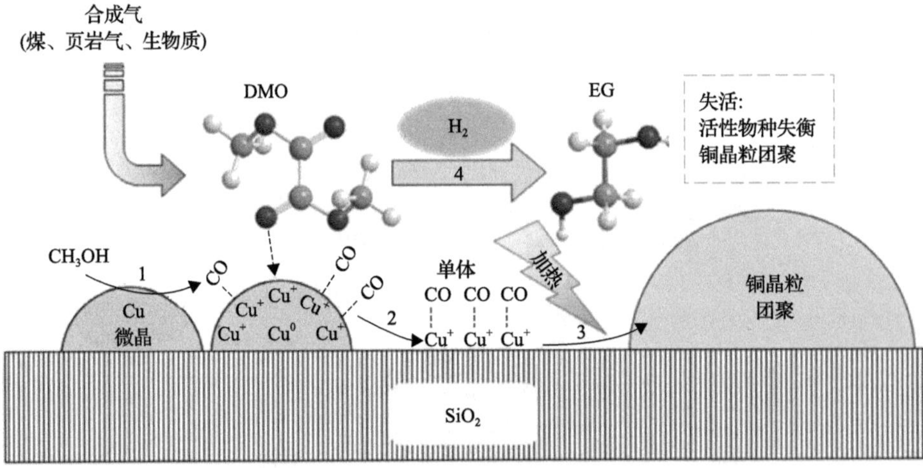

图 5.41　铜硅催化剂在 DMO 加氢制备乙二醇反应中的奥斯特瓦尔德失活机理图[193]

1. 分解；2. 分离；3. 奥斯特瓦尔德熟化；4. DMO 加氢

B. 中毒

催化剂中毒一般是指由于反应混合物含有的某些杂质的可逆或不可逆的强化学吸附引起的表面活性位点失效。催化剂中毒也分为可逆中毒和不可逆中毒。可逆中毒是指可以用简单的方法恢复活性，如某些惰性气体组分可能在催化剂表面上强吸附，占据部分活性中心，使催化剂活性降低。当反应气体中这部分组分减少时，还可脱附恢复催化剂活性。不可逆中毒是指毒物与活性组分作用较强，很难用简单的方法恢复活性，也称永久中毒。

Cu 基催化剂对使用条件要求苛刻，对硫、磷、氯和羰基化合物等毒物较为敏感，其中硫是最常见的毒物。张博等[194]发现硫的存在导致铜硅催化剂快速失活且不可逆，提高反应温度并不能维持催化剂活性。用含硫的原料反应 90h 后，X 射线荧光(XRF)测试结果显示催化剂中硫累积质量分数达 0.93%，乙二醇收率降至 5.67%。此外，催化剂上若含有二价和三价铁离子对催化剂的活性也表现出较为严重的影响，反应过程中生成的副产物乙二酸等也有某种程度的毒化作用。

除了上述较为典型的中毒失活，研究者也发现中间产物不能及时脱附，占据了活性位点也会引起催化剂失活，暂且称之为中间产物中毒。Thomas 等[195]和 Wen 等[196]的研究发现，如果反应产物中检测到 MG 和 DMO 的含量增加，催化剂失活的速度在加快，他们认为中间产物 MG 的酰基占据了催化剂的活性中心，从而引起催化剂失活，这种失活也是不可逆的。这一实验结果在工业生产过程中得到了验证。

C. 积碳

积碳是一种物理中毒，如石油化工催化反应中的积碳现象。以碳水化合物为原料的催化反应的第一步通常是在催化剂表面上进行吸附形成含碳物种，含碳物种经过分解、聚合等反应生成碳或焦炭沉积在催化剂表面，即所谓的积碳或结焦。积炭会堵塞催化剂的活性位点或催化剂的孔道，从而导致催化剂的失活。采用烧碳的方法可以部分恢复因积炭而失活的催化剂的活性。

DMO 加氢反应是以 DMO 和氢气为原料，在催化剂表面发生了一系列有机反应，容易发生积碳。研究表明，引起 Cu 基催化剂上积碳的主要原因一方面是原料和产物中的有机物吸附在铜位点上；另一方面是虽然 Cu 基催化剂具有很弱的 C—O 断键能力和形成 C—C 的能力，不易形成石蜡等碳链增长的物质，但是载体的酸碱中心会引起有机物的聚合或缩合反应，致使催化剂积碳失活。康文国等[197]对铜硅催化剂失活过程研究发现，DMO 的转化率和乙二醇的选择性在反应 500h 后都大幅度下降，通过进一步的热重等表征发现，乙二醇聚合成高聚物以致积碳，这些积碳物质覆盖活性位点，导致催化剂失活。张博等[190]认为，MG 与其他反应物、产物在催化剂表面与孔道发生连续的低聚反应形成积碳物质，这些积碳物质覆盖活性位点从而导致活性下降。

D. 其他

除了上述较典型的催化剂失活的情况，还有因催化剂制备方法和催化剂本身的机械性能较差引起的催化剂失活。

丁杰和 Fan 通过比较蒸氨法和碳酸铵沉淀法制备了铜硅催化剂，指出蒸氨法制备的铜硅催化剂容易失活，归结于该催化剂的比表面积容易降低，而且由页硅酸铜还原生成的 Cu^{+}—O—Si 单元不稳定，也容易积碳[172,184]。

铜硅催化剂在长期运行过程中受加热和反应气氛的影响容易粉化，机械强度降低也会影响其稳定性，而且铜硅催化剂属于脆性材料，成型难度较大。Zhao 等[198]研究了 Cu 基催化剂的成型方法，得出催化剂的强度与 Cu 负载量相关，当 Cu 负载量高时，催化剂容易出现特殊的微观结构(裂纹、包状结构以及非连续相)，不利于增强机械强度；而 Cu 负载量低时，负载的 Cu 能够显著提高催化剂的表面能，有利于提高机械强度。岳海龙等[160]也报道了整体型铜硅催化剂比 40～60 目压片成型的催化剂的寿命长，这是由于整体式的催化剂机械强度高，具有规则的孔道，有利于铜的分散和热量传递。

3) 催化剂性能的提升

随着世界首套煤制乙二醇工业示范装置在 2009 年投入运行，煤制乙二醇技术进入工业化推广阶段。经过多年努力，加氢催化剂的研究同样取得了长足的进步，人们对草酸酯加氢的催化反应机理和失活机理有了较为清楚的认识，提出了更加精准有效的策略，开发出各种性能优异的草酸酯加氢催化剂。

A. 发展状况

从工艺路线上，草酸酯加氢制备乙二醇可以分为均相加氢和非均相气相加氢，因而草酸酯加氢催化剂也可以分为均相加氢催化剂和非均相(或多相)加氢催化剂。液相均相加氢的主催化剂是以 Ru 等贵金属为主活性中心，Matteoli、Teunissen 等[199,200]以 Ru 为活性基团进行的草酸二甲酯液相加氢反应研究工作具有代表性。非均相(或多相)加氢的主催化剂是以 Cu 等非贵金属为主活性中心。图 5.42 是 Cu 基催化剂在一些含有羰基的化合物加氢还原制醇的应用示意图。

图 5.42　Cu 基催化剂在羰基化合物加氢中的应用[191]

(1) 液相加氢(均相)的主催化剂。Matteoli 等以羰基钌配合物 $Ru(CO)_2(CH_3COO)_2(PBu_3)$、$H_4Ru(CO)_8(PBu_3)_2$ 为催化剂进行液相草酸二甲酯加氢合成了乙二醇。在氢气压力 13.2MPa、温度 180℃条件下反应 2.5h，乙醇酸甲酯的收率为 100%；进一步提高催化剂用量和反应氢压力，乙二醇的收率可达到 82%，其余产物为乙醇酸甲酯。Teunissen 等进一步利用均相 Ru 基催化剂 $Ru(acac)_3$ 和 $MeC(CH_2PPh_2)_3$ 催化体系，在反应压力 7MPa 和温度 100℃条件下进行液相加氢反应，乙二醇的收率提高到 95%。尽管均相加氢反应有较高的乙二醇选择性，但存在反应压力高、产品和催化剂分离回收困难、催化剂流失严重等问题。同时 Ru 基催化剂高昂的成本限制了其大规模的工业化应用。

(2)气相加氢(非均相)的主催化剂。自 1931 年 Adkins 等[201]将铜铬氧化物作为催化剂，用于羧酸酯加氢转化为醇的反应以来，Cu 基催化剂就成为酯类加氢的主催化剂。最早用于草酸酯加氢制乙二醇的催化剂为铜铬催化剂。Zehner 等[202]于 20 世纪 70 年代后期研究发现，铜铬催化剂在草酸二乙酯加氢制乙二醇反应具有较高的活性。在温度为 220℃、草酸二乙酯液时空速为 $1.5h^{-1}$ 条件下进行催化剂 460h 考察，活性只有轻微的衰减，且草酸二乙酯 100%转化，乙二醇选择性达到 95%以上。Tahara 等[203]在 1982 年的研究也发现铜铬催化剂在草酸酯加氢反应中具有较高的催化活性和乙二醇选择性。黄当睦等[68]采用铜铬催化剂进行了 200mL 催化剂的模试研究，所研制的铜铬催化剂在草酸二乙酯液时空速为 $0.27h^{-1}$ 的条件下运行了 1134h，草酸二乙酯平均转化率为 99.8%，乙二醇平均选择性为 95.3%。

但是，由于金属 Cr 对人体有害，且污染环境，铜铬加氢催化剂已经逐步退出了煤制乙二醇的舞台。

1985 年，Jshm、Wilson 申请了以 Cu-ZnO 为催化剂的草酸二乙酯气相加氢专利。安格公司(Engelhard Corporation)1994 年的专利主要采用了 Cu-Zn 氧化物和少量 Al_2O_3，也取得了较好效果[204]。Thomas 等[195]以 SiO_2、α-Al_2O_3、γ-Al_2O_3、MgO、TiO_2 为载体采用浸渍法制得系列 Cu 基催化剂。研究表明，酸性载体和碱性载体都会降低催化剂活性。唐博合金等[205]和 Fan 等[206]也报道了各种不同水滑石 Cu 基催化剂在 DMO 加氢中的应用。Miyazaki 等[207]采用蒸干溶剂的方法制备了 Cu/SiO_2 催化剂，在草酸二乙酯加氢反应中，草酸二乙酯转化率为 100%时，乙二醇选择性最高达到 99.5%。赵玉军等[208]对沉淀沉积法制备的铜硅催化剂做了较为系统的总结。李竹霞等[90,92]制备了系列 Cu/SiO_2 催化剂，克服了 Cu 基催化剂易烧结失活的缺点，表现出了较高的活性和高温稳定性。许根慧等[69,164]研究了由溶胶-凝胶法制备的 Cu/SiO_2 催化剂，发现催化剂最佳的组成比例为 Cu/SiO_2=0.67，而且催化剂最佳的还原温度为 350℃。陈梁锋等[152]研究发现，在蒸氨沉淀法制备催化剂的过程中，较高的蒸氨温度有助于铜与硅溶胶形成类硅孔雀石结构，并且随着蒸氨温度的升高，此结构含量呈现增加的趋势并在 90℃达最大值。

B. 提升策略

在众多的草酸酯加氢催化剂中，最受关注的是铜硅催化剂，其催化性能优异，稳定性高，已经在工业装置上得到大规模应用。从 Cu 基催化剂失活的机理来看，影响催化剂稳定性最突出的问题是主活性组分 Cu 物种在草酸酯加氢反应过程中发生迁移并团聚，最终导致催化剂失活，寿命达不到工业催化剂的要求。为解决铜硅催化剂的稳定性和寿命问题，降低副产物的数与量，研究人员在近十年开展了大量的工作，提出了多种提升催化剂性能的策略，包括优化反应条件、引入助剂、载体优化、催化剂的限域结构设计以及在制备过程中引入有机物构建金属-有机物相互作用等，取得了显著的进展。

a. 引入助剂

在众多的 Cu 基催化剂性能改进方案中，最常见的策略就是添加适当助剂对铜基催化剂进行改性[209]，调控 Cu 物种的价态，提高 Cu 物种的分散度，增强活性中心与载体的相互作用从而提高活性物种的活性和稳定性(图 5.43)[185]。如引入 Ag、Ni、Co 等金属元素作为电子结构助剂与 CuNP 形成合金，可改善催化剂对反应物的活化能力并提高活性物种的稳定性；或者引入 B、稀土等元素的氧化物，通过改善催化剂中的活性组分 Cu 物种的分散度或价态分布来提高活性物种的稳定性[210-215]。

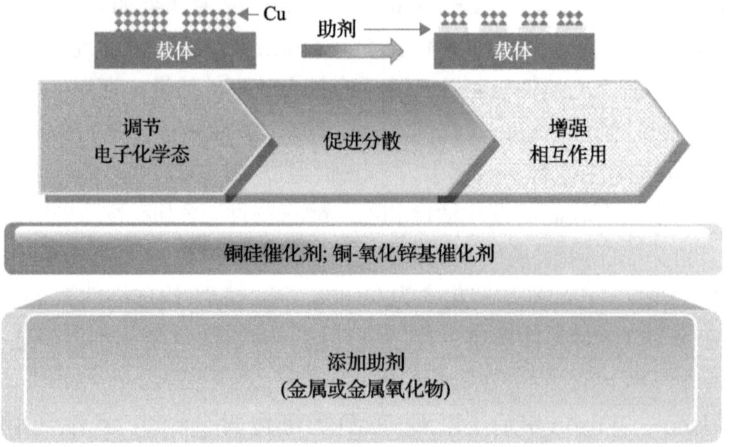

图 5.43　铜硅催化剂的助剂改性[185]

王保伟等[216]采用均相沉积沉淀法制备了 Ag 助剂改性的 $Cu-Ag/SiO_2$ 催化剂，发现该催化剂在 195～205℃时对 MG 具有较高的选择性。随后 Huang 等[177]使用蒸氨法制备了 $Cu-Ag/SiO_2$ 催化剂，该催化剂可以提高 190℃时乙二醇的收率和催化剂稳定性。进一步研究发现，由于 CuNP 包含 Ag 纳米簇形成了 CuAg 合金并负载在 SiO_2 上，Cu-Ag 双金属的相互作用使得催化剂具有合适的 Cu^+/Cu^0 比，延缓了 CuNP 的团聚。宋美月[217]采用蒸氨法引入 Ag 助剂，Ag/Cu 达到一定比例可提高 Cu 物种在载体表面分散度，有效阻止 CuNP 在催化剂表面迁移，从而提高催化剂的稳定性及其催化反应性能。

Wen 等[218]研究发现，当掺杂 1% Co 后，Co 物种不仅会活化氢气，还会和 Cu 物种形成协同作用，从而大幅度提高 Cu/HMS(六方介孔分子筛)催化剂的催化活性。

尹安远等[219]通过 Ni 物种调控 DMO 加氢产物的生成，在温度为 200℃和液时空速为 $1.0h^{-1}$ 条件下，DMO 完全转化，Ni 助剂改性的 Cu_3Ni/HMS 催化剂中乙二醇收率达到 98%。Zhu 等[220]发现，助剂 Ni 的量要适宜，当 Ni 含量过高时，Ni 本身容易团聚，Cu 物种又趋于长大(图 5.44)。赵玉军等[173]也发现 1% Ni 有助于氢气在 Cu/SiO_2 催化剂表面的解离吸附，铜镍双金属 NP 的协同使得 DMO 更容易过度加氢生成乙醇(选择性达到 90%)。

尹安远等[221]制备了 CuAu/HMS 催化剂，发现 Au 的改性有利于促进生成 MG，在 180℃时 MG 的收率达到 90%(Cu/Au=3/2)。随后，王亚楠等[222]研究发现 CuAu/SBA-15 催化剂在 180℃时乙二醇的收率可以达到 99.1%(Au/Cu = 0.1)。这是由于催化剂表面形成了 CuAu 合金，有助于稳定 Cu^+/Cu^0 比并抑制 Cu 物种在反应过程中发生迁移，因而能够表现出较高的活性和稳定性。此外，助剂 Pd 和 La 也具有与上述金属助剂类似的作用。陈冲冲等[223]还进一步发现金属助剂的引入时机也会影响铜基催化剂的性能，只有当铜离子与铈离子同时引入才有利于形成 Cu-Ce 复合物，这不仅能提供更多的活性位点，还有利于增强 Cu^0 和 Cu^+活性位点间的协同作用，从而使催化剂在 DMO 加氢合成乙二醇

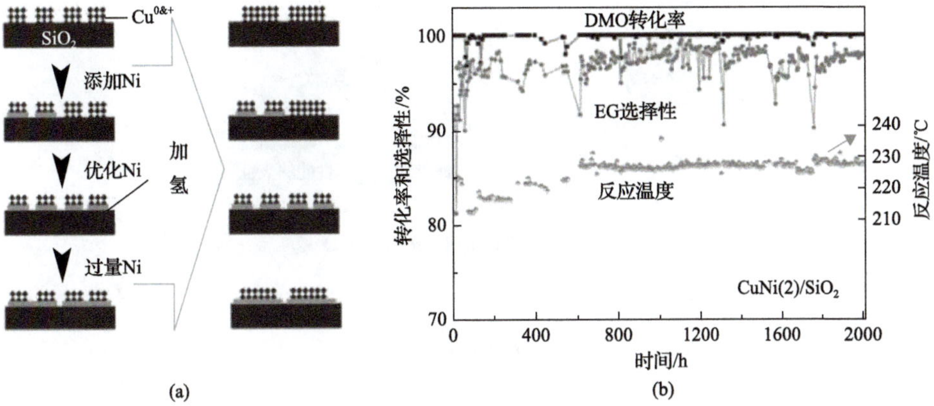

图 5.44　Ni 助剂改性的 Cu/SiO_2 催化剂[220]

(a) 不同 Ni 含量对 Cu/SiO_2 催化剂改性；(b) CuNi (2) /SiO_2 催化剂长期寿命考察

中表现出较高的活性。

2011 年，何喆等[176]和尹安远等[224]研究者相继报道掺杂硼 (B) 可以提升 Cu 基催化剂在 DMO 加氢反应中的活性。适量氧化硼的掺杂提高了铜硅催化剂中活性组分铜的分散度并且抑制了反应过程中 Cu 晶粒的增长。研究者认为适宜并稳定的 Cu^+/Cu^0 比例是催化剂寿命延长的原因，而氧化硼较高的亲电能力能够降低 Cu^+的还原性从而使催化剂中铜的价态分布更加稳定。赵硕等[225]在 DMO 选择性加氢制乙醇的铜硅催化剂研究中也发现 B 助剂的掺杂显著提高了 Cu 分散度并抑制了高温条件下 Cu 晶粒的增长，将这一现象归因于 B 和 Cu 之间较强的相互作用。艾培培等[226]在研究 Cu/CNT 催化剂时发现，掺杂 B 的催化剂 Cu/1B-CNT 对乙醇的选择性更高，是由于适当硼酸的引入可以提高催化剂表面的酸性，使得乙二醇进一步脱水生成乙醇。

综上所述，引入助剂在一定程度上提高了催化活性和稳定性，同时也会造成催化剂其他物性的变化，如分散度、孔径、孔结构甚至催化剂的酸碱性质等。

b. 载体优化

载体是负载型多相催化剂中的重要组成部分，通常具有较高的硬度、较大的比表面积、丰富的孔道结构和一定的酸碱性能，能够提高活性组分的分散度和催化剂整体的强度，影响反应物和产物的吸脱附能力 (图 5.45)。因此，对载体的优化是构筑高效稳定的 Cu 基催化剂的重要策略之一。

铜硅催化剂中，SiO_2 载体的性质与硅源及制备方法密切相关，已有大量相关研究报道[169,170,227-230]。从硅源上可以分成有机硅源 (如正硅酸四乙酯) 与无机硅源 (硅酸钠、单质硅等)，从使用时的状态又可以分为固态硅胶、硅溶胶。从晶型上又可分为无定形 SiO_2 (如气相二氧化硅、硅胶、硅溶胶等) 和晶型 SiO_2 (如石英) 等。根据国际纯粹与应用化学联合会 (IUPAC) 的定义，多孔材料按其孔径可分为微孔 (直径小于 2nm)、介孔 (直径在 2～50nm) 和大孔 (直径大于 50nm) 材料。从孔的结构又可以分为无序多孔 SiO_2 (如气相 SiO_2、硅胶) 和硅基有序分子筛，常见的是有序介孔分子筛。无序多孔硅胶根据孔径的大小不同又可以分成大孔硅胶 (大于 50nm)、粗孔硅胶 (又称 C 型硅胶，5～10nm)、B 型硅胶 (4～7nm) 和细孔硅胶 (又称 A 型硅胶，2～4nm)。

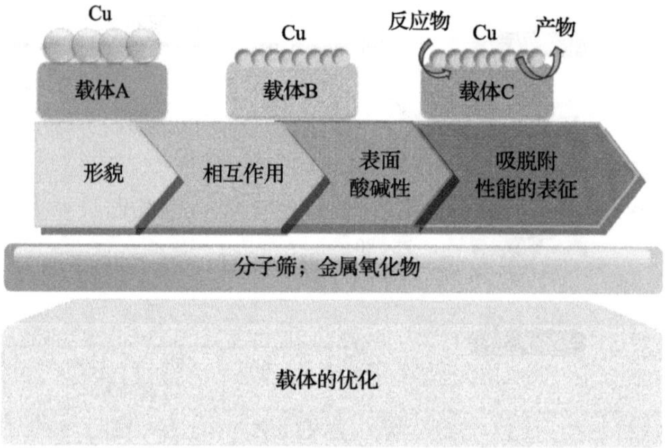

图 5.45 铜硅催化剂载体改性示意图

可用于草酸酯加氢催化剂制备的 SiO_2 载体种类很多，不同 SiO_2 载体因制备方法不同，结构也有差异。合适的 SiO_2 载体和催化剂制备方法，可使催化剂活性组分与 SiO_2 载体相互作用，表现出较高的催化加氢性能。

Thomas 等[195]以 Aeriosil-200 气相 SiO_2（白炭黑的一种），对比离子交换法和浸渍法制备的铜硅催化剂，发现离子交换法制备的催化剂具有较好的分散度和较高的稳定性。

李竹霞等[92]分别以硅溶胶、粗孔硅胶和气相 SiO_2 为载体，采用沉淀沉积法制备了铜负载量为20%的铜硅催化剂，发现以硅溶胶为硅源制备的铜硅催化剂中 Cu^+/Cu^0 比最高，且活性最好。进一步研究发现，以硅溶胶为硅源，采用沉淀沉积法制备的铜硅催化剂具有较高的页硅酸铜含量和比表面积以及较合适的 Cu^+/Cu^0 比，在 DMO 加氢反应中表现出较高的催化活性[152,157,231]，因而沉淀沉积结合蒸氨制备的铜硅催化剂越发受到人们重视。此外，还发现沉淀沉积结合蒸氨制备的铜硅催化剂在 DMO 加氢反应中可以通过调变反应温度从而有效调控乙二醇和乙醇的选择性，乙醇选择性最高达到 83%[157]。

关于含 SiO_2 的介孔分子筛（如 HMS、SBA、MCM 等）在 DMO 加氢中的应用，尹安远等采用等量浸渍法制备了高活性 Cu/HMS 催化剂[232]，采用蒸氨沉淀法制备的 50wt%铜负载量的 Cu/SBA-15 催化剂[233]在液时空速为 $0.6h^{-1}$ 时，DMO 转化率和乙二醇选择性都接近 100%。马新宾等[81]制备了活性高、寿命长的 Cu/MCM-41 催化剂。

单一载体可能存在自身难以克服的缺陷，如 SiO_2 载体本身机械强度差、易流失等，为了进一步提高催化剂的活性，特别是催化剂的稳定性，可考虑引入新的成分（或助剂）对载体进行修饰，集成不同载体的优点，克服主载体的缺陷并最大限度地抑制新加成分（或助剂）的不利方面。图 5.46 是基于二元复合载体上的催化剂的性能研究结果，在 SiO_2 载体中添加适当辅助载体或金属元素进行改性，由新的含硅复合载体制备加氢催化剂。林海强等[234]向铜硅催化剂中掺杂少量 HZSM-5 或者 CNT，改变了页硅酸铜的层状结构，提高了铜的分散度及铜与载体的相互作用，从而提高了催化剂表面 Cu^+含量，提升了催化活性和稳定性，也增强了催化剂的机械强度[235]。也有研究者使用蒸氨法制备 SiO_2-TiO_2/ZrO_2 双氧化物载体，提高了 Cu 物种的分散度，也提高了 Cu 物种的表面电荷密度，从而提升了铜硅催化剂的催化性能[236]。

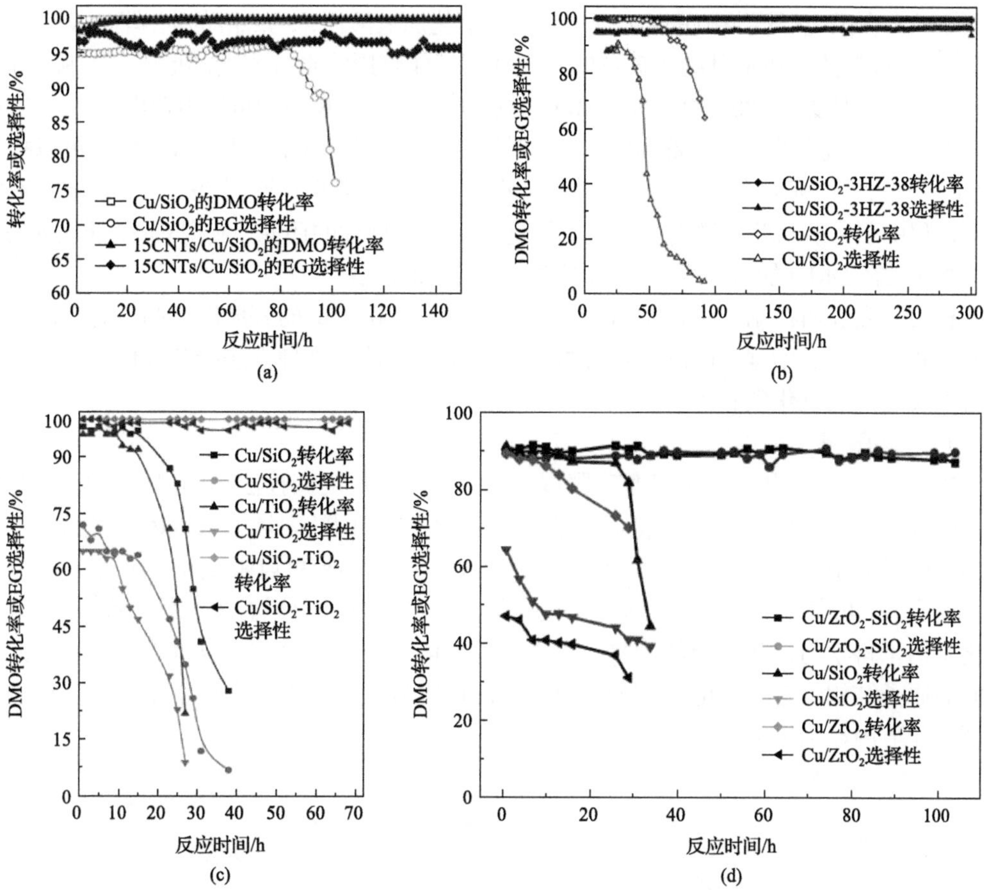

图 5.46 基于二元复合载体的铜硅催化剂提高 DMO 加氢反应的稳定性[196,231,234,235]

c. 有机物修饰

有机物修饰/衍生的催化剂在 CO_2 催化加氢，CO_2-CH_4 重整中已经有所报道。Jean-Marie 等[237]将环糊精(CD)应用到合成氧化铝负载的 Co 基催化剂，可以提高 Co 的分散性和还原性，从而提高费-托合成反应速率和重烃的选择性。Bai 等[238]将 β-环糊精应用到氧化锆负载的 Co 基催化剂，β-环糊精的分解可以缓解 CoNP 的团聚。Liu 等[239,240]研究发现 β-环糊精改性的 Ni/SBA-15 或者 Ni/MCM-41 催化剂可以提高催化活性、稳定性和抗积碳能力，这是由于修饰后的催化剂中 NiNP 更小，分散更均匀，与载体的作用力也更强。近年有机金属骨架(metal-organic framework, MOF)衍生的 Cu 基催化剂被热门研究[241-243]。Rungtaweevoranit 等[244]将 18nm 的 CuNP 包裹在一个锆基 MOF(UiO-66)中，发现 Cu 和 Zr 之间有丰富的界面和较强的界面作用，这种催化剂表现出 100%的甲醇选择性，收率也比商用 CuZnAl 催化剂高。

叶闰平等[151,245]发现在制备过程中引入有机物起到类似模板剂作用，形成的金属-有机物的交互结构，改善了表面铜物种的组成。在蒸氨法制备 Cu 基催化剂的过程中引入环糊精，能够改善表面 Cu 物种的比例，增强 Cu 物种与载体的相互作用，催化加氢温度明显降低。叶闰平等[246]采用溶胶-凝胶法制备了 Cu/SiO_2-MOF 催化剂，Cu 负载量只有 7.83%，在反应温度 210℃时表现出较高的催化加氢活性，乙二醇的选择性>95%。黄隆等[247]在水热法合成铜基纳米硅球时发现环糊精能够影响页硅酸铜的形成，控制 CuNP 的尺寸，反应温度为 180℃时，在 DMO 加氢生成乙二醇的反应中可以表现出很高的活性。李天佑等[248]发现在蒸氨法制备铜硅催化剂时引入一定量乙二酸四乙胺(EDTA)，可以控制 CuNP 的尺寸，增强 Cu^0 和 Cu^+活性位点间的协同作用。陈冲冲等[249]发现 Cu 基催化剂的制备过程中引入有机物，经惰性气氛中焙烧就实现铜物种的还原，实现 Cu 基催化剂的免预还原并且在 DMO 加氢反应中表现出较高的活性和稳定性。

相关研究表明在制备过程中引入有机物有利于提高 Cu 的分散度，制备时有助于抑制 CuNP 的生长，增强 CuNP 与载体的相互作用。此外，这种方法绿色环保，有机物焙烧后生成的是二氧化碳和水。

d. 空间限域

2009 年，包信和等提出了基于限域效应的催化“尺度调控法”的概念[250]，近些年来“限域催化”的概念在多相催化中得到广泛应用。所谓的限域或限域体系是指可以将微小的原子分子限制在一定空间(图 5.47)。例如，纳米颗粒可以限域在零维(0D)的分子筛孔道或 MOF 微孔中，从而使催化剂的催化活性和选择性可以有很大的提高[251]。限域催化是纳米科学与催化结合的产物，纳米颗粒与体相金属相比，不仅有更大的暴露面和不同的原子结构组合，其电子和分子轨道性质还因粒子直径下降产生量子效应，在纳米尺度的孔道内显示出电子限域效应。

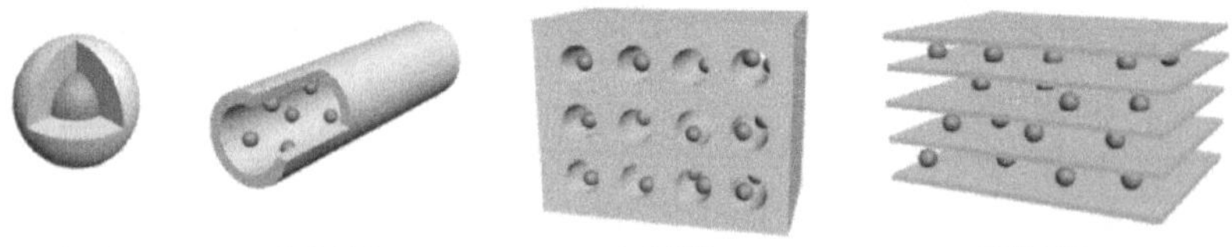

图 5.47　常见具有限域效应的载体[252]

Cu 颗粒在高温下容易烧结团聚，而 DMO 加氢催化剂的活性组分就是铜物种，因此这曾是煤制乙二醇技术工业化的瓶颈。为了解决这个技术难题，有研究者提出通过将 Cu 颗粒锚定在特定的载体限域空间的思路。通过研究者的努力，发现一般具有核壳结构、核鞘结构、介孔结构或者层状结构的载体具有限域效应(图 5.47)。将这些具有限域效应的载体负载的Cu基催化剂应用于DMO加氢反应，不仅可以提高催化剂的活性和选择性，还可以明显提高催化剂的稳定性。

Li 等[253]采用浸渍法将具有核(Ni)壳(Ag)结构的 Ni@AgNP 包裹在 SBA-15 分子筛上，Ni 和 Ag 的几何和电子相互作用在 DMO 加氢反应中表现出协同作用，通过调变反应温度可以调控加氢产物的选择性，并且稳定催化活性(图 5.48)。

岳海荣等[254,255]设计制备了一种芯鞘结构的 Cu@CuPSNT 催化剂，纳米管型的页硅酸铜具有空间效应，可以有效缓解铜的烧结，从而提高催化剂的稳定性。这种新型催化剂特别适用于更高温度下的 DMO 加氢生成乙醇的反应。图 5.49 显示，280℃下乙醇的收率维持 91%(>300h)。

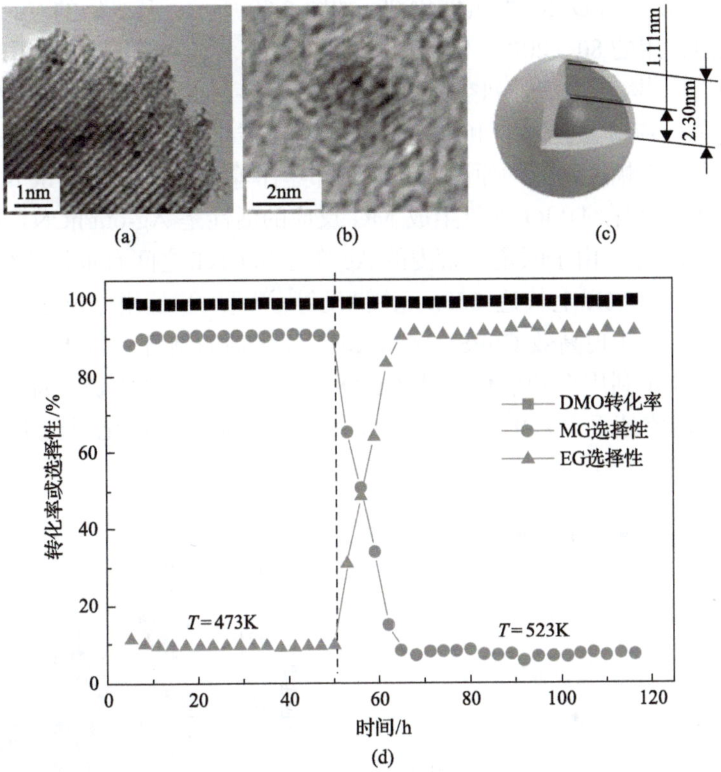

图 5.48 核壳结构 Ag-Ni/SBA-15 催化剂在 DMO 加氢反应中的应用[253]

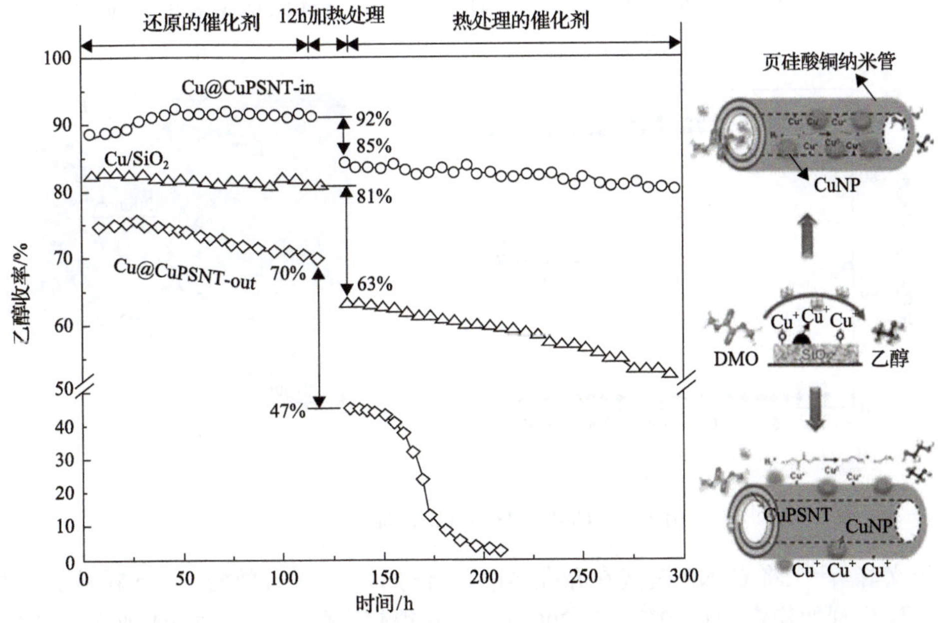

图 5.49 Cu@CuPSNT 和 Cu/SiO_2 催化剂在制备乙醇反应中的活性[254,255]

Yao 等[256]将 SiO_2 空心球和页硅酸铜纳米管结合起来，制备了一种具有球管交联结构(NAHS)的 Cu-NAHS 的 DMO 加氢催化剂。如图 5.50 所示，升级后的 Cu-NAHS 催化剂可以将氢酯比由常用的 80～200 降低到 20，在 300h 内，乙二醇的选择性可以稳定在 95%左右。药大卫等[257]构建了一系列空腔体积不同的 Cu-NAHS 催化剂，研究了催化剂空腔对氢气的富集效应。通过实验和理论计算表明，催化剂存在对反应物的吸附平衡效应，解释了氢酯比大幅度降低的原因。此外，郑建伟等[258]发现 Ag-in/hCNT(AgNP 限定在碳纳米管内)催化剂在 DMO 加氢生成 MG 反应的活性是 Ag-out/hCNT 催化剂(AgNP 在碳纳米管外)的 3 倍，由于限定在管内的 Ag 颗粒和 CNT 之间有很强的相互作用，MG 的收率可以维持在 97%以上长达 200h。许潮发等[259]进一步运用原位还原页硅酸铜的策略限制 CuNP 生长，实现高效 CuPSNT@m-SiO_2 催化剂的制备。CuPSNT@m-SiO_2 催化剂拥有最大化的 Cu 利用率和催化活性 Cu-O-SiO_x 界面，表现出极其优异的催化性能，在 280℃、高液时空速下，TOF 值高达 6254h^{-1}，而普通铜硅催化剂在此条件下的 TOF 值仅为 50h^{-1}。

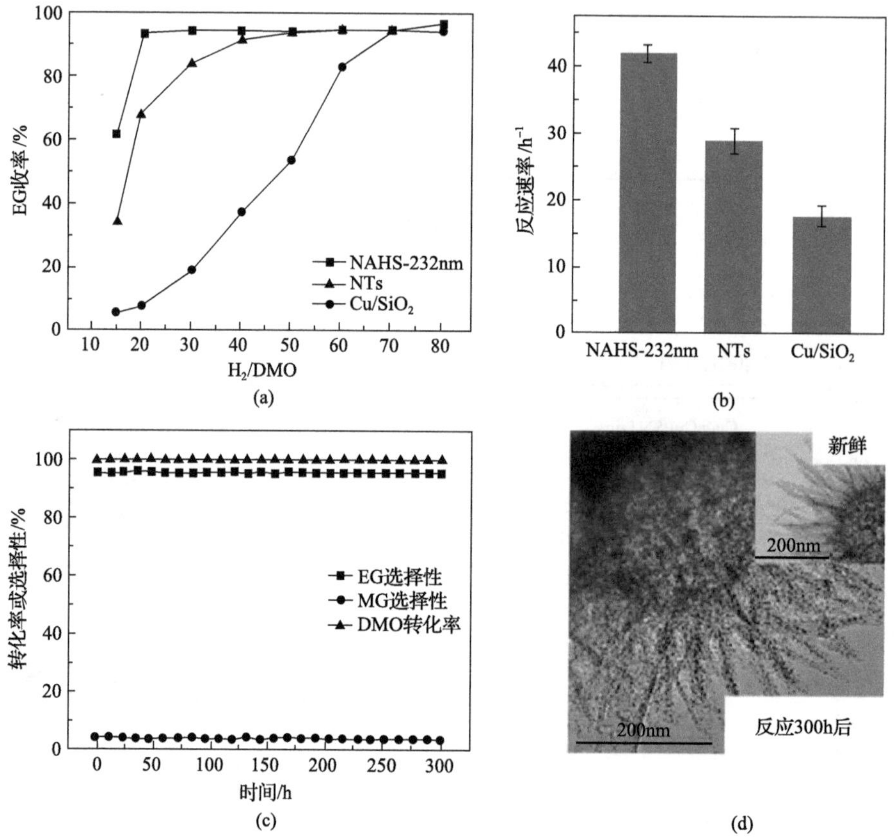

图 5.50 Cu-NAHS 催化剂的催化性能[256]

朱义峰等[260]将 CuNP 镶嵌在介孔 Al_2O_3 结构中，可以有效防止 Cu 颗粒的烧结从而提高催化剂的稳定性(270℃，>200h)，并获得较高的乙醇收率(94.9%)。Al_2O_3 提供的丰富孔道和具备空间限域效应，Cu-Al_2O_3 的界面效应有效地防止 Cu 颗粒的失活

(图 5.51)。作者进一步采用尿素辅助水热沉淀法将高达 15%的 CuNP 单分散到 SiO_2 载体上，这种高分散的 Cu 颗粒是通过每个 Cu 原子在 SiO_2 表面形成四个 Cu—O—Si 键实现的，从而将 Cu/SiO_2-UH 催化剂的加氢性能提高两个数量级(图 5.52)[261]。

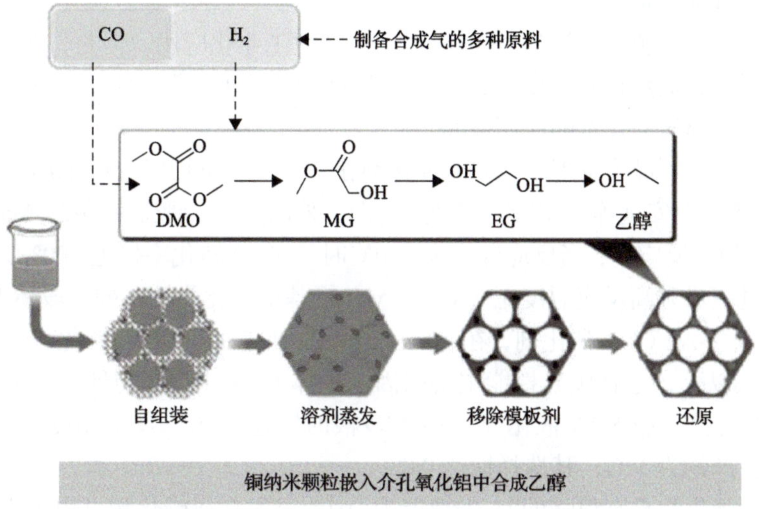

图 5.51　Cu/Al_2O_3 催化剂的制备示意图[260]

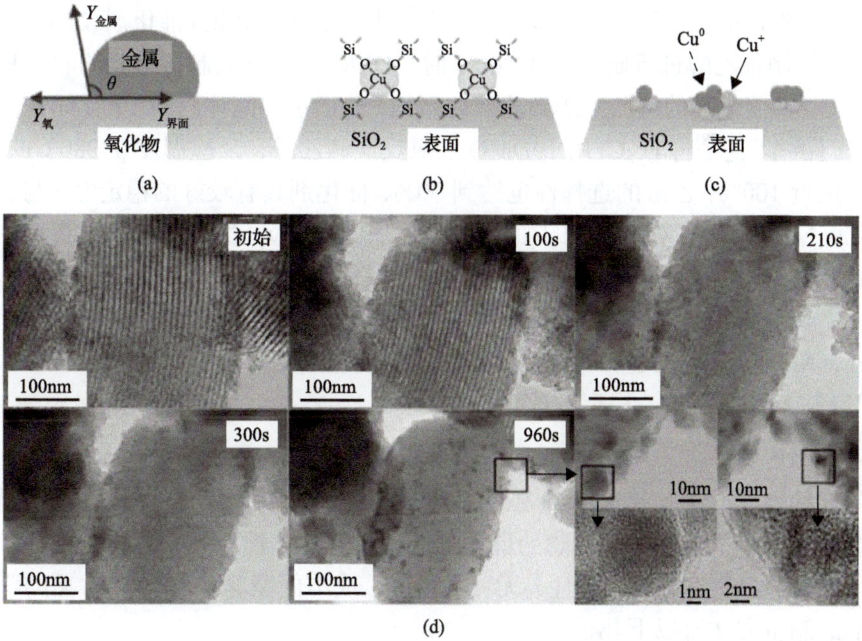

图 5.52　单原子分散的 Cu/SiO_2-UH 催化剂[261]

(a～c)：高分散 CuNP 形成示意图；(d)电子束辐照过程中 Cu/SiO_2-UH 催化剂的高分辨 TEM 图

Zhang 等[206]采用 Cu-Zn-Al 水滑石前体衍生的层状 Cu-Zn-Al 催化剂进行 DMO 加氢制乙二醇反应。由于水滑石和类水滑石的板层上含有碱性位点，加之活性金属被均匀锚定在水滑石层状结构中，颗粒间不易聚集，致使活性金属的分散性和稳定性得到提高，220℃下乙二醇收率达到94.7%。

虽然有关DMO加氢的限域催化研究目前还停留在实验室规模，但这些研究成果为提高DMO加氢催化剂的稳定性开辟了一条更为宽广的道路。

C. 非Cu基催化剂

目前，Cu基草酸酯加氢催化剂已经得到大规模工业化应用。但是，非Cu基草酸酯加氢催化剂的研究依然具有重要意义，不仅有助于深入理解草酸酯加氢反应的机理，还可拓展煤制乙二醇相关技术的应用空间。

UBE公司[262,263]最早发现Ag/SiO_2催化剂在常压条件下可以获得80%以上的乙醇酸甲酯(MG)收率。尹安远等[264]以乳酸银为Ag源，采用溶胶-凝胶法制备的Ag/SiO_2催化剂应用于DMO加氢反应中，当反应温度为220℃时，DMO转化率接近100%，MG选择性高达92%，进一步升高反应温度至240℃，MG将基本转化为乙二醇。段新平等[265]采用CNT为载体制备Ag/CNT催化剂，在10% Ag负载CNT上，DMO转化率和MG选择性均可达到99%以上，这种优异性能主要归因于载体CNT对Ag物种的纳米限域效应。Zheng等[266]制得了Ag-SBA催化剂，在DMO液时空速$0.6h^{-1}$、反应温度200℃时，DMO加氢反应的主产物为MG，其选择性达94%。

过渡金属碳化物具有很强的H_2解离能力，因此过渡金属碳化物可用于诸多加氢反应中。陈媛等[267]将Cu负载在MoC上制备了Cu/MoC催化剂应用于CO_2加氢制甲醇的反应中，该催化剂提高了甲醇的生成速率。Liu等[159]采用Mo_2C/SiO_2催化剂(25wt% Mo_2C)，对DMO加氢制备乙醇进行研究，在200℃时，DMO可以高效制备得到乙醇。其反应路径有别于Cu基催化剂的从乙二醇到乙醇的路径，是通过中间体乙酸甲酯(MA)再加氢得到乙醇。赵玉军等[158]将Fe_5C_2用于DMO加氢反应制乙醇，反应温度在280℃时，DMO的转化率接近100%，乙醇的选择性也达到90%，催化剂具有较好的稳定性。与Mo基催化剂相比，Fe基碳化物对DMO的加氢能力和乙二醇的选择性都有很大提高。他们进一步研究在制备碳化铁的过程中引入纳米Ag可以促进Fe_5C_2生成，乙醇的选择性可达91.8%。

另外，Ma等[183]报道了一种过渡金属磷化物催化剂Ni_2P/TiO_2，在230℃时，是一种DMO加氢制MG的有效、稳定的催化剂。

4) 催化剂的制备方法

催化剂的性能取决于其化学组成、分子结构和物理结构(织构性质)。催化剂的制备方法也会影响催化剂的性能。理想的催化剂应该具有催化性能和物理性质良好，制备工艺简捷易操作、再生性好、无毒性、无环境污染、成本低廉等特点[268]。常见的草酸酯加氢催化剂的制备方法有以下几种。

A. 浸渍法

如果采用成型硅胶作为载体，可采用浸渍法制备催化剂。浸渍法主要考虑的影响因素是载体[233,269-271]，重点在于改善活性组分在载体表面的分散效果。一般认为浸渍法通常使活性物种在SiO_2表面形成氧化物簇。尹安远等[232,269]以介孔分子筛为载体采用浸渍法制备催化剂，考察了利用不同分子筛作载体对催化剂性能的影响，发现在浸渍法中以

HMS 分子筛为载体，能使 Cu 物种在载体表面分散得更加均匀，且催化剂比表面积加大，在反应温度 200℃、压力 2.5MPa 条件下，DMO 的转化率达到了 100%，乙二醇的选择性为 92%。孙琪等[270]认为不同方法制备的催化剂在孔体积、比表面积和表面羟基(OH)的分布上有很大差异，金属颗粒在催化剂中的分散程度和存在状态也有所不同。陈梁锋等[271]比较了化学吸附水解法、蒸氨法和浸渍法制备的 Cu/SiO_2 催化剂在 DMO 加氢制备乙二醇的反应的表现，发现用浸渍法制备的催化剂中 Cu 物种不能很好地得到分散，因此活性较差。

目前 DMO 加氢催化剂很少单独采用浸渍法，但在催化剂改进中为了引入新的元素作助剂也会联用此方法。

B. 离子交换法

离子交换法是利用载体具有可进行离子交换的离子，将活性组分通过离子间的变换(一般是阳离子交换)而负载在载体上，再经过洗涤、还原等制成负载型金属催化剂。离子交换法可制备高分散的铜硅催化剂，对此 Shimokawabe 等[272]和 Kohler 等[273]均做了大量的研究，主要考察了活性组分的负载量、离子交换过程的温度、载体及焙烧温度对铜硅催化剂表面 Cu 物种的形态和表面积的影响及最终对催化剂性能的影响。

Shimokawabe 等[272]在研究了离子交换得到的 Cu/SiO_2 催化剂后，认为负载量和焙烧温度直接影响催化剂表面 Cu 物种的分布，经过离子交换，催化剂前驱体中存在三种状态的 Cu 物种：孤立的铜二氨硝酸盐、簇状的铜二氨硝酸盐以及游离的铜四氨硝酸盐，随着焙烧温度的升高，在 300℃时这些氨配合物开始分解，其中簇状铜离子分解形成高分散的氧化铜，在 720℃时转化为块状氧化铜，而孤立态铜离子却不受焙烧温度的影响，大部分仍保持不变，只有少部分变为高分散 Cu 物种，铜四氨硝酸盐在 500℃快速转变为块状氧化铜；催化剂中 Cu 负载量较低时，Cu 物种主要由孤立铜离子组成，随着 Cu 负载量的增加，表面簇状和游离态的铜离子增多，在高温焙烧下易烧结为大块的 Cu 物种。Kohler 等[273]认为通过离子交换得到的催化剂中 Cu 物种有两种：离子交换的 Cu^{2+}和氧化铜团聚物(<5nm)，氧化铜颗粒是由制备过程中在催化剂颗粒间隙内$[Cu(NH_3)_4]^{2+}$的水解然后焙烧分解后形成的，经过 400℃氢气还原后，离子交换的 Cu 物种只被还原成为 Cu^+，而且保持孤立状态，而氧化铜团聚物则还原为金属 Cu 颗粒，在还原过程中只有极少量的 Cu 颗粒发生迁移与团聚，这主要归因于 Cu 颗粒和孤立态的 Cu^+与载体之间的强相互作用。

尹安远等[274]采用离子交换法制备了一系列 Cu/HMS 催化剂，发现在 60℃进行离子交换得到的催化剂可以使乙二醇的收率达到 98%，反映了离子交换的温度对表面 Cu 物种的分散度和表面化学状态有明显的影响。

杨锦霞[275]发现，当选择不同的 SiO_2 载体，采用离子交换法制备的铜硅催化剂性能不同，由表面含有最多硅烷醇的 SiO_2 载体制备的铜硅催化剂在 DMO 催化加氢中表现出最佳的加氢活性和乙二醇选择性。

离子交换法制备的 Cu 基催化剂具有 Cu 物种分散度高、表面 Cu 面积大、Cu 与载体的相互作用可调节等优点，缺点是催化剂 Cu 负载量较低。如何提高 Cu 负载量并调节 Cu^+的相对含量，仍然需要进一步研究。

C. 溶胶-凝胶法

溶胶-凝胶法是指金属有机或无机化合物经过溶液、溶胶和凝胶而固化。再经过热处理而形成氧化物或其他化合物固体的方法。溶胶-凝胶法虽然是一种简便易行的制备方法，但制备过程中需要控制的参数较多。温度方面要控制前驱液的反应温度、凝胶干燥的温度、焙烧温度等。时间控制方面要控制前驱液搅拌的时间、凝胶的时间和干燥的时间。除此之外，金属源、模板剂等在溶胶-凝胶法制备过程对催化剂的性能有直接影响。这些都影响溶胶胶-凝法的重复性和大规模应用。

溶胶-凝胶法最突出的技术难点就是如何最大程度地削弱硅胶网络对活性物种的包裹作用[276]，并使催化剂有较高活性。林凌等[277]通过溶胶-凝胶法制备了一系列 DMO 加氢制乙二醇的铜硅催化剂，认为溶胶-凝胶法制备过程中存在硅胶网络对 Cu 物种的包裹和 Cu 物种之间的团聚作用，当 Cu 负载量低时硅砼的包裹作用强，而 Cu 负载量高时 Cu 物种间的团聚作用强，只有在合适的 Cu 负载量（15%～25%）时催化剂的催化性能达到最佳，DMO 转化率和乙二醇选择性分别达到 99.9%和 95%。为了优化催化剂的结构提高其催化加氢性能，有人提出引入表面活性剂或有机物抑制硅胶网络对 Cu 物种的包裹，从而暴露出更多的表面 Cu 物种，有效提升铜基催化剂的催化加氢性能[278,279]。叶闰平等[246]采用 MOF 材料作为 Cu 前驱体，利用大骨架 MOF 前驱体很难完全被二氧化硅包裹，从而暴露更多小粒径尺寸的活性位点。即便 Cu 负载量仅有 7.83%，但在最佳反应条件下，DMO 转化率和乙二醇选择性分别达到 99.9%和 98.6%。吴静[280]采用溶胶-凝胶法制备了 $CuO\text{-}CaO/SiO_2$ 催化剂，催化剂中 Cu 颗粒小，CuO 高度分散，糠醛选择性加氢制取 2-甲基呋喃的催化活性高，与 $Cu\text{-}Cr/\gamma\text{-}Al_2O_3$ 催化剂接近。杨德亮[281]等认为添加两种助剂的 Cu 基催化剂在 DMO 加氢反应中性能表现优于添加一种助剂的 Cu 基催化剂。

D. 沉淀沉积法

沉淀沉积法是用于 DMO 催化加氢的铜硅催化剂的一种常用制备方法。这种制备方法中影响沉淀形成的因素较为复杂，因制备参数不同（原料的性质、沉淀剂、沉淀温度、陈化时间、焙烧温度）都会影响沉淀的形成，进而对催化剂性能有很大影响。目前用于 DMO 催化加氢的铜硅催化剂的制备，常在传统沉淀沉积法的基础上进一步优化相关操作。最典型的是，在一定温度下进行一定时间的蒸氨，这种改进的制备方法又被称为蒸氨法。以下介绍几种常见影响沉淀沉积法的因素及其对铜硅催化剂性能的影响。

一是前驱体。一般以硝酸铜为 Cu 源，以硅溶胶为硅源。由于硅溶胶的生产方式和溶胶粒径差别较大，其对 Cu 物种负载及结合的强度都有明显的影响，所以硅溶胶的选择对催化剂性能的影响非常大。

二是前驱体溶液的浓度。黄维捷等[282]考察了催化剂前驱体中 Cu^{2+}浓度、洗涤方式以及 Cu 负载量等因素对催化剂结构和活性的影响，发现采用低的 Cu^{2+}浓度、先水洗再醇洗的洗涤方式有利于得到大孔径催化剂和提高催化剂性能。梁方毅等[283]则发现，以浓度 0.9mol/L 的尿素为沉淀剂，当铜离子浓度为 0.3mol/L 且 Cu 负载量为 25%时，制得的催化剂活性最高。

三是沉淀剂的选择。李竹霞等[90]以碳酸铵和氨水为沉淀剂，硅溶胶为载体，采用沉淀沉积法制备催化剂，其中以氨水为沉淀剂通过均匀蒸氨沉淀沉积法制得的催化剂具有较高的 DMO 加氢活性。这是因为催化剂前体生成一种具有矿物硅孔雀石结构的物质，它具有较高的热稳定性和低温催化活性。文峰等[284]分别以尿素和氨水为沉淀剂，采用沉淀沉积法制备铜硅催化剂，所制催化剂均具有较高活性和选择性，采用尿素沉淀法制备的催化剂更稳定，选择性较高。杨亚玲等[285]发现采用尿素作为沉淀剂，焙烧温度为 400℃时，制备的 Cu 基催化剂活性最高。Wang 等[286]还采用以尿素为沉淀剂的沉积沉淀法制备催化剂，当 Cu 负载量为 6%，反应条件在 200℃、2.0MPa 时，DMO 的转化率为 100%，乙二醇选择性可达 98%。丁杰等[172]认为以氨水作为沉淀剂主要得到页硅酸铜，还原后得到的一价 Cu 物种为 Cu^+—O—SiO_2 单元和少量 Cu_2O，碳酸铵作为沉淀剂有利于生成 Cu—O—Si 结构，这种结构还原后基本得到 Cu_2O，而 Cu_2O 要比 Cu^+—O—SiO_2 单元更稳定。沉淀剂的选择因其直接影响了催化剂前驱体的结构，在沉淀沉积法中具有十分重要的作用也是制备方法研究的重点之一，选择何种沉淀剂还是要从实际出发，甚至也可以同时选择多种沉淀剂。

四是蒸氨温度。van der Grift 等[287]发现，沉淀沉积法制备的 Cu/SiO_2 催化剂包含层状硅酸铜［$Cu_2SiO_5(OH)_2$］，使 Cu 基催化剂有较高活性。巩金龙等[157]发现，反应温度能够调节层状硅酸铜结构性质，影响乙二醇选择性。陈梁锋等[152]则认为蒸氨温度对催化剂性能影响最大。当蒸氨温度为 90℃时，制备的催化剂的 Cu 物种主要以三种形式存在：Cu—O—Si（离子交换层）、离子交换层上高分散的 CuO 和大颗粒 CuO；高分散的 CuO 还原后形成 Cu^0，而页硅酸铜和 Cu—O—Si 离子交换层中的铜很难被还原成 Cu^0，主要还原为 Cu^+，因此催化剂还原后具有较高的 Cu^+/Cu^0 比，有利于催化剂保持高的催化活性。尹安远等[288]还考察了蒸氨法中初始沉淀温度对催化剂性能的影响。结果表明，当初始沉淀温度为 30℃时，制得催化剂中的 SiO_2 为球形；初始沉淀温度为 40℃、50℃时，SiO_2 形貌为针状；初始沉淀温度为 60℃时，SiO_2 为片层状；当温度继续升高至 70℃时，SiO_2 则呈现一种不规则形状。其中，初始沉淀温度为 60℃时，活性 Cu 物种在片状 SiO_2 表面分散比较均匀，比表面积较大，其催化 DMO 转化率为 100%，乙二醇收率为 95%。

五是沉淀时间。文峰等[284]用尿素作为沉淀剂考察了尿素法沉淀时间、Cu 负载量以及沉淀温度对催化剂活性的影响，结果表明沉淀时间达 24h 以上，Cu 负载量为 30%，更高沉淀温度对催化剂活性有利，催化剂具有类硅孔雀石的结构。

此外，王保伟等[289]研究发现均相沉淀沉积法中采用铜氨溶液和硅溶胶并行滴加有助于提高催化剂的比表面积和孔体积，从而提高催化剂的加氢活性与乙二醇选择性。

E. 水热法

李贵贤等[290]以十六胺为模板剂，采用水热法制备了一系列不同 Cu 负载量的 Cu-HMS 催化剂，Cu 负载量对催化剂活性组分的分散性和载体之间的相互作用力影响很大。这种催化剂具有比表面积较高、加氢能力较强、Cu 颗粒分散良好、粒径均一且反应条件较温和的优势。该催化剂在催化 DMO 加氢制乙二醇的反应中表现出优异的催化性能，在反应温度为 205℃、压力为 2.0MPa、氢酯比为 80mol/mol 及液时空速为 $0.4h^{-1}$ 的条件下，DMO 转化率接近 100%，乙二醇的选择性高达 98.11%。张俊峰等[291]采用水热法发明了一种 SBA-15 分子筛负载 Cu 基催化剂。

F. 复合制备方法

复合制备方法就是采用多种制备方法联合制备催化剂，这主要是为了克服单一制备方法无法有效形成目标活性物种而采取的对策。

为了将 Pd 物种引入 Cu 基催化剂中，张传彩等[292]采用蒸氨-浸渍法联用，制备了 Cu-Pd/SiO_2 催化剂，成功地将 Pd 引入 Cu/SiO_2 催化剂表面。这种催化剂在 DMO 加氢中有良好的表现，反应 300h，乙二醇选择性为 96.0%，研究表明由于在 Pd 表面稳定的氢溢流能够促进 Cu 的生成，同时调控 Pd 含量以调节 Cu^+/Cu^0 比，从而抑制 Cu 烧结，延长催化剂的寿命。

岳海荣等[254]采用水热-浸渍法制备了 Cu 基核壳结构的纳米反应器 Cu@CuPSNT。首先采用水热合成法合成出页硅酸铜纳米管(CuPSNT)，然后通过分步等体积浸渍法(IWI)将硝酸铜引入铜硅酸盐纳米管内，最终获得了核(Cu)-壳(CuPSNT)结构的纳米反应器 Cu@CuPSNT。该催化剂应用于 DMO 的加氢反应，表现出较高的催化活性(乙醇收率 91%)和较好的稳定性(大于 300h，280℃)。这种纳米反应器具有合适和稳定的 Cu^0-Cu^+ 的活性位点、空间限制效应、本征的 Cu^0 和 Cu^+ 的高活性表面积以及独特的可调控孔道结构。

赵玉军等采用蒸氨-晶化联用的方法[293]，以介孔氧化硅分子筛 MCM-41 为载体，以铜为活性组分，先进行蒸氨，再将蒸氨后的料液装入不锈钢晶化釜中晶化，最后将滤饼干燥、焙烧后得到 Cu 基催化剂，在乙酸酯加氢中表现出良好的性能，乙酸酯转化率为 98.5%，乙醇选择性高达 99.6%。

草酸酯加氢催化剂的制备方法多种多样，要根据加氢反应的最新研究成果，从生产实际出发，调整催化剂的配方，以制备更高催化性能、更长寿命的草酸酯加氢催化剂为首要目的，选择合适的制备技术。

5) 催化剂的放大生产

如同工艺技术放大，催化剂制备技术放大也是实验室成果走向工业化的关键环节。只有解决了催化剂规模化生产的相关工程技术问题，才能将催化剂实验室制备技术放大生产，批量应用于工业化装置。

(1) 制备规模的放大不仅是量的放大(如原料质量成倍增加、反应容器及相关设备的增大)，还涉及放大过程出现的“放大效应”。催化剂规模化制备可采取逐级放大、循序渐进、先易后难的策略(图 5.53)进行关键技术难点攻关，逐步解决催化剂放大过程中的各种问题。

(2) 生产规模不同，介质流动状况、传质、传热及浓度、温度梯度也不同。催化剂放大制备不能照搬实验室制备方案，需解决放大过程中的一系列问题，如反应器的温场控制、放大过程中活性组分的高分散、抑制活性组分团聚方案在规模放大后是否可行等。

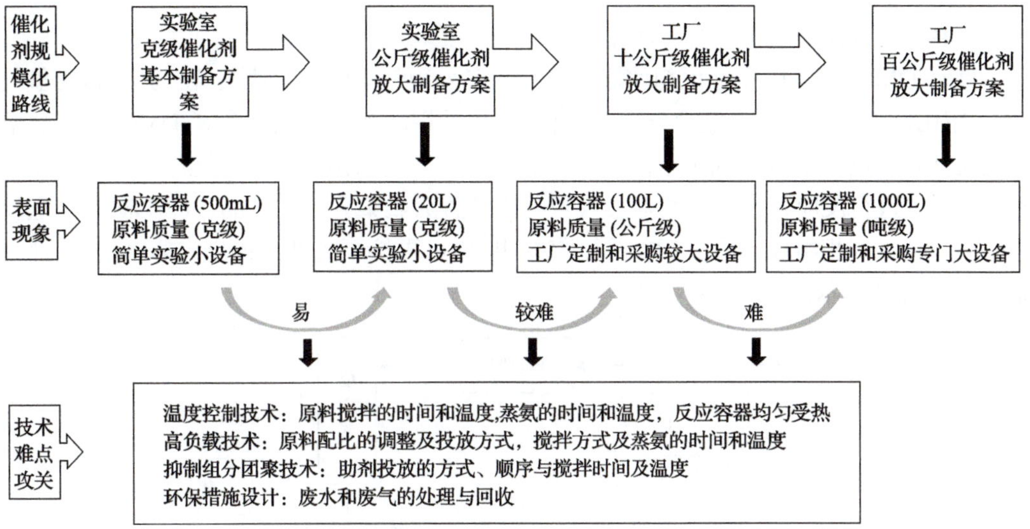

图 5.53　DMO 加氢催化剂规模化制备路线图

(3) 要制定催化剂放大制备后的废液、废气和废渣的处理与回收方案，如废水可以进入水处理系统循环使用，废气可通过吸收液吸收再排放，吸收液再进行无害化处理。

(4) 在制备规模逐级放大的基础上不断摸索最适宜的制备工艺参数，最终发展成包括温度控制技术、高效负载技术、抑制活性组分团聚技术及环保技术在内的规模化催化剂制备技术方案。

(5) 将成熟的规模化催化剂制备技术方案应用于实际生产时，催化剂的生产过程从原料采购到最终成品催化剂的包装储存涉及多项操作，这些操作都可能影响催化剂的质量，因而操作流程的规范化和标准化是非常重要的。为了保证催化剂生产工作的顺利进行和产品质量，在催化剂的生产中需要编写相关操作守则，如原料的保存和取用原则、投料的规范化操作和程序、主要设备的开停车操作程序、废液和废固的处理方案、事故应急处理方案等。

(6) 催化剂规模化生产还要相关设备支撑，如催化剂生产过程中涉及的反应容器、过滤装置、粉化设备和成型设备的选择。

(7) 由于工业应用的催化剂从制备到使用往往需要较长的时间，因而催化剂储存时需要注意保护催化剂以免使用时失效，而引起催化剂活性下降的一个重要原因就是水汽，因而在催化剂的包装、储存、装填过程中都要注意隔绝水汽。此外，在催化剂的包装、储存、装填过程中要避免引入杂质特别是铁等金属离子。催化剂在包装过程中要对包装袋进行抽真空处理并充入保护气。在储存中，催化剂需要室温、严格隔绝与空气中的水汽接触。催化剂装填时一般在露天进行，因而需要选择干燥晴朗的天气进行操作。在催化剂装填前反应器要清洗干净并保持干燥以免杂质影响催化剂活性。在催化剂的使用中要严格控制反应原料中的微量杂质，特别是金属离子的含量，长期运行时，这些金属离子会沉积在催化剂的表面，影响催化剂活性甚至引起催化剂失活。

6) 催化剂的活性评价方法

A. DMO 加氢催化剂实验室评价装置

目前 DMO 加氢反应催化剂性能评价装置多采用气固两相反应装置，其原料为氢气(或一定比例的氢气和氮气混合气)与含有 DMO 的甲醇溶液。其中含有 DMO 的甲醇溶液先通过微量进样泵进入汽化室汽化再与氢气混合后进入预热器，最终进入装有催化剂的反应器中进行反应，反应产物通过气液分离装置后收集到液相产品，即 DMO 加氢反应的粗产品，气相组成经检测后作为尾气排出(或可再接泵重新进入反应体系)，其评价流程如图 5.54 所示。

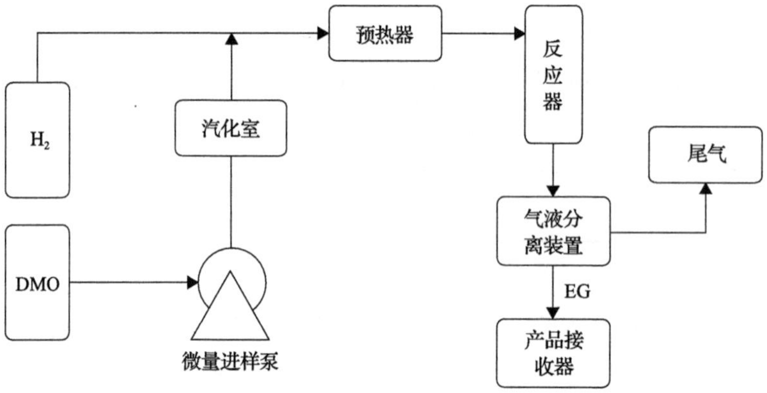

图 5.54　DMO 加氢催化剂性能评价流程

B. 性能评价流程步骤

DMO 催化加氢反应实验室评价流程步骤：①反应管装入 5～10mL 10～20 目催化剂；②加压至 1.0MPa，通过温控仪程序升温至设定还原温度下，催化剂在氢气气氛中还原活化处理一定时间，然后降到所需反应温度；③系统压力增加到 2～3MPa，氢酯比(H_2/DMO 的摩尔比)调到 50～100；④最后通过微量高压泵将原料液送入反应管进行活性测试，催化剂的活性和稳定性考评均在小试装置中完成；⑤实验数据记录与分析，取样后通过气相色谱仪对产品进行分析和定量计算。

5.4　煤制乙二醇工业化进程

2009 年，福建物质结构研究所与企业合作率先实现了煤制乙二醇技术的工业化，引发了国际煤制乙二醇技术的研发热潮，许多研究机构和企业随后加快了煤制乙二醇技术工业试验和工业化的步伐。经过 10 年时间的发展，形成了各自的技术并在中国建成了数十套工业化装置。2020 年，中国煤制乙二醇的产能首次超过了石油路线乙二醇(环氧乙烷水合工艺)的产能。展望未来，随着技术的日趋成熟和合理布局，煤制乙二醇将成为中国生产工业乙二醇的主流技术，这对保障中国能源安全、缓解乙二醇大量依赖进口的局面、减少石油资源消耗、促进煤炭清洁高效绿色转化具有重要的意义。

5.4.1 中国科学院福建物质结构研究所技术

福建物质结构研究所是中国国内最早开展煤制乙二醇技术研究的单位之一，从 20 世纪 80 年代开始，到 2009 年与企业联合首先实现了 20 万吨煤制乙二醇技术的工业示范，之后又开发了新一代技术，凝聚了几代科研人员持续 40 年的科技创新成果。其发展历程如图 5.55 所示。

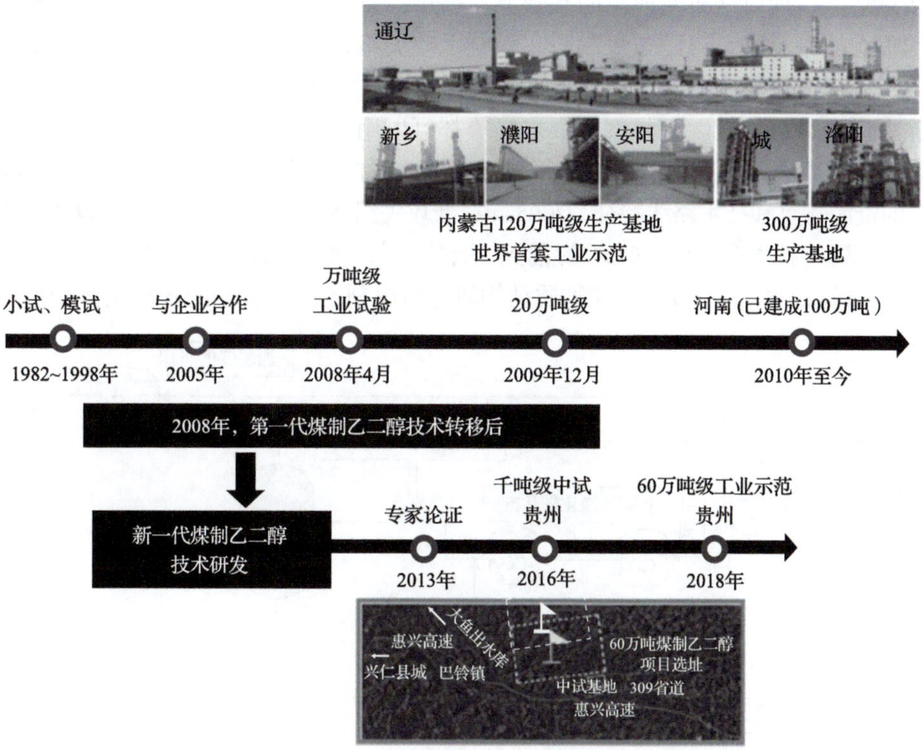

图 5.55 福建物质结构研究所煤制乙二醇技术的工业化发展历程

1. 早期攻关和技术积累

基于我国“缺油、少气、煤炭资源相对丰富”的资源特点，20 世纪 80 年代，中国加强了 C_1 化学的科学研究工作。由于能利用我国相对丰富的煤炭资源代替石油生产大宗化学品乙二醇，在中国具有重要的战略意义，国家发展和改革委员会（原国家计划委员会）将“CO 气相催化合成草酸酯和乙二醇新工艺的开发”列为中国“八五”重点科技攻关计划，中国多家高校、科研院所和企业都开展了相关的科学研究工作。

福建物质结构研究所在 1982 年开展了“CO 合成草酸酯、草酸酯加氢制乙二醇”的研究。1985 年产生了福建物质结构研究所的第一项有关这项技术的发明专利[46]。1993 年，通过了国家“八五”攻关项目的验收，完成了 200mL 催化剂规模、1000 多小时催化剂寿命考察的模试工作，打通了新工艺路线全过程，完成了对“CO 羰基偶联反应制备草酸酯、草酸酯加氢制备乙二醇”的连续反应技术的工艺验证，达到了立项任务指标[68]。经过长达 20 多年的实验室研究，完成了具有自主知识产权的实验室微反应和模试技术研究，形成了“CO 合成草酸酯、草酸酯加氢制备乙二醇”的工艺技术。

2. 率先实现煤制乙二醇技术的工业化

20 世纪末，世界经历了三次石油危机后，原油价格持续上涨，以煤代油生产大宗化学品的技术越来越受到各个国家的重视，对一些大量进口原油的国家显得尤为重要。2004 年，在总结、梳理以往科研成果的基础上，福建物质结构研究所重新认识到煤制乙二醇技术的重大战略意义，组建了煤制乙二醇技术攻关组，由时任副所长姚元根研究员为组长，组织技术力量集中协同攻关，加快推进煤制乙二醇技术的工业化进程。

除了煤炭，石油气、天然气、页岩气等都可以用来制备合成气，且合成氨厂、钢铁厂、焦化厂、黄磷厂的工厂尾气也富含 H_2 和 CO。根据我国“缺油、少气、煤炭资源相对丰富”的资源特点和技术路线特征，2005 年，新攻关组将原来的“CO 合成草酸酯、草酸酯加氢制乙二醇”技术命名由“CO”提前到“合成气”，再由“合成气”提前到“煤”，正式更名为“煤制乙二醇”，形成了福建物质结构研究所煤制乙二醇技术的基本流程(图 5.56)。

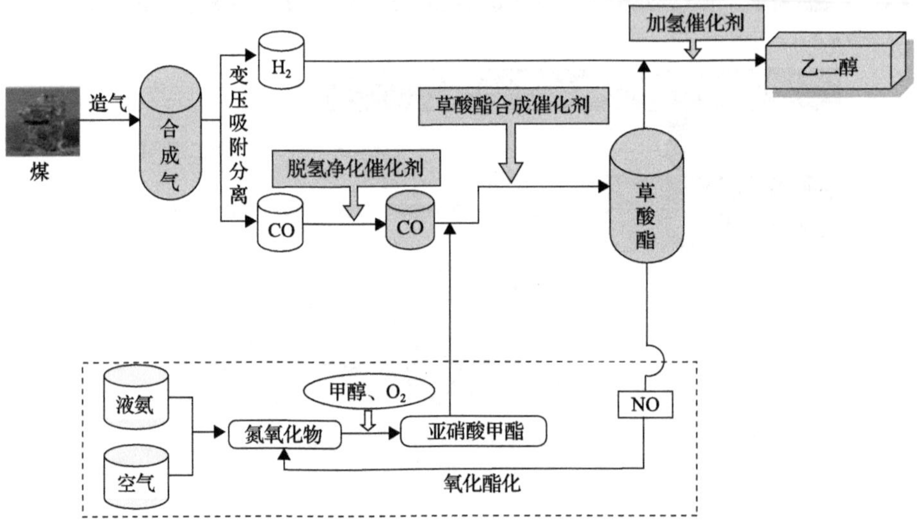

图 5.56　福建物质结构研究所煤制乙二醇技术的工艺流程

1) 百吨级中试

2005 年，福建物质结构研究所与江苏丹化集团有限责任公司(简称丹化集团)、上海金煤化工新技术有限公司(简称上海金煤)联合，启动了煤制乙二醇技术的百吨级中试。

福建物质结构研究所加强了催化剂研发与性能评价，提升了三种关键催化剂的催化性能并进行技术集成。在此基础上，由上海金煤投资，在江苏丹阳丹化集团的厂区内建成了“CO 气相催化合成草酸酯(300t/a)和乙二醇(100t/a)”的中试装置(图 5.57)，于 2006 年初完成了催化剂寿命连续 1000h CO 气相合成草酸酯的中试考察，达到日产 900kg 草酸二甲酯的能力。2006 年 12 月，完成了催化剂寿命连续 1000h 的草酸酯加氢制备乙二醇的中试考察。

图 5.57　百吨级中试装置

2) 万吨级工业试验

百吨级中试后，为了进一步考察技术放大后的经济性，在上海金煤投资下，于 2007 年 8 月在江苏丹阳丹化集团厂区内建成了世界首套万吨级煤制乙二醇工业试验装置(图 5.58)并实现稳定运行。2008 年 6 月，完成了万吨级煤制乙二醇工业试验，实现了预期各项任务指标，全面考察了催化剂、工艺和装备等技术，验证了经济指标的先进性、合理性。2009 年 3 月，万吨级煤制乙二醇成套工艺技术通过了由中国科学院基础科学局组织的技术鉴定。专家组一致认为：该成套技术符合循环经济三原则，拥有完整自主知识产权，全部以工业 CO、NO、H_2、O_2 和醇类为原料，反应条件温和，技术指标达到了设计要求，万吨级工业试验装置运行稳定，具备了进一步建设大规模工业化生产装置的条件。

图 5.58　世界首套万吨级煤制乙二醇工业试验装置

3) 20 万吨工业示范

2007 年 6 月，丹化集团、上海金煤、福建物质结构研究所在内蒙古自治区通辽市联合成立了通辽金煤化工有限公司(简称通辽金煤)，启动了 120 万吨/年规模(首期 20 万吨工业示范）煤制乙二醇技术的工业化项目。2009 年 12 月，世界首套 20 万吨煤制乙二醇工业示范装置打通了全厂工艺流程，生产出合格的乙二醇产品（图 5.59）。

图 5.59　建在通辽市的 20 万吨煤制乙二醇工业示范装置

4）技术推广

2010 年，通辽金煤与河南煤业化工集团有限公司（后更名为河南能源化工集团有限公司）联合成立了河南永金化工投资管理有限公司，并先后在河南省安阳、新乡、濮阳、永城和洛阳建成了五套 20 万吨/年煤制乙二醇工业生产装置。截至 2017 年，福建物质结构研究所的“第一代煤制乙二醇技术”（2009 年前的技术）共建成 6 套 20 万吨装置，合计产能 120 万吨/年，这 6 套 20 万吨煤制乙二醇装置经过技改调整后，均实现了满负荷运行、产出聚酯级乙二醇产品。福建物质结构研究所的第一代煤制乙二醇技术成为当时开车率最高、运行最稳定的技术。

5）技术影响力

2009 年，煤制乙二醇技术在世界现代煤化工领域崭露头角，引起了业界的震动，也得到了中国科学院的高度评价，在 2007 年中国科学院党组冬季扩大会议和 2008 年中国科学院工作会议上，作为“源头创新，点石成金”典型案例向全院介绍。2009 年 5 月，中国科学院在北京人民大会堂举行“世界首创万吨级煤制乙二醇技术”新闻发布会，时任全国人大常委会副委员长、中国科学院院长路甬祥在会上充分肯定了技术先进性，高度评价了技术创新机制，是“知识创新、技术创新和工程产业化”的“金三角”科技创新模式，对推动科技创新、成果转移转化与产业化、创建高新技术企业具有示范作用。

煤制乙二醇研究集体被评为“2009 年中国科学院杰出科技成就奖”。煤制乙二醇技术的工业化入选为“2009 年中国十大科技进展新闻”（图 5.60）。煤制乙二醇技术被中国国务院列入 2009～2011 年中国石化产业调整和振兴规划，也列入中国“关于发挥科技支撑作用促进经济平稳较快发展的意见”中作为促进产业振兴的重点先进技术之一。2010 年，中国科学院在福建物质结构研究所成立了中国科学院煤制乙二醇及相关技术重点实验室。2018 年，福建物质结构研究所的煤制乙二醇技术作为“煤炭清洁高效利用核心技术和工业示范”的成果之一入选中国科学院改革开放 40 周年 40 项标志性科技成果。

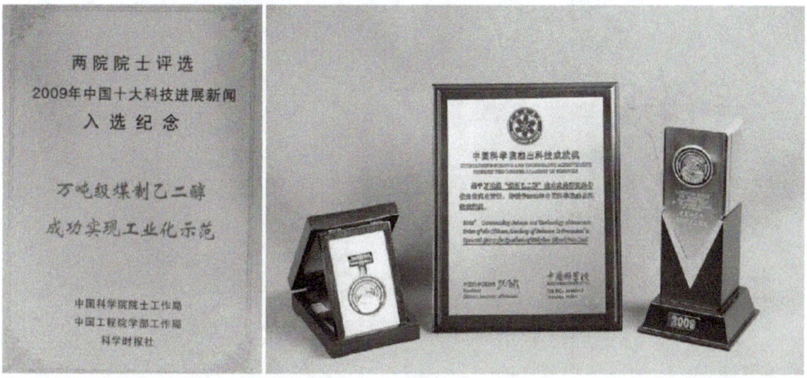

图 5.60　2009 年中国十大科技进展新闻和 2009 年度中国科学院杰出科技成就奖

3. 新一代煤制乙二醇技术

2008 年以后，为了继续保持技术优势、为企业创造更好的经济效益、促进我国现代煤化工技术的健康发展，福建物质结构研究所在科技部 973 计划、863 计划、科技支撑计划，中国科学院战略性先导科技专项(A 类)、中国科学院科技成果转移转化重点专项(弘光专项)等多个项目的支持下，进一步开展新一代煤制乙二醇技术研发。重点解决第一代技术中脱氢净化和草酸酯合成催化剂贵金属负载量高、脱氢净化催化剂选择性低、草酸酯加氢催化剂含有对环境有污染的铬等技术难题，更新三种核心催化剂及其工艺技术，进一步降低物耗、能耗，优化乙二醇精馏工艺和产品方案，形成有独立知识产权的新一代煤制乙二醇技术。

2013 年 3 月，由上海碧科清洁能源技术有限公司组织专家对新一代煤制乙二醇技术进行了技术论证，以陈洪渊院士为组长的专家组一致认为：福建物质结构研究所在催化剂活性组分高分散、贵金属减量化及替代等技术方面取得了显著的技术进步，成功开发了新一代煤制乙二醇系列催化剂及其工艺技术，形成了具有独立知识产权的新一代煤制乙二醇实验室技术，该技术具有竞争性和商业化推广价值。

2016 年 10 月，福建物质结构研究所以新一代煤制乙二醇技术的无形资产入股、贵州鑫醇能源有限公司以现金出资，在贵州省黔西南州兴仁县合作成立了贵州鑫醇科技发展有限公司，开展新一代煤制乙二醇技术的千吨级工业试验和工业化。千吨级工业试验装置于 2017 年 2 月开工建设，2017 年 9 月建成并中交。2018 年 2 月试车运行，2018 年 5 月底打通全部工艺流程后实现 1000 多小时的工业试验，生产出合格的乙二醇产品。2018 年 9 月通过中国石油和化学工业联合会组织的现场连续 72h 标定。

2018 年 9 月，在“贵洽会”期间，由中国科学院、贵州省人民政府和中国石油和化学工业联合会在贵阳联合举办了“现代煤化工暨新一代煤制乙二醇产业研讨会”(图 5.61)。中国石油和化学工业联合会科技与装备部副主任王秀江宣布了新一代煤制乙二醇技术(NCTEG)千吨级工业试验考核结果，新一代煤制乙二醇技术向大规模产业化迈出了坚实的步伐。

图 5.61　新一代煤制乙二醇技术千吨级工业试验装置(贵州兴仁)

5.4.2　日本 UBE 公司的技术

日本 UBE 公司是日本大型综合化学企业之一，成立于 1942 年，是世界上最早开发 CO 氧化偶联合成草酸酯技术的企业之一。20 世纪 70 年代，UBE 研究开发了由低碳醇氧化羰基化合成草酸酯的液相法工艺路线[60,61]，在 1978 年建立了一套年产 6000 吨草酸二丁酯的工业试验装置，生产的草酸酯成本比传统的草酸酯化法降低 40%左右。但液相法条件比较苛刻，存在高温、高压及催化剂易流失等工艺缺点。

UBE 随后开展了气相法的研究[63]，在反应中引入关键的亚硝酸酯。20 世纪 80～90 年代，UBE 对该方法进行了中试[64]，并先后发表了一些专利[65]，已基本具备工业化的条件。

2009 年，UBE 与高化学株式会社(简称高化学)联合，由高化学代理运营 UBE 在中国的合成气制乙二醇技术许可和催化剂生产销售，并将高化学北京事务所重组为北京兴高化学技术有限公司，负责合成气制乙二醇技术许可业务。

2009 年，高化学与中国东华工程科技股份有限公司、浙江联盛化学工业公司签订了联合开发协议，形成高化学-东华联合体。委托安徽华工程科技股份有限公司设计技术工艺包，双方共享工程化的知识产权。2010 年 5 月，该联合体共同出资在浙江台州建成了年产 1500 吨草酸酯加氢制乙二醇的中试装置，取得了完整的运行数据，其产品符合国家标准 GB 4649—2008 优等品标准。为了区别中国的煤制乙二醇技术，高化学在中国注册了“SEG”商标，直译是“合成气制乙二醇”。2011 年，高化学在江苏省南通市成立了高化学(江苏)化工新材料有限责任公司，负责催化剂的生产和销售业务。

中试成功后，2011 年 5 月，高化学与新疆天业(集团)有限公司(简称新疆天业)签订了合作协议，利用新疆天业的电石尾气作为原料来制备乙二醇，装置规模为 5 万吨/年，2011 年 7 月开工建设，2012 年 12 月 27 日投料，2013 年 1 月 6 日一次性产出符合中国国标优等品的乙二醇产品(图 5.62)。5 万吨装置成功后，高化学在中国国内进行了技术商业化推广。

图 5.62　新疆天业 5 万吨/年乙二醇装置

2015 年，新疆天业 20 万吨/年乙二醇装置建成，分两条 10 万吨装置，2015 年 3 月投产，用电石炉气生产乙二醇；2016 年因电石炉气供应不足未满负荷生产，全年计划产量 16 万吨，实际产量 17.6 万吨，获得聚酯级乙二醇产品，装置各项指标达到设计要求(图 5.63)。

图 5.63　新疆天业二期 20 万吨/年乙二醇装置

2016 年 10 月，阳煤集团寿阳化工有限责任公司(简称阳煤寿阳)20 万吨/年乙二醇投料试车，2016 年 11 月生产出优等品乙二醇，年平均负荷稳定在 90%以上。20 万吨装置包含 6 个 DMO 反应器(7.5 万吨)以及 4 个加氢反应器(5 万吨)(图 5.64)。

2018 年 5 月 31 日，贵州黔希煤化工投资有限责任公司 30 万吨/年乙二醇开车成功。项目位于贵州省毕节市黔西县经济开发区，2010 年开始建设，后因资金未到位，项目陷入停滞，2016 年，在贵州省地方政府与河南能源化工集团有限公司双方的努力下解决了资金问题，项目重新开工并于 2018 年上半年投产(图 5.65)。

2018 年 8 月 17 日，新疆生产建设兵团天盈石油化工股份有限公司 15 万吨/年天然气制乙二醇开车成功。项目于 2016 年 4 月开工建设，项目总投资 22.05 亿元，分两期建设。该公司是国内首家以天然气为原料制乙二醇的大型石油化工企业，也是兵团投资公司控股的企业。

图 5.64　阳煤寿阳 20 万吨/年乙二醇装置

图 5.65　贵州黔希 30 万吨/年乙二醇装置

2018 年 10 月 1 日，中盐安徽红四方股份有限公司 30 万吨/年乙二醇开车成功，项目建设地点为安徽合肥循环经济示范园，总投资 49.46 亿元，联产 5 万吨/年碳酸二甲酯。

截至 2022 年 6 月，累计签约的 SEG 项目数共计 23 个，年总生产能力达到 940 万吨，其中超过 350 万吨的产能已经投产运行。

5.4.3　其他技术进展

1. 上海浦景的技术

上海浦景化工技术股份有限公司（简称上海浦景）成立于 2005 年，目前拥有上海浦景化工新材料有限公司和安徽浦能环保新材料科技有限公司两个全资子公司。浦景化工新材料有限公司专门负责浦景化工各项专有技术的配套催化剂生产和销售，浦能环保新材料科技有限公司主要负责聚乙醇酸降解材料产品的生产和销售。上海浦景的煤制乙二醇技术来源于华东理工大学，2009 年上海浦景与华东理工大学合作，同时与安徽淮化集团有限公司联合在淮化集团建设千吨级中试装置，进行工业试验和工程放大，上海浦景拥有独立实施许可权。其发展过程如下：

2015年3月,内蒙古鄂尔多斯市新杭能源有限公司30万吨/年一期乙二醇投产。2016年10月实现三线安稳长满运行，负荷达到110%，优级品大于98%。2018年10月装置扩能改造到40万吨/年，月产超过2.8万吨。

2015年4月，安徽淮化股份有限公司10万吨/年乙二醇装置投产，是30万吨/年、52万吨/年尿素改造项目。

2017年4月，阳泉煤业集团平定化工有限责任公司20万吨/年项目投产，采用二代乙二醇技术，2018年7月装置消缺整改后实现满负荷生产。

2017年11月16日，中国神华煤制油化工有限公司(以下简称神华煤制油)和上海浦景股权合作协议签约仪式在上海举行。根据协议，神华煤制油出资1.8亿元入股上海浦景，双方将在煤制乙二醇及煤制聚乙醇酸领域展开全面深入合作。

2018年5月，内蒙古易高煤化科技有限公司24万吨/年一期12万吨/年投产，是全球首套甲醇改乙二醇装置。

2022年以来，技术授权装置投产7台，总产能170万吨，技术授权为服务总业绩近30套，总授权及服务业绩规模达600万吨以上。

上海浦景乙二醇授权装置产品主要应用分布到聚酯、不饱和树脂、防冻液三个领域，主要销售到华东和华南地区，与整体行业水平一致。

产品主要销往福建众盈化纤科技有限公司、绍兴远征化纤有限公司、新凤鸣集团股份有限公司、华润纺织(集团)有限公司、江阴市华宏化纤有限公司、绍兴柯桥金盛化纤有限公司、浙江双兔新材料有限公司、福建百宏纺织化纤实业有限公司、中国石化仪征化纤股份有限公司和浙江桐昆集团股份有限公司等企业。目前上海浦景的乙二醇产品可满足20%～100%任意掺混比例应用，但价格与石油级依然有50～500元/吨的价差。

2. WHB的技术

中国五环工程有限公司、华烁科技股份有限公司、鹤壁宝马科技集团有限公司三家公司采取“科技-工程-生产”相结合的模式，联合开发中国五环工程公司-华烁科技股份有限公司-鹤壁宝马集团(WHB)煤制乙二醇技术，简称WHB煤制乙二醇技术，其技术源自湖北省化学研究院，2008年湖北省化学研究院整体转改制成华烁科技股份有限公司。

2006～2009年，湖北省化学研究院(华烁科技股份有限公司)完成了三项关键催化剂的开发。2010年WHB开始建设300吨/年中试装置，2011年3～9月进行中试，2011年12月12日中试成果通过了国家能源局组织的专家鉴定。2016年4月，河北省阳煤集团深州化肥有限公司22万吨/年乙二醇开车。

目前，WHB转让技术有实质性进展的有3家，合计规模102万吨。其中投产河北省阳煤集团深州化肥有限公司(简称深州化肥)，2016年4月开车，乙二醇规模为22万吨/年。内蒙古荣信化工有限公司于2019年投产，规模为40万吨/年。哈密广汇环保科技有限公司荒煤气综合利用和万吨/年乙二醇装置2021年10月建成投料试车，2024年4月投产。

3. 中国石化的技术

在中国石油化工大型企业中，中国石化在煤化工领域表现最为积极主动，不仅开发了中国石化的 MTO 和甲醇制丙烯(MTP)技术，也开发了煤制乙二醇技术。中国石化的煤制乙二醇技术由中国石化上海石油化工研究院负责开发(2010 年开始)，联合扬子石化进行中试，在湖北化肥厂(湖北枝江)进行了 20 万吨/年的工业示范。

中国石化湖北化肥分公司(简称湖北化肥)位于湖北省枝江市，有以天然气和煤为原料的两套造气系统。上游装置具备年产 90 万吨合成氨的供气能力，下游装置具备 39.6 万吨/年合成氨、60 万吨/年尿素的生产能力。按照中国石化“十二五”发展规划中大力发展煤化工的战略，湖北化肥进行产品结构调整，开展了 20 万吨/年乙二醇示范项目。

2011 年 4 月 18 日，中国石化上海石油化工研究院在扬子石化厂区内建成了 1000 吨/年的中试装置。2012 年 6 月 28 日一次开车成功，产出了合格的目标产品，并完成了 96h 考核。

2012 年 2 月，中国石化湖北化肥 20 万吨/年合成气制乙二醇项目获得国家发展和改革委员会备案，4 月正式获批建设，该项目总投资 19.87 亿元，利用现有壳牌粉煤气化装置富裕的合成气，2014 年 3 月 9 日，打通全流程。

2016 年，湖北化肥 20 万吨/年乙二醇工业示范装置先后完成二轮满负荷 72h 技术标定及 110%高负荷试验。

2017 年 3 月 9 日，该项目接受国家石化有机原料合成树脂质量监督检验中心抽样检验，各项指标达到工业用乙二醇国家优等品要求，2017 年底，该项目正向达产达效目标迈进。

4. 上海华谊的技术

上海华谊(集团)公司(简称上海华谊，上海最大化工企业)是国内较早开展煤制乙二醇产业化开发的大型国企，华谊集团旗下的上海焦化有限公司在 20 世纪 90 年代就与国内多家技术研发单位接洽，商谈合作事宜，直到 2000 年后才与华东理工大学正式合作开展立升级催化剂规模的模试。之后双方停止合作，上海焦化有限公司独立开展了 1500 吨/年中试，其煤制乙二醇技术发展的历程如下：

2003～2005 年，开展小试研究，确定了合成催化剂、加氢催化剂的配方。

2006～2008 年，百吨级模试装置打通全流程，生产出乙二醇产品，同时完成了催化剂的放大生产技术与长周期单管寿命考评。

2011 年，建设 1500 吨/年的乙二醇装置。

自 2013 年 7 月投运以来，历经消缺整改、打通全流程、产品得率及质量达标等阶段。截至 2014 年 12 月，示范装置已累计稳定运行超过 1 年，生产负荷达到 90%以上，聚酯级产品收率达 93%以上，乙二醇选择性大于 97%，未发生一起安全和环保事故，形成了 10 万～30 万吨/年乙二醇成套技术。

2017 年 7 月，广西钦州市政府与上海华谊集团签约“钦州煤基多联产项目投资协议”，其中包括拟建设 20 万吨/年煤制乙二醇项目。该装置历时 30 个月的建设，于 2021 年 6 月投料试车，8 月投产。

5. 中科远东的技术

中科远东集团有限公司（简称中科远东）是煤制乙二醇技术领域的新军。中科远东合成气制乙二醇技术以宁波金远东石化工程技术有限公司、中国成达工程有限公司、山东华鲁恒升化工股份有限公司（简称华鲁恒升）、中国科学院宁波材料技术与工程研究所为联合体，全权授予宁波金远东石化工程技术有限公司进行商业化推广，可提供乙二醇工艺包，核心催化剂、工程设计、员工技能培训及开车服务。

2014 年 4 月至 2015 年 5 月，宁波金远东石化工程技术有限公司和中国科学院宁波材料技术与工程研究所对华鲁恒升原有 5 万吨/年乙二醇装置进行工艺和催化剂改造。2016 年 6 月开车运行，该催化剂经华鲁恒升一年多的运行，优等品率达 95%以上，产品 220nm 波长的紫外透光率≥95%。

截至目前，采用中科远东乙二醇技术的有华鲁恒升的 5 万吨/年和 50 万吨/年两套装置、陕西榆林能源集团有限公司一期 40 万吨/年装置，以及安徽昊源化工集团有限公司 30 万吨/年合成气制乙二醇项目。

资料显示，华鲁恒升 5 万吨/年乙二醇项目于 2012 年 5 月建成投产，但装置开开停停，极不稳定。自 2012 年 5 月投产至 2013 年 3 月，乙二醇合计产量仅为 1080 吨。同时，各项消耗较高，吨成本高达 12052 元，产量低、质量差，只能进入低端市场。主要存在四大问题：一是流程设计存在缺陷；二是工程化经验不足；三是工艺包数据与实际运行差距大；四是催化剂产率低。

2014 年 5 月，该项目采用宁波金远东石化工程技术有限公司合成和加氢催化剂，对原系统进行全面升级改造，重点改造内容为循环酯化偶联系统、加氢系统以及全方位改造乙二醇精馏系统等一系列措施。截至 2016 年 7 月，华鲁恒升 5 万吨/年合成尾气制乙二醇节能项目自技改完成后，已稳定运行 13 个月，日产乙二醇 150 吨以上，产品质量优等品率达 95%以上。

2017 年底信息显示，2015 年 8 月投产以来，年产 5 万吨装置一直运行正常，并基本处于满产状态。华鲁恒升的 50 万吨/年乙二醇装置于 2018 年 9 月投产，截至 2018 年 11 月已连续安全平稳运行近 2 个月，装置负荷 100%，优等品率 100%。

6. 天津大学的技术

天津大学自 1987 年就开始草酸酯加氢制乙二醇成套技术的研发，是中国国内最早开展煤制乙二醇技术的研发单位之一。天津大学在 2000 年以前在河北、云南等地与企业联合开展中试。2014 年 4 月由天津大学和贵州鑫晨煤化工（集团）有限公司（2022 年更名为贵州鑫新材料科技集团有限责任公司）合作建设的千吨级黄磷尾气制乙二醇和乙醇中试装置通过中国石油和化学工业联合会组织的专家组现场考核验收。该项目首创利用同一装置及催化剂，仅改变操作条件，可分别高选择性地生产乙二醇和乙醇。该装置经过 1

年多的稳定运行，验证了天津大学自主知识产权的合成气制乙二醇、乙醇成套技术的可靠性。针对目前业界较为关注的加氢催化剂稳定性问题，通过分别在加氢温度 200℃生产乙二醇(乙二醇选择性＞98%)及 270℃生产乙醇(乙醇选择性＞80%，低碳醇选择性＞93%)的切换运行，验证了加氢催化剂的高活性及高稳定性，催化剂寿命超过 1.5 年。

2015 年，惠生工程与贵州鑫新化工(集团)、天津大学签订合成气制乙二醇战略合作协议，共同推进乙二醇成套技术商业化。同时，惠生工程将为协议下的示范装置黄磷尾气制 7 万吨/年草酸、7 万吨/年乙二醇项目提供 EPC 总承包服务。根据协议，天津大学提供合成气制乙二醇成套技术基础工艺包，惠生工程负责工艺包转化、工程设计和工程总承包，鑫新集团投资建设万吨级乙二醇示范装置。

40 万吨/年的技术转让已经在内蒙古辉腾能源化工有限公司实施，2017 年 1～5 月，累计完成投资已超过了 5 亿元。2018 年 1 月进入设备安装阶段。

7. 西南化工研究设计院有限公司的技术

西南化工研究设计院是原化工部直属重点技术开发型院所，原也是中国最早进行煤制乙二醇技术研发的单位之一，后改制成中国昊华化工集团股份有限公司的下属企业西南化工设计研究院有限公司(简称西南院)。其乙二醇技术的开发历程如下：

1986 年，开展合成气制乙二醇技术的开发(偶联羰化与加氢两个系列催化剂)。

2006 年，承担“含 CO 工业废气净化提纯一氧化碳”国家科技支撑计划项目。2006 年承担“十一五”科技支撑计划项目“非石油路线制乙二醇”攻关课题。

2008 年，建立 15 吨/年的中试装置，进行放大工艺试验，验证了工艺技术的可行性。

2009 年，完成工业合成催化剂和加氢催化剂的研制，经过长周期考评获得成功。

2010 年，完成万吨级工艺包的开发。

2013 年，由西南院自主研发的工业排放气制乙二醇示范装置，在河北辛集开建，装置规模 3 万吨/年。3 月 27 日，西南院与河北辛集化工集团有限责任公司签订 3 万吨/年乙二醇项目《技术转让合同》及《建设工程设计合同》。

2013 年 7 月，昊华辛集集团乙二醇造气工艺包交底会召开，该项目是辛集化工整体搬迁改造项目一部分。整体搬迁改造项目一期包括日处理原煤 1600 吨的煤制航天造气炉等 10 个项目，二期包括年产 20 万吨/年乙二醇等 6 个项目。

8. 其他技术进展

2009 年以后，煤制乙二醇技术的产业化热潮带动了中国多家高校启动了相关技术研发，除了早期开展研发的天津大学外，厦门大学、华东理工大学、复旦大学、上海交通大学等高校都开展了相关研究。例如，厦门大学针对草酸酯加氢催化剂进行了系统深入的研究，发表了多篇学术论文[177,234,258,259,294-298]。利用碳纳米管等作为促进剂、构建 Cu-O-SiO_x 界面，从而大幅提升了加氢催化剂的性能。厦门大学研发的 CuPSNT@m-SiO_2 催化剂是目前草酸酯加氢活性最高的保持者；他们还研究了 Ag、La、Pt、硼、碳纳米管和 HZSM-5 等助剂对铜硅催化剂的稳定性影响，发现引入助剂可提高铜活性物种的分散度，增强铜与载体的相互作用，从而提高了铜硅催化剂的稳定性；此外还研究了反应气氛诱导负载型铜纳米催化剂奥斯特瓦尔德熟化失活机理。谢素原、袁友珠团队[299]通过将 C_{60} 与加氢催化剂结合，实现了草酸二甲酯加氢制乙二醇从高压到常压的催化性能提升，并联合福建物质结构研究所姚元根团队完成了实验室评价，研究成果发表在 2022 年 *Science* 上，受到了国内外学者和产业界的瞩目，入选 2022 年中国科学十大进展。

参 考 文 献

[1] 周张锋, 李兆基, 潘鹏斌, 等. 煤制乙二醇技术进展[J]. 化工进展, 2010, 29(11): 2003-2009.

[2] 崔小明. 环氧乙烷合成乙二醇的研究进展[J]. 精细石油化工进展, 2006, 7(7): 19-26.

[3] 李雅丽. DOW 公司环氧乙烷/乙二醇 METEOR 系列工艺简述[J]. 石油化工快报(有机原料), 2009, (6): 4-6.

[4] 贺俊海. 环氧乙烷催化水合法制乙二醇催化剂研究进展[J]. 精细化工原料及中间体, 2009, 1: 34-36.

[5] Van K, Eugene M G. Shell international research Maatschappij. B V.: WO 99/23053[P]. 1999-05-14.

[6] Forkner M W. Union carbide chemicals and plastics technology corporation: US 5260495[P]. 1993-07-14.

[7] Shvelts V F, Makarov M G, Koustov A V, et al. Method of synthesis of alkylene glycols: RU 2149864[P]. 2000-05-27.

[8] Strickler G R, Lee G J, Rievert W J. Process and equipment for the production of ethylene glycols: US 6137015[P]. 2000-10-24.

[9] 许茜, 王保伟, 许根慧. 乙二醇合成工艺的研究进展[J]. 石油化工, 2007, 36(2): 194-199.

[10] 吕连海, 胡爽, 王越. 一种铜催化环氧乙烷水合制备乙二醇的方法: CN 1775719[P]. 2006-05-24.

[11] 陈群, 何明阳. 一种新型环氧乙烷水合反应催化剂及制备方法: CN 1559684[P]. 2006-05-03.

[12] Kawabe K. Method for producing monoethylene glycol: US 6080897[P]. 2000-06-27.

[13] Kawabe K, Murata K, Toshiyuki F, et al. Ethylene glycol process: US 5763691[P]. 1998-06-09.

[14] 中国石化有机原料科技情报中心站. Shell 公司首套采用“Omega”技术的单乙二醇生产装置成功投运[J]. 石油化工与炼制, 2010, 41(4): 62.

[15] Frevel L, Gilpin J. Carbonate synthes is from alkylene: US 3642858[P]. 1972-02-15.

[16] Gilpin J, Emmons A. Synthesis of dimethyl carbonate: US 3803201[P]. 1974-04-09.

[17] Knifton J. Process for cogeneration of ethylene glycol and dimethyl carbonate: US 5214182[P]. 1993-05-25.

[18] Chang C, Jiang Z Z, Lapierre B, et al. Process for co-production of dialkyl carbonate and alkanediol: US 6365767[P]. 2002-04-02.

[19] 佚名. 中科院兰州化物所乙二醇新工艺中试[J]. 化工进展, 2006, 2: 226.

[20] 成卫国, 孙剑, 张军平, 等. 环氧乙烷法合成乙二醇的技术创新[J]. 化工进展, 2014, 33(7): 1740-1747.

[21] 成卫国, 董丽, 苏倩, 等. 一种联产碳酸二甲酯和乙二醇的系统和工艺: CN 107417534A[P]. 2021-01-29.

[22] 刘中民, 等. 甲醇制烯烃[M]. 北京: 科学出版社, 2015.

[23] 韩潇. 富德能源化工发展有限公司 1000kt/a 甲醇制烯烃项目投料试车[J]. 西部煤化工, 2016, 2: 46.

[24] 崔小明. 2015 年我国乙二醇新建装置概况[J]. 聚酯工业, 2016, 3: 20.

[25] 佚名. 霍尼韦尔 UOP 助力斯尔邦石化建造全球最大 MTO 装置[J]. 上海塑料, 2013, 1: 52.

[26] Goetz R W. Process for preparing glycol adehyde and/ or ethylene glycol: US 4405821[P]. 1983-09-20.

[27] 于春梅. 环氧乙烷的供需状况及发展建议[J]. 化工技术经济, 2006, 24(2): 17-20.

[28] Scarlet J, Mckinley D. New developments in catalysts for the oleochemicals industry[J]. Oils & Fats Internationals, 1993, 9(2): 32-34.

[29] Jin, Zhang T, Zheng M Y, et al. Direct catalytic conversion of cellulose into ethylene/glycolusing nickel-promoted tungsten carbide catalysts[J]. Angewandte Chemie International Edition, 2008, 47: 8510-8513.

[30] Wang A Q, Zhang T. One-pot conversion of celluloseto ethylene glycol with multifunctional tungsten-based catalysts[J]. Accounts of Chemical Research, 2013, 46(7): 1377-1386.

[31] Gresham W F. Preparation of polyfuctional compounds: US 2636046[P]. 1953-04-21.

[32] 徐敏燕, 李速延, 高超, 等. 乙二醇合成技术现状[J]. 天津化工, 2011, 25(2): 1-4.

[33] Lee S Y, Kim J C, Lee J S, et al. Process for low pressure synthesis of EG from synthesis gas plus formaldehyd[J]. Industrial & Engineering Chemistry Research, 1993, 32(2): 253-259.

[34] Hoechst A G. Process for the manufacture of glycolic acid esters: CA 1105486[P]. 1981-07-21.

[35] Norman L W, John D G, Duane J M. Method for paired electrochemical synthesis with simultaneous production of ethylene glycol: US 4950368[P]. 1990-08-21.

[36] 俞提升. 非石油化工路线合成乙二醇技术的开发[J]. 天然气化工, 1993, 1: 43-46.

[37] 王克冰, 王公应. 非石油路线合成乙二醇技术研究进展[J]. 现代化工, 2005, 25: 47-52.

[38] 张旭之, 王松汉, 戚以政. 乙烯衍生物学[M]. 北京: 化学工业出版社, 1995: 214.

[39] Ube Industries Ltd. Oxalic acid ester production -by gas phase catalytic reaction of carbon mon: oxide and nitrous acid ester using platinum gp. metal catalyst contg. molybdenum and nickel: US 4384133[P]. 1983-05-17.

[40] 西南化工研究院. 由 CO、O_2和乙醇合成草酸二乙酯[J]. 天然气化工, 1982, 7(2): 37-43.

[41] 宋若钧, 张秀辉, 贺德华, 等. 一氧化碳气相催化氧化偶合制草酸酯的研究[J]. 天然气化工, 1987, 12(2): 14-19.

[42] 姜玄珍, 王正室, 陈列平, 等. 草酸二乙酯的气相催化合成[J]. 精细化工, 1989, 1: 37-39.

[43] 李振花, 许根慧, 陈洪钫. 气相法 CO 催化偶联制取草酸二甲酯的研究[J]. 化学工业与工程, 1991, 8(4): 15-19.

[44] 殷元祺. 羰基合成化学[M]. 北京: 化学工业出版社, 1996.

[45] 钱伯章. 煤制乙二醇技术与应用[J]. 精细化工原料及中间体, 2012, 10: 35-41.

[46] 陈庚申, 陈贻盾. 一氧化碳催化偶联合成草酸: CN 85101616.2[P]. 1986-08-13.

[47] 陈贻盾. 气相催化合成草酸酯连续工艺: CN 90101447.8[P]. 1995-01-04.

[48] 张炳楷, 郭廷煌, 黄存平, 等. 草酸酯合成催化剂: CN 95116136[P]. 2001-05-23.

[49] 陈贻盾, 马锦波. 一种回收、分离、提纯一氧化氮气体的新方法: CN 98108604.7[P]. 2004-06-30.

[50] 陈贻盾. 一种合成草酸酯用的 NO 气体的生产方法: CN 200510107783.4[P]. 2009-07-05.

[51] 何玨, 高正虹, 宋瑛, 等. CO 偶联临氢反应 Pd-Fe/Al_2O_3催化剂的 XPS 研究[J]. 催化学报, 2002, 23: 223.

[52] 李振花, 许根慧, 王保伟, 等. H_2 对 CO 气相催化偶联制草酸二乙酯反应的失活机理[J]. 化工学报, 2003, 54(1): 59-63.

[53] Fenton D M, Steinwand P. J. Preparation of oxalates: US 3393136[P]. 1968-07-16.

[54] Fenton D M, Steinwand P J. Nobel metal catalysis. Ⅲ. Preparation of dialkyl oxalates by oxidative carbonylation[J]. Journal of Organic Chemistry, 1974, 39(5): 701-704.

[55] アトヲソカク, リクカテールト. アルコールの制造方法: 日公开特许昭 54-9218[P]. 1979-01-24.

[56] 三菱がス化学. シュヴ酸ジュスルの传统制法: 日公开特许昭 55-94338[P]. 1980-07-17.

[57] 宇部兴产. シュヴ酸ジュスルの制法: 日公开特许昭 56-2542[P]. 1981-01-12.

[58] 宇部兴产. シュヴ酸ジュスルの制法: 日公开特许昭 51-10508[P]. 1976-07-28.

[59] 宇部兴产. シュケ制法: 日公开特许昭 54-98715[P]. 1979-08-03.

[60] 西平圭吾, 内海晋一郎. 宇部兴产の草酸制造技术[J]. 化学と工业, 1982, 35(4): 243-246.

[61] 宇部兴产. 一氧化碳合成草酸酯的开发[J]. 触媒, 1981, 23(1): 23-26.

[62] テイジソ. アルコールの制造方法: 日公开特许昭 50-157311[P]. 1975-12-19.

[63] Shiomi Y, Matsuzaki T, Masunaga T. Process for the preparation of a diesters of oxalic acid: DE 3369312A[P]. 1987-02-26.

[64] Uchiumi S, Ataka K, Matsuzaki T. Oxidative reactions by a palladium-alkyl nitrite system[J]. Journal of Organometallic Chemistry, 1999, 576(1-2): 279-289.

[65] Shiomi Y, Matsuzaki T, Masunaga T, et al. Process for the preparation of oxalic acid diesters: 日公开特许昭 59-80630[P]. 1989-02-07.

[66] 田原进, 藤井宏三, 西平圭吾, 等. 草酸二乙酯的连续制法: 日公开特许昭 57-42656[P]. 1986-11-04.

[67] 武戈, 闫亚明, 邓蜀平, 等. CO 催化合成乙二醇的工业化前景[J]. 煤化工, 1998, (1): 3-5.

[68] 黄当睦, 陈彰明, 陈福星, 等. 草酸二乙酯催化加氢制乙二醇模试研究[J]. 工业催化, 1996, 4(4): 24-29.

[69] 李振花, 李延春, 许根慧. 草酸二乙酯气相催化加氢合成乙二醇的研究[J]. 化学工业与工程, 1993, 10(4): 27-33.

[70] Xu G H, Li Y C, Li Z H, et al. Kinetics of the hydrogenation of diethyl oxalate to ethylene glycol[J]. Industrial & Engineering Chemistry Research, 1995, 34(7): 2371-2378.

[71] 李振花, 许根慧, 王海京, 等. 铜基催化剂的制备方法对草酸二乙酯加氢反应的影响[J]. Chinese Journal of Catalysis, 1995, 16: 9-14.

[72] 许根慧, 马新宾, 王保伟, 等. 气相法CO偶联再生催化循环制草酸二乙酯: CN 200710060003. 4[P]. 2010-08-11.

[73] 王海京, 许根慧. 乙二酸二乙酯加氢制乙二醇铜基催化剂反应性能研究[J]. 精细石油化工, 1997, 4: 42-44.

[74] 王保伟, 许根慧, 马新宾, 等. CO气相氧化偶联制草酸二乙酯催化剂研究[J]. 燃料化学学报, 2000, 28(3): 262-267.

[75] 王保伟, 马新宾, 李振花, 等. CO气相偶联制草酸模拟放大研究[J]. 中国工程科学, 2001, 3(2): 79-85.

[76] 霍志国, 李振花, 王保伟, 等. 载体的性质对CO气相催化偶联反应的影响[J]. 化学反应工程与工艺, 2002, 18(1): 31-35.

[77] 高正虹, 胡超权, 李振花, 等. 一氧化碳偶联制草酸二乙酯用Pd-Fe/α-Al_2O_3催化剂的表面结构[J]. 催化学报, 2004, 25(3): 206-209.

[78] 房金刚, 许根慧. 草酸酯合成研究进展[J]. 化学推进剂与高分子材料, 2004, 2(2): 18-21.

[79] 李振花, 何翠英, 项铁丽. 双金属钯催化剂上CO气相偶联制草酸酯的研究[J]. 化学反应工程与工艺, 2004, 20(3): 280-283.

[80] 王保伟, 马新宾, 韩森, 等. CO气相合成草酸二乙酯的载体研究[J]. 天然气化工, 2005, 30(1): 6-10.

[81] Ma X B, Chi H W, Yue H R, et al. Hydrogenation of dimethyl oxalate to ethylene glycol over mesoporous Cu-MCM-41 catalysts[J]. AIChE Journal, 2013, 59: 2530-2539.

[82] 宋若钧, 张秀辉, 贺德华. 一氧化碳气相催化氧化偶合制草酸酯的研究: Ⅰ. 催化剂的评选[J]. 天然气化工(C_1化学与化工), 1986, 3: 25-30.

[83] 宋若钧, 张秀辉, 贺德华, 等. 一氧化碳气相催化氧化偶合制草酸酯的研究: Ⅲ. 亚硝酸乙酯生成的热力学分析和最佳工艺条件[J]. 天然气化工(C_1化学与化工), 1987, 5: 1-5.

[84] 宋若钧, 张秀辉, 贺德华, 等. 一氧化碳气相催化氧化偶合制草酸酯的研究: Ⅳ. 液体和气体流出物的色谱分析[J]. 天然气化工(C_1化学与化工), 1988, 2: 44-49.

[85] 宋若钧. 草酸酯合成中载体孔结构对钯催化剂活性和选择性的影响[J]. 天然气化工(C_1化学与化工), 1993, 2: 3-5.

[86] 姜玄珍, 陈暘, 郇正伟. 负载型钯催化剂的载体效应——CO + RONO反应[J]. 科技通报, 1991, 2: 67-70.

[87] 苏跃华, 季金美, 姜玄珍, 等. 亚硝酸乙酯再生的研究[J]. 化学反应工程与工艺, 2000, 1: 45-49.

[88] 卓广澜, 姜玄珍. 负载钯催化剂上亚硝酸乙酯的催化分解[J]. 催化学报, 2003, 24(7): 509-512.

[89] 赵秀阁, 吕兴龙, 赵红钢, 等. 气相法CO与亚硝酸甲酯偶联合成草酸二甲酯用Pd/α-Al_2O_3催化剂的研究[J]. 催化学报, 2004, 25(2): 125-128.

[90] 李竹霞, 钱志刚, 赵秀阁, 等. 草酸二甲酯加氢 Cu/SiO_2催化剂前体的研究[J]. 华东理工大学学报, 2004, 30(6): 613-617.

[91] 林茜, 赵秀阁, 毕伟, 等. α-Al_2O_3的性质对负载钯催化剂催化CO偶联反应的影响[J]. 催化学报, 2006, 27(10): 911-915.

[92] 李竹霞, 钱志刚, 赵秀阁, 等. 载体对草酸二甲酯加氢铜基催化剂的影响[J]. 华东理工大学学报(自然科学版), 2005, 31(1): 27-30, 51.

[93] 郭俊怀, 王敬中, 翟成契, 等. 用于合成草酸酯的催化剂及其制备方法: CN 02146105. 8[P]. 2004-05-26.

[94] 周张锋. CO气相催化合成乙二醇工艺中三种催化剂的研究[D]. 北京: 中国科学院, 2008.

[95] 乔路阳. CO原料气选择氧化脱氢反应机理及催化剂再生活化的研究[D]. 北京: 中国科学院大学, 2016.

[96] Trovarelli A, Fornasiero P. Catalysis by Ceria and Related Materials[M]. London: Imperial College Press, 2013.

[97] Rodriguez J A, David G, Liu Z Y, et al. Ceria-based model catalysts: fundamental studies on the importance of the metal-ceria interface in CO oxidation, the water-gas shift, CO_2 hydrogenation, and methane and alcohol reforming[J]. Chemical Society Reviews, 2017, 46: 1824-1841.

[98] Oh H S, Yang J H, Costello C K, et al. Selective catalytic oxidation of CO: effect of chloride on supported Au catalysts[J]. Journal of Catalysis, 2002, 210: 375-386.

[99] Cullis C F, Willatt B M. The inhibition of hydrocarbon oxidation over supported precious metal catalysts[J]. Journal of

Catalysis, 1984, 86: 187-200.

[100] Iyagba E T, Hoost T E, Nwalor J U, et al. The effect of chlorine modification of silica-supported Ru on its CO hydrogenation properties[J]. Journal of Catalysis, 1990, 123: 1-11.

[101] Qiao L Y, Li Q H, Zhou Z F, et al. Inert can be advantageous: advisable reconstruction and application of palladium chloride for the preferential oxidation of the hydrogen impurity in carbon monoxide streams[J]. ChemCatChem, 2016, 8: 1909-1914.

[102] 姚元根, 周张锋, 乔路阳, 等. 两段式流化床CO脱氢净化反应技术及所用催化剂: ZL 201710539822.0[P]. 2019-07-30.

[103] 陈庚申, 薛彪, 严慧敏. 钯络合物催化剂上CO和亚硝酸乙酯的偶联反应和机理[J]. 催化学报, 1992, 8: 291-295.

[104] Franco R, Ugo R, Alcohol carbonylation with palladium(Ⅱ) complexes: effects of ligands, carbon monoxide, pressure and added bases[J]. Journal of Organic Chemistry, 1979, 174: 221-226.

[105] Waller F J. Recent achievements, trends and prospects in homogeneous catalysis[J]. Journal of Molecular Catalysis, 1985, 31(2): 123-136.

[106] Ji Y, Liu G, Li W, et al. The mechanism of CO coupling reaction to form dimethyl oxalate over Pd/α-$A1_2O_3$[J]. Journal of Molecular Catalysis A, 2009, 314(1): 63-70.

[107] 陈长军. CO羰化偶联合成草酸二甲酯过程中副反应机理研究[D]. 上海: 华东理工大学, 2013.

[108] Li Q, Zhou Z, Chen R, et al. Insights into the reaction mechanism of CO oxidative coupling to dimethyl oxalate over palladium: a combined DFT and IR study[J]. Physical Chemistry Chemical Physics, 2015, 17(14): 9126-9134.

[109] 王纯正. 整装AlOOH/Al-Fiber的可控内源生长及其负载纳米Pd催化CO气相偶联合成DMO研究[D]. 上海: 华东师范大学, 2017.

[110] Marin C M, Li L, Bhalkikar A, et al. Kinetic and mechanistic investigations of the direct synthesis of dimethyl carbonate from carbon dioxide over ceria nanorod catalysts[J]. Journal of Catalysis, 2016, 340: 295-301.

[111] Wang C C, Chen P J, Li Y K, et al. *In situ* DRIFTS study of CO coupling to dimethyl oxalate over structured Al-fiber@ns-AlOOH@Pd catalyst[J]. Journal of Catalysis, 2016, 344: 173-183.

[112] Feng X, Ling L X, Cao Y T, et al. A DFT study on the catalytic CO oxidative coupling to dimethyl oxalate on Al-doped core-shell Pd clusters[J]. Journal of Physical Chemistry C, 2018, 122(2): 1169-1179.

[113] Xu Z N, Sun J, Lin C S, et al. High-performance and long-lived Pd nanocatalyst directed by shape effect for CO oxidative coupling to dimethyl oxalate[J]. ACS Catalysis, 2013, 3(2): 118-122.

[114] Han B Y, Feng X, Ling L X, et al. CO oxidative coupling to dimethyl oxalate over Pd-Me(Me = Cu, Al) catalysts: a combined DFT and kinetic study[J]. Physical Chemistry Chemical Physics, 2018, 20(10): 7317-7332.

[115] Ling L X, Feng X, Cao Y T, et al. The catalytic CO oxidative coupling to dimethyl oxalate on Pd clusters anchored on defected graphene: a theoretical study[J]. Molcular Catalysis, 2018, 453: 100-112.

[116] Cao Y T, Ling L X, Lin H, et al. DFT study on CO oxidative coupling to DMO over Pd_4/TiO_2 and Pd_4/TiO_2-Ov: arole of oxygen vacancy on support[J]. Computional materials science, 2019, 159: 1-11.

[117] 刘彦轻, 高翊, 蒋化, 等. 一种用于草酸二甲酯合成的催化剂及其制备方法: 201210478833.X[P]. 2012-11-22.

[118] Jiang X Z, Su Y H, Lee B J, et al. A study on the synthesis of diethyl oxalate over Pd/α-$A1_2O_3$ catalysts[J]. Applied Catalysis A: General, 2001, 211(1): 47-51.

[119] Nishimura K, Fujii K, Nishihira K, et al. Process for preparing a diester of oxalic acid in the gaseous phase: US 4229591[P]. 1980-10-21.

[120] Shiomi Y, Matsuzaki T, Masunaga K. Process for the preparation of a diester of oxalic acid: EP 0108359A1[P]. 1987-01-21.

[121] Shiomi Y, Matsuzaki T, Masunga K. Process for the preparation of diester of oxalic acid: US 4874888[P]. 1989-10-17.

[122] Zhao T J, Chen D. Synthesis of dimethyl oxalate from CO and CH_3ONO on carbon nanofiber supported palladium catalysts[J]. Industrial & Engineering Chemistry Research, 2004, 43: 4595-4601.

[123] 张鑫. CO气相催化偶联合成草酸二甲酯用催化剂的制备、表征及性能研究[D]. 北京: 中国科学院大学, 2016.

[124] Peng S Y, Xu Z N, Chen Q S, et al. MgO: an excellent catalyst support for CO oxidative coupling to dimethyl oxalate[J]. Catalysis Science & Technology, 2014, 4: 1925.

[125] Peng S Y, Xu Z N, Chen Q S, et al. Enhanced stability of Pd/ZnO catalyst for CO oxidative coupling to dimethyl oxalate: effect of Mg^{2+} doping[J]. ACS Catalysis, 2015, 5: 4410-4417.

[126] 姚元根, 张鑫, 潘鹏斌, 等. 一种 Pd/$MgTiO_3$ 催化剂的溶胶凝胶制备方法及其应用: 201611024599.8[P]. 2019-07-30.

[127] 朱波, 袁贤鑫, 金松寿, 等. MgO 对结构稳定性及负载 Pt-Pd 催化剂氧化性能的影响[J]. 石油化工, 1995, 24(3): 161-164.

[128] 张征祥. 高分散钯催化剂的制备及催化性能研究[D]. 北京: 北京化工大学, 2004.

[129] 谭琦生, 郭志英, 宋丽萍, 等. SiO_2、Al_2O_3 上涂载 TiO_2、ZrO_2、La_2O_3 制备 Pd 催化剂的研究[J]. 燃料化学学报, 2001, 22(3): 269-275.

[130] Deng J, Deng D H, Bao X H. Robust catalysis on 2D materials encapsulating metals: concept, application, and perspective[J]. Advanced Materials, 2017, 29(43): 1606967.

[131] Tom W D, Carlos H M, Krijn P. Control of metal-support interactions in heterogeneous catalysts to enhance activity and selectivity[J]. Nature Catalysis, 2019, 2(11): 955-970.

[132] Cao C B, Lyu F L, Yin Y D. Encapsulated metal nanoparticles for catalysis[J]. Chemical Reviews, 2021, 121(2): 834-881.

[133] 潘鹏斌. 煤化工技术中 CO 气体羰基合成反应的 Pd 催化剂的研究[D]. 北京: 中国科学院研究生院, 2011.

[134] 陈庚申, 严慧敏, 薛彪. 一氧化碳和亚硝酸酯合成草酸酯和草酸[J]. 天然气化工, 1995, 20(4): 5-10.

[135] 朱毓群. CO 气相催化偶联合成草酸二甲酯[D]. 上海: 华东理工大学, 2003.

[136] 张炳凯, 黄存平, 郭廷煌, 等. 一氧化碳催化偶联合成草酸二甲酯[J]. 化学研究与应用, 1990, 2(3): 21-25.

[137] 常怀春, 于富红, 刘春丽. 用于 CO 气相合成草酸酯的催化剂及其制备方法: CN 201210159774.X[P]. 2012-05-22.

[138] Ma X, Fan M, Zhang P. Study on the catalytic synthesis of diethyl carbonate from CO and ethyl nitrite over supported Pd catalysts[J]. Catalysis Communications, 2004, 5(12): 765-770.

[139] 吴越. 催化化学(上册)[M]. 北京: 科学出版社, 1990.

[140] 黄仲涛, 耿建铭. 工业催化[M]. 北京: 化学工业出版社, 1994.

[141] Peng S Y, Xu Z N, Chen Q S, et al. An ultra-low Pd loading nanocatalyst with high activity and stability for CO oxidative coupling to dimethyl oxalate[J]. Chemical Communications, 2013, 49(51): 5718-5720.

[142] 张雨, 潘鹏斌, 翟吉全, 等. 液相原位还原法制备钯基催化剂[J]. 工业催化, 2015, 23(4): 277-281.

[143] 黄园园. CO 合成草酸二甲酯的制备方法研究[D]. 北京: 中国科学院大学, 2014.

[144] 黄园园. CO 合成草酸酯反应工艺条件和模试试验研究[D]. 福州: 中国科学院福建物质结构研究所, 2016.

[145] 姚斐, 江海龙, 曹成松, 等. 一种连续生成亚硝酸甲酯的装置: CN 201710245118.4[P]. 2017-04-14.

[146] 杨为民, 刘俊涛, 孙凤侠, 等. 催化反应生产 C_1～C_4 烷基亚硝酸酯的方法: CN 201110047244.1[P]. 2011-02-25.

[147] 王江义, 石锋, 汪永福, 等. 氨氧化制备一氧化氮的方法: CN 201010504790.9[P]. 2010-10-12.

[148] 姚元根, 黄园园, 潘鹏斌, 等. 一种制备并连续供应亚硝酸甲酯气体的方法: CN 201610668940.7[P]. 2016-08-16.

[149] 陈俊超, 韩刚. 亚硝酸甲酯制备过程中的硝酸还原方法: CN 201710398322.X[P]. 2017-05-31.

[150] 柳刚, 李伟, 计扬, 等. 亚硝酸 C_1-C_4 烷基酯的制备方法及其反应设备: CN 201010202448. 3[P]. 2010-06-13.

[151] Ye R P, Lin L, Yang J X, et al. A new low-cost and effective method for enhancing the catalytic performance of Cu-SiO_2 catalysts for the synthesis of ethylene glycol via the vapor-phase hydrogenation of dimethyl oxalate by coating the catalysts with dextrin[J]. Journal of Catalysis, 2017, 350: 122-132.

[152] Chen L F, Guo P J, Qiao M H, et al. Cu/SiO_2 catalysts prepared by the ammonia-evaporation method: texture, structure, and catalytic performance in hydrogenation of dimethyl oxalate to ethylene glycol[J]. Journal of Catalysis, 2008, 257: 172-180.

[153] Song Y B, Zhang J, Lv J, et al. Hydrogenation of dimethyl oxalate over copper-based catalysts: acid-base properties and reaction paths[J]. Industrial & Engineering Chemistry Research, 2015, 54: 9699-9707.

[154] Li S M, Wang Y, Zhang J, et al. Kinetics study of hydrogenation of dimethyl oxalate over Cu/SiO_2 catalyst[J]. Industrial & Engineering Chemistry Research, 2015, 54: 1243-1250.

[155] Ouyang M, Wang J, Peng B, et al. Effect of Ti on Ag catalyst supported on spherical fibrous silica for partial hydrogenation of dimethyl oxalate[J]. Applied Surface Science, 2019, 466: 592-600.

[156] Carlini C, Girolamo M D, Macinai A, et al. Selective synthesis of isobutanol by means of the Guerbet reaction[J]. Journal of Molecular Catalysis A: Chemical, 2003, 200: 137-146.

[157] Gong J L, Yue H L, Zhao Y J, et al. Synthesis of ethanol via syngas on Cu/SiO_2 catalysts with balanced Cu^0-Cu^+ sites[J]. Journal of the American Chemical Society, 2012, 134: 13922-13925.

[158] He J, Zhao Y J, Wang Y, et al. Fe_5C_2 nanocatalyst for the preferential synthesis of ethanol from dimethyl oxalate hydrogenation[J]. Chemical Communications, 2017, 53: 5376-5379.

[159] Liu Y, Ding J, Sun J, et al. Molybdenum carbide as an efficient catalyst for low-temperature hydrogenation of dimethyl oxalate[J]. Chemical Communications, 2016, 52: 5030-5032.

[160] Yue H R, Zhao Y J, Zhao L, et al. Hydrogenation of dimethyl oxalate to ethylene glycol on a Cu/SiO_2/cordierite monolithic catalyst: enhanced internal mass transfer and stability[J]. AIChE Journal, 2012, 58: 2798-2809.

[161] Koda K, Matsu-Ura T, Obora Y, et al. Guerbet reaction of ethanol ton-butanol catalyzed by iridium complexes[J]. Chemistry Letters, 2009, 38: 838-839.

[162] 吴良泉, 李俊岭. 影响煤基乙二醇 UV 值的杂质分析及其提高方法[J]. 天然气化工, 2011, 36: 66-70.

[163] Hegde S, Tharpa K, Akuri S R, et al. *In situ* spectroscopic studies on vapor phase catalytic decomposition of dimethyl oxalate[J]. Physical Chemistry Chemical Physics, 2017, 19: 8034-8045.

[164] Cui G Q, Meng X Y, Zhang X, et al. Low-temperature hydrogenation of dimethyl oxalate to ethylene glycol via ternary synergistic catalysis of Cu and acid-base sites[J]. Applied Catalysis B: Environmental, 2019, 248: 394-404.

[165] Klier K. Methanol synthesis[J]. Advances in Catalysis, 1982, 31: 243-313.

[166] Gao L Z, Au C T. CO_2 Hydrogenation to methanol on a $YBa_2Cu_3O_7$catalyst[J]. Journal of Catalysis, 2000, 189(1): 1-15.

[167] Zhang X, Wang B W, Guo Y Y, et al. Deactivation behavior of SiO_2 supported copper catalyst in hydrogenation of diethyl oxalate[J]. Journal of Fuel Chemistry and Technology, 2011, 39(9): 702-705.

[168] Sun J, Yu J F, Ma Q X, et al. Freezing copper as a noble metal-like catalyst for preliminary hydrogenation[J]. Science Advances, 2018, 4: eaau3275.

[169] Zhao Y J, Li S M, Wang Y, et al. Efficient tuning of surface copper species of Cu/SiO_2 catalyst for hydrogenation of dimethyl oxalate to ethylene glycol[J]. Chemical Engineering Journal, 2017, 313: 759-768.

[170] Zhang C C, Wang D H, Zhu M Y, et al. Effect of different nano-sized silica sols as supports on the structure and properties of Cu/SiO_2 for hydrogenation of dimethyl oxalate[J]. Catalysts, 2017, 7: 75-87.

[171] Zhang C C, Wang D H, Dai B. Promotive effect of Sn^{2+} on Cu^0/Cu^+ ratio and stability evolution of Cu/SiO_2 catalyst in the hydrogenation of dimethyl oxalate[J]. Catalysts, 2017, 7: 122.

[172] Ding J, Popa T, Tang J K, et al. Highly selective and stable Cu/SiO_2 catalysts prepared with a green method for hydrogenation of diethyl oxalate into ethylene glycol[J]. Applied Catalysis B: Environmental, 2017, 209: 530-542.

[173] Zhao Y J, Zhao S, Geng Y C, et al. Ni-containing Cu/SiO_2 catalyst for the chemoselective synthesis of ethanol via hydrogenation of dimethyl oxalate[J]. Catalysis Today, 2016, 276: 28-35.

[174] van der Grift C J G, Elberse P A, Mulder A, et a1. Preparation of silica-suppoaed copper catalysts by means of deposition-precipitation[J]. Applied Catalysis, 1990, 59(1): 275-289.

[175] Poels E K, Brands D S. Modification of $Cu/ZnO/SiO_2$ catalysts by high temperature reduction[J]. Applied Catalysis A: General, 2000, 191: 83-96.

[176] He Z, Lin H Q, He P, et al. Effect of boric oxide doping on the stability and activity of a Cu-SiO_2 catalyst for vapor-phase hydrogenation of dimethyl oxalate to ethylene glycol[J]. Journal of Catalysis, 2011, 277: 54-63.

[177] Huang Y, Ariga H, Zheng X L, et al. Silver-modulated SiO_2-supported copper catalysts for selective hydrogenation of dimethyl oxalate to ethylene glycol[J]. Journal of Catalysis, 2013, 307: 74-83.

[178] 岳海荣. 铜基催化剂的可控制备及在草酸酯加氢反应中的构效关系[D]. 天津: 天津大学, 2012.

[179] Hu Q, Fan G L, Yang L, et al. Aluminum-doped zirconia-supported copper nanocatalysts: surface synergistic catalytic effects in the gas-phase hydrogenation of esters[J]. ChemCatChem, 2014, 6: 3501-3510.

[180] Ju I B, Jeona W, Park M J, et al. Kinetic studies of vapor-phase hydrogenolysis of butyl butyrate to butanol over $Cu/ZnO/Al_2O_3$ catalyst[J]. Applied Catalysis A: General, 2010, 387: 100-106.

[181] Natalsantiago M A, Sánchez-Castillo M A, Cortright R D, et al. Catalytic reduction of acetic acid, methyl acetate, and ethyl acetate over silica-supported copper[J]. Journal of Catalysis, 2000, 193: 16-28.

[182] Hui S G, Zhang B, Zhang S H, et al. *In situ* IR study of dimethyl oxalate hydrogenation to ethylene glycol over Cu/SiO_2 catalyst[J]. Journal of Natural Gas Chemistry, 2012, 21: 753-758.

[183] Ma X G, Yang Z Q, Liu X B, et al. Dynamic redox cycle of Cu^0 and Cu^+ over Cu/SiO_2 catalyst in ester hydrogenation[J]. RSC Advances, 2015, 5: 37581-37584.

[184] Popa T, Zhang Y L, Jin E L, et al. An environmentally benign and low-cost approach to synthesis of thermally stable industrial catalyst Cu/SiO_2 for the hydrogenation of dimethyl oxalate to ethylene glycol[J]. Applied Catalysis A: General, 2015, 505: 52-61.

[185] Ye R P, Lin L, Li Q H, et al. Recent progress in improving the stability of copper-based catalysts for hydrogenation of carbon-oxygen bonds[J]. Catalysis Science & Technology, 2018, 8: 3428-3449.

[186] Yin A Y, Wen C, Dai W L, et al. Ag/MCM-41 as a highly efficient mesostructured catalyst for the chemoselective synthesis of methyl glycolate and ethylene glycol[J]. Applied Catalysis B: Environmental, 2011, 108-109: 90-99.

[187] Bron M, Teschner D, Knop-Gericke A, et al. Silver as acrolein hydrogenation catalyst: intricate effects of catalyst nature and reactant partial pressures[J]. Physical Chemistry Chemical Physics, 2007, 9: 3559-3569.

[188] Chen H M, Tan J J, Zhu Y L, et al. An effective and stable Ni_2P/TiO_2 catalyst for the hydrogenation of dimethyl oxalate to methyl glycolate[J]. Catalysis Communications, 2016, 73: 46-49.

[189] 黄仲涛, 彭峰. 工业催化剂设计与开发[M]. 北京: 化学工业出版社, 2009.

[190] Zhang B, Zhang S H, Hui S G, et al. Study on deactivation mechanism of $Cu-SiO_2$ catalyst for hydrogenation of dimethyl oxalate to ethylene glycol[J]. Natural Gas Chemical Industry (China), 2012, 37: 1-6.

[191] Lin J D, Zhao X Q, Cui Y H, et al. Effect of feedstock solvent on the stability of Cu/SiO_2 catalyst for vapor-phase hydrogenation of dimethyl oxalate to ethylene glycol[J]. Chemical Communications, 2012, 48: 1177-1179.

[192] Wen C, Cui Y Y, Dai W L, et al. Solvent feedstock effect: the insights into the deactivation mechanism of Cu/SiO_2 catalysts for hydrogenation of dimethyl oxalate to ethylene glycol[J]. Chemical Communications, 2013, 49: 5195-5197.

[193] Zheng J W, Zhou J F, Lin H Q, et al. CO-mediated deactivation mechanism of SiO_2-supported copper catalysts during dimethyl oxalate hydrogenation to ethylene glycol[J]. Journal of Physical Chemistry C, 2015, 119: 13758-13766.

[194] 张博, 计扬, 骆念军, 等. 草酸二甲酯加氢制乙二醇催化剂失活研究: 硫中毒[J]. 天然气化工, 2012, 37: 39-43.

[195] Thomas D J, Wehrli J T, Wainwright M S, et al. Hydrogenolysis of diethyl oxalate over copper-based catalysts[J]. Applied Catalysis A: General, 1992, 86: 101-114.

[196] Wen C, Yin A Y, Cui Y Y, et al. Enhanced catalytic performance for SiO_2-TiO_2 binary oxide supported Cu-based catalyst in the hydrogenation of dimethyloxalate[J]. Applied Catalysis A: General, 2013, 458: 82-89.

[197] Kang W G, Li W, Xiao W D. Deactivation of $Cu-SiO_2$ catalyst for hydrogenation of dimethyl oxalate to ethylene glycol[J]. Industrial Catalysis (China), 2009, 17: 70-73.

[198] Zhao L, Zhao Y J, Wang S P, et al. Hydrogenation of dimethyl oxalate using extruded Cu/SiO_2 catalysts: mechanical strength and catalytic performance[J]. Industrial & Engineering Chemistry Research, 2012, 51: 13935-13943.

[199] Matteoli U, Menchi G, Bianchi M, et al. Selective reduction of dimethyl oxalate by ruthenium carbonyl carboxylates in homogeneous phase Part Ⅳ[J]. Journal of Molecular Catalysis, 1991, 50: 257-267.

[200] Teunissen Herman T, Elsevier Cornelis J. Ruthenium catalysed hydrogenation of dimethyl oxalate to ethylene glycol[J]. Chemical Communications, 1997, (7): 667-668.

[201] Adkins H, Folkers K. The catalytic hydrogenation of esters to alcohols[J]. Journal of the American Chemical Society, 1931, 53 (3): 1095-1097.

[202] Zehner L R, Lenton R W. Atlantic richfield company, process for the preparation of ethylene glycol: US 4112245[P].

1978-09-05.

[203] Tahara S, Fujii K, Nishihira K, et al. Process for continuously preparing ethylene glycol: EP 46983[P]. 1987-04-29.

[204] Thakur D S, Roberts B L, Sullivan T J, et al. Hydrogenation catalyst, process for preparing and process of using said catalyst: US 5345005[P]. 1994-09-06.

[205] 唐博合金, 朱明, 陆颖音, 等. 铜-水滑石型催化剂在草酸二甲酯加氢反应中的应用[J]. 精细石油化工, 2009, 26(2): 15-18.

[206] Zhang S, Liu Q, Fan G, et al. Highly-dispersed copper-based catalysts from Cu-Zn-Al layered double hydroxide precursor for gas-phase hydrogenation of dimethyl oxalate to ethylene glycol[J]. Catalysis Letters, 2012, 142: 1121-1127.

[207] Miyazaki H, Uda T, Hirai K, et al. Process for producing of the ethylene glycol and/or glycolic acid ester, catalyst composition used thereof, and process for production thereof: US 4585890[P]. 1986-04-29.

[208] 赵玉军, 赵硕, 王博, 等. DMO加氢铜基催化剂关键技术与理论研究进展[J]. 化工进展, 2013, 32(4): 721-731.

[209] Wang Q, Qiu L, Ding D, et al. Performance enhancement of Cu/SiO_2 catalyst for hydrogenation of dimethyl oxalate to ethylene glycol through zinc incorporation[J]. Catalysis Communications, 2018, 108: 68-72.

[210] Kong X P, Chen Z, Wu Y H, et al. Synthesis of Cu-Mg/ZnO catalysts and catalysis in dimethyl oxalate hydrogenation to ethylene glycol: enhanced catalytic behavior in the presence of a Mg^{2+} dopant[J]. RSC Advances, 2017, 7: 49548-49561.

[211] Liu H L, Huang Z W, Kang H X, et al. Efficient bimetallic $NiCu\text{-}SiO_2$ catalysts for selective hydrogenolysis of xylitol to ethylene glycol and propylene glycol[J]. Applied Catalysis B: Environmental, 2018, 220: 251-263.

[212] Gao P, Li F, Zhan H J, et al. Influence of Zr on the performance of Cu/Zn/Al/Zr catalysts via hydrotalcite-like precursors for CO_2 hydrogenation to methanol[J]. Journal of Catalysis, 2013, 298: 51-60.

[213] Natesakhawat S, Lekse J W, Baltrus J P, et al. Active sites and structure-activity relationships of copper-based catalysts for carbon dioxide hydrogenation to methanol[J]. ACS Catalysis, 2012, 2: 1667-1676.

[214] Dong X, Zhang H B, Lin G D, et al. Highly active CNT-promoted $Cu\text{-}ZnO\text{-}Al_2O_3$ catalyst for methanol synthesis from $H_2/CO/CO_2$[J]. Catalysis Letters, 2003, 85: 237-246.

[215] Ai P P, Tan M H, Reubroycharoen P, et al. Probing the promotional roles of cerium in the structure and performance of Cu/SiO_2 catalysts for ethanol production[J]. Catalysis Science & Technology, 2018, 8: 6441-6451.

[216] Wang B W, Xu Q, Song H, et al. Synthesis of methyl glycolate by hydrogenation of dimethyl oxalate over $Cu\text{-}Ag/SiO_2$ catalyst[J]. Journal of Natural Gas Chemistry, 2007, 16: 78-80.

[217] 宋美月. 蒸氨法制备的铜基催化剂在草酸二甲酯加氢反应中的应用[D]. 北京: 中国科学院研究生院, 2014.

[218] Wen C, Cui Y Y, Yin A Y, et al. Remarkable improvement of catalytic performance for a new cobalt-decorated Cu/HMS catalyst in the hydrogenation of dimethyloxalate[J]. ChemCatChem, 2013, 5: 138-141.

[219] Yin A Y, Wen C, Guo X Y, et al. Influence of Ni species on the structural evolution of Cu/SiO_2 catalyst for the chemoselective hydrogenation of dimethyl oxalate[J]. Journal of Catalysis, 2011, 280: 77-88.

[220] Zhu J H, Ye Y C, Tang Y, et al. Efficient hydrogenation of dimethyl oxalate to ethylene glycol via nickel stabilized copper catalysts[J]. RSC Advances, 2016, 6: 111415-111420.

[221] Yin A Y, Wen C, Dai W L, et al. Nanocasting of CuAu alloy nanoparticles for methyl glycolate synthesis[J]. Journal of Materials Chemistry, 2011, 21: 8997-8999.

[222] Wang Y N, Duan X P, Zheng J W, et al. Remarkable enhancement of Cu catalyst activity in hydrogenation of dimethyl oxalate to ethylene glycol using gold[J]. Catalysis Science & Technology, 2012, 2: 1637-1639.

[223] Chen C C, Lin L, Ye R P, et al. Construction of Cu-Ce composite oxides by simultaneous ammonia evaporation method to enhance catalytic performance of $Ce\text{-}Cu/SiO_2$ catalysts for dimethyl oxalate hydrogenation[J]. Fuel, 2021, 290: 120083.

[224] Yin A Y, Qu J W, Guo X Y, et al. The influence of B-doping on the catalytic performance of Cu/HMS catalyst for the hydrogenation of dimethyloxalate[J]. Applied Catalysis A: General, 2011, 400: 39-47.

[225] Zhao S, Yue H R, Zhao Y J, et al. Chemoselective synthesis of ethanol via hydrogenation of dimethyl oxalate on Cu/SiO_2: enhanced stability with boron dopant[J]. Journal of Catalysis, 2013, 297: 142-150.

[226] Ai P P, Tan M H, Yamane N, et al. Synergistic effect of a boron-doped carbon-nanotube-supported Cu catalyst for selective hydrogenation of dimethyl oxalate to ethanol[J]. Chemistry: A European Journal, 2017, 23: 8252-8261.

[227] Zhao Y J, Zhang Y Q, Wang Y, et al. Structure evolution of mesoporous silica supported copper catalyst for dimethyl oxalate hydrogenation[J]. Applied Catalysis A: General, 2017, 539: 59-69.

[228] Zhao Y J, Guo Z Y, Zhang H J, et al. Hydrogenation of diesters on copper catalyst anchored on ordered hierarchical porous silica: pore size effect[J]. Journal of Catalysis, 2018, 357: 223-237.

[229] Abbas M, Chen Z, Zhang J, et al. Highly dispersed, ultra-small and noble metal-free Cu nanodots supported on porous SiO_2 and their excellent catalytic hydrogenation of dimethyl oxalate to methyl glycolate[J]. New Journal of Chemistry, 2018, 42: 10290-10299.

[230] Li Z H, Xu G H, Wang H J, et al. Effect of the preparation of Cu-based catalyst on the hydrogenation of diethyl oxalate[J]. Chinese Journal of Catalysis, 1995, 16: 9-14.

[231] Wang D H, Zhang C C, Zhu M Y, et al. Highly active and stable ZrO_2-SiO_2-supported Cu-catalysts for the hydrogenation of dimethyl oxalate to methyl glycolate[J]. ChemistrySelect, 2017, 2: 4823-4829.

[232] Yin A Y, Guo X Y, Dai W L, et al. Highly active and selective copper-containing HMS catalyst in the hydrogenation of dimethyl oxalate to ethylene glycol[J]. Applied Catalysis A: General, 2008, 349: 91-99.

[233] Guo X Y, Yin A Y, Dai W L, et al. One pot synthesis of ultra-high copper contented Cu/SBA-15 material as excellent catalyst in the hydrogenation of dimethyl oxalate to ethylene glycol[J]. Catalysis Letters, 2009, 132: 22-27.

[234] Lin H Q, Zheng X L, He Z, et al. Cu/SiO_2 hybrid catalysts containing HZSM-5 with enhanced activity and stability for selective hydrogenation of dimethyl oxalate to ethylene glycol[J]. Applied Catalysis A: General, 2012, 445: 287-296.

[235] Lin H Q, Duan X P, Zheng J W, et al. Vapor-phase hydrogenation of dimethyl oxalate over a CNTs-Cu-SiO_2 hybrid catalyst with enhanced activity and stability[J]. RSC Advances, 2013, 3: 11782-11789.

[236] Wen C, Cui Y Y, Chen X, et al. Reaction temperature controlled selective hydrogenation of dimethyl oxalate to methyl glycolate and ethylene glycol over copper-hydroxyapatite catalysts[J]. Applied Catalysis B: Environmental, 2015, 162: 483-493.

[237] Jean-Marie A, Griboval-Constant A, Khodakov A Y, et al. β-Cyclodextrin for design of alumina supported cobalt catalysts efficient in Fischer-Tropsch synthesis[J]. Chemical Communications, 2011, 47: 10767-10769.

[238] Bai L, Wyrwalski F, Lamonier J F, et al. Effects of β-cyclodextrin introduction to zirconia supported-cobalt oxide catalysts: from molecule-ion associations to complete oxidation of formaldehyde[J]. Applied Catalysis B: Environmental, 2013, 138-139: 381-390.

[239] Liu H M, Li Y M, Wu H, et al. Promoting effect of glucose and β-cyclodextrin on Ni dispersion of Ni/MCM-41 catalysts for carbon dioxide reforming of methane to syngas[J]. Fuel, 2014, 136: 19-24.

[240] Liu H M, Li Y M, Wu H, et al. Effects of β-cyclodextrin modification on properties of Ni/SBA-15 and its catalytic performance in carbon dioxide reforming of methane[J]. Catalysis Communications, 2012, 28: 168-173.

[241] Shalygin A S, Nuzhdin A L, Bukhtiyarova G A, et al. Preparation of HKUST-1@silica aerogel composite for continuous flow catalysis[J]. Journal of Sol-Gel Science and Technology, 2017, 84: 446-452.

[242] Niu H Y, Liu S L, Cai Y Q, et al. MOF derived porous carbon supported Cu/Cu_2O composite as high performance non-noble catalyst[J]. Microporous and Mesoporous Materials, 2016, 219: 48-53.

[243] Song G Q, Lu Y X, Zhang Q, et al. Porous Cu-BTC silica monoliths as efficient heterogeneous catalysts for the selective oxidation of alkylbenzenes[J]. RSC Advances, 2014, 4: 30221-30224.

[244] Rungtaweevoranit B, Baek J, Araujo J R, et al. Copper nanocrystals encapsulated in Zr-based metal-organic frameworks for highly selective CO_2 hydrogenation to methanol[J]. Nano Letters, 2016, 16: 7645-7649.

[245] Ye R P, Lin L, Liu C Q, et al. One-pot synthesis of cyclodextrin doped Cu-SiO_2 catalysts for efficient hydrogenation of dimethyl oxalate to ethylene glycol[J]. ChemCatChem, 2017, 9: 4587-4597.

[246] Ye R P, Lin L, Chen C C, et al. Synthesis of robust MOF-derived Cu/SiO_2 catalyst with low copper loading via sol-gel method

for the dimethyl oxalate hydrogenation reaction[J]. ACS Catalysis, 2018, 8: 3382-3394.

[247] Huang L, Lin L, Chen C C, et al. β-Cyclodextrin promoted the formation of copper phyllosilicate on Cu-SiO_2 microspheres catalysts to enhance the low-temperature hydrogenation of dimethyl oxalate[J]. Journal of Catalysis, 2022, 413: 943-955.

[248] Li T Y, Lin L, Chen C C, et al. Insights into a new formation mechanism of robust Cu/SiO_2 catalysts for low-temperature dimethyl oxalate hydrogenation induced by a chelating ligand of EDTA[J]. Catalysts, 2022, 12(3): 320.

[249] Chen C C, Lin L, Ye R P, et al. Mannitol as a novel dopant for Cu/SiO_2: a low-cost, environmental and highly stable catalyst for dimethyl oxalate hydrogenation without hydrogen prereduction[J]. Journal of Catalysis, 2020, 389: 421-431.

[250] Bao X H. Fundamental research in catalysis with emphasis on confinement effects[J]. Scientia Sinica Chimica, 2012, 42(4): 355-362.

[251] Zhao M, Yuan K, Wang Y, et al. Metal-organic frameworks as selectivity regulators for hydrogenation reactions[J]. Nature, 2016, 539(7627): 76-80.

[252] Li S R, Gong J L. Strategies for improving the performance and stability of Ni-based catalysts for reforming reactions[J]. Chemical Society Reviews, 2014, 43: 7245-7256.

[253] Li M M, Ye L M, Zheng J W, et al. Surfactant-free nickel-silver core@shell nanoparticles in mesoporous SBA-15 for chemoselective hydrogenation of dimethyl oxalate[J]. Chemical Communications, 2016, 52: 2569-2572.

[254] Yue H R, Zhao Y J, Zhao S, et al. A copper-phyllosilicate core-sheath nanoreactor for carbon-oxygen hydrogenolysis reactions[J]. Nature Communications, 2013, 4: 2339-2346.

[255] Yue H R, Ma X B, Gong J L. An alternative synthetic approach for efficient catalytic conversion of syngas to ethanol[J]. Accounts of Chemical Research, 2014, 47: 1483-1492.

[256] Yao D W, Wang Y, Li Y, et al. A High-performance nanoreactor for carbon-oxygen Bond hydrogenation reactions achieved by the morphology of nanotube-assembled hollow spheres[J]. ACS Catalysis, 2018, 8: 1218-1226.

[257] Yao D W, Wang Y, Hassan-Legault K, et al. Balancing effect between adsorption and diffusion on catalytic performance inside hollow nanostructured catalyst[J]. ACS Catalysis, 2019: 2969-2976.

[258] Zheng J W, Duan X P, Lin H Q, et al. Silver nanoparticles confined in carbon nanotubes: on the understanding of the confinement effect and promotional catalysis for the selective hydrogenation of dimethyl oxalate[J]. Nanoscale, 2016, 8: 5959-5967.

[259] Xu C F, Chen G X, Zhao Y, et al. Interfacing with silica boosts the catalysis of copper[J]. Nature Communications, 2018, 9: 3367.

[260] Zhu Y F, Kong X, Li X Q, et al. Cu nanoparticles inlaid mesoporous Al_2O_3 as a high-performance bifunctional catalyst for ethanol synthesis via dimethyl oxalate hydrogenation[J]. ACS Catalysis, 2014, 4: 3612-3620.

[261] Zhu Y F, Kong X, Yin J Q, et al. Covalent-bonding to irreducible SiO_2 leads to high-loading and atomically dispersed metal catalysts[J]. Journal of Catalysis, 2017, 353: 315-324.

[262] Miyazaki H, Hirai K, Uda T, et al. Process for the production of glycollic acid esters: JP 57123143(A), JP 62037030(B), JP 1426256(C), EP 0057007(A1), EP 0057007(B1), US 4409395(A)[P]. 1982.

[263] Hirai K, Nakamura Y, Fukuda Y. Method of producing a glycolic acid ester: JP 6135895, JP 6263692, US 5455372[P]. 1994.

[264] Yin A Y, Guo X Y, Dai W L, et al. High activity and selectivity of Ag/SiO_2 catalyst for hydrogenation of dimethyl oxalate[J]. Chemical Communications, 2010, 46: 4348-4350.

[265] 段新平, 林清瑞, 周俊夫, 等. 草酸酯加氢制乙醇酸甲酯高效银基催化剂的研究[C]. 第 15 届全国催化学术会议, 广州, 2010.

[266] Zheng J W, Lin H Q, Zheng X L, et al. Highly efficient mesostructured Ag/SBA-15 catalysts for the chemoselective synthesis of methyl glycolate by dimethyl oxalate hydrogenation[J]. Chemical Communications, 2013, 40(2): 131-133.

[267] Chen Y, Choi S, Thompson L T. Low-temperature CO_2 hydrogenation to liquid products via a heterogeneous cascade catalytic system[J]. ACS Catalysis, 2015, 5(3): 1717-1725.

[268] Morbidelli M, Gavriilidis A, Varma A. 催化剂设计——活性组分在颗粒、反应器和膜中的最优分布[M]. 王安杰, 李翔,

赵蓓, 译. 北京: 化学工业出版社, 2004.

[269] Yin A Y, Wen C, Dai W L, et al. Surface modification of HMS material with silica sol leading to a remarkable enhanced catalytic performance of Cu/SiO_2[J]. Applied Surface Science, 2011, 257(13): 5844-5849.

[270] 孙琪, 杨佳, 任亮. 溶胶凝胶法和浸渍法制备的 Cu/SiO_2 催化剂的表征与性能[J]. 辽宁师范大学学报(自然科学版), 2008, 31(2): 189-191.

[271] 陈梁锋, 朱渊, 刘晓钰, 等. Cu/SiO_2 催化剂制备方法对其草酸二甲酯催化氢解性能的影响[J]. 化学学报, 2009, 67(23): 2739-2744.

[272] Shimokawabe M, Takezawa N, Kobayashi H. Characterization of copper-silica catalysts prepared by ion exchange[J]. Applied Catalysis, 1982, 2: 379-387.

[273] Kohler M A, Curry-Hyde H E, Hughes A E, et al. The structure of Cu-SiO_2 catalysts prepared by the ion-exchange technique[J]. Journal of Catalysis, 1987, 108: 323-333.

[274] Yin A Y, Guo X Y, Fan K, et al. Ion-exchange temperature effect on Cu/HMS catalysts for the hydrogenation of dimethyl oxalate to ethylene glycol[J]. ChemCatChem, 2010, 2(2): 206-213.

[275] 杨锦霞. DMO 加氢制乙二醇铜基催化剂的制备研究[D]. 北京: 中国科学院研究生院, 2012.

[276] Mizushima Y, Hori M. Alumina aerogel for support of a methane combustion catalyst[J]. Applied Catalysis A: General, 1992, 88(2): 137-148.

[277] 林凌, 潘鹏斌, 周张锋, 等. 溶胶凝胶法制备的 Cu/SiO_2: 催化剂及其催化草酸二甲酯加氢反应[J]. 催化学报, 2011, 32(6): 957-969.

[278] Fixman E M, Abello M C, Gorriz O F, et al. Preparation of Cu/SiO_2 catalysts with and without tartaric acid as template via a sol-gel process: characterization and evaluation in the methanol partial oxidation[J]. Applied Catalysis A: General, 2007, 319: 111-118.

[279] 林凌. DMO 加氢催化剂的制备与研究[D]. 北京: 中国科学院研究生院, 2011.

[280] 吴静. 铜系无 Cr 负载型糠醛加氢制 2-甲基呋喃催化剂的制备、表征及催化性能[J]. 石油化工, 2002, (10): 799-802.

[281] 杨德亮. 不同助剂对草酸二甲酯加氢 Cu/SiO_2 催化剂的影响[D]. 北京: 中国科学院研究生院, 2015.

[282] 黄维捷, 文峰, 康文国, 等. 草酸二甲酯加氢制乙二醇 Cu/SiO_2 催化剂的制备与改性[J]. 工业催化, 2008, 16(6): 13-17.

[283] 梁方毅, 顾顺超, 肖文德. 前驱液浓度对制备的草酸二甲酯加氢催化剂性能的影响[J]. 化学反应工程与工艺, 2011, 27(1): 54-58.

[284] 文峰, 黄维捷, 肖文德. 草酸二甲酯加氢催化剂 Cu/SiO_2 的制备研究[J]. 广东化工, 2008, 35(4): 5-8.

[285] 杨亚玲, 张博, 李伟, 等. 焙烧温度对草酸二甲酯加氢制乙二醇催化 Cu/SiO_2 的影响[J]. 工业催化, 2010, 18(16): 28-31.

[286] Wang S R, Li X B, Yin Q Q, et al. Highly active and selective Cu/SiO_2 catalysts prepared by the urea hydrolysis method in dimethyl oxalate hydrogenation[J]. Catalysis Communications, 2011, 12: 1246-1250.

[287] van der Grift C J G, Elberse P A, Mulder A, et al. Preparation of silica-supported copper catalysts by means of deposition-precipitation[J]. Applied Catalysis, 1990, 59(1): 275-289.

[288] Yin A Y, Guo X Y, Dai W L, et al. Effect of initial precipitation temperature on the structural evolution and catalytic behavior of Cu/SiO_2 catalyst in the hydrogenation of dimethyloxalate[J]. Catalysis Communications, 2011, 12(6): 412-416.

[289] 王保伟, 张旭, 许茜, 等. Cu/SiO_2 催化剂的制备、表征及其对草酸二乙酯加氢制乙二醇的催化性能[J]. 催化学报, 2008, 29(3): 275-280.

[290] 李贵贤, 曾晓亮, 贠宏飞, 等. 水热法制备 Cu-HMS 催化剂及其催化草酸二甲酯加氢性能的研究[J]. 分子催化, 2018, (1): 1-7.

[291] 张俊峰, 谭猗生, 韩怡卓, 等. 一种 SBA-15 分子筛负载铜基催化剂及制备方法和应用: CN 105126897A[P]. 2019-12-09.

[292] Zhang C C, Wang D H, Zhu M Y, et al. Effect of Pd doping on the Cu^0/Cu^+ ratio of Cu-Pd/SiO_2 catalysts for ethylene glycol synthesis from dimethyl oxalate[J]. ChemistrySelect, 2016, 1: 2857-2863.

[293] 赵玉军, 吕静, 马新宾, 等. 用于醋酸酯加氢制乙醇的催化剂及其制备方法: CN 102974382A[P]. 2013-03-20.

[294] Gong X X, Wang M L, Fang H H, et al. Copper nanoparticles socketed in situ into copper phyllosilicate nanotubes with

enhanced performance for chemoselective hydrogenation of esters[J]. Chemical Communications, 2017, 53(51): 6933-6936.

[295] Li M M, Zheng J W, Qu J, et al. The remarkable activity and stability of a highly dispersive beta-brass Cu-Zn catalyst for the production of ethylene glycol[J]. Scientific Reports, 2016, 6: 20527.

[296] Zheng X L, Lin H Q, Zheng J W, et al. Lanthanum oxide-modified Cu/SiO_2 as a high-performance catalyst for chemoselective hydrogenation of dimethyl oxalate to ethylene glycol[J]. ACS Catalysis, 2013, 3(12): 2738-2749.

[297] Zheng J W, Lin H Q, Wang Y N, et al. Efficient low-temperature selective hydrogenation of esters on bimetallic Au-Ag/SBA-15 catalyst[J]. Journal of Catalysis, 2013, 297: 110-118.

[298] Zheng X L, Lin H Q, Zheng J W, et al. Pt-Promoted Cu/SBA-15 catalysts with excellent performance for chemoselective hydrogenation of dimethyl oxalate to ethylene glycol[J]. Topics in Catalysis, 2014, 57(10-13): 1015-1025.

[299] Zheng J W, Yuan Y Z, Xie S Y, et al. Ambient-pressure synthesis of ethylene glycol catalyzed by C_{60}-buffered Cu/SiO_2[J]. Science, 2022, 376(6590): 288-292.

第 6 章

总结与展望

针对我国富煤贫油少气的能源结构缺陷，开发合成气下游及其耦合转化技术研究，不仅可以缓解我国对国外逐年增加的油气依存度，同时也是保障我国碳质资源高值利用的有效途径，具有极其重要的战略意义和经济意义。在合成气下游及其耦合转化的变革性洁净能源关键技术和示范先导专项的指导下，形成了多相核心技术，如煤炭清洁高效分级转化利用及其示范，钴基费-托合成关键技术与工业示范，合成气制混合醇联产柴油万吨/年级工业示范和煤基合成气直接制烯烃浆态床技术。这些技术将在煤炭直接液化制油品、碳质资源经合成气制油品、非石油碳质资源经合成气制混合醇和烯烃、合成气转化尾气利用制芳烃领域形成竞争力的工业应用工艺。本书重点涵盖了合成气制烯烃、合成气制混合醇以及合成气制乙二醇方面的技术进展。

在合成气制烯烃方面，中国科学院大连化学物理研究所通过分子筛和氧化物偶合利用制烯烃的 FTTO 技术，实现了超过 80%的低碳烯烃选择性，突破了近百年来传统费-托合成产物分布难以逾越的 ASF 理论极限，解决了合成气直接转化目标产物选择性低的科学难题。中国科学院大连化学物理研究所在陕西榆林建设了全球首套规模为千吨烯烃/年的工业中试装置，并于 2020 年 9 月成功完成了工业试验，验证了该技术的先进性和可行性。中国科学院上海高等研究院在 CoC 基催化合成气转化制烯烃方面取得显著进展，通过 CoC 的纳米效应，揭示了 Na 助剂、Mn 助剂、金属载体相互作用，前驱体粒径和环境气氛等因素对活性位点形貌和晶面结构的调控机理，同时提出了修正的三因子 ASF 分布模型，实现了单程转化率＞30%时，烃中甲烷选择性低于 5%，烯烃选择性超过 85%的综合性能。此外，针对传统合成气转化高 CO_2 排放的特征，作者提出 CoC 表面浸润性调控的策略，有效将副产物 CO_2 选择性从 40%以上降低到 15.1%，显著提高了烯烃收率和过程碳效。基于系统的科学基础研究，作者解决了催化剂规模制备放大关键技术难题，完成了近 10 吨工业催化剂的生产和 5000 吨/年中试装置建设，正在进行中试，推进 20 万吨以上的工业示范。在合成气制高碳烯烃方面，中国科学院山西煤炭化学研究所开发了熔铁催化剂合成气一步法制长链 α-烯烃技术。其研发的固定床熔铁合成气一步法制长链 α-烯烃，拥有自主知识产权。熔铁催化剂性能稳定、成本低，具有较好的技术经济性；与现有工艺相比，固定床工艺在合成长链 α-烯烃方面具有一定技术优势，在精细化工领域有较好的应用前景。标定期间：CO 转化率＞85.0%，甲烷选择性 4.8%～6.2%，产物轻油中 α-烯烃和高碳醇占 72.1%，实现了 700h 合成气制长链 α-烯烃长周期稳定运行。依据示范装置取得的数据，正在编制 10 万吨级合成气制 α-烯烃固定床技术工艺软件包。合成气直接制 α-烯烃工业示范装置的稳定运行实现了实验室技术向工业化生产的跨越，产品可填补国内空白，同时为煤化工企业转型升级带来契机。更重要的是，该技术的成功示范为煤化工行业探索出一条新的产业方向，在碳中和、碳减排的大行业环境下，为煤基化学品向差异化、高端化发展做了有益探索。

在合成气制混合醇方面，中国科学院大连化学物理研究所首次开发了活性炭(AC)负载合成气制混合醇 $Co@Co_2C$ 新型催化剂。基于 Co_2C 类贵金属易于非解离化学吸附活化 CO 分子，并使其插入邻近的 Co 金属上产生的 $Co\text{-}(CH_2)_nCH_3$ 中，然后再加氢生成混合伯醇的原理，中国科学院大连化学物理研究所成功开发了以煤基合成气制混合醇催化剂和反应工艺，并以此为核心开发了煤基合成气生产混合醇联产柴油大型化成套技术软件包，核心技术包括 $Co\text{-}Co_2C/AC$ 催化剂生产技术和单台 50 万吨/年级大型浆态床反应器技术。此外，“合成气制混合醇联产柴油”副产大量 α-烯烃，通过氢甲酰化转化为直链醛和支链醛，再进一步加氢转化即得混合醇，成功实现了将纳米催化-单原子催化串联催化剂应用于合成气高选择性制含氧化合物，高级含氧化合物的选择性高达 62.7%，C_{2+}含氧化合物在含氧化合物中的比例高达 96.6%。在煤制乙二醇方面，中国科学院福建物质结构研究所基于草酸酯路线，突破了关键的催化剂核心技术和工艺流程组合设计，研发了系列煤制乙二醇技术的催化剂和相关工艺技术。2009 年，在内蒙古通辽市率先实现了 20 万吨/年的煤制乙二醇技术的工业化。截至目前，已完成 180 万吨/年的煤制乙二醇技术转化，另有 30 万吨/年新一代煤制乙二醇技术已完成工艺包编制。煤制乙二醇技术通过近 10 年的不断成熟和大规模工业化应用，产生了显著的社会和经济效益，对中国的能源和大化工产业重要的积极影响，缓解乃至彻底解决了目前中国乙二醇大量依赖进口的供求矛盾，并逐步替代石油路线，为节省石油资源做出突出贡献。

回顾过往，一代代科研前辈心系祖国、潜心研究，将论文写在祖国大地上，为我国煤化工事业做出了卓越的贡献，推动了我国合成气耦合下游转化制化学品相关技术的巨大发展。合成气制烯烃，包括分子筛和氧化物偶联 OXZEO 催化合成气直接制烯烃 FTTO 技术、CoC 基催化合成气转化制烯烃技术，以及熔铁催化合成气转化制烯烃技术都在科学原理和技术创新方面取得了巨大的进步，但时空收率还不够高，与石化路线的乙烯齐聚技术相比存在较大市场竞争不确定性，尤其是线型 α-烯烃，用途广泛，受下游产业推动发展迅速，其产值在世界范围内不断增加。因此，催化剂类型、生产工艺和应用仍需不断革新，尤其是附加值更高的高端 α-烯烃，对于保障产业链的稳定性至关重要。合成气制混合醇尤其是高碳醇方面，仍然具有巨大市场份额，但技术难度和工业成本较高。我国高碳醇市场前景广阔，随着我国国民经济的快速发展和人民生活水平的日益提高，对高碳醇及其衍生物产品的需求也在逐步增加。但是，当前合成气直接制高碳醇催化剂存在活性和选择性相对较低的问题。因此，研发高活性和高选择性的合成气一步直接制备混合醇催化剂仍然迫在眉睫。同时，开发新型合成气制混合醇的分离技术，对于煤基合成气生产混合醇联产柴油大型化成套技术具有关键作用，将是合成气制混合醇变革性洁净能源关键技术与示范的重大突破，对于提高我国煤化工整体技术水平有着重要的升级示范意义。在煤制乙二醇方面，以乙烯为原料氧化制备环氧乙烷，再水解制备乙二醇的路线(简称“石油路线”)仍然是目前全球乙二醇工业生产的主流工艺。我国 PET 聚酯工业发展迅猛(占世界年产量的 50%以上)，带动乙二醇需求逐年增加，开发煤经合成气制乙二醇技术并充分利用中国相对丰富的煤炭资源，生产我国供不应求的乙二醇，契合我国资源禀赋，是乙二醇生产的一项变革性技术，不仅弥补了石油路线生产的不足，并且将逐步替代石油路线，对我国能源和现代煤化工产业产生重要影响。但是该技术还有诸多改进之处，尤其是催化剂的成本有待降低、催化效率仍然有待提高，才能在诸多的乙二醇技术市场竞争中立于不败之地。

总的来说，基于我国富煤贫油少气的资源特点，开发更多合成气转化制高值化学品具有重要战略意义。近几十年来，我国科研工作者在合成气转化制高值化学品领域不断取得科学原理的巨大突破，同时一个个新兴技术如雨后春笋、势如破竹，解决了一个个工业技术难题，保障了我国能源安全，同时有效促进了我国碳质资源的高效高值利用。此外，国民增强科研自信、技术自信和文化自信，将进一步推动我国合成气转化技术的发展和科研的进步。但是，路漫漫其修远兮，科研工作者仍需要在催化原理上不断创新，取得一个又一个的重大成果。相信在不久的将来，我国还会有更多的非石油碳质资源经合成气耦合下游转化制高值化学品技术成功落地，为我国宏伟的科研事业和工业蓝图贡献力量。